제4판

해석학 입문

김락중 · 김연호 · 박종안 · 이춘호 · 최규흥 지음

KM 경문사

머리말

수학은 과거에는 자연과학 및 공학의 많은 분야에서 커다란 영향을 주었으나 오늘 날에는 선진 경영기법의 도입, 보험의 요율산출과 같은 경영, 금융, 보험 등 사회과학의 분야에도 점차 수학의 도구가 필요해짐에 따라 과거보다 더 복잡한 수학적인 지식이 필요하게 되었다. 이러한 복잡한 수학의 개념을 이해하기 위해서는 수학의 기본적인 학문에 관한 좋은 입문서는 절실하다고 할 수 있다.

해석학은 현대 수학에서 커다란 부분을 차지하고 있으며 수학의 다른 분야나 공학의 여러 분야에 영향을 미치고 있는 분야이다. 따라서 해석학을 공부하는 것은 수학을 처음 배우는 학생들이나 응용 학문에 종사하게 될 학생들에게도 매우 중요한 분야이다. 대학에서 해석학은 1 학년때에 미적분학또는 대학수학을 배운 후 2 학년 또는 3학년에서 배우게 되는 고급과목으로서 배우게 되는 과목이다. 이 과목은 학부에서 배우는 해석학의 기본 과목으로서 실수와 실변수 함수에 관한 이론을 배우게 되며 보다 엄밀한 공리를 바탕으로 배우게 된다.

국내에 해석학에 관한 책은 여러 가지가 있으나 일변수 함수론에 국한되거나 다변수 함수에 관한 것을 저술된 교재가 있고 내용이 빈약하여 혼자서 공부하기에 부족한 면이 있다. 또한 2, 3학년에서 배워야 하는 내용으로 적합하지 않은 내용이 많아 교재 선택에 어려운 점이 있었다. 이 책은 이러한 단점을 극복하고자 일변수함수론 및 다변수함수론을 모두 기술하였으며 많은 보기와 연습문제를 실어 혼자 공부하기에 충분하도록 하였다. 이 책은 W. Wade의 저서를 토대로 저술되었으며 국내 대학의 사정에 맞추어 내용을 가감하였다.

이 책은 통상 2학기 내지 3학기동안 강의하도록 구성되었으며, 두 부분으로 구성되었다. 첫째 부분은 1장부터 4장까지, 둘째 부분은 5장부터 8장까지로 이루어져 있다.

내용은 1장부터 3장까지는 일변수함수의 미분과 적분을 다루었는데 실수의 성질, 극한, 함수의 연속성, 미분가능성, 적분가능성을 다루었다.

4장에서는 급수의 성질 및 수렴판정, 함수열의 수렴성, 연속성, 미분가능 및 적분가능성, 테일러 정리에 관하여 다루었다.

5장부터 8장까지는 다변수함수의 미분과 적분을 다루었는데 고차원 공간의 소개, 위상적 성질, 다변수함수의 극한, 연속성, 미분가능성, 적분가능성등을 다루었다.

수학 용어의 사용은 대한수학회에서 발행된『수학용어집』의 용어를 사용하였으나 적절하지 않은 용어나 한자말로 작성된 용어는 가급적 우리말로 풀어 사용하였다.

이 책은 그동안 오류를 제대로 고치지 못한 7장과 8장을 중심으로 새로운 예제를 추가하고 내용을 수정하고, 1장부터 6장까지는 오타 및 그동안 발견된 오류의 수정을 하였다.

앞으로도 이 책으로 강의하시는 교수님들께서 내용상 오류나 체제상의 문제점을 지적하여 주실 것을 간절하게 바란다. 앞으로도 더 좋은 책이 될 수 있도록 주위의 여러분의 아낌없는 지도 편달을 바란다.

끝으로, 이 책을 출판할 수 있도록 도와준 도서출판 경문사 여러분께 감사드린다.

2015년 1월

지은이 일동

차 례

일러두기

이 책에서 사용하는 수의 집합에 관한 용어를 다음과 같이 정의한다.

$\mathbb{N} = \{1, 2, \cdots, n, \cdots\}$: 모든 자연수의 집합

$\mathbb{Z} = \{\cdots, -2, -1, 0, 1, 2, \cdots\}$: 모든 정수의 집합

$\mathbb{Q} = \{n/m : m, n \in \mathbb{Z},\ m \neq 0\}$: 모든 유리수의 집합

$\mathbb{R} = (-\infty, \infty)$: 모든 실수의 집합

$(a, b) = \{x \in \mathbb{R} : a < x < b\}$ 열린구간

$[a, b) = \{x \in \mathbb{R} : a \leq x < b\}$

$(a, b] = \{x \in \mathbb{R} : a < x \leq b\}$

$[a, b] = \{x \in \mathbb{R} : a \leq x \leq b\}$ 닫힌구간

$[a, \infty) = \{x \in \mathbb{R} : a \leq x < \infty\}$

참고로 $\subseteq$ 와 $\subset$, $\supseteq$ 와 $\supset$ 는 같은 의미로 사용한다. $A \Rightarrow B$ 는 A 이면 B 이다, $A \Longleftrightarrow B$ 는 "A 이면 B 이고 역도 성립한다", 또는 "A 가 성립하기 위한 필요충분조건은 B 이다" 를 의미한다.

1 실수계

우리는 자연수부터 정수, 유리수 및 실수에 이르기까지 직관적으로 수의 체계를 받아들이고 이해하였고, 일찍이 초등학교부터 지금까지 아무런 의심없이 사용했던 개념들이었다. 실수를 제외한 유리수 및 몇 몇 무리수와 초월수등은 극히 일부분만 다루고 바로 실수라는 추상적인 수의 집합을 도입하여 사용하였다. 이 장에서는 직관적인 수의 체계가 아닌 좀 더 엄밀하게 공리를 이용하여 실수계를 도입하고 이를 이용하여 자연수, 정수, 유리수와 무리수를 유도하고 이들의 관계를 조사하여 실수의 완비성 및 수열의 개념을 이용하여 보다 심도있는 실수의 성질을 연구한다.

1.1 집합과 함수

집합이란 수학적 대상을 모아 놓은 모임을 말하고 영어의 대문자 $A, B, \ldots$ 로 나타낸다. **공집합**이란 "아무 원소도 포함하지 않은 집합"이고 $\emptyset$ 으로 나타낸다. $a \in A$ 은 "a 가 A 의 원소"임을 뜻하고, $a \notin A$ 는 "a 가 A 의 원소가 아님"을 뜻한다. A 가 공집합이 아니면 $A \neq \emptyset$ 로 표기한다. 집합을 표현하는 데에는 직접 원소를 나열하거나 문장을 이용하는 두가지 방식이 있다. 예를 들어 방정식 $x^2 = 3$ 의 해집합은

$$\{\sqrt{3}, -\sqrt{3}\} \quad \text{또는} \quad \{x : x^2 = 3 \text{ 를 만족하는 실근 }\}$$

으로 나타낼 수 있다.

$A \subseteq B$(또는 $B \supseteq A$) 이란 "$(\forall x)(x \in A \Rightarrow x \in B)$" 을 뜻하며 A 는 B 의 **부분집합**이라 한다. $A \subset B$(또는 $B \supset A$) 이란 "$A \subseteq B$ 이고 $(\exists x)(x \in B$ 이지만 $x \notin A)$"임을 뜻하며 A 는 B 의 **진부분집합**이라 하고 때로는 $A \subsetneq B$(또는 $A \subsetneqq B$)으로 표현한다. $A = B$ 은 $A \subseteq B$

이고 $B \subseteq A$ 임을 뜻하고 A 와 B 는 **서로 같다**[1]라고 한다.

$A \cup B = \{x : x \in A$ 또는 $x \in B\}$ 을 "A 와 B 의 **합집합**", $A \cap B = \{x : x \in A,\ x \in B\}$ 을 "A 와 B 의 **공통집합**"이라 한다. 집합 A, B 의 공통부분이 없을 때 $A \cap B = \emptyset$ 로 나타낸다. $A \setminus B = \{x : x \in A, x \notin B\}$ 는 "A 에 대한 B 의 **차집합**"이라 한다. 특히 X 가 전체집합일 때 $X \setminus A$ 를 "A 의 **여집합**"이라 하고 A^c 로 나타낸다.

정리 1.1 *A, B, C 를 집합이라 하자. 그러면*

(i) $A \cup B = B \cup A,\ A \cap B = B \cap A.$

(ii) $A \cup A = A,\ A \cap A = A.$

(iii) $A \cup (B \cup C) = (A \cup B) \cup C,\ A \cap (B \cap C) = (A \cap B) \cap C.$

(iv) $A \cap (B \cup C) = (A \cap B) \cup (A \cap C),\ A \cup (B \cap C) = (A \cup B) \cap (A \cup C).$

X, Y를 집합이라고 하자. X 와 Y 의 **데카르트곱** $X \times Y$ 은 순서쌍의 집합으로 정의한다.

$$X \times Y := \{(x, y) : x \in X, y \in Y\}.$$

여기서 기호 := 는 "왼쪽 식을 오른쪽 식으로 정의함"의 의미로 사용한다. 두 순서쌍 $(x, y) = (z, w)$ 의 의미는 $x = z, y = w$ 로 정의한다[2]. $X \times Y$ 위의 **관계(relation)** $\mathcal{R}$ 은 $\mathcal{R} \subset X \times Y$ 이다. $\mathcal{R}$ 의 **정의역** $Dom(\mathcal{R})$ 은

$$Dom(\mathcal{R}) = \{x \in X\ :\ (x, y) \in \mathcal{R}\}$$

으로 정의한다. $(x, y) \in \mathcal{R}$ 이면 $x\mathcal{R}y$ 로 나타낸다. X 에서 Y 로의 **함수** f (표기 $f : X \to Y$) 는 $X \times Y$ 위의 관계로서 정의역이 $X(= Dom(f))$ 이며 성질

각각의 $x \in X$에 대하여 $(x, y) \in f$ 인 $y \in Y$ 가 꼭 한 개 존재한다

를 만족한다. 이 경우, "함수 f 는 X 위에서 정의된다"하고 y 를 x **에서 함수** f **의 값**이라 한다(표기: $y = f(x)$ 또는 $f : x \longmapsto y$). 순서쌍의 동일성의 정의로부터 두 개의 함수 f 와 g 가 **같다**함은

$$f = g \iff \text{Dom}(f) = \text{Dom}(g), \quad f(x) = g(x) \qquad \forall x \in \text{Dom}(f).$$

---

1) $A = B$ 를 증명하기 위해서는 $x \in A$ 인 모든 x 는 $x \in B$ 이고 그 역도 성립함을 보여야 한다.

2) 보다 엄밀하게 순서쌍 $(x, y) = \{x, \{x, y\}\}$ 으로 정의한다. 그러면 위의 정의와 동치이다[8].

으로 정의한다.

집합들의 모임 $\mathcal{E}$, 집합 A 그리고 함수 $F : A \to \mathcal{E}$ 가 주어졌을 때 A 를 $\mathcal{E}$ 의 **지표집합**(index set), "$\mathcal{E}$ 는 A 에 의하여 **표시되었다**(indexed by A)"라고 한다. 이 때 $F(\alpha)$ 을 E_α 로 나타내면

$$\mathcal{E} = \{E_\alpha\}_{\alpha \in A}$$

으로 표기할 수 있다.

정의 1.1 $\mathcal{E} = \{E_\alpha\}_{\alpha \in A}$ *라 하자. 이 때 다음과 같이 정의한다.*

(i) $\displaystyle\bigcup_{\alpha \in A} E_\alpha := \{x : \text{ 어떤 } \alpha \in A \text{ 에 대하여 } x \in E_\alpha\}$

(ii) $\displaystyle\bigcap_{\alpha \in A} E_\alpha := \{x : \text{ 모든 } \alpha \in A \text{ 에 대하여 } x \in E_\alpha\}$

정리 1.2 $\{E_\alpha\}_{\alpha \in A}$ *를* X *의 부분집합들의 모임이라고 하자.*

(i) $\left(\bigcup_{\alpha \in A} E_\alpha\right) \cap F = \bigcup_{\alpha \in A}(E_\alpha \cap F)$,

(ii) $\left(\bigcap_{\alpha \in A} E_\alpha\right) \cup F = \bigcap_{\alpha \in A}(E_\alpha \cup F)$.

증명 (i) $x \in \left(\bigcup_{\alpha \in A} E_\alpha\right) \cap F$ 라고 하자. 그러면 $x \in \left(\bigcup_{\alpha \in A} E_\alpha\right)$ 이고 $x \in F$ 이다. $x \in \left(\bigcup_{\alpha \in A} E_\alpha\right)$ 이므로 $x \in E_\alpha$ 인 $\alpha \in A$ 가 존재한다. 따라서 $\alpha \in A$ 가 존재하여 $x \in E_\alpha \cap F$ 이다. 따라서 $x \in \bigcup_{\alpha \in A}(E_\alpha \cap F)$. 그러므로 $\left(\bigcup_{\alpha \in A} E_\alpha\right) \cap F \subseteq \bigcup_{\alpha \in A}(E_\alpha \cap F)$. 이제 $x \in \bigcup_{\alpha \in A}(E_\alpha \cap F)$ 라 하자. 적당한 $\beta \in A$ 가 존재하여 $x \in E_\beta \cap F$ 이다. 따라서 $x \in E_\beta$ 이고 $x \in F$ 이다. 따라서 $x \in \bigcup_{\alpha \in A} E_\alpha$ 이고 $x \in F$ 이다. 그러므로 $x \in \left(\bigcup_{\alpha \in A} E_\alpha\right) \cap F$ 이고 $\bigcup_{\alpha \in A}(E_\alpha \cap F) \subseteq \left(\bigcup_{\alpha \in A} E_\alpha\right) \cap F$.

(ii) 은 독자에게 남긴다. ■

정리 1.3 (드모르강 법칙) X *는 집합,* $\{E_\alpha\}_{\alpha \in A}$ *를* X *의 부분집합들의 모임이라고 하자.* $E^c = X \setminus E$ *로 나타내면 다음이 성립한다.*

$$\left(\bigcup_{\alpha \in A} E_\alpha\right)^c = \bigcap_{\alpha \in A} E_\alpha^c, \tag{1.1}$$

$$\left(\bigcap_{\alpha \in A} E_\alpha\right)^c = \bigcup_{\alpha \in A} E_\alpha^c. \tag{1.2}$$

증명 $x \in (\cup_{\alpha\in A} E_\alpha)^c$ 라고 가정하면 $x \notin \cup_{\alpha\in A} E_\alpha$ 이다. 정의에 의하여 모든 $\alpha \in A$ 에 대하여 $x \notin E_\alpha$ 이므로 $x \in E_\alpha^c$ 가 되어 (1.1) 의 우변이 성립한다. 나머지의 증명은 생략한다. ■

다음 개념은 이후에도 자주 이용된다.

정의 1.2 *X, Y 는 집합이고 함수 $f : X \to Y$ 가 주어졌을 때 f 에 의한 $E \subseteq X$ 의* **상***(image) 은*

$$f(E) := \{f(x) \in Y \ : \ x \in E\},$$

f 에 의한 $F \subseteq Y$ 의 **역상***(inverse image) 은*

$$f^{-1}(F) := \{x \in X \ : \ f(x) \in F\} \tag{1.3}$$

으로 정의한다.

정의 1.2에 의하여

명제 1.1 *함수 $f : X \to Y$ 에 대하여*

(i) *$F \subseteq Y$ 일 때 $f(f^{-1}(F)) \subseteq F$.*

(ii) *$E \subset X$ 일 때 $f^{-1}(f(E)) \supseteq E$.*

주의 1 *명제 1.1(ii) 에서 f 가 단사가 아니면 등호가 성립하지 않는다.*

다음 결과는 5 장과 7 장에서 이용한다.

정리 1.4 *X, Y 는 집합이고 함수 $f : X \to Y$ 에 대하여 다음이 성립한다.*

(i) *$\{E_\alpha\}_{\alpha\in A}$ 가 X 의 부분집합들의 모임일 때*

$$f\left(\bigcup_{\alpha\in A} E_\alpha\right) = \bigcup_{\alpha\in A} f(E_\alpha), \quad f\left(\bigcap_{\alpha\in A} E_\alpha\right) \subseteq \bigcap_{\alpha\in A} f(E_\alpha),$$

더구나 $B \subseteq C \subseteq X$ 이면

$$f(C \setminus B) \supseteq f(C) \setminus f(B).$$

(ii) $\{F_\alpha\}_{\alpha\in A}$ 가 Y 의 부분집합들의 모임일 때

$$f^{-1}\left(\bigcup_{\alpha\in A} F_\alpha\right) = \bigcup_{\alpha\in A} f^{-1}(F_\alpha), \quad f^{-1}\left(\bigcap_{\alpha\in A} F_\alpha\right) = \bigcap_{\alpha\in A} f^{-1}(F_\alpha),$$

더구나 $B \subseteq C \subseteq Y$ 이면

$$f^{-1}(C \setminus B) = f^{-1}(C) \setminus f^{-1}(B).$$

증명 (i) 정의에 의하여

$$\begin{aligned} y \in f(\cup_{\alpha\in A} E_\alpha) &\iff (\exists x \in \bigcup_{\alpha\in A} E_\alpha)(y = f(x)) \\ &\iff (\exists \alpha \in A)(\exists x \in E_\alpha)(y = f(x)) \\ &\iff (\exists \alpha \in A)(y \in f(E_\alpha)) \\ &\iff y \in \bigcup_{\alpha\in A} f(E_\alpha). \end{aligned}$$

마찬가지로

$$\begin{aligned} y \in f(\cap_{\alpha\in A} E_\alpha) &\iff (\exists x \in \bigcap_{\alpha\in A} E_\alpha)(y = f(x)) \\ &\iff (\forall \alpha \in A)(\exists x \in E_\alpha)(y = f(x)) \\ &\iff (\forall \alpha \in A)(y \in f(E_\alpha)) \\ &\iff y \in \bigcap_{\alpha\in A} f(E_\alpha) \end{aligned}$$

이다. 한편 $y \in f(C) \setminus f(B)$ 이면 $y = f(c)$ 이 되는 $c \in C$ 가 있으며 임의의 $b \in B$ 에 대하여 $y \neq f(b)$ 이다. 그러므로 $y \in f(C \setminus B)$ 이다. (ii) 의 증명은 생략한다. ■

연습문제 (1.1)

1. 정리 1.1을 증명하여라.

2. 다음을 증명하여라.

(a) $A \cap (A^c \cup B) = A \cap B$

(b) $A \backslash B = B^c \backslash A^c$

(c) $A \times (B \cap C) = (A \times B) \cap (A \times C)$

(d) $A \times (B \cup C) = (A \times B) \cup (A \times C)$

(e) $(A \times B) \cap (C \times D) = (A \cap C) \times (B \cap D)$

3. $\{A_i\}_{i \in I}, \{B_j\}_{j \in J}$ 을 집합들의 모임이라 하자. 다음을 증명하여라.

(a) $\left(\bigcap_{i \in I} A_i\right) \times \left(\bigcap_{j \in J} B_j\right) = \bigcap_{(i,j) \in I \times J} (A_i \times B_j)$.

(b) $\left(\bigcup_{i \in I} A_i\right) \times \left(\bigcup_{j \in J} B_j\right) = \bigcup_{(i,j) \in I \times J} (A_i \times B_j)$.

(c) $\left(\bigcup_{i \in I} A_i\right) \backslash \left(\bigcup_{j \in J} B_j\right) = \bigcup_{i \in I} \left(\bigcap_{j \in J} (A_i \backslash B_j)\right)$.

(d) $\left(\bigcap_{i \in I} A_i\right) \backslash \left(\bigcap_{j \in J} B_j\right) = \bigcap_{i \in I} \left(\bigcup_{j \in J} (A_i \backslash B_j)\right)$.

4. (a) 명제 1.1을 증명하여라.

(b) f가 **일대일**(또는 **단사**)**함수**라 함은 f의 정의역의 서로 다른 원소 쌍에 대해서 f하의 그것들의 상이 서로 다르다. f가 일대일함수이면 명제 1.1(ii)에서 등호가 성립함을 보여라.

(c) f가 **전사함수**라 함은 $Y = f(X)$일 때를 말한다. 즉, Y의 모든 원소는 X의 어떤 원소의 f에 의한 상이다. f가 전사함수이면 명제 1.1(i)에서 등호가 성립함을 보여라.

5. 주의 1의 보기를 찾아라.

6. 정리 1.4를 보기를 들어 설명하여라.

1.2 실수계

수학의 어떤 이론들을 증명하기 위해서 그 이론의 토대가 되는 명제를 가지고 증명을 하게 되고 또한 이러한 토대가 되는 사실은 또 다시 그 아래의 토대가 되는 사실로부터 증명하게 되어 언젠가는 누구나 인정할 수 있는 사실에 도달하게 되는 명제를 공리라고 부른다. 즉, 공리란 수학의 토대가 되는 기초적 개념의 출발로써 누구나 인정할 수 있는 사실들을 말한다. 이러한 개념은 이미 유클리드에 의해서 기하학의 토대가 설립되면서 시작된 오래된 방법이다.

우리가 주로 다루게 되는 실수는 페아노(Peano)의 공리를 도입하여 자연수를 만들고, 자연수들의 순서쌍에 동치관계를 주어 동치류를 도입하여 정수로 확장하고, 이와 비슷한 방법으로 각 수의 동치류를 이용하여 유리수, 실수를 만드는 작업을 할 수 있다([7]). 특히 유리수부터 실수를 만드는데는 데데킨트의 절단의 개념이 필요하다([4], [10]). 그러나 이러한 방법은 매우 엄밀하나 대수학적인 개념과 이를 도입하기 위해서는 많은 개념들이 필요하여 번거롭다. 또한 초심자들에게는 적합하지 않다. 실제로 이러한 접근 방식은 정수론과 집합론에서 다루고 있다([8]). 우리는 실수계 공리를 이용하여 도입하는 방법을 택하기로 한다([13], [9]).

실수의 집합 $\mathbb{R}$ 은 다음 공리계들을 만족하는 체(field)로 가정한다.

공리 1(체의 공리). 연산 $+, \cdot$는 $\mathbb{R} \times \mathbb{R}$ 위에서 $\mathbb{R}$ 으로의 함수이고 $a, b, c \in \mathbb{R}$ 에 대하여 다음을 만족한다.

F1. $a + (b + c) = (a + b) + c.$

F2. $a + b = b + a.$

F3. 원소 $0 \in \mathbb{R}$ 이 존재하여 모든 $a \in \mathbb{R}$ 에 대하여

$$0 + a = a + 0 = a.$$

F4. 각 $x \in \mathbb{R}$ 에 대하여 원소 $y \in \mathbb{R}$ 이 존재하여

$$x + y = y + x = 0.$$

F5. $a \cdot (b \cdot c) = (a \cdot b) \cdot c.$

F6. $a \cdot b = b \cdot a.$

F7. 원소 $1 \in \mathbb{R}(1 \neq 0)$ 이 존재하여 모든 $a \in \mathbb{R}$ 에 대하여

$$1 \cdot a = a \cdot 1 = a.$$

F8. 각 $x \in \mathbb{R} \setminus \{0\}$ 에 대하여 원소 $z \in \mathbb{R}$ 이 존재하여

$$x \cdot z = z \cdot x = 1.$$

F9. $a \cdot (b + c) = a \cdot b + a \cdot c, \quad (a + b) \cdot c = a \cdot c + b \cdot c.$

공리 1 의 덧셈과 곱셈의 항등원 및 역원은 유일하다. 덧셈의 역원 y 를 $-x$, 곱셈의 역원 z 를 x^{-1} 이라 쓴다. 따라서 실수의 사칙연산중 덧셈과 곱셈을 제외한 나머지 연산 뺄셈과 나눗셈을 덧셈의 역원과 곱셈의 역원을 이용하여 정의할 수 있다.

정의 1.3 *두 실수의 뺄셈과 나눗셈을 다음과 같이 정의한다.*

I. $a - b := a + (-b), \quad a, b \in \mathbb{R}.$

II. $\dfrac{a}{b} := a \cdot b^{-1}$, $a, b \in \mathbb{R}$, $b \neq 0$

우리는 앞에서 공리를 이용하여 실수를 도입하였다. 이러한 공리만을 사용하여 실수가 가지는 새로운 사실을 밝히는 증명이라는 방법을 사용하게 된다. 일반적으로 모든 수학적 정리는 가정과 결론이 있다. 이것을 증명을 하기 위한 방법에는 연역법, 모순법(또는 귀류법), 수학적 귀납법(mathematical induction)의 세가지의 중요한 방법이 있다.

연역법을 이용한 증명을 하기 위해서 옳은 가정을 하고 한 단계씩 나아가 결론에 도달한다. 각각의 단계는 가정, 정의, 공리 또는 이미 증명된 수학적인 사실에 의하여 옳음을 알 수 있어야 한다.

모순법(또는 귀류법)에 의하여 증명하기 위해서 옳은 가정을 하고 결론이 거짓이라고 가정하며 모순이 드러날 때까지, 즉 명제를 분명하게 거짓으로 만들거나 가정에 모순이 생길 때까지 각 단계를 연역적으로 추론을 해 나아간다. 이런 점에서 모순법은 완전하다. 모순법에 의한 증명은 "(결과가) 거짓이라고 가정하자" 는 문장으로 시작한다(정리 1.5의 증명 참조).

마지막으로 수학적 귀납법은 정리 1.5를 이용한 방법이다. 이는 주로 자연수와 관련된 명제를 증명하는데 이용되는 증명 방법이다. 이 증명법은 자연수의 정렬성질과 수학적 귀납법의 동치성을 이용하여 증명하는 방법이다.

아래의 명제들은 연역적인 증명을 사용하는 보기이다(기호 ■ 는 증명끝 또는 풀이끝을 뜻한다[3]).

공리 1을 사용하면 실수의 간단한 성질을 얻는다.

명제 1.2 *실수 a, b, c에 대해서*

(i) $a + c = b + c \Rightarrow a = b.$ (ii) $0 \cdot a = 0.$

(iii) $(-a)b = -ab.$ (iv) $(-a)(-b) = ab.$

3) 이 표식은 Halmos 에 의해 처음 사용되었다.

(v) $ac = bc$ 이고 $c \neq 0$ 이면 $a = b$.

증명 (i) $a+c = b+c \Rightarrow (a+c)+(-c) = (b+c)+(-c)$. 따라서 F1 에 의하여 $a+[c+(-c)] = b+[c+(-c)]$ 이고 F4 에 의하여 $a+0 = b+0$ 이고 따라서 F3 에 의하여 $a = b$.

(ii) F3 과 F9 로부터 $a \cdot 0 = a \cdot (0+0) = a \cdot 0 + a \cdot 0$ 이고 따라서 $0 + a \cdot 0 = a \cdot 0 + a \cdot 0$ 이므로 (i) 로부터 $0 = a \cdot 0$.

(iii) $a + (-a) = 0$ 이므로 F9, (ii) 및 F4에 의하여 $ab + (-a)b = [a + (-a)] \cdot b = 0 \cdot b = 0 = ab + (-(ab))$. (i) 에 의하여 $(-a)b = -(ab)$.

(iv) 와 (v) 는 연습문제로 남긴다. ■

공리 1 로부터 실수는 $2 := 1+1, 3 := 2+1, 4 := 3+1, \ldots$ 등을 포함하는 자연수(Natural numbers) 의 집합

$$\mathbb{N} := \{1, 2, 3, 4, \cdots\},$$

0과 자연수 그리고 자연수 $n \in \mathbb{N}$의 덧셈에 대한 역원 $-n$등으로 이루어진 정수의 집합

$$\mathbb{Z} := \{\cdots, -2, -1, 0, 1, 2, \cdots\}$$

($\mathbb{Z}$ 은 독일어의 Zahlen(정수)에서 유래되었다.), 정수 및 정수의 곱셈에 대한 역원의 곱으로 이루어진 유리수(분수)의 집합

$$\mathbb{Q} := \{m/n : m \in \mathbb{Z}, n \in \mathbb{N}\}$$

($\mathbb{Q}$ 는 몫(Quotient)에서 유래되었다.), 무리수의 집합

$$\mathbb{Q}^c = \mathbb{R} \setminus \mathbb{Q};$$

을 포함함을 알 수 있다. $\mathbb{Q}$ 내에서 등호는

$$\frac{m}{n} = \frac{p}{q} \quad \Longleftrightarrow \quad mq = np$$

로 정의하면 집합 $\mathbb{N}, \mathbb{Z}, \mathbb{Q}, \mathbb{R}$ 이 다음과 같은 포함관계

$$\mathbb{N} \subset \mathbb{Z} \subset \mathbb{Q} \subset \mathbb{R}$$

를 가진다.

일반적으로 공리 1을 만족하는 덧셈과 곱셈이 정의된 임의의 집합 $F = F(+, \cdot)$ 을 **체(field)**라 부른다. 실제로 유리수들의 집합 $\mathbb{Q}$ 는 공리 1 을 만족하며 **유리수체**라고 부르고

실수는 공리 1로부터 **실수체**가 된다[4]. 그러나 자연수들의 집합 $\mathbb{N}$ 과 정수들의 집합 $\mathbb{Z}$ 는 공리 1의 성질을 만족하지 않는다.

공리 1 로부터 $\mathbb{R}$ 이 가지는 대수적인 성질을 모두 유도할 수 있지만 실수계를 완전하게 설명할 수는 없다. 실수계는 대소관계(또는 순서관계)가 있다.

공리 2(순서공리). $\mathbb{R}$ 에는 다음 성질을 만족하는 양의 실수들의 부분집합 P 가 있다.

O1. $a, b \in P \quad \Longrightarrow \quad a+b \in P.$

O2. $a, b \in P \quad \Longrightarrow \quad ab \in P.$

O3. $a \in \mathbb{R}$ 에 대하여 다음 중 하나만 성립한다.

$$a = 0, \quad a \in P, \quad -a \in P.$$

$a < b$ 는 $b - a \in P$ 를 의미하는 것으로 정의한다. 정의로부터 $0 < a$인 실수들은 모두 양의 실수임을 알 수 있다. $a \leq b, b \geq a$ 는 $a < b$ 또는 $a = b$ 를 의미하는 것으로 하자. $a < b, b < c$ 는 $a < b < c$ 로 쓰기로 한다. 공리 2 로 부터 다음 명제를 얻는다.

명제 1.3 *a, b, c 는 실수일 때*

(i) *$a < b$ 이고 $b < c$ 이면 $a < c$.*

(ii) *임의의 두 실수 a, b 에 대하여 다음 중 하나만 성립한다:*

$$a = b, \quad a > b, \quad a < b.$$

(iii) *$a < b$ 이고 $c < d$ 이면 $a + c < b + d$.*

(iv) *$a < b$ 일 때, $0 < c$ 이면 $ac < bc$; $c < 0$ 이면 $ac > bc$.*

증명 순서공리가 만족된다고 가정하자. (i) $a < b$이고 $c < d$ 이면 정의로부터 $b - a \in P$이고 $c - b \in P$ 이다. O1 으로부터 $c - a = (b - a) + (c - b) \in P$ 이다. 따라서 $a < c$ 이다.

---

4) 복소수들의 집합에 복소수들의 합과 곱을

$$(a + ib) + (c + id) := (a + c) + i(b + d), \quad (a + ib) \cdot (c + id) = (ac - bd) + i(ad + bc)$$

라 정의하면 복소수들의 집합 $\mathbb{C} = \mathbb{C}(+, \cdot)$ 는 공리 1을 만족한다.

(ii) 임의의 두 실수 a, b에 대해서 $a-b$는 실수이므로 O3에 의하여

$$a-b=0, \quad a-b \in P, \quad -(a-b) \in P$$

이므로 (ii)의 결과가 나온다.

(iii) $a < b$이고 $c < d$이면 정의로부터 $b-a \in P$이고 $d-c \in P$이므로 O1으로부터 $(b+d)-(a+c)=(b-a)+(d-c) \in P$이므로 $a+c<b+d$가 성립한다.

(iv) $a<b$이면 $b-a \in P$ 이고 $0<c$이면 $c \in P$이므로 O2에 의하여 $bc-ac=(b-a)c \in P$이다. 따라서 $ac<bc$ 이다. $c<0$ 이면 $-c \in P$ 이므로 $ac-bc=(-c)(b-a) \in P$ 이다. 따라서 $ac<bc$ 이다. ■

참고 1 *명제 1.3과 공리 2 는 서로 동치이다. 실제로 명제 1.3을 가정하고 양의 실수들의 집합을 $P=\{a \in \mathbb{R} : 0<a\}$ 라 두면 집합 P가 순서공리 O1, O2, O3을 만족함을 알 수 있다.*

공리 1과 공리 2를 모두 만족하는 덧셈과 곱셈이 정의된 집합 $F = F(+, \cdot, <)$ 을 **순서체(ordered field)**라 한다. 실수와 유리수는 공리 1과 공리 2를 만족하므로 순서체이다. [5]

보기 1 *$a, b \in \mathbb{R}$ 일 때 다음을 증명하여라.*

(i) $a \neq 0$ *이면* $a^2>0$.

(ii) $-1<0<1$.

(iii) $0<a<1$ *일 때* $0<a^2<a$

(iv) $a>1$ *일 때* $a^2>a$.

증명 (i) $a \neq 0$ 이라고 가정하자. 삼분법(명제 1.3(ii))에 의하여 $a>0$ 또는 $a<0$ 이다. 명제 1.3(iv) 에 의하여 $a>0$ 이나 $a<0$ 이든 어느 경우에도 $a^2>0$ 이 성립한다.

(ii) $1 \neq 0$ 이므로 (i) 에 의하여 $1=1^2>0$ 이다. -1 을 양변에 더하면 $0=1-1>0-1=-1$ 이 성립한다.

(iii) $0<a<1$ 라고 가정하자. 양변에 a 를 곱하면

$$0=0 \cdot a<a \cdot a=a^2<1 \cdot a=a$$

이다.

5) 복소수체는 공리2를 만족하지 않으므로 순서체가 아니다.

(iv) $a > 1$ 이면 (ii)와 명제 1.3(i)에 의하여 $a > 0$ 이다. 명제 1.3(iv)에 의하여 $a > 1$ 의 양변에 a 를 곱하면 $a^2 = a \cdot a > 1 \cdot a = a$ 이다.

■

수학적 귀납법은 자연수들의 집합과 관계있는 명제를 증명하는 데 사용하는 특별한 증명방법인데 이를 위해서 자연수의 정렬법칙이 필요하다. 정렬법칙을 서술하기 위한 최소(최대)원소에 대하여 정의한다.

정의 1.4 *$E \subset \mathbb{R}$ 이라 하자. 실수 a 가 집합 E 의* **최소원소(각각, 최대원소)***라 함은 $a \in E$ 이고 모든 $x \in E$ 에 대하여 $x \geq a$(각각, $x \leq a$)이다.*

공리 3(정렬법칙). $\mathbb{N}$ 의 임의의 부분집합($\neq \emptyset$)은 최소원소를 가진다.

$\mathbb{Z}, \mathbb{Q}, \mathbb{R}$ 은 최소원소를 가지지 않기 때문에 정렬법칙은 $\mathbb{N}$ 에 대하여만 성립한다. 정렬법칙이 성립하는 집합을 **정렬집합**이라 한다. 정렬법칙을 사용하면 수학적 귀납법이 성립한다.

정리 1.5 (수학적귀납법) *각각의 $n \in \mathbb{N}$ 에 대하여 $A(n)$ 이*

> $A(1)$ 이 참(true)이고, 임의의 $n_0 \in \mathbb{N}$ 에 대하여 $A(n_0)$ 가 참이면 $A(n_0+1)$ 도 참이다.

을 만족하는 명제라고 하자. 그러면 모든 $n \in \mathbb{N}$ 에 대하여 $A(n)$ 이 참이다.

증명 정리가 거짓이라고 가정하자. 그러면 $E := \{n \in \mathbb{N} : A(n)$ 은 거짓$\} \neq \emptyset$ 이다. 공리 3 에 의하여 E 는 최소원소 x 를 가진다. $x \in E \subseteq \mathbb{N}$ 이고 $A(1)$ 이 참이므로 $x \geq 2$ 이다. 그러므로 $x - 1 \geq 1$ 이 되어 $x - 1 \in \mathbb{N}$ 이다. 그러나 $x - 1 < x$ 이고 x 는 E 의 최소원소이므로 $A(x-1)$ 이 참이다. 가정을 $n_0 = x - 1$ 에 적용하면 $A(x) = A(n_0 + 1)$ 은 참이어야 한다. 즉, $x \notin E$ 이므로 모순이다. ■

참고 2 *정렬법칙과 수학적 귀납법은 서로 동치이다.*

증명 정리 1.5에 의하여, 수학적 귀납법이 성립한다고 가정하고 정렬법칙을 증명하면 충분하다. A 를 $\mathbb{N}$ 의 공집합이 아닌 부분집합이고 A 는 최소원소를 가지지 않는다고 가정하자. 이것이 모순을 일으킴을 보이자. $M \subseteq \mathbb{N}$ 을

$$M = \{x \in \mathbb{N} \mid \text{각 } a \in A \text{ 에 대하여 } x < a\}$$

라고 정의하자. 실수의 삼분률에 의하여 $M \cap A = \emptyset$. 그러므로 $1 \notin A$. 그렇지 않다면 1 은 A 의 최소원소가 된다. 따라서 각 $a \in A$ 에 대하여 $1 < a$. 그러므로 $1 \in M$ 이다. $p \in M$ 이

라 가정하자. 그러면 각 $a \in A$ 에 대하여 $p < a$. 만일 $p+1 \in A$ 이면 $p+1$ 은 p 보다 큰 첫 번째 자연수이고 A 의 최소원소가 된다. 그런데 A 는 최소원소를 가지지 않는다고 가정하였으므로 $p+1 \notin A$ 이고 따라서 각 $a \in A$ 에 대하여 $p+1 < a$ 이다. 그러므로 $p+1 \in M$ 이고 가정에 의하여 $M = \mathbb{N}$. 그러나 $M \cap A = \emptyset$ 이므로 $A = \emptyset$ 이어야 한다. 이것은 A 가 공집합이 아니라는 가정에 모순이다. 따라서 A 는 최소원소를 가져야 한다. ■

보기 2 (베르누이 부등식) *각 $n \in \mathbb{N}$ 에 대하여*

$$1 + nx + \frac{n(n-1)}{2}x^2 \leq (1+x)^n, \qquad x > 0 \tag{1.4}$$

임을 수학적 귀납법으로 증명하여라.

증명 $A(n)$ 을 (1.4) 라 두자. 먼저 $A(1)$ 이 성립함은 당연하다. $A(n)$ 이 성립한다고 가정하자. $A(n+1)$ 이 성립함을 보이면 된다. 즉,

$$1 + (n+1)x + \frac{n(n+1)}{2}x^2 \leq (1+x)^{n+1}$$

임을 보이자.

$$\begin{aligned} (1+x)^{n+1} &= (1+x)(1+x)^n \geq (1+x)\left(1 + nx + \frac{n(n-1)}{2}x^2\right) \\ &= 1 + (n+1)x + \frac{n(n+1)}{2}x^2 + \frac{n(n-1)}{2}x^3 \\ &\geq 1 + (n+1)x + \frac{n(n+1)}{2}x^2 \end{aligned}$$

따라서 수학적 귀납법에 의하여 모든 자연수 $n \in \mathbb{N}$ 에 대하여 $A(n)$ 이 성립한다. ■

실수의 절대값 개념은 두 실수 사이의 거리로 특히 위상적 성질을 설명할 때 매우 유용하다.

정의 1.5 $a \in \mathbb{R}$ *의* **절대값** $|a|$ *을 다음과 같이 정의한다.*

$$|a| = \begin{cases} a & a \geq 0, \\ -a & a < 0. \end{cases}$$

절대값은 정리 1.6에서 보는 것처럼 세 개의 중요한 성질이 있다. 이 성질은 실제로 거리공간이라는 위상공간을 도입하는데 중요한 역활을 한다. 5장의 $\mathbb{R}^n$ 의 벡터의 노름도 이와 비슷한 성질을 만족함을 알 수 있다(정리 5.5을 보라).

정리 1.6 (i) *모든* $a \in \mathbb{R}$ *에 대하여* $|a| \geq 0$ *이고,*

$$|a| = 0 \iff a = 0.$$

(ii) *모든* $a, b \in \mathbb{R}$ *에 대하여,* $|ab| = |a||b|$.

(iii) **(삼각부등식)** *모든* $a, b \in \mathbb{R}$ *에 대하여,*

$$||a| - |b|| \leq |a - b|, \quad |a + b| \leq |a| + |b|.$$

증명 (i) $a \geq 0$ 이면 $|a| = a \geq 0$. $a < 0$ 이면 정의 1.5에 의하여 $|a| = -a = (-1)a > 0$. 그러므로 $|a| \geq 0 \quad (\forall a \in \mathbb{R})$ 이다. $|a| = 0$ 이면 정의에 의하여 $\pm a = 0$. 그러므로 $a = 1 \cdot a = (\pm 1)^2 a = (\pm 1)(\pm a) = (\pm 1) \cdot 0 = 0$. 그러므로 $|a| = 0 \Longrightarrow a = 0$. 역으로 정의에 의하여 $|0| = 0$ 이다.

(ii) $a = 0$ 또는 $b = 0$ 이면 $ab = 0$ 이므로 주어진 등식은 성립한다. $a > 0, b > 0$ 이면 $ab > 0^2 = 0$ 이고 $|ab| = ab = |a||b|$. $a > 0, b < 0$ 이거나 $a < 0, b > 0$ 일 때 다른 경우도 비슷하게 증명되므로 $a > 0, b < 0$ 이라고 가정하자. 그러면 $ab < 0$ 이고 $|ab| = -(ab) = (-1)ab = a((-1)b) = a(-b) = |a||b|$. $a < 0, b < 0$ 일 때, $ab > 0$ 이고 $|ab| = ab = (-1)^2 ab = (-a)(-b) = |a||b|$.

(iii) 두번째 부등식을 증명하기 위해서 모든 $x \in \mathbb{R}$ 에 대하여 $|x| \leq |x|$ 에 유의하자. 연습문제 1(a) 에 의하여 $-|a| \leq a \leq |a|$, $-|b| \leq b \leq |b|$ 이다. 두 개의 부등식을 더하면 $-(|a| + |b|) \leq a + b \leq |a| + |b|$ 이다. 또 다시 연습문제 1(a) 에 의하여 $|a + b| \leq |a| + |b|$.

첫 번째 부등식을 증명하자. 먼저 $|a| - |b| = |a - b + b| - |b| \leq |a - b| + |b| - |b| = |a - b|$ 이고 $|b| - |a| \leq |b - a| = |-1||a - b| = |a - b|$ 을 이용하면 $-|a - b| \leq |a| - |b|$ 이다. 따라서 $-|a - b| \leq |a| - |b| \leq |a - b|$. 다시 연습문제 1(a) 에 의하여 $||a| - |b|| \leq |a - b|$. ■

참고 3 *삼각부등식에서* b *대신* $-b$ *를 대입하면*

$$||a| - |b|| \leq |a + b| \leq |a| + |b|.$$

실수의 부분집합들 중에서 구간은 매우 특별한 집합이다. 여러 가지 구간을 다음과 같이 정의하도록 한다. 다음과 같은 형태의 집합을 **닫힌구간**이라고 한다.

$$[a, b] := \{x \in \mathbb{R} : a \leq x \leq b\} \qquad [a, \infty) := \{x \in \mathbb{R} : a \leq x\}$$

$$(-\infty, b] := \{x \in \mathbb{R} : x \leq b\} \qquad (-\infty, \infty) := \mathbb{R}.$$

닫힌구간 $[a,b]$ 는 $a=b$ 일 때 **퇴화**, $a<b$ 이면 **비퇴화**라고 한다. 다음과 같은 형태의 집합을 **열린구간**이라고 한다.

$$(a,b) := \{x \in \mathbb{R} : a < x < b\} \qquad (a,\infty) := \{x \in \mathbb{R} : a < x\}$$
$$(-\infty,b) := \{x \in \mathbb{R} : x < b\} \qquad (-\infty,\infty) := \mathbb{R}.$$

구간이라 함은 열린구간, 닫힌구간 및 다음 형태의 반닫힌(또는 반열린) 구간을 말한다.

$$[a,b) := \{x \in \mathbb{R} : a \le x < b\}, \quad (a,b] := \{x \in \mathbb{R} : a < x \le b\}.$$

구간 I 가 **유계**라 함은 $\infty < a \le b < \infty$ 인 a,b 에 대하여 $[a,b]$, $[a,b)$, $(a,b]$ 또는 (a,b) 형태의 구간 I를 의미하며 이 경우 a, b 를 구간 I의 **끝점**이라고 부른다. 다른 형태의 구간은 "유 계 가 아 니 다"라고 한다.

실수의 집합은 수직선으로 나타내기도 하는데 $a<b$ 인 경우에 b는 a보다 우측에 나타난다. 구간의 길이는 절대값과 관련이 있다. 구간 I 가 유계이고 양 끝점이 $a,b(a<b)$ 라 하면 구간 I 의 **길이** $\ell(I)$ 를 $\ell(I)=b-a$ 로 정의한다. 또 두 점 a,b 사이의 **거리**는 $|b-a|$ 로 정의한다.

부등식은 구간으로 바꾸어 생각할 수 있는데, 예를 들면, $|a| \le M \iff a \in [-M,M]$ 이며, 모든 $\varepsilon > 0$에 대하여 $a \in (-\varepsilon,\varepsilon) \iff a=0$ 이다(연습문제 1).

연습문제 (1.2)

1. $a,x,y \in \mathbb{R}$, $M \ge 0$ 이라 하자. 다음을 증명하여라.

   (a) $|a| \le M \iff -M \le a \le M.$

   (b) 모든 $\varepsilon > 0$ 에 대하여, $x < y+\varepsilon \iff x \le y.$

   (c) 모든 $\varepsilon > 0$ 에 대하여, $x > y-\varepsilon \iff x \ge y.$

   (d) 모든 $\varepsilon > 0$ 에 대하여, $|a| < \varepsilon \iff a=0.$

2. $a \in \mathbb{R}$ 의 **양수부**(positive part), **음수부**(negative part)을 각각

$$a^+ = \begin{cases} a, & a \ge 0, \\ 0 & a < 0 \end{cases} \quad 와 \quad a^- = \begin{cases} 0 & a \ge 0, \\ -a & a < 0 \end{cases}$$

로 정의한다.

(a) 다음을 증명하여라

$$a^+ := \frac{|a| + a}{2}, \qquad a^- = \frac{|a| - a}{2}$$

(b) $a = a^+ - a^-, \quad |a| = a^+ + a^-$ 임을 증명하여라.

3. 임의의 두 실수 a, b 에 대하여 $\max\{a, b\}$, $\min\{a, b\}$ 를 a 와 b 중 각각 큰 원소, 작은 원소를 나타낸다고 하자. 이 때 다음을 증명하여라.

$$\frac{1}{2}(a + b + |a - b|) = \max\{a, b\}, \quad \frac{1}{2}(a + b - |a - b|) = \min\{a, b\}.$$

4. 다음을 증명하여라.

(a) $0 \le a < b$, 이고 $0 \le c < d$ 이면 $ac < bd$.

(b) $0 \le a < b$ 이면 $0 \le a^2 < b^2$.

(c) $0 < a < b$ 이면 $\frac{1}{a} > \frac{1}{b} > 0$.

(d) 가정 $a \ge 0$이 없으면 이 명제들이 거짓임을 증명하여라.

5. 집합 $\mathbb{C} = \{(a, b) \,:\, a,\, b \in \mathbb{R}\}$ 에 덧셈 과 곱셈을

$$(a, b) + (c, d) = (a + c, b + d), \quad (a, b) \cdot (c, d) = (ac - bd, ad + bc)$$

으로 정의하자. 다음을 증명하여라.

(a) $\mathbb{C}$ 은 체이다. (b) $\mathbb{C}$ 은 순서체가 아니다.

6. (a) 유리수 m/n 을 $m \cdot n^{-1} \in \mathbb{R}$ 로 표기한다. 공리 1을 이용하여 다음을 증명하여라.

$$\frac{m}{n} + \frac{p}{q} = \frac{mq + np}{nq}, \quad \frac{m}{n} \cdot \frac{p}{q} = \frac{mp}{nq}, \quad -\frac{m}{n} = \frac{-m}{n}, \quad \left(\frac{l}{n}\right)^{-1} = \frac{n}{l}$$

$(m, n, p, q, l \in \mathbb{Z}, n, q, l \neq 0)$ 임을 증명하여라.

(b) $\mathbb{Q}$ 에 대하여도 공리 1 이 성립함을 증명하여라.

(c) 유리수와 무리수의 합은 항상 무리수임을 증명하여라. 또 유리수와 무리수의 곱은 어떻게 말할 수 있는가?

(d) $m/n, p/q \in \mathbb{R}$ $(n,\ q > 0)$ 이라 하자. 다음을 증명하여라.

$$\frac{m}{n} < \frac{p}{q} \quad \Longleftrightarrow \quad mq < np.$$

7. $n \in \mathbb{Z}$ 라고 하자. 그러면 $n \in \mathbb{N} \iff n > 0$ 임을 보여라.(힌트: 집합 $A = \{n \in \mathbb{N} : n \in \mathbb{N} \iff n > 0\}$라 두고 수학적 귀납법을 사용하여 $A = \mathbb{N}$임을 보인다.)

8. **(이항공식)** 자연수 n, k 에 대하여

$$\binom{n}{k} = \frac{n!}{k!(n-k)!}$$

라 하자. 다음을 증명하여라.

(a) $\displaystyle\binom{n+1}{k} = \binom{n}{k-1} + \binom{n}{k}$. (b) $\displaystyle(a+b)^n = \sum_{k=0}^{n} \binom{n}{k} a^k b^{n-k}$.

(c) 모든 $n \in \mathbb{N}$ 에 대하여 $\displaystyle 2^n = \sum_{k=0}^{n} \binom{n}{k}$.

(d) 모든 $2 \le n \in \mathbb{N}$ 에 대하여 $1 \cdot 2\binom{n}{2} + 2 \cdot 3\binom{n}{3} + \cdots + (n-1)n\binom{n}{n} = n(n-1)2^{n-2}$

(e) 모든 $1 \le n \in \mathbb{N}$ 에 대하여 $\displaystyle 1 + \frac{1}{2}\binom{n}{1} + \frac{1}{3}\binom{n}{2} + \cdots + \frac{1}{n+1}\binom{n}{n} = \frac{2^{n+1}-1}{n+1}$

(f) 모든 $n \in \mathbb{N}$ 에 대하여 $(1 + 1/n)^n \ge 2$.

9. 다음 각 식이 모든 $n \in \mathbb{N}$ 에 대하여 성립함을 증명하여라.

(a) $\displaystyle\sum_{k=1}^{n} k = \frac{n(n+1)}{2}$. (c) $\displaystyle\sum_{k=1}^{n} k^2 = \frac{n(n+1)(2n+1)}{6}$.

(b) $\displaystyle\sum_{k=1}^{n} k^3 = \left(\frac{n(n+1)}{2}\right)$. (d) $2^{n-1} \le n!$.

(e) $11^n - 4^n$ 은 7 로 나누어진다.

(f) $n < 2^n, \quad n^2 \le 2^n + 1, \quad n^3 \le 3^n$

(g) $(1-x)^n \le 1 - nx + \frac{n(n-1)}{2}x^2, 0 \le x \le 1.$

(h) $a_n \ge 0, \quad n = 1, 2, \cdots$ 일 때

$$(1+a_1)(1+a_2)\cdots(1+a_n) \ge 1 + a_1 + a_2 + \cdots + a_n.$$

(i) $\displaystyle\frac{(1+\sqrt{5})^n - (1-\sqrt{5})^n}{2^n\sqrt{5}}$ 은 자연수이다.

10. 각 $n \in \mathbb{N}$에 대해서

$$(\sqrt{2}-1)^n = \sqrt{k} - \sqrt{k-1}$$

을 만족하는 자연수가 존재함을 보여라.

11. 모든 $a_1, \ldots, a_n, b_1, \ldots, b_n$ 에 대하여 다음을 증명하여라.

$$(a_1b_1 + a_2b_2 + \cdots + a_nb_n)^2 \le (a_1^2 + \cdots + a_n^2)(b_1^2 + \cdots + b_n^2).$$

12. (a) 모든 실수 a, b, c 에 대하여 $|a+b+c| \le |a| + |b| + |c|$ 임을 보여라.

    (b) 수학적 귀납법을 사용하여

$$|a_1 + a_2 + \cdots + a_n| \le |a_1| + |a_2| + \cdots + |a_n|$$

    을 증명하여라.

13. $n > 1$에 대해서

$$\left(1 - \frac{1}{n^2}\right)^n < 1 - \frac{1}{n}$$

을 증명하고

$$\left(1 + \frac{1}{n-1}\right)^{n-1} < \left(1 + \frac{1}{n}\right)^n$$

을 보여라.

14. $a, b, x, y \in \mathbb{R}$ 이고 어떤 $\varepsilon > 0$ 에 대하여 $|x-a| < \varepsilon, |y-b| < \varepsilon$ 라고 가정하자. 그러면 다음을 증명하여라.

    (a) $|xy - ab| < (|a| + |b|)\varepsilon + \varepsilon^2$.

    (b) $|x^2y - a^2b| < \varepsilon(|a|^2 + 2|ab|) + \varepsilon^2(|b| + 2|a|) + \varepsilon^3$.

1.3 실수의 완비성

이 단원에서 유리수 $\mathbb{Q}$ 와 실수 $\mathbb{R}$ 를 구별할 수 있는 특성을 나타내는 완비성 공리를 소개한다. 완비성이란 "유리계수 방정식 $x^2 = 2$ 은 유리수의 범위에서는 근을 가지지 못 한 다[6](연습문제 1)"을 설명할 수 있는 중요한 개념이다. 이 사실은 유리수의 수체계는 체의 공리와 순서공리를 만족하지만 완비공리를 만족하지 못함을 나타내고 있다. 즉 유리수를 수직선위에 하나의 점으로 나타낸다고 생각하면 수직선에는 많은 틈새가 있음을 보여주고 있는 것이다. 이러한 틈새를 메우기 위해서 데데킨트는 절단이라는 개념을 사용하여 실수의 완비성을 완성하였다.

이 완비성 공리를 체계적으로 도입하기 위해서 다음 개념이 우선 필요하다.

정의 1.6 $E \neq \emptyset, E \subset \mathbb{R}$ 이라 하자.

(1) 모든 $a \in E$ 에 대하여 $a \leq M$ 인 $M \in \mathbb{R}$ 이 있으면 집합 E 는 **위로 유계**(bounded above)라고 한다.

(2) 모든 $a \in E$ 에 대하여 $a \leq M$ 이면 M 을 E 의 **상계**(upper bound)라고 부른다.

(3) s 가 E 의 상계이고 또 E 의 상계 중에서 가장 작을 때 s 를 E 의 **상한**(supremum) 또는 **최소상계**(least upper bound) 라고 하며 $s = \sup E$ 또는 $s = \text{lub}E$ 로 나타낸다.

명제 1.4 (i) *한 집합에 많은 상계가 있을 수 있다.*

(ii) *집합 E 의 상한이 있으면 그것은 오직 하나이다.*

증명 (i) M_0 가 집합 E 의 상계이면 $M > M_0$ 인 M 도 E의 상계이다. (ii) s_1, s_2가 집합 E의 상한이라 하자. 그러면 s_1 과 s_2는 E의 상계이다. s_1이 상한이므로 $s_1 \leq s_2$이고, s_2가 상한이므로 $s_2 \leq s_1$이다. 삼분법에 의하여 $s_1 = s_2$ 이다. ■

정의 1.4에 의하면 집합 E의 최소원소는 E의 원소이다. 그러나 상한의 경우에는 항상 그러한 것은 아니다.

참고 4 *집합 E 의 상한은 E 에 속할 수도 속하지 않을 수도 있다.*

보기 3 집합 $A = \left\{1 - \dfrac{n}{n+1} \mid n = 0, 1, 2, \ldots\right\}$ 와 $B = \left\{\dfrac{n}{n+1} \mid n = 0, 1, 2, \ldots\right\}$ 은 모두 상한 1을 가지고, 집합 A의 경우에는 $1 \in A$ 이지만 집합 B 의 경우에는 $1 \notin B$ 이다.

보기 3에서 집합 B 의 상한은 비록 B 에 속하지 않는다고 할지라도 B 에 매우 가깝게 있음을 알 수 있다. 다음 정리는 위 사실을 보여 주는 중요한 정리이다.

---

6) 유리계수 방정식 $x^2 + 1 = 0$ 은 실수의 범위에서 근을 가지지 않는다. 따라서 이 방정식의 근을 구하기 위해서는 복소수라는 수의 체계가 필요하다. 실제로 복소수는 완비성을 가지고 또한 복소수는 체의 성질을 만족하지만 순서 공리는 만족하지 못한다. 또한 복소수보다 큰 체의 성질을 만족하는 체는 없다.[1]

정리 1.7 *집합 E 에 대하여 $\sup E$ 가 존재하면, 임의의 $\varepsilon > 0$ 에 대하여 원소 $a \in E$ 가 존재하여*

$$\sup E - \varepsilon < a \leq \sup E$$

이 성립한다(그림 1.1).

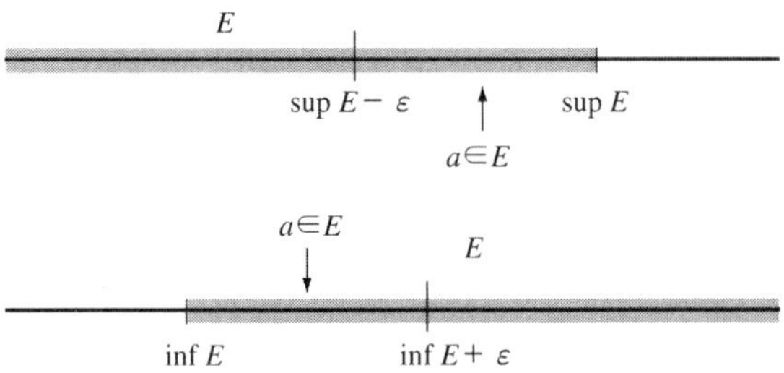

그림 1.1: 상한과 하한

증명 왼쪽 부등식만 증명하면 된다. 거짓이라고 가정하자. 그러면 모든 $a \in E$에 대하여 $\sup E - \varepsilon_0 \geq a$ 이 성립하는 $\varepsilon_0 > 0$ 가 존재한다. 그러므로 $\sup E - \varepsilon_0$이 집합 E의 상계이다. $\sup E$ 의 정의에 의하여 $\sup E \leq \sup E - \varepsilon_0$ 이다. 이것은 모순이다. ■

실제로 역도 성립한다.

참고 5 만일 u 가 집합 E 의 상계이고 임의의 $\varepsilon > 0$ 에 대하여 원소 $a \in E$ 가 존재하여

$$u - \varepsilon < a \leq u$$

이 성립하면 $u = \sup E$ 이다.

"위로 (각각, 아래로) 유계인 집합은 상한 (각각, 하한) 이 있는가?" 하는 물음에 대하여 수학자 데데킨트(Dedekind)는 "있다" 라고 답하였다. 이 성질을 실수의 집합 $\mathbb{R}$ 에 대한 공리로 택하도록 하자.

공리 4(완비성 공리). $E \neq \emptyset, E \subset \mathbb{R}$ 가 위로 유계이면 $\sup E$ 가 존재한다.

완비성의 공리는 기하적인 모양을 가진 다음 정리와 동치이다.

정리 1.8 (데데킨트 정리) *모든 실수들은 두 개의 공집합이 아닌 모임 R 과 L 로 나누어져 있고 R 의 각각의 수는 L 의 모든 수보다 크다고 가정하자. 그러면 L 의 모든 수보다 크거나 같고 R 의 모든 수보다 작거나 같은 실수 x 가 존재한다.*

증명 $r \in R$ 을 임의로 선택하고 고정하자. 가정에 의하여 모든 $l \in L$ 에 대하여 $l < r$ 이므로 r 은 L 의 상계이다. $L \neq \emptyset$ 이므로 공리 4 에 의해 상한 $x = \sup L$ 을 가진다. 따라서 모든 $l \in L$ 에 대하여 $x \geq l$ 이고 상한의 정의에 의하여 모든 $r \in R$ 에 대하여 $x \leq r$ 이다. ■

참고 6 정리 1.8을 가정하면 공리 4를 증명할 수 있다(연습문제 20).

공리 4는 실수 또는 실수의 부분집합의 여러 가지 성질을 증명하는데 많이 사용되므로 매우 중요하다. 우선 실수 내에 정수와 유리수의 분포에 대해 알아본다.

정리 1.9 (아르키메데스 원리, Archimedean Principle) *$a \in \mathbb{R}$, $b \in \mathbb{R}$ 이고 $a > 0$ 이면*

$$na > b$$

을 만족하는 $n \in \mathbb{N}$ 이 존재한다.[7]

증명 정리가 거짓, 즉 모든 자연수 n 에 대하여 $na \leq b$라 가정하자. 집합 $E := \{ka : k \in \mathbb{N}\}$이라 하자. 그러면 b는 집합 E의 상계이다. $a \in E$ 이므로 $E \neq \emptyset$ 이다. 따라서 공리 4 에 의하여 E 는 상한 $s := \sup E$ 를 가진다. $a > 0$ 이므로 $s - a < s$ 이고 $s - a$ 는 E의 상계가 아니다. 따라서 적당한 $m \in \mathbb{N}$ 이 존재하여 $s - a < ma$ 이다. 그러나 $s < (m+1)a \in E$ 이므로 이것은 s가 E 의 상한임에 모순이다. ■

참고 7 집합 $\mathbb{R}$ 은 유계가 아니다.

증명 어떠한 M 을 잡아도 아르키메데스 원리에 의하면 $M < n$(M 과 $1 > 0$ 을 비교할 것) 이 성립하는 자연수, 따라서 실수 n 이 있다. ■

Archimedes 정리를 사용하면 임의의 서로 다른 두 실수 사이에는 언제나 유리수가 있음을 설명하는 유리수의 조밀성을 얻을 수 있다.

정리 1.10 (유리수의 조밀성(density of rationals)) *$a, b \in \mathbb{R}$ 이며 $a < b$ 라고 하자. 그러면*

$$a < q < b$$

을 만족하는 $q \in \mathbb{Q}$ 가 있다.

---

7) 이 정리는 우리의 속담에 "티끌 모아 태산"이라는 것을 연상시킨다. 즉 '티끌(a)'을 모으면(na), '태산(b)'보다 더 클 수 있음을 설명하고 있다.

증명 $1/(b-a) > 0$이다. 그러므로 아르키메데스 원리에 의하여 $n > 1/(b-a)$인 자연수 n 이 있다.

경우 1) $b > 0$ 라고 가정하자. 집합 $E := \{k \in \mathbb{N} : b \leq k/n\}$ 을 생각하면 $E \neq \emptyset$ 이며, 정렬법칙(공리3) 에 의하여 E는 최소원소 k_0를 가진다. $m = k_0 - 1$, $q = m/n$이라 놓자. $m < k_0$ 이고 k_0 는 E의 최소원소이므로 $m \notin E$이다. 그러므로 $m \leq 0$ 또는 $b > m/n = q$ 인데 어느 경우이든지 $q < b$ 이다. 한편 $k_0 \in E$ 이므로 $b \leq k_0/n$ 이며

$$a = b - (b-a) < \frac{k_0}{n} - \frac{1}{n} = \frac{k_0 - 1}{n} = q$$

이다.

경우 2) $b \leq 0$ 이면 아르키메데스 원리에 따라 $k + b > 0$ 인 $k \in \mathbb{N}$ 이 있다. 경우 1)에 의하여 $k + a < r < k + b$ 인 $r \in \mathbb{Q}$ 이 있다. 그러므로 $q = r - k$ 로 선택하면 $a < q < b$ 를 만족한다. ■

수의 분포에 대하여 아르키메데스 원리를 응용한다. 위의 성질을 이용해서 무리수의 존재를 말할 수 있다.

정리 1.11 *모든 실수 $x > 0$ 와 모든 정수 $n > 0$ 에 대하여 $y^n = x$ 를 만족하는 유일한 양의 실수 y 가 존재한다.*

이러한 실수 y 를 $\sqrt[n]{x}$ 또는 $x^{1/n}$ 이라 쓴다.

증명 1) 유일성. $0 < y_1 < y_2$ 이면 $0 < y_1^n < y_2^n$ 이므로 위와 같은 실수 y 는 유일하다.

2) 존재성. $E = \{t \in \mathbb{R} \,|\, t^n < x, t > 0\}$ 라고 하자. 만일 $t = x/(1+x)$ 이면 $0 < t < 1$ 이다. 따라서 $t^n < t < x$. 그러므로 $t \in E$ 이고 $E \neq \emptyset$. 만일 $t > 1 + x$ 이면 $t^n > t > x$ 이고, 따라서 $t \notin E$. 그러므로 $1 + x$ 는 E 의 상계이다. 그러므로 공리 4 에 의하여 E 는 상한 $y = \sup E$ 를 가진다.

이제 $y^n = x$ 임을 보이자. 항등식 $b^n - a^n = (b-a)(b^{n-1} + ab^{n-2} + \cdots + a^{n-1})$ 으로부터 $0 < a < b$ 일 때 부등식

$$b^n - a^n \leq (b-a)nb^{n-1} \tag{1.5}$$

을 얻는다. 먼저 $y^n < x$ 라고 가정하자. h 를 $0 < h < 1$ 이고

$$h < \frac{x - y^n}{n(y+1)^{n-1}}$$

이 되도록 선택하자. 부등식 (1.5) 에 $a = y$, $b = y + h$ 를 대입하면

$$(y+h)^n - y^n < hn(y+h)^{n-1} < hn(y+1)^{n-1} < x - y^n.$$

따라서 $(y+h)^n < x$ 이고 $y+h \in E$. 그런데 $y+h > y$ 이므로 y 가 E 의 상한임에 모순이다. $y^n > x$ 라고 가정하자.

$$k = \frac{y^n - x}{ny^{n-1}}$$

라 두자. 그러면 $0 < k < y$. 만일 $t \geq y-k$ 이면

$$y^n - t^n \leq y^n - (y-k)^n < kny^{n-1} = y^n - x.$$

따라서 $t^n > x$ 이고 $t \notin E$. 이것으로부터 $y-k$ 는 E 의 상계이다. 그러나 $y-k < y$ 이므로 y 가 E 의 상한임에 모순이다. 그러므로 실수의 삼분율에 의해 $y^n = x$ 이다. ■

따름정리 1.12 *만일 a 와 b 가 양의 실수이고 n 이 양의 정수이면*

$$(ab)^{1/n} = a^{1/n}b^{1/n}.$$

아래는 앞의 상계 및 상한과 대칭되는 개념이다.

정의 1.7 $E \neq \emptyset$, $E \subset \mathbb{R}$ 이라 하자.

(i) 모든 $a \in E$ 에 대하여 $a \geq m$ 인 $m \in \mathbb{R}$ 이 있으면 집합 E 는 **아래로 유계**(bounded below) 라고 한다.

(ii) 모든 $a \in E$ 에 대하여 $a \geq m$ 이면 m 을 E 의 **하계**(lower bound) 라고 부른다.

(iii) t가 E의 하계이고 또 E의 하계 중에서 가장 클 때 t를 E 의 **하한**(infimum) 또는 **최대하계**(greatest lower bound) 라고 하며 $t = \inf E$ 또는 $t = \text{glb } E$ 로 나타낸다.

(iv) 집합 E 가 위로 유계이고 아래로 유계이면 E 를 **유계**라고 한다.

집합 E 가 유한집합이면 $\sup E$ 와 $\inf E$ 를 각각 $\max E$, $\min E$ 로 나타낸다. 상계 및 상한의 성질과 마찬가지로 하계 및 하한에 대하여도 성립한다(연습문제 9). 하한에 대하여도 정리 1.7과 유사한 정리가 성립한다.

정리 1.13 *실수의 부분집합 E 에 대하여 $\inf E$ 가 존재하면, $\varepsilon > 0$ 에 대하여*

$$\inf E \leq a < \inf E + \varepsilon$$

을 만족하는 원소 $a \in E$ 가 있다(그림 1.1의 아래 그림).

연습문제 (1.3)

1. $x^2 = 2$ 이 무리수임을 보여라.

2. 다음 각 집합의 상한과 하한을 구하여라.

   (a) $E = \{-3, 4, -2, 1, 6, 7, -6, 5\}$

   (b) $E = \{1/n + (-1)^n \,:\, n \in \mathbb{N}\}$

   (c) $E = \{1 - (-1)^n/n :\, n \in \mathbb{N}\}$

   (d) $E = \{x : 1 + x < \frac{1}{1-x}\}$

   (e) $E = \{x \in \mathbb{R} : x^2 - 3x < 4\}$

   (f) $E = \{p/q \in \mathbb{Q} :\, p^2 < 2q^2, \quad p, q > 0\}$

   (g) $E = \{x \in \mathbb{R} :\, x = (-1)^{n+1}\left(1 - \frac{1}{3^n}\right), \quad n \in \mathbb{N}\}$

3. 집합 $\{x_n \in \mathbb{N} \,|\, n \in \mathbb{N}\}$이 유계라 하자. 다음을 증명하여라.

   (a) 각각의 $n \in \mathbb{N}$ 에 대하여 $s_n = \sup\ \{x_n, x_{n+1}, \cdots\}$ 은 실수이며 $s_1 \geq s_2 \geq s_3 \geq \cdots$ 이 성립한다.

   (b) 각각의 $n \in \mathbb{N}$ 에 대하여 $t_n = \inf\ \{x_n, x_{n+1}, \cdots\}$ 은 실수이며 $t_1 \leq t_2 \leq t_3 \leq \cdots$ 이 성립한다.

4. $x > 1, x \notin \mathbb{N}$ 이면 $n < x < n + 1$ 을 만족하는 $n \in \mathbb{N}$ 이 있음을 증명하여라.

5. **(무리수의 조밀성)** $a < b$ 이면 $a < \xi < b$ 인 $\xi \in \mathbb{R}$ 가 있음을 증명하여라.

6. $a \in \mathbb{R}$ 이면 각 $n \in \mathbb{N}$ 에 대하여 $|a - r_n| < 1/n$ 되는 r_n 이 있음을 증명하여라.

7. 정리 1.13을 증명하여라.

8. 실수의 부분집합 $E \neq \emptyset$가 주어졌을 때 다음을 증명하여라.

   (a) E 의 하계는 유일할 필요가 없지만 $\inf E$ 는 유일하다.

   (b) E 가 아래로 유계이면 $\inf E$ 가 있다.

9. 다음을 증명하여라.

   (a) x 가 집합 E 의 상계이고 $x \in E$ 이면 $x = \sup E$ 이다.

   (b) E 의 하한에 대하여도 비슷한 결과를 기술하고 증명하여라.

(c) 위의 각각의 역은 성립하지 않음을 예로 설명하여라.

10. $E \subset \mathbb{Z}$ 가 $E \neq \emptyset$ 이며 유계라고 하자. 그러면 $\sup E \in E$, $\inf E \in E$ 이다.

11. $0 \leq a < b$ 라고 하자. 그러면 $a < m/10^n < b$ 를 만족하는 $m, n \in \mathbb{R}$ 이 있다.

12. $A, B \subset \mathbb{R}$ 는 유계이고 공집합이 아닌 집합, $E = A \cup B$, $F = \{a + b \,:\, a \in A,\, b \in B\}$ 라고 하자. 다음을 증명하여라.

(a) $\sup E = \max\{\sup A, \sup B\}$.

(b) $\inf E = \min\{\inf A, \inf B\}$.

(c) $A \subset B$이면 $\sup A \leq \sup B$, $\inf A \geq \inf B$.

(d) $\sup F = \sup A + \sup B$.

(e) $\inf F = \inf A + \inf B$.

(f) $\sup A = -\inf(-A)$, $\inf A = -\sup(-A)$.

13. $a, b \in \mathbb{R}$ 이라 하자. 만일 $a \leq b + \frac{1}{n}, \forall n \in \mathbb{N}$ 이면 $a \leq b$ 임을 증명하여라.

14. 수학적 귀납법을 이용하여 다음을 증명하여라.

(a) $0 < x_1 < 1$ 이라고 가정하고 모든 $n \in \mathbb{N}$ 에 대하여 $x_{n+1} = 1 - \sqrt{1 - x_n}$ 일 때 $0 < x_{n+1} < x_n < 1$ $(\forall n \in \mathbb{N})$ 임을 증명하여라.

(b) $x_1 \geq 2$ 이라고 가정하고 모든 $n \in \mathbb{N}$ 에 대하여 $x_{n+1} = 1 + \sqrt{x_n - 1}$ 일 때 $2 \leq x_{n+1} \leq x_n \leq x_1$ $(\forall n \in \mathbb{N})$ 임을 증명하여라.

(c) $0 < x_1 < 2$ 라 가정하고 모든 $n \in \mathbb{N}$ 에 대하여 $x_{n+1} = \sqrt{2 + x_n}$ 일 때 $0 < x_n < x_{n+1} < 2$ $(\forall n \in \mathbb{N})$ 임을 증명하여라.

15. 다음을 증명하여라.

$$0 \leq a < b \quad \Longrightarrow \quad 0 \leq a^n < b^n, \quad 0 \leq \sqrt[n]{a} < \sqrt[n]{b}.$$

16. **(지수법칙)** $b > 1$ 라 하자.

(a) 만일 m, n, p, q 가 정수, $n > 0$, $q > 0$ 이고 $r = m/n = p/q$ 이면

$$(b^m)^{1/n} = (b^p)^{1/q}$$

임을 증명하여라. 따라서 $b^r = (b^m)^{1/n}$ 은 잘 정의된다.

(b) r 과 s 가 유리수일 때 $b^{r+s} = b^r b^s$ 를 증명하여라.

(c) x 가 실수이면 $B(x) = \{b^t : t \le x, t \in \mathbb{Q}\}$ 라 하자. r 이 유리수일 때

$$b^r = \sup B(r)$$

임을 증명하여라. 따라서 모든 실수 x 에 대하여

$$b^x = \sup B(x)$$

을 정의할 수 있다.

(d) 모든 실수 x, y 에 대하여 $b^{x+y} = b^x b^y$ 를 증명하여라.

17. **(로그의 존재성)** $b > 1$, $y > 0$ 이라 하자. 다음 물음을 완성하여 $b^x = y$ 를 만족하는 유일한 실수 x 가 존재함을 보여라. 이러한 수 x 를 밑 b 를 가지는 y 의 **로그**라 부르고 $\log_b y$ 로 나타낸다.

(a) 임의의 양의 정수 n 에 대하여, $b^n - 1 \ge n(b-1)$.

(b) 따라서 $b - 1 \ge n(b^{1/n} - 1)$.

(c) 만일 $t > 1$ 이고 $n > (b-1)/(t-1)$ 이면 $b^{1/n} < t$.

(d) 만일 w 이 $b^w < y$ 을 만족하면 충분히 큰 n 에 대하여 $b^{w+(1/n)} < y$; 이것을 보이기 위해서 (c) 에서 $t = y \cdot b^{-w}$ 을 대입한다.

(e) 만일 $b^w > y$ 이면 충분히 큰 n 에 대하여 $b^{w-(1/n)} > y$.

(f) $A = \{w : b^w > y\}$ 라 하자. $x = \sup A$ 가 방정식 $b^x = y$ 를 만족함을 보여라.

(g) x 는 유일하다.

18. 참고 3을 증명하여라.(힌트 : 데데킨트정리가 적용되도록 집합 R 과 L 을 만든다. E 는 상계를 가지는 공집합이 아닌 집합이라 하자. 그러면 $L = \{a \mid a < x$ 인 $x \in E$ 가 존재 $\}$, $R = \{b \mid$ 모든 $x \in E$ 에 대하여 $b \ge x\}$라 둔다.)

19. $R = \{x \in \mathbb{Q} : x^2 > 2\}$, $L = \{x \in \mathbb{Q} : x^2 < 2\}$ 이라 하자. x 가 L 내의 가장 큰 유리수이거나 R 내의 가장 작은 유리수라 가정하자. $x^2 = 2$ 임을 보여라.(힌트: 만일 $x \in R$ 이면 $y \in R$ 이 존재하여 $y < x$ 임을 보여라. 따라서 $x \in L$. 만일 $x^2 < 2$ 이면 $y \in L$ 이 존재하여 $y > x$ 임을 보여라. 그러면 $x^2 = 2$.

1.4 수열

무한 수열(infinite sequence, 간단히, **수열**)은 정의역을 $\mathbb{N}$ 으로 하는 함수 f 로써 $x_n :=$ $f(n)$ 으로 놓고 수열 f 를 $x_1, x_2, \cdots, \{x_n\}_{n\in\mathbb{N}}, \{x_n\}_{n=1}^{\infty}$ 또는 $\{x_n\}$ 등으로 표현한다. 그러므로 $1, 1/2, 1/3, \cdots$ 는 $\{1/n\}_{n\in\mathbb{N}}$ 으로, $-1, 1, -1, 1, \cdots$ 는 $\{(-1)^n\}_{n\in\mathbb{N}}$으로, $1, 2, 3, \cdots$ 는 $\{n\}_{n\in\mathbb{N}}$으로 각각 나타낸다. x_n 를 수열의 **제 n 항**이라고 한다.

수열의 각 항은 수, 집합, 함수 또는 벡터일 수 있으며, 수인 경우에는 실수만을 다룬다. **실수열**이라 함은 각 항이 실수인 수열을 의미하며 실수열인 경우에는 수열이라고 부르기로 하자. 수열과 집합의 표기에는 차이가 있다. $\{x_n\}_{n\in\mathbb{N}}$ 은 수열을 의미하고, $\{x_n : n \in \mathbb{N}\}$은 집합을 나타낸다. 예를 들어 수열 $1, 2, 3, 4, \cdots$ 은 수열 $2, 1, 4, 3, \cdots$ 와 다르지만 집합 $\{1, 2, 3, 4, \cdots\}$ 은 집합 $\{2, 1, 4, 3, \cdots\}$와 같다. 또 수열 $1, -1, 1, -1, \cdots$ 은 무한이지만 집합 $\{(-1)^n : n \in \mathbb{N}\} = \{-1, 1\}$ 이다.

극한 개념은 해석학을 구성하는 기본요소 중 하나이다. 먼저 수열부터 논의하기로 하자. 미적분학에서 n 이 점점 커질 때 x_n 이 x 에 가까이 접근하면 수열 $\{x_n\}$ 은 x 로 "**수렴한다**(converge)"고 정의하였다. 여기에서 x_n 이 x 로 접근한다는 의미는 n 이 커짐에 따라 점 x_n 과 x 사이의 거리 $|x_n - x|$ 가 임의로 주어진 $\varepsilon > 0$ 보다 작아짐을 의미한다. 이 개념에서 보다 중요한 것은 수열 x_n 이 x 로 접근하는 방향을 표현하지 않았다는 사실이다. 이 사실은 이 개념을 n 차원 공간 $\mathbb{R}^n$ 의 경우의 수열의 수렴성을 정의하는데 중요하다. 수렴성에서 중요한 것은 수열과 극한인 두 점사이의 거리가 충분히 가깝다는 사실이다.

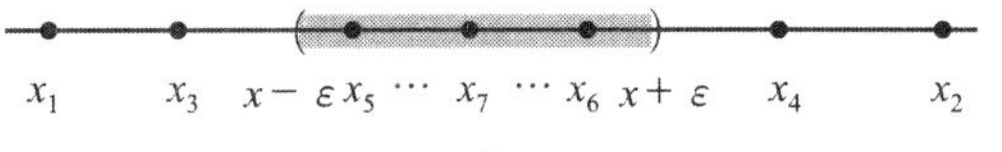

그림 1.2

정의 1.8 "n 이 무한히 커질 때 수열 $\{x_n\}$ 이 $x \in \mathbb{R}$ 로 **수렴한다**" (기호: $n \to \infty$ 일 때 $x_n \to x$ 또는 $\lim_{n\to\infty} x_n = x$)함은 주어진 $\varepsilon > 0$ 대하여 자연수 $N \in \mathbb{N}$ [8]이 존재하여

$$n \geq N \Longrightarrow |x_n - x| < \varepsilon \tag{1.6}$$

가 성립한다(그림 1.2). 이 경우 x 를 수열 x_n 의 **극한**이라 한다. 수열이 수렴하지 않으면 "**발산한다**(diverge)"고 한다.

---

8) N 은 ε 과 관계가 있으므로 $N(\varepsilon)$ 로 표현하기도 한다.

정의에 의하면

$$\lim_{n\to\infty} x_n = x \quad \Longleftrightarrow \quad n \to \infty \text{ 일 때 } |x_n - x| \to 0$$

임을 알 수 있다. (1.6) 의 의미는

$$|x_N - x| < \varepsilon, \quad |x_{N+1} - x| < \varepsilon, \quad |x_{N+2} - x| < \varepsilon, \quad |x_{N+3} - x| < \varepsilon, \cdots$$

즉, x_n 의 첨자 n 이 $n \geq N$ 이면 $x_n \in (x-\varepsilon, x+\varepsilon)$ 와 같다. 다시 말해서 $(x-\varepsilon, x+\varepsilon)$ 는 열린구간임에 유의하면, 아무리 작은 $\varepsilon > 0$ 을 선택하여도 유한개의 항(즉, x_1, x_2, $\cdots$, x_{N-1})을 제외[9]하면 $x_n \in (x-\varepsilon, x+\varepsilon)$ 일 때 $\lim_{n\to\infty} x_n = x$ 라고 바꿔 말할 수 있다.

보기 4 b는 상수라 하자. $n \to \infty$ 일 때 $b/n \to 0$.

증명 $\varepsilon > 0$ 이라고 하자. b와 $\varepsilon > 0$에 아르키메데스 원리를 적용하면 $N\varepsilon > |b|$, 즉 $|b|/N < \varepsilon$ 인 자연수 N이 있다. 그러면 $n \geq N$이면 $|b/n - 0| \leq |b|/N < \varepsilon$, 즉, $n \geq N$ 이면 $|b/n - 0| < \varepsilon$ 이므로 $\lim_{n\to\infty} b/n = 0$ 이다. ■

보기 5 $a \in \mathbb{R}$, $|a| < 1$ 일 때 $\lim_{n\to\infty} a^n = 0$.

증명 $|a| < 1$ 이므로 $|a| = 1/(1+b)$, $b > 0$ 로 쓸 수 있다. 베르누이 부등식에 의하여

$$(1+b)^n \geq 1 + nb > nb$$

이고 따라서

$$|a^n - 0| = |a|^n = \frac{1}{(1+b)^n} < \frac{1}{nb}.$$

이다. $\varepsilon > 0$ 이 주어졌다고 가정하자. 아르키메데스 원리에 의하여 $N > 1/(b\varepsilon)$ 인 정수 N 가 있다. 그러므로 $n \geq N$ 이면 $1/(nb) < 1/(Nb) < \varepsilon$ 이 되어 $|a^n - 0| < \dfrac{1}{nb} < \varepsilon$ 이므로 증명되었다. ■

보기 4 과 5에서는 정의에 충실하게 증명을 했지만 모든 극한문제를 정의를 이용해서 해결하는 것은 효과적이지 못하다. 극한의 계산방법을 발전시키기 위해서 우선 정의 1.8에 의하여 얻을 수 있는 결과를 몇 가지 생각한다.

정리 1.14 (극한의 유일성) $\lim x_n = x$, $\lim x_n = y$ 이면 $x = y$.

9) 이 항들은 실제로 구간 $(x-\varepsilon, x+\varepsilon)$에 포함될 수도 있다. 그러나 $n > N$ 인 x_n 은 모두 $(x-\varepsilon, x+\varepsilon)$ 에 속하여야 한다.

증명 $x \neq y$ 라고 가정하자. $\varepsilon = |x-y|/2$ 로 잡으면 $\varepsilon > 0$ 이다. $\varepsilon > 0$ 에 대해 자연수 N_1, N_2 가 존재하여 $n \geq N_1$ 이면 $|x_n - x| < \varepsilon$, $n \geq N_2$ 이면 $|x_n - y| < \varepsilon$ 이다. $n \geq \max\{N_1, N_2\}$ 이면 $n \geq N_1$이고 $n \geq N_2$이므로

$$|x-y| \leq |x-x_n| + |x_n - y| < \varepsilon + \varepsilon = 2\varepsilon = |x-y|$$

이다. 이것은 모순이다. 따라서 $x = y$ 이다. ■

정리 1.14는 수열의 극한이 존재하면 유일함을 설명하고 있다. 그러나 수열은 항상 극한을 가지는, 즉 수렴하는 것은 아니다. 수열의 수렴성과 유계의 성질은 아주 밀접한 관계가 있다. 이를 위해서 다음 용어가 필요하다.

정의 1.9 수열 $\{x_n\}$ 이 주어졌을 때

(i) $\{x_n\}$ 이 **위로 유계**라 함은 모든 $n \in \mathbb{N}$ 에 대하여 $x_n \leq m_1$ 인 m_1 이 존재한다.

(ii) $\{x_n\}$ 이 **아래로 유계**라 함은 모든 $n \in \mathbb{N}$ 에 대하여 $x_n \geq m_2$ 인 m_2 가 존재한다.

(iii) $\{x_n\}$ 이 **유계**라 함은 $\{x_n\}$ 이 위로 유계이고 아래로 유계이다.

참고 8 $\{x_n\}$ 이 유계이기 위한 필요충분조건은 $M > 0$ 이 존재하여 모든 $n \in \mathbb{N}$ 에 대하여 $|x_n| \leq M$. 이 경우, 수열 $\{x_n\}$ 은 "M 에 의하여 유계"라고 한다.

다음 정리는 위의 정의와 더불어 수열의 수렴성을 판정하는 중요한 기준이다.

정리 1.15 *수렴하는 수열은 유계이다.*

증명 $\varepsilon = 1$ 로 선택하자[10]. 그러면 $n \geq N$ 이면 $|x_n - x| < 1$ 인 자연수 N 이 존재한다. 삼각부등식에 의하여 $|x_n| - |x| \leq |x_n - x| < 1$ 이므로 $n \geq N$ 이면 $|x_n| \leq |x| + 1$ 이다. 그러므로 $M := \max\{|x_1|, |x_2|, \cdots, |x_{N-1}|, 1 + |x|\}$ 로 선택하면 모든 n 에 대하여 $|x_n| \leq M$ 이다. ■

정리 1.15의 역은 성립하지 않는다.

보기 6 수열 $\{(-1)^n\}_{n\in\mathbb{N}}$ 은 유계이지만 수렴하지 않는다.

---

10) $\varepsilon = 1$은 상징적인 의미이다. 다시 말해서, 1대신 $1/2$ 로 둘 수 있고, 그 밖의 다른 양의 실수로도 둘 수 있다.

증명 $(-1)^n$ 은 1 에 의하여 유계이다. 주어진 수열이 수렴한다고 가정하자. 즉, $n \to \infty$ 일 때 $(-1)^n \to x$ 가 성립하는 $x \in \mathbb{R}$ 이 존재한다고 가정하자. $\varepsilon = 1/2$ 로 선택하면 $N \in \mathbb{N}$ 이 존재하여

$$n \ge N \Longrightarrow |(-1)^n - x| < \varepsilon = \frac{1}{2}.$$

그런면 모든 $n \ge N$ 에 대하여

$$\frac{1}{2} > |(-1)^n - x| = \begin{cases} |1 + x| & n: \text{ 홀수일때,} \\ |1 - x| & n: \text{ 짝수일때} \end{cases}$$

이므로

$$2 = |1 + 1| \le |1 - x| + |1 + x| \le \frac{1}{2} + \frac{1}{2} = 1$$

이 되어 모순이다. ■

우리가 수열의 수렴성을 알기 위해서 이미 수렴성을 잘 알고 있는 수열을 비교하여 이용하면 그 수열의 수렴성을 추측하기 쉽다.

정리 1.16 (조임정리) *수열 $\{x_n\}$, $\{y_n\}$, $\{w_n\}$ 이 있을 때*

(i) *$n \to \infty$ 일 때 $x_n \to x$, $y_n \to x$ 이고, 어떤 $N_0 \in \mathbb{N}$ 에 대하여 $x_n \le w_n \le y_n, \forall n \ge N_0$ 이면 $\lim_{n\to\infty} w_n = x$ 이다.*

(ii) *$\lim_{n\to\infty} x_n = 0$ 이고 $\{y_n\}$ 이 유계이면 $\lim_{n\to\infty} x_n y_n = 0$ 이다.*

증명 $\varepsilon > 0$ 이 주어졌다고 하자.

(i) 가정으로부터 자연수 N_1, N_2 가 존재하여 $n \ge N_1$ 이면 $|x_n - x| < \varepsilon$ 이고 $n \ge N_2$ 이면 $|y_n - x| < \varepsilon$. $N := \max\{N_1, N_2, N_0\}$ 로 선택하면 $n \ge N$ 이면 $-\varepsilon < x_n - x < \varepsilon$ 이고 $-\varepsilon < y_n - x < \varepsilon$ 이므로 $-\varepsilon < x_n - x \le w_n - x \le y_n - x < \varepsilon$ 가 되어 증명된다.

(ii) $\{y_n\}$ 이 유계이므로 양수 $M \in \mathbb{R}$ 가 존재하여 모든 $n \in \mathbb{N}$ 에 대하여 $|y_n| \le M$. $n \to \infty$ 일 때 $x_n \to 0$ 이므로 $N \in \mathbb{N}$ 이 존재하여[11]

$$n \ge N \Longrightarrow |x_n| < \varepsilon/M.$$

$n \ge N$ 이면 $|x_n y_n| < M\dfrac{\varepsilon}{M} = \varepsilon$ 이므로 $\lim_{n\to\infty} x_n y_n = 0$ 이다. ■

11) 여기서 N은 다음 식의 ε/M에 의존하는 자연수이다.

정리 1.14과 정리 1.16를 증명할 때 주어진 ε에 대해서 여러 개의 N_j 들을 취한 후에 이 가운데 가장 큰 것을 N 으로 선택했다. 같은 과정을 밟아서 각 $j = 1, 2, \cdots, p$ 에 대하여

$$n > N_j \Longrightarrow \text{성질 } \mathcal{P}_j$$

가 성립할 때 "$n > N := \max\{N_1, N_2, \cdots, N_p\}$ 이면 모든 성질 $\mathcal{P}_j$, $j = 1, 2, \cdots, p$ 가 성립"함은 당연하다. 앞으로도 이런 방법을 자주 사용하는데 그 때마다 N이 "N_j 들의 최대값"이라는 표현을 하지 않아도 이러한 성질을 가지는 것으로 생각한다.

보기 7 a는 $|a| > 1$인 상수이고 $b(n)$은 n에 관한 함수일 때 극한값 $\lim\limits_{n\to\infty} a^{-n} \sin b(n)$ 을 구하여라.

증명 모든 $x \in \mathbb{R}$ 에 대하여 $|\sin x| \le 1$ 이므로 수열 $\{\sin b(n)\}$ 는 1에 의하여 유계이다. 보기 2에 의하여 $n \to \infty$ 일 때 $a^{-n} \to 0$ 이므로 조임정리(정리 1.16(ii))에 의하여 $n \to \infty$ 일 때 $a^{-n} \sin b(n) \to 0$이다. ■

조임정리는 특정한 성질을 갖는 수렴하는 수열을 구성할 때 이용한다. 이러한 과정을 설명하기 위해서 상한, 하한과 수렴하는 수열 사이의 관계를 조사한다.

정리 1.17 *$E \subset \mathbb{R}$ 이며 E 의 상한 $\sup E$ (각각, $\inf E$) 가 있다고 하자. 그러면 $\lim\limits_{n\to\infty} x_n = \sup E$ (각각, $\lim\limits_{n\to\infty} x_n = \inf E$)가 되는 수열 $\{x_n\} \subset E$ 이 있다.*

증명 정리 1.7에 따라 각각의 $n \in \mathbb{N}$에 대하여 $\sup E - \dfrac{1}{n} < x_n \le \sup E$ 이 되는 $x_n \in E$ 이 있다. 그러므로 $\{x_n\} \subset E$ 이고 조임정리에 의하면 $\lim\limits_{n\to\infty} x_n = \sup E$ 이다. ■

두 실수들의 사칙연산처럼 두 수열들의 사칙연산을 정의하여 새로운 수열을 만들 수 있다.

수열 $\{x_n\}, \{y_n\}$의 사칙연산을 각각 $\{x_n\}+\{y_n\} = \{x_n+y_n\}$, $\{x_n\}-\{y_n\} = \{x_n-y_n\}$, $\{x_n\}\{y_n\} = \{x_n y_n\}$, $\{x_n\}/\{y_n\} = \{x_n/y_n\}$ 으로 정의한다. 나눗셈의 경우, 모든 $n \in \mathbb{N}$ 에 대하여 $y_n \ne 0$ 이어야 한다.

예를 들면, $\{n/(n+1)\} + \{(-1)^{n+1}/(n+1)\} = \{1, 1/3, 1, 3/5, 1, 5/7, \cdots\}$ 이다.

정리 1.18 *수열 $\{x_n\}$, $\{y_n\}$ 이 수렴하고 $\alpha \in \mathbb{R}$ 이라 하자. 그러면 다음이 성립한다.*

(i) $\lim\limits_{n\to\infty} (x_n + y_n) = \lim\limits_{n\to\infty} x_n + \lim\limits_{n\to\infty} y_n$.

(ii) $\lim\limits_{n\to\infty} \alpha x_n = \alpha \lim\limits_{n\to\infty} x_n$.

(iii) $\lim_{n\to\infty} x_n y_n = (\lim_{n\to\infty} x_n)(\lim_{n\to\infty} y_n)$.

또 $\lim_{n\to\infty} y_n \neq 0$ 이면

(iv) $\lim_{n\to\infty} \dfrac{x_n}{y_n} = \dfrac{\lim_{n\to\infty} x_n}{\lim_{n\to\infty} y_n}$.

증명 $\lim_{n\to\infty} x_n = x$, $\lim_{n\to\infty} y_n = y$ 라고 가정하자. $\varepsilon > 0$ 이 주어졌다고 하자.

(i) 수렴의 정의에 의하여 자연수 N 이 존재하여[12]

$$n \geq N \Longrightarrow |x_n - x| < \varepsilon/2, \quad |y_n - y| < \varepsilon/2.$$

그러므로 $n \geq N$ 이면

$$|(x_n + y_n) - (x + y)| \leq |x_n - x| + |y_n - y| < \varepsilon/2 + \varepsilon/2 = \varepsilon.$$

(ii) 가정에 의하면 $x_n - x \to 0$ 이다. 정리 1.16(ii) 에 의하여 $n \to \infty$ 일 때 $\alpha(x_n - x) \to 0$ 이다.

(iii) 부등식

$$\begin{aligned} |x_n y_n - xy| &= |(x_n y_n - x_n y) + (x_n y - xy)| \\ &\leq |x_n y_n - x_n y| + |x_n y - xy| \\ &\leq |x_n||y_n - y| + |y||x_n - x| \end{aligned}$$

이므로 조임정리를 이용한다. 정리 1.15에 의하여 수열 $\{x_n\}$은 수렴하므로 유계, 즉 $|x_n| \leq M$ 인 $M > 0$ 이 존재한다. 자연수 N 이 존재하여[13] $n \geq N$ 이면

$$|x_n - x| < \frac{\varepsilon}{2(|y| + 1)}, \quad |y_n - y| < \frac{\varepsilon}{2M}$$

이 성립한다. 그러므로 $n \geq N$ 이면

$$|x_n y_n - xy| < M\frac{\varepsilon}{2M} + |y|\frac{\varepsilon}{2(|y| + 1)} < \frac{\varepsilon}{2} + \frac{\varepsilon}{2} = \varepsilon.$$

(iv) $x_n / y_n = x_n \dfrac{1}{y_n}$ 이므로

$$\lim_{n\to\infty} \frac{1}{y_n} = \frac{1}{y} \tag{1.7}$$

12) 여기서 N은 아래 줄에 있는 명제가 성립하도록 $\varepsilon/2$ 에 의존하는 자연수이다. 물론 N은 첫번째 부등식을 만족하는 자연수N_1과 두번째 부등식을 만족하는 자연수 N_2 중 큰 자연수를 말하고 있다.

13) 여기서 N은 $\dfrac{\varepsilon}{2(|y| + 1)}$와 $\dfrac{\varepsilon}{2M}$에 의존하는 자연수이다.

임을 증명하였다면 (iii) 에 의하여 원하는 결과는 성립한다. 이제 (1.7) 이 성립함을 보이자. 먼저 등식

$$\left|\frac{1}{y_n} - \frac{1}{y}\right| = \left|\frac{y - y_n}{y_n y}\right| \tag{1.8}$$

을 생각하자.

$y \neq 0$ 이므로 자연수 N_1 이 존재하여 모든 $n > N_1$ 에 대해서

$$|y_n - y| < |y|/2 \tag{1.9}$$

이 성립한다. 삼각부등식 $|y| - |y_n| \leq |y_n - y|$ 에 의하여 (1.9)는 $n \geq N_1$ 에 대해서

$$|y_n| \geq |y|/2 \tag{1.10}$$

이다. 따라서 (1.10)에 의하여 $n \geq N_1$ 이면

$$\left|\frac{1}{y_n} - \frac{1}{y}\right| \leq 2\frac{|y - y_n|}{|y|^2}$$

이 된다. $\varepsilon > 0$ 이라 하자. $\lim_{n\to\infty} y_n = y$ 이므로 자연수 N_2 가 존재하여

$$n > N_2 \quad \Longrightarrow \quad |y_n - y| < \varepsilon|y|^2/2. \tag{1.11}$$

이제 $N = \max\{N_1, N_2\}$ 라 두면 $n > N$ 일 때 (1.11) 에 의하여

$$\left|\frac{1}{y_n} - \frac{1}{y}\right| \leq 2\left|\frac{y - y_n}{|y|^2}\right| < \varepsilon.$$

■

보기 8 다음을 증명하여라.

(i) $\lim_{n\to\infty} \dfrac{1}{n^k} = 0$, 여기서 k는 자연수이다.

(ii) $\lim_{n\to\infty} n^{1/n} = 1$.

(iii) $\lim_{n\to\infty} a^{1/n} = 1, a > 0$.

증명 (i) $k = 1$일 때는 보기 4에 의하여 성립한다. k일 때 성립한다고 가정하자. 수학적 귀납법 가정과 정리 1.18(iii)에 의하여

$$\lim_{n\to\infty} \frac{1}{n^{k+1}} = \lim_{n\to\infty} \frac{1}{n} \cdot \lim_{n\to\infty} \frac{1}{n^k} = 0$$

이다. 따라서 모든 자연수 k에 대해서 성립한다.

(ii) $b_n = n^{1/n} - 1$ 이라 두자. 그러면 모든 n 에 대하여 $b_n \geq 0$ 이다. 정리 1.18에 의하여 $\lim_{n\to\infty} b_n = 0$ 임을 보이면 충분하다. 그런데 $1 + b_n = n^{1/n}$ 이므로 $n = (1+b_n)^n$ 이다. $n \geq 2$에 대하여 베르누이 부등식(2절 보기 2)을 이용하면

$$n = (1+b_n)^n \geq 1 + nb_n + \frac{1}{2}n(n-1)b_n^2 > \frac{1}{2}n(n-1)b_n^2$$

을 얻는다. 따라서 $n > \frac{1}{2}n(n-1)b_n^2$ 이고 양변을 $\frac{1}{2}n(n-1)$ 으로 나누면 $b_n^2 < 2/(n-1)$. 그러므로 $n \geq 2$ 에 대하여 $b_n < \sqrt{2/(n-1)}$. $n \to \infty$ 이면 $\sqrt{2/(n-1)} \to 0$(연습문제 3)이므로 조임정리에 의하여 $\lim_{n\to\infty} b_n = 0$.

(iii) 먼저 $a \geq 1$ 라고 가정하자. 그러면 $n \geq a$ 에 대하여 $1 \leq a^{1/n} \leq n^{1/n}$. (i) 과 조임정리 에 의하여 $\lim_{n\to\infty} a^{1/n} = 1$. 이제 $0 < a < 1$ 이라 가정하자. 그러면 $1/a > 1$ 이고 앞의 사실에 의해 $\lim_{n\to\infty}(1/a)^{1/n} = 1$. 정리 1.18에 의해 $\lim_{n\to\infty} a^{1/n} = 1$. ■

수열의 수렴성을 알기 위해서 이미 수렴한다는 것을 알고 있는 다른 수열과 비교하는 방법을 고려할 수 있는데 이 때 $n \to \infty$일 때 극한을 생각하므로 수열의 유한개의 항은 무시해도 좋다.

보기 9 $\displaystyle\lim_{n\to\infty} \frac{n^3 - n^2 + 1}{1 - 2n^3}$ 의 값을 구하여라.

풀이 분모와 분자에 $1/n^3$ 을 곱하면

$$\frac{n^3 - n^2 + 1}{1 - 2n^3} = \frac{1 - (1/n) + (1/n^3)}{(1/n^3) - 2}.$$

이다. 보기 10(i)과 정리 1.18(iv)로 부터 $n \to \infty$ 일 때 $\dfrac{1}{n^k} \to 0 \quad k = 1, 2, 3, \ldots$ 이다. 그러므로 구하는 값은 $-1/2$ 이다.

두 수열의 극한값의 크기는 수열의 각 항과 관계가 있다. 이 때도 유한개의 항은 무시된다.

정리 1.19 (비교정리) *수렴하는 두 개의 수열* $\{x_n\}$, $\{y_n\}$ *이 있다. 어떤 자연수* N *에 대하여*

$$x_n \leq y_n, \quad \forall n \geq N \tag{1.12}$$

이면 $\displaystyle\lim_{n\to\infty} x_n \leq \lim_{n\to\infty} y_n$ *이 성립한다.*

증명 $\lim_{n\to\infty} x_n = x, \lim y_n = y$ 라 놓고 $x > y$ 라 가정하자. $\varepsilon = \dfrac{x-y}{2}$ 로 선택한다. 그러면 $N_1 \in \mathbb{N}\,(N_1 > N)$ 이 존재하여

$$n \geq N_1 \Longrightarrow |x_n - x| < \varepsilon, \quad |y_n - y| < \varepsilon.$$

$n \geq N_1$ 이면 $x_n > x - \varepsilon = x - \dfrac{x-y}{2} = y + \dfrac{x-y}{2} = y + \varepsilon > y_n$ 이 되어 (1.12)과 모순이다. ■

주의 2 정리 1.19는 $x_n < y_n$ 라 하더라도 $\lim_{n\to\infty} x_n = \lim_{n\to\infty} y_n$ 가 될 수 있다. 즉, 정리 1.19의 결론의 $\leq$ 를 $<$ 로 바꾸면 틀린다.

예를 들면, 임의의 자연수 k에 대해서 $1/n^k < 1/n\ (n \geq 2)$ 이지만 $\lim_{n\to\infty} 1/n^k = 0 = \lim_{n\to\infty} 1/n$ 이다. 특히, 충분히 큰 n 에 대하여 $|x_n| < M$ 이고 $\{x_n\}$ 이 수렴하면 $\left|\lim_{n\to\infty} x_n\right| \leq M$ 이다.

연습문제 (1.4)

1. 다음의 극한값이 있으면 구하여라.

   (a) $\dfrac{1+n-n^2}{1-2n+2n^2}$.

   (b) $\dfrac{\sqrt{n^2-1}}{2n+1}$.

   (c) $\sqrt{n} - \sqrt{n-1}$.

   (d) $\left(\dfrac{\sin n + \cos n}{3}\right)^n$

   (e) $\dfrac{n}{3^n}$

   (f) $\dfrac{n}{n+1} - \dfrac{n+1}{n}$

   (g) $\dfrac{1+2+\cdots+n}{3(n+1)} - \dfrac{n}{6}$

   (h) $\left(\dfrac{3n-1}{4n+1}\right)^n$

2. $\{x_n \neq 0\}$ 이 0 으로 수렴하면 수열 $\{1/x_n\}$ 은 유계가 아님을 증명하여라.

3. 다음을 증명하여라.

   (a) $x_n \geq 0$ 이고 $n \to \infty$ 일 때 $x_n \to x$ 이면 $\sqrt{x_n} \to \sqrt{x}$, $\sqrt[3]{x_n} \to \sqrt[3]{x}$.

(b) $p > 0$ 이고 $a \in \mathbb{R}$ 이면 $\lim_{n\to\infty} \dfrac{n^a}{(1+p)^n} = 0$.(힌트: $k > a$, $k > 0$ 인 정수를 잡자. $n > 2k$ 에 대하여

$$(1+p)^n > \frac{n^k p^k}{2^k k!}$$

임을 보이고 $n \to \infty$ 일 때 $n^{a-k} \to 0$ 임을 사용하면 된다.)

(c) $\lim_{n\to\infty} \dfrac{n!}{n^n} = 0$.

(d) $\lim_{n\to\infty} x_n = x \quad \Longrightarrow \quad \lim_{n\to\infty} |x_n| = |x|$.

(e) (d) 의 역이 성립하지 않음을 예를 들어 설명하여라.

4. $[x]$은 x를 넘지 않는 최대 정수, 즉 $[x]$는

$$x - 1 < [x] \le x$$

를 만족하는 정수이다. $a_0 = [x]$, 자연수 n에 대해서 $a_n = [10^n(x - c_0) - 10^{n-1}a_1 - 10^{n-2}a_2 - \cdots - 10a_{n-1}]$ 라 두자. x의 소수점 표현이

$$x = a_0 + 0.a_1a_2a_3\cdots$$

임을 증명하고 소수점이하 자리수들이 모두 9가 되는 일이 없음을 보여라.

5. (a) I 는 닫힌구간이고 모든 $n \in \mathbb{N}$ 에 대하여 $x_n \in I$, $x_n \to x$ $(n \to \infty)$ 라고 하자. $x \in I$ 임을 증명하여라.

(b) (a) 에서 닫힌구간이 아니면 거짓임을 예로써 설명하여라.

6. $x_1 \ge 0$, 모든 $n \in \mathbb{N}$ 에 대하여 $x_{n+1} = \sqrt{p(p-1) + x_n}$, ($p$ 는 상수)이라고 가정하자. $x_n \to x(n \to \infty)$ 이면 $x = p$ 임을 증명하여라.(힌트 : 문제 3을 이용)

7. $t_1 = 1$ 이고 $n \ge 1$ 에 대하여 $t_{n+1} = (t_n^2 + 2)/2t_n$ 라 하자. 수열 t_n 이 수렴할 때 극한을 구하여라.

8. $x \in \mathbb{R}$ 이 주어지면 모든 $n \in \mathbb{N}$ 에 대하여 $r_n \in \mathbb{Q}$ 이고 $\lim_{n\to\infty} r_n = x$ 가 성립하는 수열이 있음을 보여라.

9. 어떤 양의 정수 n 에 대하여 $0 \le y < 1/10^n$ 라고하자. 그러면

$$\frac{w}{10^{n+1}} \le y \le \frac{w}{10^{n+1}} + \frac{1}{10^{n+1}}$$

이 성립하는 정수 $0 \le w \le 9$ 가 있음을 보여라.

10. $x \in [0,1)$ 이 주어지고 모든$n \in \mathbb{N}$ 에 대하여 $n \in \mathbb{N}$ 이라 하자.

$$\sum_{k=1}^{n} \frac{x_k}{10^k} \leq x < \sum_{k=1}^{n} \frac{x_k}{10^k} + \frac{1}{10^n}$$

이 성립하는 정수들 $0 \leq x_k \leq 9,\ k = 1, 2, \cdots$ 가 존재함을 증명하여라.

11. 다음을 보여라.

(a) $\lim_{n\to\infty} \left(\frac{1}{n^2} + \frac{2}{n^2} + \cdots + \frac{n}{n^2} \right) = \frac{1}{2}$

(b) $\lim_{n\to\infty} \left(\frac{1}{n^2} + \frac{1}{(n+1)^2} + \cdots + \frac{1}{(2n)^2} \right) = 0$

(c) $\lim_{n\to\infty} \left(\frac{1}{\sqrt{n}} + \frac{1}{\sqrt{n+1}} + \cdots + \frac{1}{\sqrt{2n}} \right) = \infty$

(d) $\lim_{n\to\infty} \left(\frac{1}{\sqrt{n^2+1}} + \frac{1}{\sqrt{n^2+2}} + \cdots + \frac{1}{\sqrt{n^2+n}} \right) = 1$

12. $E \neq \emptyset$ 인 유계집합 $E \subset \mathbb{R}$ 가 주어지고 $\sup E \notin E$ 라고 하자. 그러면 모든 $n \in \mathbb{N}$ 에 대하여 $x_n \in E$, 이고 $x_n < x_{n+1}$ 이며 $\lim_{n\to\infty} x_n = \sup E$ 인 수열 $\{x_n\}$ 이 있음을 증명하여라.

13. **(체사로 평균, Césaro mean)** 수열 $\{x_n\}$ 에 대하여 $\lim x_n = x$ 라고하자. 그러면 $\{x_n\}$의 체사로 평균을 $\sigma_n = \frac{x_1 + x_2 + \cdots + x_n}{n}$ 로 정하면 $\lim_{n\to\infty} \sigma_n = x$ 임을 증명하여라.

14. a_m은 단위원에 내접하는 정 m-각형의 면적을 나타낸다고 하자. 다음 물음에 답하여라.

(a) 내접 정 $2m$-각형의 면적이

$$a_{2m} = \frac{m}{2}\sqrt{2 - 2\sqrt{1 - (2a_m/m)^2}}$$

임을 보여라.

(b) $\lim_{n\to\infty} a_{2^n}$의 극한을 구하여라.

(c) 외접하는 정 m-각형의 면적을 b_m이라고 하자. 그러면

$$\frac{a_{2^n}}{b_{2^n}} = \left(\cos\frac{\pi}{2^n}\right)^2$$

임을 보여라.

(d) 단위원의 내적 및 외접하는 정 m-각형의 관계를 이용하여

$$a_{2^n} < b_{2^n} = \frac{a_{2^n}}{\left(\cos\frac{\pi}{2^n}\right)^2} = \frac{2a_{2^n}}{1+\sqrt{1-(a_{2^n}/2^{n-1})^2}}$$

임을 보여라. 특히 $a_8 = 2\sqrt{2}$를 이용하여 π의 값을 계산하여라.

1.5 수열에 관한 주요 정리

이 절에서는 수렴하는 수열이 가지는 성질과 수열이 수렴하기 위한 조건 및 수렴판정을 다룬다. 단조수열, 부분수열, 코시수열 등 수열에 관한 중요한 개념과 이것들의 관계를 다룬다.

정의 1.10 $\{x_n\}$이 수열이라 하자.

(i) $\{x_n\}$ 은 **증가수열**(각각, 순증가수열)이라 함은 모든 자연수 $n = 1, 2, \ldots$에 대해서 $x_n \le x_{n+1}$ (각각, $x_n < x_{n+1}$).

(ii) $\{x_n\}$ 은 **감소수열**(각각, 순감소수열)이라 함은 모든 자연수 $n = 1, 2, \ldots$에 대해서 $x_n \ge x_{n+1}$ (각각, $x_n > x_{n+1}$).

(iii) $\{x_n\}$ 은 **단조수열**(monotone sequence)이라 함은 $\{x_n\}$ 은 증가 또는 감소수열이다.

수열 $\{x_n\}$ 이 증가(또는 감소)하며 x로 수렴하는 경우, $n \to \infty$ 일 때 $x_n \nearrow x$ (또는 $x_n \searrow x$) 로 표기하기도 한다.

정리 1.20 (단조수렴정리) *(Monotone Convergence Theorem).*

(i) $\{x_n\}$ *이 위로 유계이고 증가수열이면* $\{x_n\} \nearrow \sup\{x_n\}$ $(n \to \infty)$.

(ii) $\{x_n\}$ *이 아래로 유계이고 감소수열이면* $\{x_n\} \searrow \inf\{x_n\}$ $(n \to \infty)$.

증명 (i) $\varepsilon > 0$ 이 주어지면 수열이 위로 유계이므로 완비공리에 의하여 상한이 존재하고 상한의 성질에 의하여

$$\sup\ \{x_n\} - \varepsilon < x_N \le \sup\ \{x_n\}$$

인 x_N이 존재한다. 또한 수열이 증가하므로

$$\sup\{x_n\} - \varepsilon < x_N \le x_{N+1} \le x_{N+2} \le \cdots \le \sup\{x_n\} < \sup\{x_n\} + \varepsilon$$

가 되어 $n \geq N \Longrightarrow |x_n - \sup\{x_n\}| < \varepsilon$ 이다.

(ii) $\{x_n\}$이 감소하며 하한을 y 라고 하자. 그러면 $\{-x_n\}$ 은 증가하며 상한은 $-y$ 가 된다. 그러므로 (i) 에 의하여

$$y = -(-y) = -\lim_{n\to\infty}(-x_n) = \lim_{n\to\infty} x_n$$

이 성립한다. ■

일반적으로 수렴하는 수열은 유계임과 일반적으로 유계인 수열이 수렴하지 않음을 알고 있었다. 단조수렴정리는 $\{x_n\}$ 단조수열인 경우에 유계와 수렴은 동치임을 말해준다. 단조수렴정리는 주어진 수열의 극한이 존재함을 증명하는 강력한 도구이다. 일단 극한의 존재성이 밝혀지면 극한은 정리 1.18와 정리 1.19를 이용하여 구한다.

보기 10 각 n 에 대하여

$$a_n = \left(1 + \frac{1}{n}\right)^n$$

일 때 수열 $\{a_n\}$ 이 수렴함을 보여라.

증명 단조수렴정리를 이용하여 증명하기로 하자. 이를 위해서 정리 1.20의 조건을 점검해야 한다.

1) 단조성. 모든 n 에 대하여 $a_n \leq a_{n+1}$ 임을 보이자. $k = 0, 1, \cdots, n$ 에 대하여

$$\begin{aligned}\binom{n}{k}\left(\frac{1}{n}\right)^k &= \frac{n(n-1)\cdots(n-k+1)}{k!}\left(\frac{1}{n}\right)^k \\ &= \frac{1}{k!}\left(1-\frac{1}{n}\right)\cdots\left(1-\frac{k-1}{n}\right) \\ &\leq \frac{1}{k!}\left(1-\frac{1}{n+1}\right)\cdots\left(1-\frac{k-1}{n+1}\right) \\ &= \binom{n+1}{k}\left(\frac{1}{n+1}\right)^k\end{aligned}$$

을 이용하면 $a_n \leq a_{n+1}$ 이다.

2) 유계. 모든 n 에 대하여 a_n 이 유계임을 보이자.

$$\begin{aligned}a_n &= \sum_{k=0}^{n}\binom{n}{k}\left(\frac{1}{n}\right)^k \leq \sum_{k=0}^{n}\frac{1}{k!} \\ &\leq 1 + \sum_{k=1}^{n}\frac{1}{2^{k-1}} < 3.\end{aligned}$$

따라서 단조수렴정리에 의하여 주어진 수열은 수렴한다. 이 경우 수렴값을 e 라고 쓴다.[14] ■

다음은 집합열에 관한 단조성질(monotone property)을 도입한다.

정리 1.21 (축소구간성질, nested interval property) *각 n 에 대하여 I_n 은 유계이고 닫힌구간(이하 유계인 닫힌구간이라고 함)이며 구간열 $\{I_n\}$ 가*

$$I_1 \supsetneqq I_2 \supsetneqq \cdots \supsetneqq I_n \supsetneqq \cdots$$

이면

$$K = \bigcap_{n\in\mathbb{N}} I_n = \{x \,|\, x \in I_n, \forall n \in \mathbb{N}\} \neq \emptyset.$$

만약 구간의 길이 $\ell(I_n)$ 의 극한이 $\lim_{n\to\infty} \ell(I_n) = 0$ 이면 K 는 한원소집합(singleton set) 이다.

증명 $I_n = [a_n, b_n]$ 으로 놓으면 구간열 $\{I_n\}$ 이 축소되므로

$$a_1 \le a_2 \le \cdots \le a_n \cdots\cdots \le b_n \le \cdots \le b_2 \le b_1$$

이다. 수열 $\{a_n\}$은 위로 유계이며 증가하고 $\{b_n\}$은 아래로 유계이며 감소한다(그림 1.5). 단조수렴정리에 의하여 $n \to \infty$ 일 때 $a_n \nearrow a, b_n \searrow b$ 인 $a, b \in \mathbb{R}$ 가 있다. $a_n \le a$, 모든 $n \in \mathbb{N}$ 에 대하여 $a_n \le b_n$ 이고 $b \le b_n$ 이므로 비교정리에 의하면 모든 자연수 n 에 대하여 $a_n \le a \le b \le b_n$ 이 되어 $K = [a, b]$ 이다.

또 $\lim_{n\to\infty} \ell(I_n) = \lim_{n\to\infty}(b_n - a_n) = 0$ 이므로 $a = b$ 가 되어 $K = [a, a] = \{a\}$ 이다. ■

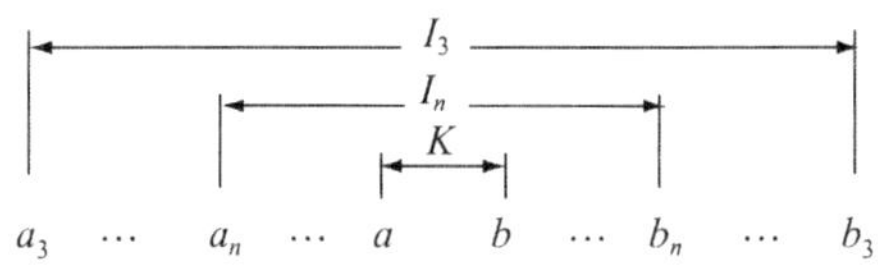

그림 1.3

축소구간성질은 가정이 일부 조건을 만족하지 않으면 성립하지 않는다.

주의 3 축소구간성질는 닫힌구간이 아닌 다른 구간에서 성립하지 않을 수 있다.

14) 실제로, 수렴값은 $e = 2.718\ldots$ 이고 이 값은 무리수이고 초월수임은 잘 알려져 있다.[13] 이 값은 Euler에 의해 밝혀졌으며, 기원은 복리에 대한 원리합계식 $(1+r)^n$ 에서 연금리가 아닌 일금리 또는 초금리와 같은 매우 짧은 기간동안 원리합계를 계산하는 경우에 $r = 1/n$ 으로 바꾸어 극한문제로 전환되어 나타나는 극한값이다.

증명 $I_n = (0, 1/n)$ $(n \in \mathbb{N})$ 이면 구간열 $\{I_n\}$ 은 축소되고 $\lim_{n\to\infty} |I_n| = \lim_{n\to\infty} 1/n = 0$ 이다. 그러나 $\bigcap_{n\in\mathbb{N}} I_n = \emptyset$ 이다. 왜냐하면 $\bigcap_{n\in\mathbb{N}} I_n \neq \emptyset$ 이면 x 가 존재하여 모든 $n \in \mathbb{N}$ 에 대하여 $0 < x < 1/n$ 을 만족한다. 그러면 모든 $n \in \mathbb{N}$ 에 대하여 $1/x > n$ 이 되어 아르키메데스 원리에 어긋난다. ■

주의 4 축소구간성질에서 "**유계**" 가 없으면 결과가 성립하지 않을 수 있다.

증명 $I_n = [n, \infty)$ 이면 닫힌구간이고 축소되지만 $\bigcap_{n\in\mathbb{N}} I_n = \emptyset$ 이다. ■

우리는 실수의 완비성을 이용하여 축소구간정리를 증명하였다. 그러나 그 역도 성립한다.

참고 9 축소구간성질과 완비성 공리는 서로 동치이다.

수열 $\{(-1)^n\}$ 은 수렴하지 않는다. 그렇지만 이 중에서 짝수번째 원소만으로 만든 수열 $1, 1, 1, \cdots$ 을 생각하면 이 수열은 수렴한다. 이 때 뒤의 수열을 처음 수열의 부분수열이라 한다.

정의 1.11 주어진 수열 $\{x_n\}_{n\in\mathbb{N}}$ 의 원소들 중 일부 원소들로 구성된 수열

$$\{x_{n_k}\}_{k\in\mathbb{N}}, \quad n_1 < n_2 < \cdots < n_k < \cdots, \ (n_k \in \mathbb{N})$$

을 수열 $\{x_n\}_{n\in\mathbb{N}}$ 의 **부분수열(subsequence)**이라고 한다.

모든 $k \in \mathbb{N}$에 대해서 $k \leq n_k$ 임을 유의하자. 수열 $\{\sin \frac{n\pi}{4}\}_{n\in\mathbb{N}}$ 에서 $\{(-1)^{n+1}\}_{n\in\mathbb{N}}$ 은 부분수열이다.

참고 10 만일 수열 $\{x_n\}$ 이 x 로 수렴하면 부분수열 $\{x_{n_k}\}$ 도 x 로 수렴한다.

그러나 위의 역은 성립하지 않는다. 그러나

정리 1.22 *$n \to \infty$ 일때 $x_n \to x$ 일 필요충분조건은 $\{x_n\}$ 의 임의의 부분수열 $\{x_{n_k}\}_{k\in\mathbb{N}}$ 에 대하여*

$$\lim_{k\to\infty} x_{n_k} = x.$$

증명 $\varepsilon > 0$ 이 주어졌다고 하자. 만일 $x_n \to x$ 이면 자연수 $N \in \mathbb{N}$ 이 존재하여

$$n \geq N \Longrightarrow |x_n - x| < \varepsilon$$

가 성립한다. 그러므로 $k \geq N$ 이면 $n_k \geq k$ 이므로 $|x_{n_k} - x| < \varepsilon$ 가 된다.

역으로, 수열 $\{x_n\}_{n\in\mathbb{N}}$ 은 자신도 부분수열이므로 자명하다. ■

유계인 수열과 부분수열의 관계를 알아본다.

정리 1.23 (볼차노-바이어슈트라스) *수열 $\{x_n\}_{n\in\mathbb{N}}$ 이 유계이면 수렴하는 부분수열을 가진다.*

증명 1. $\{x_n\}$ 을 임의의 수열이라 하고 $E = A \cup B$ 라 하자. 만일 E 가 무한히 많은 x_n 들을 포함하면 적어도 A, B 중 적어도 하나는 무한히 많은 x_n 을 포함한다. 왜냐하면, A, B 가 모두 유한집합이면 E 도 유한집합이 되기 때문이다. 이 사실에 주의하자.

2. $\{x_n\}$ 이 유계수열이라 하자. 모든 $n \in \mathbb{N}$ 에 대하여 $x_n \in I_0 := [a, b]$ 가 성립하는 $a, b \in \mathbb{R}$ 을 잡는다. I_0 를 두 개의 구간 I_0', I_0'' 으로 이등분하면 1)에서 말한 바와 같이 두 집합 중 적어도 하나는 무한히 많은 x_n 들을 포함하는 데 이 구간을 I_1 이라 하자. $x_{n_1} \in I_1$인 $n_1 > 1$을 잡는다. 참고로 $\ell(I_1) = \ell(I)/2 = (b-a)/2$ 이다. 이와 같은 방법을 무한히 되풀이하면 닫힌구간열 $I_0 \supset I_1 \supset I_2 \supset \cdots$ 을 얻는다. 각 $k \in \mathbb{N}$ 에 대하여

$$\ell(I_k) = \frac{b-a}{2^k},\ x_{n_k} \in I_k,\ \text{무한히 많은 } n \text{ 에 대하여 } x_n \in I_k \tag{1.13}$$

이 되도록 $n_1 < n_2 < \cdots$ 을 선택할 수 있다. 축소구간정리에 의해 $x \in \mathbb{R}$가 존재하여 모든 $k \in \mathbb{N}$ 에 대하여 $x \in I_k$ 이 성립한다. $x \in I_k\ \forall k \in \mathbb{N}$이므로 (1.13)에 의하여

$$|x_{n_k} - x| \leq \ell(I_k) \leq \frac{b-a}{2^k}, \quad k \in \mathbb{N}$$

이다. 그러므로 조임정리에 의하여 $x_{n_k} \to x\ (k \to \infty)$ 이다. ■

지금까지 수열의 수렴성을 알기 위해서 주어진 수열 $\{x_n\}$의 극한을 추측하여 ε을 이용한 정의로 증명하거나 아니면 주어진 수열이 위로(또는 아래로) 유계이고 단조증가(또는 단조감소)임을 보여서 수열의 수렴성을 보였다. 그러나 다음의 정의는 주어진 수열의 극한을 모르더라도 수열의 수렴성을 판단할 수 있음을 보일 수 있는 강력한 도구이다.

정의 1.12 *수열 $\{x_n\}$ 이* **코시수열(Cauchy sequence)** *이라함은 임의의 $\varepsilon > 0$ 에 대하여 자연수 $N \in \mathbb{N}$ 가 존재하여*

$$m, n \geq N \quad \Longrightarrow \quad |x_n - x_m| < \varepsilon.$$

다음은 코시수열과 부분수열사이의 관계를 말해 준다.

보조정리 1.1 *$\{x_n\}$ 이 코시수열이고 어떤 부분수열 $\{x_{n_k}\}$ 가 x 로 수렴하면 $\{x_n\}$ 도 x 로 수렴한다.*

증명 $\varepsilon > 0$ 이 주어졌다고 하자. 가정에 의하여 $N_1, N_2 \in \mathbb{N}$ 이 존재하여

$$m, n \geq N_1 \implies |x_n - x_m| < \frac{\varepsilon}{2},$$
$$k \geq N_2 \implies |x_{n_k} - x| < \frac{\varepsilon}{2}.$$

$n_k \geq N_1$ 이 되도록 $k \geq N_2$ 을 잡는다. 그러므로

$$n \geq N_1 \implies |x_n - x| \leq |x_n - x_{n_k}| + |x_{n_k} - x| < \varepsilon$$

이므로 증명이 되었다. ■

실수들의 집합내에서 주어진 수열이 코시수열임과 수렴성이 동치임을 보이자. 이것은 실수의 완비성으로 부터 얻을 수 있는 정리이다.[15]

정리 1.24 (코시 판정법) *수열 $\{x_n\}$ 이 수렴하기 위한 필요충분조건은 $\{x_n\}$ 이 코시수열이다.*

증명 $\varepsilon > 0$ 이 주어졌다고 하자. $\lim_{n\to\infty} x_n = x$ 이면 수렴의 정의에 따라 $N \in \mathbb{N}$ 이 존재하여

$$n \geq N \implies |x_n - x| < \frac{\varepsilon}{2}$$

가 성립한다. 만일 $m, n \geq N$ 이면

$$\begin{aligned} |x_n - x_m| &= |(x_n - x) - (x_m - x)| \\ &\leq |x_n - x| + |x_m - x| \\ &< \frac{\varepsilon}{2} + \frac{\varepsilon}{2} = \varepsilon \end{aligned}$$

이므로 수열 $\{x_n\}$ 은 코시수열이다.

역으로, $\{x_n\}$ 이 코시수열이라고 가정하자. $\varepsilon = 1$ 로 잡으면 $N \in \mathbb{N}$ 이 존재하여

$$m, n \geq N \implies |x_n - x_m| < 1.$$

15) 일반적으로, 거리공간(정리 1.6을 만족하는 공간)에서 공간내의 모든 코시수열이 수렴하는 공간을 완비공간이라고 말한다.

특히, $m \geq N$ 이면 $|x_m - x_N| < 1$ 이 되어

$$|x_m| \leq |x_N| + 1 \quad (m \geq N).$$

$M = \max\{|x_1|, |x_2|, \cdots, |x_{N-1}|, |x_N| + 1\}$ 로 잡으면 모든 자연수 n 에 대하여 $|x_n| \leq M$ 이므로 $\{x_n\}$ 은 유계이다. 볼차노-바이어슈트라스 정리에 의해 수렴하는 부분수열 $\{x_{n_k}\}$ 가 있으므로 보조정리 1.1에 의하여 $\{x_n\}$ 은 수렴한다. ■

정리 1.15에서 "수렴하는 수열은 유계"임을 보였다. 또한, 정리 1.24의 증명과정 후반부에서 "코시수열은 유계"임을 보였다. 주어진 수열 $\{x_n\}$ 이 수렴하는 것을 보이려면 극한을 추측하여 수렴함을 엄밀하게 보여야 하지만 코시수열인 경우에는 극한을 구하지 않고 주어진 수열이 수렴함을 알 수 있기 때문에 편리하다.

다음 보기를 생각해 보자.

보기 11 수열 $\{x_n\}$ 이

$$|x_n - x_{n+1}| \leq \frac{1}{2^n}, \quad n \in \mathbb{N}.$$

을 만족하면 수렴함을 보여라.

증명 주어진 수열이 수렴함을 보이려면 극한을 먼저 구해야 하지만 이 경우는 불가능하다. 그러나 정리 1.24를 이용하면 쉽게 해결된다. $m > n$ 이라고 하자. 그러면

$$\begin{aligned}
|x_n - x_m| &= |x_n - x_{n+1} + x_{n+1} - x_{n+2} + x_{n+2} - x_{n+3} + \cdots + x_{m-1} - x_m| \\
&\leq |x_n - x_{n+1}| + |x_{n+1} - x_{n+2}| + |x_{n+2} - x_{n+3}| + \cdots + |x_{m-1} - x_m| \\
&\leq \frac{1}{2^n} + \frac{1}{2^{n+1}} + \frac{1}{2^{n+2}} + \cdots + \frac{1}{2^{m-1}} \\
&= \frac{1}{2^{n-1}} \sum_{k=1}^{m-n} \frac{1}{2^k} = \frac{1}{2^{n-1}} \left(1 - \frac{1}{2^{m-n}}\right) \\
&\leq \frac{1}{2^{n-1}}.
\end{aligned}$$

$\varepsilon > 0$ 이 주어졌다고 하자. $n \to \infty$ 일 때 $\frac{1}{2^{n-1}} \to 0$ 이므로 $N \in \mathbb{N}$ 이 존재하여

$$n \geq N \Longrightarrow \frac{1}{2^{n-1}} < \varepsilon.$$

그러므로 주어진 수열은 코시수열이다. 그러므로 정리 1.24에 의하여 주어진 수열은 수렴한다. ■

완비성을 갖지 않은 순서체는 일반적으로 정리 1.24가 만족되지 않는다. 예를 들어, 유리수체에서 수열

$$1, 1.4, 1.41, 1.414, 1.4142, \ldots$$

은 코시수열(왜?)이지만 유리수체내에서는 결코 수렴하지 않는다. 따라서 유리수체는 완비가 아니다.

코시수열은 $x_n - x_{n+1}$ 이 얼마나 빠르게 0 으로 수렴하느냐에 따라 결정된다.

주의 5 수열 $\{x_n\}$ 이 $x_n - x_{n+1} \to 0$ 을 만족한다고 해서 반드시 코시수열인 것은 아니다.

보기 12 수열 $x_n := \sqrt{n}$ 을 생각하자. 무리함수의 분자 유리화로부터 $n \to \infty$ 일 때

$$x_{n+1} - x_n = \sqrt{n+1} - \sqrt{n} = \frac{1}{\sqrt{n+1} + \sqrt{n}} \to 0.$$

그러나 이 수열은 수렴하지 않으므로 코시수열이 아니다.

연습문제 (1.5)

1. 수열 $x_n = \dfrac{n^2 \sin(n^3 + 2n^2 - n + 1)}{n^2 + 1}$ 은 수렴하는 부분수열을 가짐을 증명하여라. (힌트 : 볼차노-바이어스트라스 정리를 이용할 것.)

2. 수열 $\{x_n\}$ 에 대하여 $\varepsilon > 0$ 이 주어지면 $N \in \mathbb{N}$ 이 존재하여

$$m > n > N \Longrightarrow \left| \sum_{k=n}^{m} x_k \right| < \varepsilon$$

가 성립한다고 하자. 그러면 극한값

$$\lim_{n \to \infty} \sum_{k=1}^{n} x_k$$

가 존재함을 증명하여라.

3. $a > 1$ 이고 모든 $k \in \mathbb{N}$ 에 대해

$$|x_{k+1} - x_k| \le a^{-k},$$

일 때 수열 $\{x_n\}$ 이 수렴함을 증명하여라.

4. 모든 자연수 n 에 대하여

$$|x_{n+1} - x_n| < \frac{1}{n}$$

을 만족하는 수열 x_n 은 코시수열인가?

5. 수열

$$a_n = \frac{1}{n} + \frac{1}{n+1} + \cdots + \frac{1}{2n}$$

의 극한이 존재하고 극한이 1보다 작지만 $\frac{1}{2}$보다 작지 않음을 보여라.

6. 다음을 증명하여라.

(a) $0 < x_1 < 1$ 이고 $x_{n+1} = 1 - \sqrt{1 - x_n}$ $(n \in \mathbb{N})$ 이다. $n \to \infty$ 일 때 $x_n \searrow 0$ 이고 $\dfrac{x_{n+1}}{x_n} \to \dfrac{1}{2}$.

(b) $0 < x_1 \le 3$ 이고 $x_{n+1} = \sqrt{2x_n + 3}$, $(n \in \mathbb{N})$ 이면 $n \to \infty$ 일 때 $x_n \nearrow 3$.

(c) $x_1 \ge 2$ 이고 $x_{n+1} = 1 + \sqrt{x_n - 1}$, $(n \in \mathbb{N})$ 이면 $n \to \infty$ 일 때 $x_n \searrow 2$. 만약 $1 \le x_1 < 2$ 이면 어떻게 되겠는가?

(d) $\{a_n\}$ 은 양수들의 감소하지 않는 수열이고 $s_n = (a_1 + a_2 + \cdots + a_n)/n$ 이라고 하자. 그러면 $\{s_n\}$이 감소하지 않는 수열임을 증명하여라.

(e) $a_1 = 1$이고 $n > 1$에 대해서 $a_{n+1} = (n/(n+1))a_n^2$ 이라고 하자.

i. a_2, a_3 및 a_4를 구하여라.

ii. $\lim_{n\to\infty} a_n$이 존재함을 보여라.

iii. $\{a_n\}$의 극한을 구하여라.

(f) $a_1 = 1$이고 $n > 1$에 대해서 $a_{n+1} = (a_n + 1)/3$ 이라 하자.

i. a_2, a_3 및 a_4를 구하여라.

ii. 귀납법을 사용하여 모든 n에 대해서 $a_n > \dfrac{1}{2}$ 임을 보여라.

iii. $\{s_n\}$이 증가하지 않는 수열임을 보여라.

iv. $\lim_{n\to\infty} a_n$이 존재함을 보여라.

v. $\{a_n\}$의 극한을 구하여라.

(g) $x_1 = \sqrt{2}$ 이고

$$x_{n+1} = \sqrt{2 + \sqrt{x_n}}, \quad n = 1, 2, \cdots$$

이면 x_n 은 수렴한다.

7. 다음을 증명하여라.

   (a) 만일 $a_n > 0$이고 $\lim_{n\to\infty} \frac{a_{n+1}}{a_n} = L$이면 $\lim_{n\to\infty} \sqrt[n]{a_n} = L$.

   (b) 만일 a_n이 단조이고 $\sum_{k=1}^{\infty} a_k$이 수렴하면 $\lim_{n\to\infty} na_n = 0$.

   (c) 만일 a_n이 극한 0으로 단조감소하고 모든 n에 대해서 $b_n = a_n - 2a_{n+1} + a_{n+2} \geq 0$ 이면 $\sum_{n=1}^{\infty} nb_n = a_1$.

8. 다음을 증명하여라.

$$\lim_{n\to\infty} x^{1/(2n-1)} = \begin{cases} 1 & x > 0 \\ 0 & x = 0 \\ -1 & x < 0. \end{cases}$$

9. $x_0 \in \mathbb{R}$ 이라 하자.

$$x_n = \frac{1 + x_{n-1}}{2}, \quad n \in \mathbb{N}$$

   이면 $\lim_{n\to\infty} x_n = 1$ 임을 보여라.

10. $0 < y_1 < x_1$ 이고

$$x_{n+1} = \frac{x_n + y_n}{2}, \qquad y_{n+1} = \sqrt{x_n y_n} \quad n \in \mathbb{N}$$

   일 때 다음을 증명하여라.

   (a) $0 < y_n < x_n \; n \in \mathbb{N}$.

   (b) $\{y_n\}$ 은 증가하고 위로 유계이며, $\{x_n\}$ 은 감소하고 아래로 유계이다.

   (c) $0 < x_{n+1} - y_{n+1} < (x_1 - y_1)/2^n, \quad n \in \mathbb{N}$.

   (d) $\lim_{n\to\infty} y_n = \lim_{n\to\infty} x_n$.

11. $x_0 = 1, y_0 = 0$ 이라 하자. 모든 $n \in \mathbb{N}$ 에 대하여

$$x_n = x_{n-1} + 2y_{n-1},$$
$$y_n = x_{n-1} + y_{n-1}$$

   이면 $x_n^2 - 2y_n^2 = \pm 1 (n \in \mathbb{N})$ 이고 $\frac{x_n}{y_n} \to \sqrt{2}\ (n \to \infty)$ 임을 증명하여라.

12. x_0와 y_0는 양의 실수, $x_0 \le y_0$, 모든 $n \in \mathbb{N}$ 에 대하여

$$x_n = \frac{2x_{n-1}y_{n-1}}{x_{n-1}+y_{n-1}},$$
$$y_n = \sqrt{x_n y_{n-1}}$$

일 때 다음을 증명하여라.

(a) $x_n \searrow x, y_n \nearrow y\ (n \to \infty)$ 인 $x, y \in \mathbb{R}$ 이 있다.

(b) $x = y$ 이고

(c) $x_0 = 2\sqrt{3}, y_0 = 3$일 때 $3.141555 < x < 3.14161$(x 의 실제 값은 π 이다).

13. $x_1 > \sqrt{3}$ 이고 x_n 은 점화식

$$x_{n+1} = \frac{1}{2}\left(x_n + \frac{3}{x_n}\right), \quad n = 2, 3, \cdots$$

을 만족한다 하자.

(a) $\{x_n\}$ 이 단조 감소함을 보이고 $\lim_{n\to\infty} x_n = \sqrt{3}$ 임을 보여라.

(b) $y_n = x_n - \sqrt{3}$ 이라 두고

$$y_{n+1} = \frac{y_n^2}{2x_n} < \frac{y_n^2}{2\sqrt{3}}$$

을 보여라. 따라서

$$y_{n+1} < 2\sqrt{3}\left(\frac{y_1}{2\sqrt{3}}\right)^{2^n}, \quad n = 1, 2, 3, \cdots$$

(c) 이것은 제곱근을 구하는 매우 좋은 알고리즘이다. 왜냐하면 점화식이 매우 단순하고 수렴속도는 매우 빠르다.

$$y_5 < 4 \cdot 10^{-16}, \quad y_6 < 4 \cdot 10^{-32}$$

임을 보여라.

14. $x_1 > \sqrt{3}$ 이고 x_n 은 점화식

$$x_{n+1} = \frac{3+x_n}{1+x_n} = x_n + \frac{3-x_n}{1+x_n}, \quad n = 2, 3, \cdots$$

을 만족한다 하자.

(a) $x_1 > x_3 > x_5 > \cdots$ 임을 보여라.

(b) $x_2 < x_4 < x_6 < \cdots$ 임을 보여라.

(c) $\lim_{n\to\infty} x_n = \sqrt{3}$ 을 보여라.

(d) 이 과정의 수렴의 빠르기를 문제 11과 비교하여라.

15. 다음 명제가 모두 동치임을 보여라.

(a) 완비성 공리

(b) 데데킨트 정리

(c) 축소구간 정리

(d) 모든 코시수열은 수렴한다.

1.6 확장실수계

우리가 다루는 수열중 일부는 $\{n^2\}_{n\in\mathbb{N}}$와 같이 무한히 커지거나 수열 $\{(-1)^n n\}$ 과 같이 교대로 부호를 바꾸면서 진동하며 절대값이 커진다. 그러나 무한히 크거나(기호로 $+\infty$로 표기) 반대로 음의 방향으로 무한히 작아지는(절대값을 취하면 무한히 커지는)(기호로 $-\infty$로 표기)것에 대해서 실수에는 포함되지 않는 하나의 상태인 개념이다. 그러나, 무한이라는 개념인 가상의 수를 실수와 비슷하게 하나의 수로 간주하여 실수에 더하여 실수의 확장을 생각하자. 그러면 수열이 무한히 커지는 상태인 $+\infty$는 새로운 확장실수계의 한 원소로 간주될 수 있다.

정의 1.13 $\{x_n\}$ 을 수열이라 하자.

(i) "$\{x_n\}$ 이 $+\infty$ (이하 ∞ 로 표기)로 발산한다"함은 주어진 실수 $M > 0$ 에 대하여 자연수 $N \in \mathbb{N}$ 이 존재하여

$$n \geq N \Longrightarrow x_n > M$$

이 성립한다. (표기: $\lim_{n\to\infty} x_n = \infty$ 또는 $x_n \to \infty \quad (n \to \infty)$)

(ii) "$\{x_n\}$ 이 $-\infty$ 로 발산한다"함은 주어진 실수 $M > 0$ 에 대하여 자연수 $N \in \mathbb{N}$ 이 존재하여

$$n \geq N \Longrightarrow x_n < -M$$

이 성립한다. (표기: $\lim_{n\to\infty} x_n = -\infty$ 또는 $x_n \to -\infty \quad (n \to \infty)$)

앞의 단락에서 명시된 확장실수계 $\mathbb{R}^*$ 는 $\mathbb{R}^* = \{\infty\} \cup \{-\infty\} \cup \mathbb{R}$ 을 의미한다. 실수를 열린구간 $(-\infty, \infty)$으로 나타낸 것처럼 확장된 실수를 구간으로 표현하면 $\mathbb{R}^* = [-\infty, \infty]$이 된다. 그러므로 $x \in \mathbb{R}^*$ 이면 $x \in \mathbb{R}, x = \infty, x = -\infty$ 중 하나를 의미한다.

정리 1.25 *수열* $\{x_n\}, \{y_n\}$ *이 주어지고* $\lim_{n\to\infty} x_n = \infty$ *(각각,* $\lim_{n\to\infty} x_n = -\infty$*) 라 하자.*

(i) $\{y_n\}$ *이 아래로 유계(각각, 위로 유계)이면*

$$\lim_{n\to\infty}(x_n + y_n) = \infty \text{ (각각, } \lim_{n\to\infty}(x_n + y_n) = -\infty)$$

(ii) $\alpha > 0$ *이면*

$$\lim_{n\to\infty}(\alpha\, x_n) = \infty \text{(각각, } \lim_{n\to\infty}(\alpha\, x_n) = -\infty)$$

(iii) *모든* $n \in \mathbb{N}$ *에 대하여* $y_n > M_0$ *이 성립하는* $M_0 > 0$ *가 있으면*

$$\lim_{n\to\infty}(x_n y_n) = \infty \text{ (각각, } \lim_{n\to\infty}(x_n y_n) = -\infty)$$

(iv) $\{y_n\}$ *이 유계이고* $x_n \neq 0$ $(n \in \mathbb{N})$ *이면*

$$\lim_{n\to\infty} \frac{y_n}{x_n} = 0.$$

증명 $\lim_{n\to\infty} x_n = \infty$ 일 때만 증명한다. $M > 0$을 임의로 잡자.

(i) 수열 $\{y_n\}$ 이 아래로 유계이므로 $y_n \geq M_0$ 인 M_0 가 있다. 이제 $M_1 = M - M_0$으로 놓자. $\lim_{n\to\infty} x_n = \infty$이므로 $N \in \mathbb{N}$ 가 존재하여

$$n \geq N \Longrightarrow x_n > M_1.$$

그러므로 $n \geq N$ 이면 $x_n + y_n > M_1 + M_0 = M$ 이다.

(ii) $M_1 = M/\alpha$ 으로 놓자. 가정에 의하면 $N \in \mathbb{N}$ 가 존재하여

$$n \geq N \Longrightarrow x_n > M_1.$$

그러므로 $n \geq N$ 이면 $\alpha\, x_n > \alpha\, M_1 = M$ 이다.

(iii) $M_1 = M/M_0$ 으로 놓자. 가정에 의하면 $N \in \mathbb{N}$ 가 존재하여

$$n \geq N \Longrightarrow x_n > M_1.$$

그러므로 $n \geq N$ 이면 $x_n y_n > M_1 M_0 = M$ 이다.

(iv) $\varepsilon > 0$ 가 주어졌다고 하자. 수열 $\{y_n\}$ 이 유계이므로 M_0 가 존재하여 $|y_n| \le M_0$ 이 성립한다. $M_0/M_1 < \varepsilon$ 가 되도록 $M_1 \in \mathbb{R}$ 을 크게 잡자. 가정에 의하면 $N \in \mathbb{N}$ 가 존재하여

$$n \ge N \Longrightarrow x_n > M_1.$$

그러므로

$$n \ge N \qquad \Longrightarrow \qquad \left|\frac{y_n}{x_n}\right| = \frac{|y_n|}{x_n} < \frac{M_0}{M_1} < \varepsilon$$

이 되어 증명된다. ■

정리 1.25은 확장실수계 $\mathbb{R}^*$ 의 사칙연산을 다음과 같이 정의할 수 있게 한다.

정의 1.14 확장실수계 $\mathbb{R}^*$ 의 연산을 아래와 같이 정의한다.

I. $\mathbb{R}$ 의 원소에 대하여는 통상적인 연산으로 정의한다.

II. $x \in \mathbb{R}$ 과 $\pm\infty$ 와 연산을 아래와 같이 정의한다.

$$x + \infty = \infty, \qquad x - (-\infty) = \infty,$$

$$x + (-\infty) = -\infty, \qquad x - \infty = -\infty;$$

$$x > 0 \text{ 일 때}, \qquad x \cdot \infty = \infty, \qquad x \cdot (-\infty) = -\infty;$$

$$x < 0 \text{ 일 때}, \qquad x \cdot \infty = -\infty, \qquad x \cdot (-\infty) = \infty;$$

$$\frac{x}{\infty} = \frac{x}{-\infty} = 0 \ (x \in \mathbb{R}).$$

III. ∞ 와 $-\infty$ 의 연산을 아래와 같이 정의한다.

$$\infty + \infty = \infty, \qquad (-\infty) + (-\infty) = -\infty,$$

$$0 \cdot \infty = 0 \cdot (-\infty) = 0,$$

$$\infty \cdot \infty = (-\infty) \cdot (-\infty) = \infty,$$

$$\infty \cdot (-\infty) = (-\infty) \cdot \infty = -\infty$$

IV. 순서관계를 아래와 같이 정의한다.

$$-\infty < x < \infty, \qquad x \in \mathbb{R};$$

$$-\infty < \infty.$$

위의 정의로 부터 다음 명제를 얻는다.

명제 1.5 $x \in \mathbb{R}$, $y \in \mathbb{R}^*$ *일 때* $x + y = y + x$, $xy = yx$.

주의 6 $\infty - \infty$, $-\infty + \infty$ 는 정의되지 않는다.

정리 1.25는 다음 따름정리를 포함한다.

따름정리 1.26 $\{x_n\}$, $\{y_n\}$*이 수열이라 하고* α, x, y *를 확장실수라고 하자.* $\lim_{n\to\infty} x_n = x$, $\lim_{n\to\infty} y_n = y$ *이면 다음이 성립한다.*

(i) $\infty - \infty$ *또는* $-\infty + \infty$ *의 꼴이 아니면*

$$\lim_{n\to\infty} (x_n + y_n) = x + y.$$

(ii) $0 \cdot (\pm\infty)$ *또는* $(\pm\infty) \cdot 0$ *의 형태가 아니면*

$$\lim_{n\to\infty} \alpha\, x_n = \alpha\, x, \qquad \lim_{n\to\infty} (x_n y_n) = xy.$$

$E \subset \mathbb{R}$ 에 대하여 실수의 부분집합으로서 유계가 아닐 때 확장실수계에서 다음과 같이 나타낼 수 있다:

$$E \text{ 가 위로 유계가 아니면} \quad \sup\ E = \infty,$$
$$E \text{ 가 아래로 유계가 아니면} \quad \inf\ E = -\infty.$$

마찬가지로 단조성질(monotone property)이 성립한다.

$$A \subseteq B \quad \Longrightarrow \begin{cases} \sup\ A \le \sup\ B, \\ \inf\ A \ge \inf B. \end{cases}$$

정의 1.15 $\{x_n\}$ 을 수열이라 할 때 $\mathbb{R}^*$ 내의 수로써 $\{x_n\}$ 의 **상극한(limit supremum)**과 $\{x_n\}$ 의 **하극한(limit infimum)**을 각각 다음과 같이 정의한다.

$$\begin{aligned} \limsup_{n\to\infty} x_n &:= \lim_{n\to\infty} (\sup_{k\ge n} x_k), \\ \liminf_{n\to\infty} x_n &:= \lim_{n\to\infty} (\inf_{k\ge n} x_k). \end{aligned} \tag{1.14}$$

일반적으로 $\{(-1)^n\}$ 와 같이 진동하는 수열은 확장실수계 $\mathbb{R}^*$ 안에서 조차 극한값이 없을 수 있다. 그러나 확장실수계 $\mathbb{R}^*$ 안에서 수열의 상극한과 하극한은 항상 존재한다.

$$s_n := \sup_{k \geq n} x_k = \sup\ \{x_k |\ k \geq n\} = \sup\ \{x_n, x_{n+1}, x_{n+2}, \cdots\},$$

$$t_n := \inf_{k \geq n} x_k = \inf\ \{x_k |\ k \geq n\} = \inf\ \{x_n, x_{n+1}, x_{n+2}, \cdots\}$$

으로 놓으면 각각의 $n \in \mathbb{N}$ 에 대하여 $s_n, t_n \in \mathbb{R}^*$ 이고 단조성질에 의하여 수열 $\{s_n\}$ 은 감소하고 수열 $\{t_n\}$ 은 증가한다. 특히 $\mathbb{R}^*$ 내에서 $s_n \searrow s$, $t_n \nearrow t$ 인 $s, t \in \mathbb{R}^*$ 가 있다. 그러므로 이들이 $\mathbb{R}^*$ 내에서 각각 상극한, 하극한이다.

보기 13 수열 $\{x_n = (-1)^n\}$ 에서 상극한, 하극한을 구하여라.

풀이 각각의 n 에 대하여 $s_n = \sup_{k \geq n}(-1)^k = 1$, $t_n = \inf_{k \geq n}(-1)^k = -1$ 이다. 그러므로 $\limsup_{n\to\infty} x_n = 1$, $\liminf_{n\to\infty} x_n = -1$ 이다.

보기 14 수열 $\{x_n = 1 + 1/n\}$ 에서 상극한, 하극한을 구하여라.

풀이 각각의 n 에 대하여 $s_n = \sup_{k \geq n}(1 + 1/k) = 1 + 1/n$, $t_n = \inf_{k \geq n}(1 + 1/k) = 1$ 이다. 그러므로 $\limsup_{n\to\infty} x_n = 1$, $\liminf_{n\to\infty} x_n = 1$ 이다.

위의 보기들은 상극한, 하극한과 부분수열의 수렴성 사이의 관계가 있음을 암시한다.

정리 1.27 *실수열* $\{x_n\}$ *에 대하여*

$$\limsup_{n\to\infty} x_n = s, \qquad \liminf_{n\to\infty} x_n = t$$

이면 $\lim_{k\to\infty} x_{n_k} = s$, $\lim_{j\to\infty} x_{l_j} = t$ *가 되는 부분수열* $\{x_{n_k}\}$, $\{x_{l_j}\}$ *가 있다.*

증명 증명과정이 비슷하므로 상극한의 경우만 증명하자. $s_n = \sup_{k \geq n} x_k$ 으로 놓으면 $s_n \searrow s$ $(n \to \infty)$ 이다.

경우 1) $s = \infty$. 정의에 의하면 모든 $n \in \mathbb{N}$ 에 대하여 $s_n = \infty$ 이다. $s_1 = \infty$ 이므로 $x_{n_1} > 1$ 인 $n_1 \in \mathbb{N}$ 이 있다. 또 $s_{n_1} = \infty$ 이므로 $n_2 > n_1$ 이면서 $x_{n_2} > 2$ 가 성립하는 $n_2 \in \mathbb{N}$ 가 있다. 같은 방법으로 모든 $k \in \mathbb{N}$ 에 대하여 $x_{n_k} > k$ 를 만족하는 부분수열 $\{x_{n_k}\}$ 가 있다. 조임정리에 의하면 $\lim_{k\to\infty} x_{n_k} = \infty$ 이다.

경우 2) $s = -\infty$. 모든 $n \in \mathbb{N}$ 에 대하여 $s_n \geq x_n$ 이므로 조임정리에 의하면 $\lim_{k\to\infty} x_n = -\infty$ 이다.

경우 3) $-\infty < s < \infty$. $n_0 = 1$로 놓자. 상한의 정의에 의해 $s_{n_0} - 1 < x_{n_1} \leq s_{n_0}$ 인 $n_1 \in \mathbb{N}$가 있다. 마찬가지로 $s_{n_1} - 1/2 < x_{n_2} \leq s_{n_1}$ 인 $n_2 \in \mathbb{N}, n_1 < n_2$ 가 있다. 이 방법을 계속하면 $n_1 < n_2 < \cdots$ 이면서

$$s_{n_{k-1}} - \frac{1}{k} < x_{n_k} \leq s_{n_{k-1}} \qquad (k \in \mathbb{N}) \tag{1.15}$$

인 부분수열 $\{x_{n_k}\}$ 가 있다. $s_{n_{k-1}} \to s\ (k \to \infty)$ 이므로 조임정리에 의하여 $\lim_{k\to\infty} x_{n_k} = s$ 이다. ■

이 정리에 의하면 상극한, 하극한과 수렴 사이에 직접적인 관계가 있다.

정리 1.28 $\{x_n\}$ 은 수열이고 $x \in \mathbb{R}^*$ 라 하자. *그러면 다음이 성립한다.*

$$\lim_{n\to\infty} x_n = x \quad \Longleftrightarrow \quad \limsup_{n\to\infty} x_n = \liminf_{n\to\infty} x_n = x. \tag{1.16}$$

증명 (⇒) $\lim_{n\to\infty} x_n = x$ 이면 모든 부분수열 $\{x_{n_k}\}$ 에 대하여 $\lim_{k\to\infty} x_{n_k} = x$ 이다. 그러므로 정리 1.27에 의하여 증명된다.

(⇐) 다음 두 가지의 경우로 나눈다.

경우 1) $x = \pm\infty$. $x = \infty$ 일 때만 증명한다. $M > 0$ 이 주어지면

$$t_n = \inf_{k\geq n} x_k = \inf\ \{x_k |\ k \geq n\} = \inf\ \{x_n, x_{n+1}, x_{n+2}, \cdots\}$$

과 $t_n \nearrow \infty$ 를 생각할 때 $t_N = \inf_{k\geq N} x_k > M$ 가 성립하는 $N \in \mathbb{N}$ 가 있다. 그러므로 $x_n > M\ (n \geq N)$ 이다. 따라서 $\lim_{n\to\infty} x_n = \infty$ 이다.

경우 2) $-\infty < x < \infty$. $\varepsilon > 0$ 이 주어지면

$$\sup_{k\geq N} x_k - x < \frac{\varepsilon}{2}, \qquad x - \inf_{k\geq N} x_k < \frac{\varepsilon}{2}$$

인 $N \in \mathbb{N}$ 가 있다. 그러므로 $m, n \geq N$ 이고 $x_n > x_m$ 이라고 하면

$$|x_n - x_m| = x_n - x_m \leq \sup_{k\geq N} x_k - x + x - \inf_{k\geq N} x_k < \frac{\varepsilon}{2} + \frac{\varepsilon}{2} = \varepsilon$$

가 되어 수열 $\{x_n\}$ 은 코시수열이므로 어떤 실수로 수렴한다. ■

수열 $\{x_n\}$ 이 위로 유계가 아니면 $\limsup_{n\to\infty} x_n = \infty$ 이다. 또 수열 $\{x_n\}$ 이 아래로 유계가 아니면 $\liminf_{n\to\infty} x_n = -\infty$ 임은 명백하다. 다음은 상극한, 하극한과 임의의 부분수열의 극한 사이의 관계를 말해 준다.

참고 11 수열 $\{x_n\}$ 의 한 부분수열이 $\lim\limits_{k\to\infty} x_{n_k} = x$ 이면

$$\liminf_{n\to\infty} x_n \le x \le \limsup_{n\to\infty} x_n \tag{1.17}$$

이다.

증명 $\lim\limits_{k\to\infty} x_{n_k} = x$ 를 가정하자. $N \in \mathbb{N}$ 을 고정시키고 $k \ge N_0$ 이면 $n_k \ge N$ 가 되도록 N_0 를 잡는다. 그러면

$$\sup_{j\ge N} x_j \ge x_{n_k} \ge \inf_{j\ge N} x_j, \quad k \ge N_0$$

임은 명백하다. $k \to \infty$ 를 시행하면

$$\sup_{j\ge N} x_j \ge x \ge \inf_{j\ge N} x_j.$$

그러므로 $N \to \infty$ 를 시행하면 원하는 부등식을 얻는다. ■

정리 1.27 과 1.28로부터 $\liminf\limits_{n\to\infty} x_n$ (각각, $\limsup\limits_{n\to\infty} x_n$) 는 $\{x_n\}$ 의 모든 부분수열 $\{x_{n_k}\}$ 의 극한중에서 가장 작은 값(각각, 큰 값)임을 알 수 있다.

참고 12 수열 $\{x_n\}$ 에 대하여

$$\limsup_{n\to\infty} x_n \ge \liminf_{n\to\infty} x_n.$$

증명 모든 $n \in \mathbb{N}$ 에 대하여 $\sup\limits_{k\ge n} x_k \ge \inf\limits_{k\ge n} x_k$ 이므로 $n \to \infty$ 를 시행하면 비교정리로부터 당연하다. ■

다음 결과는 정의 1.15, 비교정리, 단조수렴정리로부터 즉시 나온다.

참고 13 임의의 수열 $\{x_n\}$ 에 대하여

$$\{x_n\} \text{ 이 위로 유계} \iff \limsup_{n\to\infty} x_n < \infty,$$

$$\{x_n\}\text{이 아래로 유계} \iff \liminf_{n\to\infty} x_n > -\infty.$$

앞에서 두 수열이 수렴할 때 비교정리를 이용하여 대소를 구별하였다. 비교정리를 상극한과 하극한에도 적용이 가능하다.

정리 1.29 *충분히 큰 $n \in \mathbb{N}$ 에 대하여 $x_n \le y_n$ 이면*

$$\limsup_{n\to\infty} x_n \le \limsup_{n\to\infty} y_n, \qquad \liminf_{n\to\infty} x_n \le \liminf_{n\to\infty} y_n. \tag{1.18}$$

증명 $k \ge N$ 에 대하여 $x_k \le y_k$ 이면 모든 $n \ge N$ 에 대하여 $\sup\limits_{k>n} x_k \le \sup\limits_{k\ge n} y_k$ 이고 $\inf\limits_{k\ge n} x_k \le \inf\limits_{k\ge n} y_k$ 이다. 극한을 취하면 (1.18)를 얻는다. ■

연습문제 (1.6)

1. 다음 수열들의 상극한, 하극한을 구하여라.

(a) $x_n = 1 - (-1)^n$

(b) $x_n = 1 + \sin\ (n\pi/2)$

(c) $x_n = (-1)^{n+1} + (-1)^n/n$

(d) $x_n = \sqrt{1+2n^2}/(n-5)$

(e) $x_n = y_n/n$, ($\{y_n\}$ 은 유계수열)

(f) $x_n = n(1+(-1)^n) + ((-1)^n - 1)/n$

(g) $x_n = (n^3 - 2n^2 + n - 1)/(n^2 - n - 5)$

2. 수열 $\{x_n\}, \{y_n\}$ 에 대하여 다음을 증명하여라.

$$-\limsup_{n\to\infty} x_n = \liminf_{n\to\infty}(-x_n),$$
$$-\liminf_{n\to\infty} x_n = \limsup_{n\to\infty}(-x_n)$$

3. 수열 $\{x_n\}$ 과 $x \in \mathbb{R}$ 이 있을 때 다음을 증명하여라.

(a) $\limsup_{n\to\infty} x_n = r$ 이기 위한 필요충분조건은

(i) 주어진 $\varepsilon > 0$ 에 대하여 자연수 n 이 존재하여 모든 $k \geq n$ 에 대해 $x_n < r + \varepsilon$, 이고

(ii) 주어진 $\varepsilon > 0$ 과 n 에 대하여 $k \geq n$ 인 k 가 존재하여 $x_k > r - \varepsilon$.

(b) $\limsup_{n\to\infty} x_n > r$ 와 동치인 문장을 쓰고 증명하여라.

(c) $\limsup_{n\to\infty} x_n = \infty$ 이기 위한 필요충분조건은 주어진 M 과 n 에 대하여 $k \geq n$ 인 k 가 존재하여 $x_k > M$.

4. (a) 단조수열은 $\mathbb{R}^*$ 내에서 극한을 가짐을 증명하여라.

(b) $x \in \mathbb{R}^*$ 이고 $\{x_n\}, \{y_n\}, \{w_n\}$ 이 실수열이라고 하자. $x_n \to x, y_n \to x$ $(n \to \infty)$ 이고 모든 $n \in \mathbb{N}$ 에 대하여 $x_n \leq w_n \leq y_n$ 이면 $w_n \to x\ (n \to \infty)$ 임을 증명하여라.

5. 수열 $\{x_n\}, \{y_n\}$ 에 대하여 다음에 답하여라.

(a) 다음을 증명하여라.

$$\liminf_{n\to\infty} x_n + \liminf_{n\to\infty} y_n \le \liminf_{n\to\infty}(x_n + y_n)$$
$$\le \limsup_{n\to\infty} x_n + \liminf_{n\to\infty} y_n \le \limsup_{n\to\infty}(x_n + y_n)$$
$$\le \limsup_{n\to\infty} x_n + \limsup_{n\to\infty} y_n$$

단, 합은 $\infty - \infty$인 형태는 아니다.

(b) $\lim_{n\to\infty} x_n$이 존재할 때 다음을 증명하여라.

$$\liminf_{n\to\infty} \ (x_n + y_n) = \lim_{n\to\infty} x_n + \liminf_{n\to\infty} y_n,$$
$$\limsup_{n\to\infty} \ (x_n + y_n) = \lim_{n\to\infty} x_n + \limsup_{n\to\infty} y_n.$$

(c) (a) 에서 "$<$" 이 성립하는 예를 들어라.

6. 수열 $\{x_n\}, \{y_n\}$ 에 대하여 다음에 답하여라.

(a) 모든 $n \in \mathbb{N}$ 에 대하여 $x_n \ge 0, y_n \ge 0$ 일 때 다음을 증명하여라.

$$\limsup_{n\to\infty}(x_n y_n) \le (\limsup_{n\to\infty} x_n)(\limsup_{n\to\infty} y_n)$$

(b) 모든 $n \in \mathbb{N}$ 에 대하여 $x_n \le 0 \le y_n$ 일 때 다음을 증명하여라.

$$\liminf_{n\to\infty}(x_n y_n) \ge (\liminf_{n\to\infty} x_n)(\limsup_{n\to\infty} y_n).$$

단, 두 식의 우변은 $0 \cdot \infty$ 가 아니다.

7. 임의의 수열 $\{x_n\}$ 에 대하여 다음을 증명하여라.

$$\limsup_{n\to\infty} x_n = \inf_{n\in\mathbb{N}}\left(\sup_{k\ge n} x_k\right), \quad \liminf_{n\to\infty} x_n = \sup_{n\in\mathbb{N}}\left(\inf_{k\ge n} x_k\right)$$

8. $x_n \in \mathbb{R}$ 이라 하자. 그러면 다음이 성립한다.

$$\lim_{n\to\infty} x_n = 0 \quad \Longleftrightarrow \quad \limsup_{n\to\infty} |x_n| \le 0.$$

9. (a) $\{x_n\}$ 은 양의 실수열이라 하자. 그러면

$$\liminf_{n\to\infty}\left|\frac{x_{n+1}}{x_n}\right| \le \liminf_{n\to\infty}|x_n|^{1/n} \le \limsup_{n\to\infty}|x_n|^{1/n} \le \limsup_{n\to\infty}\left|\frac{x_{n+1}}{x_n}\right|$$

임을 보여라.

(b) (a) 를 이용하여 $\lim_{n\to\infty}(n!)^{1/n}$ 을 구하여라.

1.7 실수집합의 성질

이 절에서는 실수의 부분집합이 가지는 특별한 성질을 살펴보기로 한다. 일반적으로 실수의 집합의 성질은 실수열의 성질과 매우 유사하다. 집합 S 를 실수의 부분집합이라 하자. $\varepsilon > 0$ 에 대하여 $N_\varepsilon(x_0) = \{x \in \mathbb{R} : |x - x_0| < \varepsilon\}$, $N'_\varepsilon(x_0) = \{x \in \mathbb{R} : 0 < |x - x_0| < \varepsilon\}$ 이라 하자. 이때 $N_\varepsilon(x_0)$ 와 $N'_\varepsilon(x_0)$ 을 각각 x_0 의 ε**−근방**, x_0 **의 빠진** ε**−근방**이라 한다.

정의 1.16 *점 x_0 가 집합 S 의* **극한점**[16]**(limit point, accumulation point)** *이라 함은 임의의 $\varepsilon > 0$ 에 대하여 점 $x \in S$ 가 존재하여 $0 < |x - x_0| < \varepsilon$ 이다. 집합 S 의 극한점들의 집합을 S' 라 쓰고 S 의* **도집합***이라 한다.*

참고 14 x_0 가 S 의 극한점이기 위한 필요충분조건은

$$S \cap N'_\varepsilon(x_0) \neq \emptyset, \quad \forall \varepsilon > 0.$$

주의 7 S 의 극한점은 S 의 원소일 필요는 없다. $S = (0, 1)$ 일 때 점 0 과 1 은 S 의 원소는 아니지만 S 의 극한점이다. 또한 S의 원소도 또한 S의 극한점일 필요는 없다. $S = \mathbb{Z}$일 때 S의 도집합은 공집합이다.

참고 15 어떤 집합의 극한점은 무한히 많이 있을 수 있다. 예를 들어, 구간 (a, b) 의 도집합 $(a, b)'$ 은 $[a, b]$ 이다.

5절에서 우리는 수열버전의 볼차노-바이어슈트라스 정리을 다루었다. 실제로 수렴하는 수열의 극한은 극한점(연습문제 2)이므로 볼차노- 바이어슈트라스 정리는 "모든 유계인 수열은 극한점을 가진다"라고 정리할 수 있다. 이 절에서는 집합버전의 볼차노- 바이어슈트라스 정리를 증명하기로 한다.

정리 1.30 (볼차노-바이어슈트라스) *모든 유계인 무한집합은 적어도 하나의 극한점을 가진다.*

증명 S 를 유계인 무한집합이라 하자. S 가 무한이므로 S 로부터 서로 다른 원소들의 수열 $\{a_n\}$을 택할 수 있다. 즉, 모든 $n \in \mathbb{N}$ 과 $i \neq j$ 에 대하여 $a_i \neq a_j$ 인 $a_n \in S$ 를 선택할 수 있다. 그러면 $\{a_n\}$ 은 유계이다. 따라서 수열의 볼차노-바이어스트라스 정리(정리 1.23)에

16) 집적점이라고도 부른다. 특히, $S = \{x_n\}$ 이 수열일 때 x_0 을 수열의 **집적점**(cluster point)라고 부른다.

의해 $\{a_n\}$ 은 수렴하는 부분수열 $\{a_{n_k}\}$ 을 가진다. $x_0 = \lim_{k\to\infty} a_{n_k}$ 라 두자. 이제 x_0 이 S 의 극한점임을 보이자. $\varepsilon > 0$ 이라 하자. 그러면 자연수 N 이 존재하여

$$k > N \Longrightarrow |a_{n_k} - x_0| < \varepsilon.$$

$\{a_n\}$ 은 서로 다른 원소들이므로 $a_{n_k} \neq x_0$ 이 되도록 $k > N$ 를 선택하자. 그러면 $|a_{n_k} - x_0| < \varepsilon$ 이고 $a_{n_k} \in S$ 이다. $a_{n_k} \neq x_0$ 이고 $\varepsilon > 0$ 은 임의의 수이므로 x_0 은 S 의 극한점이다. ■

참고 16 볼차노-바이어슈트라스 정리(정리 1.30)에서 '무한'집합 대신 '유한'집합으로 바꾸면 정리는 성립하지 않을 수 있다.

실수의 집합들 중에 중요한 집합들은 구간들이다. 특히 열린구간과 닫힌구간의 성질은 매우 중요한 위상적 성질을 가지고 있다. 또한 이러한 성질들이 위상수학의 토대가 된다. 특히 유계이고 닫힌구간의 성질은 매우 중요한 성질을 가진다. 이를 위해서 우리는 몇 가지 개념을 도입한다.

정의 1.17 $A \subset \mathbb{R}$ 이 공집합이 아닌 집합이라 하자. 원소 $a \in \mathbb{R}$ 가 집합 A 의 **내점**이라함은 $\delta > 0$ 가 존재하여 $N_\delta(a) \subseteq A$ 이 성립한다. 집합 A 의 내점들의 집합을 $\mathring{A}$ 로 나타낸다. 집합 $A = \mathring{A}$ 일 때 A 를 **열린집합**이라 한다. 집합 $F \subset \mathbb{R}$ 이 **닫힌집합**이라 함은 F^c 이 열린집합이다.

분명히 $\mathbb{R}$, $\emptyset$ 은 열린집합이며 닫힌집합이다. 또한 열린구간 (a, b) 또한 열린집합이다. 그리고 닫힌구간 $[a, b]$ 은 닫힌집합이다. 그러나 반구간 $(a, b]$ 이나 $[a, b)$ 은 모두 열린집합도 닫힌집합도 아니다.

정의로부터 간단히 얻을 수 있다.

명제 1.6 (i) *$\{G_i\}_{i\in I}$ 은 열린집합들의 모임이면 $\bigcup_{i\in I} G_i$ 은 열린집합이다.*

(ii) *$G_1, G_2 \cdots, G_n$ 이 유한개의 열린집합이면 $\bigcap_{i=1}^{n} G_i = G_1 \cap G_2 \cap \cdots \cap G_n$ 은 열린집합이다.*

주의 8 명제 1.6(ii) 에서 유한대신 무한으로 바뀌면 성립하지 않는다.

명제 1.6에서 열린집합의 임의의 합집합은 열린집합이 됨을 보였다. 그러면 역은 성립할까? 즉, 열린집합은 적당한 열린집합들의 합집합으로 표현될 수 있을까? 실제로 이것은 가능하며 더욱이 가산개의 서로 만나지 않는 열린구간들의 합집합으로 표현이 가능하다.[9]

정리 1.31 *집합 F 가 닫힌집합이기 위한 필요충분조건은 $F' \subseteq F$ 이다.*

증명 F 가 닫힌집합이라 하자. $a \in F^c$ 라 두자. 그러면 $a \notin F'$ 임을 보이면 된다. F^c 이 열린집합이므로 $\delta > 0$ 이 존재하여 $N_\delta(a) \subseteq F^c$. 따라서 $N_\delta(a) \cap F = \emptyset$. 그러므로 $a \notin F'$.

$F' \subseteq F$ 라 하자. $a \in F^c$ 라 하자. 그러면 $a \notin F'$ 이고 적당한 $\delta > 0$ 가 존재하여 $N_\delta(a) \cap F = \emptyset$. 따라서 $N_\delta(a) \subseteq F^c$. 그러므로 F^c 는 열린집합이다. ■

이제 하이네-보렐(Heine-Borel)정리를 도입하기로 하자. 이 정리는 해석학에서 매우 중요한 정리이다. 이 정리를 기술하기 전에 필요한 용어를 도입하기로 하자.

열린집합들의 모임 $\{G_i\}_{i \in I}$ 이 집합 S의 **열린덮개**라 함은 $S \subseteq \bigcup_{i \in I} G_i$ 이다.

정리 1.32 (하이네-보렐) *만일 실수의 부분집합 F 가 유계이고 닫힌집합이면 F 의 임의의 열린덮개 $\mathcal{G} = \{G_i\}_{i \in I}$ 에 대하여 $\mathcal{F}$ 가 존재하여*

H1. $\mathcal{F} \subseteq \mathcal{G}$,

H2. $\mathcal{F}$ *는 유한모임,*

H3. $\mathcal{F}$ *는 F 의 열린덮개*

를 만족한다.

증명 정리가 성립하지 않는다고 가정하자. 즉, (H1)-(H3) 를 만족하는 $\mathcal{F}$ 가 존재하지 않는다고 하자. F 가 유계이므로 $F \subseteq [-M, M]$ 인 $M > 0$ 이 존재한다.

1. 두 개의 구간 $[-M, 0]$ 와 $[0, M]$ 을 생각하자. 이러한 구간들 중에 적어도 하나는 (H1)-(H3) 를 만족하지 않는 F 의 일부분을 포함한다.

그렇지 않은 경우, 만일 $\mathcal{G}_1 \subseteq \mathcal{G}$ 이 $[-M, 0] \cap F$ 에 대하여 (H1)-(H3) 을 만족하고 $\mathcal{G}_2 \subseteq \mathcal{G}$ 이 $[0, M] \cap F$ 에 대하여 (H1)-(H3) 을 만족하면 $\mathcal{G}_1 \cup \mathcal{G}_2$ 은 F 에 대하여 (H1)-(H3) 을 만족하므로 가정에 모순이다.

2. I_0 를 $[-M, 0]$ 와 $[0, M]$ 중 1 의 성질을 갖는 구간중의 하나라 하자. 이제 다시 I_0 를 2 등분하여 1 의 과정을 반복한다. 그러면 양분된 I_0 의 부분구간중 1 의 성질을 만족하는 구간을 I_1 이라 하자. 위의 과정을 반복하면 다음 성질

I. $I_0 \supset I_1 \supset I_2 \supset \cdots$;

II. $\ell(I_k) = M/2^k$, 여기서 $\ell(I)$ 는 구간 I 의 길이;

III. $I_k \cap F$ 에 대하여 (H1)-(H3) 이 만족되지 않는다;

을 만족하는 닫힌구간열 $\{I_n\}_{n\in\mathbb{N}}$ 을 얻는다. 따라서 축소구간 정리에 의하여 $x_0 \in \mathbb{R}$ 가 존재하여 $\cap_{k=1}^{\infty} I_k = \{x_0\}$ 이 성립한다.

3. x_0 가 F 의 극한점임을 보이자. $\varepsilon > 0$ 이 주어졌다고 하자. $M/2^n < \varepsilon$ 이 되도록 자연수 n 을 택하자. 그러면 $\ell(I_n) = M/2^n < \varepsilon$ 이고 $x_0 \in I_n$ 이므로 $I_n \subseteq N_\varepsilon(x_0)$. 그러나 $I_n \cap F$ 은 무한집합(유한이면 (H1)-(H3) 을 만족)이므로 $F \cap N'_\varepsilon(x_0) \neq \emptyset$. 그러므로 x_0 는 F 의 극한점이다. F 는 닫힌집합이므로 $x_0 \in F$ 이다.

4. $\mathcal{G}$ 는 F 의 열린덮개이므로 $x_0 \in G_{i_0}$ 인 집합 $G_{i_0} \in \mathcal{G}$ 가 존재한다. 그러나 G_{i_0} 는 열린집합이므로 $\delta > 0$ 가 존재하여 $N_\delta(x_0) \subset G_{i_0}$. 3 과 같이 $I_m \subset N_\delta(x_0)$ 인 충분히 큰 자연수 m 을 잡자. 그러면 $I_m \subseteq G_{i_0}$; 즉 I_m 에 대하여 (H1)-(H3) 이 만족된다. 이것은 모순이다.

■

참고 17 하이네-보렐정리의 가정에서 집합 F 의 유계와 닫힌성질중 어느 하나라도 제거될 수 없다.

보기 15 $A = (0, 1]$ 은 유계이지만 닫힌 집합은 아니다. $\mathcal{G} = \{(1/n, 2) : n \in \mathbb{N}\}$ 은 A 의 열린덮개이다. 그러나 $\mathcal{G}$ 는 (H1)-(H3) 을 만족하는 덮개를 가지지 않는다.

보기 16 $B = [0, \infty)$ 은 닫힌집합이지만 유계가 아니다. $\mathcal{G} = \{(n-2, n) : n \in \mathbb{N}\}$ 은 A 의 열린덮개이다. 그러나 $\mathcal{G}$ 는 (H1)-(H3) 을 만족하는 덮개를 가지지 않는다.

참고 18 하이네-보렐정리의 역도 성립한다.

연습문제 (1.7)

1. 다음 집합의 극한점(또는 집적점)을 구하여라.

(a) $\{1 - \frac{1}{n} \,|\, n \in \mathbb{N}\}$

(b) $\{x \subset [0, 1] : x$ 는 무리수 $\}$

(c) $\{1, 2, \ldots, n\}$

(d) $\mathbb{Z}$

2. 수열 $\{x_n\}$이 x_0로 수렴한다고 하자. 그러면 x_0는 $\{x_n\}$의 극한점임을 보여라.

3. C 를 수열 $\{x_n\}$ 의 집적점들의 집합이라 하자. 다음을 증명하여라.

   (a) $\limsup_{n\to\infty} x_n = \sup C$.

   (b) $\liminf_{n\to\infty} x_n = \inf C$.

   (c) 수열의 상극한과 하극한을 (a), (b) 로 정의하였을 때 정의 1.15가 성립함을 증명하여라.

4. $\overline{S} = S \cup S'$ 라 하자. 다음을 보여라.

   (a) $\overline{S}$ 는 닫힌집합이다.

   (b) S 가 닫힌집합이기 위한 필요충분조건은 $S = \overline{S}$.

   (c) F 가 S 를 포함하는 닫힌집합이면 $\overline{S} \subseteq F$ 이다.

5. 다음 집합의 도집합을 구하고, 열린집합, 닫힌집합, 컴팩트집합의 여부를 판단하여라.

   (a) $\{\frac{1}{n} : n = 1, 2, \ldots\} \cup \{0\}$

   (b) $\mathbb{Z}$

   (c) $\{x \in \mathbb{Q} : x^2 \leq 3\}$

   (d) $\{0.x_1x_2x_3\ldots \mid x_n = 0, 2, n \in \mathbb{N}\}$

6. 참고 18을 보여라.

7. 보기 15과 보기 16을 증명하여라.

2 일변수함수의 연속과 미분

대부분의 자연현상은 연속적인 시간에 대해서 연속적인 현상으로 나타난다. 따라서 연속함수의 개념을 다루는 것은 자연스럽다. 실제로 눈에 보이지 않는 자연현상을 컴퓨터를 이용하여 어느 정도는 재생을 하여 과학에 응용하지만 실제로 미지의 세계는 그 움직임을 정확히 알 수 없다. 따라서 연속이라는 개념을 보다 수학적으로 엄밀하게 도입하여 연속성의 성질을 공부하고 이를 이용하여 미분과의 관계를 공부하기로 한다. 일반적으로 $E \subseteq \mathbb{R}^n$ $(n \geq 1)$ 위에서 정의되는 함수를 생각할 수 있지만 여기에서는 $I \subseteq \mathbb{R}$ 위에서 정의되는 일변수의 실수값을 가지는 함수만을 다루며, 실수값을 가지는 함수를 간단히 실함수라고 한다. 이 장에서 사용하는 용어 "함수"는 특별한 언급이 없는 한 일변수 함수로서 실함수를 뜻한다.

2.1 함수의 극한

1 장에서 우리는 수열의 극한에 관하여 공부를 하였다. 이제 함수의 극한을 공부하기로 하자. 함수 f 는 x_0 를 포함하는 열린구간 I 에서 정의된 실함수라 하자. 먼저 x가 x_0로 접근한다(기호로 $x \to x_0$ 라고 쓴다)고 함은 1.2 절에서 두 점 사이의 거리가 $|x - x_0| \to 0$임을 의미하는 것과 동치임을 설명하였다. 이것은 또한 주어진 $\delta > 0$ 에 대해서 $|x - x_0| < \delta$와 동치임을 보였다. 비슷하게 $f(x)$가 L로 접근함을 "주어진 $\varepsilon > 0$에 대해서 $|f(x) - L| < \varepsilon$"와 동치임을 설명할 수 있다. 이와 같은 개념을 정리하면

정의 2.1 $L \in \mathbb{R}$ 이라고 하자. "$x(\neq x_0)$ 가 x_0 로 접근할 때 $f(x)$ 는 L 로 수렴한다 (또는, $x \to x_0$ 일 때 $f(x) \to L$)" 함은 임의로 주어진 $\varepsilon > 0$ 에 대하여 양수 $\delta > 0$ 가 존재하여

$$0 < |x - x_0| < \delta, \forall x \in I \Longrightarrow |f(x) - L| < \varepsilon. \tag{2.1}$$

이때 L 을 $f(x)$ 의 **극한**이라 하고 $\lim_{x \to x_0} f(x) = L$ 으로 쓴다.[1]

참고 1 $f : I \to \mathbb{R}$ 은 함수, x_0 는 I 의 내점이라 하자. 이때 다음은 동치이다.

(i) $\lim_{x \to x_0} f(x) = L$.

(ii) 주어진 임의의 ε-근방 $N_\varepsilon(L)$ 에 대하여 빠진 δ-근방 $N'_\delta(x_0)$ 가 존재하여

$$x \in N'_\delta(x_0) \Longrightarrow f(x) \in N_\varepsilon(L).$$

(iii) 주어진 임의의 ε-근방 $N_\varepsilon(L)$ 에 대하여 빠진 δ- 근방 $N'_\delta(x_0)$ 가 존재하여

$$f(N'_\delta(x_0)) \subseteq N_\varepsilon(L)$$

보기 1 $f(x) = ax + b \ (a, b \in \mathbb{R})$ 일 때 $f(x_0) = \lim_{x \to x_0} f(x)$ 임을 증명하여라.

증명 $\varepsilon > 0$ 이 주어졌다 하고 $\delta = \dfrac{\varepsilon}{|a| + 1}$ 로 선택[2]한다. 이 때

$$|x - x_0| < \delta \Longrightarrow |f(x) - ax_0 - b| = |a||x - x_0| < |a|\delta < \varepsilon$$

이므로 증명되었다. ■

보기 2 $\lim_{x \to 3}[(x^2 - 9)/(x - 3)] = 6$ 를 증명하여라.

증명 함수 $f(x) = (x^2 - 9)/(x - 3)$ 은 $x = 3$ 에서 정의되지 않지만 $x \neq 3$ 인 모든 실수에서 정의되므로 f 는 $x = 3$ 의 빠진 근방에서 정의된다. $\varepsilon > 0$ 이 주어졌다고 하자. 그러면 $0 < |x - 3| < \delta$ 이면 $|f(x) - 9| < \varepsilon$ 이 성립하는 $\delta > 0$ 를 찾아야 한다. 이제 $x \neq 3$ 인 모든 실수에 대하여 $f(x) = x + 3$ 이므로 $x \neq 3$ 에 대하여

$$|f(x) - 6| = |(x + 3) - 6| = |x - 3|.$$

따라서 $\delta = \varepsilon$(또는 $0 < \delta < \varepsilon$)로 택하면

$$0 < |x - 3| < \delta \leq \varepsilon \quad \Longrightarrow \quad |f(x) - 6| = |x - 3| < \delta \leq \varepsilon.$$

■

1) 이 정의는 구간이 아닌 실수의 부분집합 E에서 정의된 실함수 f에 대해서 a가 집합 E의 극한점일 때 극한 $\lim_{\substack{x \to a \\ x \in E}} f(x) = L$을 식 (2.1)에서 구간 I 대신 집합 E로 바꾸어 정의한다.

2) 만일 $a \neq 0$ 이면 $\delta = \frac{\varepsilon}{|a|}$ 으로 선택하여도 된다.

보기 3 $\lim_{x \to 2} x^2 = 4$ 를 증명하여라.

증명 $\varepsilon > 0$ 이 주어졌다고 하자. 그러면 $0 < |x-2| < \delta$ 이면 $|f(x) - 4| < \varepsilon$ 이 성립하는 $\delta > 0$ 를 찾아야 한다. 먼저

$$|f(x) - 4| = |x^2 - 4| = |x+2||x-2|$$

를 생각하자. 우리는 $x \to 2$ 이므로 2 에 충분히 가까운 x 로서 곱 $|x+2||x-2|$ 을 ε 보다 작게 만들어야 한다. x 가 2 에 충분히 가까이 있으므로 $1 < x < 3$ 인 x 에 대하여 생각하여도 충분하다[3]. 따라서 $1 < x < 3$에 대해서

$$|f(x) - 4| = |x+2||x-2| < 5|x-2|. \tag{2.2}$$

만일 $\delta = \dfrac{\varepsilon}{5}$ 라 두면 $|x-2| < \delta$ 일 때

$$|f(x) - 4| < 5|x-2| = \varepsilon$$

이 된다. 그런데 $\varepsilon > 0$ 은 임의의 수이므로 만일 $\varepsilon > 5$ 이면 $\delta > 1$ 가 되어 식 (2.2)을 만족하지 않는다. 따라서 이를 해결하려면 $\delta = \min\left\{1, \dfrac{\varepsilon}{5}\right\}$ 를 택하면 $0 < |x-2| < \delta$ 이면 $0 < |x-2| < 1$ 이고 $0 < |x-2| < \dfrac{\varepsilon}{5}$ 이므로 (2.2)에 의하여 $|f(x) - 4| = |x+2||x-2| < 5|x-2| < \varepsilon$. ■

보기 4 $\lim_{x \to a} \sin x = \sin a$ 를 보여라.

증명 $\varepsilon > 0$이 주어졌다고 하자. 함수 $f(x) = \sin x$ 는 모든 실수에 대하여 정의된 함수이다. 삼각등식

$$\sin x - \sin y = 2 \sin \frac{x-y}{2} \cos \frac{x+y}{2}, \quad x, y \in \mathbb{R}$$

와 부등식

$$|\sin x| \le |x|, \quad |\cos x| \le 1, \quad x \in \mathbb{R}$$

을 이용하면

$$\begin{aligned} |\sin x - \sin a| &= 2 \left| \sin \frac{x-a}{2} \cos \frac{x+a}{2} \right| \\ &= 2 \left| \sin \frac{x-a}{2} \right| \left| \cos \frac{x+a}{2} \right| \\ &\le 2 \left| \frac{x-a}{2} \right| = |x-a| \end{aligned}$$

3) 만일 $1 < x < 3$ 사이에 함수가 정의되지 않는 점이 있다면 정의가 될 수 있는 값으로 정의역 내의 범위을 줄여서 생각하여야 한다.

$\delta = \varepsilon$ 라 두면

$$0 < |x-a| < \delta \Rightarrow |\sin x - \sin a| < \varepsilon.$$

■

보기 5 $\lim_{x\to a} \frac{1}{x} = \frac{1}{a}$ 임을 보여라. 여기서 $a \neq 0$ 이다.

증명 함수 $f(x) = \frac{1}{x}$ 은 $x \neq 0$ 인 모든 실수에 대하여 정의된 함수이다. 따라서 $x = a$ 의 충분히 작은 근방에서 정의가 된다. $\varepsilon > 0$ 이 주어졌다고 하자. 그러면

$$\left|\frac{1}{x} - \frac{1}{a}\right| = \left|\frac{x-a}{xa}\right| = \frac{1}{|xa|}|x-a|$$

이 된다. 위 식을 ε 보다 작게 만들기 위해서는 $\frac{1}{|xa|}$ 을 유계시켜야 한다. 그런데 $x \to 0$ 이면 $1/|xa|$ 은 무한히 커진다. 그러므로 0 에서 떨어진 x 로 유계시켜야 한다. 이것을 하는 방법은 $|x-a| < |a|/2$ 이 되도록 요구하면 된다. 그러면 삼각부등식에 의해 $|x| > \frac{|a|}{2} > 0$ 이고 부등식

$$\frac{1}{|xa|} < \frac{2}{|a|^2}$$

을 얻는다. 따라서 만일 $|x-a| < \frac{|a|}{2}$ 이면

$$\left|\frac{1}{x} - \frac{1}{a}\right| = \frac{1}{|xa|}|x-a| < \frac{2}{|a|^2}|x-a|.$$

위 식이 $\varepsilon > 0$ 보다 작게 하기 위해서 부가적인 제한 $|x-a| < \varepsilon|a|^2/2$ 을 더하면 $|1/x - 1/a| < \varepsilon$ 이 될 것이다. 따라서 $\delta = \min\{|a|/2, \varepsilon|a|^2/2\}$ 이라 두면 $0 < |x-a| < \delta$ 일 때 $0 < |x-a| < |a|/2$ 이고 $0 < |x-a| < \varepsilon|a|^2/2$ 가 된다. 그러므로

$$\left|\frac{1}{x} - \frac{1}{a}\right| = \frac{1}{|xa|}|x-a| < \frac{2}{|a|^2}\left(\frac{\varepsilon|a|^2}{2}\right) = \varepsilon.$$

■

수열의 극한이 존재하면 유일함을 보였다. 함수의 극한도 같은 성질을 가진다.

정리 2.1 *함수의 극한은 존재하면 유일하다.*

다음은 함수의 극한과 수열의 극한 사이의 관계가 있음을 보여 준다. 당분간, I 는 실수의 구간이고, x_0 는 I 의 내점이라 가정하자. 즉, 어떤 $h > 0$ 가 존재하여 x_0 의 근방이 $N_h(x_0) \subset I$ 임을 만족한다고 가정하자.

정리 2.2 *$I \subseteq \mathbb{R}$ 는 열린구간, $f : I \to \mathbb{R}$ 일 때*

$$\lim_{x\to x_0} f(x) = L$$

이 성립하기 위한 필요충분 조건은 $x_n \in I \setminus \{x_0\}$ $(\forall n \in \mathbb{N})$ 이며 $\lim_{n\to\infty} x_n = x_0$ 인 임의의 수열 $\{x_n\}$ 에 대하여

$$\lim_{n\to\infty} f(x_n) = L.$$

증명 $\varepsilon > 0$ 이 주어졌다고 하자.

($\Rightarrow$) $x \to x_0$ 일 때 $f(x) \to L$ 이라 하자. 그러면 $\delta > 0$ 가 존재하여

$$0 < |x - x_0| < \delta,\ x \in I \Rightarrow |f(x) - L| < \varepsilon.$$

또한 $\lim_{n\to\infty} x_n = x_0$ 이므로 수렴의 정의에 의하면 $N \in \mathbb{N}$ 이 존재[4]하여

$$n \geq N \Rightarrow |x_n - x_0| < \delta.$$

그러므로 $n \geq N$ 이면 $|f(x_n) - L| < \varepsilon$ 이다.

($\Leftarrow$) $\lim_{x\to x_0} f(x) \neq L$ 이라고 가정하자. 그러면 어떤 $\varepsilon_0 > 0$에 대해서 모든 $\delta > 0$ 에 대하여 $0 < |x - x_0| < \delta,\ x \in I$ 이지만 $|f(x) - L| \geq \varepsilon_0$. 그러므로 각 $n \in \mathbb{N}$에 대하여 $\delta = 1/n$ 으로 잡아도 $x_n \in I$ 이 존재하여 $0 < |x_n - x_0| < 1/n$ 이지만 $|f(x_n) - L| \geq \varepsilon_0$. 이것은 $n \to \infty$ 일때$x_n \to x_0$ 이지만 $\lim_{n\to\infty} f(x_n) \neq L$를 의미하므로 가정에 모순이다. ■

실수의 사칙연산과 비슷하게 두 함수들의 사칙연산 및 스칼라곱을 다음과 같이 정의한다.

$(f \pm g)(x) := f(x) \pm g(x)$, $\mathrm{Dom}(f \pm g) = \mathrm{Dom}(f) \cap \mathrm{Dom}(g)$;

$(\alpha f)(x) := \alpha f(x)$, $\alpha \in \mathbb{R}$, $\mathrm{Dom}(\alpha f) = \mathrm{Dom}(f)$;

$(fg)(x) := f(x)g(x)$, $\mathrm{Dom}(fg) = \mathrm{Dom}(f) \cap \mathrm{Dom}(g)$;

$\left(\dfrac{f}{g}\right)(x) := \dfrac{f(x)}{g(x)}$, $\mathrm{Dom}\left(\dfrac{f}{g}\right) = \{x :\ x \in Dom(f) \cap Dom(g),\ g(x) \neq 0\}$.

그러면 수열들의 사칙연산에 의한 극한정리(정리 1.18)와 정리 2.2를 이용하면 다음 정리를 얻는다.

정리 2.3 *$I \subseteq \mathbb{R}$ 는 열린구간, $\alpha \in \mathbb{R}$ 과 함수 $f, g : I \to \mathbb{R}$ 이 있다. 극한 $\lim_{x\to x_0} f(x)$와 $\lim_{x\to x_0} g(x)$ 가 모두 수렴하면 다음이 성립한다.*

---

4) $\delta >$에 의존하는 값이다.

(i) $\lim_{x \to x_0} (f \pm g)(x) = \lim_{x \to x_0} f(x) \pm \lim_{x \to x_0} g(x)$,

(ii) $\lim_{x \to x_0} (\alpha f)(x) = \alpha \lim_{x \to x_0} f(x)$,

(iii) $\lim_{x \to x_0} (fg)(x) = \left(\lim_{x \to x_0} f(x)\right)\left(\lim_{x \to x_0} g(x)\right)$,

(iv) $\lim_{x \to x_0} g(x) \neq 0$ 일 때, $\lim_{x \to x_0} \left(\frac{f}{g}\right)(x) = \lim_{x \to x_0} f(x) / \lim_{x \to x_0} g(x)$.

증명 $L := \lim_{x \to x_0} f(x)$ $M := \lim_{x \to x_0} g(x)$ 라고 하자. $x_n \in I \setminus \{x_0\}$ 가 x_0 로 수렴하면 정리 2.2에 의하여 $f(x_n) \to L, g(x_n) \to M$ $(n \to \infty)$ 이다. 정리 1.18(i) 에 의하여 $f(x_n) + g(x_n) \to L + M$ $(n \to \infty)$ 이다. 이 과정은 x_0 로 수렴하는 임의의 수열 $\{x_n\} \subset I \setminus \{x_0\}$ 에 대하여 성립하므로 (i) 이 증명된다.

나머지도 마찬가지로 증명할 수 있다. ■

보기 6 $\lim_{x \to 1} \frac{x^2+1}{3x^2-1} = 1$ 임을 증명하여라.

증명 보기 3과 정리 2.3에 의하여 $x \to 1$ 이면 $(x^2+1) \to 2$ 이고 $(3x^2-1) \to 2$ 이다. 그러므로 정리 2.3(iv)에 의하여 준식이 성립한다. ■

수열의 조임정리(정리 1.16)는 함수에 대해서도 성립한다. 아래 정리는 정리 2.2와 정리 1.16 을 이용하여 증명된다. 그림 2.1 은 다음 결과를 설명해 준다.

정리 2.4 (함수의 조임정리) *$I \subseteq \mathbb{R}$ 는 열린구간, 함수 $f, g, h : I \to \mathbb{R}$ 이 있을 때 다음이 성립한다.*

(i) $f(x) \leq h(x) \leq g(x)\,(\forall x \in I)$ 이고 $\lim_{x \to x_0} f(x) = \lim_{x \to x_0} g(x) = L$ 이면 $\lim_{x \to x_0} h(x) = L$.

(ii) $|g(x)| \leq M$ $(\forall x \in I)$ 이고 $\lim_{x \to x_0} f(x) = 0$ 이면 $\lim_{x \to x_0} f(x)g(x) = 0$.

보기 7 극한 $\lim_{x \to 0} x \sin \frac{1}{x} = 0$ 임을 보여라.

증명 먼저 $x \neq 0$일 때. 부등식 $0 \leq \left|\sin \frac{1}{x}\right| \leq 1$으로부터

$$0 < \left|x \sin \frac{1}{x}\right| \leq |x|$$

을 얻는다. 조임정리로부터 $x \to 0$일 때

$$\lim_{x \to 0} \left|x \sin \frac{1}{x}\right| = 0$$

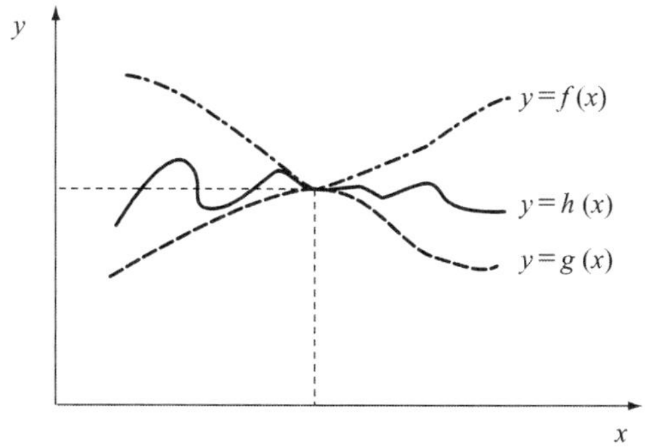

그림 2.1

이다. 일반적으로 $\lim_{x\to 0}\left|x\sin\frac{1}{x}\right| = \left|\lim_{x\to 0} x\sin\frac{1}{x}\right|$(연습문제 8 을 보라)이므로 위의 결과를 얻는다. ∎

아래 정리는 정리 2.2와 수열의 비교정리에 의하여 증명된다.

정리 2.5 (함수의 비교정리) *$I \subseteq \mathbb{R}$ 는 열린구간, 함수 $f, g : I \to \mathbb{R}$ 가 모든 $x \in I$ 에 대하여 $f(x) \le g(x)$ 이며 $I \ni x \to x_0$ 일 때 $f(x), g(x)$ 가 수렴하면*

$$\lim_{x\to x_0} f(x) \le \lim_{x\to x_0} g(x).$$

지금까지 함수의 극한은 점은 함수의 정의 구간의 내점으로 다가가는 방향이 양쪽인 경우의 극한을 다루었지만, 이제 부터는 $f(x) = \log x$ 나 $f(x) = \sqrt{x}$과 같이 함수의 정의역이 특정한 점의 한쪽 방향으로만 정의되거나 특정구간에서 정의된 된 경우에 주어진 점의 한쪽 방향에 대한 극한을 다루기로 한다.

I가 비퇴화 열린구간이고 x_0 가 I 의 왼쪽 끝점(각각, 오른쪽 끝점)이라 하자. $f : I \to \mathbb{R}$ 이 $I \ni x \to x_0$ 일 때 L 로 수렴하면 "x_0 **에서** f **의 우극한**(각각, **좌극한**)은 L 이다" 라고 하며 이 때 우극한과 좌극한을 각각 다음과 같이 표현한다.

$$\begin{aligned} f(x_0+) &:= \lim_{x\to x_0+} f(x), \\ f(x_0-) &:= \lim_{x\to x_0-} f(x) \end{aligned} \tag{2.3}$$

그러므로 L이 x_0 에서 $f(x)$ 의 우극한(각각, 좌극한)이기 위한 필요충분조건은 주어진 $\varepsilon > 0$ 에 대하여 $\delta > 0$ 가 존재하여

$$0 < x - x_0 < \delta \text{ (각각, } 0 < x_0 - x < \delta) \Rightarrow |f(x) - L| < \varepsilon.$$

보기 8 $f(x) = \sqrt{x}$ 일 때 $\lim_{x \to 0+} f(x) = 0$ 임을 증명하여라.

증명 주어진 함수의 정의역은 $[0, \infty)$이므로 $x \geq 0$인 경우에만 정의되지만, $x < 0$인 점에서는 정의되지 않으므로 0으로 다가가는 극한은 $x > 0$이고 0으로 다가갈 때의 극한(즉, 한쪽 극한)을 생각해야 한다.

임의로 주어진 $\varepsilon > 0$ 에 대해 $\delta = \varepsilon^2$ 으로 잡는다. 그러면 $0 < x - 0 < \delta$ 이면 $|f(x) - 0| = \sqrt{x} < \sqrt{\delta} = \varepsilon$ 이다. ■

함수가 정의구간의 내점에 정의되어 있더라도 그 점의 한쪽방향 극한이 정의되므로 한쪽방향 극한과 양쪽방향 극한 사이의 관계를 살펴보자.

정리 2.6 *x_0가 함수 f의 정의구간의 내점이라 하자. $\lim_{x \to x_0} f(x) = L$ 이기 위한 필요충분 조건은*

$$L = \lim_{x \to x_0+} f(x) = \lim_{x \to x_0-} f(x). \tag{2.4}$$

증명 $\lim_{x \to x_0} f(x) = L$ 을 가정하면 정리 2.1에 의하여 (2.4) 가 성립한다.

역으로 (2.4)가 성립한다고 가정하자. 주어진 $\varepsilon > 0$ 에 대하여 $0 < x - x_0 < \delta_1$, $0 < x_0 - x < \delta_2 \Rightarrow |f(x) - L| < \varepsilon$ 이 되는 양수 δ_1 과 δ_2가 존재한다. $\delta = \min\{\delta_1, \delta_2\}$ 로 정하면 (2.1)이 성립한다. ■

정리 2.6의 대우를 이용하면 함수의 극한의 존재성을 증명하는데 도움이 된다.

보기 9 $f(x) = [x]$에 대해서 $x = 1$에서 극한을 구하여라.

풀이 주어진 함수 $f(x)$는 $x = 1$의 근방에서

$$f(x) = \begin{cases} 1 & 1 \leq x < 2 \\ 0 & 0 \leq x < 1 \end{cases}$$

이고 이 점에서 한쪽 극한은

$$1 = \lim_{x \to 1+} f(x) \neq \lim_{x \to 1-} f(x) = 0$$

이므로, 정리 2.6에 의하여 $\lim_{x \to 1} f(x)$은 존재하지 않는다.

극한의 정의를 확장된 실수계에도 적용할 수 있다.

정의 2.2 I는 반열린구간이고 $x_0 \in I$, $f : I \to \mathbb{R}$ 이라 하자.

(i) $x \to \infty$ 일 때 $f(x) \to L$ (각각, $x \to -\infty$ 일 때 $f(x) \to L$)라 함은 임의의 $\varepsilon > 0$ 에 대하여 양수 $M > 0$ 이 존재하여

$$x > M(\text{각각}, x < -M) \Rightarrow |f(x) - L| < \varepsilon.$$

이 때

$$\lim_{x\to\infty} f(x) = L \qquad (\text{각각}, \lim_{x\to-\infty} f(x) = L)$$

로 표현한다.

(ii) $x \to x_0$ 일 때 $f(x) \to \infty$ (각각, $x \to x_0$ 일 때 $f(x) \to -\infty$)라 함은 임의의 $M > 0$ 에 대하여 δ 가 존재하여

$$0 < |x - x_0| < \delta \Rightarrow f(x) > M(\text{각각}, f(x) < -M).$$

이 때

$$\lim_{x\to x_0} f(x) = \infty \qquad (\text{각각}, \lim_{x\to x_0} f(x) = -\infty)$$

로 표현한다.

$f(x) \to \pm\infty$ $(x \to x_0+$ 또는 $x \to x_0-)$ 와 $f(x) \to \pm\infty$ $(x \to \pm\infty)$ 등의 정의는 위와 같은 방식으로 정의한다.

보기 10 $\lim_{x\to\infty} \dfrac{1}{x} = 0$ 임을 증명하여라.

증명 $\varepsilon > 0$ 에 대하여 $M = 1/\varepsilon > 0$으로 잡으면 $x > M$일 때 $|1/x| < 1/M = \varepsilon$ 이다. ■

보기 11 $\lim_{x\to 1-} \dfrac{x+2}{2x^2 - 3x + 1} = -\infty$ 임을 증명하여라.

증명 $\frac{1}{2} < x < 1$ 일 때 $2x^2 - 3x + 1 < 0$ 이고 $x \to 1-$ 일 때 $2x^2 - 3x + 1 \to 0-$ 이다. 그러므로 주어진 $M > 0$ 에 대하여 $-\delta < x - 1 < 0$ 이면 $-3/M < 2x^2 - 3x + 1 < 0$ 이 되도록 $\delta \in (0, 1/2)$을 잡는다. 그러면 $-\delta < x - 1 < 0$ 이면 $\dfrac{x+2}{2x^2 - 3x + 1} < -M$이다. ■

참고 2 정리 2.2는 $L = \infty$ 일 때에도 성립한다. 즉, $\lim_{x\to x_0} f(x) = \infty$ 이기 위한 필요충분조건은 x_0로 수렴하는 임의의 수열 $\{x_n\}$ (모든 $n \in \mathbb{N}$ 대하여 $x_n \neq x_0$)에 대하여 $f(x_n) \to \infty$ 이다.

증명 $M>0$이 주어졌다고 하자.

($\Rightarrow$) $n\to\infty$ 일 때 $x_n\to x_0$, $x_n\neq x_0$인 수열 $\{x_n\}$이 주어졌다고 하자. $x\to x_0$ 일 때 $f(x)\to\infty$ 이므로, $0<|x-x_0|<\delta\Rightarrow f(x)>M$ 이 성립하는 $\delta>0$ 가 존재하고, 이 δ 에 대하여 $n\geq N\Rightarrow|x_n-x_0|<\delta$ 이 되는 $N\in\mathbb{N}$ 이 존재한다. 따라서 $n\geq N\Rightarrow f(x_n)>M$, 즉 $n\to\infty$ 일 때 $f(x_n)\to\infty$ 이다.

($\Leftarrow$) $f(x)\nrightarrow\infty$ 라고 가정하자. 그러면 어떤 $M>0$에 대해서 모든 $\delta>0$에 대해서 $0<|x-x_0|<\delta$ 이지만 $f(x)\leq M$이 성립한다. $\delta=\dfrac{1}{n}$을 치환하면 각각 자연수 n 에 대해서 $0<|x_n-x_0|<\dfrac{1}{n}$ 이지만 $f(x_n)\leq M_0$이 성립하는 수열 $\{x_n\}$이 존재한다. 그러면 이러한 수열 $\{x_n\}$에 대해서 $f(x_n)\nrightarrow\infty$이므로 이것은 가정에 모순이다. ■

보기 12 $\displaystyle\lim_{x\to\infty}\frac{x^2+1}{1-2x^2}=-\frac{1}{2}$ 임을 증명하여라.

증명 보기 10과 정리 2.3에 의하여 모든 $m\in\mathbb{N}$ 대하여 $\displaystyle\lim_{x\to\infty}\frac{1}{x^m}=0$ 이다. 분모, 분자를 x^2 으로 나누면

$$\lim_{x\to\infty}\frac{x^2+1}{1-2x^2}=\lim_{x\to\infty}\frac{1+1/x^2}{-1-2/x^2}=-\frac{1}{2}.$$

■

보기 13 $a>1$ 일 때 $\displaystyle\lim_{x\to\infty}a^x=\infty$ 를 보여라.

증명 먼저 $x\geq 1$에 대하여 베르누이부등식을 $b=a-1$ 에 적용하면

$$a^x\geq a^{[x]}>1+b[x]>b[x]\geq b(x-1)>0$$

여기서 $[x]$는 x를 넘지 않는 최대의 정수이다. 이제 $x\geq 1$ 에 대하여 $a^x>b(x-1)$ 이고 $\displaystyle\lim_{x\to\infty}b(x-1)=\infty$. 비교정리(연습문제 15)에 의하여 $\displaystyle\lim_{x\to\infty}a^x=\infty$. ■

연습문제 (2.1)

1. 다음 각 경우에 $\displaystyle\lim_{x\to 0}f(x)$ 를 구하여라.

   (a) $f(x)=x^2\sin\dfrac{1}{x}$, $I=\mathbb{R}\backslash\{0\}$.

(b) $f(x) = |x|/x$, $I = [-1, 0) \cup (0, 1]$.

(c) $f(x) = 1/(x^2 - 1)$, $I = (-1, 1)$.

(d) $f(x) = (x^2 + 2x)/\sqrt[3]{x}$, $I = (-1, 0) \cup (0, 1)$.

2. 다음을 증명하여라.

(a) $\lim_{x \to 1} \frac{1}{x^3} = 1$.

(b) $\lim_{x \to 8} \sqrt[3]{x} = 2$.

(c) $\lim_{x \to 1/2} \frac{1}{x^2} = 4$.

(d) $\lim_{x \to a} \cos x = \cos a$.

(e) $\lim_{x \to -1+} e^{-1/(x+1)} = 0$

(f) $\lim_{x \to 0-} \frac{1}{[x]} = -1$

(g) $\lim_{x \to 2} \frac{x}{|x-2|} = \infty$

(h) $\lim_{x \to 1+} 2^{1/(x-1)} = \infty$

3. 다음 극한이 존재하지 않음을 보여라.

(a) $\lim_{x \to 0} \sin \frac{1}{x}$

(b) $\lim_{x \to 0} \left(e^x \sin \frac{1}{x} \right)$

4. 여러 가지 정리를 사용하여 극한을 구하여라.

(a) $\lim_{x \to 0} \frac{\sqrt{x+1} - 1}{x}$

(b) $\lim_{x \to 0} \frac{1}{x} \left[\frac{1}{(x+1)^2} - 1 \right]$

(c) $\lim_{x \to 1} \frac{x^n - 1}{x - 1}$, $n \in \mathbb{N}$

(d) $\lim_{x \to 8} \frac{\sqrt[3]{x} - 2}{x - 8}$

(e) $\lim_{x \to 0} \left(e^{-1/x^2} \sin \frac{1}{x} \right)$

5. n 차의 다항식은 다음과 같은 형의 함수이다.

$$P(x) = a_n x^n + a_{n-1} x^{n-1} + \cdots + a_1 x + a_0,$$

단 $a_n \neq 0, a_j \in \mathbb{R} (j = 0, 1, 2, \cdots, n)$.

(a) 모든 $n = 0, 1, 2, \cdots$ 에 대하여 $\lim_{x \to x_0} x^n = x_0^n$ 임을 증명하여라.

(b) $\lim_{x \to x_0} P(x) = P(x_0)$ 임을 증명하여라.

(c) P 가 다항식이고 $P(x_0) > 0$ 으로 가정하자. 이 때 $P(x)/(x - x_0) \to \infty (x \to x_0+)$, $P(x)/(x - x_0) \to -\infty$ $(x \to x_0-)$ 이지만 $\lim_{x \to x_0} \frac{P(x)}{x - x_0}$ 은 없음을 보여라.

6. $a > 0$ 일 때

   (a) $\lim_{x \to a} \sqrt{x} = \sqrt{a}$ 임을 보여라.(힌트 : 부등식

   $$|\sqrt{x} - \sqrt{a}| = \left| \frac{x - a}{\sqrt{x} + \sqrt{a}} \right| < \frac{1}{\sqrt{a}} |x - a|$$

   을 생각할 것.)

   (b) $\lim_{x \to a} 1/\sqrt{x} = 1/\sqrt{a}$ 임을 보여라.

7. (a) 정리 2.3 ii) 를 증명하여라.

   (b) $\lim\limits_{x \to 0} x \sin \dfrac{1}{x} = 0$ 임을 증명하여라.

8. $I \subset \mathbb{R}$ 는 구간 $f : I \to \mathbb{R}$ 이라 하자.

   (a) $L = \lim\limits_{x \to 0} f(x)$ 이 존재하면 $|f(x)| \to |L|$ $(I \ni x \to x_0)$ 임을 증명하여라.

   (b) 위의 역은 거짓임을 증명하여라.

9. $f : I \to \mathbb{R}$ 이며 각 $x \in I$ 에 대하여 f 의 **양의 부분**(positive part)와 **음의 부분**(negative part)을 각각 다음과 같이 정의한다.

   $$f^+(x) := \frac{|f(x)| + f(x)}{2} \qquad f^-(x) := \frac{|f(x)| - f(x)}{2}.$$

   (a) 모든 $x \in E$ 에 대하여 $f^+(x) \geq 0, f^-(x) \geq 0, f(x) = f^+(x) - f^-(x), |f(x)| = f^+(x) + f^-(x)$ 임을 증명하여라.

   (b) $L = \lim\limits_{x \to x_0} f(x)$ 이 존재하면 $f^+(x) \to L^+, f^-(x) \to L^-$ $(I \ni x \to x_0)$ 임을 증명하여라.

10. $I \subset \mathbb{R}, I \neq \emptyset$ 이며 함수 $f, g : I \to \mathbb{R}$ 가 주어졌다. 이 때 각 $x \in I$ 에 대하여 다음과 같이 정의한다.

   $$(f \vee g)(x) := \max\ \{f(x), g(x)\},$$
   $$(f \wedge g)(x) := \min\ \{f(x), g(x)\}.$$

   (a) 모든 $x \in I$ 에 대하여

   $$(f \vee g)(x) = \frac{(f+g)(x) + |(f-g)(x)|}{2},$$
   $$(f \wedge g)(x) = \frac{(f+g)(x) - |(f-g)(x)|}{2}$$

   임을 증명하여라.

b) $L = \lim_{x \to x_0} f(x)$ 과 $M = \lim_{x \to x_0} g(x)$ 이 존재하면 $(f \vee g)(x) \to L \vee M$ 이고 $(f \wedge g)(x) \to L \wedge M$ 임을 증명하여라.

11. $f : [0,1] \to \mathbb{R}$, 모든 $x_0 \in E$ 에 대하여 $f(x_0) = \lim_{x \to x_0} f(x)$ 이라고 가정하자. 이 때 다음을 증명하여라.

$$f(q) = 0, q \in \mathbb{Q} \cap [0,1] \quad \Longleftrightarrow \quad f(x) = 0, x \in [0,1].$$

12. (a) 함수

$$f(x) = \begin{cases} 1 & x \text{ 는 유리수} \\ 0 & x \text{ 는 무리수} \end{cases}$$

라 하자. 모든 실수 a 에 대하여 $\lim_{x \to a} f(x)$ 은 존재하지 않음을 보여라.(힌트 : $x_n \to a$ 인 무리수의 수열과 유리수의 수열에 대하여 정리 를 적용한다.)

(b) 함수

$$f(x) = \begin{cases} x & x \text{ 는 유리수} \\ 0 & x \text{ 는 무리수} \end{cases}$$

라 하자. 극한 $\lim_{x \to a} f(x)$이 존재하는 점은 $a = 0$뿐이고 $a \neq 0$일때는 극한값이 존재하지 않음을 보여라.

13. $\lim_{x \to 0} \dfrac{\sin x}{x} = 1$ 임을 보여라.(힌트: $0 < x < \pi/2$ 에서 $0 < \sin x < x < \tan x$ 이고 $\sin x/x$ 가 우함수임을 참고하여 함수의 조임정리를 이용한다.)

14. $\lim_{x \to a} f(x) = 0$ 이고 g 는 a 의 어떤 빠진 근방에서 유계라면 $\lim_{x \to a} (f(x)g(x)) = 0$ 임을 보여라.

15. $L = \infty$일 때 정리 2.5가 성립함을 보여라.

2.2 연속

미적분학에서는 $x_0 \in \mathrm{Dom}(f)$ 에서 함수 f 의 연속을 "$x \to x_0$ 일 때 $f(x) \to f(x_0)$" 로 정의하였다. 미적분학에서는 어느 정도 직관적인 방법으로 연속성을 설명하였으나 이 절에서는 1 절에서 도입한 일반적인 극한의 정의를 이용하여 연속의 개념을 $\varepsilon - \delta$ 방법을 이용하여 보다 엄밀하게 연속성을 정의하고자 한다. 이러한 방식은 다변수 함수의 연속성을 정의하는데 유용하다.

정의 2.3 $I \subseteq \mathbb{R}, I \neq \emptyset$ 인 열린구간이고 함수 $f : I \to \mathbb{R}$ 가 $x_0 \in I$ 에서 **연속**이라함은 임의로 주어진 $\varepsilon > 0$ 에 대하여 적당한 $\delta > 0$ 가 존재하여

$$|x - x_0| < \delta, \quad x \in I \Longrightarrow |f(x) - f(x_0)| < \varepsilon \tag{2.5}$$

함수 f 가 I 의 모든 점에서 연속이면 $f : I \to \mathbb{R}$ 은 집합 I 위에서 연속이라 한다. 함수 f 가 $Dom(f)$ 에서 연속이면 함수 f 는 연속이라 한다.

앞의 정의를 비교해 보면 다음 결과가 성립함을 알 수 있다.

참고 3 *$I \subseteq \mathbb{R}$ 는 x_0 을 포함하는 열린구간이라 하자. 다음은 모두 동치이다.*

(i) *함수 $f : I \to \mathbb{R}$ 가 x_0 에서 연속이다.*

(ii) $f(x_0) = \lim_{x \to x_0} f(x)$.

(iii) $\lim_{x \to x_0} f(x) = f(x_0) = f(\lim_{x \to x_0} x)$.

참고 4 만일 다음 조건

(D1) *f 는 x_0 에서 정의된다.*

(D2) *극한 $\lim_{x \to x_0} f(x)$ 이 존재한다.*

(D3) *극한 $\lim_{x \to x_0} f(x)$ 이 존재하고 $\lim_{x \to x_0} f(x) = f(x_0)$.*

중 어느 하나라도 만족하지 않으면 x_0 에서 불연속이다.

참고 4 로 부터 다음과 같은 정의를 얻는다.

정의 2.4 (i) *만일 (D2) 가 성립하고 (D1) 이 성립하지 않거나, (D2) 와 (D1) 이 성립하지만 (D3) 이 성립하지 않을 때 f 는 x_0 에서* **제거가능한 불연속성**을 *가진다고 한다.*

(ii) *만일 $\lim_{x \to x_0+} f(x) = f(x_0+)$ 와 $\lim_{x \to x_0-} f(x) = f(x_0-)$ 이 존재하지만 서로 다른 경우에 f 는 x_0 에서* **점프 불연속성**을 *가진다고 한다.*

(iii) *만일 f 가 x_0 에서 제거가능한 불연속성이나 점프 불연속성을 가지면 f 는 x_0 에서* **단순 불연속성**(*또는* **제 1 종 불연속성**)*을 가진다고 한다. f 가 x_0 에서 단순 불연속성을 가지지 않는 경우에* **제 2 종 불연속성***을 가진다고 한다.*

보기 14 $f(x) = (x^2-4)/(x-2)$ *라 하자. f 는 $x=2$ 에서 정의가 되지 않지만*

$$\lim_{x\to 2} f(x) = \lim_{x\to 2}\frac{x^2-4}{x-2} = \lim_{x\to 2}(x+2) = 4$$

이므로 f 는 $x=2$ 에서 제거가능한 불연속성을 가진다. 만일 $f(2)=4$ 라고 정의하면 f 는 $x=2$ 에서 연속이다.

보기 15 *가우스 함수 $f(x) = [x]$, 여기서 $[x]$ 는 x 를 넘지 않는 최대 정수, 는 모든 정수 점에서 점프 불연속성을 가진다.*

보기 16 함수

$$f(x) = \begin{cases} 1 & x \text{ 는 유리수} \\ 0 & x \text{ 는 무리수} \end{cases}$$

라 하자. f 는 모든 실수 점에서 제 2 종 불연속성을 가짐을 보여라.

증명 x_0 을 임의의 실수라 하자. x_n 을 무리수들의 수열이고 $x_n \to x_0-$ 이라 하자. 그러면 모든 n 에 대하여 $f(x_n) = 0$ 이다. 따라서, $\lim_{n\to\infty} f(x_n) = 0$. 또한 y_n 을 유리수들의 수열이고 $y_n \to x_0-$ 이라 하자. 그러면 모든 n 에 대하여 $f(y_n) = 1$ 이다. 따라서, $\lim_{n\to\infty} f(y_n) = 1$ 이다. 극한의 유일성에 의해 $f(x_0-)$ 이 존재하면 유일해야 한다. $\lim_{n\to\infty} f(x_n) \neq \lim_{n\to\infty} f(y_n)$ 이므로 이것은 모순이다. 그러므로 $f(x_0-)$ 은 존재하지 않는다. 마찬가지 방법으로 $f(x_0+)$ 도 존재하지 않는다. 그러므로 x_0 은 f 의 제 2 종 불연속점이다. ■

정리 2.3 에 의하여 다음 연속함수들의 사칙연산에 관한 성질을 얻는다.

정리 2.7 *I 는 열린구간이고 $f, g : I \to \mathbb{R}$ 이 $x_0 \in I$ 에서 연속이면 $f+g, fg, \alpha f$ $(\alpha \in \mathbb{R})$ 도 $x_0 \in I$ 에서 연속이다. 또 $g(x_0) \neq 0$ 이면 f/g 는 $x_0 \in I$ 에서 연속이다.*

따름정리 2.8 *f, g 가 $x_0 \in I$ 에서 연속이면 $|f|, f^+, f^-, f \vee g, f \wedge g$ 도 각각 $x_0 \in I$ 에서 연속이다. 한편 임의의 다항식은 모두 연속이다.*

정의 2.5 *함수 f 가 x_0 에서 정의되고 함수 g 가 $f(x_0)$ 에서 정의되면 두 함수 f 와 g 의 합성 함수는 다음과 같이 정의한다.*

$$(g \circ f)(x_0) := g(f(x_0)).$$

다음 결과는 극한 기호와 어떤 것은 적용순서가 바뀔 수 있음을 말해 준다. 이런 성질은 이외에도 도함수, 적분, 무한급수의 합과 함수들의 계산에 대하여도 적용 가능한 경우가 있다.

정리 2.9 *$I, J \subseteq \mathbb{R}$ 는 열린구간이고 두 함수 f, g 는 각각 I, J 위에서 정의되었다고 가정하자.*

(i) $\lim_{x \to x_0} f(x) = L$ *이고 g 가 $L \in J$ 에서 연속이면*

$$\lim_{x \to x_0} (g \circ f)(x) = g(L) = g(\lim_{x \to x_0} f(x))$$

(ii) *함수 f 가 $x_0 \in I$ 에서 연속이고 함수 g 가 $f(x_0)$ 에서 연속이면 두 함수 f 와 g 의 합성 함수 $g \circ f$ 도 $x_0 \in I$ 에서 연속이다.*

증명 (i) 만 증명해도 충분하다. 수열을 이용하여 증명하자. 모든 $n \in \mathbb{N}$, $x_n \neq x_0$ 에 대하여 $x_n \in I$ 이고 $\lim_{n \to \infty} x_n = x_0$ 라고 가정하자. 정리 2.2 에 의하여 $n \to \infty$ 일 때 $f(x_n) \to L$이고 $g(f(x_n)) \to g(L)$이다. 그러므로

$$\lim_{n \to \infty} (g \circ f)(x_n) = g(L) = g(\lim_{x \to x_0} f(x)).$$

그러므로 정리 2.2 에 의하여 $\lim_{x \to x_0} (g \circ f)(x) = g(L)$. ■

다음 정리는 매우 중요한 정리로서 유계이고 닫힌구간 위에서 연속인 함수는 반드시 유계임을 말한다.

정리 2.10 (극값정리, Extreme Value Theorem) *함수 f가 유계인 닫힌구간 $[a, b]$ 위에서 연속이면 f 는 $[a, b]$ 위에서 유계이다. 더욱이,*

$$M = \sup_{x \in [a,b]} f(x), \quad m = \inf_{x \in [a,b]} f(x)$$

이면

$$f(x_M) = M, \quad f(x_m) = m$$

이 성립하는 $x_m, x_M \in [a, b]$ 이 존재한다.

증명 우선 f 가 유계가 아니라고 가정하자. 그러면 모든 $n \in \mathbb{N}$ 에 대하여

$$|f(x_n)| > n$$

이 성립하는 $x_n \in [a,b]$ 가 있다. 구간 $[a,b]$ 는 유계이므로 $\{x_n\}$ 도 유계이다. 그러므로 정리 1.23(볼차노-바이어슈트라스 정리)에 의하여 수열 $\{x_n\}$ 은 수렴하는 부분수열 $\{x_{n_k}\}_{k=1}^{\infty}$ 을 가진다. $\lim_{k\to\infty} x_{n_k} = x_0$ 라고 가정하자. 정리 1.19(비교정리)에 의하여 $x_0 \in [a,b]$ 이므로 $f(x_0) \in \mathbb{R}$ 이다. 그러나

$$|f(x_{n_k})| > n_k \geq k$$

가 되어 $|f(x_0)| = \lim_{k\to\infty} |f(x_{n_k})| = \infty$ 이므로 모순이다. 그러므로 함수 f 는 유계이다.

우리는 방금 M 과 m 이 유한임을 증명하였다. 이제 $f(x_M) = M$ 이 되는 $x_M \in [a,b]$ 이 있음을 보이자. 모순을 얻기 위해 모든 $x \in [a,b]$ 에 대하여 $f(x) < M$ 라고 가정하자. 이 때 함수

$$g(x) = \frac{1}{M - f(x)}$$

은 구간 $[a,b]$ 위에서 연속이고 유계이다. 그러므로 $|g(x)| \leq C$ 가 되는 $C > 0$ 가 존재한다.

$$f(x) \leq M - \frac{1}{C}, \qquad x \in [a,b]$$

이다. 그러므로 $M - 1/C \geq \sup_{x\in[a,b]} f(x)$ 이 되어 모순이다. 따라서 $f(x_M) = M$ 이 되는 $x_M \in [a,b]$ 가 존재한다.

같은 방법으로 $f(x_m) = m$ 이 성립하는 x_m 이 존재함을 증명할 수 있다. ■

이 때 M 과 m 을 각각 f 의 **최대값**과 **최소값**이라 한다.

참고 5 *극값정리의 조건에서 구간 $[a,b]$ 는 유계인 닫힌구간임을 가정하였는데 유계와 닫힌구간의 어느 것도 뺄 수 없다.*

증명 구간 $I = (0,1)$ 은 유계이지만 닫힌구간은 아니다. 지금 함수 $f(x) = 1/x$ 를 선택하면 f 는 I 위에서 연속이지만 유계함수가 아니다. 또 구간 $J = [0,\infty)$ 는 닫힌구간이지만 유계는 아니다. 함수 $f(x) = x$ 는 J 위에서 연속이나 유계는 아니다. ■

주어진 함수가 연속인지 아닌지를 이해하는 직관적인 방법은 함수의 그래프에 도약(jump)이 있는가 또는 그래프가 분리되어 있는가를 보는 것이다.

보조정리 2.1 (부호보존의 성질) *$x_0 \in I \subseteq \mathbb{R}$ 이고 함수 $f : I \to \mathbb{R}$ 이라 하자. f 가 x_0 에서 연속이고 $f(x_0) > 0$ 이면, 두 개의 실수 $\varepsilon > 0$ 와 $\delta > 0$ 가 존재하여*

$$|x - x_0| < \delta \quad \Longrightarrow \quad f(x) > \varepsilon > 0$$

이 성립한다.

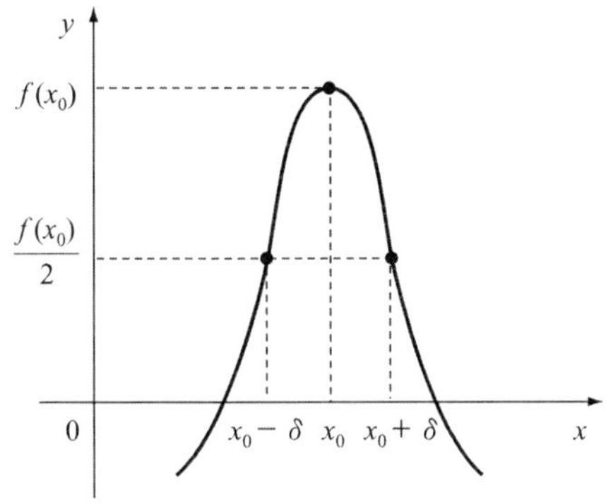

그림 2.2

증명 $\varepsilon = f(x_0)/2$ 로 선택하면 f 가 x_0 에서 연속이므로 $\delta > 0$ 가 존재하여

$$|x - x_0| < \delta \Rightarrow |f(x) - f(x_0)| < \varepsilon$$

가 성립한다. 즉,

$$-\frac{f(x_0)}{2} < f(x) - f(x_0) < \frac{f(x_0)}{2}$$

이다. 그러므로

$$|x - x_0| < \delta \Rightarrow f(x) > \frac{f(x_0)}{2} = \varepsilon$$

이 성립한다(그림 2.2) ■

$c \le y_0 \le d$ 이거나 $d \le y_0 \le c$ 이면 "실수 y_0 는 두 실수 c 와 d 사이에 있다"고 한다.

정리 2.11 (중간값정리) *구간 $[a, b]$ 는 유계인 닫힌구간이고 $f : [a, b] \to \mathbb{R}$ 은 연속이라고 하자. 만일 $f(a) \neq f(b)$ 이고 y_0 가 $f(a)$ 와 $f(b)$ 사이에 있으면 $f(x_0) = y_0$ 이 되는 $x_0 \in [a, b]$ 가 있다.*

증명 $f(a) \le y_0 \le f(b)$ 라고 가정해도 좋다. 집합 $E = \{x \in [a,b] : f(x) \le y_0\}$ 를 생각하자. $a \in E$ 이므로 $\emptyset \ne E \subseteq [a,b]$ 이고 E 는 유계집합이다. 완비공리에 의하여 $x_0 := \sup E$ 는 유한한 값이다. 지금 $f(x_0) = y_0$ 라고 추측한다(그림 2.3).

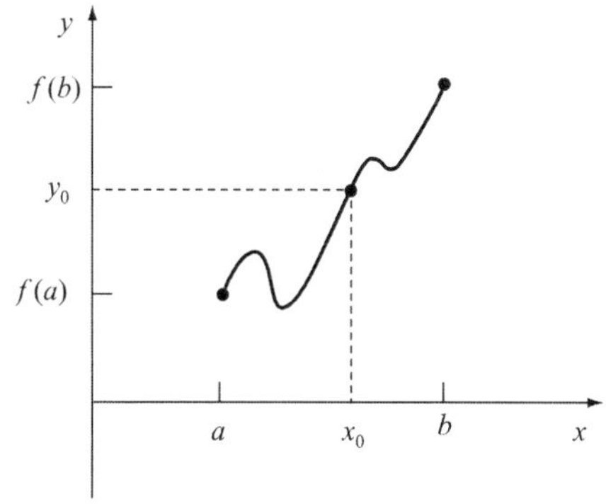

그림 2.3

$\lim_{n\to\infty} x_n = x_0$ 가 되는 수열 $\{x_n\} \subset E$ 를 고르자. $E \subseteq [a,b]$ 이므로 $x_0 \in [a,b]$ 이다. 따라서 f 가 연속임과 E 의 정의를 고려하면 $f(x_0) = \lim_{n\to\infty} f(x_n) \le y_0$ 가 성립한다. $f(x_0) < y_0$ 라고 가정하자. 이 때 함수 $y_0 - f(x)$ 는 연속함수이고 $x = x_0$ 에서 양의 값이다. 그러므로 보조정리 2.1에 의하여 $|x - x_0| < \delta$ 이면 $y_0 - f(x) > \varepsilon > 0$ 을 만족하는 두 개의 실수 $\delta > 0$ 과 $\varepsilon > 0$ 이 있다. 특히 $x_0 < x < x_0 + \delta$ 를 만족하는 x 에 대하여 $f(x) < y_0$ 이므로 $x_0 := \sup E$ 에 모순이다.

■

연습문제 (2.2)

다음에서 $\sin x, \cos x$ 와 e^x 은 모두 $\mathbb{R}$ 위에서 연속임을 가정한다.

1. 극한의 정리를 이용하여 다음 함수들은 구간 $[0,1]$ 위에서 연속임을 보여라.

   (a) $f(x) = x^2 e^x$.

   (b) $f(x) = \dfrac{1-x^2}{1+x^2}$.

   (c) $f(x) = \sqrt{1-x^2}$.

   (d) $f(x) = \dfrac{\sin(e^x)}{x^2+x-6}$.

   (e) $f(x) = \begin{cases} x^2 \sin(1/x), & x \ne 0 \\ 0, & x = 0. \end{cases}$

2. 함수 $f(x) = \begin{cases} \cos\dfrac{1}{x}, & x \neq 0 \\ 0, & x = 0 \end{cases}$ 가 주어질 때 다음에 답하여라.

   a) f 는 구간 $(-\infty, 0)$ 와 $(0, \infty)$ 에서 연속이지만 $x = 0$ 에서는 불연속임을 보여라.

   b) 함수 $g : \left[0, \dfrac{2}{\pi}\right] \to \mathbb{R}$ 은 구간 $\left(0, \dfrac{2}{\pi}\right)$ 에서 연속이며 모든 $x \in \left(0, \dfrac{2}{\pi}\right)$ 에 대하여 $|g(x)| \leq C\sqrt{x}$ 를 만족하는 상수 $C > 0$ 가 있다고 가정하자. 이 때 $f(x)g(x)$ 는 구간 $\left[0, \dfrac{2}{\pi}\right]$ 에서 연속임을 증명하여라.

3. $f : [a, b] \to \mathbb{R}$ 이 연속이면 $\sup_{x \in [a,b]} |f(x)|$ 가 유한임을 증명하여라.

4. f 가 x_0 에서 연속이고 g 는 x_0 에서 불연속이면 $f + g$ 는 x_0 에서 불연속임을 보여라. 이 경우 $f \cdot g$ 의 x_0 에서 연속성에 대하여 판단하여라.

5. 함수 f 가 x_0 에서 연속이고 어떤 상수 M 에 대하여 $f(x_0) < M$ 이라고 하자. 모든 $x \in I$ 에 대하여 $f(x) < M$ 를 만족하는 x_0 를 포함하는 열린구간 I 가 존재함을 증명하여라.

6. 함수 f 와 g 는 아무 곳에서도 연속이 아니지만 $f + g$ 와 fg 는 연속이 되는 함수 f 와 g 가 있음을 보여라.

7. f 와 g 가 구간 (a, b) 에서 연속이고 모든 유리수 점 $x \in (a, b)$ 에 대하여 $f(x) = g(x)$ 이면 모든 $x \in (a, b)$ 에 대하여 $f(x) = g(x)$ 임을 보여라.

8. $f : [a, b] \to \mathbb{R}$ 은 연속이다. 이 때 모든 $\alpha \notin [c, d]$ 에 대하여 $\dfrac{1}{\alpha - f(x)}$ 가 구간 $[a, b]$ 위에서 연속이 되는 닫힌구간 $[c, d]$ 가 있음을 보여라.

9. 함수 $f : \mathbb{R} \to \mathbb{R}$ 이 $f(x + y) = f(x) + f(y)$ $(x, y \in \mathbb{R})$ 을 만족한다고 가정하자.

   (a) 모든 $x \in \mathbb{R}, n \in \mathbb{N}$ 에 대하여 $f(nx) = nf(x)$ 이 성립함을 증명하여라.

   (b) 모든 $x \in \mathbb{R},\ q \in \mathbb{Q}$ 에 대하여 $f(qx) = qf(x)$ 이 성립함을 증명하여라.

   (c) f 가 0 에서 연속이기 위한 필요충분조건은 f 는 $\mathbb{R}$ 에서 연속임을 증명하여라.

   (d) 모든 $x \in \mathbb{R}$ 에 대하여 f 가 0 에서 연속이면 $f(x) = mx$ 이 성립하는 $m \in \mathbb{R}$ 이 존재함을 증명하여라.

10. $f : \mathbb{R} \to (0, \infty)$ 가 $f(x+y) = f(x)f(y)$ 를 만족한다고 가정하자. 문제 9의 증명방법을 이용하여, f 가 0 에서 연속이면 모든 $x \in \mathbb{R}$ 에 대하여 $f(x) = a^x$ 을 만족하는 상수 $a \in (0, \infty)$ 가 있음을 증명하여라(a^x 이 $\mathbb{R}$ 에서 연속 함수임을 가정해도 좋다).

11. 각 $x \in \mathbb{R}$ 에 대하여 방정식 $f(x)^2 = x^2$ 을 만족하는 $\mathbb{R}$ 에서 정의된 연속함수 f 를 모두 구하여라. (힌트 : 4 개의 가능한 함수가 있다.)

12. 만일 g 는 $x = 0$ 에서 연속, $g(0) = 0$, 어떤 $\delta > 0$ 에 대하여 $|f(x)| \le |g(x)|, \quad \forall x \in N_\delta(0)$ 이면 f 도 $x = 0$ 에서 연속임을 보여라.

13. $f : \mathbb{R} \to \mathbb{R}$ 은 연속이고 $\lim\limits_{x\to\infty} f(x) = \lim\limits_{x\to-\infty} f(x) = \infty$ 일 때 f 는 최소값을 가짐을 증명하여라. 즉 $f(x_m) = \inf\limits_{x\in\mathbb{R}} f(x) < \infty$ 가 되는 $x_m \in \mathbb{R}$ 이 있다.

14. 다음 함수들의 불연속점을 찾고 분류하여라

(a)

$$f(x) = \begin{cases} \dfrac{|x|}{x}, & x \neq 0 \\ 1, & x = 0 \end{cases}$$

(b)

$$f(x) = \begin{cases} \sin \dfrac{1}{x}, & x \neq 0 \\ 1 & x = 0 \end{cases}$$

15.

$$f(x) = \begin{cases} \dfrac{1}{q} & x = \dfrac{p}{q} \in \mathbb{Q} \quad (\text{기약분수}) \\ 0 & x \notin \mathbb{Q} \end{cases}$$

(힌트: 유리수 점에서는 불연속, 무리수 점에서는 연속임을 증명할 것.)

16.

$$f(x) = \begin{cases} x & x \text{ 는 유리수} \\ 0 & x \text{ 는 무리수} \end{cases}$$

17. f 는 $\mathbb{Q}$ 에서 불연속이고 g 는 한 점에서 불연속일 때 합성함수 $g \circ f$ 가 실수의 모든 점에서 불연속인 예를 구하여라.(힌트: 연습문제 14(c)를 이용할 것.)

18. 주어진 정의역 A 에서 정의된 유계함수 f 의 $M = \sup_{x\in A} f(x)$ 와 $m = \inf_{x\in A} f(x)$ 의 값을 구하고 $f(x_1) = M$, $f(x_2) = m$ 이 되는 점 x_1 과 x_2 의 값을 구하여라

(a) $f(x) = 3 + 2x - x^2$, $A = [0, 4]$.

(b) $f(x) = 2 - |x-1|$, $A = [-2, 2)$.

(c) $f(x) = e^{-1/x}$, $A = (0, \infty)$.

(d) $f(x) = 1 - x^2$, $A = (-2, 1)$.

19. 홀수 차수 다항식 $p(x) = a_0 + a_1x + a_2x^2 + \cdots + a_nx^n$, $\quad a_n \neq 0$ 은 적어도 하나의 실근 x_0 를 가짐을 보여라.

20. 방정식 $e^x - 3x - \sin x = 0$ 는 구간 $(0, 1)$ 에서 근을 가짐을 보여라.

21. f 는 구간 $[0, 1]$ 에서 연속, 모든 $x \in [0, 1]$ 에서 $f(x)$ 는 유리수, $f(0) = 0$ 이라 하자. $f(\sqrt{2}/2)$ 를 구하여라.

22. f 는 구간 $(0, \infty)$ 에서 연속, $\lim_{x\to 0+} f(x) = 0$, $\lim_{x\to\infty} f(x) = 1$ 이라 하자. $f(x_0) = \sqrt{3}/2$ 을 만족하는 점 $x_0 > 0$ 가 존재함을 보여라.

23. f 는 구간 $[-1, 1]$ 에서 연속, 모든 $x \in [-1, 1]$ 에서 $|f(x)| \leq 1$ 라 하자. 만일 g 가 $[-1, 1]$ 연속이고 $g(-1) = -1$ 이고 $g(1) = 1$ 이면 $f(x_0) = g(x_0)$ 인 점 x_0 가 존재함을 보여라.

24. 모든 실수 c 에 대하여 $f(x) = c$ 가 정확히 2 개의 해를 갖는 $\mathbb{R}$ 에서 정의된 연속함수가 없음을 보여라.

25. 모든 실수 c 에 대하여 $f(x) = c$ 가 정확히 3 개의 해를 갖는 $\mathbb{R}$ 에서 정의된 연속함수를 구하여라.

2.3 고른연속

함수의 연속이라는 개념은 한 점의 근방에서의 연속성을 조사하였다. 이러한 성질을 **국소 성질**(local property)이라 한다. 그러나 그와 반대로 정의역 전체에서 성립하는 성질을 **대역 성질**(global property)이라 한다. 이 절에서는 함수의 대역성질 중의 하나인 고른연속에 대하여 공부하기로 한다.

정의 2.6 $I \subseteq \mathbb{R}, I \neq \emptyset$ 는 구간이고 $f : I \to \mathbb{R}$ 일 때 f 가 I 에서 **고른연속**이라 함은 임의로 주어진 $\varepsilon > 0$ 에 대하여 $\delta > 0$ 가 존재하여

$$|x - x_0| < \delta \quad (x, x_0 \in I) \implies |f(x) - f(x_0)| < \varepsilon. \tag{2.6}$$

보기 17 $f(x) = x^2$ 은 구간 $(0, 1)$ 에서 고른연속임을 증명하여라.

증명 주어진 $\varepsilon > 0$ 에 대하여 $\delta = \varepsilon/3$ 으로 잡는다. $x, x_0 \in (0, 1)$ 이면 $|x + x_0| \leq |x| + |x_0| \leq 2$ 이다. 그러므로 $|x - x_0| < \delta$ 이면

$$|f(x) - f(x_0)| < |x^2 - x_0^2| = |x - x_0||x + x_0| \leq 2|x - x_0| \leq \frac{2\varepsilon}{3} < \varepsilon$$

이다. ■

연속과 고른연속은 매우 비슷하다. 사실, 차이점은 연속에서의 δ 는 x_0 와 ε 에 의존하는데 반해서 고른연속에서의 δ 는 x_0 와는 무관하고 단지 ε 에만 의존한다.

참고 6 고른연속함수는 연속이다. 그러나 역은 성립하지 않는다.

같은 함수라 할지라도 함수의 정의역이 바뀌면 고른연속이 되지 않을 수도 있다.

보기 18 $f(x) = x^2$ 은 $\mathbb{R}$ 에서 고른연속이 아니다.

증명 f 가 $\mathbb{R}$ 위에서 고른연속이라고 가정하자. 이 때 모든 $x, x_0 \in \mathbb{R}$ 에 대하여 $|x - x_0| < \delta \Rightarrow |f(x) - f(x_0)| < 1$ 이 성립하는 $\delta > 0$ 이 있다. 또 아르키메데스 원리에 의하여 $n\delta > 1$ 이 되는 $n \in \mathbb{N}$ 이 있다. $x_0 = n$, $x = n + \delta/2$ 로 잡으면 $|x - x_0| < \delta$ 이지만 $1 > |f(x) - f(x_0)| = |x^2 - x_0^2| = n\delta + \delta^2/4 > n\delta > 1$ 이 되어 모순이다. ■

정리 2.12 I 는 구간, $f : I \to \mathbb{R}$ 이 고른연속이고 $x_n \in I$ $(n \in \mathbb{N})$ 이라고 가정하자. $\{x_n\}$ 이 코시수열이면 $\{f(x_n)\}$ 도 코시수열이다.

증명 $\varepsilon > 0$ 일 때 (2.6) 이 성립하도록 $\delta > 0$ 을 잡는다. 이 때 $\{x_n\}$ 이 코시수열이므로 $m, n \geq N \Rightarrow |x_n - x_m| < \delta$ 가 되는 $N \in \mathbb{N}$ 이 있다. 그러므로 $m, n \geq N \Rightarrow |f(x_n) - f(x_m)| < \varepsilon$ 이다. ■

고른연속함수에 의한 코시수열의 값은 코시수열이다. 그러나 연속함수는 일반적으로 이러한 성질을 만족하지 못한다.

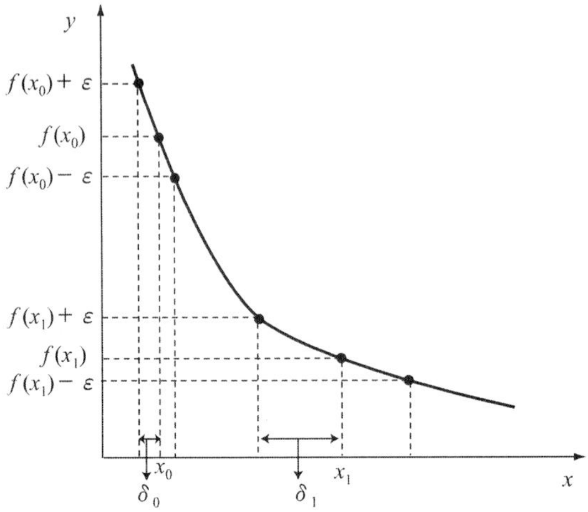

그림 2.4

보기 19 *$f(x) = 1/x$ 는 $(0,1)$ 에서 연속이고 $x_n = 1/n$ 은 코시수열이다. 그러나, $f(x_n) = n$ 은 코시수열이 아니다. 따라서 $f(x) = 1/x$ 는 $(0,1)$ 에서 연속이지만 고른연속은 아니다.*

보기 19의 $f(x) = 1/x$ 가 고른연속이 아님을 그래프로 확인할 수 있다(그림 2.4). x_0 가 0 으로 가까이 가면 δ 의 값은 점점 작아진다 (그림 2.4에서 δ_0 와 δ_1 을 비교할 것). 그러므로 δ 를 x_0 와 무관하게 잡을 수 없다.

그러므로 열린구간 $(0,1)$ 에서는 함수의 연속과 고른연속이 다르다. 그러나 유계인 닫힌구간인 경우에는 그렇지 않다. 실제로 유계인 닫힌구간에서는 연속과 고른연속이 동치이다. 이 성질은 하이네-보렐정리에서 유계이고 닫힌구간의 성질과 무관하지 않다.

정리 2.13 *만일 f 가 유계인 닫힌구간 $[a,b]$ 에서 연속이면 f 는 $[a,b]$ 에서 고른연속이다.*

증명 f 가 $[a,b]$ 위에서 연속이고 $\varepsilon > 0$ 이 주어졌다고 하자. 각 $x \in [a,b]$ 에 대하여 $\delta_x > 0$ 가 존재하여

$$|t-x| < \delta_x \Rightarrow |f(t) - f(x)| < \varepsilon/2.$$

$N_x = N_{\delta_x/2}(x)$ 라 두자. 그러면 $\mathcal{G} = \{N_x \mid x \in [a,b]\}$ 은 구간 $[a,b]$ 의 열린 덮개이다. 하이네- 보렐정리에 의하여 유한 개의 열린구간 $\{N_{x_1}, N_{x_2}, \ldots, N_{x_n}\}$ 이 존재하여

$$[a,b] \subseteq \bigcup_{k=1}^{n} N_{x_k}. \tag{2.7}$$

이제 $\delta = \min\{\frac{1}{2}\delta_{x_k} : k = 1,2,\ldots,n\}$ 라 두면 $\delta > 0$ 이다. 만일 $|u-v| < \delta$, $u, v \in [a,b]$ 이면 (2.7) 에 의하여 $u \in N_{x_i}$ 가 성립하는 $i\,(1 \le i \le n)$ 가 존재한다. 그러면 $|u - x_i| < \frac{1}{2}\delta_{x_i}$

이고 따라서 $|f(u) - f(x_i)| < \varepsilon/2$. 또한

$$|v - x_i| \le |v - u| + |u - x_i| < \delta + \frac{1}{2}\delta_{x_i} \le \delta_{x_i}.$$

그러므로 $|f(v) - f(x_i)| < \varepsilon/2$ 이고, 따라서

$$|f(u) - f(v)| \le |f(u) - f(x_i)| + |f(x_i) - f(v)| < \frac{\varepsilon}{2} + \frac{\varepsilon}{2} = \varepsilon.$$

■

유계인 열린구간에서 고른연속의 특성을 알아보자.

정리 2.14 *(a,b) 를 유계, 열린구간이고 함수 $f : (a,b) \to \mathbb{R}$ 이 있다고 하자. 이 때 f 가 (a,b) 에서 고른연속이기 위한 필요충분조건은 f 가 $[a,b]$ 로 연속적으로 확장(continuously extended) 되는 것이다. 즉*

$$f(x) = g(x), \qquad x \in (a,b) \tag{2.8}$$

이 되는 연속함수 $g : [a,b] \to \mathbb{R}$ 가 있어야 한다.

증명 f 가 에서 (a,b) 고른연속이라고 가정하자. $x_n \in (a,b) \to b\ (n \to \infty)$ 이면 $\{x_n\}$ 은 코시수열이다. 그러므로 정리 2.12 에 의하여 $\{f(x_n)\}$ 도 코시수열이다. 특히 $g(b) := \lim_{n\to\infty} f(x_n)$ 이 존재한다. 그런데 $g(b)$ 는 b 로 수렴하는 어떤 수열에 대하여도 한 가지로 결정된다. $y_n \in (a,b)$ 가 b 로 수렴하는 다른 수열이라고 하고 $\epsilon > 0$ 이라고 하자. $E = (a,b)$ 로 하면 (2.6) 을 만족하는 $\delta > 0$ 이 있다. $x_n - y_n \to 0\ (n \to \infty)$ 이므로 $n \ge N \Rightarrow |x_n - y_n| < \delta$ 가 되는 N 이 있다. 다시 (2.6) 으로부터 $n \ge N \Rightarrow |f(x_n) - f(y_n)| < \varepsilon$ 이다. 그러므로 극한을 시행하면

$$\left|\lim_{n\to\infty} f(x_n) - \lim_{n\to\infty} f(y_n)\right| \le \varepsilon$$

이다. 위 식은 모든 $\varepsilon > 0$ 에 대하여 성립하므로

$$\lim_{n\to\infty} f(x_n) = \lim_{n\to\infty} f(y_n).$$

그러므로 $g(b)$ 는 잘 정의된다(well defined). $g(a)$ 에 대하여도 이와 같이 말할 수 있다.

모든 $x \in (a,b)$ 에 대하여 $f(x) = g(x)$ 로 정의하자. 그러면 g 는 $[a,b]$ 에서 정의되고 (2.8) 을 만족한다. 정의 2.3 에 의하여 g 는 연속함수이므로 f 는 연속적으로 확장되었다.

역으로 (2.8) 을 만족하는 연속함수 g 가 있다고 가정하자. 정리 2.13 에 의하여 g 는 $[a, b]$ 에서 고른연속이다. 그러므로 g 는 (a, b) 에서 고른연속이고 따라서 f 는 (a, b) 에서 고른연속이다. ■

연습문제 (2.3)

1. 임의의 수열 $\{x_n\} \subset K$ 이 K 안에서 수렴하는 부분수열을 가지면 K 를 점열컴팩트 집합이라 한다. 다음 물음에 답하여라.

   (a) 모든 유계이고 닫힌구간은 점열컴팩트 집합임을 보여라.

   (b) 유계이고 열린구간은 점열컴팩트 집합인가?

   (c) K_1, K_2 는 $\mathbb{R}$ 의 점열 컴팩트 부분집합이라고 하자. 이 때 $K_1 \cup K_2$ 와 $K_1 \cap K_2$ 도 점열 컴팩트임을 증명하여라.

   (d) 점열컴팩트 집합은 하이네-보렐정리를 만족하는가?

   (e) K 가 점열컴팩트 집합이라 하자. f 가 K 위에서 정의된 연속함수이면 고른연속임을 보여라.

2. 다음 각 함수는 구간 $(0, 1)$ 에서 고른연속임을 증명하여라.

   (a) $f(x) = \dfrac{x^3 - 1}{x - 1}$.

   (b) $f(x) = x \sin \dfrac{1}{x}$.

   (c) $f(x) =$ 임의의 다항식

   (d) $f(x) = \dfrac{\sin x}{x}$.

   (e) $f(x) = x^2 \log x$.

3. 다음 함수가 주어진 정의역에서 고른연속인지를 판단하여라.

   (a) $f(x) = e^x, \quad (-1, 2)$

   (b) $f(x) = \frac{1}{x-1}, \quad (0, 1)$

   (c) $f(x) = \sin \frac{1}{x}, \quad (0, 1)$

4. 구간 $(0, 1)$ 에서 함수 $f(x) = 1/x$ 가 고른연속이 아님을 증명하여라.

5. 열린구간 (0,1) 에서 함수 $f(x) = x^{\alpha} \sin \frac{1}{x}$ 가 고른연속이기 위한 α 의 값을 구하여라.

6. (a) $f : [0, \infty) \to \mathbb{R}$ 이 연속이고 $f(x) \to 0 \quad (x \to \infty)$ 이다. f 는 $[0, \infty)$ 에서 고른연속임을 증명하여라.

   (b) $f(x) = \dfrac{1}{x^2+1}$ 은 $\mathbb{R}$ 에서 고른연속임을 증명하여라.

7. (a) I 는 유계인 닫힌구간이다. $f : I \to \mathbb{R}$ 이 고른연속이면 f 는 I 위에서 유계임을 증명하여라.

   (b) I 가 유계가 아니면 a) 는 거짓임을 증명하여라.

8. $\alpha \in \mathbb{R}, I \subseteq \mathbb{R}, I \neq \emptyset$ 는 구간이고 $f, g : I \to \mathbb{R}$ 이 I 에서 고른연속이다.

   (a) $f + g, \alpha f$ 는 I 에서 고른연속임을 증명하여라.

   (b) f, g 가 I 위에서 유계이면 fg 는 I 에서 고른연속임을 증명하여라.

   (c) f, g 는 $\mathbb{R}$ 에서 고른연속이지만 fg 는 $\mathbb{R}$ 에서 고른연속이 아닌 함수를 찾아라.

   (d) f 는 I 위에서 유계라고 가정할 때 모든 $x \in I$ 에대하여 $g(x) \geq \varepsilon_0$ 인 $\varepsilon_0 > 0$ 이 존재하면 f/g 는 I 에서 고른연속임을 증명하여라.

   (e) f, g 는 $(0,1)$ 에서 고른연속이고, 모든 $x \in (0,1)$ 에 대하여 $g(x) > 0$ 이며 f/g 는 $(0,1)$ 에서 고른연속이 아닌 함수 f 와 g 를 구하여라.

   (f) f, g 는 $[0,1]$ 에서 고른연속이고, 모든 $x \in [a,b]$ 에 대하여 $g(x) \neq 0$ 이면 f/g 는 $[a,b]$ 에서 고른연속임을 증명하여라.

9. 구간 $I \subseteq \mathbb{R}$ 에 대하여 $x_1 < x_2 \ (x_1, x_2 \subset I) \Rightarrow f(x_1) \leq f(x_2)$ 일 때 $f : I \to \mathbb{R}$ 이 **증가한다**고 한다. f 가 증가하고 열린구간 (a,b) 에서 유계라고 가정하자.

   (a) $f(a+)$ 와 $f(b-)$ 가 존재하고 유한값임을 증명하여라.

   (b) f 가 구간 (a,b) 에서 연속이기 위한 필요충분조건은 f 가 (a,b) 에서 고른연속임을 증명하여라.

   (c) f 가 유계가 아니면 b) 는 거짓임을 증명하여라. (힌트: 구간 $(0,1)$ 에서 증가하며 고른연속이 아닌 함수 $g : (0,1) \to \mathbb{R}$ 을 발견하여라.)

10. 함수 f 가 구간 $[0,1]$ 위에서 연속이고

$$I_k = \left[\frac{k-1}{2^n}, \frac{k}{2^n}\right] \qquad k = 1, 2, \cdots, 2^n$$

이라고 놓자. 주어진 $\varepsilon > 0$ 에 대하여

$$n \geq N \implies \sup_{x \in I_k} f(x) - \inf_{x \in I_k} f(x) < \varepsilon, \quad k = 1, 2, \cdots, 2^n$$

이 성립하는 $N \in \mathbb{N}$ 이 존재함을 증명하여라.

11. n 차의 다항식이 $\mathbb{R}$ 에서 고른연속이기 위한 필요충분조건은 $n = 0$ 또는 1 임을 증명하여라.

12. f 는 실수 $\mathbb{R}$ 위에서 정의된 유계인 연속이면 $\mathbb{R}$ 에서 고른연속이면 증명하고 아니면 반례를 들어라.

2.4 미분가능

물리학에서 나타나는 움직이는 물체의 평균속력은 단위 시간당 움직인 거리를 나타내고 있다. 만일 단위시간이 점점 작아지면 평균속력은 어느 시각의 순간속력으로 접근할 것이다. 이와 같이 어떤 구하려는 물리적인 양의 시간변화에 따른 변화율의 관계를 생각할 수 있는데 우리는 좀 더 일반적인 함수의 변화율의 관계에 대하여 공부하기로 한다.

정의 2.7 (i) *f 가 x_0 를 포함하는 열린구간 I 에서 정의되고 극한*

$$f'(x_0) := \lim_{x \to x_0} \frac{f(x) - f(x_0)}{x - x_0} \tag{2.9}$$

가 존재할 때 f 는 x_0 에서 ***미분가능****이라 한다.*

(ii) *f 가 구간 I 의 각 점에서 미분가능하면 f 는 구간 I 위에서 미분가능하다고 한다. 특히, f 가 정의역의 각 점에서 미분가능이면 f 는* ***미분가능****이라 한다.*

위 정의를 기하학적으로 생각하기로 하자. 함수 f 가 있을 때 함수의 그래프상의 두 점을 지나는 직선을 **현(chord)**이라고 한다. $(x, f(x))$ 와 $(x_0, f(x_0))$ 를 지나는 현의 기울기는 $(f(x) - f(x_0))/(x - x_0)$ 이다. 함수 f 가 x_0 를 포함하는 열린구간에서 정의되고 $x \to x_0$ 일 때 현의 기울기의 극한이 존재하면 "$f(x)$ 는 $(x_0, f(x_0))$ 에서 **접선을 가진다**"고 말한다(그림 2.5). 이 극한은 $(x_0, f(x_0))$ 에서 $y = f(x)$ 의 접선의 기울기 $f'(x_0)$ 이다.

주어진 f 에 대하여 각 x_0 에 대하여 $f'(x_0)$ 가 존재할 때 각 x_0 에 대하여 $f'(x_0)$ 을 대응시키는 관계를 생각할 수 있다. 그러면 이러한 관계는 함수가 될 것이다. 이러한 대응 관계

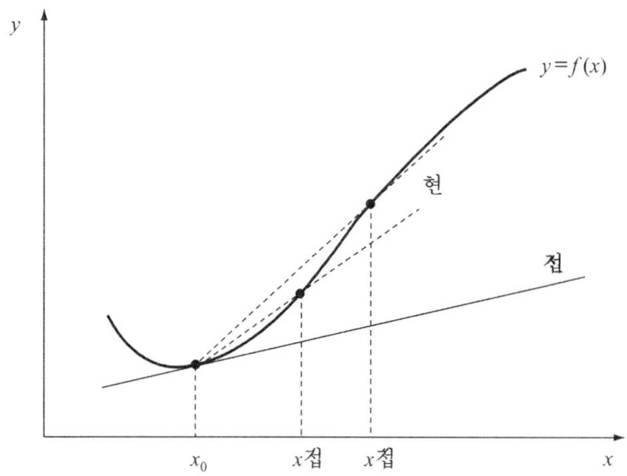

그림 2.5

$f' : x_0 \to f'(x_0)$ 를 f 의 **도함수**라 한다. 기하적으로 보면 $f(x) \geq 0$ 일 때 $f(x)$ 는 x-축에서 그래프 까지의 거리를 나타내고 $f'(x)$ 는 그래프 $(x, f(x))$ 위에서 접선의 기울기를 나타낸다. 즉, 주어진 함수는

$$f : x \to x\text{-축 에서 그래프까지 거리}$$

이고 f 의 도함수는

$$f' : x \to \text{점 } (x, f(x)) \text{ 에서 접선의 기울기}$$

이다. 따라서 각 $x \in I$ 에서 f 가 미분가능이면 f 의 도함수은 I 위에서 함수이다.

식 (2.9) 로부터 도함수

$$f'(x) := \lim_{h \to 0} \frac{f(x+h) - f(x)}{h}$$

으로 표현할 수 있다. 이 함수는 다음과 같이 여러 가지로 표현된다.

$$D_x f = \frac{df}{dx} = f^{(1)} = f'.$$

$y = f(x)$ 이면 $dy/dx, y', f'$ 등으로 나타낸다. 고계도함수는 극한이 있는 경우에 축차적으로 $f^{(n)}(x) := (f^{(n-1)}(x))', n \in \mathbb{N}$, 로 정의하며 이 때 f 는 n **번 미분가능**이라 한다. 고계도함수 또한 $D_x^n f, d^n f/dx^n, f^{(n)}, d^n y/dx^n, y^{(n)}$ 등으로 나타낸다. 이계 도함수의 경우에는 f'' 또는 y'' 로 표현하기도 한다.

함수의 미분가능성은 연속성과 관계없이 처음에는 정의를 했지만, 다음 정리는 미분가능성과 연속성의 관계를 나타낸다.

정리 2.15 *f 가 x_0 에서 미분가능이면 f 는 x_0 에서 연속이다.*

증명 f 가 x_0, $x \neq x_0$, 에서 미분가능이면

$$f(x) = \frac{f(x) - f(x_0)}{x - x_0}(x - x_0) + f(x_0) \tag{2.10}$$

이다. 가정에 의하여 $x \to x_0$ 일 때 (2.10) 의 우측의 극한은 $f'(x_0) \cdot 0 + f(x_0) = f(x_0)$ 이다. ■

주의 1 *정리 2.15 의 역은 옳지 않다.*

증명 $f(x) = |x|$ 는 $x = 0$ 에서 연속이다. 그러나

$$\lim_{h \to 0+} \frac{f(h) - f(0)}{h} = 1, \qquad \lim_{h \to 0-} \frac{f(h) - f(0)}{h} = -1$$

이 되어 f 는 0 에서 미분가능이 아니다. ■

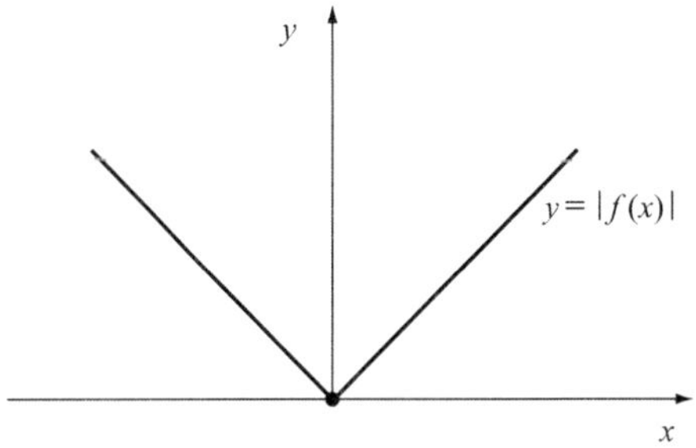

그림 2.6

기하학적으로 보면, 함수가 열린구간에서 미분가능이면 그래프는 부드럽게 나타나며 모서리, 뾰족점 또는 비틀린 점이 없다. 또 연속함수의 그래프는 모서리, 뾰족점 또는 비틀린 점이 있더라도 분리되지는 않는다. $f(x) = |x|$ 는 그래프가 분리되지는 않았지만 $(0, 0)$ 에서 모서리를 가지므로 $x = 0$ 에서 미분가능이 아니다(그림 2.6). 도함수가 함수연산에 어떻게 적용되는가 알아보자.

정리 2.16 *f, g 가 x_0 에서 미분가능, $\alpha \in \mathbb{R}$ 이라 하자. 이 때 $f + g$, αf, fg 와 $g(x_0) \neq 0$ 일 때 f/g 도 x_0 에서 미분가능이며 다음이 성립한다.*

(i) $(f + g)'(x_0) = f'(x_0) + g'(x_0)$,

(ii) $(\alpha f)'(x_0) = \alpha f'(x_0)$,

(iii) $(fg)'(x_0) = f'(x_0)g(x_0) + f(x_0)g'(x_0)$,

(iv) $\left(\dfrac{f}{g}\right)'(x_0) = \dfrac{f'(x_0)g(x_0) - f(x_0)g'(x_0)}{g^2(x_0)}$.

증명 (i), (ii) 는 정의 2.7 과 정리 2.3 에 의하여 명백하다. (iii) 의 경우만 증명한다.

$$\begin{aligned}\frac{f(x)g(x) - f(x_0)g(x_0)}{x - x_0} &= \frac{f(x)g(x) - f(x_0)g(x) + f(x_0)g(x) - f(x_0)g(x_0)}{x - x_0} \\ &= g(x)\frac{f(x) - f(x_0)}{x - x_0} + f(x_0)\frac{g(x) - g(x_0)}{x - x_0}\end{aligned}$$

이므로 양변에 극한 $x \to x_0$ 를 시행하면 $(fg)'(x_0) = f'(x_0)g(x_0) + f(x_0)g'(x_0)$ 를 얻는다.

■

보조정리 2.2 (a, b) 는 열린구간, $x_0 \in (a, b)$ 이고 $f : (a, b) \to \mathbb{R}$ 라 하자. f 가 x_0 에서 미분가능할 필요충분조건은 모든 $x \in (a, b)$ 에 대하여

$$f(x) = f^*(x)(x - x_0) + f(x_0) \tag{2.11}$$

이 성립하는 x_0 에서 연속인 함수 $f^* : (a, b) \to \mathbb{R}$ 가 존재한다. 이 경우 $f^*(x_0) = f'(x_0)$.

증명 f 는 x_0 에서 미분가능이라 가정하고

$$f^*(x) = \begin{cases} \dfrac{f(x) - f(x_0)}{x - x_0} & x \in (a, b) \setminus \{x_0\} \\ f'(x_0) & x = x_0 \end{cases}$$

라고 하자. 그러면 (2.11) 이 성립하고 $f'(x_0)$ 가 있으므로 f^* 는 x_0 에서 연속이다.

역으로, x_0 에서 연속인 어떤 함수 f^* 에 의하여 (2.11) 이 성립하면 $x \neq x_0$ 인 $x \in (a, b)$ 에 대하여 $\dfrac{f(x) - f(x_0)}{x - x_0} = f^*(x)$ 이다. 양변에 극한 $x \to x_0$ 를 시행하면 f^* 는 x_0 에서 연속이므로 $f'(x_0) = f^*(x_0)$ 이다. ■

연쇄법칙을 증명하기 위해서 보조정리 2.2 를 이용한다.

정리 2.17 (연쇄법칙) 함수 f 와 g 가 각각 x_0 와 $f(x_0)$ 에서 미분가능이면 $g \circ f$ 는 x_0 에서 미분가능이고 다음이 성립한다.

$$(g \circ f)'(x_0) = g'(f(x_0))f'(x_0).$$

증명 가정에 의하여 f 는 x_0 를 포함하는 어떤 열린구간 (a,b) 에서, g 는 $f(x_0)$ 를 포함하는 어떤 열린구간 (c,d) 에서 정의된다. 보조정리 2.2 에 의하여

$$\begin{aligned} f^*(x_0) = f'(x_0), \quad f(x) = f^*(x)(x-x_0) + f(x_0), \quad x \in (a,b) \\ g^*(f(x_0)) = g'(f(x_0)),\ g(y) = g^*(y)(y - f(x_0)) + g(f(x_0)),\ y \in (c,d) \end{aligned} \tag{2.12}$$

를 만족하며 (a,b) 에서 정의되고 x_0 에서 연속인 함수 f^* 와 (c,d) 에서 정의되고 $f(x_0)$ 에서 연속인 함수 g^* 가 있다. f 가 x_0 에서 연속이므로 모든 $x \in (a,b)$ 에 대하여 $f(x) \in (c,d)$ 라고 가정해도 좋다 (필요하면 구간 (a,b) 를 줄여도 좋으므로). $x \in (a,b)$ 를 고정하자. (2.12)을 $y = f(x)$ 에 적용하면 (2.11) 에 의하여

$$\begin{aligned} (g \circ f)(x) = g(f(x)) &= g^*(f(x))(f(x) - f(x_0)) + g(f(x_0)) \\ &= g^*(f(x))f^*(x)(x - x_0) + (g \circ f)(x_0) \end{aligned}$$

이다. $h^*(x) = g^*(f(x))f^*(x),\ x \in (a,b)$ 로 놓자. f 는 x_0 에서 연속이고 g^* 는 $f(x_0)$ 에서 연속이므로 h^* 는 x_0 에서 연속이다. 더구나

$$h^*(x_0) - g^*(f(x_0))f^*(x_0) = g'(f(x_0))f'(x_0)$$

이므로 보조정리 2.2 에 의하여 $(g \circ f)'(x_0) = g'(f(x_0))f'(x_0)$ 이다. ■

함수가 집합위에서 미분가능이라는 의미에 대하여 논의하자. 정의 2.7 에 의하면 함수가 x_0 에서 미분가능이면 x_0 를 포함하는 열린구간에서 정의되므로 x_0 의 양쪽 방향에서 극한을 조사할 수 있다. 예를 들어 $y = x^{3/2}$ 는 $x = 0$ 에서 접선을 가지지만 $x < 0$ 에서는 정의되지 않으므로 $f'(0)$ 은 없다. 이런 이유로 한쪽 방향의 미분 개념을 도입하자.

정의 2.8 *$I = [a,b]$ 는 집합이라 하자.*

(i) $f'(a+) := \lim_{x \to a+} \dfrac{f(x) - f(a)}{x - a}$ *가 존재하고 유한이면 f 는 a 에서* **오른쪽 미분가능***이라 한다.*

(ii) $f'(b-) := \lim_{x \to b-} \dfrac{f(x) - f(b)}{x - b}$ *가 존재하고 유한이면 f 는 b 에서* **왼쪽 미분가능***이라 한다.*

(iii) *f' 가 존재하고 또 $[a,b]$ 위에서 연속이면 f 는 $[a,b]$* **위에서 연속적으로 미분가능***이라 한다.*

I 는 임의의 구간이라 하자. 각 $n \in \mathbb{N}$ 에 대하여 $\mathcal{C}^n(I)$ 를 I 위에서 연속인 n 계 도함수를 가지는 함수의 집합으로 나타내자. 이 때 $\mathcal{C}^1(I)$ 는 I 위에서 연속적으로 미분가능한 함수의 집합이다. 또 $\mathcal{C}^\infty(I) = \bigcap_{n=1}^{\infty} \mathcal{C}^n(I)$ 으로 정한다. $I = [a, b]$ 이면 $\mathcal{C}^n[a, b]$ 또는 $\mathcal{C}^n([a, b])$ 로 표기한다. $m > n$ 이면 $\mathcal{C}^m(I) \subset \mathcal{C}^n(I)$ 임은 명백하다.

참고 7 $f(x) = |x|$ 는 $[0, 1]$ 과 $[-1, 0]$ *에서 미분가능이지만* $[-1, 1]$ *에서는 그렇지 않다.*

증명 주의 1 에 의하여 f 는 $[-1, 0) \cup (0, 1]$ 에서 미분가능이다. 그러나

$$f'(0+) = \lim_{h \to 0+} \frac{|h|}{h} = 1 \qquad f'(0-) = \lim_{h \to 0-} \frac{|h|}{h} = -1$$

이다. 그러므로 f 는 $[0, 1]$ 과 $[-1, 0]$ 에서 미분가능이다. ■

정의 2.8에서 구간의 양 끝점에서 도함수는

$$f'(a+) := \lim_{h \to 0+} \frac{f(a+h) - f(a)}{h} \qquad f'(b-) := \lim_{h \to 0-} \frac{f(b+h) - f(b)}{h}.$$

으로 쓸 수 있다. 정의 2.8 에 의하여 미분가능한 함수의 범위가 확장된다.

보기 20 함수 $f(x) = x^{3/2}$ 는 $[0, \infty)$ *에서 미분가능이고* $f'(x) = 3\sqrt{x}/2$ *이다.*

증명 연습문제 9(c) 에 의하여 $(0, \infty)$ 에서 $f'(x) = 3\sqrt{x}/2$ 이다. 정의에 의하면

$$f'(0+) = \lim_{h \to 0+} \frac{h^{3/2} - 0}{h} = \lim_{h \to 0+} \sqrt{h} = 0.$$

■

다음은 $\mathcal{C}^1(\mathbb{R})$ 이 미분가능한 함수집합의 진부분집합임을 보여 준다.

보기 21 함수

$$f(x) = \begin{cases} x^2 \sin \dfrac{1}{x} & x \neq 0 \\ 0 & x = 0 \end{cases}$$

는 $\mathbb{R}$ *에서 미분가능이지만 원점을 포함하는 임의의 구간에서는 연속적으로 미분가능하지는 않다.*

증명 정의에 의하면

$$f'(0) = \lim_{h \to 0} h \sin \frac{1}{h} = 0, \quad f'(x) = 2x \sin \frac{1}{x} - \cos \frac{1}{x} \quad (x \neq 0)$$

이다. 그러므로 f 는 $\mathbb{R}$ 에서 미분가능이다. 그러나 $\lim_{x\to 0} f'(x)$ 는 없다. 특히 f' 는 원점을 포함하는 임의의 구간에서 연속이 아니다. ■

실제로

$$\cdots \subsetneq \mathcal{C}^n \subsetneq \cdots \subsetneq \mathcal{C}^2 \subsetneq \mathcal{C}^1$$

인 관계가 있다(연습문제 6).

연습문제 (2.4)

1. 다음 각 경우에 $f'(x)$ 가 존재하는 x 를 모두 구하고 f' 도 구하여라.

   (a) $f(x) = |x^3|$.

   (b) $f(x) = x|x|$.

   (c) $f(x) = x^x$.

   (d) $f(x) = |x^3 + 2x^2 - x - 2|$.

2. 함수

$$f(x) = \begin{cases} x^3 & x < 1 \\ ax + b & x \geq 1. \end{cases}$$

   이 미분가능하도록 a 와 b 를 구하여라.

3. 오직 한 점에서만 미분가능한 함수 $f : \mathbb{R} \to \mathbb{R}$ 을 구하여라.

4. 모든 $x \in \mathbb{R}$ 에 대하여 정의된 다음 함수에 대하여 답하여라.

   (a) $f(x) = e^{-|x|}$ 이 $x = 0$ 에서 연속인가? $x = 0$ 에서 미분가능한가?

   (b) $f(x) = [x](x-1)$ 이 연속인 곳과 미분가능한 곳을 구하여라.

5. 다음 함수의 원점에서의 미분가능성을 조사하고 증명하여라.

   (a)

$$f(x) = \begin{cases} \dfrac{1}{4^n} & x = \dfrac{1}{2^n}\ (n \in \mathbb{N}) \\ 0 & \text{다른 경우} \end{cases}$$

   (b)

$$f(x) = \begin{cases} \dfrac{1}{2^{n+1}} & x = \dfrac{1}{2^n}\ (n \in \mathbb{N}) \\ 0 & \text{다른 경우} \end{cases}$$

6. 함수가 다음과 같이 주어졌다.

$$f_\alpha(x) = \begin{cases} |x|^\alpha \sin \dfrac{1}{x} & x \neq 0 \\ 0 & x = 0. \end{cases}$$

이 때 $\alpha > 0$ 이면 $f(x)$ 는 $x = 0$ 에서 연속임을 증명하여라. $\alpha > 1$ 이면 $f(x)$ 는 $x = 0$ 에서 미분가능임을 증명하여라. $\alpha = 1, 2, 3, 4$ 일 때 함수의 연속적 미분가능성에 대하여 조사하여라.

7. $f : (0, \infty) \to \mathbb{R}$ 이 모든 $x, y \in (0, \infty)$ 에 대하여 $f(x) - f(y) = f(x/y)$ 이고 $f(1) = 0$ 을 만족한다. 이 때 다음을 증명하여라.

   (a) f 는 $(0, \infty)$ 에서 연속이다. $\iff$ f 는 1 에서 연속이다.

   (b) f 는 $(0, \infty)$ 에서 미분가능이다. $\iff$ f 는 1 에서 미분가능이다.

   (c) f 가 1 에서 미분가능이면 $f'(x) = f'(1)/x, x \in (0, \infty)$ 이다. 참고로, $f'(1) = 1$ 이면 $f(x) = \log x$ 이다.

8. $f : (a, b) \to \mathbb{R}$ 이고 $x_0 \in (a, b)$ 라 하자. $|x - x_0| < \delta \Rightarrow f(x_0) \geq f(x)$ 인 $\delta > 0$ 가 있을 때 함수 f 는 x_0 에서 **극대값**(local maximum) 을 가진다고 말한다.

   (a) f 가 x_0 에서 극대값을 가질 때 다음을 증명하여라.

$$\lim \sup_{h \to 0+} \frac{f(x_0 + h) - f(x_0)}{h} \leq 0, \quad \lim \inf_{h \to 0-} \frac{f(x_0 + h) - f(x_0)}{h} \geq 0.$$

   (b) f 가 x_0 에서 미분가능이고 x_0 에서 극대값을 가지면 $f'(x_0) = 0$ 임을 증명하여라.

   (c) 극소값에 대하여도 비슷한 명제를 만들어라.

   (d) (b) 와 (c) 의 역은 성립하지 않음을 예로써 보여라.

9. 다음을 증명하여라.

   (a) $n \in \mathbb{N}, x \in \mathbb{R}$ 이면 $(x^n)' = nx^{n-1}$.

   (b) $m, n \in \mathbb{N}$ 이고 $f(x) = x^{m/n}$ 이면 $y = f(x)$ 는 미분가능이고 $ny^{n-1}y' = mx^{m-1}, x \in (0, \infty)$.

   (c) $q \in \mathbb{Q}$ 이면 모든 $x \in (0, \infty)$ 에서 x^q 은 미분가능이고 $(x^q)' = qx^{q-1}$.

10. 다음을 증명하여라.

 (a) $\sin x$ 와 $\cos x$ 는 0 에서 연속이다.

 (b) $\sin x$ 와 $\cos x$ 는 $\mathbb{R}$ 에서 연속이다.

 (c) 극한 $\lim_{x\to 0}\frac{\sin x}{x}=1$ 이고 $\lim_{x\to 0}\frac{1-\cos x}{x}=0$ 이다.

 (d) $\sin x$ 는 $\mathbb{R}$ 에서 미분가능이고 $(\sin x)'=\cos x$ 이다.

11. $n\in\mathbb{N}$ 에 대하여 n계 도함수 $f^{(n)}$ 과 $g^{(n)}$ 이 x_0 에서 존재한다고 하자. 다음 라이프니츠 공식을 증명하여라.

$$(fg)^{(n)}(x_0)=\sum_{k=0}^{n}\binom{n}{k}f^{(k)}(x_0)g^{(n-k)}(x_0).$$

2.5 미분가능한 함수의 성질

이 절에는 함수의 미분가능성과 극대 및 극소의 관계를 공부하고 미분가능한 함수 f 가 가지는 중요한 정리인 롤의 정리 및 평균값 정리에 대하여 공부하기로 한다. 먼저 주어진 함수 f 가 열린구간 I 의 모든 점에서 미분가능할 때, “f 는 I 에서 미분가능하다”고 한다.

정의 2.9 *$f(x_0)$ 가 함수 f 의* **극대(local maximum)***라 함은 $x_0\in I$ 의 근방의 모든 x 에 대하여 $f(x)\le f(x_0)$ 이다. 이와 비슷하게, $f(x_0)$ 가 함수 f 의* **극소(local minimum)***라 함은 $x_0\in I$ 의 근방의 모든 x 에 대하여 $f(x)\ge f(x_0)$ 이다.*

그러면 미분가능한 함수의 경우에 도함수와 극값과의 관계가 있다.

정리 2.18 *만일 $f(x_0)$ 이 극대(또는 극소)이면 $f'(x_0)=0$ 이거나 $f'(x_0)$ 이 존재하지 않는다.*

증명 $f(x_0)$ 가 극소인 경우에는 비슷하게 증명할 수 있으므로 극대인 경우에 대하여만 증명한다. 그러면 $\delta>0$ 가 존재하여 모든 $x\in N_\delta(x_0)\cap I$ 에 대하여 $f(x)\le f(x_0)$. 따라서

$$\frac{f(x)-f(x_0)}{x-x_0}=\begin{cases}\le 0, & x_0<x<x_0+\delta\\ \ge 0, & x_0-\delta<x<x_0.\end{cases}\tag{2.13}$$

만일 $f'(x_0)$ 이 존재하면

$$\lim_{x\to x_0+}\frac{f(x)-f(x_0)}{x-x_0}=f'(x_0)=\lim_{x\to x_0-}\frac{f(x)-f(x_0)}{x-x_0}$$

이고 (2.13) 으로부터

$$\lim_{x\to x_0+}\frac{f(x)-f(x_0)}{x-x_0}\le 0 \text{ 이고 } \lim_{x\to x_0-}\frac{f(x)-f(x_0)}{x-x_0}\ge 0.$$

따라서 $f'(x_0)=0$ 이다. ■

참고 8 *정리 2.18 의 역은 성립하지 않는다.*

증명 $f(x)=x^3$, $x\in\mathbb{R}$ 이라 하자. 그러면 $f'(0)=0$ 이지만 $f(0)$ 은 극대도 극소도 아니다. ■

참고 9 *함수의 극대 및 극소는 미분가능에 관계없이 정의되었다.*

증명 $f(x)=|x|$ 은 $x=0$ 에서 미분가능하지 않지만 $f(0)$ 은 극소(실제로는 최소)이다. ■

f 가 (a,b) 에서 미분가능이라고 하자. 구간 (a,b) 의 각 점에서 f 의 그래프는 접선을 가지므로 두 점 $(a,f(a))$ 와 $(b,f(b))$ 를 지나는 현의 기울기는 기울기 $f'(x_0)$ $(x_0\in(a,b))$ 와 같다 (그림 2.7). 이 결과를 "평균값정리"라고 하는데 이번 단원에서는 그것과 관련한 몇 개의 결과를 증명한다.

보조정리 2.3 (롤(Rolle)의 정리) *함수 f 가 유계인 닫힌구간 $[a,b]$ 에서 연속이고 (a,b) 에서 미분가능이라고 가정하자. 만일 $f(a)=f(b)$ 이면 $f'(x_0)=0$ 이 성립하는 $x_0\in(a,b)$ 가 존재한다.*

증명 극값정리에 의하여 f 는 구간 $[a,b]$ 에서 최대값 M 과 최소값 m 을 가진다. 만일 $M=m$ 이면 f 는 상수함수가 되어 모든 $x\in(a,b)$ 에 대하여 $f'(x)=0$ 이다.

$M\neq m$ 이라고 가정하자. $f(a)=f(b)$ 이므로 $f(x_0)=M$ (또는 $f(x_0)=m$) 이 되는 $x_0\in(a,b)$ 가 존재한다. 대칭성에 따라 $f(x_0)=M$ 라고 가정하자. M 이 최대값이므로 $x_0+h\in(a,b)$ 를 만족하는 모든 h 에 대하여

$$f(x_0+h)-f(x_0)\le 0$$

이다. 그러므로

$$f'(x_0)=\lim_{h\to 0+}\frac{f(x_0+h)-f(x_0)}{h}\le 0,\qquad h>0,$$
$$f'(x_0)=\lim_{h\to 0-}\frac{f(x_0+h)-f(x_0)}{h}\ge 0,\qquad h<0$$

이 되어 $f'(x_0) = 0$ 이 성립한다. ■

참고 10 *롤의 정리에서 조건 "모든 점에서 연속이어야 한다" 을 완화시킬 수 없다.*

증명 함수

$$f(x) = \begin{cases} 1 - x & x \in [0,1) \\ 1 & x = 1 \end{cases}$$

은 구간 $[0,1)$ 에서 연속이고 $(0,1)$ 에서 미분가능이다. 그리고 $f(0) = f(1) = 1$ 인데 $f'(x) = -1, \forall x \in (0,1)$ 이 이므로 $f'(x_0) = 0$ 이 되는 $x_0 \in (0,1)$ 는 존재하지 않는다. ■

보기 22 *구간 $[0,3]$ 에서 함수 $f(x) = x^3 - 3x^2$ 을 생각하자. 그러면 f 는 구간 $(0,3)$ 에서 미분가능하고 $f(0) = f(3)$ 이다. 이제 $f'(x) = 3x^2 - 6x$ 은 두 개의 근, $f'(0) = 0$ 과 $f'(2) = 0$ 이 있다. 그런데 $0 \notin (0,3)$ 이므로 $x_0 = 2$ 이다. 이 점이 롤의 정리를 보증하는 점이다.*

참고 11 *롤의 정리에서 조건 "모든 점에서 미분가능해야 한다" 을 완화시킬 수 없다.*

증명 함수 $f(x) = 1 - |x|$ 는 구간 $[-1,1]$ 에서 연속이고 $(-1,1) \setminus \{0\}$ 에서 미분가능이지만

$$f'(x) = \begin{cases} -1, & x \in (0,1) \\ 1, & x \in (-1,0) \end{cases}$$

이므로 $f'(x_0) = 0$ 이 되는 $x_0 \in (-1,0) \cup (0,1)$ 은 존재하지 않는다. ■

몇 가지의 유용한 결과를 얻기 위해서 롤의 정리를 이용한다. 먼저 코시의 평균값 정리라고 하는 일반화된 평균값정리를 알아본다.

정리 2.19 (일반화된 평균값정리) *함수 f 와 g 가 비퇴화 유계인 닫힌구간 $[a,b]$ 에서 연속이고 (a,b) 에서 미분가능이라고 가정하자. 그러면*

$$f'(x_0)(g(b) - g(a)) = g'(x_0)(f(b) - f(a))$$

가 성립하는 $x_0 \in (a,b)$ 가 존재한다.

증명 $h(x) = f(x)(g(b) - g(a)) - g(x)(f(b) - f(a))$ 라고 놓으면 $h'(x) = f'(x)(g(b) - g(a)) - g'(x)(f(b) - f(a))$ 이다. 함수 h 는 구간 $[a,b]$ 에서 연속이고 (a,b) 에서 미분가능이며 $h(a) = h(b)$ 이므로 롤의 정리에의해 $h'(x_0) = 0$ 이 되는 $x_0 \in [a,b]$ 가 존재한다. ■

위에서 $g(x) = x$ 라고 놓으면 평균값정리가 얻어진다.

정리 2.20 (평균값정리) *함수 f 가 유계인 닫힌구간 $[a,b]$ 에서 연속이고 (a,b) 에서 미분가능이라고 가정하자. 그러면*

$$f(b) - f(a) = (b-a)f'(x_0)$$

가 성립하는 $x_0 \in [a,b]$ 가 존재한다(그림 2.7).

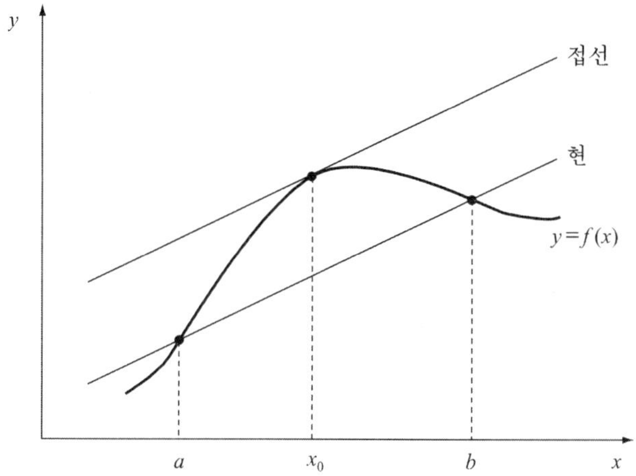

그림 2.7

평균값정리를 이용한 중요한 정리를 증명하도록 한다.

정리 2.21 (로피탈(L'Hospital)의 법칙) *x_0는 확장된 실수계의 실수이며 I 는 열린구간으로서 x_0 는 I 에 속하거나 또는 I의 끝점이라고 하자. 이 때 f 와 g 는 I 에서 미분가능이고 $g(x) \neq 0 \neq g'(x)$ $(\forall x \in I)$ 라고 가정하자. 더욱이*

$$A := \lim_{x \to x_0} f(x) = \lim_{x \to x_0} g(x) = 0 \text{ 또는 } \infty$$

이며

$$B := \lim_{x \to x_0} \frac{f'(x)}{g'(x)}$$

이 확장된 실수계내에서 그 값이 존재한다고 가정하자. 그러면

$$\lim_{x \to x_0} \frac{f(x)}{g(x)} = \lim_{x \to x_0} \frac{f'(x)}{g'(x)}$$

이 성립한다.

증명 $x, y \in I$ 이고 y 는 x 와 x_0 의 사이에 있다고 하자. 일반화된 평균값정리를 이용하면

$$\frac{f(y)-f(x)}{g(y)-g(x)} = \frac{f'(x^*)}{g'(x^*)} \tag{2.14}$$

이 성립하는 x^* 가 x 와 y 사이에 있다. $\varepsilon > 0$ 에 대하여 $|B| < \infty$ 라고 잠시 가정한다. 만일 $|x_0| < \infty$ 이면 가정에 의하여

$$0 < |t - x_0| < \delta,\ t \in I \quad \Longrightarrow \quad \left|\frac{f'(t)}{g'(t)} - B\right| < \varepsilon$$

이 성립하는 $\delta > 0$ 이 있다. 또 $|x_0| = \infty$ 이면 간단히 생각하기 위해서 $x_0 = \infty$ 라고 가정하자. 이 때에는

$$t > M,\ t \in I \quad \Longrightarrow \quad \left|\frac{f'(t)}{g'(t)} - B\right| < \varepsilon$$

이 성립하는 $M > 0$ 이 있다. 그러므로 $|x_0| < \infty$ 이면 $0 < |x - x_0| < \delta$ 를, $x_0 = \infty$ 이면 $x > M$ 을 만족하는 각각의 고정된 $x \in I$ 에 대하여 생각하면, (2.14)로 부터 x 와 x_0 사이에 있는 모든 y 에 대하여

$$B - \varepsilon < \frac{f(y)-f(x)}{g(y)-g(x)} < B + \varepsilon \tag{2.15}$$

을 얻는다.

경우 1) $A = 0$. (2.15) 에 극한 $I \ni y \to x_0$ 를 시행하면 $A = 0$ 이므로 $|x_0| < \infty$ 이면 $0 < |x - x_0| < \delta$ 를, $x = \infty$ 이면 $x > M$ 을 만족하는 모든 $x \in I$ 에 대하여

$$B - \varepsilon \le \frac{f(x)}{g(x)} \le B + \varepsilon$$

이 성립한다. 따라서 정의에 의하여 $\lim\limits_{\substack{x \to x_0 \\ x \in I}} \dfrac{f(x)}{g(x)} = B$ 을 얻는다.

경우 2) $A = \infty$. 이 때에는 더 작은 $\delta > 0$ 을 선택하거나 더 큰 $M > 0$ 을 선택하여 $y \in I$ 가 $0 < |y - x_0| < \delta$ 또는 $y > M$ 이면 $g(y) > 0$, $g(y) - g(x) > 0$ 이 되도록 한다. (2.15) 의 부등식에 $g(y) - g(x)$ 를 곱하고 $g(y)$ 로 나누면

$$\frac{f(x)}{g(y)} + (B - \varepsilon)\left(1 - \frac{g(x)}{g(y)}\right) < \frac{f(y)}{g(y)} < \frac{f(x)}{g(y)} + (B + \varepsilon)\left(1 - \frac{g(x)}{g(y)}\right) \tag{2.16}$$

을 얻는다. $A = \infty$ 이므로 $\lim\limits_{\substack{y \to x_0 \\ y \in I}} \dfrac{g(x)}{g(y)} = 0$, $\lim\limits_{\substack{y \to x_0 \\ y \in I}} \dfrac{f(x)}{g(y)} = 0$ 가 된다. 그러므로 (2.16) 에 의하여 필요하면 더 작은 $\delta > 0$ 을 선택하거나 더 큰 $M > 0$ 을 선택하여 $y \in I$ 가 $0 < |y - x_0| < \delta$ 또는 $y > M$ 이면

$$B - 2\varepsilon \le \frac{f(x)}{g(x)} \le B + 2\varepsilon$$

이 되도록 한다. 그러므로 $\lim_{\substack{x\to x_0 \\ x\in I}} \dfrac{f(x)}{g(x)} = B$ 을 얻는다. 이렇게 하여 $|B| < \infty$ 일 때 로피탈의 법칙이 증명되었다.

$|B| = \infty$ 의 경우는 증명방법이 비슷하므로 증명과정을 생략한다. ■

로피탈의 법칙을 이용하면 두 함수의 상대적인 증가율을 알 수 있다. 예를 들어, e^x 은 임의의 다항식 $P(x) = a_0 + a_1x + a_2x^2 + \cdots + a_nx^n$ $(n \in \mathbb{N})$ 보다 더 빨리 ∞ 에 접근한다. 그러므로 상당히 큰 x 에 대하여 $e^x \ge P(x)$ 임을 알 수 있다.

보기 23 *다음을 증명하여라.*

$$\lim_{x\to\infty} \frac{a_0 + a_1x + a_2x^2 + \cdots + a_nx^n}{e^x} = 0, \qquad n \in \mathbb{N}.$$

증명 증명이 완전히 같으므로 $a_n = 1$ 로 가정해도 좋다. $P(x) = a_0+a_1x+a_2x^2+\cdots+x^n$ 라고 놓자. e^x 은 몇 번 미분을 해도 e^x 이며 $e^x \to \infty$ $(x \to \infty)$ 이다. 한편, $P(x)$ 의 도함수는 최고 차항의 지수가 0 이 아닌 한 $x \to \infty$ 일 때 극한값은 ∞ 이다. 그러므로 로피탈 법칙을 연속적으로 이용하여

$$\lim_{x\to\infty} \frac{P(x)}{e^x} = \lim_{x\to\infty} \frac{P'(x)}{e^x} = \lim_{x\to\infty} \frac{P''(x)}{e^x} = \cdots = \lim_{x\to\infty} \frac{n!}{e^x} = 0$$

을 얻는다. ■

주의 2 *로피탈의 법칙을 연속적으로 응용하는 문제에 대하여는 조건의 성립을 엄격하게 체크하는 것이 필요하다.*

보기 24

$$\lim_{x\to 0} \frac{x^2}{x^2 + \sin\ x} = \lim_{x\to 0} \frac{2x}{2x + \cos\ x} = 0 \ne 1 = \lim_{x\to 0} \frac{2}{2 - \sin\ x}.$$

가운데 항의 극한은 0/0 이 아님에 유의하여라.

주의 3 *구간 I 에서 분모 $g(x)$와 $g'(x)$는 어떤 점 x_0 로 수렴하는 근(root)으로 이루어진 수열이 없어야 한다.*

보기 25

$$\lim_{x\to\infty} \frac{x + \sin x \cos x}{x \sin x + \cos x}$$

은 ∞/∞ 의 꼴이면서 극한값은 없다 ($\sin x$ 와 $\cos x$ 는 -1 과 1 사이를 진동한다). 그런데 무턱대고 로피탈의 법칙을 적용하면

$$\lim_{x\to\infty} \frac{x + \sin x \cos x}{x \sin x + \cos x} = \lim_{x\to\infty} \frac{2\cos^2 x}{x \cos x} = 0$$

이므로 위 함수가 극한값을 가진다는 잘못된 결론을 내릴 수 있다. 그런데 구하는 극한의 주어진 함수는 $x \to \infty$ 일 때 분모가 0 이 되는 무수히 많은 영점을 지나므로 로피탈 정리를 사용할 수 없다.

보기 26

$$\lim_{x\to\infty} \frac{x}{3^{\log x}}$$

의 극한을 구하기 위해서 살펴보면 $\frac{\infty}{\infty}$ 형태임을 알 수 있다. 로피탈 정리를 적용하면

$$\lim_{x\to\infty} \frac{x}{3^{\log x}} = \lim_{x\to\infty} \frac{x}{3^{\log x}\log 3}$$

의 형태가 되어 위 식의 오른쪽은 왼쪽의 극한과 같은 형태를 가진다. 따라서 계속하여 로피탈 정리를 사용할 수 없다. 주어진 함수를 로그를 취하면 충분히 큰 x 에 대하여

$$\log \frac{x}{3^{\log x}} = \log x - \log x \log 3 = (1 - \log 3)\log x < 0$$

이므로 $x \to \infty$ 이면 $\log \frac{x}{3^{\log x}} \to -\infty$ 이다. 그런데 $t \to 0+$ 일 때 $\log t \to -\infty$ 이므로 $t = \frac{x}{3^{\log x}}$ 라 두면 주어진 극한값은

$$\lim_{x\to\infty} \frac{x}{3^{\log x}} = 0.$$

로피탈의 법칙은 $0 \cdot \infty$, 1^∞ 및 0^0 꼴의 극한값을 구하는 데에도 적용할 수 있다.

보기 27 $\lim_{x\to 0} x \log x$ 의 값을 구하여라.

증명 x 를 $\dfrac{1}{1/x}$ 로 바꾸면 위 식은 ∞/∞ 의 꼴이다. 그러므로 로피탈의 법칙을 이용하면

$$\lim_{x\to 0} x\log x = \lim_{x\to 0} \frac{\log x}{1/x} = \lim_{x\to 0} \frac{1/x}{-1/x^2} = 0.$$

■

보기 28 수열 $\left(1+\dfrac{1}{n}\right)^n$ 은 증가하며 $n \to \infty$ 일 때 극한값 e 는 $e \le 3$, $\log e = 1$ 을 만족함을 증명하여라.

증명 1 장 5 절의 보기 1 에서 위 수열이 극한을 가짐을 보였다. 극한을 e 라 하자. 로피탈 법칙으로부터

$$\log e = \lim_{n\to\infty} \frac{\log(1+1/n)}{1/n} = \lim_{n\to\infty} \frac{\dfrac{n}{n+1}\cdot\dfrac{-1}{n^2}}{\dfrac{-1}{n^2}} = 1$$

이므로 $\log e = 1$ 이다. ■

보기 29 $L = \lim_{x \to 0+} (\sin x)^x$ *의 값을 구하여라.*

풀이 극한값이 존재하면 $\log L = \lim_{x \to 0+} x \log(\sin x)$ 이므로 $0 \cdot \infty$ 의 꼴이다. 로피탈 법칙을 이용하면

$$\log L = \lim_{x \to 0+} \frac{\log(\sin x)}{1/x} = \lim_{x \to 0+} \frac{\cos x / \sin x}{-1/x^2} = -\lim_{x \to 0+} -x \cos x \frac{x}{\sin x} = 0$$

이다. 그러므로 $L = e^0 = 1$ 이다.

연습문제 (2.5)

1. 다음 극한값을 구하여라.

(a) $\lim_{x \to 0} \frac{\sin(5x)}{x}$

(b) $\lim_{x \to 0} \frac{a^x - b^x}{\sin x}$, $a > 0, b > 0$

(c) $\lim_{x \to 0+} \frac{\cos x - e^x}{\log(1 + x^2)}$

(d) $\lim_{x \to 0} \left(\frac{x}{\sin x}\right)^{1/x^2}$

(e) $\lim_{x \to 0+} x^x$

(f) $\lim_{x \to 1} \frac{\log x}{\sin(\pi x)}$

(g) $\lim_{x \to \infty} x\left(\arctan x - \frac{\pi}{2}\right)$

(h) $\lim_{x \to \infty} (x - \sqrt{x^2 + x})$

(i) $\lim_{x \to 0+} (x + \sin x)^{\tan x}$

(j) $\lim_{x \to 0} (1 - 2x)^{3/x}$

(k) $\lim_{x \to \infty} \frac{(\ln x)^n}{x}$, $n \in \mathbb{N}$

2. e^x 이 $\mathbb{R}$ 안에서 미분가능이라고 가정하자. 이 때 다음을 증명하여라.

$$f(x) = \begin{cases} \dfrac{x}{1 + e^{1/x}} & x \neq 0 \\ 0 & x = 0 \end{cases}$$

은 $[0, \infty)$ 안에서 미분가능이다.

3. e^x 이 $\mathbb{R}$ 안에서 미분가능이며 $(e^x)' = e^x$ 이라고 가정하자.

(a) 함수

$$f(x) = \begin{cases} e^{-1/x^2} & x \neq 0 \\ 0 & x = 0 \end{cases}$$

도함수가 존재하고 $f'(0) = 0$ 이며 f' 은 $\mathbb{R}$ 위에서 연속임을 증명하여라.

(b) $f^{(n)}$, $n = 2, 3, \cdots$ 에 대하여도 위와 같이 말할 수 있음을 증명하여라.

4. 다음을 만족한다.

(a) $(e^x)' = e^x, (\log x)' = \dfrac{1}{x}, x^\alpha = e^{\alpha \log x}$ 를 이용하여 $(x^\alpha)' = \alpha x^{\alpha-1}, x > 0$임을 증명하여라.

(b) $\alpha > 0$ 이라고 가정하자. 이 때 다음을 증명하여라.

i. 상당히 큰 수 x 에 대하여 $\log x \le x^\alpha$ 임을 증명하여라.

ii. $x \in [1, \infty)$ 에 대하여 $\log x \le C_\alpha x^\alpha$ 이며 $\lim_{\alpha \to 0+} C_\alpha = \infty$, $\lim_{\alpha \to \infty} C_\alpha = 0$ 이 성립하는 상수 C_α 가 존재함을 증명하여라.

iii. $\log x$ 와 e^x 대신에 e^x 과 x^α 을 각각 대입하고 (a) 와 비슷한 결과를 구하여라.

5. (a) f 가 열린구간 (a, b) 에서 미분가능이고 f' 가 (a, b) 에서 유계이면 함수 f 는 이 구간에서 고른연속임을 증명하여라.

(b) (a) 를 이용하여 $f(x) = \tan^{-1} x$ 가 $\mathbb{R} = (-\infty, \infty)$ 에서 고른연속임을 증명하여라. 또한 f' 도 $\mathbb{R} = (-\infty, \infty)$ 에서 고른연속임을 증명하여라.

6. 평균값정리를 사용하여 다음을 보여라.

(a) $\sqrt{26}$ 은 5와 5.1 사이의 수이다.

(b) $\cos 47^\circ \sim 1/(2\sqrt{2})(1 - \pi/90)$ 여기서 $\sim$ 은 근사값을 표현한다.

(c) $|\sin x - \sin y| \le |x - y|$.

(d) $\dfrac{x}{\sqrt{1 - x^2}} \ge \arcsin x \ge x$. 언제 등식이 성립하는가?

(e) 만일 $y < x$ 이면 $\dfrac{x - y}{1 + x^2} < \arctan x - \arctan y < \dfrac{x - y}{1 + y^2}$.

(f) 만일 $0 < a < x$ 이면 $\dfrac{x - a}{x} < \log \dfrac{x}{a} < \dfrac{x - a}{a}$.

(g) 만일 $x > 1/2$ 이면 $\pi/6 + \dfrac{2x - 1}{\sqrt{3}} < \arcsin x < \pi/6 + \dfrac{2x - 1}{2\sqrt{1 - x^2}}$.

7. 모든 실수 x 와 y 에 대하여 $|f(x) - f(y)| \le (x - y)^2$ 를 만족한다고 하자. f 가 상수함수임을 보여라.

8. 구간 $[0,2]$ 에서 함수 $f(x) = 1 - |x-1|$ 이 롤의 정리가 만족되지 않는 이유를 설명하여라.

9. 임의의 실수 b 에 대하여 다항식 $f(x) = x^3 + x + b$ 은 정확히 1 개의 근을 가짐을 증명하여라.

10. 다음을 증명하여라.

    (a) f 가 열린구간 (a,b) 에서 미분가능이고, $[a,b]$ 에서 연속이며 $f(a) = f(b) = 0$ 이라 하자. 이 때 어떤 $c \in (a,b)$ 에 대하여 $f(c) > 0$ 이면 $f'(x_1) > f'(x_2)$ 이 성립하는 $x_1, x_2 \in (a,b)$ 가 존재한다.

    (b) f 가 두 번 미분가능이며 $f(x_1) > f(x_2), f(x_3) > f(x_2)$ 가 되는 세 점 $x_1 < x_2 < x_3$ 이 (a,b) 안에 있으면 $f''(c) > 0$ 이 성립하는 $c \in (a,b)$ 가 존재한다.

11. $x_0 \in (a,b)$ 이며 $f : (a,b) \to \mathbb{R}$ 이 있다. 이 때 어떤 $\delta > 0$ 에 대하여 $0 < |x - x_0| < \delta \to f(x_0) > f(x)$ 가 성립하면 "f 는 x_0 에서 진극대값(proper local maximum)을 가진다" 고 말한다.

    (a) f 가 (a,b) 에서 미분가능이며 x_0 에서 진극대값을 가진다고 가정하자. $f'(x_0) = 0$ 임을 증명하여라. 또 $\delta > 0$ 이 주어지면 $f'(x_1) > 0, f'(x_2) < 0$ 그리고 $|x_j - x_0| < \delta \ (j = 1,2)$ 가 성립하는 세 점 $x_1 < x_0 < x_2$ 가 있음을 증명하여라.

    (b) 진극소값(proper local minimum) 에 대하여도 비슷한 명제를 말하고 위와 같은 결과를 증명하여라.

12. f 가 $(0,\infty)$ 에서 미분가능이며 $L = \lim\limits_{x\to\infty} f'(x)$ 가 유한값이라고 가정하자. 이 때 $\lim\limits_{n\to\infty} f(n)$ 이 유한한 값이면 $L = 0$ 임을 증명하여라.

13. $f : [a,b] \to \mathbb{R}$ 이 연속이며 증가한다고 가정하자. 이 때 모든 부분집합 $E \subseteq [a,b]$ 에 대하여 $\sup f(E) = f(\sup E)$ 임을 증명하여라. 단 $E \neq \emptyset$ 이다.

14. (2.14) 와 (2.15) 를 이용하여 $|B| = \infty$ 인 경우에 대하여 로피탈 법칙을 증명하여라.

15. 만일 f' 이 $x = a$ 의 근방에서 연속이면

$$\lim_{h\to 0} \frac{f(a+h/2) - f(a-h/2)}{h} = f'(a)$$

임을 증명하여라.(항 $f(a+h/2) \quad f(a-h/2)$ 을 **중앙차(central difference)**라고 부르며 수치해석학에서 아주 중요하다.)

16. 만일 f'' 이 존재하고 $x = a$ 의 근방에서 연속이면

$$\lim_{h\to 0} \frac{f(a+h) - 2f(a) + f(a-h)}{h^2} = f''(a)$$

임을 증명하여라.

17. f 는 $\mathbb{R}$ 에서 미분가능이고 $a = \sup\{|f'(x)| : x \in \mathbb{R}\} < 1$ 라 가정하자. $s_0 \in \mathbb{R}$ 을 잡고 $n > 1$ 에 대하여 $s_n = f(s_{n-1})$ 로 정의하자. 그러면 $\{s_n\}$ 이 수렴하는 수열임을 증명하여라. (힌트: $\{s_n\}$ 가 코시수열임을 보이기 위해서, 먼저, $n \geq 1$ 에 대하여 $|s_{n+1} - s_n| \leq a|s_n - s_{n-1}|$ 임을 보여라.)

18. $x \in \mathbb{R}$ 에 대하여 $f(x) = x + \cos x \sin x$, $g(x) = e^{\sin x}(x + \cos x \sin x)$ 라 하자. 다음에 답하여라.

    (a) $\lim_{x\to\infty} f(x) = \lim_{x\to\infty} g(x) = +\infty$ 임을 보여라.

    (b) $f'(x) = 2\cos^2 x$ 이고 $g'(x) = [e^{\sin x}\cos x][2\cos x + f(x)]$ 임을 보여라.

    (c) 만일 $\cos x \neq 0$ 이고 $x > 3$ 이면 $f'(x)/g'(x) = (2e^{-\sin x}\cos x)/(2\cos x + f(x))$ 임을 보여라.

    (d) $\lim_{x\to\infty}(2e^{-\sin x}\cos x)/(2\cos x + f(x)) = 0$ 이지만 $\lim_{x\to\infty} f(x)/g(x)$ 이 존재하지 않음을 보여라.

    (e) (d) 의 경우에서 그 이유를 설명하여라.

19. f 는 구간 (a, ∞) 에서 미분가능하다고 하자. 다음 물음에 답하여라.

    (a) $x \to \infty$ 일 때 $f'(x) \to A$ 이면 $f(x)/x \to A$ 임을 보여라.

    (b) $x \to \infty$ 일 때 $f(x) \to A < \infty$, $f'(x) \to B$ 이면 $B = 0$ 임을 보여라.

    (c) $x \to \infty$ 일 때 $f(x) + f'(x) \to A$ 이면 $f(x) \to A$ 이고 $f'(x) \to 0$ 임을 보여라.

2.6 단조함수와 역함수정리

증가 또는 감소함수의 개념은 이론면이나 실제면에서 매우 중요하다. 이 절에서 단조함수와 역함수 정리에서 그들의 역할을 공부한다. 이러한 역함수의 정리는 실제로 다변수 함수의 역함수정리로 확장하게 될 것이다.

정의 2.10 I 는 공집합이 아닌 구간이고 $f : I \to \mathbb{R}$ 이라 하자.

(i) $x_1, x_2 \in I$ 에 대하여 $x_1 < x_2$ 일 때 $f(x_1) \le f(x_2)$(각각, $f(x_1) < f(x_2)$) 이면 f 를 **증가함수**(각각, **순증가함수**)라고 한다.

(ii) $x_1, x_2 \in I$ 에 대하여 $x_1 < x_2$ 일 때 $f(x_1) \ge f(x_2)$(각각, $f(x_1) > f(x_2)$) 이면 f 를 **감소함수**(각각, **순감소함수**)라고 한다.

(iii) 함수 f 가 증가함수이거나 감소함수이면 f 를 **단조함수**라고 한다.

(iv) 함수 f 가 순증가함수이거나 순감소함수이면 f 를 **순단조함수**라고 한다.

주의 4 단조함수란 함수의 정의역에서 감소하거나 아니면 증가하는 함수를 말한다.

함수 $f(x) = x^2$ 는 구간 $[0,1]$ 에서 단조증가하고 $[-1,0]$ 에서 단조감소하므로 각 각의 구간으로 제한했을 때 단조함수이지만 $[-1,1]$ 에서는 감소와 증가가 발생하므로 단조함수가 아니다.

도함수는 미분가능한 함수가 어느 곳에서 단조함수가 되는가를 판정하는 방법이 된다.

정리 2.22 함수 f 는 유계인 닫힌구간 $[a,b]$ 에서 연속이고, (a,b) 에서 미분가능이라고 가정하자.

(i) 모든 $x \in (a,b)$ 에 대하여 $f'(x) > 0$ (각각, $f'(x) < 0$) 이면 $f(x)$ 는 구간 $[a,b]$ 위에서 순증가(각각, 순감소)한다.

(ii) 모든 $x \in (a,b)$ 에 대하여 $f'(x) = 0$ 이면 f 는 $[a,b]$ 위에서 상수함수이다.

증명 (i) $a \le x_1 < x_2 \le b$ 라 하자. 평균값정리에 따라 어떤 $x_0 \in (a,b)$ 에 대하여 $f(x_2) - f(x_1) = f'(x_0)(x_2 - x_1)$ 이 성립한다. 그러므로 $f'(x_0) > 0$ 이면 $f(x_2) > f(x_1)$ 이고 $f'(x_0) < 0$ 이면 $f(x_2) < f(x_1)$ 이다. (ii) 의 증명은 명백하다. ■

참고 12 함수 f, g 가 유계인 닫힌구간 $[a,b]$ 에서 연속이고 (a,b) 에서 미분가능이며 모든 $x \in (a,b)$ 에 대하여 $f'(x) = g'(x)$ 이면 $f - g$ 는 상수이다.

주어진 점에서 좌측, 우측 극한이 없는 함수의 존재를 알고 있다. 그러나 단조함수에서는 사정이 다름을 보여 준다.

보조정리 2.4 f 가 구간 $[a,b]$ 에서 증가한다고 하자.

(i) $x_0 \in [a, b)$ 에 대하여 $f(x_0+)$ 가 존재하고 $f(x_0) \le f(x_0+)$ 이다.

(ii) $x_0 \in (a, b]$ 에 대하여 $f(x_0-)$ 가 존재하고 $f(x_0-) \le f(x_0)$ 이다.

증명 (i) 과 (ii) 의 증명은 매우 유사하므로 (i) 만 증명하기로 하자. $x_0 \in [a, b)$ 를 고정하자. $f(x_0+)$ 가 존재하고 $f(x_0) \le f(x_0+)$ 을 증명하면 충분하다. $E = \{f(x) | \, x_0 < x < b\}$, $s = \inf E$ 라고 하자. f 는 증가하므로 $f(x_0)$ 는 집합 E 의 하계이다. 그러므로 s 는 유한한 실수이며 $f(x_0) \le s$ 가 성립한다. $\varepsilon > 0$ 이라고 하자. 정리 1.13에 의하여 $s \le f(x_1) < s + \varepsilon$ 가 성립하는 $x_1 \in (x_0, b)$ 가 있다. f는 증가하므로

$$s \le f(x) \le f(x_1) < s + \varepsilon, \quad \forall x \in (x_0, x_1)$$

이 성립한다. 그러므로 $f(x_0+)$ 가 존재하며 $f(x_0+) = s \ge f(x_0)$ 이 성립한다. ■

2 절의 보기 3 과 같이 실수의 모든 곳에서 불연속함수(비가산개의 집합위에서 불연속함수)가 있음을 보았다. 단조함수는 불연속점을 얼마나 가질까? 집합의 원소를 세는 방법을 도입하기 위해서 다음 용어를 도입하기로 하자.

정의 2.11 *X, Y 는 집합, $f : X \to Y$ 는 함수라 하자.*

(i) *f 가 **단사**(또는 **일대일**)함수라 함은 $x_1, x_2 \in X$ 에 대하여*

$$x_1 \ne x_2 \Rightarrow f(x_1) \ne f(x_2).$$

(ii) *f 가 **전사**함수라 함은 $f(X) = Y$, 즉 임의의 $y \in Y$ 에 대하여 $x \in X$ 가 존재하여 $f(x) = y$ 가 성립한다.*

(iii) *f 가 **전단사**함수(또는 **일대일 대응**)라 함은 f 가 단사이고 전사인 함수이다.*

정리 2.23 *X, Y 는 집합, $f : X \to Y$ 는 함수라 하자.*

(i) *f 가 단사이기 위한 필요충분조건은 함수 $g : Y \to X$ 가 존재하여*

$$g(f(x)) = x, \quad \forall x \in X.$$

(ii) *f 가 전사이기 위한 필요충분조건은 $g : Y \to X$ 가 존재하여*

$$f(g(y)) = y, \quad \forall y \in Y.$$

만일 f 가 전단사이면 함수 g 가 존재하여

$$f(g(y)) = y, \quad g(f(x)) = x \quad x \in X, y \in Y$$

가 성립한다. 이때 g 를 f 의 **역함수**라 하고 f^{-1} 로 쓴다. 더욱이 역함수는 유일하다.

정의 2.12 (i) *집합 E 가* **유한집합***이라 함은 자연수 $n \in \mathbb{N}$ 이 존재하여 함수*

$$f : \{1, 2, \cdots, n\} \to E$$

이 전단사함수임을 뜻한다. 이때 자연수 n 을 집합 E 의 **기수(cardinality)** *또는* **농도** *라 부르고 $|E| = n$ 으로 나타낸다.*

(ii) *집합 E 가* **가부번(denumerable)집합***이라 함은 전단사 함수 $f : \mathbb{N} \to E$ 가 존재한다. 이 경우 E 의 기수는 $|E| = \aleph_0$ 로 나타낸다.*[5]

(iii) *집합 E 가* **가산(coutable)집합***이라 함은 E 가 유한이거나 가부번집합을 말한다. 가산집합이 아닌 것을* **비가산집합***이라 한다.*

가산집합에 관한 몇 가지 성질을 보면

정리 2.24 (i) *E 는 가산집합이고 $F \subseteq E$ 이면 F 도 가산집합이다.*

(ii) *F 가 비가산 집합이고 $F \subseteq E$ 이면 E 도 비가산집합이다.*

(iii) *$\{E_n\}$ 이 가산 집합열이라 하자. 그러면*

$$\bigcup_{n=1}^{\infty} E_n, \quad \prod_{n=1}^{N} E_n$$

은 모두 가산집합이다.

(iv) *구간 $(0,1)$ 은 비가산 집합이다. 이때 $(0,1)$ 의 기수를 $|(0,1)| = c$ 라고 쓴다.*[6]

(v) $2^{\aleph_0} = c$.

정리 2.24 로부터 따름정리를 얻는다.

---

5) $\aleph$ 을 Aleph 라고 부른다.

6) c 를 continuum 이라 부른다. 이 때 $\aleph_0 < |E| < c$ 를 만족하는 집합 E 의 존재성에 관한 문제가 발생하는데 이것을 continuum 가설이라 한다. 이 문제는 선택공리를 가정하면 $\aleph_0 < |E| < c$ 를 만족하는 집합이 없다는 문장과 동치임이 1963 년 Paul J. Cohen(1934–) 에 의해 풀렸다.

따름정리 2.25 (i) $\mathbb{Z}$, $\mathbb{Q}$ 은 모두 *가산집합이다.*

(ii) $\mathbb{R}$ 은 *비가산집합이다.*

정리 2.26 *f 가 구간 I 에서 단조함수이면 f 의 불연속 점의 집합은 기껏해야 가산집합이다.*

증명 f 가 증가한다고 가정해도 일반성을 잃지 않는다. 정리 2.24 에 의하여 가산집합을 가산개수의 합집합을 구해도 가산집합이므로 f 의 불연속 점의 개수는 가산집합의 가산개수의 합집합임을 증명한다. $\mathbb{R} = \bigcup_{n=1}^{\infty} [-n, n]$ 이므로 I 는 유계인 닫힌구간 $[a, b]$ 으로 가정해도 좋다.

$E = \{x \in [a, b] \mid f$ 는 x 에서 불연속 $\}$ 으로 정하자. 보조정리 2.4 에 의하면 모든 $x \in (a, b)$ 에 대하여 $f(x-) \le f(x) \le f(x+)$ 이다. 그러므로

$$f \text{ 는 } x \text{ 에서 불연속} \quad \Longleftrightarrow \quad f(x+) - f(x-) > 0$$

이다. 이 때 $A_j = \{x \in \mathbb{R} : \ f(x+) - f(x-) > 1/j\}$ 라고 하면 $E = \bigcup_{j=1}^{\infty} A_j$ 임은 명백하다. 이제 각 j 에 대하여 A_j 는 유한집합임을 밝히면 증명이 끝난다. 어떤 j_0 에 대하여 A_{j_0} 는 무한집합이라고 가정하자. 이 때 $y_0 := j_0(f(b) - f(a))$ 라 하자. 함수 f 는 I 위에서 유한값을 가지므로 y_0 는 유한하다. A_{j_0} 에 있는 점을 크기 순서로 늘어 놓았을 때 $x_1 < x_2 < \cdots$ 라 하자. 각 k 에 대하여 $f(x_k+) - f(x_k-) \ge 1/j_0$ 임에 유의하면

$$f(b) - f(a) \ge \sum_{k=1}^{n} (f(x_k+) - f(x_k-)) \ge \frac{n}{j_0}, \qquad n \in \mathbb{N}$$

이므로 $y_0 \ge n$, $n \in \mathbb{N}$, 이 되어 $y_0 = \infty$ 이므로 모순이다. ■

f 를 실수값을 가지는 실변수 함수라고 하자. 이 때 f 의 역함수가 존재하면 $y = f(x)$ 와 $y = f^{-1}(x)$ 의 그래프는 $y = x$ 에 대칭이다. 그러므로 f 의 그래프가 매끄러울 때 f^{-1} 의 그래프도 매끄러움을 증명함은 어렵지 않다. 다음 두 개의 정리를 보자. 모든 함수는 역함수를 가질까? 다음 정리는 순단조함수는 역함수를 가지고 연속성을 유지함을 보여 주고 있다.

정리 2.27 *함수 f 는 유계인 닫힌구간 $[a, b]$ 에서 단사이고 연속이라고 가정하자. 그러면 구간 $[a, b]$ 위에서 다음이 성립한다.*

(i) *f 는 순단조함수이다.*

(ii) *f^{-1} 은 순단조함수이며 정의역의 양 끝점은 $f(a)$ 과 $f(b)$ 이다.*

(iii) f^{-1} 은 연속함수이다.

증명 (i) $a < b$ 라고 가정하자. 이 때 $f(a) < f(b)$ 와 $f(a) > f(b)$ 의 두 가지 경우가 있다. 두 번째의 증명은 첫 번째 경우의 증명과 비슷하므로 처음 경우에 대하여만 증명을 하겠다. 먼저 $f(a) < f(b)$ 이면 f 는 구간 $[a,b]$ 에서 순증가함을 증명한다. $f(a) < f(b)$ 이며 $a < x_1 < x_2 < b$ 이라고 가정하자. 만일 $f(x_1) \geq f(b)$ 이면 $f(a) < f(b) < f(x_1)$ 이므로 중간값정리에 의해 $f(x_0) = f(b)$ 가 되는 $x_0 \in [a, x_1]$ 이 있다. 따라서 f 는 $1-1$ 이 아니다. 마찬가지로 $f(x_1) \leq f(a)$ 가 되어도 모순이다. 그러므로 $f(a) < f(x_1) < f(b)$ 이다. 한편 a 와 x_1 을 x_1 과 x_2 로 각각 바꾸어서 같은 방법을 적용하면 $f(x_1) < f(x_2) < f(b)$ 가 되어 f 는 순증가함수임을 알 수 있다.

(ii) $c = f(a), d = f(b)$ 라고 놓으면 중간값정리에 의해 $f : [a,b] \to [c,d]$ 는 위로의 함수가 된다. 그러므로 함수 f 는 $1-1$ 이고 위로의 함수가 되어 구간 $[c,d]$ 에서 정의되는 역함수 f^{-1} 가 있다. f^{-1} 이 순증가함수가 아니라고 가정하자. 그러면

$$x_1 := f^{-1}(y_1) \geq x_2 := f^{-1}(y_2)$$

가 되는 두 점 y_1, y_2 $(y_1 < y_2)$ 가 있다. 이 경우, 함수 f 가 증가하므로 $y_1 = f(x_1) \geq f(x_2) = y_2$ 가 되어 모순이다. 그러므로 f^{-1} 은 $[a,b]$ 에서 순증가한다.

(iii) 대칭성에 의하여 모든 $y_0 \in [c,d)$ 에 대하여 $f^{-1}(y_0+) = f^{-1}(y_0)$ 을 증명하면 좋다. 하나의 y_0 를 고정하고 $\varepsilon > 0$ 이 주어졌다고 하자. 이때 $x_0 \in [a,b)$ 를 $f(x_0) = y_0$ 가 되도록, 그리고 충분히 작은 수 $\varepsilon_0 > 0$ $(0 < \varepsilon_0 < \varepsilon)$ 를 $x_0 + \varepsilon_0 \in [a,b)$ 가 되도록 잡는다. 또 $\delta = f(x_0 + \varepsilon_0) - f(x_0)$ 로 선택하고 $0 \leq y - y_0 < \delta$ 를 가정하자. $x = f^{-1}(y)$ 이면 y 와 δ 의 선택에 따라 $y_0 \leq y < y_0 + \delta$, 즉

$$f(x_0) \leq f(x) < f(x_0 + \varepsilon_0)$$

이다. f^{-1} 은 순증가하므로 $0 \leq x - x_0 < \varepsilon_0$ 가 된다. 그러므로

$$0 \leq y - y_0 < \delta \Longrightarrow 0 \leq f^{-1}(y) - f^{-1}(y_0) < \varepsilon_0 < \varepsilon$$

가 되어 $f^{-1}(y_0+)$ 가 존재하고 $f^{-1}(y_0+) = f^{-1}(y_0)$ 이 성립한다. ■

역함수정리는 f 가 미분가능하면 역함수 역시 미분가능하고 역함수의 미분 $(f^{-1})'$ 과 f' 과의 대수적관계를 보여 주고 있다.

정리 2.28 (역함수정리) *함수 f 가 열린구간 I 에서 단사이고 연속이라고 하자. 어떤 $x_0 \in I$ 에서 $f'(x_0)$ 가 존재하고 $f'(x_0) \neq 0$ 이라고 하면 f^{-1} 은 $y_0 = f(x_0)$ 에서 미분가능하고*

$$(f^{-1})'(y_0) = \frac{1}{f'(x_0)}. \tag{2.17}$$

증명 실수 a, b 를 $x_0 \in (a, b)$, $[a, b] \subset I$ 가 되도록 잡는다. 바로 정리 2.27 에 의하여 f 는 순단조함수이므로 f 는 $[a, b]$ 에서 순증가한다고 하자. 이 때 f^{-1} 가 존재하며 f^{-1} 또한 연속이고 구간 $[f(a), f(b)]$ 에서 순증가한다. $x_0 \in (a, b)$ 이므로 $y_0 = f(x_0)$ 가 성립하는 $y_0 \in (f(a), f(b))$ 가 있다. 또 충분히 작은 수 $h \neq 0$ 에 대하여 $f^{-1}(y_0 + h)$ 가 정의되었다고 하자. $x = f^{-1}(y_0 + h)$ 라 놓으면

$$f(x) - f(x_0) = y_0 + h - y_0 = h$$

이다. f^{-1} 은 연속이므로 $x \to x_0 \iff h \to 0$ 이다. 그러므로

$$\lim_{h \to 0} \frac{f^{-1}(y_0 + h) - f^{-1}(u_0)}{h} = \lim_{x \to x_0} \frac{x - x_0}{f(x) - f(x_0)} = \frac{1}{f'(x_0)}$$

이 성립한다. ■

이 정리는 대부분의 미적분학에서 기억하기 쉬운 형태로 소개된다.

$$y = f^{-1}(x) \text{ 이고 } x = f(y) \quad \Longrightarrow \quad \frac{dx}{dy} = \frac{1}{dy/dx}.$$

이 정리를 이용하면 $(f^{-1})'$ 를 구하기 위해서 f^{-1} 을 정확하게 알지 않아도 된다.

보기 30 $f(x) = x^2 e^{x^2}$ $\quad x \in (0, \infty)$ *에 대하여*

(i) f^{-1} *이 존재함을 보여라.*

(ii) $(f^{-1})'(e)$ *의 값을 구하여라.*

풀이 (i) 정리 2.27 에 의하여 f 가 $(0, \infty)$ 에서 순단조함수임을 보이면 충분하다. 주어진 함수 f 는 미분가능하므로 $f'(x) = 2x(1 + x^2)e^{x^2} > 0, \quad x \in (0, \infty)$ 이므로 f 는 순단조증가이다.

(ii) $f(1) = e$ 이므로 공식 (2.17) 에 의하여

$$(f^{-1})'(e) = \frac{1}{f'(1)} = \frac{1}{4e}.$$

연습문제 (2.6)

1. 주어진 영역에서 다음 함수들이 단조인지를 결정하여라.

   (a) $f(x) = x^2, \mathbb{R}$
   (b) $f(x) = \frac{1}{1-x}, (-1, 1)$
   (c) $f(x) = \frac{1}{1-x}, (0, 1) \cup (1, 2)$
   (d) $f(x) = \frac{1}{1+x^2}, \mathbb{R}$
   (e) $f(x) = \frac{1}{1+x^2}, [0, \infty)$

2. 다음을 구하여라.

   (a) $x = 1$ 의 근방에서 함수 $x^3 + ax^2 + 3x + 15$ 가 순증가하기 위한 $a \in \mathbb{R}$ 의 모든 값
   (b) 열린구간 $(1, 2)$ 에서 함수 $ax^2 + 3x + 3$ 가 순증가하기 위한 $a \in \mathbb{R}$ 의 모든 값
   (c) 함수 $f(x) = 2|x-1| + 5\sqrt{x^2+9}$ 가 순증가 또는 순감소하는 점의 집합

3. $f(x) = x^2 \log x$ 일 때

   (a) f^{-1} 이 존재하면 $(1, \infty)$ 에서 미분가능함을 증명하여라.
   (b) $(f^{-1})'(e^2)$ 의 값을 구하여라.

4. f' 이 존재하고 열린구간 (a, b) 에서 연속이며 모든 $x \in (a, b)$ 에 대하여 $f'(x) \neq 0$ 이라고 가정하자.

   (a) f 는 열린구간에서 $1-1$ 이고 $f((a, b))$ 는 구간임을 증명하여라.
   (b) $(f^{-1})'$ 이 존재하면 구간 (a, b) 에서 연속임을 증명하여라.
   (c) 함수 $f(x) = x^3$ 을 이용하여, "$f'(x) \neq 0$" 이라고 하는 가정이 어떤 $x \in (a, b)$ 에서 성립하지 않으면 (b) 가 옳지 않음을 증명하여라.

5. 비퇴화 닫힌구간 $[a, b]$ 에서 함수 f 가 $1-1$ 이고 연속이며, 열린구간 (a, b) 에서 미분가능하다고 가정하자. 이 때 모든 $x \in (a, b)$ 에 대하여 $f'(x) \geq \varepsilon_0 > 0$ 이면 $(f^{-1})'$ 이 존재하고 열린구간 $(f(a), f(b))$ 에서 유계임을 증명하여라.

6. $[a, b]$ 를 유계인 닫힌구간이라고 하자. 이 때 어떤 $\alpha > 0$ 에 대하여

   f 는 $[a, b]$ 에서 연속, 모든 $x \in (a, b)$ 에 대하여 $f'(x) \neq 0$, $f'(x) = \alpha(f^{-1})'(f(x))$

을 만족하는 f 를 모두 구하여라.

7. I 는 구간이고 $n \in \mathbb{N}$ 이라고 하자. 이 때 f_j 가 단조함수이고 어떤 $\alpha_j \in \mathbb{R}$ 들에 대하여 $f = \displaystyle\sum_{j=1}^{n} \alpha_j f_j$ 이면 f 는 기껏해야 가산개의 점에서 불연속임을 증명하여라.

8. f 가 유계인 닫힌구간의 모든 점에서 미분가능하다고 가정하자. 이 때 f' 가 $[a, b]$ 에서 $1-1$ 이면 f' 는 $[a, b]$ 에서 순단조함수임을 증명하여라.

9. 역함수정리를 이용하여

$$(\arcsin x)'(x) = \frac{1}{\sqrt{1-x^2}} \qquad x \in (-1, 1),$$
$$(\arctan x)'(x) = \frac{1}{1+x^2} \qquad x \in (-\infty, \infty)$$

임을 증명하여라.

10. 정리 2.23 과 정리 2.24를 증명하여라.

11. $\{E_n\}$ 이 가산집합열일 때 $\prod_{n=1}^{\infty} E_n$ 이 가산집합이 아님을 보여라.

3 일변수함수의 적분

3.1 리만 적분

이 장에서는 실수의 구간위에서 정의된 실함수의 적분에 대하여 논한다. 특별한 언급이 없는 한 "구간 $[a,b]$ 는 유계이고 닫힌구간, 함수 $f:[a,b]\to\mathbb{R}$ 는 유계"임을 가정한다.

정의 3.1 *구간* $[a,b]$ *에서*

$$a = x_0 < x_1 < \cdots < x_n = b$$

을 만족하는 점의 집합 $\mathcal{P} = \{x_0, x_1, \cdots, x_n\}$ *을* $[a,b]$ *의* **분할***이라 한다. 이때*

$$\|\mathcal{P}\| = \max_{1\le j\le n} |x_j - x_{j-1}|$$

을 분할 $\mathcal{P}$ *의* **노름***(norm) 이라 한다.*

$\mathcal{P}$ *와* $\mathcal{Q}$ *를 구간* $[a,b]$ *의 분할이라 하자. 만일* $\mathcal{Q}\supseteq\mathcal{P}$ *이면* $\mathcal{Q}$ *를* $\mathcal{P}$ *의* **세분***(refinement)이라고 한다.*

보기 1 (2진법 분할) *각* $n\in N$ *에 대하여* $\mathcal{P}_n = \{j/2^n : j = 0, 1, \cdots, 2^n\}$ *이 구간* $[0,1]$ *의 분할일 때* $m > n$ *이면* $\mathcal{P}_m$*은* $\mathcal{P}_n$ *의 세분이다.*

증명 고정된 $n\in N$에 대하여 $x_j = j/2^n$이면 $0 = x_0 < x_1 < \cdots < x_{2^n} = 1$ 이다. 그러므로 $\mathcal{P}_n$은 $[0,1]$의 분할이다. $m > n$ 이고 $p = m - n$ 이라 잡자. $0\le j\le 2^n$ 이면 $j/2^n = j2^p/2^m$ 이고 $0\le j2^p\le 2^m$ 이다. 그러므로 $\mathcal{P}_m$ 는 $\mathcal{P}_n$ 의 세분이다. ■

정의에 의하여 $\mathcal{P}$ 와 $\mathcal{Q}$ 가 구간 $[a,b]$ 의 분할이면 $\mathcal{P}\cup\mathcal{Q}$ 는 $\mathcal{P}$ 와 $\mathcal{Q}$ 의 세분이다. 그리고 $\mathcal{Q}$ 가 $\mathcal{P}$ 의 세분이면 $\|\mathcal{Q}\|\le\|\mathcal{P}\|$ 이다. (주의 : $\mathcal{P}\cup\mathcal{Q}=\mathcal{Q}$일 가능성이 있으며, 이 경우에 $\mathcal{Q}$ 는 $\mathcal{P}$보다 세분이다).

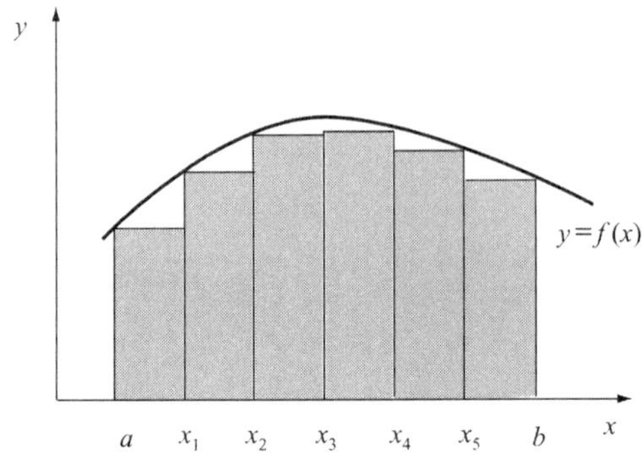

그림 3.1

구간 $[a,b]$ 에서 양수값 함수 f 의 적분이 존재할 때 f의 적분은 곡선 $y=f(x)$ 와 직선 $y=0$, $x=a$ 와 $x=b$ 로 둘러싸인 영역의 면적이다. 이 면적을 A 라 할 때 면적 A 는 $[a,b]$ 에 놓여 있는 직사각형들에 의해 가까워지고 높이는 f에 가까워진다(그림 3.1). 만약 직사각형들의 높이가 곡선 $y=f(x)$ 의 위에 놓여 있으면 그 근사값은 A 보다 크고, 직사각형들의 높이가 $y=f(x)$의 아래에 놓여 있으면 그 근사값은 A 보다 작다(그림 3.1). 그러므로 다음과 같이 정의할 수 있다.

정의 3.2 $\mathcal{P}=\{x_0,x_1,\cdots,x_n\}$ 는 구간 $[a,b]$ 의 분할이고 함수 $f:[a,b]\to\mathbb{R}$ 은 유계라고 하자. $M_j(f)=\sup_{x\in[x_{j-1},x_j]}f(x)$, $m_j(f)=\inf_{x\in[x_{j-1},x_j]}f(x)$ 라 할 때

$$U(f,\mathcal{P}):=\sum_{j=1}^{n}M_j(f)(x_j-x_{j-1})$$

을 $\mathcal{P}$ 에 대한 f의 **상합**이라 하고

$$L(f,\mathcal{P}):=\sum_{j=1}^{n}m_j(f)(x_j-x_{j-1})$$

을 $\mathcal{P}$ 에 대한 f의 **하합**이라 한다.

정의 3.2 에서 f는 유계이므로, $M_j(f)$와 $m_j(f)$가 존재한다. 상합과 하합의 정의로부터 다음과 같은 성질을 얻을 수 있다.

정리 3.1 $\mathcal{P}$ 와 $\mathcal{Q}$ 는 구간 $[a,b]$ 의 분할이라 하자.

(i) f 는 $[a,b]$ 에서 상수함수, 즉 $f(x)=\alpha$, 이면 $U(f,\mathcal{P})=L(f,\mathcal{P})=\alpha(b-a)$.

(ii) 모든 분할 $\mathcal{P}$ 와 모든 유계함수 f 에 대하여 $L(f,\mathcal{P})\le U(f,\mathcal{P})$.

(iii) $\mathcal{Q}$ 가 $\mathcal{P}$ 의 세분이면

$$L(f,\mathcal{P})\le L(f,\mathcal{Q})\le U(f,\mathcal{Q})\le U(f,\mathcal{P})$$

(iv) $\mathcal{P}$ 와 $\mathcal{Q}$ 가 $[a,b]$ 의 임의의 분할이면 $L(f,\mathcal{P})\le U(f,\mathcal{Q})$.

증명 (i) 모든 자연수 j 에 대하여 $M_j(f)=m_j(f)=\alpha$ 이므로 $U(f,\mathcal{P})$ 와 $L(f,\mathcal{P})$는 $\alpha(b-a)$ 이다.

(ii) 정의에 의해 모든 $j\in N$ 에 대하여 $m_j(f)\le M_j(f)$ 이다.

(iii) $\mathcal{P}=\{x_0,x_1,\cdots,x_n\}$ 는 $[a,b]$ 의 분할이고 어떤 $c\in(a,b)$ 에 대하여 $\mathcal{Q}=\{c\}\cup\mathcal{P}$ 라고 가정하자. 이 경우에 대해 증명해도 충분하다. 대칭성과 (ii) 에 의하여, 단지 $U(f,\mathcal{Q})\le U(f,\mathcal{P})$ 만 보여주면 된다. $c\notin\mathcal{P}$ 라 가정하자. 그러면 $x_{j_0-1}<c<x_{j_0}$ 인 어떤 j_0 가 존재한다. 정의에 의해, 명백히

$$U(f,\mathcal{Q})-U(f,\mathcal{P})=M^{(l)}(c-x_{j_0-1})+M^{(r)}(x_{j_0}-c)-M(x_{j_0}-x_{j_0-1}).$$

여기서

$$M^{(l)}=\sup_{x\in[x_{j_0-1},c]}f(x),\quad M^{(r)}=\sup_{x\in[c,x_{j_0}]}f(x),\quad M=\sup_{x\in[x_{j_0-1},x_{j_0}]}f(x)$$

이다. 상한의 단조성에 의해, $M^{(l)}$ 과 $M^{(r)}$ 은 동시에 M 보다 작거나 같다. 그러므로,

$$U(f,\mathcal{Q})-U(f,\mathcal{P})\le M(c-x_{j_0-1})+M(x_{j_0}-c)-M(x_{j_0}-x_{j_0-1})=0$$

이다.

(iv) $\mathcal{P}\cup\mathcal{Q}$ 는 $\mathcal{P}$ 의 세분이기 때문에 $\mathcal{Q}$ 가 $\mathcal{P}$ 의 세분 여부와 관계없이 $[a,b]$ 의 분할 $\mathcal{P},\mathcal{Q}$ 에 대하여 $L(f,\mathcal{P})\le L(f,\mathcal{P}\cup\mathcal{Q})$ 이고 $U(f,\mathcal{P}\cup\mathcal{Q})\le U(f,\mathcal{Q})$ 이 되는 것을 (iii) 으로부터 알 수 있다. 그러므로 (ii) 에 의하여

$$L(f,\mathcal{P})\le L(f,\mathcal{P}\cup\mathcal{Q})\le U(f,\mathcal{P}\cup\mathcal{Q})\le U(f,\mathcal{P})$$

이다. ■

구간을 점점 세분하면 함수의 상합은 점점 작아지고 하합은 점점 커짐을 알 수 있다. 이러한 사실은 다음 정의를 유도한다.

정의 3.3 *유계함수* $f : [a,b] \to \mathbb{R}$ *에 대하여*

$$\overline{\int_a^b} f(x)\,\mathrm{d}x := \inf\{U(f,\mathcal{P}) : \mathcal{P}\text{는 } [a,b]\text{의 분할 }\}$$

을 $[a,b]$ *에서* f*의* **상적분***이라 하고*

$$\underline{\int_a^b} f(x)\,\mathrm{d}x := \sup\{L(f,\mathcal{P}) : \mathcal{P}\text{는 } [a,b]\text{의 분할 }\}$$

을 $[a,b]$ *에서* f*의* **하적분***이라 한다.*

참고 1 $f : [a,b] \to \mathbb{R}$*이 유계이므로* f*의 상적분과 하적분은 유한값이 존재하고*

$$\underline{\int_a^b} f(x)\,\mathrm{d}x \le \overline{\int_a^b} f(x)\,\mathrm{d}x$$

이다.

이러한 사실로 부터 다음 정의를 얻을 수 있다.

정의 3.4 *유계함수* f *가* $[a,b]$ *에서* **(리만)적분가능***이라 함은*

$$\underline{\int_a^b} f(x)\,\mathrm{d}x = \overline{\int_a^b} f(x)\,\mathrm{d}x. \tag{3.1}$$

공통값 (3.1) *을 함수* f *의* **적분***이라 하고*

$$\int_a^b f(x)\,\mathrm{d}x$$

으로 나타낸다.

$[a,b]$ 에서 $f(x)$ 는 양의 값을 가지는 함수이고 곡선 $y = f(x)$, 직선 $y = 0$, $x = a$와 $x = b$ 로 둘러싸인 영역의 면적을 A 라 하자. 정의 3.2 에 의해 모든 상합은 A보다 크거나 같고 모든 리만 하합은 A보다 작거나 같다(그림 3.2). $\mathcal{P}$ 를 더 세분하면 할수록 $U(f,\mathcal{P}) \to \overline{\int_a^b} f(x)\,\mathrm{d}x$ 이고 $L(f,\mathcal{P}) \to \underline{\int_a^b} f(x)\,\mathrm{d}x$ 이므로 $\underline{\int_a^b} f(x)\,\mathrm{d}x \le A \le \overline{\int_a^b} f(x)\,\mathrm{d}x$ 이다. 만일 f 가 적분가능하면 $A = \int_a^b f(x)\,\mathrm{d}x$ 이 성립한다. 따라서 함수 f 의 상합 및 하합과 적분가능성과의 관계를 생각할 수 있다. 실제로 $\mathcal{P}$ 를 더 세분하면 할수록 $U(f,\mathcal{P})$ 와 $L(f,\mathcal{P})$ 은 $\int_a^b f(x)\,\mathrm{d}x$ 에 더 가까워지기 때문에, 그 차이 $U(f,\mathcal{P}) - L(f,\mathcal{P})$ 은 점점 작아진다. (그림 3.2 에서 어두운 부분이 $U(f,\mathcal{P}) - L(f,\mathcal{P})$이다.)

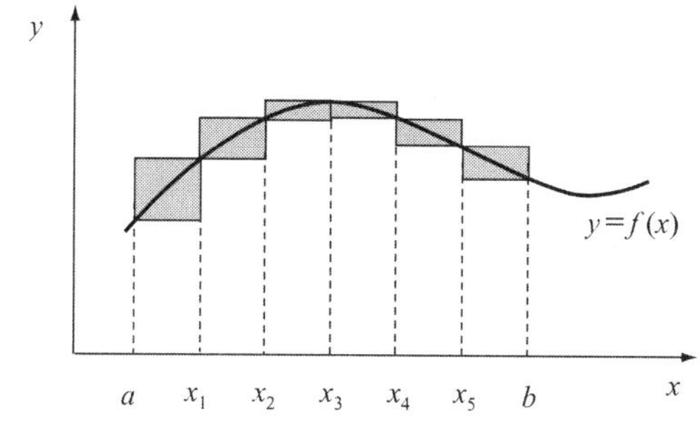

그림 3.2

정리 3.2 *유계함수 $f : [a, b] \to \mathbb{R}$ 가 구간 $[a, b]$ 에서 적분가능이기위한 필요충분조건은 주어진 $\varepsilon > 0$ 에 대하여 $[a, b]$의 분할 $\mathcal{P}$ 가 존재하여*

$$U(f, \mathcal{P}) - L(f, \mathcal{P}) < \varepsilon \tag{3.2}$$

이 성립한다.

증명 f 가 $[a, b]$ 에서 적분가능이라고 가정하자. 주어진 $\varepsilon > 0$ 에 대하여

$$\begin{aligned} U(f, \mathcal{P}_1) &< \overline{\int_a^b} f(x)\, dx + \frac{\varepsilon}{2}, \\ L(f, \mathcal{P}_2) &> \underline{\int_a^b} f(x)\, dx - \frac{\varepsilon}{2} \end{aligned} \tag{3.3}$$

을 만족하는 $[a, b]$ 의 분할 $\mathcal{P}_1$ 과 $\mathcal{P}_2$ 을 선택하고 $\mathcal{P} = \mathcal{P}_1 \cup \mathcal{P}_2$ 로 잡자. $\mathcal{P}$ 는 $\mathcal{P}_1$ 과 $\mathcal{P}_2$ 의 세분이므로

$$\begin{aligned} U(f, \mathcal{P}) - L(f, \mathcal{P}) &\leq U(f, \mathcal{P}_1) - L(f, \mathcal{P}_2) \\ &< \overline{\int_a^b} f(x)\, dx + \frac{\varepsilon}{2} - \underline{\int_a^b} f(x)\, dx + \frac{\varepsilon}{2} \leq \varepsilon \end{aligned}$$

가 성립하는 것을 정리 3.1과 식 (3.3)으로부터 알 수 있다.

역으로, 주어진 $\varepsilon > 0$에 대하여 식 (3.2)가 성립하는 분할 $\mathcal{P}$를 선택하자. 정의에 따라 $\overline{\int_a^b} f(x)\, dx \leq U(f, \mathcal{P})$이고 $L(f, \mathcal{P}) \leq \underline{\int_a^b} f(x)\, dx$이다. 따라서 참고 1과 식 (3.2)로부터

$$\begin{aligned} \left| \overline{\int_a^b} f(x)\, dx - \underline{\int_a^b} f(x)\, dx \right| &= \overline{\int_a^b} f(x)\, dx - \underline{\int_a^b} f(x)\, dx \\ &\leq U(f, \mathcal{P}) - L(f, \mathcal{P}) < \varepsilon. \end{aligned}$$

■

다음은 연속함수와 적분가능함수의 관계를 보여주고 있다.

정리 3.3 *f 가 구간 $[a, b]$ 에서 연속이면 f는 $[a, b]$ 에서 적분가능이다.*

증명 f 는 $[a, b]$ 에서 고른연속이므로 주어진 $\varepsilon > 0$에 대하여

$$|x - y| < \delta \Rightarrow |f(x) - f(y)| < \frac{\varepsilon}{b - a} \quad x, y \in [a, b] \tag{3.4}$$

이 성립하는 $\delta > 0$ 이 존재한다. $\mathcal{P} = \{x_0, x_1, \cdots, x_n\}$ 은 $\|\mathcal{P}\| < \delta$ 를 만족하는 $[a, b]$ 의 분할이라 하자. 극값정리에 의해, 고정된 j 에 대하여

$$f(x_m) = m_j(f) \qquad\qquad f(x_M) = M_j(f)$$

이 되는 $x_m, x_M \in [x_{j-1}, x_j]$ 존재한다. $\|\mathcal{P}\| < \delta$ 이므로 또한 $|x_M - x_m| < \delta$이다. 그러므로 (3.4)에 의하여, $M_j(f) - m_j(f) < \varepsilon/(b - a)$ 이다. 특히,

$$U(f, \mathcal{P}) - L(f, \mathcal{P}) = \sum_{j=1}^{n}(M_j(f) - m_j(f))(x_j - x_{j-1}) < \frac{\varepsilon}{b - a}\sum_{j=1}^{n}(x_j - x_{j-1}) = \varepsilon$$

이다. ■

정리 3.3 의 역은 성립하지 않아도(연습문제 3, 8 과 3.2 절의 연습문제 10) 적분가능성과 연속성은 밀접한 관계가 있다. 실제로, 함수가 적분가능할 필요충분조건은 함수가 상대적으로 거의 불연속이 아니다(정리 3.16). 다음 두 개의 보기는 이와 같은 사실을 잘 말해 준다. 보기 2 는 적분 불가능한 함수로서 모든 곳에서 불연속이며 보기 3 은 단지 한 점에서만(따라서 거의 불연속이 아니다) 불연속점을 가지며 적분가능이다.

보기 2 *디리클레 함수*

$$f(x) = \begin{cases} 1, & x \in \mathbb{Q} \\ 0, & x \notin \mathbb{Q} \end{cases}$$

은 $[a, b]$에서 적분 불가능이다.

증명 f 는 $[a, b]$ 에서 유계이다. 1.3 절의 정리 1.10 과 연습문제 5 에 의하여(유리수와 무리수의 조밀성), $[0, 1]$ 의 모든 비퇴화 구간에서 f 의 상한은 1 이고 하한는 0 이다. 그러므로 구간 $[0, 1]$ 의 임의의 분할 $\mathcal{P}$ 에 대하여 $U(f, \mathcal{P}) - L(f, \mathcal{P}) = 1 - 0 = 1$ 이다. 따라서 정리 3.2에 의하여 f 는 $[0, 1]$ 에서 적분불가능이다. ■

보기 3 함수

$$f(x) = \begin{cases} 0, & 0 \leq x < 1/2 \\ 1, & 1/2 \leq x \leq 1 \end{cases}$$

는 $[0,1]$ 에서 적분가능이다.

증명 $[0,1]$ 의 모든 분할 $\mathcal{P}$ 에 대하여 $U(f,\mathcal{P})-L(f,\mathcal{P}) \leq \|\mathcal{P}\|$ 이므로, 명백히 f 는 $[0,1]$에서 적분가능이다. ■

특히, f 가 $[a,b]$ 에서 적분가능이고 $f(x) \leq 0$ 이면 곡선 $y = f(x)$ 와 직선 $y = 0, x = a$ 와 $x = b$ 에 둘러싸인 영역의 면적은 $\int_b^a f(x)$ 이다.

정리 3.4 *f 가 $[a,b]$ 에서 상수함수, 즉 $f(x) = \alpha$ 이면*

$$\int_a^b f(x)\,\mathrm{d}x = \alpha(b-a)$$

이다.

증명 정리 3.3 에 의해 f 는 $[a,b]$ 에서 적분가능이다. 그러므로 정리 3.1(i) 에 의하여

$$\int_a^b f(x)\,\mathrm{d}x = \overline{\int_a^b} f(x)\,\mathrm{d}x = \inf_{\mathcal{P}} U(f,\mathcal{P}) = \alpha(b-a)$$

이다. ■

연습문제 (3.1)

1. $\mathcal{P}_n = \{j/n : j = 0, 1, \cdots, n\}$라 하자. 다음 함수들의 상합 $U(f, \mathcal{P}_n)$ 과 하합 $L(f, \mathcal{P}_n)$을 계산하고

$$\lim_{n\to\infty} L(f, \mathcal{P}_n) = \lim_{n\to\infty} U(f, \mathcal{P}_n) \qquad (\star)$$

을 보여라.

(a) $f(x) = \begin{cases} x & x \in [0, 1/2) \\ 1 - x & x \in [1/2, 1] \end{cases}$

(b) $f(x) = \begin{cases} x^2 & x \in [0, 1) \\ 0 & x \notin [0, 1) \end{cases}$

(c) $f(x) = \begin{cases} 1 & x \in [0, \frac{1}{2}) \\ x & x \in [\frac{1}{2}, 1) \\ 0 & x \notin [0, 1) \end{cases}$

(d) $(\star)$ 을 만족하는 유계인 함수 f는 $[0, 1]$에서 적분가능임을 보여라.

2. f 가 $[a, b]$ 에서 적분가능이고 E는 $[a, b]$ 의 유한 부분집합이라 하자. 만일 g 가 $x \in [a, b] \setminus E$ 에서 $g(x) = f(x)$이고 유계이면, g 는 $[a, b]$ 에서 적분가능이고 $\int_a^b g(x)\,\mathrm{d}x = \int_a^b f(x)\,\mathrm{d}x$ 이다.

3. $E = \{1/n : n \in N\}$라 하자. $f(x) = \begin{cases} 1 & x \in E \\ 0 & x \notin E \end{cases}$ 는 $[0, 1]$ 에서 적분가능임을 증명하고, $\int_0^1 f(x)\,\mathrm{d}x$ 을 계산하여라.

4. 유계인 닫힌구간 $[a, b]$ 에서 $f : [a, b] \to \mathbb{R}$ 가 유계라 하자.

(a) f는 $[a, b]$ 에서 연속이고 모든 $x_0 \in [a, b]$ 에 대하여 $f(x_0) \neq 0$ 이면 $\underline{\int_a^b} |f(x)|\,\mathrm{d}x > 0$ 임을 증명하여라.

(b) $[a, b]$ 에서 연속인 함수 f 가 $\int_a^b |f(x)|\,\mathrm{d}x = 0$ 이기 위한 필요충분조건은 모든 $x \in [a, b]$에 대하여 $f(x) = 0$이다.

(c) (b)에서 절대치를 제거한다면 성립하는가? 만일 성립하면 그것을 증명하고 그렇지 않으면 반례를 보여라.

5. f는 $[a,b]$ 에서 연속이다. 모든 $c \in [a,b]$ 에 대하여 $\int_a^c f(x)\,\mathrm{d}x = 0$ 이기 위한 필요충분조건은 모든 $x \in [a,b]$ 에 대하여 $f(x) = 0$ 임을 보여라. (연습문제 4와 비교)

6. f가 $[a,b]$ 에서 유계라 잡자. f 가 $[a,b]$ 에서 적분가능이기 위한 필요충분조건은 임의로 주어진 $\varepsilon > 0$ 에 대하여 $[a,b]$ 의 분할 $\mathcal{P}_\varepsilon$ 이 존재하여 $\mathcal{P} \geq \mathcal{P}_\varepsilon$ 이면 $|U(f,\mathcal{P}) - L(f,\mathcal{P})| < \varepsilon$ 임을 증명하여라.

7. [7.3 에 이용된 연습문제] f 와 g 는 $[a,b]$ 에서 유계라 하자. 다음을 증명하여라.

   (a)

$$\begin{aligned}\overline{\int_a^b}(f(x)+g(x))\,\mathrm{d}x &\leq \overline{\int_a^b} f(x)\,\mathrm{d}x + \overline{\int_a^b} g(x)\,\mathrm{d}x,\\ \underline{\int_a^b}(f(x)+g(x))\,\mathrm{d}x &\geq \underline{\int_a^b} f(x)\,\mathrm{d}x + \underline{\int_a^b} g(x)\,\mathrm{d}x\end{aligned}$$

   (b) $a < c < b$ 에 대하여

$$\begin{aligned}\overline{\int_a^b} f(x)\,\mathrm{d}x &= \overline{\int_a^c} f(x)\,\mathrm{d}x + \overline{\int_c^b} f(x)\,\mathrm{d}x,\\ \underline{\int_a^b} f(x)\,\mathrm{d}x &= \underline{\int_a^c} f(x)\,\mathrm{d}x + \underline{\int_c^b} f(x)\,\mathrm{d}x\end{aligned}$$

8. [3.5 와 4.8 에 이용된 연습문제] 함수 $f : [a,b] \to \mathbb{R}$ 에서

   (a) f 가 $[a,b]$ 에서 증가이고 $\mathcal{P} = \{x_0, \cdots, x_n\}$ 은 $[a,b]$ 의 분할이면

$$\sum_{j=1}^{n}(M_j(f) - m_j(f))(x_j - x_{j-1}) \leq (f(b) - f(a))\|\mathcal{P}\|$$

   를 보여라.

   (b) f 가 $[a,b]$ 에서 단조이면 f 는 $[a,b]$ 에서 적분가능함을 보여라.

   [참고 : 정리 2.26 에 의해 f 는 $[a,b]$ 에서 단지 셀 수 있는(거의 없는) 불연속 점을 갖는다. 이것은 (b) 의 증명만을 할 수 있다. 그러나 이것은 4 절에서 논하게 될 일반적인 성질을 나타낸다.]

3.2 리만합

지금까지는 적분을 정의하는데 상합과 하합을 이용하여 적분하였다. 이러한 접근 방식에 의한 리만적분은 다르보(Darboux)의 방법이었다. 그러나 리만의 방법에 의한 리만적분은 상합과 하합대신 구간내의 임의의 점을 선택하는 보다 일반적인 방법을 이용하였다. 이 절에서는 이러한 리만에 의한 리만적분과 다르보에 의한 리만적분이 일치함을 보인다.

정의 3.5 $\mathcal{P} = \{x_0, x_1, \cdots, x_n\}$ 는 $[a,b]$ 의 분할이고 $f : [a,b] \to \mathbb{R}$ 이라 하자. 임의의 $t_j \in [x_{j-1}, x_j]$ 에 대하여 $t = (t_1, t_2, \ldots, t_n)$ 라 할 때,

$$R(f,t,\mathcal{P}) := \sum_{j=1}^{n} f(t_j)(x_j - x_{j-1})$$

을 P 에 관한 f 의 **리만합**이라 한다. 임의로 주어진 $\varepsilon > 0$에 대하여 $[a,b]$ 의 분할 $\mathcal{P}_\varepsilon$ 이 존재하여

$$\mathcal{P} \supseteq \mathcal{P}_\varepsilon \Longrightarrow |R(f,t,\mathcal{P}) - I(f)| < \varepsilon$$

이 성립할 때 "$\|\mathcal{P}\| \to 0$ 일때 f 의 리만합 $R(f,t,\mathcal{P})$ 이 $I(f)$ 으로 수렴한다" 고 한다. 이 경우, $I(f) = \lim_{\|\mathcal{P}\| \to 0} R(f,t,\mathcal{P})$ 로 표시한다.

다음 결과는 유계함수에 대하여 리만적분의 리만의 정의는 상적분과 하적분을 이용한 다르보의 정의와 같다는 것을 보인다.

정리 3.5 유계함수 f 가 $[a,b]$ 에서 적분가능하기 위한 필요충분조건은

$$I(f) = \lim_{\|\mathcal{P}\| \to 0} R(f,t,\mathcal{P})$$

이 존재한다. 이 경우, $I(f) = \int_a^b f(x)\,\mathrm{d}x$ 이다.

증명 f 는 $[a,b]$ 에서 적분가능이고 $\varepsilon > 0$ 이라 가정하자. 그러면,

$$L(f,\mathcal{P}_\varepsilon) > \int_a^b f(x)\,\mathrm{d}x - \varepsilon, \quad U(f,\mathcal{P}_\varepsilon) < \int_a^b f(x)\,\mathrm{d}x + \varepsilon \tag{3.5}$$

이 성립하는 $[a,b]$ 의 분할 $\mathcal{P}_\varepsilon$ 이 존재한다. $\mathcal{P} = \{x_0, x_1, \cdots, x_n\} \supseteqq \mathcal{P}_\varepsilon$ 이라하자. 이 때 $\mathcal{P}_\varepsilon$ 를 $\mathcal{P}$ 로 대체하면 (3.5) 가 성립한다. 그러나 임의로 선택한 $t_j \in [x_{j-1}, x_j]$ 에 대하여 $m_j(f) \le f(t_j) \le M_j(f)$ 이다. 그러므로

$$\int_a^b f(x)\,\mathrm{d}x - \varepsilon < L(f,\mathcal{P}) \le R(f,t,\mathcal{P}) \le U(f,\mathcal{P}) < \int_a^b f(x)\,\mathrm{d}x + \varepsilon.$$

특히, 모든 분할 $\mathcal{P} \supseteq \mathcal{P}_\varepsilon$ 과 임의의 $t_j \in [x_{j-1}, x_j]$ $(j = 1, 2, \cdots, n)$ 에 대하여

$$\left| R(f, t, \mathcal{P}) - \int_a^b f(x)\,\mathrm{d}x \right| < \varepsilon.$$

역으로 f 의 리만합이 $I(f)$ 에 수렴한다 가정하자. 이 때

$$|R(f, t, \mathcal{P}) - I(f)| < \frac{\varepsilon}{3} \qquad (\forall\, t_j \in [x_{j-1}, x_j]) \tag{3.6}$$

을 만족하는 $[a, b]$ 의 분할 $\mathcal{P} = \{x_0, x_1, \cdots, x_n\}$ 이 있다.

$$f(t_j) - f(u_j) > M_j(f) - m_j(f) - \frac{\varepsilon}{3(b-a)}$$

가 성립하는 $t_j, u_j \in [x_{j-1}, x_j]$ 을 선택하자. 그러면 (3.6) 로부터

$$\begin{aligned}
U(f, \mathcal{P}) &- L(f, \mathcal{P}) \\
&= \sum_{j=1}^{n} (M_j(f) - m_j(f))(x_j - x_{j-1}) \\
&< \sum_{j=1}^{n} (f(t_j) - f(u_j))(x_j - x_{j-1}) + \frac{\varepsilon}{3(b-a)} \sum_{j=1}^{n} (x_j - x_{j-1}) \\
&\le |R(f, t, \mathcal{P}) - I(f)| + |I(f) - R(f, u, \mathcal{P})| + \frac{\varepsilon}{3(b-a)} \sum_{j=1}^{n} (x_j - x_{j-1}) \\
&< \frac{2\varepsilon}{3} + \frac{\varepsilon}{3} = \varepsilon
\end{aligned}$$

이다. 그러므로, f 는 $[a, b]$ 에서 적분가능이다. ■

다음 두 결과는 복잡한 함수를 두 개의 간단한 함수로 나누어 계산할 수 있음을 말해준다.

정리 3.6 (선형성) *f 와 g 가 $[a, b]$ 에서 적분가능이고 $\alpha \in \mathbb{R}$ 이면 $f + g$ 와 αf $(\alpha \in \mathbb{R})$ 도 $[a, b]$ 에서 적분가능이고,*

$$\int_a^b (f(x) + g(x))\,\mathrm{d}x = \int_a^b f(x)\,\mathrm{d}x + \int_a^b g(x)\,\mathrm{d}x, \tag{3.7}$$

$$\int_a^b (\alpha f(x))\,\mathrm{d}x = \alpha \int_a^b f(x)\,\mathrm{d}x \tag{3.8}$$

증명 $\varepsilon > 0$ 이라 하자. $[a,b]$ 의 적당한 분할 $\mathcal{P}_\varepsilon$ 을 선택하여 $\mathcal{P} = \{x_0, x_1, \cdots, x_n\} \supseteq \mathcal{P}_\varepsilon$ 이면, 모든 $t_j \in [x_{j-1}, x_j]$ 에 대하여

$$\left| R(f,t,\mathcal{P}) - \int_a^b f(x)\,\mathrm{d}x \right| < \frac{\varepsilon}{2},$$
$$\left| R(g,t,\mathcal{P}) - \int_a^b g(x)\,\mathrm{d}x \right| < \frac{\varepsilon}{2}$$

되도록 할 수 있다. $R(f+g,t,\mathcal{P}) = R(f,t,\mathcal{P}) + R(g,t,\mathcal{P})$ 이므로 삼각부등식에 의하여, 모든 $t_j \in [x_{j-1}, x_j]$ 에 대하여

$$\left| R(f+g,t,\mathcal{P}) - \int_a^b f(x)\,\mathrm{d}x - \int_a^b g(x)\,\mathrm{d}x \right| < \varepsilon$$

그러므로 정리 3.5로부터 (3.7)이 성립한다. 마찬가지로, $\mathcal{P} \supseteq \mathcal{P}_\varepsilon$ 이면

$$\left| R(f,t,\mathcal{P}) - \int_a^b f(x)\,\mathrm{d}x \right| < \frac{\varepsilon}{|\alpha|+1}$$

이 성립하는 분할 $\mathcal{P}_\varepsilon$ 을 선택하면 $R(\alpha f,t,\mathcal{P}) = \alpha R(f,t,\mathcal{P})$ 이므로

$$\left| \sum_{j=1}^n \alpha f(t_j)(x_j - x_{j-1}) - \alpha \int_a^b f(x)\,\mathrm{d}x \right| < |\alpha| \frac{\varepsilon}{|\alpha|+1} < \varepsilon$$

이다. 정리 3.5로부터 (3.8)이 성립된다. ■

정리 3.7 *f 가 $[a,b]$ 에서 적분가능이면, f 는 $[a,b]$ 의 모든 부분구간 $[c,d]$ 에서 적분가능이다. 더욱이 모든 $c \in (a,b)$ 에 대하여*

$$\int_a^b f(x)\,\mathrm{d}x = \int_a^c f(x)\,\mathrm{d}x + \int_c^b f(x)\,\mathrm{d}x \tag{3.9}$$

이다.

증명 주어진 $\varepsilon > 0$ 에 대하여

$$U(f,\mathcal{P}) - L(f,\mathcal{P}) < \varepsilon \tag{3.10}$$

이 성립하는 $[a,b]$ 의 분할 $\mathcal{P}$ 를 선택하자. $\mathcal{P}_1 = (\mathcal{P} \cap [c,d]) \cup \{c,d\}$ 라 두자. 그러면 $\mathcal{P}_1$ 은 $[c,d]$ 의 분할이다. $\mathcal{P}_2 = \mathcal{P} \cup \{c,d\}$ 는 $\mathcal{P}$ 의 세분임과 (3.10)을 적용하면 $U(f,\mathcal{P}_1) - L(f,\mathcal{P}_1) \le U(f,\mathcal{P}_2) - L(f,\mathcal{P}_2) \le U(f,\mathcal{P}) - L(f,\mathcal{P}) < \varepsilon$ 이다. 그러므로, f 는 $[c,d]$ 에서

적분가능이다. $[c,d]$는 구간 $[a,b]$의 임의의 부분구간이므로 f 는 $[a,b]$ 의 부분구간 $[a,c]$ 와 $[c,b]$에서 각각 적분가능임을 보일 수 있다.

(3.9)을 증명하기 위하여 $\mathcal{P}$ 가 $[a,b]$ 의 분할이라고 가정하자. $\mathcal{P}_0 = \mathcal{P} \cup \{c\}$, $\mathcal{P}_3 = \mathcal{P}_0 \cap [a,c]$ 이고 $\mathcal{P}_4 = \mathcal{P}_0 \cap [c,b]$ 라 잡자. 그러면 $\mathcal{P}_0 = \mathcal{P}_3 \cup \mathcal{P}_4$ 이고 정의에 의하여

$$\begin{aligned} U(f,\mathcal{P}) &\geq U(f,\mathcal{P}_0) = U(f,\mathcal{P}_3) + U(f,\mathcal{P}_4) \\ &\geq \overline{\int_a^c} f(x)\,\mathrm{d}x + \overline{\int_c^b} f(x)\,\mathrm{d}x = \int_a^c f(x)\,\mathrm{d}x + \int_c^b f(x)\,\mathrm{d}x \end{aligned}$$

(마지막 부등식은 f 가 $[a,c]$ 와 $[c,b]$ 에서 적분가능이므로 성립한다.)

$[a,b]$ 의 모든 분할 $\mathcal{P}$ 에서 $U(f,\mathcal{P}) \geq \int_a^c f(x)\,\mathrm{d}x + \int_c^b f(x)\,\mathrm{d}x$ 의 하한을 구하면

$$\int_a^b f(x)\,\mathrm{d}x = \overline{\int_a^b} f(x)\,\mathrm{d}x \geq \int_a^c f(x)\,\mathrm{d}x + \int_c^b f(x)\,\mathrm{d}x$$

을 얻는다. 마찬가지로 하적분을 사용하면 $\int_a^b f(x)\,\mathrm{d}x \leq \int_a^c f(x)\,\mathrm{d}x + \int_c^b f(x)\,\mathrm{d}x$ 를 구할 수 있다. ■

지금까지는 적분구간의 하한이 상한보다 작은 경우에 대해 적분을 정의하였고 성질을 다루었다. 이제 적분구간이 하한이 상한보다 큰 경우에 대한 적분과 적분구간의 상한과 하한이 같은 경우에 대한 적분을 정의하기로 한다. $a < b$ 일 때

$$\int_b^a f(x)\,\mathrm{d}x = -\int_a^b f(x)\,\mathrm{d}x, \quad \int_a^a f(x)\,\mathrm{d}x = 0$$

으로 정의하면 c 가 a와 b 사이에 없어도 (3.9) 가 성립하는 것을 쉽게 보일 수 있다.(연습문제 7)

정리 3.8 (적분의 비교정리) *f와 g가 $[a,b]$ 에서 적분가능이고, 모든 $x \in [a,b]$ 에 대하여 $f(x) \leq g(x)$ 이면*

$$\int_a^b f(x)\,\mathrm{d}x \leq \int_a^b g(x)\,\mathrm{d}x$$

이다. 특히, 모든 $x \in [a,b]$ 에 대하여 $m \leq f(x) \leq M$ 이면

$$m(b-a) \leq \int_a^b f(x)\,\mathrm{d}x \leq M(b-a).$$

증명 $\mathcal{P}$는 $[a,b]$의 분할이라 하자. 가정에 의해 $M_j(f) \leq M_j(g)$에서 $U(f,\mathcal{P}) \leq U(g,\mathcal{P})$이다. 따라서 $[a,b]$ 의 모든 분할에 대하여 $\int_a^b f(x)\,\mathrm{d}x = \overline{\int_a^b} f(x)\,\mathrm{d}x \leq U(g,\mathcal{P})$ 이다. $[a,b]$ 의 모든 분할에 대하여 이 부등식의 하한을 구하면

$$\int_a^b f(x)\,\mathrm{d}x \leq \int_a^b g(x)\,\mathrm{d}x$$

이다. $m \le f(x) \le M$ 이면, 정리 3.4에 의하여

$$m(b-a) = \int_a^b m\,\mathrm{d}x \le \int_a^b f(x)\,\mathrm{d}x \le \int_a^b M\,\mathrm{d}x = M(b-a).$$

■

정리 3.9 f 가 $[a,b]$ 에서 적분가능이면, $|f|$ 도 $[a,b]$ 에서 적분가능이고

$$\left|\int_a^b f(x)\,\mathrm{d}x\right| \le \int_a^b |f(x)|\,\mathrm{d}x.$$

증명 $\mathcal{P} = \{x_0, x_1, \cdots, x_n\}$ 는 $[a,b]$ 의 분할이라 하자. 이 때 $j = 1, 2, 3, \cdots, n$ 에 대하여

$$M_j(|f|) - m_j(|f|) \le M_j(f) - m_j(f) \tag{3.11}$$

이 성립함을 보이자. $x, y \in [x_{j-1}, x_j]$ 라 하자. $f(x)$ 와 $f(y)$ 가 같은 부호이면 모두 양인 경우에

$$|f(x)| - |f(y)| = f(x) - f(y) \le M_j(f) - m_j(f)$$

이다. $f(x)$ 와 $f(y)$ 가 다른 부호이면 $f(x) \ge 0 \ge f(y)$ 인 경우에 $m_j(f) \le 0$ 이며,

$$|f(x)| - |f(y)| = f(x) + f(y) \le M_j(f) + 0 \le M_j(f) - m_j(f)$$

이다. 그러므로 어떤 경우라도 (3.11) 이 성립한다.

주어진 $\varepsilon > 0$ 에 대하여 $U(f,\mathcal{P}) - L(f,\mathcal{P}) < \varepsilon$ 이 되도록 $[a,b]$ 의 분할 $\mathcal{P}$ 를 선택하자. (3.11) 로부터

$$U(|f|,\mathcal{P}) - L(|f|,\mathcal{P}) \le U(f,\mathcal{P}) - L(f,\mathcal{P})$$

이 성립하므로

$$U(|f|,\mathcal{P}) - L(|f|,\mathcal{P}) < \varepsilon$$

이다. 그러므로 $|f|$ 는 $[a,b]$ 에서 적분가능이다. $x \in [a,b]$ 에 대하여 $-|f(x)| \le f(x) \le |f(x)|$가 성립하므로 정리 3.8에 의하여

$$-\int_a^b |f(x)|\,\mathrm{d}x \le \int_a^b f(x)\,\mathrm{d}x \le \int_a^b |f(x)|\,\mathrm{d}x.$$

■

따름정리 3.10 함수 f 와 g 가 $[a,b]$ 에서 적분가능이면, fg 도 적분가능이다.

증명 먼저 f^2 이 $[a,b]$ 에서 적분가능임을 보이자. $M_j(f^2) = (M_j(|f|))^2$ 이고 $m_j(f^2) = (m_j(|f|))^2$ 이므로

$$\begin{aligned} M_j(f^2) - m_j(f^2) &= (M_j(|f|))^2 - (m_j(|f|))^2 \\ &= (M_j(|f|) + m_j(|f|))(M_j(|f|) - m_j(|f|)) \\ &\leq 2M(M_j(|f|) - m_j(|f|)). \end{aligned}$$

여기서 $M = \sup_{x\in[a,b]} |f(x)|$ 이다. 부등식에 $(x_j - x_{j-1})$ 를 곱하여 $j = 1, 2, \cdots, n$ 까지 합하면 $U(f^2, \mathcal{P}) - L(f^2, \mathcal{P}) \leq 2M(U(|f|, \mathcal{P}) - L(|f|, \mathcal{P}))$ 이다. 그러므로 정리 3.9에 의하여 f^2 는 $[a,b]$ 에서 적분가능이다. 지금, 가정에 의하여 g^2 과 $(f+g)^2$ 도 $[a,b]$에서 적분가능이다.

$$fg = \frac{(f+g)^2 - f^2 - g^2}{2}$$

이므로, 정리 3.6에 의하여 fg 도 $[a,b]$ 에서 적분가능이다. ■

정리 3.11 (적분의 평균값정리 I) *함수 f 와 g 가 $[a,b]$ 에서 적분가능이고 모든 $x \in [a,b]$ 에 대하여 $g(x) \geq 0$ 이라 하자. 만일*

$$m = \inf_{x\in[a,b]} f(x), \qquad M = \sup_{x\in[a,b]} f(x)$$

이면, $c \in [m, M]$ 가 적어도 하나 존재하여

$$\int_a^b f(x)g(x)\,\mathrm{d}x = c\int_a^b g(x)\,\mathrm{d}x.$$

특히 f 가 $[a,b]$ 에서 연속이면, $x_0 \in [a,b]$ 가 적어도 하나 존재하여

$$\int_a^b f(x)g(x)\,\mathrm{d}x = f(x_0)\int_a^b g(x)\,\mathrm{d}x.$$

증명 $[a,b]$ 에서 $g \geq 0$ 이므로 적분의 비교정리에 의하여

$$m\int_a^b g(x)\,\mathrm{d}x \leq \int_a^b f(x)g(x)\,\mathrm{d}x \leq M\int_a^b g(x)\,\mathrm{d}x.$$

$\int_a^b g(x)\,\mathrm{d}x = 0$ 이면 $\int_a^b f(x)g(x)\,\mathrm{d}x = 0$ 이므로 성립한다.

$\int_a^b g(x)\,\mathrm{d}x \neq 0$ 이면

$$c = \frac{\int_a^b f(x)g(x)\,\mathrm{d}x}{\int_a^b g(x)\,\mathrm{d}x}$$

라 두자. 그러면 $c \in [m, M]$ 이다. 만일 f 가 연속이면, 중간값 정리에 의하여 $f(x_0) = c$ 을 만족하는 $x_0 \in [a, b]$ 를 선택할 수 있다. ■

다음 절의 미적분학의 기본정리의 증명에 이용할 아이디어를 도입하자. f 가 $[a, b]$ 에서 적분가능이면, f 를 이용하여

$$F(x) := \int_a^x f(t)dt, \qquad x \in [a, b]$$

로 정의할 수 있다.

보기 1 $f(x) = \begin{cases} 1, & x \geq 0 \\ -1, & x < 0 \end{cases}$ *일 때,* $F(x) = \int_0^x f(t)\,dt$ *를 구하여라.*

풀이 정리 3.4 에 의하여

$$F(x) = \int_0^x f(t)\,dt = \begin{cases} x, & x \geq 0 \\ -x, & x < 0 \end{cases}$$

이다. 그러므로 $F(x) = |x|$ 이다.

보기 1에서 f 가 ($x = 0$ 에서) 연속이 아니지만 f의 적분 F는 ($x = 0$ 에서) 연속인 것을 주목하자. 다음 정리는 일반적인 성질을 보여 준다.

정리 3.12 *f 가 $[a, b]$ 에서 적분가능이면, 모든 $x \in [a, b]$ 에 대하여 $F(x) = \int_a^x f(t)\,dt$ 가 존재하고, $[a, b]$ 에서 연속이다.*

증명 정리 3.7에서 의하여 모든 $x \in [a, b]$ 에 대하여 $F(x) = \int_a^x f(t)\,dt$ 가 존재한다. $[a, b]$에 대하여 연속임을 보이기 위하여 단지, $F(x+) = F(x)$ $(x \in [a, b))$ 이고 $F(x-) = F(x)$ $(x \in (a, b])$ 만을 보이면 된다. 고정된 $x_0 \in [a, b)$ 를 잡자. 정의에 의하여 f는 $[a, b]$ 에서 유계이다. 그러므로 모든 $t \in [a, b]$ 에 대하여 $|f(t)| \leq M$ 을 만족하는 $M \in \mathbb{R}$ 을 선택할 수 있다. 주어진 $\varepsilon > 0$ 에 대하여 $\delta = \varepsilon / M$ 이라 잡자. $0 \leq x - x_0 < \delta$ 이면 정리 3.9에 의하여

$$|F(x) - F(x_0)| = \left| \int_{x_0}^x f(t)\,dt \right| \leq \int_{x_0}^x |f(t)|\,dt \leq M(x - x_0) < \varepsilon$$

이다. 그러므로 모든 $x_0 \in [a, b)$ 에 대하여 $F(x_0+) = F(x_0)$ 가 성립한다. 비슷한 방법으로 모든 $x_0 \in (a, b]$ 에 대하여 $F(x_0-) = F(x_0)$ 이다. ■

$g(x) = 1$ 이고 $f(x) \geq 0$ 일 때 평균값정리는 간단히 기하적인 설명을 할 수 있다. 곡선 $y = f(x)$ 와 직선 $y = 0, x = a$ 와 $x = b$ 로 둘러싸인 면적을 A 라 하자. 적분의 평균값

정리 I 에 의하여 높이는 c 이고 밑변의 길이가 $b-a$ 인 직사각형의 면적이 A 를 만족하는 $c \in (a,b)$ 가 적어도 하나 존재한다(그림 3.3).

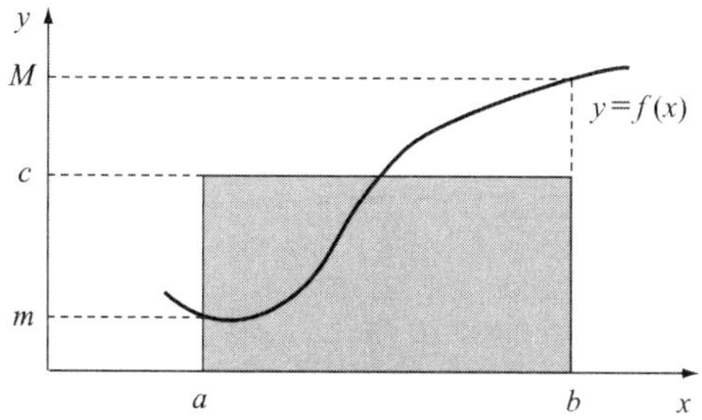

그림 3.3

연습문제 (3.2)

1. 적분과 면적 사이의 관계를 이용하여 다음 적분들을 계산하여라.

   (a) $\displaystyle\int_0^2 |x-1|\,\mathrm{d}x$

   (b) $\displaystyle\int_0^a \sqrt{a^2-x^2}\,\mathrm{d}x, \qquad a>0$

   (c) $\displaystyle\int_{-4}^2 (|x+1|+|x|)\,\mathrm{d}x$

   (d) $\displaystyle\int_a^b (2x+1)\,\mathrm{d}x, \qquad a<b$

2. $A_n = 1/n[(n+1)+(n+2)+\cdots+(n+n)]$ 라 하자. 리만적분을 사용하여 $\lim_{n\to\infty}(1/n)A_n = 3/2$ 을 증명하여라.

3. 분할 $1/n < 2/n < \cdots < 1$ 에 토대를 둔 적분 $\int_0^1 \log x\,\mathrm{d}x$ 에 대한 리만합을 생각하여 극한

$$\lim_{n\to\infty}\frac{1}{n}(n!)^{1/n} = e^{-1}$$

   임을 보여라.

4. $f:[0,1]\to\mathbb{R}$,

$$f(x) = \begin{cases} 0 & x \text{ 는 무리수,} \\ \dfrac{1}{q} & x = \dfrac{p}{q} \end{cases}$$

라 하자. 여기서 $p, q \geq 0$ 은 서로 소이다. f 가 적분가능임을 보이고 $\int_0^1 f\,\mathrm{d}x$ 를 구하여라.

5. f와 g 가 $[a,b]$ 에서 적분가능이면, 또한 $f \vee g$ 와 $f \wedge g$ 도 적분가능임을 보여라. (참고, 2.1의 연습문제 10)

6. f가 $[0,1]$ 에서 적분가능이고 $\beta > 0$ 이면 모든 $\alpha < \beta$ 에 대하여

$$\lim_{n\to\infty} n^{\alpha} \int_0^{1/n^{\beta}} f(x)\,\mathrm{d}x = 0$$

이다.

7. $a < b < c$ 이고 f 는 $[a,c]$ 에서 적분가능이라 하자.

$$\int_a^b f(x)\,\mathrm{d}x = \int_a^c f(x)\,\mathrm{d}x + \int_c^b f(x)\,\mathrm{d}x$$

임을 보여라.

8. (a) $g_n \geq 0$ 은 $\lim_{n\to\infty} \int_a^b g_n(x)\,\mathrm{d}x = 0$ 을 만족하는 적분가능한 함수열이라 하자. 만일 $f : [a,b] \to \mathbb{R}$ 이 $[a,b]$ 에서 적분가능이면

$$\lim_{n\to\infty} \int_a^b f(x)g_n(x)\,\mathrm{d}x = 0$$

임을 보여라.

(b) f 가 $[0,1]$ 에서 적분가능이면 $\lim_{n\to\infty} \int_0^1 x^n f(x)\,\mathrm{d}x = 0$ 임을 보여라.

9. (a) f 가 $[0,1]$ 에서 적분가능이면

$$\int_0^1 f(x)\,\mathrm{d}x = \lim_{n\to\infty} \sum_{k=0}^{n} \int_{1/2^{k+1}}^{1/2^k} f(x)\,\mathrm{d}x$$

임을 보여라.

(b) f 는 $[a,b]$ 에서 적분가능이고, $x_0 = a$, $x_n \in [a,b]$ 은 $x_n \uparrow b \quad (n \to \infty)$ 을 만족하는 수열이라 가정하자. 그러면

$$\int_a^b f(x)\,\mathrm{d}x = \lim_{n\to\infty} \sum_{k=0}^{n} \int_{x_k}^{x_{k+1}} f(x)\,\mathrm{d}x$$

임을 보여라.

10. $f : [a,b] \to \mathbb{R}$ 이고 $a = x_0 < x_1 < \cdots < x_n = b$, 또한 $k = 1, \cdots, n$ 에 대하여 $f(x_k+)$와 $f(x_k-)$ 존재하고 유한 값을 갖는다 하자. 만일 f 가 각 부분구간 (x_{k-1}, x_k) 에서 연속이면, f 는 $[a,b]$ 에서 적분가능이고

$$\int_a^b f(x)\,\mathrm{d}x = \sum_{k=1}^n \int_{x_{k-1}}^{x_k} f(x)\,\mathrm{d}x$$

임을 보여라.

11. f가 비퇴화 유계인 닫힌구간 $[a,b]$ 에서 연속이고

$$M = \sup_{x \in [a,b]} |f(x)|$$

라 하자.

(a) $M > 0$ 이면, 임의의 $\varepsilon > 0$에 대하여

$$(M - \varepsilon)^n |I| \le \int_a^b |f(x)|^n \,\mathrm{d}x \le M^n (b - a)$$

이 성립하는 비퇴화 구간 $I \subset [a,b]$ 가 존재함을 증명하여라.

(b) $\lim_{n\to\infty} \left(\int_a^b |f(x)|^n \,\mathrm{d}x \right)^{\frac{1}{n}} = M$ 임을 보여라.

12. **(적분의 평균값정리 II)** f, g 가 $[a,b]$ 에서 적분가능하고, f 는 $[a,b]$에서 증가하고 g 는 $[a,b]$ 에서 음이 아니라 하자. 만일 $m \le f(a+)$ 이고 $M \ge f(b-)$ 이면

$$\int_a^b f(x)g(x)\,\mathrm{d}x = m \int_a^{x_0} g(x)\,\mathrm{d}x + M \int_{x_0}^b g(x)\,\mathrm{d}x (*)$$

를 만족하는 $x_0 \in [a,b]$ 가 적어도 하나 존재함을 증명하여라. 특히 모든 $x \in [a,b]$ 에 대하여 $f(x) \ge 0$ 이면

$$\int_a^b f(x)g(x)\,\mathrm{d}x = M \int_{x_0}^b g(x)\,\mathrm{d}x$$

을 만족하는 $x_0 \in [a,b]$ 가 적어도 하나 존재한다.(힌트: $F(x) = m\int_a^x g(t)dt + M\int_x^b g(t)\,dt$ 라 잡고 중간값 정리를 이용한다.)

3.3 미적분학의 기본정리

f가 $[a,b]$ 에서 적분가능이고 $F(x) = \int_0^x f(t)\,dt$ 로 정의하면, 정리 3.12에 의하여 F는 $[a,b]$에서 연속이다. 다음 정리는 f가 연속이면, F는 연속인 도함수를 갖는다는 것을 보인다.

정리 3.13 (미분적분학의 기본정리) (i) *f가 $[a,b]$에서 연속이고 $F(x) = \int_a^x f(t)\,dt$로 정의하면 $F \in \mathcal{C}^1[a,b]$이고 모든 $x \in [a,b]$에 대하여*

$$\frac{d}{dx}\int_a^x f(t)\,dt = F'(x) = f(x).$$

(ii) *f는 $[a,b]$ 에서 미분가능이고 f' 가 $[a,b]$ 에서 적분가능이면, $x \in [a,b]$ 에 대하여*

$$\int_a^x f'(t)\,dt = f(x) - f(a).$$

증명 (i) 모든 $x \in [a,b]$ 에 대하여 $F(x) = \int_a^x f(t)\,dt$ 로 정의하자. 대칭성에 의하여, 어떤 $x_0 \in [a,b)$ 에 대하여 $f(x_0+) = f(x_0)$ 이면

$$\lim_{h\to 0+} \frac{F(x_0+h) - F(x_0)}{h} = f(x_0) \tag{3.12}$$

만을 보이면 충분하다(정의 2.8).

임의로 주어진 $\varepsilon > 0$ 에 대하여 $0 \le t - x_0 < \delta$ 이면 $|f(t) - f(x_0)| < \varepsilon$ 이 성립하는 $\delta > 0$ 이 존재한다. $0 < h < \delta$ 를 고정한다. 정리 3.7 에 의하여

$$F(x_0+h) - F(x_0) = \int_{x_0}^{x_0+h} f(t)\,dt$$

이고, 정리 3.4 에 의하여

$$f(x_0) = \frac{1}{h}\int_{x_0}^{x_0+h} f(x_0)\,dt.$$

그러므로

$$\frac{F(x_0+h) - F(x_0)}{h} - f(x_0) = \frac{1}{h}\int_{x_0}^{x_0+h} (f(t) - f(x_0))\,dt.$$

$0 < h < \delta$ 이므로 정리 3.9로부터

$$\left|\frac{F(x_0+h) - F(x_0)}{h} - f(x_0)\right| \le \frac{1}{h}\int_{x_0}^{x_0+h} |f(t) - f(x_0)|\,dt \le \varepsilon.$$

그러므로 (3.12) 을 만족하여 (i) 이 성립된다.

(ii)를 증명하기 위하여 $x = b$ 라 하고 $\varepsilon > 0$ 이라 놓자. f' 이 적분가능이므로 임의의 $t_j \in [x_{j-1}, x_j]$ 에 대하여

$$\left|\sum_{j=1}^{n} f'(t_j)(x_j - x_{j-1}) - \int_a^b f'(x)\,\mathrm{d}x\right| < \varepsilon$$

을 만족하는 $[a, b]$ 의 분할 $P = \{x_0, x_1, \cdots, x_n\}$ 을 선택하자. 평균값 정리를 이용하여 $f(x_j) - f(x_{j-1}) = f'(t_j)(x_j - x_{j-1})$ 인 $t_j \in [x_{j-1}, x_j]$ 를 선택하자. 그러면

$$\left|f(b) - f(a) - \int_a^b f'(t)\,dt\right| = \left|\sum_{j=1}^{n}(f(x_j) - f(x_{j-1})) - \int_a^b f'(t)\,dt\right| < \varepsilon.$$

■

미적분학의 기본정리에 의하여 적분은 다음과 같은 의미에서 도함수의 역임을 의미한다. 즉 f' 이 적분가능이면

$$\int_a^b f'(x)\,\mathrm{d}x = f(x)\Big|_a^b := f(b) - f(a).$$

특히 $\alpha > 0$ 또는 $\alpha < 0$ 일 경우에 $\alpha \neq -1, 0 \notin [a, b]$ 이면

$$\int_a^b x^\alpha\,\mathrm{d}x = \frac{x^{\alpha+1}}{\alpha+1}\Big|_a^b.$$

(2.4 의 연습문제 9와 3.3의 연습문제 6(e)). (이 결과를 때로는 **거듭제곱법**(power rule)이라고 한다.)

보기 1 $\int_0^1 (3x-1)^2\,\mathrm{d}x$ 을 *계산하여라.*

풀이 $(3x-1)^2 = 9x^2 - 6x + 1$ 이므로

$$\int_0^1 (3x-1)^2\,\mathrm{d}x = 3x^3 - 3x^2 + x\Big|_0^1 = 1.$$

보기 2 $\int_0^{\pi/2} (1 + \cos x)\,\mathrm{d}x$ 를 *계산하여라.*

풀이 $(\sin x)' = \cos x$ 이므로

$$\int_0^{\pi/2} (1 + \cos x)\,\mathrm{d}x = (x + \sin x)\Big|_0^{\pi/2} = \frac{\pi}{2} + 1.$$

정리 3.14 (부분적분법) *f, g는 $[a,b]$ 에서 미분가능이고 f', g' 은 $[a,b]$ 에서 적분가능이라고 하자. 그러면*

$$\int_a^b f'(x)g(x)\,\mathrm{d}x = f(b)g(b) - f(a)g(a) - \int_a^b f(x)g'(x)\,\mathrm{d}x.$$

증명 미분의 곱의 법칙에 의하여, $x \in [a,b]$ 대하여

$$(f(x)g(x))' = f'(x)g(x) + f(x)g'(x).$$

f, g 는 $[a,b]$ 에서 연속이고 f', g' 가 $[a,b]$ 에서 적분가능이고 $(fg)'$ 적분가능한 함수들의 곱과 합이므로 $[a,b]$ 에서 적분가능이다. 미적분학의 기본정리에 의하여

$$f(b)g(b) - f(a)g(a) = \int_a^b f'(x)g(x)\,\mathrm{d}x + \int_a^b f(x)g'(x)\,\mathrm{d}x.$$

■

보기 3 $\int_0^{\pi/2} x\cos x\,\mathrm{d}x$ *를 계산하여라.*

풀이 $g(x) = x, f'(x) = \cos x$ 로 하자. 그러면 $g'(x) = 1$ 이고 $f(x) = \sin x$ 이다. 정리 3.14 에 의하여

$$\int_0^{\pi/2} x\sin x\,\mathrm{d}x = x\sin x\Big|_0^{\pi/2} - \int_0^{\pi/2} \sin x\,\mathrm{d}x = \frac{\pi}{2} + \cos x\Big|_0^{\pi/2} = \frac{\pi}{2} - 1.$$

보기 4 $\int_1^e \log x\,\mathrm{d}x$*를 계산하여라.*

풀이 $g(x) = \log x, f'(x) = 1$ 로 잡자. 그러면, $g'(x) = \frac{1}{x}$ 이고 $f(x) = x$ 이다. 정리 3.14에 의하여

$$\int_1^e \log x\,\mathrm{d}x = x\log x\Big|_1^e - \int_1^e \mathrm{d}x = e\log e - (e-1) = 1.$$

정리 3.15 (치환법) *ϕ 는 유계인 닫힌구간 $[a,b]$ 에서 연속인 도함수를 가지고 $\phi(a) \le \phi(b)$ 라 하자. 만일*

$$f \text{ 는 } \phi([a,b]) \text{ 에서 연속} \tag{3.13}$$

이거나

$$\phi \text{ 는 } [a,b] \text{ 에서 순증가이고 } f \text{ 는 } [\phi(a),\phi(b)] \text{ 에서 적분가능} \tag{3.14}$$

이면

$$\int_{\phi(a)}^{\phi(b)} f(t)\,dt = \int_a^b f(\phi(x))\phi'(x)\,\mathrm{d}x. \tag{3.15}$$

증명 먼저 (3.13) 이 성립한다고 가정하자. 이 때 함수 F 와 G 를

$$G(x) = \int_a^x f(\phi(t))\phi'(t)\,dt, \quad x \in [a,b]$$

와

$$F(u) = \int_{\phi(a)}^u f(t)\,dt, \quad u \in \phi[a,b]$$

로 정의하면 $G'(x) = f(\phi(x))\phi'(x)$ 이고 $F'(u) = f(u)$ 이다. 연쇄법칙에 의하여 모든 $x \in [a,b]$ 에 대하여

$$\frac{d}{dx}(G(x) - F(\phi(x)) = 0.$$

정리 2.22 (ii)에 의하여 $G(x) - F(\phi(x))$ 는 $[a,b]$ 에서 상수이고, $x = a$ 에서는 0 이다. 그러므로 모든 $x \in [a,b]$ 에 대하여 $G(x) = F(\phi(x))$ 이다. 그러므로 (3.13) 이면 (3.15)가 성립한다.

전략: (3.14) 로부터 (3.15) 를 증명하기는 어렵지만 증명하기 위한 아이디어는 간단하다. ϕ 가 증가하므로 $\mathcal{P} = \{x_0, x_1, \cdots, x_n\}$ 가 $[a,b]$ 의 분할이면 $\tilde{\mathcal{P}} = \{\phi(x_0), \phi(x_1), \cdots, \phi(x_n)\}$ 는 $I := [\phi(a), \phi(b)]$ 의 분할이다. 중간값 정리에 의하여 $u_j \in [\phi(x_{j-1}), \phi(x_j)]$ 가 주어지면 $u_j = \phi(s_j)$ 를 만족하는 $s_j \in [x_{j-1}, x_j]$ 가 존재한다. 평균값 정리에 의하여

$$\sum_{j=1}^n f(u_j)(\phi(x_j) - \phi(x_{j-1})) = \sum_{j=1}^n f(\phi(s_j))\phi'(c_j)(x_j - x_{j-1}) \tag{3.16}$$

이 성립하는 $c_j \in [x_{j-1}, x_j]$ 가 있다. 그러므로 $\tilde{\mathcal{P}}$ 에서 f 의 리만합은 $\mathcal{P}$ 에서 $(f \circ \phi) \cdot \phi'$ 의 리만합과 거의 같다. ϕ' 는 연속함수이므로 c_j 를 s_j 로 바꾸어도 크게 변하지 않는다. 즉 (3.16) 의 우변이 정확하게 $\mathcal{P}$ 에서의 리만합이 된다. 그러므로 I 에서 f 의 적분은 $[a,b]$ 에서 $(f \circ \phi) \cdot \phi'$의 적분과 같게 된다. 이제 자세한 증명을 하자.

$\varepsilon > 0$ 이라 하자. f 가 유계이므로 모든 $x \in I$ 에 대하여 $|f(x)| \le M$ 을 만족하는 $M \in (0, \infty)$ 가 존재한다. ϕ' 는 $[a,b]$ 에서 고른연속이므로 $|s_j - c_j| < \delta$ 가 되는 모든 $s_j, c_j \in [a,b]$ 에 대하여

$$|\phi'(s_j) - \phi'(c_j)| < \frac{\varepsilon}{2M(b-a)}.$$

즉

$$|f(\phi(s_j))\phi'(s_j) - f(\phi(s_j))\phi'(c_j)| < \frac{\varepsilon}{2(b-a)} \tag{3.17}$$

을 만족하는 $\delta > 0$ 이 존재한다. 다음은 f 가 I 에서 적분가능이므로, $\tilde{\mathcal{P}}_\varepsilon$ 를 $\tilde{\mathcal{P}} = \{t_0, t_1, \cdots, t_n\} \supseteq \tilde{P}_\varepsilon$ 이면 임의의 $u_j \in [t_{j-1}, t_j]$ 에 대하여

$$\left|\sum_{j=1}^{n} f(u_j)(t_j - t_{j-1}) - \int_{\phi(a)}^{\phi(b)} f(t)\,dt\right| < \frac{\varepsilon}{2} \tag{3.18}$$

이 되도록 I 의 분할 $\tilde{P}_\varepsilon = \{w_0, w_1, \cdots, w_m\}$ 을 선택하자. 정리 2.27 에 의하여 ϕ^{-1} 가 존재하고 연속이며 I 에서 순증가이다. 그러므로 $\mathcal{P}_\varepsilon = \{\phi^{-1}(w_0), \phi^{-1}(w_1), \cdots, \phi^{-1}(w_m)\}$ 은 $[a, b]$ 의 분할이며 $\|\mathcal{P}_\varepsilon\| < \delta$ 로 가정해도 좋다 (더 세분하면 가능하다). $\mathcal{P} = \{x_0, x_1, \cdots, x_n\}$ 은 $\mathcal{P}_\varepsilon$ 의 세분이고 $s_j \in [x_{j-1}, x_j]$라 하자. 각 $j \in \{1, 2, \cdots, n\}$ 에 대하여 $u_j = \phi(s_j), t_j = \phi(x_j)$ 라 놓고, 평균값 정리에 의하여, $\phi(x_j) - \phi(x_{j-1}) = \phi'(c_j)(x_j - x_{j-1})$ 을 만족하는 $c_j \in [x_{j-1}, x_j]$ 를 선택한다. 그러면 I 의 분할 $\tilde{\mathcal{P}} = \{t_0, t_1, \cdots, t_n\}$ 은 $\tilde{\mathcal{P}}_\varepsilon$ 의 세분으로서 (3.18) 이 성립한다. (3.16) (3.17) (3.18) 과 t_j의 선택에 의하여, 어떤 $s_j \in [x_{j-1}, x_j]$ 를 선택하더라도

$$\begin{aligned}
&\left|\sum_{j=1}^{n} f(\phi(s_j))\phi'(s_j)(x_j - x_{j-1}) - \int_{\phi(a)}^{\phi(b)} f(t)\ dt\right| \\
&\leq \left|\sum_{j=1}^{n} f(\phi(s_j))\phi'(s_j) - f(\phi(s_j))\phi'(c_j))(x_j - x_{j-1})\right| \\
&\quad + \left|\sum_{j=1}^{n} f(u_j)(\phi(x_j) - \phi(x_{j-1})) - \int_{\phi(a)}^{\phi(b)} f(t)\,dt\right| \\
&< \frac{\varepsilon}{2} + \left|\sum_{j=1}^{n} f(u_j)(t_j - t_{j-1}) - \int_{\phi(a)}^{\phi(b)} f(t)\,dt\right| < \varepsilon
\end{aligned}$$

이다. 그러므로, 정리 3.5에 의하여 $(f \circ \phi) \cdot \phi'$ 은 $[a, b]$ 에서 적분가능이고 (3.15) 가 성립한다. ■

보기 5 $\int_1^2 xe^{x^2}\,\mathrm{d}x$ *을 계산하여라.*

풀이 $u = x^2$ 라 하면 $u'(x) = 2x$ 이다. 그러므로

$$\begin{aligned}\int_1^2 xe^{x^2}\,\mathrm{d}x &= \frac{1}{2}\int_1^2 u'(x)e^{u(x)}\,\mathrm{d}x \\ &= \frac{1}{2}\int_1^4 e^u\,du = \frac{1}{2}(e^4 - e).\end{aligned}$$

(3.13)에서 ϕ 가 단사라는 가정을 하지 않았다. 다음 보기를 보자.

보기 6 $\int_{-1}^1 xf(x^2)\,\mathrm{d}x$ *을 계산하여라. 여기서* f *는* $[0,1]$ *에서 연속이다.*

풀이 $t = \phi(x) = x^2$ 라 하면, f 는 $\phi([-1,1]) = [0,1]$ 에서 연속이다. 정리 3.15 에 의하여

$$\int_{-1}^1 xf(x^2)\,\mathrm{d}x = \frac{1}{2}\int_{-1}^1 f(\phi(x))\phi'(x)\,\mathrm{d}x = \frac{1}{2}\int_1^1 f(t)\,dt = 0.$$

연습문제 (3.3)

1. 다음 적분들을 계산하여라.

(a) $\int_{-3}^3 |x^2 + x - 2|\,\mathrm{d}x$

(b) $\int_1^4 \frac{\sqrt{x}-1}{\sqrt{x}}\,\mathrm{d}x$

(c) $\int_0^1 (3x+1)^{99}\,\mathrm{d}x$

(d) $\int_1^e x\log x\,\mathrm{d}x$

(e) $\int_0^{\frac{\pi}{2}} e^x \sin x\,\mathrm{d}x$

(f) $\int_0^1 \sqrt{\frac{4x^2-4x+1}{x^2-x+3}}\,\mathrm{d}x$

2.

$$\lim_{n\to\infty}\left[\frac{1}{n+1} + \frac{1}{n+2} + \cdots + \frac{1}{2n}\right] = \log 2$$

을 증명하여라.(힌트 : 대괄호를

$$\frac{1}{n}\sum_{k=1}^{n}\left(\frac{1}{1+\frac{k}{n}}\right)$$

로 쓰고 리만합을 사용하여라.)

3. 다음의 미분의 평균값 정리를 증명하는데 적분의 평균값 정리 I 을 이용하여라. $f \in \mathcal{C}^1[a,b]$ 이면,

$$f(b) - f(a) = (b-a)f'(x_0)$$

을 만족하는 $x_0 \in (a,b)$ 가 적어도 하나 존재한다.

4. (a) $g : \mathbb{R} \to \mathbb{R}$ 가 연속일 때, $\frac{d}{dx}\int_0^x g(x-t)\,dt$ 를 구하시오.

   (b) $F(x) = \int_0^x e^{-x^2t^2}\,dt$ 일 때, $xF'(x) + F(x) = 2xe^{-x^4}, \quad x \in \mathbb{R}$ 를 증명하여라.

   (c) $f(x) = \int_0^{x^3} e^{t^2}\,dt$ 일 때, $6\int_0^1 x^2 f(x)\,\mathrm{d}x - 2\int_0^1 e^{x^2}\,\mathrm{d}x = 1 - e$ 임을 보여라.

5. 함수 $L : (0,\infty) \to \mathbb{R}$ 을

$$L(x) = \int_1^x \frac{dt}{t}$$

로 정의하자. 다음을 증명하여라.

   (a) L 은 $(0,\infty)$에서 미분가능, 순증가이며 $L'(x) = \frac{1}{x}$, $L(1) = 0$ 이다.

   (b) $x \to \infty$ 일 때 $L(x) \to \infty$ 이고 $x \to 0+$ 일 때 $L(x) \to -\infty$이다. [힌트: $L(2^n) > \sum_{k=1}^{2^n-1} \frac{1}{k+1} > \sum_{k=0}^{n-1}\left(\sum_{j=2^k}^{2^{k+1}-1} \frac{1}{2^{k+1}}\right) = \frac{n}{2}, \quad n \in \mathbb{N}$ 를 보인다.)

   (c) $x > 0, q \in \mathbb{Q}$ 일 때 $(x^q)' = qx^{q-1}$ 를 이용하여 (2.4의 연습문제 9) $L(x^q) = qL(x)$, $(x > 0, q \in \mathbb{Q})$ 를 증명하여라.

   (d) 모든 $x, y \in (0,\infty)$ 에 대하여 $L(xy) = L(x) + L(y)$ 임을 증명하여라.

   (e) $e = \lim_{n\to\infty}\left(1 + \frac{1}{n}\right)^n$ 이다. 로피탈의 법칙을 이용하여 $L(e) = 1$ 을 보여라. ($L(x)$ 는 자연 대수함수 $\log x$ 이다.)

6. $E = L^{-1}$이라 하자. 여기서 L 은 연습문제 4 에서 정의된 것과 같다.

   (a) 역함수 정리를 이용하여, E는 $\mathbb{R}$ 에서 미분가능이며 순증가이고

$$E'(x) = E(x), \quad E(0) = 1, \quad E(1) = e$$

   임을 보여라.

   (b) $x \to \infty$ 이면 $E(x) \to \infty$ 이고, $x \to -\infty$ 이면 $E(x) \to 0$ 임을 증명하여라.

   (c) 모든 $q \in \mathbb{Q}$ 와 $x \in \mathbb{R}$ 에 대하여 $E(xq) = (E(x))^q$ 이고 $E(q) = e^q$ 임을 보여라.

(d) 모든 $x, y \in \mathbb{R}$ 에 대하여 $E(x+y) = E(x)E(y)$ 임을 보여라.

(e) 각각의 $\alpha \in \mathbb{R}$ 에 대하여 $e^\alpha = E(\alpha)$, $x > 0$ 일 때 $x^\alpha = e^{\alpha \log x} := E(\alpha L(x))$ 으로 정의하자. $\alpha > 0$ 일 때 $0 < x < y$ 이면 $x^\alpha < y^\alpha$ 이고, $\alpha < 0$ 일 때 $0 < x < y$ 이면 $x^\alpha > y^\alpha$ 임을 증명하여라. 또한 $\alpha, \beta \in \mathbb{R}$ 이고 $x > 0$ 이면

$$x^{\alpha+\beta} = x^\alpha x^\beta, \quad x^{-\alpha} = \frac{1}{x^\alpha}, \quad (x^\alpha)' = \alpha x^{\alpha-1}$$

임을 보여라.

7. (a) g 는 $[1,3]$에서 적분가능이고 음이 아닌 함수이며 $\int_1^3 g(x)\,\mathrm{d}x = 1$ 이라 하자. 그러면,

$$\frac{1}{\pi}\int_1^9 g(\sqrt{x})\,\mathrm{d}x < 2$$

임을 보여라.

(b) h는 $[1,11]$에서 적분가능이고 음이 아닌 함수이며 $\int_1^{11} h(x)\,\mathrm{d}x = 3$ 이라 하자. 그러면

$$\int_0^2 h(1+3x+3x^2-x^3)\,\mathrm{d}x \leq 1$$

임을 보여라.

8. g는 $[a,b]$ 에서 미분가능이고 g' 은 $[a,b]$ 에서 적분가능이라고 가정하자.

(a) f 가 $[a,b]$ 에서 연속인 도함수를 가지고 증가이며, g 는 (a,b) 에서 양의 함수이고 $g(b) = g(a) = 0$ 이면

$$\int_a^b f(x)g'(x)\,\mathrm{d}x = 0$$

이기 위한 필요충분조건은 f는 $[a,b]$에서 상수함수임을 증명하여라.

(b) (a)에서, "g 가 $[a,b]$ 에서 양의 함수"라는 조건 대신에 "g는 $[a,b]$에서 음이 아니며, (a,b) 의 어떤 부분구간에서 양의 값을 가지는 함수" 로 조건을 바꾸면 (a)는 성립하지 않음을 보여라.

(c) g' 이 적분가능이어야 하는가?

9. 3.1 의 연습문제 4 에 의하여 f는 비퇴화 구간 $[a,b]$ 에서 음이 아니고 연속이며, 어떤 $c \in (a,b)$ 에 대하여

$$\int_a^c f(x)\,\mathrm{d}x + \int_c^b f(x)\,\mathrm{d}x = 0$$

이면 모든 $x \in [a,b]$ 에 대하여 $f(x) = 0$이다. 지금 만일 f 가 $[a,b]$ 에서 연속이고 모든 $c \in (a,b)$ 에 대하여 그리고 어떤 $\alpha \neq \beta$ 에 대하여

$$\alpha \int_a^c f(x)\,\mathrm{d}x + \beta \int_c^b f(x)\,\mathrm{d}x = 0$$

이면 $f(x) \equiv 0$ 즉 모든 $x \in [a,b]$ 에 대하여 $f(x) = 0$ 임을 보여라.

10. $-\frac{\pi}{2} \le x \le \frac{\pi}{2}$ 라 하자.

    (a) $0 \le \cos x \le 1$ 이고 적분의 비교정리를 이용하여 $0 \le \sin x \le x$임을 보여라.

    (b) 정수 $m \ge 0$ 에 대하여

    $$s_m(x) := \sum_{k=0}^{m} \frac{(-1)^k x^{2k+1}}{(2k+1)!}, \qquad c_m(x) = \sum_{k=0}^{m} \frac{(-1)^k x^2 k}{(2k)!}$$

    로 정의하자. 이 때 $n = 0, 1, 2, \cdots$ 과 $x \in \mathbb{R}$ 에 대하여

    $$s_{2n+1}(x) \le \sin x \le s_{2n}, \qquad s_{2n+1} \le \sin x \le s_{2n+2},$$
    $$c_{2n+1}(x) \le \cos x \le s_{2n}(x), \qquad c_{2n+1}(x) \le \cos x \le c_{2n+2}(x)$$

    임을 증명하여라.

11. $f : [a,b] \to \mathbb{R}$ 가 연속인 도함수를 가지고 1-1 이라 하자.

$$\int_a^b f(x)\,\mathrm{d}x + \int_{f(a)}^{f(b)} f^{-1}(x)\,\mathrm{d}x = bf(b) - af(a)$$

임을 보여라.

12. 모든 $x \in [a,b]$ 에 대하여 $\phi(x)$ 는 연속인 도함수를 가지고 $\phi'(x) \neq 0$ 이라 하자. 만일 $[c,d] = \phi([a,b])$ 이고 f 가 $[c,d]$ 에서 적분가능이면,

$$\int_c^d f(t)\,dt = \int_a^b f(\phi(x))|\phi'(x)|\,\mathrm{d}x$$

임을 보여라.

13. $f : \mathbb{R} \to \mathbb{R}$ 는 연속이고 $F(x) = \int_0^{x^2} f(t)\,dt$ 라 하자. $F'(x) = 2xf(x^2)$ 임을 증명하여라.

14. $f : [0,1] \to \mathbb{R}$ 은 적분가능이고 모든 a, b $0 \le a < b \le 1$ 에 대하여 $f(c) = 0$ 인 $c \in (a,b)$ 가 존재한다고 하자. $\int_0^1 f\,\mathrm{d}x = 0$ 임을 보여라. $f = 0$ 이어야 하는가? 만일 f 가 연속이면 어떻게 되는가?

3.4 르베그의 정리

위상적인 개념을 해석학에 적용하는 예는 함수의 불연속점들의 집합의 크기와 함수의 리만 적분가능성과의 관계이다. 집합의 크기를 재기위해서 다음 정의를 도입한다.

정의 3.6 (i) *집합 $E \subset \mathbb{R}$ 이* **영측도(measure zero)***라 함은 임의의 $\varepsilon > 0$ 에 대하여 E를 덮는 구간들의 가산 모임 $\{I_j\}_{j\in\mathbb{N}}$이 존재하여*

$$\sum_{j=1}^{\infty} |I_j| \le \varepsilon$$

을 만족한다. 여기서 $|I|$ 는 구간 I 의 길이이다.

(ii) *함수 $f : [a,b] \to \mathbb{R}$ 이 $[a,b]$ 위에서* **거의 모든 점에서 (almost everywhere) 연속***이라 함은 f 가 불연속인 점 $x \in [a,b]$ 들의 집합이 영측도집합이다.*

정의에 의하면 만일 E 가 영측도이면 E의 모든 부분집합도 또한 영측도이다. 마찬가지로 한원소 집합 $E = \{a\}$ 도 영측도를 가진다. 따라서 유한집합은 모두 영측도집합임을 알 수 있다. 그러나 닫힌 비퇴화 구간은 영측도가 아니다.

참고 1 *실수집합의 모든 가산집합은 영측도집합이다.*

증명 $E = \{x_1, x_2, \cdots\}$을 가산 무한집합이라고 가정하자. 임의로 주어진 $\varepsilon > 0$ 과 $j \in \mathbb{N}$ 에 대하여

$$I_j = (x_j - \varepsilon 2^{-j-1}, x_j + \varepsilon 2^{-j-1})$$

라 두자. 그러면 $j \in \mathbb{N}$ 에 대하여 $x_j \in I_j$ 이고 $|I_j| = \varepsilon 2^{-j}$ 이다. 그러므로 $E \subset \cup_{j=1}^{\infty} I_j$ 이고

$$\sum_{j=1}^{\infty} |I_j| = \varepsilon \sum_{j=1}^{\infty} \frac{1}{2^j} = \varepsilon$$

이다. ■

참고 1 의 역은 성립하지 않는다. 즉, 영측도인 비가산집합이 존재한다(연습문제 9).

참고 2 *만일 $E_1, E_2, \cdots$ 이 영측도인 집합열이면*

$$E = \bigcup_{k-1}^{\infty} E_k$$

도 또한 영측도이다.

증명 $\varepsilon > 0$ 라 하자. 가정에 의하여 주어진 $k \in \mathbb{N}$ 에 대해

$$\sum_{j=1}^{\infty} |I_j^{(k)}| < \frac{\varepsilon}{2^k}$$

을 만족하는 E_k를 덮는 구간들의 모임 $\{I_j^{(k)}\}_{j\in\mathbb{N}}$을 선택할 수 있다. 그러면 모임 $\{I_j^{(k)}\}_{j,k\in\mathbb{N}}$ 은 가산이고 E를 덮고

$$\sum_{k=1}^{\infty}\sum_{j=1}^{\infty} |I_j^{(k)}| < \sum_{k=1}^{\infty} \frac{\varepsilon}{2^k} = \varepsilon$$

이 성립한다. 따라서 E 는 영측도인 집합이다. ■

불연속점에 관하여 보다 상세한 설명을 위해 다음 정의를 도입한다.

정의 3.7 $[a,b]$ 는 닫힌 구간이고 $f : [a,b] \to \mathbb{R}$ 은 *유계함수라 하자.*

(i) $[a,b]$ *와 만나는 구간* J *위에서* f *의* **진동(oscillation)**은

$$\Omega_f(J) = \sup_{x,y\in J\cap[a,b]} (f(x) - f(y))$$

으로 정의한다.

(ii) *점* $t \in [a,b]$ *에서* f *의* **진동(oscillation)**은 *극한이 존재할 때*

$$\omega_f(t) := \sup_{h\to 0+} \Omega_f((t-h, t+h))$$

으로 정의한다.

참고 3 만일 $f : [a,b] \to \mathbb{R}$ *이 유계이면 모든* $t \in [a,b]$ *에 대하여* $\omega_f(t)$ *이 존재하고* $0 \le \omega_f(t) < \infty$*을 만족한다.*

증명 $t \in [a,b]$를 고정하고 각 구간 J 에 대해

$$M_J = \sup_{x\in J\cap[a,b]} f(x), \qquad m_J = \inf_{x\in J\cap[a,b]} f(x)$$

라 두자. $\sup(-f(x)) = -\inf f(x)$ 이므로

$$\Omega_f(J) = M_J - m_J \ge 0 \tag{3.19}$$

이 성립한다.

간단하게 하기 위해서 $t \in (a,b)$와 h_0를 작게 택하여 $(t-h_0, t+h_0) \subset (a,b)$ 이 성립한다고 가정하자. 각 $0 < h < h_0$에 대하여

$$F(h) = \Omega_f((t-h, t+h))$$

라 두자. 상한의 단조성에 의하여 $F(h)$ 은 $(0, h_0)$ 위에서 증가한다. 따라서 $h \to 0+$ 일 때 유한 극한값을 가진다. (3.19) 에 의하여 $F(h) \geq 0$ 이다. 그러므로 $\omega_f(t)$ 는 존재하고 음이 아닌 유한값이다. ■

참고 4 *$f : [a,b] \to \mathbb{R}$ 이 유계라 하자. 만일 E 가 $[a,b]$ 내의 f의 불연속점들의 집합이라면*

$$E = \bigcup_{j=1}^{\infty} \left\{ t \in [a,b] \ : \ \omega_f(t) \geq \frac{1}{j} \right\}$$

이다.

증명 (3.19) 에 의하여 f 가 $t \in [a,b]$에서 연속이기 위한 필요충분조건은 $\omega_f(t) = 0$ 이다. 따라서 $t \in E$ 이기 위한 필요충분조건은 $\omega_f(t) > 0$ 이다. 아르키메데스 원리에 의하여 $\omega_f(t) > 0$ 이기 위한 필요충분조건은 어떤 $j \in \mathbb{N}$ 에 대하여 $\omega_f(t) \geq 1/j$ 이다. 따라서 원하는 결과를 얻는다. ■

보조정리 3.1 *$f : [a,b] \to \mathbb{R}$ 이 유계라 하자. 각 $\varepsilon > 0$ 에 대하여 집합*

$$H = \{t \in [a,b] \ : \ \omega_f(t) \geq \varepsilon\}$$

은 컴팩트이다.

증명 모순을 얻기 위해 H 가 컴팩트가 아니고 H 가 공집합이 아니라고 하자. H 가 유계이므로 H 는 닫힌집합이 아니다. 따라서 $k \to \infty$ 일 때 $t_k \to t$ 이지만 $t \notin H$ 인 점들 $t_k \in H$ 가 존재한다. $\omega_f(t) < \varepsilon$ 이므로

$$\Omega_f((t-h_0, t+h_0)) < \varepsilon \tag{3.20}$$

을 만족하는 $h_0 > 0$가 존재한다. $t_k \to t$ 이므로

$$\left(t_N - \frac{h_0}{2}, t_N + \frac{h_0}{2}\right) \subset (t-h_0, t+h_0)$$

을 만족하도록 $N \in \mathbb{N}$을 택한다. 그러면 (3.20) 에 의하여 $\Omega_f((t_N - h_0/2, t_N + h_0/2)) < \varepsilon$ 이다. 그러므로 $\omega_f(t_N) < \varepsilon$ 이고 $t_N \in H$ 임에 모순이다. ■

보조정리 3.2 *I 는 유계이고 닫힌집합이고 $f : I \to \mathbb{R}$은 유계라 하자. 만일 $\varepsilon > 0$ 이고 모든 $t \in I$ 에 대하여 $\omega_f(t) < \varepsilon$ 이면 $\delta > 0$ 가 존재하여 $|J| < \delta$를 만족하는 모든 닫힌 구간 $J \subset I$ 에 대하여 $\Omega_f(J) < \varepsilon$을 만족한다.*

증명 각 $t \in I$ 에 대하여

$$\Omega_f((t - \delta_t, t + \delta_t)) < \varepsilon \tag{3.21}$$

이 성립하는 δ_t를 택한다. $\{(t - \delta_t/2, t + \delta_t/2)\}_{t \in I}$ 이 I를 덮으므로 $t_1, \cdots, t_N$을 선택하여

$$I \subset \bigcup_{j=1}^{N} \left(t_j - \frac{\delta_{t_j}}{2}, t + \frac{\delta_{t_j}}{2} \right)$$

을 만족한다.

$$\delta = \min_{1 \le j \le N} \frac{\delta_{t_j}}{2}$$

라 두자. 만일 $J \subseteq I$ 이면 어떤 $j \in \{1, 2, \cdots, N\}$ 에 대하여

$$J \cap \left(t_j - \frac{\delta_{t_j}}{2}, t_j + \frac{\delta_{t_j}}{2} \right) \neq \emptyset.$$

만일 J 가 또한 $|J| < \delta$를 만족하면 $2\delta \le \delta_{t_j}$ 로부터 $J \subseteq (t_j - \delta_{t_j}, t_j + \delta_{t_j})$를 얻는다. 특히 (3.21) 로부터

$$\Omega_f(J) \le \Omega_f((t_j - \delta_{t_j}, t_j + \delta_{t_j})) < \varepsilon.$$

■

정리 3.16 (르베그) *$f : [a, b] \to \mathbb{R}$ 가 유계함수라 하자. 그러면 f가 $[a, b]$ 위에서 리만적분가능이기 위한 필요충분조건은 f 가 $[a, b]$ 의 거의 모든 점에서 연속이다. 특히, 만일 f 가 유계이고 $[a, b]$ 의 가산 개의 점에서 불연속이면 f 는 $[a, b]$ 에서 적분가능이다.*

증명 E 가 $[a, b]$ 위에서 f의 불연속점들의 집합이라 하자. f가 적분가능이지만 E 가 영측도이 아니라고 가정하자. 참고 2와 4 에 의하여 $j_0 \in \mathbb{N}$ 이 존재하여

$$H = \left\{ t \in [a, b] \ : \ \omega_f(t) \ge \frac{1}{j_0} \right\}$$

가 영측도이 아니다. 특히 만일 $\{I_k\}_{k \in \mathbb{N}}$ 이 H를 덮는 구간들의 임의의 모임이면

$$\sum_{k=1}^{\infty} |I_k| \ge \varepsilon_0 \tag{3.22}$$

을 만족하는 $\varepsilon_0 > 0$ 이 존재한다. $P = \{x_0, \cdots, x_n\}$ 이 $[a, b]$ 의 분할이라 하자. 만일 $(x_{k-1}, x_k) \cap H \neq \emptyset$ 이면 정의에 의하여 $M_k(f) - m_k(f) \geq 1/j_0$ 이다. 따라서

$$\begin{aligned} U(f,P) - L(f,P) &= \sum_{k=1}^{n} (M_k(f) - m_k(f))(x_k - x_{k-1}) \\ &\geq \sum_{(x_{k-1},x_k)\cap H\neq\emptyset} (M_k(f) - m_k(f))(x_k - x_{k-1}) \\ &\geq \frac{1}{j_0} \sum_{(x_{k-1},x_k)\cap H\neq\emptyset} (x_k - x_{k-1}). \end{aligned}$$

그러나 $\{[x_{k-1}, x_k] \,:\, (x_{k-1}, x_k) \cap H \neq \emptyset\}$ 은 H를 덮는 구간들의 모임이다. 따라서 (3.22) 로부터

$$U(f,P) - L(f,P) \geq \frac{\varepsilon_0}{j_0} > 0.$$

그러므로 f는 $[a, b]$ 위에서 적분가능이 아니다.

역으로 E 가 영측도를 가진다고 가정하자. $M = \sup_{x\in[a,b]} f(x)$ 와 $m = \inf_{x\in[a,b]} f(x)$ 라 하자. 주어진 $\varepsilon > 0$ 에 대하여

$$\frac{M - m + b - a}{j_0} < \epsilon$$

인 $j_0 \in \mathbb{N}$을 택하자. E 가 영측도를 가지므로

$$H = \left\{ t \in [a, b] \,:\, \omega_f(t) \geq \frac{1}{j_0} \right\}$$

도 또한 영측도를 가진다. 따라서 정의 3.6 에 의하여 H를 덮고 구간들의 길이의 합이 $1/(2j_0)$ 보다 작은 구간들의 모임이 존재한다. 이러한 구간들을 전개하여 열린구간 $I_1, I_2, \cdots$ 이 존재하여

$$\sum_{\nu=1}^{\infty} |I_\nu| < \frac{1}{j_0}$$

을 만족한다. 보조정리 3.1 에 의하여 $N \in \mathbb{N}$ 을 선택하여 $\{I_1, I_2, \cdots, I_N\}$ 이 H 를 덮고

$$\sum_{\nu=1}^{N} |I_\nu| < \frac{1}{j_0} \tag{3.23}$$

을 만족한다.

$U(f,P) - L(f,P) < \varepsilon$ 을 만족하는 분할 P 를 찾아야 한다. I_ν 의 끝 점들은 이 분할의 부분을 이룬다. 다른 점들은 모든 I_ν 에 의해 덮히지 않는 $[a, b]$ 의 부분의 분할로 부터 나온다. 실제로 $I' \subseteq [a, b] \backslash (\cup_{\nu=1}^{N} I_\nu)$ 라 하자. I_ν 들이 H 를 덮으므로 모든 $t \in I'$ 에 대하여

$\omega_f(t) < 1/j_0$. 따라서 보조정리 3.2 에 의하여 $\delta > 0$ 가 존재하여 만일 $J \subseteq I'$ 가 $|J| < \delta$ 를 만족하면 $\Omega_f(J) < 1/j_0$ 을 만족한다. $[a,b]\backslash(\cup_{\nu=1}^N I_\nu)$ 을 $|J_l| < \delta$ 인 구간 J_l, $l = 1,\cdots,s$ 으로 나누자. 그러면 $l = 1,\cdots,n$ 에 대하여

$$\Omega_f(J_l) < \frac{1}{j_0} \tag{3.24}$$

$P = \{x_0, x_1, \cdots, x_n\}$ 은 x 가 어떤 I_ν 또는 어떤 I_l 의 끝 점인 점 x 들의 모임을 나타내자. 만일 $(x_{k-1}, x_k) \cap H \neq \emptyset$ 이면 x_{k-1} 와 x_k 은 어떤 I_ν 의 끝 점이다. 따라서 (3.23) 에 의하여

$$\sum_{(x_{k-1},x_k)\cap H \neq \emptyset} (M_k(f) - m_k(f))(x_k - x_{k-1}) \leq \frac{M-m}{j_0}.$$

한편, 만일 $(x_{k-1}, x_k) \cap H = \emptyset$ 이면 x_{k-1} 와 x_k 은 어떤 J_l 의 끝 점이다. 따라서 (3.24) 에 의하여

$$\sum_{(x_{k-1},x_k)\cap H = \emptyset} (M_k(f) - m_k(f))(x_k - x_{k-1}) \leq \frac{1}{j_0}\sum_{k=1}^{n}(x_k - x_{k-1}) = \frac{b-a}{j_0}.$$

그러므로

$$U(f,P) - L(f,P) = \sum_{k=1}^{n}(M_k(f) - m_k(f))(x_k - x_{k-1}) \leq \frac{M-m+b-a}{j_0} < \varepsilon$$

이고 f 는 $[a,b]$ 위에서 적분가능이다. ■

만일 $\alpha > 0$ 이고 $f(x)$ 이 양이면

$$f^\alpha(x) := e^\alpha \log(f(x)).$$

이다. f 가 적분가능하다고 가정하자. 따름정리 3.10 은 각 $n \in \mathbb{N}$ 에 대하여 f^n 이 적분가능일지라도 f 의 정수가 아닌 지수(예: $\sqrt{f}$, $\sqrt[3]{f}$) 의 적분가능성에 대하여는 아직 조사하지 않았다. 다음 결과는 르베그정리가 f 의 모든 실수 지수에 대한 적분가능성에 답을 주고 있다.

따름정리 3.17 만일 $f : [a,b] \to [0,\infty)$ *이 리만적분가능이면* $\alpha > 0$ *에 대하여* f^α *도 또한 리만적분가능이다.*

연습문제 (3.4)

1. 다음 함수에 대하여 $\omega_f(t)$ 에 대한 식을 찾아라.

(a)
$$f(x) = \begin{cases} 1 & x \in \mathbb{Q} \\ 0 & x \notin \mathbb{Q} \end{cases}$$

(b)
$$f(x) = \begin{cases} 1 & x \geq 0 \\ 0 & x < 0 \end{cases}$$

(c)
$$f(x) = \begin{cases} \sin(1/x) & x \neq 0 \\ 0 & x = 0 \end{cases}$$

2. 만일 $f : [a,b] \to \mathbb{R}$ 이 적분가능이고 $g : f([a,b]) \to \mathbb{R}$ 이 연속이면 $g \circ f$ 는 $[a,b]$ 에서 적분가능임을 보여라. (2.2 절의 연습문제 15에 의하여 만일 g 가 한 점에서라도 불연속이면 이 결과는 거짓임을 주의할 것.)

3. (a) 주어진 $\varepsilon > 0$ 에 대하여 $[0,1] \cap \mathbb{Q}$ 를 덮는 열린 구간열 $\{I_k\}_{k\in\mathbb{N}}$ 이 존재하여
$$\sum_{k=1}^{\infty} |I_k| < \varepsilon$$
을 만족함을 보여라.

(b) 만일 $\{I_k\}_{k\in\mathbb{N}}$ 이 $[0,1]$ 을 덮는 열린 구간열이면
$$\sum_{k=1}^{N} |I_k| \geq 1$$
을 만족하는 $N \in \mathbb{N}$ 이 존재함을 보여라.

4. E_1 을 단위구간 $[0,1]$ 에서 가운데 3 분의 1 부분 $(1/3, 2/3)$ 을 제외한 부분, 즉 $E_1 = [0,1/3] \cup [2/3,1]$ 이라 하자. E_2 는 E_1 의 각 구간들의 가운데 3 분의 1 부분을 제외한 부분, 즉
$$E_2 = [0,1/9] \cup [2/9,1/3] \cup [2/3,7/9] \cup [8/9,1].$$
이러한 과정을 계속하면 각 E_k 는 길이가 $1/3^k$ 인 2^k 개의 닫힌구간들의 합집합인 축차집합열 E_k 를 생성한다. **칸토르집합**은
$$E := \bigcap_{k=1}^{\infty} E_k$$

이다. 모든 점 $x \in [0,1]$ 이 2 진수 또는 3 진수전개를 가진다고 가정하자. 즉, $a_k \in \{0,1\}$ 와 $b_k \in \{0,1,2\}$ 가 존재하여

$$x = \sum_{k=1}^{\infty} \frac{a_k}{2^k} = \sum_{k=1}^{\infty} \frac{b_k}{3^k}$$

이다. (예를 들어, 만일 $x = \frac{1}{3}$ 이면 모든 k 에 대하여 $a_{2k-1} = 0, a_{2k} = 1$ 이고 $b_1 = 1$, $k > 1$ 에 대하여 $b_k = 0$ 이거나 $b_1 = 0$, 모든 $k > 1$ 에 대하여 $b_k = 1$ 이다.)

(a) E 는 영측도인 공집합이 아닌 컴팩트집합임을 보여라.

(b) 점 $x \in [0,1]$ 이 E 에 속하기 위한 필요충분조건은 x 는 각 자리수가 모든 $k \in \mathbb{N}$ 에 대하여 $b_k \neq 1$ 를 만족하는 3 진수 전개를 가진다.

(c) $f : E \to [0,1]$ 를

$$f\left(\sum_{k=1}^{\infty} \frac{b_k}{3^k}\right) = \sum_{k=1}^{\infty} \frac{b_k/2}{2^k}$$

으로 정의하자. f 가 E 에서 $[0,1]$ 위로의 1-1 임을 증명하여라. 즉 E 가 비가산집합임을 보여라.

(d) f 를 가운데 3 분의 1 부분 $E_{k-1} \backslash E_k$ 을 상수로 정의함으로써 E 에서 $[0,1]$ 으로 확장할 수 있다. $f : [0,1] \to [0,1]$ 이 연속이고 증가함수임을 증명하여라. (주의 : 함수 f 는 $[0,1]$ 위의 거의 모든 점에서 상수이다. 즉, 영측도인 집합바깥 부분에서는 상수이다. 함수는 $f(0) = 0$ 에서 시작하고 $f(1) = 1$ 에 끝난다.)

3.5 이상 리만적분

지금까지 피적분함수와 적분구간은 모두 유계이었다. 이제 적분구간이나 피적분함수중 적어도 하나가 유계가 아닐 때 함수의 적분을 구하는 문제를 생각하기로 한다. 먼저 다음 정리를 보자.

정리 3.18 *f 가 $[a,b]$ 에서 적분가능이면 $a < c < d < b$ 에 대하여*

$$\int_a^b f(x)\,\mathrm{d}x = \lim_{c \to a+} \left(\lim_{d \to b-} \int_c^d f(x)\,\mathrm{d}x \right)$$

이다.

증명 정리 3.13(i)에 의하여 $F(x) = \int_a^x f(t)\,dt$ 는 $[a, b]$ 에서 연속이다. 그러므로

$$\begin{aligned}\int_a^b f(x)\,\mathrm{d}x = F(b) - F(a) &= \lim_{c\to a+}\left(\lim_{d\to b-}(F(d) - F(c))\right)\\ &= \lim_{c\to a+}\left(\lim_{d\to b-}\int_c^d f(x)\,\mathrm{d}x\right)\end{aligned}$$

이다. ■

이제부터 열린구간 (a, b) 는 유계이거나 유계가 아닌 구간이고 $f : (a, b) \to \mathbb{R}$ 는 유계이거나 유계가 아닌 함수라 하자.

정의 3.8 (i) f 가 (a, b) 에서 **국소(적으로) 적분가능(locally integrable)**이라 함은 임의의 닫힌구간 $[c, d] \subset (a, b)$ 에서 f 는 적분가능이다.

(ii) f는 (a, b) 에서 **이상적분가능**이라 함은 f가 (a, b)에서 국소(locally)적분가능이고

$$\int_a^b f(x)\,\mathrm{d}x = \lim_{c\to a+}\left(\lim_{d\to b-}\int_c^d f(x)\,\mathrm{d}x\right) \tag{3.25}$$

이 존재한다.

여기서 (3.25)을 (a, b) 에서 f 의 **이상(리만)적분**이라 한다.

참고 1 (3.25)에서 극한의 순서는 관계없다. 즉, (3.25) 의 극한이 존재하면

$$\int_a^b f(x)\,\mathrm{d}x = \lim_{d\to b-}\left(\lim_{c\to a+}\int_c^d f(x)\,\mathrm{d}x\right).$$

증명 $x_0 \in (a, b)$ 를 고정시키자. 정리 3.7 과 정리 2.3 에 의하여

$$\begin{aligned}\lim_{c\to a+}\left(\lim_{d\to b-}\int_c^d f(x)\,\mathrm{d}x\right) &= \lim_{c\to a+}\left(\int_c^{x_0} f(x)\,\mathrm{d}x + \lim_{d\to b-}\int_{x_0}^d f(x)\,\mathrm{d}x\right)\\ &= \lim_{c\to a+}\int_c^{x_0} f(x)\,\mathrm{d}x + \lim_{d\to b-}\int_{x_0}^d f(x)\,\mathrm{d}x\\ &= \lim_{d\to b-}\left(\lim_{c\to a+}\int_c^d f(x)\,\mathrm{d}x\right).\end{aligned}$$

■

그러므로, (3.25) 에서의 극한은

$$\lim_{\substack{c\to a+,\\ d\to b-}}\int_c^d f(x)\,\mathrm{d}x$$

로 표시하겠다. 만일 끝 점중 어느 한 곳에서 이상적분이 아니면, 즉 f 가 $(a,b]$ 에 포함되는 임의의 닫힌구간에서 적분가능이면 "f 는 $(a,b]$ 에서 이상적분가능"이라 하고

$$\int_a^b f(x)\,\mathrm{d}x = \lim_{c\to a+}\int_c^b f(x)\,\mathrm{d}x$$

로 표시하자.

보기 1 $f(x) = 1/x^p$ 는 $(0,1]$ 에서 *이상적분가능이 되는* p *의 범위를 구하여라.*

풀이 정의에 의하여

$$\int_0^1 \frac{1}{x^p}\,\mathrm{d}x = \lim_{a\to 0+}\int_a^1 \frac{1}{x^p}\,\mathrm{d}x = \lim_{a\to 0+} I_p(a).$$

여기서

$$I_p(a) = \begin{cases} \dfrac{1}{1-p}(1-a^{1-p}), & p \neq 1, \\ -\log a, & p = 1. \end{cases}$$

만일 $p > 1$ 이면 $1-p < 0$ 이므로 $\lim_{a\to 0+} I_p(a) = \infty$ 이다. 만일 $p < 1$ 이면 $1-p > 0$ 이므로 $\lim_{a\to 0+} I_p(a) = \frac{1}{1-p}$ 이다. 특히 $p = 1$ 일 때 $\lim_{a\to 0+} I_p(a) = \infty$ 이다. 따라서

$$\int_0^1 \frac{1}{x^p}\,\mathrm{d}x = \begin{cases} \dfrac{1}{1-p}, & p < 1, \\ \infty, & p \geq 1 \end{cases} \tag{3.26}$$

다음 보기는 유계가 아닌 구간에서도 이상적분가능할 수 있음을 보여 준다.

보기 2 $f(x) = \dfrac{1}{x^p}$ 는 $[1,\infty)$ *에서 이상적분가능한* p *의 범위를 구하여라.*

풀이 정의에 의하여

$$\int_1^\infty \frac{1}{x^p}\,\mathrm{d}x = \lim_{d\to\infty}\int_1^d \frac{1}{x^p}\,\mathrm{d}x = \lim_{d\to\infty} I_p(d).$$

여기서

$$I_p(d) = \begin{cases} \dfrac{1}{1-p}(d^{1-p}-1), & p \neq 1, \\ \log d, & p = 1. \end{cases}$$

만일 $p > 1$ 이면 $1 - p < 0$ 이므로 $\lim_{d\to\infty} I_p(d) = \frac{1}{p-1}$ 이다. 만일 $p < 1$ 이면 $1 - p > 0$ 이므로 $\lim_{d\to\infty} I_p(d) = \infty$ 이다. 특히 $p = 1$ 일 때 $\lim_{d\to\infty} I_p(d) = \infty$ 이다. 따라서

$$\int_1^\infty \frac{1}{x^p}\,\mathrm{d}x = \begin{cases} \frac{1}{p-1}, & p > 1, \\ \infty, & p \le 1 \end{cases} \tag{3.27}$$

이상적분은 리만적분의 극한이므로, 이 장의 앞 절에서 증명한 리만적분의 성질의 많은 결과는 이상적분에서도 유사하다.

정리 3.19 *f, g 가 (a,b) 에서 이상적분가능이면 $\alpha f + \beta g \quad (\alpha, \beta \in \mathbb{R})$ 도 (a,b) 에서 이상적분가능이며*

$$\int_a^b (\alpha f(x) + \beta g(x))\,\mathrm{d}x = \alpha \int_a^b f(x)\,\mathrm{d}x + \beta \int_c^d f(x)\,\mathrm{d}x.$$

증명 정리 3.6(리만적분의 선형성)에 의하여 모든 $a < c < d < b$ 에 대하여

$$\int_c^d (\alpha f(x) + \beta g(x))\,\mathrm{d}x = \alpha \int_c^d f(x)\,\mathrm{d}x + \beta \int_c^d g(x)\,\mathrm{d}x$$

이다. $c \to a+$ 와 $d \to b-$ 로 극한을 취하면 성립한다. ■

정리 3.20 (이상적분의 비교정리) *f 와 g 가 (a,b) 에서 국소적분가능이라 하자. $x \in (a,b)$ 에 대하여 $0 \le f(x) \le g(x)$ 이고, g 가 (a,b) 에서 이상적분가능이면, f 는 (a,b)에서 이상 적분가능이며*

$$\int_a^b f(x)\,\mathrm{d}x \le \int_a^b g(x)\,\mathrm{d}x.$$

증명 고정된 $c \in (a,b)$ 라 하자. $d \in [c,b)$ 에 대하여 $F(d) = \int_c^d f(x)\,\mathrm{d}x$, $G(d) = \int_c^d g(x)\,\mathrm{d}x$ 라 하자. 적분의 비교정리에 의하여 $F(d) \le G(d)$ 이다. $f \ge 0$ 이므로 함수 F 는 $[c,d]$ 에서 증가이고 따라서 $F(b-)$가 존재한다. 그러므로 정의에 의하여 f는 (a,b) 에서 이상 적분가능이고

$$\int_c^b f(x)\,\mathrm{d}x = F(b-) \le G(b-) = \int_c^b g(x)\,\mathrm{d}x$$

이다. 비슷한 방법으로 $c \to a+$ 인 경우에도 보일 수 있다. ■

비교정리는 자주 다음 부등식과 결합하여 이용된다.

(i) 모든 $x \in \mathbb{R}$ 에 대하여 $|\sin x| \le |x|$,

(ii) $\alpha > 0$ 일 때 상수 $B_\alpha > 1$ 이 존재하여 $x \geq B_\alpha$ 이면

$$|x^\alpha| \leq e^x, \quad |\log x| \leq x^\alpha$$

를 만족한다(2.5의 연습문제 4).

보기 3 $p < 2$ *일 때* $f(x) = \sin x/x^p$ *은* $(0,1]$ *에서 이상적분가능임을 보여라.*

증명 구간 $(0,1]$ 에서 $0 \leq f(x) = \sin x/x^p \leq x/x^p = 1/x^{p-1}$ 이고, 보기 1 에 의하여 $1/x^{p-1}$은 $(0,1]$에서 이상적분가능하다. 정리 3.20에 의하여 $f(x)$ 는 $(0,1]$ 에서 이상적분가능하다. ■

보기 4 $p > 1$ *일 때* $f(x) = \log x/x^p$ *은* $[1,\infty)$ *에서 이상적분가능임을 보여라.*

증명 f 는 $(0,\infty)$ 에서 연속이므로, 임의의 $C \in \mathbb{R}$ 에 대하여 f 는 $[1,C]$ 에서 적분가능이다. $p-q > 1$ 이 되도록 양수 q 를 택하자. $x \geq C := B_q$ 에 대하여 $0 \leq f(x) = |\log x/x^p| \leq x^q/x^p = 1/x^{p-q}$ 이고, $1/x^{p-q}$ 은 $[1,\infty)$ 에서 이상적분가능이므로(보기 2) 정리 3.20에 의하여 $f(x)$ 는 $[1,\infty)$ 에서 이상적분가능이다. ■

참고 2 *f가 (a,b) 에서 유계이고 국소적분가능이며, $|g|$ 는 (a,b) 에서 이상적분가능이면 또한 $|fg|$ 도 (a,b) 에서 이상적분가능이다.*

증명 $M = \sup_{x\in(a,b)} |f(x)|$ 라 잡자. 그러면 모든 $x \in (a,b)$ 에 대하여 $0 \leq |f(x)g(x)| \leq M|g(x)|$ 이다. 그러므로 정리 3.20 에 의하여 $|fg|$는 (a,b) 에서 이상적분가능이다. ■

리만적분에서 f 가 적분가능이면, $|f|$ 도 적분가능임을 증명했다(정리 3.9). 그러나 이상적분인 경우에는 그렇지 않다(보기 5). 그러므로 다음 개념들을 도입하자.

정의 3.9 $f : (a,b) \to \mathbb{R}$ *이라 하자.*

(i) $|f|$ *가* (a,b) *에서 이상적분가능이면,* f *는* (a,b) *에서* **절대적분가능(absolutely integrable)** *이라 한다.*

(ii) *f는 (a,b) 에서 이상적분가능이지만 절대적분가능이 아니면 f는 (a,b) 에서* **조건적분가능(conditionally integrable)** *이라 한다.*

정리 3.21 *f가 (a,b) 에서 절대적분가능이면 f는 (a,b) 에서 이상적분가능이며,*

$$\left|\int_a^b f(x)\,\mathrm{d}x\right| \leq \int_a^b |f(x)|\,\mathrm{d}x.$$

증명 $0 \le |f(x)| + f(x) \le 2|f(x)|$ 이므로 정리 3.20에 의하여 $|f| + f$ 는 $[a, b]$ 에서 이상적분가능하다. $f = (|f| + f) - |f|$ 이므로 f 는 이상적분가능하다. 더욱이 $a < c < d < b$ 이면

$$\left| \int_c^d f(x)\,\mathrm{d}x \right| \le \int_c^d |f(x)|\,\mathrm{d}x.$$

$c \to a^+$ 와 $d \to b^-$ 로 극한을 취하면 부등식이 성립된다. ■

정리 3.21의 역은 성립하지 않는다.

보기 5 함수 $f(x) = \sin x/x$ 은 $[1, \infty)$ 에서 *조건적분가능임을 보여라.*

증명 부분적분에 의하여

$$\begin{aligned} \int_1^d \frac{\sin x}{x}\,\mathrm{d}x &= \left.\frac{-\cos x}{x}\right|_1^d - \int_1^d \frac{\cos x}{x^2}\,\mathrm{d}x \\ &= \cos 1 - \frac{\cos d}{d} - \int_1^d \frac{\cos x}{x^2}\,\mathrm{d}x. \end{aligned}$$

$1/x^2$ 은 $[1, \infty)$ 에서 절대적분가능이므로 참고 2 으로부터 $\cos x/x^2$ 도 $[1, \infty)$ 에서 절대적분가능이다. 그러므로 $\sin x/x$ 는 $[1, \infty)$ 에서 이상적분가능하다. 그리고

$$\int_1^\infty \frac{\sin x}{x}\,\mathrm{d}x = \cos 1 - \int_1^\infty \frac{\cos x}{x^2}\,\mathrm{d}x.$$

$n \in \mathbb{N}$에 대하여

$$\begin{aligned} &\int_1^{n\pi} \frac{|\sin x|}{x}\,\mathrm{d}x \ge \sum_{k=2}^{n} \int_{(k-1)\pi}^{k\pi} \frac{|\sin x|}{x}\,\mathrm{d}x \\ &\ge \sum_{k=2}^{n} \frac{1}{k\pi} \int_{(k-1)\pi}^{k\pi} |\sin x|\,\mathrm{d}x = \sum_{k=2}^{n} \frac{2}{k\pi} = \frac{2}{\pi} \sum_{k=2}^{n} \frac{1}{k}. \end{aligned}$$

$n \to \infty$일 때

$$\sum_{k=2}^{n} \frac{1}{k} \ge \sum_{k=2}^{n} \int_k^{k+1} \frac{1}{x}\,\mathrm{d}x = \int_2^{n+1} \frac{1}{x}\,\mathrm{d}x = \log(n+1) - \log 2 \to \infty$$

이므로 조임정리에 의하여

$$\lim_{n \to \infty} \int_1^{n\pi} \frac{|\sin x|}{x}\,\mathrm{d}x = \infty.$$

그러므로 $\sin x/x$ 는 $[1, \infty)$ 에서 절대적분가능이 아니다. ■

연습문제 (3.5)

1. 다음 이상적분들을 계산하여라.

(a) $\displaystyle\int_1^{\infty} \frac{1+x}{x^3}\,\mathrm{d}x$

(b) $\displaystyle\int_{-\infty}^{\infty} \frac{1}{1+x^2}\,\mathrm{d}x$

(c) $\displaystyle\int_0^{\frac{\pi}{2}} \frac{\cos x}{\sqrt[3]{\sin x}}\,\mathrm{d}x$

(d) $\displaystyle\int_0^{\infty} \sqrt{x}e^{-\sqrt{x}}\,\mathrm{d}x$

2. 다음 문제들에서 f 가 I 에서 이상적분가능하도록 $p \in \mathbb{R}$ 값의 범위를 정하여라.

(a) $f(x) = e^{-x}x^p, \quad I = (1, \infty)$

(b) $f(x) = e^{-x}x^p, \quad I = (0, 1)$

(c) $f(x) = e^{1/x}x^p, \quad I = (0, 1)$

(d) $f(x) = 1/(x \log^p x), \quad I = (e, \infty)$

(e) $f(x) = 1/(1 + x^p), \quad I = (0, \infty)$

(f) $f(x) = x^p/(1 + x^p), \quad I = (1, \infty)$

3. $p > 0$ 이면 $\sin x/x^p$ 는 $[1, \infty)$ 에서 이상적분가능이고 $0 < p \le 1$ 이면 조건적분가능임을 보여라. 또한 $p > 0$ 이면 $\cos x/\log^p x$ 는 (e, ∞) 에서 이상적분가능임을 보여라.

4. 다음 함수들은 I 에서 이상적분가능한지 아닌지를 결정하여라.

(a) $f(x) = \sin x, \quad I = (0, \infty)$.

(b) $f(x) = 1/x^2, \quad I = [-1, 1]$.

(c) $f(x) = \log x, \quad I = (0, 1)$.

(d) $f(x) = \frac{1}{\log x}\,\mathrm{d}x$, $I = (1, \infty)$.

(e) $f(x) = \frac{1}{\sqrt{x^3+1}}$, $I = (1, \infty)$.

(f) $f(x) = \frac{\sin x}{x^2+1}$, $I = (0, \infty)$.

(g) $f(x) = x^{-1}\sin(x^{-1}), \quad I = (1, \infty)$.

(h) $f(x) = (1 - \cos x)/x^2, \quad I = (0, \infty)$.

5. 연습문제 2 b 를 이용하여 이상적분가능인 두 함수의 곱은 이상적분가능이 아닐 수도 있음을 보여라.

6. f 와 g 는 $[a, b)$ 에서 국소적분가능이고 음이 아닌 함수이며

$$L = \lim_{x \to b-} \frac{f(x)}{g(x)}$$

이라 하자.

(a) $0 \le L < \infty$ 이고 g 가 $[a,b)$ 에서 이상적분가능이면, 또한 f 도 $[a,b)$ 에서 이상적분가능임을 보여라.

(b) $0 < L \le \infty$ 이고 f 는 $[a,b)$ 에서 이상적분가능이 아니면 g 도 $[a,b)$ 에서 이상적분가능이 아님을 보여라.

7. (a) f 가 $[0,\infty)$ 에서 이상적분가능이라고 가정하자. $L = \lim_{x\to\infty} f(x)$ 이 존재하면 $L = 0$임을 증명하여라.

(b)

$$f(x) = \begin{cases} 0 & n \le x < n + 2^{-n}, \qquad n \in \mathbb{N} \\ 1 & \text{그렇지 않으면} \end{cases}$$

이라 하자. 그러면 f 는 $[0,\infty)$ 에서 이상적분가능하지만 $\lim_{x\to\infty} f(x)$ 는 존재하지 않음을 보여라.

8. f 가 $[1,\infty)$ 에서 절대적분가능이면 다음을 증명하여라.

$$\lim_{n\to\infty} \int_1^\infty f(x^n)\,\mathrm{d}x = 0.$$

9. $e = \lim_{n\to\infty} \sum_{k=0}^{n} \frac{1}{k!}$ (4.8의 보기 1) 라 가정하고 다음을 증명하여라.

$$\lim_{n\to\infty} \left(\frac{1}{n!} \int_1^\infty x^n e^{-x}\,\mathrm{d}x \right) = 1.$$

10. (a) 모든 $a > 0$ 에 대하여

$$\int_0^{\frac{\pi}{2}} e^{-a\sin x}\,\mathrm{d}x \le \frac{2}{a}$$

임을 보여라.

(b) (a) 에서 $2/a$ 을 $29/(19a)$ 로 바꾸어도 부등식이 성립하는 것을 증명하여라.

(c) (a)에서 $\sin x$ 대신에 $\cos x$로 바꾸면 어떻게 되는가?

4 무한급수

무한급수는 해석학 및 수론 분야에서 가장 널리 이용되는 도구중 하나로 무한급수는 수나 함수를 근사시키는데 사용된다. 우리는 이미 미적분학에서 테일러의 정리가 주어진 함수를 무한급수로 표현가능함을 알고 있으며 이러한 사실을 이용하면 주어진 함수값을 적당한 오차의 범위내에서 근사시킬 수 있는 다항식을 찾을 수 있음을 나타내고 있다. 이것을 이용하면 주어진 함수값을 컴퓨터를 이용하여 근사값을 수치적으로 계산할 수 있음을 뜻한다. 또한 상수가 아닌 변수계수를 가지는 미분방정식의 해를 구하기 위해서 특별한 경우를 제외하고는 정확한 해석적인 형태의 해를 구할 수 없다. 이 경우 해를 멱급수로 전개하여 주어진 방정식에 대입하여 점화식을 이용하여 해를 구하였다. 심지어 어떤 매우 실질적인 응용 즉, 유형인식(예: 우편번호를 읽는 것), 화상 개선(예: 레이더 화면에 빗방울처럼 깜박이는 점을 제거하는 것), 자료 단축(예: 넓은 나라의 광범위한 인구조사에서 얻은 데이터를 저장하기 위한 공간을 줄이는 것)과 같은 것들의 기본개념이기도 하다.

4.1 무한급수

수 또는 함수들로 이루어진 수열$\{a_k\}_{k\in\mathbb{N}}$ 의 **무한급수(infinite series)**는

$$\sum_{k=1}^{\infty} a_k \tag{4.1}$$

인 형태를 말한다.(여기서 수렴성은 고려되지 않았다. 단지 형식적인 표현만을 나타내었을 뿐이다.)

정의 4.1 *실수들로 이루어진 무한급수* $A = \sum_{k=1}^{\infty} a_k$ *에서*

(i) $s_n := \sum_{k=1}^{n} a_k$, $n \in \mathbb{N}$을 무한급수 A 의 **부분합**(*partial sum*) 이라 한다.

(ii) 부분합의 수열 $\{s_n\}$이 s에 수렴하면 "급수 A 는 수렴한다"하고, 이때

$$\sum_{k=1}^{\infty} a_k = s \tag{4.2}$$

로 표시하며 s 를 급수 $\sum_{k=1}^{\infty} a_k$의 **합(sum)** 또는 **값(value)**이라 한다.

(iii) 부분합의 수열 $\{s_n\}$이 수렴하지 않으면 "급수 A 는 발산한다"고 한다. 특히 $\{s_n\}$이 ∞ 로 발산할 때,

$$\sum_{k=1}^{\infty} a_k = \infty$$

로 표시한다.

무한급수의 가장 친숙한 예는 십진수 전개(decimal expansion)이다. 실수 $x \in (0,1)$ 에 대한 십진수 전개는 0에서 9 사이의 정수인 x_k들로 이루어진 $\sum_{k=1}^{\infty} x_k/10^k$ 형태의 급수이다. 예를 들어 $1/3 = 0.333\cdots$ 은

$$\frac{1}{3} = \sum_{k=1}^{\infty} \frac{3}{10^k}$$

을 의미한다. 특히 0.3, 0.33, 0.333, $\cdots$ 등과 같이 십진수 전개의 항이 늘어나면 늘어날수록 더 가까이 1/3 로 접근한다.

주어진 급수의 수렴성을 결정하는 한 가지 방법은 조금 더 다루기 쉬운 부분합들을 구하는 것이다. 여기에 간단한 보기가 있다.

보기 1 $\sum_{k=1}^{\infty} 2^{-k} = 1$ 을 증명하여라.

증명 수학적 귀납법에 의해 부분합 $s_n = \sum_{k=1}^{n} 1/2^k$ 은 $1 - 2^{-n}$ 임을 알 수 있다. 따라서 $\{s_n\}$이 1 로 수렴한다. ■

보기 2 $\sum_{k=1}^{\infty} (-1)^k$ 이 발산함을 증명하여라.

증명 부분합 $s_n = \sum_{k=1}^{n} (-1)^k$ 이

$$s_n = \begin{cases} -1, & n \text{ 홀수} \\ 0, & n \text{ 짝수} \end{cases}$$

임을 알 수 있다. 따라서 $\{s_n\}$ 은 수렴하지 않는다. ■

급수가 발산함을 보이는 다른 방법은 부분합들을 평가하는 것이다.

보기 3 (조화급수) $\displaystyle\sum_{k=1}^{\infty}\frac{1}{k} = \infty$ *임을 증명하여라.*

증명 적분의 비교정리(정리 3.8)에 의하여

$$s_n := \sum_{k=1}^{n}\frac{1}{k} \geq \sum_{k=1}^{n}\int_{k}^{k+1}\frac{1}{x}\,dx = \int_{1}^{n+1}\frac{1}{x}\,dx = \log(n+1)$$

이다. 따라서 $\lim_{n\to\infty} s_n = \infty$이다. ■

급수의 수렴성을 판단하기 위해서 급수의 간단한 성질을 알면 편리하다.

정리 4.1 (발산 판정법) *실수들로 이루어진 수열* $\{a_k\}$ *에서*

(i) $\sum_{k=1}^{\infty} a_k$ *이 수렴하면* $\lim_{k\to\infty} a_k = 0$ *이다.*

(ii) a_k *가* 0 *으로 수렴하지 않으면 급수* $\sum_{k=1}^{\infty} a_k$ *은 발산한다.*

증명 (i) 을 증명하는 것으로 위의 증명은 충분하다. $\sum_{k=1}^{\infty} a_k$이 어떤 실수 s 로 수렴한다고 가정하자. 정의에 의하여 부분합들의 수열 s_n이 s 로 수렴한다. 따라서 $n \to \infty$ 이면 $a_k = s_k - s_{k-1} \to s - s = 0$ 이다. ■

주의 1 *정리 4.1*(i)*의 역은 성립하지 않는다. 보기 3 에서 조화급수는* $\displaystyle\lim_{k\to\infty}\frac{1}{k} = 0$ *이지만 발산한다.*

보기 4 $\displaystyle\sum_{k=1}^{\infty}\frac{k^k}{k!}$ *을 판정하여라.*

풀이 각 $k \geq 1$ 에 대하여

$$\frac{k^k}{k!} = \frac{k\cdot k\cdots k}{1\cdot 2\cdots k} = \left(\frac{k}{1}\right)\left(\frac{k}{2}\right)\cdots\left(\frac{k}{k}\right) > 1$$

이므로

$$\lim_{k\to\infty}\frac{k^k}{k!} \neq 0.$$

따라서 발산 판정법에 의해 주어진 급수는 발산한다.

일반적으로 수렴하는 급수의 합을 계산하는 것은 어렵다. 그러나 다음과 같은 어떤 형태의 급수들은 합을 비교적 쉽게 구할 수 있다.

보기 5 (단축급수(Telescopic series)) *실수들로 이루어진 수열 $\{a_k\}$이 수렴하면*

$$\sum_{k=1}^{\infty}(a_k - a_{k+1}) = a_1 - \lim_{k\to\infty} a_k.$$

증명 부분합 계산에 의하여

$$s_n := \sum_{k=1}^{n}(a_k - a_{k+1}) = a_1 - a_{n+1}$$

이다. 따라서 $n \to \infty$ 일 때 $s_n \to a_1 - \lim_{n\to\infty} a_n$ 이다. ■

보기 6 (기하급수) *급수 $\sum_{k=1}^{\infty} x^k$ 가 수렴하기 위한 필요충분조건은 $|x| < 1$ 이다. 이 때*

$$\sum_{k=1}^{\infty} x^k = \frac{x}{1-x}.$$

(연습문제 1 참조)

증명 만일 $|x| \geq 1$이면 발산 판정법에 의하여 $\sum_{k=1}^{\infty} x^k$ 은 발산한다. $|x| < 1$이라고 가정할 때 $s_n = \sum_{k=1}^{n} x^k$이라 하면 단축에 의하여

$$\begin{aligned}(1-x)s_n &= (1-x)(x + x^2 + \cdots + x^n)\\ &= x + x^2 + \cdots + x^n - x^2 - x^3 - \cdots - x^{n+1} = x - x^{n+1}.\end{aligned}$$

따라서 모든 $n \in \mathbb{N}$ 에 대하여

$$s_n = \frac{x}{1-x} - \frac{x^{n+1}}{1-x}$$

이고 $|x| < 1$ 이면 $n \to \infty$ 일 때 $x^{n+1} \to 0$이므로 $n \to \infty$ 일 때 $s_n \to x/(1-x)$. ■

다음 정리는 수렴하는 급수의 성질을 보여 주는 정리이다. 이 정리는 급수가 수렴하면 충분히 큰 유한항이 급수의 근사값임을 말하고 있다.

정리 4.2 (코시 판정법) *실수들로 이루어진 수열$\{a_k\}$ 에서 다음의 사실은 동치이다.*

(i) $\sum_{k=1}^{\infty} a_k$ *은 수렴한다.*

(ii) *주어진 $\varepsilon > 0$ 에 대하여 자연수 $N \in \mathbb{N}$이 존재하여*

$$m > n \geq N \implies \left|\sum_{k=n}^{m} a_k\right| < \varepsilon.$$

(iii) *주어진* $\varepsilon > 0$ *에 대하여 자연수* $N \in \mathbb{N}$*이 존재하여*

$$n \geq N \quad \Longrightarrow \quad \left|\sum_{k=n}^{\infty} a_k\right| < \varepsilon.$$

증명 $\sum_{k=1}^{\infty} a_k$ 의 부분합을 s_n이라 표현하자. 코시 판정법(정리 1.24)에 의하여, s_n이 수렴하는 것은

주어진 $\varepsilon > 0$ 에 대하여 자연수 $N \in \mathbb{N}$이 존재하여

$$m, n \geq N \Rightarrow |s_m - s_{n-1}| < \varepsilon$$

와 동치이다. $m > n \geq 1$ 에대하여

$$s_m - s_{n-1} = \sum_{k=n}^{m} a_k$$

이므로 위의 사실들은 동치이다. ■

보기 7 $\displaystyle\sum_{k=1}^{\infty} \frac{1}{k!}$ *의 수렴성을 조사하여라.*

풀이 임의의 $k \geq 1$ 에 대하여

$$\frac{1}{k!} = \frac{1}{1 \cdot 2 \cdots k} \leq \frac{1}{1 \cdot 2 \cdots 2} = \frac{1}{2^{k-1}}$$

이므로 모든 $p > 0$ 에 대하여

$$\begin{aligned}\left|\sum_{k=n+1}^{n+p} \frac{1}{k!}\right| = \sum_{k=n+1}^{n+p} \frac{1}{k!} \leq \sum_{k=n+1}^{n+p} \frac{1}{2^{k-1}} &= \frac{1}{2^n}\left(1 + \frac{1}{2} + \cdots + \frac{1}{2^{p-1}}\right) \\ &\leq \frac{1}{2^n}\left(1 + \frac{1}{2} + \cdots\right) = 2\left(\frac{1}{2}\right)^n.\end{aligned}$$

$\left(\frac{1}{2}\right)^n \to 0$ 이므로 임의의 $\varepsilon > 0$ 에 대하여 자연수 N 이 존재하여

$$n > N \Rightarrow 2\left(\frac{1}{2}\right)^n < \varepsilon.$$

따라서 만일 $n > N, p > 1$ 이면

$$\left|\sum_{k=n+1}^{n+p} \frac{1}{k!}\right| < \varepsilon.$$

따라서 코시 판정법에 의하여 급수는 수렴한다.

정리 4.3 실수들의 수열 $\{a_k\}$ 와 $\{b_k\}$ 에 대하여 만일 $\sum_{k=1}^{\infty} a_k$ 와 $\sum_{k=1}^{\infty} b_k$ 이 수렴하면

$$\sum_{k=1}^{\infty}(a_k + b_k) = \sum_{k=1}^{\infty} a_k + \sum_{k=1}^{\infty} b_k,$$

$$\sum_{k=1}^{\infty}(\alpha a_k) = \alpha \sum_{k=1}^{\infty} a_k, \qquad \alpha \in \mathbb{R}.$$

증명 위의 두 등식은 정리 1.18 의 따름 정리이다. 처음의 등식만 증명하자. s_n 과 t_n 을 각각 $\sum_{k=1}^{\infty} a_k$ 와 $\sum_{k=1}^{\infty} b_k$ 의 부분합이라 하자. 덧셈에 대한 교환법칙에 의해

$$\sum_{k=1}^{n}(a_k + b_k) = s_n + t_n, \qquad n \in \mathbb{N}$$

이다. 앞의 등식에 극한 $n \to \infty$ 를 시행하면 정리 1.18 에 의하여

$$\sum_{k=1}^{\infty}(a_k + b_k) = \lim_{n\to\infty} s_n + \lim_{n\to\infty} t_n = \sum_{k=1}^{\infty} a_k + \sum_{k=1}^{\infty} b_k.$$

■

정의 4.2 무한급수 $S = \sum_{k=1}^{\infty} a_k$ 에 대하여

(i) $\sum_{k=1}^{\infty} |a_k| < \infty$ 이면 S 는 **절대수렴(absolute convergence)**,

(ii) S 가 수렴하지만 절대수렴하지 않으면 S 는 **조건수렴(conditional convergence)**

한다고 말한다.

급수의 절대수렴성을 증명하기 위해서 코시 판정법을 이용한다.

정리 4.4 (코시 판정법) 급수 $\sum_{k=1}^{\infty} a_k$ 가 절대수렴하기 위한 필요충분조건은 주어진 $\varepsilon > 0$ 에 대하여 자연수 $N \in \mathbb{N}$ 이 존재하여

$$m > n \geq N \quad \Longrightarrow \quad \sum_{k=n}^{m} |a_k| < \varepsilon. \tag{4.3}$$

특이적분의 경우처럼 절대수렴의 성질은 보통의 수렴보다 더 강력하다.

따름정리 4.5 $\sum_{k=1}^{\infty} a_k$ 가 절대수렴하면 $\sum_{k=1}^{\infty} a_k$ 은 수렴한다.

증명 주어진 $\varepsilon > 0$ 에 대하여 (4.3) 이 성립하는 $N \in \mathbb{N}$ 을 선택하자. 그러면 $m > n \geq N$ 일 때

$$\left|\sum_{k=n}^{m} a_k\right| \leq \sum_{k=n}^{m} |a_k| < \varepsilon$$

이다. 따라서 정리 4.2(코시 판정법)에 의하여 $\sum_{k=1}^{\infty} a_k$ 은 수렴한다. ■

절대수렴하는 급수는 조건수렴하는 급수보다 수렴하는 형태가 더 나은 면이 있다. 우리의 논의를 용이하게 하기 위하여 실수 $a \in \mathbb{R}$ 의 양수부과 음수부을 각각

$$a^+ := \frac{|a| + a}{2} = \begin{cases} a, & a \geq 0, \\ 0, & a < 0 \end{cases}$$

과

$$a^- := \frac{|a| - a}{2} = \begin{cases} 0, & a \geq 0 \\ -a, & a < 0 \end{cases}$$

라 정의하자(1.2 의 연습문제 2). 이 때 모든 실수 $a \in \mathbb{R}$ 에 대하여

$$a^+ \geq 0, \qquad a^- \geq 0 \tag{4.4}$$

이고

$$a = a^+ - a^-, \qquad |a| = a^+ + a^-. \tag{4.5}$$

정리 4.6 (i) *$\sum_{k=1}^{\infty} a_k$ 이 절대수렴하면 $\sum_{k=1}^{\infty} a_k^+$ 와 $\sum_{k=1}^{\infty} a_k^-$ 도 절대수렴한다. 실제로, 다음이 성립한다.*

$$\sum_{k=1}^{\infty} |a_k| = \sum_{k=1}^{\infty} a_k^+ + \sum_{k=1}^{\infty} a_k^-, \quad \sum_{k=1}^{\infty} a_k = \sum_{k=1}^{\infty} a_k^+ - \sum_{k=1}^{\infty} a_k^-.$$

(ii) *$\sum_{k=1}^{\infty} a_k$ 이 조건수렴하면 다음이 성립한다.*

$$\sum_{k=1}^{\infty} a_k^+ = \sum_{k=1}^{\infty} a_k^- = \infty.$$

증명 (i) 정의에 의하여, $a_k^+ = \dfrac{|a_k| + a_k}{2}$ 이다. $\sum_{k=1}^{\infty} |a_k|$ 와 $\sum_{k=1}^{\infty} a_k$ 는 수렴하므로 정리 4.3 에 의하여

$$\sum_{k=1}^{\infty} a_k^+ = \frac{1}{2}\sum_{k=1}^{\infty} |a_k| + \frac{1}{2}\sum_{k=1}^{\infty} a_k$$

은 수렴한다. 마찬가지로

$$\sum_{k=1}^{\infty} a_k^- = \frac{1}{2}\sum_{k=1}^{\infty}|a_k| - \frac{1}{2}\sum_{k=1}^{\infty} a_k$$

도 수렴한다.

(ii) 가 거짓이라고 가정하자. 대칭성에 의하여 $\sum_{k=1}^{\infty} a_k^+$ 이 수렴한다고 가정해도 좋다. 그러면 $\sum_{k=1}^{\infty} a_k$ 이 수렴하기 때문에 (4.5) 로부터

$$\sum_{k=1}^{\infty} a_k^- = \sum_{k=1}^{\infty} a_k^+ - \sum_{k=1}^{\infty} a_k$$

은 수렴한다. 따라서

$$\sum_{k=1}^{\infty} |a_k| = \sum_{k=1}^{\infty} a_k^+ + \sum_{k=1}^{\infty} a_k^-$$

은 수렴하므로 모순이다. ■

연습문제 (4.1)

1. $|x| < 1$ 이면 $n = 0, 1, \cdots$ 일 때

$$\sum_{k=n}^{\infty} x^k = \frac{x^n}{1-x}$$

임을 증명하여라.

2. 다음 급수들의 수렴성을 판단하고 그 수렴값을 구하여라.

(a) $\displaystyle\sum_{k=1}^{\infty} \frac{(-1)^{k+1}}{\pi^k}$

(b) $\displaystyle\sum_{k=1}^{\infty} \frac{(-1)^k + 4}{5^k}$

(c) $\displaystyle\sum_{k=1}^{\infty} \frac{3^k}{7^{k-1}}$

(d) $\displaystyle\sum_{k=0}^{\infty} 2^k e^{-k}$

(e) $\displaystyle\sum_{k=0}^{\infty} (-1)^k \frac{2k+5}{(k+2)(k+3)}$

(f) $\displaystyle\sum_{k=0}^{\infty} \frac{n+5}{(n^2-1)(n+2)}$

(g) $\displaystyle\sum_{k=2}^{\infty} \frac{k^2-k-1}{k!}$

3. 보기 5 의 방법을 이용하여 다음 급수들을 단축급수로 다시 표현하고 그 값을 구하여라.

(a) $\displaystyle\sum_{k=1}^{\infty}\frac{1}{k(k+1)}$

(b) $\displaystyle\sum_{k=2}^{\infty}\log\frac{k(k+2)}{(k+1)^2}$

(c) $\displaystyle\sum_{k=1}^{\infty}\sqrt[k]{\frac{\pi}{4}}\left(1-\left(\frac{\pi}{4}\right)^{j_k}\right)$
단 $j_k=-1/(k(k+1)),\quad k\in\mathbb{N}$

4. 다음 급수가 수렴하는 모든 $x\in\mathbb{R}$ 에 대하여

$$\sum_{k=1}^{\infty}3(x^k-x^{k-1})(x^k+x^{k-1}).$$

을 구하고 이 때 각 x 에 대하여 극한값을 구하여라.

5. 다음 급수가 발산함을 증명하여라.

(a) $\displaystyle\sum_{k=1}^{\infty}\cos\left(\frac{1}{k^2}\right)$

(b) $\displaystyle\sum_{k=1}^{\infty}\left(1-\frac{1}{k}\right)^k$

(c) $\displaystyle\sum_{k=1}^{\infty}\frac{k+1}{k^2}$

6. (a) 만일 $\sum_{k=1}^{\infty}a_k$ 수렴하면 부분합 s_n 은 유계임을 증명하여라.

(b) (a) 의 역은 거짓임을 증명하여라. 즉 유계인 부분합 s_n 을 가지며 발산하는 급수 $\sum_{k=1}^{\infty}a_k$ 을 구하여라.

7. 실수들로 이루어진 수열$\{b_k\}$ 와 실수 $b\in\mathbb{R}$ 에 대하여 다음에 답하여라.

(a) 모든 $k\geq N$ 에 대하여 $|b-b_k|\leq M$ 인 자연수 $N\in\mathbb{N}$이 존재한다고 가정하면, 모든 $n>N$ 에 대하여

$$\left|nb-\sum_{k=1}^{n}b_k\right|\leq\sum_{k=1}^{N}|b_k-b|+M(n-N)$$

임을 증명하여라.

(b) $k\to\infty$ 일 때 $b_k\to b$ 이면 $n\to\infty$ 일 때

$$\frac{b_1+b_2+\cdots+b_n}{n}\to b$$

임을 증명하여라.

(c) (b) 의 역은 거짓임을 보여라.

8. $n \to \infty$ 일 때

$$\sigma_n := \sum_{k=0}^{n-1} \left(1 - \frac{k}{n}\right) a_k$$

이 수렴하면, 급수$\sum_{k=1}^{\infty} a_k$ 을 L 로 **체사로 덧셈가능**(Cesàro summable)이라 한다.

(a) $s_n = \sum_{k=0}^{n-1} a_k$이라 할 때 각 $n \in \mathbb{N}$ 에 대하여

$$\sigma_n = \frac{s_1 + \cdots + s_n}{n}$$

임을 증명하여라.

(b) 실수 $a_k \in \mathbb{R}$ 에 대하여 $\sum_{k=0}^{\infty} a_k = L$ 으로 수렴하면 $\sum_{k=0}^{\infty} a_k$ 은 L 로 체사로 덧셈가능임을 보여라.

(c) $\sum_{k=0}^{\infty} (-1)^k$이 $1/2$ 로 체사로 덧셈가능임을 증명하여라. 그러므로 (b) 의 역은 거짓이다.

(d) **(타우버(Tauber))** 모든 자연수 $k \in \mathbb{N}$ 에 대하여 $a_k \geq 0$ 이고 $\sum_{k=0}^{\infty} a_k$ 이 L 로 체사로 덧셈가능이면 $\sum_{k=0}^{\infty} a_k = L$ 임을 증명하여라.

9. (a) 실수들로 이루어진 감소수열 $\{b_k\}$ 에 대하여 만일 $\sum_{k=1}^{\infty} a_k$이 수렴하면 $k \to \infty$ 일 때 $ka_k \to 0$ 임을 증명하여라.

(b) 자연수 $n \in \mathbb{N}$ 에 대하여 $s_n = \sum_{k=1}^{n} (-1)^{k+1}/k$ 이라 할 때 s_{2n} 은 순증가이고, s_{2n-1} 은 순감소이며 $s_{2n+1} - s_{2n} \to 0$ $(n \to \infty)$ 임을 증명하여라.

(c) (a) 의 조건에서 "**감소**"가 빠지면 거짓임을 보여라.

10. k 가 충분히 크면 $a_k \geq 0$ 이고 $\sum_{k=1}^{\infty} a_k$ 가 수렴한다고 가정하자.

$$\lim_{j \to \infty} \sum_{k=1}^{\infty} \frac{a_k}{j+k} = 0$$

임을 증명하여라.

4.2 여러 가지 수렴판정

4.1 절에서 단축급수와 기하급수의 경우에는 정확한 수렴값을 구할 수 있지만 일반적으로 주어진 급수의 값을 구하는 것은 어렵다. 많은 경우 급수의 수렴성을 확인하는 것이 정확한 값을 구하는 것보다 더 중요하다. 수렴할 경우에는 계산에 이용하는 도구가 무엇이든지 우리가 원하는 만큼의 정확한 값을 근사적으로 결정하기 위해 그 급수의 부분합을 이용할 수 있다. 따라서 이 절에서는 주어진 급수가 수렴 혹은 발산하는지를 판단하고 n 번째 부분 합에 의해 계산된 값이 얼마나 정확한지를 판단하기 위해서 이용할 수 있는 몇 가지 판정법을 소개한다.

$\mathcal{P}_k$ 는 $k \in \mathbb{N}$ 와 관계가 있는 명제라고 하자. 만일 $k \geq N$ 인 자연수 k 에 대하여 $\mathcal{P}_k$ 가 참이되는 $N \in \mathbb{N}$이 존재하면 "$\mathcal{P}_k$ 는 **충분히 큰 수 k 에 대하여 만족한다**"고 한다.

정리 4.7 $a_k \geq 0\ (k \geq N)$ *라고 가정하자.* $\sum_{k=1}^{\infty} a_k$ *가 수렴하기 위한 필요충분조건은*

$$s := \sup\{s_n : n \geq N\} = \sum_{k=1}^{\infty} a_k.$$

의 부분합들로 만들어지는 수열 $\{s_n\}$ *이 유계인 것이다.*

증명 $n \in \mathbb{N}$ 에 대하여 $s_n = \sum_{k=1}^{n} a_k$ 라고 정하자. 이 때, $\sum_{k=1}^{\infty} a_k$ 가 수렴한다면 s_n 은 수렴한다. 또한 모든 수렴하는 수열은 유계(정리 1.15)이므로 $\sum_{k=1}^{\infty} a_k$ 은 유계인 부분합을 가진다.

역으로, 각 $n \in \mathbb{N}$ 에 대하여 $|s_n| \leq M$ 이라고 가정하면, 모든 $k \geq N$ 에 대하여 $a_k \geq 0$ 이므로 s_n 은 모든 $n \geq N$ 에 대하여 증가수열이다. 증가하며 유계인 수열은 수열의 상한으로 수렴하므로 $\sum_{k=1}^{\infty} a_k$ 은 s_n 의 상한 s 에 수렴한다(정리 1.17). ■

충분히 큰 수 k 에 대하여 $a_k \geq 0$ 일 때, 만일 급수가 수렴하면 $\sum_{k=1}^{\infty} a_k < \infty$, 발산하면 $\sum_{k=1}^{\infty} a_k = \infty$ 로 표현하겠다.

어떤 경우에는 적분을 이용하여 급수의 수렴을 판정할 수 있는데 이 판정법은 다음과 같은 아이디어에 바탕을 두고 있다.

$$\int_1^{\infty} f(x)\,dx = \sum_{k=1}^{\infty} \int_k^{k+1} f(x)\,dx \approx \sum_{k=1}^{\infty} f(k).$$

이 때 f 는 각각의 구간 $[k, k+1]$ 에서 거의 상수값이다. 분명히 충분히 큰 수 k 에 대하여, 만일 $f(k) \searrow 0 \quad (k \to \infty)$ 이면 이러한 사실이 성립한다(그림 4.1). 이러한 생각으로부터 다음 판정법을 얻는다.

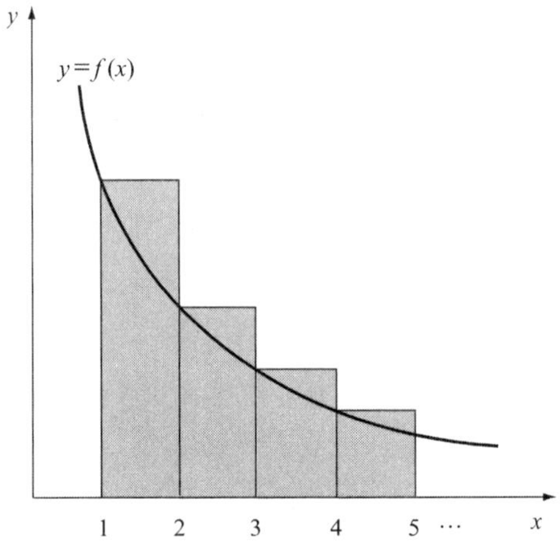

그림 4.1

정리 4.8 *함수 $f : [1,\infty) \to \mathbb{R}$ 이 구간 $[1,\infty)$ 에서 양수이고 감소한다고 가정하자.*

(i) *모든 자연수 $n \in \mathbb{N}$ 에 대하여*

$$f(n) \le \sum_{k=1}^{n} f(k) - \int_1^n f(x)dx \le f(1).$$

(ii) **(적분판정법)** *$\sum_{k=1}^{\infty} f(k)$ 가 수렴할 필요충분조건은 함수 f 가 구간 $[1,\infty)$에서 특이적분가능할 때이다. 다시 말하면*

$$\int_1^{\infty} f(x)\,dx < \infty.$$

(iii) *만일 $\sum_{k=1}^{\infty} f(k)$ 가 수렴하면 모든 자연수 $n \in \mathbb{N}$ 에 대하여*

$$0 \le \sum_{k=1}^{n} f(k) + \int_n^{\infty} f(x)\,dx - \sum_{k=1}^{\infty} f(k) \le f(n).$$

증명 (i) 자연수 $n \in \mathbb{N}$ 에 대하여 $s_n = \sum_{k=1}^{n} f(k)$ 이고 $t_n = \int_1^n f(x)dx$ 라고 하자. 함수 f 는 감소하므로 구간 $[1,\infty)$ 에서 국소적분가능이고, 모든 $x \in [k, k+1]$ 에 대하여 $f(k+1) \le f(x) \le f(k)$ 이다. 따라서 적분의 비교정리에 의해서

$$f(k+1) \le \int_k^{k+1} f(x)\,dx \le f(k), \qquad n \in \mathbb{N}.$$

위 식을 $k = 1, 2, \cdots, n-1$ 에 관하여 더하면 모든 자연수 $n \ge N$ 에 대하여

$$s_n - f(1) = \sum_{k=2}^{n} f(k) \le \int_1^n f(x)\,dx = t_n \le \sum_{k=1}^{n-1} f(k) = s_n - f(n).$$

(ii) 위에서 유도된 부등식에서 수열 $\{s_n\}$ 이 유계일 필요충분조건은 $\{t_n\}$ 이 유계인 것이다. 조건 $f(x) \geq 0$ 은 s_n 과 t_n 이 증가수열임을 의미하므로 단조수렴정리로부터 n 이 무한대로 감에 따라 s_n 이 수렴하면 t_n 이 수렴하고 역도 성립한다.

(iii) $u_k = s_k - t_k, \quad k \in \mathbb{N}$, 라고 하자 그러면 f 는 감소함수이므로

$$0 \leq u_k - u_{k+1} = \int_k^{k+1} f(x)\,dx - f(k+1) \leq f(k) - f(k+1).$$

모든 $k \geq n$ 에 대하여 위의 부등식을 모두 더한 후 간단하게 하면

$$0 \leq u_n - \lim_{j\to\infty} u_j = \sum_{k=n}^{\infty}(u_k - u_{k+1}) \leq \sum_{k=n}^{\infty}(f(k) - f(k+1)) = f(n).$$

$j \to \infty$ 일 때 $u_j \to \sum_{k=1}^{\infty} f(k) - \int_1^{\infty} f(x)\,dx$ 이므로

$$0 \leq \sum_{k=1}^{n} f(k) + \int_n^{\infty} f(x)\,dx - \sum_{k=1}^{\infty} f(k) \leq f(n).$$

■

보기 1 *모든 $n \in \mathbb{N}$ 에 대하여*

$$\sum_{k=1}^{n} \frac{1}{k} = \log n + C_n$$

을 만족하는 $C_n \in (0,1)$ 이 존재함을 증명하여라.

증명 $f(x) = 1/x$ 는 구간 $[1,\infty)$ 에서 양수이고 감소함수이며, 국소 적분가능임은 명백하다. 따라서 정리 4.8 (i)에 의해서

$$\frac{1}{n} \leq \sum_{k=1}^{n} \frac{1}{k} - \int_1^n \frac{1}{x}\,dx = \sum_{k=1}^{n} \frac{1}{k} - \log n \leq 1$$

■

보기 2 *$\sum_{k=1}^{\infty} ke^{-k^2}$ 이 수렴함을 증명하고 그 값을 오차가 10^{-3} 이내에서 계산하여라.*

증명 $f(x) = xe^{-x^2}$ 이라고 하자. 그러면 $x \geq 1$ 인 경우에 $f'(x) = e^{-x^2}(1-2x^2) \leq 0$ 이므로 함수 f 는 구간 $[1,\infty)$ 에서 감소함수이다. 그리고

$$\int_1^{\infty} xe^{-x^2}\,dx = \frac{1}{2}\int_1^{\infty} e^{-u}\,du = \frac{1}{2e} < \infty$$

이므로 적분판정법에 따라 급수 $\sum_{k=1}^{\infty} ke^{-k^2}$ 은 수렴한다. 이 급수의 값 s 를 구하기 위해서는 $f(2) = 0.036631$ 과 $f(3) = 0.000370$ 의 값을 이용하자. 이제 정리 4.8 (iii)에 의해 s 는 근사적으로 다음과 같다.

$$\sum_{k=1}^{3} ke^{-k^2} + \int_3^{\infty} xe^{-x^2}\,dx = \frac{1}{e} + \frac{2}{e^4} + \frac{3}{e^9} + \frac{1}{2e^9} \approx 0.4049427$$

이 값의 오차는 실제와 0.000370보다 크지 않다. ■

따름정리 4.9 (p-급수 판정법) *급수*

$$\sum_{k=1}^{\infty} \frac{1}{k^p} \tag{4.6}$$

가 수렴할 필요충분조건은 $p > 1$ 이다.

증명 $p = 1$ 혹은 $p \leq 0$ 이면 위의 급수는 발산한다.

$p > 0,\ \ p \neq 1$ 인 경우에 $f(x) = x^{-p}$ 이라 정의하면, 모든 $x \in [1, \infty)$ 에 대하여 $f'(x) = -px^{-p-1} < 0$ 이므로 함수 f 는 구간 $[1, \infty)$ 에서 음이 아니고 감소한다.

$$\int_1^{\infty} \frac{dx}{x^p} = \lim_{n\to\infty} \frac{1}{1-p} x^{1-p}\Big|_1^n = \lim_{n\to\infty} \frac{n^{1-p} - 1}{1-p}$$

가 유한한 극한값을 가질 필요충분조건은 $1 - p < 0$ 이므로, 적분판정법으로부터 (4.6) 식이 수렴할 필요충분조건은 $p > 1$ 이다. ■

적분판정법을 이용하기 위해서는 정리의 조건을 만족하는 함수를 정의해야 한다. 그러나 함수가 매우 제한적인 몇 가지 가정을 만족해야 하는 하므로 적분판정법은 그 적용범위가 제한되어 있다.

다음 판정법은 좀 더 광범위한 경우에서 사용이 가능하다.

정리 4.10 (비교판정법) *충분히 큰 수 k 에 대하여 $0 \leq a_k \leq b_k$ 라 가정하자.*

(i) $\sum_{k=1}^{\infty} b_k < \infty$ *이면* $\sum_{k=1}^{\infty} a_k < \infty$.

(ii) $\sum_{k=1}^{\infty} a_k = \infty$ *이면* $\sum_{k=1}^{\infty} b_k = \infty$.

증명 가정에 의하여 $k > N$ 이면 $0 \leq a_k \leq b_k$ 을 만족할 만큼 충분히 큰 자연수 $N \in \mathbb{N}$ 을 선택하고 $s_n = \sum_{k=1}^{n} a_k$, $t_n = \sum_{k=1}^{n} b_k$, $n \in \mathbb{N}$ 이라 하자. 그러면 모든 $n \geq N$ 에 대하여 $0 \leq s_n - s_N \leq t_n - t_N$ 이다. N 이 고정되어 있기 때문에 t_n 이 유계이면 s_n 도 유계이

다. 또한, s_n 이 유계가 아니면 t_n 도 유계가 아니다. 정리 4.2 를 적용시키면 증명은 완성된다. ■

비교판정법은 판정하려는 급수를 이미 수렴성을 알고 있는 다른 급수와 비교하여 판정한다. 비록 이 방법을 이용하기 위한 단순한 계산방식은 없지만 주어진 급수의 항을 조사하여 불필요한 항을 무시하며, 복잡한 요소를 간단한 항으로 대치하여 수렴 및 발산성질이 판정된 급수와 비교하는 것이 판정법의 아이디어다.

보기 3 *급수*

$$\sum_{k=1}^{\infty} \frac{3k}{k^2+k}\sqrt{\frac{\log k}{k}} \tag{4.7}$$

의 수렴성을 결정하여라.

풀이 이 급수의 k 번째 항은 세 개의 인수로 이루어진 $\frac{1}{k}\frac{3k}{k+1}\sqrt{\frac{\log k}{k}}$ 으로 표현할 수 있다. 여기서 $3k/k+1$ 은 3 에 의한 유계임을 알 수 있고 무시할 수 있다. 또한 충분히 큰 k 에 대하여 $\log k \le \sqrt{k}$ 이므로 $\sqrt{\log k/k}$ 는

$$\sqrt{\frac{\log k}{k}} \le \sqrt{\frac{\sqrt{k}}{k}} = \frac{1}{\sqrt[4]{k}}$$

을 만족한다. 그러므로 (4.7) 식의 항은 $3/k^{5/4}$ 에 의한 유계이다. p-급수판정법에 의하여 $\sum_{k=1}^{\infty} 3/k^{5/4}$ 은 수렴하기 때문에, 비교판정법에 의해 (4.7) 식은 수렴한다.

주어진 함수와 비교할 함수를 알아도 주어진 함수에 비교판정법을 적용시키는 것은 쉽지가 않다. 이런 상황을 위해서는 다음 방법이 더 효과적이다.

정리 4.11 (극한 비교판정법) *충분히 큰 k 에 대하여 $a_k, b_k \ge 0$ 일 때 만일*

$$0 < \lim_{n\to\infty} \frac{a_n}{b_n} < \infty$$

이면 다음은 동치이다.

(i) *급수 $\sum_{k=1}^{\infty} a_k$ 는 수렴한다.*

(ii) *급수 $\sum_{k=1}^{\infty} b_k$ 는 수렴한다.*

증명 $c = \lim_{n\to\infty} \frac{a_n}{b_n}$ 이라 할 때 $k \ge N$ 이면 $\frac{c}{2}b_k < a_k < \frac{3c}{2}b_k$ 을 만족하는 $N \in \mathbb{N}$ 이 있다. 따라서 비교판정법과 정리 4.3 으로부터 정리는 바로 증명된다. ■

일반적으로 충분히 큰 k 에 대하여 $a_k \approx b_k$ 일 때 극한비교 판정법은 급수 $\sum_{k=1}^{\infty} a_k$ 를 급수 $\sum_{k=1}^{\infty} b_k$ 로 대치된다. 예를 들어 급수

$$S := \sum_{k=1}^{\infty} \frac{k}{\sqrt{4k^4 + k^2} + 5k}$$

의 수렴성을 판단하기 위하여 충분히 큰 k 에 대하여 이 급수의 각 항이 $\frac{1}{2k}$ 와 근사하다는 사실을 이용한다. 즉, S 와 조화급수 $\sum_{k=1}^{\infty} \frac{1}{k}$ 를 비교한다. 조화급수는 발산하고, $k \to \infty$ 일 때

$$\frac{k/(\sqrt{4k^4 + k^2} + 5k)}{1/k} = \frac{k^2}{(\sqrt{4k^4 + k^2} + 5k)} \to \frac{1}{2} \neq 0$$

이므로 급수 S 는 극한 비교판정법에 따라 발산한다.

다음의 또 다른 극한 비교판정법의 적용할 수 있는 예가 있다.

보기 4 *$k \to \infty$ 일 때 $a_k \to 0$ 이라 하자. 급수 $\sum_{k=1}^{\infty} \sin|a_k|$ 가 수렴할 필요충분조건은 $\sum_{k=1}^{\infty} a_k$ 가 절대수렴임을 보여라.*

증명 로피탈 정리에 의해 다음이 성립한다.

$$\lim_{k \to \infty} \frac{\sin|a_k|}{|a_k|} = \lim_{x \to 0+} \frac{\sin x}{x} = 1.$$

따라서 극한비교 판정법에 의하여, $\sum_{k=1}^{\infty} \sin|a_k|$ 가 수렴하는 것과 $\sum_{k=1}^{\infty} |a_k|$ 이 수렴하는 것은 동치이다. ■

정리 4.12 (거듭제곱근판정법, Root test) *$r = \limsup_{k \to \infty} \sqrt[k]{|a_k|}$ 에 대하여*

(i) *$r < 1$ 이면 $\sum_{k=1}^{\infty} a_k$ 는 절대수렴한다.*

(ii) *$1 < r \leq \infty$ 이면 $\sum_{k=1}^{\infty} a_k$ 는 발산하다.*

증명 (i) $r < 1$ 라고 가정하자. 부등식 $r < x < 1$ 이라 하면 이 때 기하급수 $\sum_{k=1}^{\infty} x^k$ 가 수렴함을 상기하면, 가정에 의해(1.6 의 연습문제 3a) 충분히 큰 k 에 대해

$$\sqrt[k]{|a_k|} < x$$

이다. 따라서 충분히 큰 k 에 대하여 $|a_k| < x^k$ 이고 비교판정법으로부터 $\sum_{k=1}^{\infty} |a_k|$ 가 수렴한다.

(ii) $r > 1$ 라고 가정하면, 1.6 절의 연습문제 3b 에 의해 무한히 많은 $k \in \mathbb{N}$ 에 대하여

$$\sqrt[k]{|a_k|} > 1$$

이 성립한다. 따라서 무한히 많은 k 에 대하여 $a_k > 1$ 이므로 발산판정법으로부터 $\sum_{k=1}^{\infty} a_k$ 는 발산한다. ■

다음의 판정법은 거듭제곱근 판정법보다 약한 개념이지만 급수의 각 항이 곱으로 되어 있는 경우에 사용하기 쉽다.

정리 4.13 (비율판정법, Ratio test) *$k \in \mathbb{R}$ 에 대하여*

$$r = \lim_{k\to\infty} \left| \frac{a_{k+1}}{a_k} \right|$$

이 존재하면 $\sum_{k=1}^{\infty} a_k$ 는 $r < 1$ 일 때 절대수렴하고, $r > 1$ 일 때는 발산한다.

증명 $r > 1$ 이면 충분히 큰 k 에 대하여 $|a_{k+1}| \geq |a_k|$ 이므로 a_k 는 0 으로 수렴할 수 없다. 발산 판정법에 의하여 $\sum_{k=1}^{\infty} a_k$ 는 발산한다.

$r < 1$ 이면 임의의 $x \in (r, 1)$ 에 대하여 k 가 충분히 클 때

$$\left| \frac{a_{k+1}}{a_k} \right| < x = \frac{x^{k+1}}{x^k}$$

이므로 수열 $\frac{|a_k|}{x^k}$ 은 감소하고 또한 유계이다. 그러므로 모든 자연수 k 에 대하여 $|a_k| \leq Mx^k$ 인 양수 M 이 존재한다. $x < 1$ 이므로 비교 판정법에 의하여 $\sum_{k=1}^{\infty} |a_k|$ 은 수렴한다. ■

참조 1 *$r = 1$ 일 때 거듭제곱근 판정법과 비율판정법은 적절하지 않다.*

예를 들어, 비율판정법에 의하면 $\sum_{k=1}^{\infty} 1/k$ 과 $\sum_{k=1}^{\infty} 1/k^2$ 모두 $r = 1$ 이다. 그렇지만 첫 번째 급수는 발산하고 두 번째 급수는 수렴한다.

다음 결과는 비율판정법과 거듭제곱근 판정법이 실제로 급수의 부분합이 얼마나 정확하게 급수의 극한값에 가까운지를 보여 준다.

참조 2 *$\sum_{k=1}^{\infty} a_k$ 이 절대수렴하고 $s = \sum_{k=1}^{\infty} |a_k|$ 라 하자.*

(i) *모든 $k > N$ 에 대하여*

$$\sqrt[k]{|a_k|} \leq x$$

인 자연수 $N \in \mathbb{N}$ 과 실수 $x \in (0,1)$ 가 존재하면 모든 $n > N$ 에 대하여

$$0 \le s - \sum_{k=1}^{n} |a_k| \le \frac{x^{n+1}}{1-x}$$

이다.

(ii) 모든 $k > N$ 에 대하여

$$\left|\frac{a_{k+1}}{a_k}\right| \le x$$

인 자연수 $N \in \mathbb{N}$ 과 실수 $x \in (0,1)$ 가 존재하면 모든 $n \ge N$ 에 대하여

$$0 \le s - \sum_{k=1}^{n} |a_k| \le \frac{|a_N| x^{n-N+1}}{1-x}.$$

증명 (i) $n \ge N$ 이라 하자. 그러면 $k > N$ 에 대하여 $|a_k| \le x^k$ 이므로 기하 급수의 합에 의하여

$$0 \le s - \sum_{k=1}^{n} |a_k| \le \sum_{k=n+1}^{\infty} |a_k| \le \sum_{k=n+1}^{\infty} x^k = \frac{x^{n+1}}{1-x}, \qquad n \ge N$$

이다. (ii) 의 증명은 연습문제로 남겨 둔다. ■

보기 5 $\displaystyle\sum_{k=1}^{\infty} \frac{k^{2k}}{(3k^2+k)^k}$ 이 수렴함을 증명하여라. 부분합 s_n 과 급수의 합 s 에 대하여 10^{-2} 이내의 오차로 s_n 이 s 로 접근하는 n 을 찾아라.

풀이 모든 $k \ge N := 1$ 에 대하여

$$\left(\frac{k^{2k}}{(3k^2+k)^k}\right)^{1/k} = \frac{k^2}{3k^2+k} \le \frac{1}{3}$$

이므로 거듭제곱근 판정법에 의하여 위의 급수는 수렴한다. $n \ge 4$ 이면

$$\frac{(1/3)^{n+1}}{(1-1/3)} \le 10^{-2}$$

이므로 참조 2(i)에 의하여 $n \ge 4$ 이면 오차가 10^{-2} 이내이다.

연습문제 (4.2)

1. 다음 급수 중 어떤 것이 절대수렴하며 어떤 것이 조건수렴하는지 또는 발산하는지를 구하여라.

(a) $\displaystyle\sum_{n=1}^{\infty}\frac{(-1)^n n^3}{(n+1)!}$

(b) $\displaystyle\sum_{n=1}^{\infty}\frac{(-1)(-3)\cdots(1-2n)}{1\cdot 4\cdots(3n-2)}$

(c) $\displaystyle\sum_{n=1}^{\infty}\frac{(n+1)^n}{p^n n!},\quad p>e$

(d) $\displaystyle\sum_{n=1}^{\infty}\frac{(-1)^{n+1}\sqrt{n}}{n+1}$

(e) $\displaystyle\sum_{n=1}^{\infty}(-1)^n\frac{\sqrt{n+1}}{\sqrt{n}n^n}$

(f) $\displaystyle\sum_{n=1}^{\infty}\left(\frac{\sqrt{n}-1}{\sqrt{n}}\right)^n$

(g) $\displaystyle\sum_{n=1}^{\infty}\frac{\sin(1/n)}{n}$

(h) $\displaystyle\sum_{n=1}^{\infty}\frac{(-1)^{n-1}}{n^{1+1/n}}$

(i) $\displaystyle\sum_{n=1}^{\infty}\frac{(-1)^n}{\log n}$

(j) $\displaystyle\sum_{n=1}^{\infty}\frac{1}{n\log n}$

(k) $\displaystyle\sum_{n=1}^{\infty}\frac{(-1)^n}{n(\log n)^2}$

(l) $\displaystyle\sum_{n=1}^{\infty}\frac{1}{n\log n[\log(\log n)]^2}$

(m) $\displaystyle\sum_{n=1}^{\infty}\frac{n^2+3}{\sqrt{n^2+3n+2}}$

(n) $\displaystyle\sum_{n=1}^{\infty}\frac{2^n+n^{100}}{3^n+1}$

(o) $\displaystyle\sum_{n=1}^{\infty}\frac{\sqrt{3n+1}\log(n+2)}{n^2+1}$

2. 다음의 급수들이 발산함을 증명하여라.

(a) $\displaystyle\sum_{k=2}^{\infty}\frac{1}{k\log k(\log\log k)^p},\quad p\le 1$

(b) $\displaystyle\sum_{k=1}^{\infty}\frac{1}{\log^p(k+1)},\quad p>0$

(c) $\displaystyle\sum_{k=1}^{\infty}\left(\frac{\sqrt{k}-1}{\sqrt{k}}\right)^{\sqrt{k}}$

(d) $\displaystyle\sum_{k=1}^{\infty}\frac{k^2+2k+3}{k^3-2k^2+\sqrt{2}}$

(e) $\displaystyle\sum_{k=1}^{\infty}\frac{\sqrt[k]{k}}{k}$

3. 다음 급수들의 수렴성을 판정하여라. 각각의 교대급수에 대하여 s_n 을 부분합이라 하고 s 를 수렴값이라 할 때 s_n 이 오차 10^{-2} 이내의 정확도로 s 에 접근하는 n 을 찾아라.

(a) $\displaystyle\sum_{k=1}^{\infty}(-1)^k(\frac{\pi}{2}-\arctan k)$

(b) $\displaystyle\sum_{k=1}^{\infty}\frac{(-1)^k k^2}{2^k}$

(c) $\displaystyle\sum_{k=1}^{\infty}\frac{\log k}{k^p}, \quad p>1$

(d) $\displaystyle\sum_{k=1}^{\infty}\frac{k^2-\sqrt{k}}{k^4+k^2+1}$

(e) $\displaystyle\sum_{k=1}^{\infty}\frac{(-1)^k}{k^2}\frac{2\cdot 4\cdots(2k)}{1\cdot 3\cdots(2k-1)}$

4. (a) 급수 $\displaystyle\sum_{k=1}^{\infty}\frac{1}{k\log^p(k+1)}$ 이 수렴하는 모든 $p \geq 0$ 을 찾아라.

   (b) 위에서 구한 각 p 에 대하여 s_n 과 s 는 $n \geq 2$ 일 때

$$|s-s_n| \leq \frac{n+p-1}{n(p-1)}\left(\frac{1}{\log^{p-1}(n)}\right)$$

   을 만족함을 증명하여라.

5. $a_k \to 0$ $(k \to \infty)$이라 하자. $\sum_{k=1}^{\infty} a_k$ 이 수렴하면 급수 $\sum_{k=1}^{\infty}(a_{2k}+a_{2k+1})$ 이 수렴하고 역도 성립함을 증명하여라.

6. $a_k \in [0,1)$ 이고 $k \to \infty$ 일 때 $a_k \to 0$ 이라 하자. $\sum_{k=1}^{\infty} \arcsin a_k$ 이 수렴하면 $\sum_{k=1}^{\infty} a_k$ 이 수렴하고 역도 성립함을 증명하여라.

7. 자연수 k 에 대하여 $a_k, b_k \geq 0$ 이라 가정하자.

   (a) 만일

$$\lim_{n\to\infty}\frac{a_n}{b_n}=0$$

   이고 $\sum_{k=1}^{\infty} b_k$ 가 수렴하면 $\sum_{k=1}^{\infty} a_k$ 도 수렴함을 증명하여라.

   (b) 만일

$$\lim_{n\to\infty}\frac{a_n}{b_n}=\infty$$

   이고 $\sum_{k=1}^{\infty} b_k$ 이 발산하면 $\sum_{k=1}^{\infty} a_k$ 도 발산함을 증명하여라.

4.3 정밀한 판정법

대부분의 급수는 비율판정법으로 수렴성을 판단할 수 있다. 그러나, 거듭제곱근 판정법과 비율판정법에서 $r=1$ 일 때 판정할 수 없다. 이 절에서는 이러한 급수의 수렴성을 판정할 수 있는 보다 정밀한 판정법에 관하여 논하기로 한다.

정리 4.14 (쿰머 판정법, Kummer's test) $\sum_{n=1}^{\infty} a_n$ 을 양항 급수라 하자.

(i) 양항 수열 $\{b_n\}$, 상수 $\alpha > 0$ 그리고 자연수 N 이 존재하여 모든 $n \geq N$ 에 대하여

$$c_n \equiv \frac{a_n}{a_{n+1}} \cdot b_n - b_{n+1} \geq \alpha$$

이면 $\sum_{n=1}^{\infty} a_n$ 은 수렴한다.

(ii) 모든 $n \geq N$ 에 대하여 $c_n \leq 0$ 일 때, 만일 $\sum_{n=1}^{\infty} 1/b_n$ 이 발산하면 $\sum_{n=1}^{\infty} a_n$ 도 발산한다.

증명 (i) $a_{n+1} > 0$ 이므로 만일 $n \geq N$ 이면

$$b_n a_n - b_{n+1} a_{n+1} \geq \alpha a_{n+1},$$

따라서

$$\begin{aligned} &b_N a_N - b_{N+1} a_{N+1} \geq \alpha a_{N+1}, \\ &b_{N+1} a_{N+1} - b_{N+2} a_{N+2} \geq \alpha a_{N+2}, \\ &\vdots \\ &b_{N+p-1} a_{N+p-1} - b_{N+p} a_{N+p} \geq \alpha a_{N+p}. \end{aligned}$$

위의 식을 더하면

$$b_N a_N - b_{N+p} a_{N+p} \geq \alpha(a_{N+1} + \cdots + a_{N+p}).$$

즉,

$$S_{N+p} - S_N \leq \frac{1}{\alpha}(b_N a_N - b_{N+p} a_{N+p}) \leq \frac{1}{\alpha} b_N a_N$$

또는

$$S_{N+p} \leq S_N + \frac{1}{\alpha} b_N a_N.$$

그러므로 부분합은 유계이고, 따라서 급수는 수렴한다.

(ii) 만일 조건이 만족되면 $n \geq N$ 에 대하여

$$b_n a_n - b_{n+1} a_{n+1} \leq 0.$$

따라서 $\{a_n b_n\}$ 은 감소하지 않는 수열이다. 따라서

$$b_n a_n \geq b_{n-1} a_{n-1} \geq \cdots \geq b_N a_N \equiv k$$

또는

$$a_n \geq \frac{k}{b_n},$$

이고 $\sum 1/b_n$ 와의 비교에 의해서 $\sum a_n$ 은 발산한다. ■

정리 4.14 의 결론은 다른 형태로 변형될 수 있다.

따름정리 4.15 *정리 4.14 의 가정이 만족한다고 하자.*

(i) 만일 $\liminf_{n\to\infty} c_n > 0$ *이면* $\sum a_n$ *은 수렴한다.*

(ii) 만일 $\limsup_{n\to\infty} c_n < 0$ *이고* $\sum 1/b_n$ *이 발산하면* $\sum a_n$ *은 발산한다.*

따름정리 4.16 (라브 판정법, Raabe's test) $\sum a_n$ *을 양항급수라 하고*

$$\lim_{n\to\infty} n\left(\frac{a_n}{a_{n+1}} - 1\right) \equiv r$$

이 존재한다고 가정하자. 그러면

(i) 만일 $r > 1$ *이면* $\sum a_n$ *은 수렴한다.*

(ii) 만일 $r < 1$ *이면* $\sum a_n$ *은 발산한다.*

(iii) $r = 1$ *이면 판정불가이다.*

따름정리 4.17 (가우스 판정법, Gauss's test) $\sum a_n$ *을 양항급수라 하고 유계 수열* $\{A_n\}$ *이 존재하여* $n > N$ *에 대하여*

$$\frac{a_n}{a_{n+1}} = 1 + \frac{r}{n} + \frac{A_n}{n^2}$$

이면

(i) $r > 1$ *일 때* $\sum a_n$ *은 수렴한다.*

(ii) $r \leq 1$ *일 때* $\sum a_n$ *은 발산한다.*

증명 $r \neq 1$일 때는 라브 판정법에 의해서 쉽게 증명된다. $r = 1$일 때는 베르트란드의 판정법(연습문제 14) 에 의하여 증명된다. ■

보기 1 *급수*

$$\frac{1}{2} + \frac{1\cdot 3}{2\cdot 4} + \frac{1\cdot 3\cdot 5}{2\cdot 4\cdot 6} + \cdots + \frac{1\cdot 3\cdot 5\cdots(2n-1)}{2\cdot 4\cdot 6\cdots(2n)} + \cdots$$

의 수렴성을 판단하여라.

풀이 먼저 비율판정법을 사용하여 보기로 하자.

$$\frac{a_{n+1}}{a_n} = \frac{2n+1}{2n+2} = \frac{1+1/2n}{1+1/n} \to 1$$

이므로 비율판정법은 사용할 수 없다. 따라서 가우스 판정법을 시도하기로 하자.

$$\begin{aligned}\frac{a_n}{a_{n+1}} &= \frac{2n+2}{2n+1} \\ &= 1 + \frac{1}{2n} - \frac{1}{2n(2n+1)} \\ &= 1 + \frac{1}{2}\cdot\frac{1}{n} - \frac{1}{n^2}\cdot\frac{n}{2(2n+1)}.\end{aligned}$$

이므로 가우스 판정법에서

$$r = \frac{1}{2}, \quad A_n = -\frac{n}{2(2n+1)}$$

을 적용하면 된다. $r < 1$ 이고 $|A_n| \le \frac{1}{4}$ 이므로 급수는 발산한다.

정리 4.18 (로그판정법, Logarithmic test) *충분히 큰 k 에 대하여 $a_k \neq 0$ 이고*

$$p = \lim_{k\to\infty} \frac{\log(1/|a_k|)}{\log k}$$

이 확장된 실수로서 존재한다고 가정하자. 이 때 $p > 1$ 이면 $\sum_{k=1}^{\infty} a_k$ 은 절대수렴하고, $p < 1$ 이면 절대수렴하지 않는다.

증명 $p > 1$ 이면 충분히 큰 k 에 대하여 $\log(1/|a_k|)$ 은 양수이다. 즉 $|a_k| < 1$ 이다. $p > q > 1$ 이라 하고 $k \ge N$ 이면 $|a_k| < 1$ 이고 $\log(1/|a_k|) > q\log k = \log(k^q)$ 인 자연수 $N \in \mathbb{N}$ 을 선택하자. $k \ge N$ 이면 $|a_k| < k^{-q}$ 은 당연하다. 그러므로 비교 판정법에 의하여 $\sum_{k=1}^{\infty} |a_k|$ 는 수렴한다.

만일 $0 \le p < 1$ 이면 마찬가지 방법으로 충분히 큰 k 에 대하여 $|a_k| > 1/k$ 임을 보일 수 있다. 따라서 비교 판정법에 의하여 $\sum_{k=1}^{\infty} |a_k|$ 는 발산한다.

마지막으로, $p < 0$ 이면 $\log 1/|a_k| < 0$ 이다. 즉, 충분히 큰 k 에 대하여 $|a_k| > 1$ 이다. 그러므로 발산 판정법에 의하여 $\sum_{k=1}^{\infty} |a_k|$ 는 발산한다. ■

지금까지는 급수의 항이 모두 양의 실수이었다. 이제부터 **급수의 항이 실수**인 경우에 대하여 공부하기로 한다. 다음 정리는 급수의 각 항이 두 개로 이루어져 있을 때 각 성분을 비교하여 수렴성을 판단한다.

정리 4.19 (아벨 공식, Abel's formula) 수열 $\{a_k\}_{k\in\mathbb{N}}$ 과 $\{b_k\}_{k\in\mathbb{N}}$ 가 실수열이라 하고 각각의 정수 $n \ge m \ge 1$ 에 대하여

$$A_{n,m} = \sum_{k=m}^{n} a_k, \qquad n \ge m$$

라고 하자. 그러면 $n > m \ge 1$ 인 모든 정수 n, m 에 대하여

$$\sum_{k=m}^{n} a_k b_k = A_{n,m} b_n - \sum_{k=m}^{n-1} A_{k,m}(b_{k+1} - b_k)$$

이다.

증명 $k > m$ 이면 $A_{k,m} - A_{(k-1),m} = a_k$ 이고, $A_{m,m} = a_m$ 이므로

$$\begin{aligned}
\sum_{k=m}^{n} a_k b_k &= a_m b_m + \sum_{k=m+1}^{n} (A_{k,m} - A_{(k-1),m}) b_k \\
&= a_m b_m + \sum_{k=m+1}^{n} A_{k,m} b_k - \sum_{k=m}^{n-1} A_{k,m} b_{k+1} \\
&= \sum_{k=m}^{n} A_{n,m} b_n - \sum_{k=m}^{n-1} A_{k,m} b_{k+1} \\
&= A_{n,m} b_n - \sum_{k=m}^{n-1} A_{k,m}(b_{k+1} - b_k).
\end{aligned}$$

■

첫 번째 아벨공식의 적용은 수열 $\{b_k\}$ 가 단조이고 수렴(monotone and convergent)할 때, $a_k b_k$ 형태의 항을 갖는 급수의 수렴판정이다.

정리 4.20 (아벨 판정법, Abel's test) $a_k, b_k \in \mathbb{R}, k \in \mathbb{N}$ 라 하자. 만일 $\sum_{k=1}^{\infty} a_k$ 가 수렴하고 b_k 가 수렴하는 단조수열이면 $\sum_{k=1}^{\infty} a_k b_k$ 는 수렴한다.

증명 $\sum_{k=1}^{\infty} a_k b_k$ 의 부분합이 코시수열임을 보이면 충분하다. $k \to \infty$ 일 때 $b_k \downarrow b$ 인 $b \in \mathbb{R}$ 이 있다고 가정해도 좋다. 그러면 b_k 는 수렴하기 때문에 모든 자연수 $k \in \mathbb{N}$ 에 대하여 $|b_k| \le M$ 인 적당한 수 $M \in \mathbb{R}$ 가 있다. 그리고 $\sum_{k=1}^{\infty} a_k$ 가 수렴하므로 임의의 $\varepsilon > 0$ 에대하여

$$k > m \ge N \Longrightarrow |A_{k,m}| := \left| \sum_{j=m}^{k} a_j \right| < \frac{\varepsilon}{4M} \tag{4.8}$$

이 성립하는 충분히 큰 $N \in \mathbb{N}$ 을 선택할 수 있다. 이제 $n > m \geq N$ 이라고 하자. 아벨 공식과 (4.8) 에 의해서

$$\begin{aligned} \left|\sum_{k=m}^{n} a_k b_k\right| &\leq |A_{n,m}||b_n| + \sum_{j=m}^{n-1} |A_{k,m}||b_{k+1} - b_k| \\ &\leq \frac{\varepsilon}{4} + \frac{\varepsilon}{4M} \sum_{k=m}^{n-1} |b_{k+1} - b_k| \end{aligned} \tag{4.9}$$

이다. 수열 $\{b_k\}$ 는 감소수열이므로 $|b_{k+1} - b_k| = (b_k - b_{k+1})$ 이고

$$\sum_{k=m}^{n-1} |b_{k+1} - b_k| = b_m - b_n$$

로 단축된다. 그러므로 $n > m \geq N$ 이면 (4.9) 로부터

$$\left|\sum_{k=m}^{n} a_k b_k\right| < \frac{\varepsilon}{4} + \frac{\varepsilon}{2} < \varepsilon.$$

이 된다. ■

보기 2 급수

$$\sum_{k=1}^{\infty} \left(1 + \frac{1}{k}\right)^k \left(\frac{\sin(k+1)}{\sqrt{k+1}} - \frac{\sin k}{\sqrt{k}}\right)$$

이 수렴함을 보여라.

증명 비교정리(절리 1.19)에 의해 $\sin k/\sqrt{k} \to 0 \quad (k \to \infty)$ 이며 단축급수

$$\sum_{k=1}^{\infty} \left(\frac{\sin(k+1)}{\sqrt{k+1}} - \frac{\sin k}{\sqrt{k}}\right)$$

는 수렴한다. 이제 2.5 절의 보기 26 에 의해서 $(1 + 1/k)^k \uparrow e \quad (k \to \infty)$ 이다. 따라서 아벨 판정법으로부터 원래의 급수는 수렴한다. ■

위의 결과는 다음 결과와 연관이 있다.

정리 4.21 (디리클레 판정법, Dirichlet's test) $a_k, b_k \in \mathbb{R}, \quad k \in \mathbb{N}$ *이라 하자. 이때 만일 부분합* $S_n = \sum_{k=1}^{n} a_k$ *이 유계이고* $k \to \infty$ *일 때* $b_k \downarrow 0$ *이면 급수* $\sum_{k=1}^{\infty} a_k b_k$ *는 수렴한다.*

증명 적당한 실수 $M \in \mathbb{R}$ 을 선택하여

$$|s_n| = \left|\sum_{k=1}^{n} a_k\right| \leq M, \qquad n \in \mathbb{N}.$$

그러면 $n > m > 1$ 일 때 삼각부등식에 의해서

$$|A_{n,m}| = \left|\sum_{k=m}^{n} a_k\right| = |s_n - s_{m-1}| \leq 2M \tag{4.10}$$

이다. 이제 $\varepsilon > 0$ 이라 하고 $k \geq N$ 이면 $|b_k| < \varepsilon/(8M)$ 이 되도록 $N \in \mathbb{N}$ 을 선택한다. 그러면 수열 $\{b_k\}$ 는 감소하므로 아벨 공식과 (4.10) 에 의해 $n > m \geq N$ 이면 다음 식

$$\begin{aligned}\left|\sum_{k=m}^{n} a_k b_k\right| &\leq |A_{n,m}||b_n| + \sum_{k=m}^{n-1} |A_{k,m}|(b_k - b_{k+1}) \\ &< \frac{\varepsilon}{4} + 2M(b_m - b_n) < \varepsilon\end{aligned}$$

을 얻는다. ■

보기 3 *각* $x \in \mathbb{R}$ *에 대하여 무한급수* $S(x) = \sum_{k=1}^{\infty} \sin(kx)/k$ *이 수렴함을 보여라.*

증명 함수 $\Phi(x) = \sin(kx)$ 는 주기 2π 인 주기함수 즉 $\Phi(x + 2\pi) = \Phi(x),\quad x \in \mathbb{R}$ 이고 $x = 0$ 혹은 2π 에서 값 0 을 가지므로 각각의 $x \in (0, 2\pi)$ 에서 함수 $S(x)$ 가 수렴하는 것을 보이면 된다. 디리클레 판정법에 의해서

$$\tilde{D}_n(x) := \sum_{k=1}^{n} \sin(kx) \qquad n \subset \mathbb{N} \tag{4.11}$$

이 각 $x \in (0, 2\pi)$ 에 대하여 유계임을 보이는 것으로 충분하다. 위의 식은 각각의 고정된 $x \in (0, 2\pi)$ 에 대하여 유계이다. 원래 이 증명방법은 디리클레에 의해서 발견되었는 데 $\tilde{D}_n$ 에 약간의 조작을 가한다.

삼각함수의 합공식을 적용하고 단축함으로써

$$\begin{aligned}2\sin\left(\frac{x}{2}\right)\tilde{D}_n(x) &= \sum_{k=1}^{n} 2\sin\left(\frac{x}{2}\right)\sin(kx) \\ &= \sum_{k=1}^{n}\left(\cos\left(k - \frac{1}{2}\right)x - \cos\left(k + \frac{1}{2}\right)x\right) \\ &= \cos\left(\frac{x}{2}\right) - \cos\left(\left(n + \frac{1}{2}\right)x\right)\end{aligned}$$

이 된다. 따라서 모든 자연수 $n \in \mathbb{N}$ 에 대하여

$$|\tilde{D}_n(x)| = \left|\frac{\cos(\frac{x}{2}) - \cos((n + \frac{1}{2})x)}{2\sin(\frac{x}{2})}\right| \leq \frac{1}{|\sin(\frac{x}{2})|}$$

이므로 각 x 에 대하여 $\tilde{D}_n(x)$ 은 유계이다. ■

다음 특별한 경우의 디리클레 판정법은 광범위하게 사용된다.

따름정리 4.22 (교대급수 판정법, Alternating series test) *$k \to \infty$ 일 때 $a_k \searrow 0$ 이면*

$$\sum_{k=1}^{\infty}(-1)^k a_k$$

은 수렴한다. 실제로 만일 $s = \sum_{k=1}^{\infty}(-1)^k a_k$ 이고 $s_n = \sum_{k=1}^{n}(-1)^k a_k$ 이라 하면 모든 $n \in \mathbb{N}$ 에 대하여

$$0 < |s - s_n| < a_{n+1}$$

이 성립한다.

증명 $\sum_{k=1}^{\infty}(-1)^k$ 의 부분합이 유계이기 때문에 디리클레 판정법에 의해서 급수 $\sum_{k=1}^{\infty}(-1)^k a_k$ 는 수렴한다. $s - s_n$ 의 값을 계산하기 위해서 $n = 2m$ 즉 n 이 짝수일 때를 가정하자. 이 때

$$\begin{aligned} 0 &\geq (-a_{2m+1} + a_{2m+2}) + (-a_{2m+3} + a_{2m+4}) + \cdots \\ &= \sum_{k=2m+1}^{\infty} (-1)^k a_k = s - s_n \\ &= -a_{2m+1} + (a_{2m+2} - a_{2m+3}) + (a_{2m+4} - a_{2m+5}) + \cdots \\ &\geq -a_{2m+1}, \end{aligned}$$

즉, $0 \geq s - s_n \geq -a_{n+1}$ 이다. 비슷한 방법으로 n 이 홀수일 때 $0 \leq s - s_n \leq a_{n+1}$ 을 증명한다. ■

따름정리 4.5 에서 급수가 절대수렴하면 수렴하지만, 그 역은 성립하지 않는다.

참조 1 *$\sum_{n=1}^{\infty} a_n < \infty$ 이지만, $\sum_{n=1}^{\infty} |a_n| = \infty$ 인 급수가 있다.*

증명 $a_n = (-1)^n \frac{1}{n}$ 일 때 위 조건을 만족한다. ■

이 방법에 의해서 교대급수에 대한 접근을 자신의 부분합으로 측정할 수 있다.

보기 4 *각 $\alpha \in \mathbb{R}$ 에 대하여 급수 $\sum_{k=1}^{\infty}(-1)^k k/(k^2 + \alpha)$ 는 수렴함을 증명하여라. 만일 s_n 이 급수의 n 번째 부분합을 나타내고 s 가 급수의 수렴값이면 충분히 큰 n 에 대하여 오차가 10^{-2} 이내로 s_n 이 s 에 접근할 때의 n 값을 찾아라.*

증명 함수 $f(x) = x/(x^2 + \alpha)$ 라 하면 $x \to \infty$ 일 때 $f(x) \to 0$ 임을 주의하자. $x > \sqrt{|\alpha|}$ 에 대하여 $f'(x) = (\alpha - x^2)/(x^2 + \alpha)^2$ 가 음수이므로 $k \to \infty$ 이면 $k/(k^2 + \alpha) \searrow 0$ 이다. 따라서 주어진 급수는 교대급수 판정법에 의해 수렴한다.

또한 따름정리 4.22 에 의해 $f(n) < 10^{-2}$, 즉 $n^2 - 100n + \alpha > 0$ 이면 s_n 은 s 값에 대하여 오차가 10^{-2} 이내일 것이다. $\alpha > 50^2$ 이면 마지막 이차식은 실근을 가지지 않는다. 따라서 부등식은 항상 만족되므로 $n = 1$ 로 선택할 수 있다.

$\alpha \le 50^2$ 이면 이차식은 $50 \pm \sqrt{50^2 - \alpha}$ 를 근으로 가진다. 따라서 $50 + \sqrt{50^2 - \alpha}$ 인 임의의 n 을 선택한다. ■

연습문제 (4.3)

1. 다음 급수의 수렴성을 판단하여라.

(a) $\displaystyle\sum_{n=1}^{\infty} \frac{1 \cdot 3 \cdot 5 \cdots (2n-1)}{2 \cdot 4 \cdot 6 \cdots (2n)}$ (c) $\displaystyle\sum_{n=1}^{\infty} \frac{1 \cdot 4 \cdot 7 \cdots (3n-2)}{3 \cdot 6 \cdot 9 \cdots (3n)} \cdot \frac{1}{3n+2}$

(b) $\displaystyle\sum_{n=1}^{\infty} \frac{1 \cdot 4 \cdot 7 \cdots (3n-2)}{3 \cdot 6 \cdot 9 \cdots (3n)}$ (d) $\displaystyle\sum_{n=1}^{\infty} \frac{1 \cdot 3 \cdot 5 \cdots (2n-1)}{2 \cdot 4 \cdot 6 \cdots (2n)} \cdot \frac{(2n+2)}{3n+2)}$

2. 어떤 a 와 b 의 값에 대하여

$$\frac{a}{b} + \frac{a(a+1)}{b(b+1)} + \cdots + \frac{a(a+1)\cdots(a+n-1)}{b(b+1)\cdots(b+n-1)} + \cdots$$

이 수렴하는가?

3. k 의 다른 값에 대하여

$$\sum_{n=1}^{\infty} \left[\frac{1 \cdot 3 \cdot 5 \cdots (2n-1)}{2 \cdot 4 \cdot 6 \cdots (2n)} \right]^k$$

을 판정하여라.

4. 문제 3 에서 의심스러운 경우 $b_n = n$ 으로 쿰머판정법을 사용하여라.

5. (a) 거듭제곱근 판정법을 급수

$$\sum_{k=2}^{\infty} \frac{1}{(\log k)^{\log k}}$$

에 적용하면 $r = 1$ 임을 증명하여라. 로그 판정법을 이용하여 급수가 수렴함을 증명하여라.

(b) 거듭제곱근 판정법을 급수

$$\sum_{k=1}^{\infty}\frac{1\cdot 3\ldots(2k-1)}{4\cdot 6\ldots(2k+2)}$$

에 적용하면 $r = 1$ 임을 증명하여라. 라브 판정법을 이용하여 급수가 수렴함을 증명하여라.

6. $S=\sum_{k=1}^{\infty}1/k^2$ 라 하자.

$$\sum_{k=0}^{\infty}\frac{1}{(2k+1)^2}=\frac{3}{4}S,\quad \sum_{k=1}^{\infty}\frac{(-1)^k}{k^2}=-\frac{1}{2}S$$

7. 각 $x\in(0,2\pi)$ 와 $a_k\downarrow 0\quad(k\to\infty)$ 인 임의의 수열 $\{a_k\}$ 에 대하여 $\sum_{k=1}^{\infty}a_k\cos kx$ 이 수렴함을 증명하여라. $x=0$ 일 때 어떻게 되는가?

8. $a_k\downarrow 0\quad(k\to\infty)$ 이면 모든 실수 x 에 대하여

$$\sum_{k=1}^{\infty}a_k\sin((2k+1)x)$$

이 수렴함을 증명하여라.

9. 디리클레 판정법의 가정하에서

$$\sum_{k=1}^{\infty}a_kb_k=\sum_{k=1}^{\infty}s_k(b_k-b_{k+1})$$

임을 증명하여라.

10. 수열 $\{a_k\}$ 와 $\{b_k\}$ 에서 $a_k\to 0\quad(k\to\infty)$ 이고 임의의 자연수 n 에 대하여

$$\sum_{k=1}^{\infty}|a_{k+1}-a_k|<\infty,\qquad \left|\sum_{k=1}^{n}b_k\right|\le M$$

이면 $\sum_{k=1}^{\infty}a_kb_k$ 이 수렴함을 증명하여라.

11. 실수 a,b 가 $\frac{b}{a}\in\mathbb{R}\setminus\mathbb{Z}$ 이면

$$\sum_{k-1}^{\infty}\frac{1}{(ak+b)q^k}$$

이 수렴하는 모든 $q>0$ 를 찾아라.

12. $\sum_{k=1}^{\infty} a_k$ 이 수렴함을 가정하자. 만일 $b_k \uparrow \infty \quad (k \to \infty)$ 이고 $\sum_{k=1}^{\infty} a_k b_k$ 이 수렴하면

$$b_m \sum_{k=m}^{\infty} a_k \to 0 \quad (m \to \infty)$$

임을 증명하여라.

13. **(라브 판정법)** 충분히 큰 k 에 대하여

$$\left|\frac{a_{k+1}}{a_k}\right| \leq 1 - \frac{p}{k+C}$$

을 만족하는 상수 C 와 매개변수 p 가 존재한다고 가정하자. 만일 $p > 1$ 이면 $\sum_{k=1}^{\infty} a_k$ 는 절대수렴한다.

14. **(베르트란드 판정법, Bertrand test)** $\sum_{n=1}^{\infty} a_n$은 양항급수라고 하자. 만일 $p > 1$ 와 자연수 N이 존재하여 모든 $n > N$에 대해서

$$\ln n \left(n \left(\frac{a_n}{a_{n+1}} - 1 \right) - 1 \right) \geq p$$

이면 급수 $\sum_{n=1}^{\infty} a_n$은 수렴한다. 만일 자연수 N 이 존재하여 보든 $n > N$에 대해서

$$\ln n \left(n \left(\frac{a_n}{a_{n+1}} - 1 \right) - 1 \right) \leq 1$$

이면 급수 $\sum_{n=1}^{\infty} a_n$은 발산한다.

4.4 급수의 재배열

이 절에서는 수렴하는 급수의 각 항을 절대값으로 바꾸면 어떻게 되는가를 조사한다. 이제 다음 개념을 정의하자. 특별한 언급이 없는 한, 주어진 급수의 항은 실수이다.

우리는 어떤 급수의 값을 구할 목적으로 여러 개를 묶기 위해서 괄호를 사용한다. 이것은 급수가 수렴하면 부분합으로 만들어지는 $\{s_n\}$ 이 수렴하고 이 때 임의의 부분수열 $\{s_{n_k}\}$ 도 수렴하므로 수렴하는 급수에 대하여는 괄호를 어려움없이 사용할 수 있다. 사실 이러한 관계는 무한히 많은 항을 더하는 순서를 바꾸는 일이기 때문에 실수의 성질에서 덧셈의 교환법칙과 결합법칙으로는 설명할 수 없다. 이것을 설명하기 위해서 다음 정의가 필요하다.

정의 4.3 $f : \mathbb{N} \to \mathbb{N}$ 가 1-1 이고 위로의 함수라고 하자. 이 때

$$b_{f(k)} = a_k, \qquad k \in \mathbb{N}$$

라 하면 급수 $\sum_{j=1}^{\infty} b_j$ 을 급수 $\sum_{k=1}^{\infty} a_k$ 의 **재배열(rearrangement)** 또는 **재배열급수**이라 한다.

정리 4.23 $\sum_{k=1}^{\infty} a_k$ 이 절대수렴하고 $\sum_{j=1}^{\infty} b_j$ 이 $\sum_{k=1}^{\infty} a_k$ 의 임의의 재배열이라 하면 $\sum_{j=1}^{\infty} b_j$ 은 수렴하고

$$\sum_{k=1}^{\infty} a_k = \sum_{j=1}^{\infty} b_j.$$

증명 $\varepsilon > 0$ 이라 하자. $n, m \in \mathbb{N}$ 에 대하여 $s_n = \sum_{k=1}^{n} a_k$, $s = \sum_{k=1}^{\infty} a_k$ 이고 $t_m = \sum_{j=1}^{m} b_j$ 라 하자. 그러면 $\sum_{k=1}^{\infty} a_k$ 이 절대수렴하므로

$$\sum_{k=N+1}^{\infty} |a_k| < \frac{\varepsilon}{2} \tag{4.12}$$

인 자연수 $N \in \mathbb{N}$ 을 선택할 수 있다. 그러므로

$$|s_N - s| = \left| \sum_{k=N+1}^{\infty} a_k \right| = \sum_{k=N+1}^{\infty} |a_k| < \frac{\varepsilon}{2}. \tag{4.13}$$

f 를 $b_{f(k)} = a_k, k \in \mathbb{N}$ 인 1-1 이고 위로의 함수라고 하자. 또 $M = \max\{f(1), \cdots, f(N)\}$ 이라 하자. 그러면

$$\{a_1, \cdots, a_N\} \subseteq \{b_1, \cdots, b_M\}$$

임을 주목하자. 이제 $m \geq M$ 이라 하면, $t_m - s_N$ 은 단지 $k > N$ 을 만족하는 항 a_k 들만을 포함하게 된다. 따라서 (4.12)로부터

$$|t_m - s_N| \leq \sum_{k=N+1}^{\infty} |a_k| < \frac{\varepsilon}{2}.$$

(4.13) 에 의하여 $m \geq M$ 일 때

$$|t_m - s| \leq |t_m - s_N| + |s_N - s| < \frac{\varepsilon}{2} + \frac{\varepsilon}{2} = \varepsilon.$$

그러므로

$$s = \sum_{j=1}^{\infty} b_j.$$

■

다음 결과는 조건수렴 급수에 대하여는 정리 4.23 이 거짓임을 보여 준다.

정리 4.24 $\sum_{k=1}^{\infty} a_k$ *이 조건수렴하고* $x \leq y$ *가 확장된 실수의 임의의 쌍이라고 하자. 이 때* $\sum_{k=1}^{\infty} a_k$ *의 재배열로, 부분합* s_n *이*

$$\liminf_{n\to\infty} s_n = x \quad \text{이고} \quad \limsup_{n\to\infty} s_n = y \tag{4.14}$$

를 만족하는 $\sum_{j=1}^{\infty} b_j$ *이 존재한다. 특히 주어진* $\sum_{k=1}^{\infty} a_k$ *의 재배열로서 임의의 실수* c *로 수렴하는 것이 있다.*

증명 a_k^+ 와 $-a_k^-$ 는 a_k 또는 0 이기 때문에 $b_1 = a_1^+, b_2 = a_2^+, \cdots, b_{k_1} = a_{k_1}^+, b_{k_1+1} = -a_1^-, \cdots, b_{r_1} = -a_{r_1-k_1}^-, b_{r_1+1} = a_{k_1+1}^+, \cdots,$ 이 되는 $0 < k_1 < r_1 < k_2 < r_2 < \ldots$ 인 정수들이 존재하며 $s_n = \sum_{j=1}^{n} b_j$ 이라 놓을 때 (4.14) 식을 만족하는 것을 보이면 좋다. 이제 문제를 쉽게 하기 위해 x, y가 모두 유한하다고 가정하자.

> 방법 : 증명의 아이디어는 간단하다. 정리 4.10에 의하여 $\sum_{k=1}^{\infty} a_k^+ = \sum_{k=1}^{\infty} a_k^- = \infty$ 이므로 $s_n > y$ 일 때까지 $a_k{}^+$ 를 충분히 더하고, $s_n < x$ 일 때까지 $a_k{}^-$ 를 충분히 뺀다. 더하고 빼는 작업을 같은 방식으로 계속하여 어떤 s_n 은 y 에 가까워지고 어떤 s_n 은 x 에 가까워지도록 한다. 이제, 이것을 명확하게 하자.

$\sum_{k=1}^{\infty} a_k^+ = \infty$ 이므로

$$s_{k_1} := b_1 + b_2 + \cdots + b_{k_1} := a_1^+ + a_2^+ + \cdots + a_{k_1}^+ > y$$

인 최소의 $k_1 \in \mathbb{N}$ 을 선택하자. 그러면 k_1 이 가장 작은 자연수이므로 $s_{k_1-1} \leq y$ 이고, 따라서 $s_{k_1} \leq y + b_{k_1}$ 이다.

마찬가지로, $\sum_{k=1}^{\infty} a_k^- = \infty$ 이므로,

$$s_{r_1} := b_1 + b_2 + \cdots + b_{r_1} := s_{k_1} - a_1^- - a_2^- - \cdots - a_{r_1-k_1}^- < x$$

이고 $s_{r_1} \geq x + b_{r_1}$ 인 최소의 자연수 $r_1 > k_1$ 을 선택할 수 있다. $-a_l^-$ 들이 양수가 아니므로 $k_1 < l \leq r_1$ 일 때 $s_l \leq s_{k_1} \leq y + b_{k_1}$ 이라는 것은 명백하다. 따라서 $k_1 \leq l \leq r_1$ 일 때

$$s_{k_1} > y, \quad x + b_{r_1} \leq s_l \leq y + b_{k_1}.$$

같은 방법으로, $k_2 > r_1$ 이 $s_{k_2} > y$ 을 만족하는 최소의 수라면 $r_1 \leq l \leq k_2$ 일 때 $s_{r_1} < x$ 이고 $x + b_{r_1} \leq s_l \leq y + b_{k_2}$ 이다. 특히,

$$y < \sup_{k_1 \leq l \leq k_2} s_l \leq y + \max\{b_{k_1}, b_{k_2}\} \leq y + \sup_{l \geq k_1} b_l.$$

같은 방법으로, $r_2 > k_2$ 가 $s_{r_2} < x$ 이 성립하는 최소의 자연수이면

$$x + \inf_{l \geq r_1} b_l \leq \inf_{r_1 \leq l \leq r_2} s_l < x.$$

이 과정을 되풀이하면 각 $j \in \mathbb{N}$ 에 대하여

$$y < \sup_{k_j \leq l \leq k_{j+1}} s_l \leq y + \sup_{l \geq k_j} b_l, \quad x + \inf_{l \geq r_j} b_l \leq \inf_{r_j \leq l \leq r_{j+1}} s_l < x$$

를 만족하는 정수 $k_1 < r_1 < k_2 < r_2 < \cdots$ 를 얻는다. 위의 부등식 중 첫번째는

$$y < \sup_{l \geq k_j} s_l \leq y + \sup_{l \geq k_j} b_l$$

를 의미한다. 이 부등식에 $j \to \infty$ 를 시행하면 $b_n \to 0,\ (n \to \infty)$ 를 생각할 때, 발산판정법에 의해 다음의 결론을 얻을 수 있다.

$$y \leq \limsup_{n \to \infty} s_n \leq y + \limsup_{n \to \infty} b_n = y.$$

이것으로 (4.14)의 두 번째 식의 절반이 증명된다. 마찬가지 방법으로 (4.14) 식의 첫번째 식의 절반도 증명할 수 있다. ■

절대수렴하는 급수임을 확인할 수 있는 판정법은 중요하다. 음이 아닌 항들을 갖는 급수인 경우에는 $a_k = |a_k|$ 이므로 앞 절에서 다루었다. 실제로 주어진 급수가 절대수렴하면 수렴하므로 2 절과 3 절의 대부분의 정리에 주어진 급수들의 항 a_k 가 양수가 아닌 실수의 경우에도 a_k 대신 $|a_k|$ 로 바꾸면 정리들은 수렴대신 절대수렴으로 바꾸어도 성립한다. 특히 거듭제곱근 판정법, 비율판정법, 로그 판정법, 라브 판정법은 유용하다.

연습문제 (4.4)

1. 다음 급수에 대하여 s_n 을 부분합이라 하고 s 를 급수의 값이라 하자. s 는 유한임을 증명하고, s_n 과 s 의 오차가 10^{-2} 이내가 되도록 n 을 구하여라

   (a) $\displaystyle\sum_{k=1}^{\infty} \frac{1}{k!}$ (b) $\displaystyle\sum_{k=1}^{\infty} \frac{1}{k^k}$

(c) $\sum_{k=1}^{\infty} \frac{2^k}{k!}$

(d) $\sum_{k=1}^{\infty} (\frac{k}{k+1})^{k^2}$

2. 다음 각각에 대하여 주어진 급수를 수렴하도록 만드는 모든 실수 x 를 구하여라.

(a) $\sum_{k=1}^{\infty} \frac{x^k}{k}$

(b) $\sum_{k=1}^{\infty} \frac{x^{3k}}{2^k}$

(c) $\sum_{k=1}^{\infty} \frac{3 \cdot 5 \cdots (2k+1) x^k}{2^k (k+2)!}$

(d) $\sum_{k=1}^{\infty} \frac{(x+2)^k}{k\sqrt{k+1}}$

3. 다음 각각에 대하여 주어진 급수를 절대수렴하도록 만드는 모든 실수 p 를 구하여라.

(a) $\sum_{k=2}^{\infty} \frac{1}{k \log^p k}$

(b) $\sum_{k=2}^{\infty} \frac{1}{(\log k)^{p \log k}}$

(c) $\sum_{k=2}^{\infty} \frac{1}{\log^p k}$

(d) $\sum_{k=1}^{\infty} (\sqrt{k^{2p}+1} - k^p)$

(e) $\sum_{k=1}^{\infty} \frac{k^p}{p^k}$

4. 3.3 절의 연습문제 9를 이용하여 모든 실수 x 에 대하여 다음을 증명하여라.

$$\sin x = \sum_{k=0}^{\infty} \frac{(-1)^k x^{2k+1}}{(2k+1)!}, \qquad \cos x = \sum_{k=0}^{\infty} \frac{(-1)^k x^{2k}}{(2k)!}.$$

5. 0 이 아닌 실수들의 수열 $\{a_k\}$ 에 대하여

$$p = \lim_{k \to \infty} k \left(1 - \left|\frac{a_{k+1}}{a_k}\right|\right)$$

이 확장된 실수로서 존재한다고 가정하자. $p > 1$ 일 때 $\sum_{k=1}^{\infty} a_k$ 이 절대수렴함을 증명하여라.

6. $a_{kj} \geq 0, k, j \in \mathbb{N}$ 라고 하자. 각각의 $k \in \mathbb{N}$ 에 대하여

$$A_k = \sum_{j=1}^{\infty} a_{kj}$$

이라 할 때 $\sum_{k=1}^{\infty} A_k$ 는 수렴한다고 가정하자.

(a) 다음을 증명하여라.

$$\sum_{j=1}^{\infty}\left(\sum_{k=1}^{\infty}a_{kj}\right)=\sum_{k=1}^{\infty}\left(\sum_{j=1}^{\infty}a_{kj}\right)$$

임을 증명하여라.

(b) a_{kj} 가 k, j 에 따라 양수이거나 음수라고 하면 (a) 가 성립하지 않음을 증명하여라. (힌트:

$$a_{kj}=\begin{cases}1, & j=k\\ -1, & j=k+1\\ 0, & \text{그 외의 경우}\end{cases}$$

을 생각하여라.)

7. (a) $\sum_{k=1}^{\infty}a_k$ 이 절대수렴하면 모든 $p \geq 1$ 에 대하여 $\sum_{k=1}^{\infty}|a_k|^p$ 가 수렴함을 증명하여라.

(b) $\sum_{k=1}^{\infty}a_k$ 이 조건수렴하면 모든 $p > 1$ 에 대하여 $\sum_{k=1}^{\infty}k^p a_k$ 가 발산함을 증명하여라.

8. (a) 모든$n \in \mathbb{N}$ 에 대하여 $a_n > 0$ 이라 하고 $b_0 = b_1 = 0,\quad b_2 = \log(a_2/a_1)$,

$$b_k=\log\left(\frac{a_k}{a_{k-1}}\right)-\log\left(\frac{a_{k-1}}{a_{k-2}}\right)\qquad k=3,4,\cdots$$

이라 하자.

$$r=\lim_{n\to\infty}\frac{a_{n+1}}{a_n}$$

이 존재하고 양수이면

$$\lim_{n\to\infty}\log({a_n}^{1/n})=\lim_{n\to\infty}\sum_{k=0}^{n}(1-\frac{k}{n})b_k=\sum_{k=0}^{\infty}b_k=\log r$$

임을 증명하여라.

(b) $a_n \in \mathbb{R}\setminus\{0\}$ 이고 $n\to\infty$ 일 때 어떤 $r > 0$ 에 대하여 $|a_{n+1}/a_n| \to r$ 이면 $n\to\infty$ 일 때 $|a_n|^{1/n} \to r$ 임을 증명하여라.

9. 급수

$$\left[\left(1+\frac{1}{2}\right)^2-\left(1+\frac{1}{3}\right)^2\right]+\left[\left(1+\frac{1}{4}\right)^2-\left(1+\frac{1}{5}\right)^2\right]+\cdots$$
$$+\left[\left(1+\frac{1}{2n}\right)^2-\left(1+\frac{1}{2n+1}\right)^2\right]+\cdots$$

수렴하지만 괄호를 제거한 급수는 발산함을 보여라.

10. $S_n = \sum_{k=1}^{n} \frac{(-1)^{k+1}}{k}$ 라 하자.

$$S_{2n} = \sum_{k=1}^{n} \frac{1}{n+k}$$

임을 보이고

$$\sum_{k=1}^{\infty} \frac{(-1)^{k+1}}{k} = \log 2$$

을 유도하여라.

11. 교대 조화급수가 0 으로 수렴하도록 재배열하여라.

12. 양항들의 임의의 수렴하는 급수는 항들이 감소하는 순서로 재배열될 수 있음을 보여라.

13.
$$S = \sum_{k=1}^{\infty} \frac{(-1)^{k+1}}{k} = 1 - \frac{1}{2} + \frac{1}{3} - \frac{1}{4} + \frac{1}{5} - + \dots$$
$$\sigma = 1 + \frac{1}{3} - \frac{1}{2} + \frac{1}{5} + \frac{1}{7} - \frac{1}{4} + + - + + - \cdots$$
라 하자. $\sigma = \frac{3}{2}S$ 임을 보여라.

4.5 함수열의 수렴성

수열이 수렴한다는 의미는 이미 친숙하다. 이 절에서는 함수열이 수렴하는 것이 무엇을 뜻하는지 논한다. 함수열의 수렴성을 정의하는 방법은 여러 가지가 있다. 이제 가장 간단한 것으로부터 시작하자.

정의 4.4 *E 를 공집합이 아닌 실수집합 $\mathbb{R}$ 의 부분집합이라 하자. 함수열 $f_n : E \to \mathbb{R}$ 이 f 로 E 에서* **점별수렴***함은 각 $x \in E$ 에 대하여 $\lim_{n\to\infty} f_n(x) = f(x)$ 가 존재한다. 함수열 f_n 이 E 에서 f 로 점별수렴할 때,* **E 의 각 점에서** *$f_n \to f$ 또는, 함수열의 정의역이 분명한 경우, 간단히 $f_n \to f$ 으로 쓰기로 하자.*

'$\{f_n\}$ 이 집합 E 에서 점별수렴한다'는 것은 '각 고정된 $x \in E$ 에 대하여 수열 $\{f_n(x)\}$ 이 수렴하는'것과 동치이므로, 수열의 수렴성에 대한 $\varepsilon - \delta$ 논법을 이용하여 정의를 하면 다음을 얻는다.

참고 1 *E 를 공집합이 아닌 실수들의 부분집합이라 하고 $f_n : E \to \mathbb{R}$ 을 함수열이라 하자. 그러면 다음은 동치이다.*

(i) *E 의 각 점에서 $f_n \to f$.*

(ii) *주어진 $\varepsilon > 0$ 과 $x \in E$ 에 대하여 자연수 $N \in \mathbb{N}$ 이 존재하여*

$$n \geq N \quad \Longrightarrow \quad |f_n(x) - f(x)| < \varepsilon.$$

(이 때 N 은 x 와 ε 에 의존한다).

E 의 각 점에서 $f_n \to f$ 이면 f_n 이 가지는 성질이 f 에 보존이 되는가 하는 질문은 매우 당연하다. 다음 네 개의 참고들은 일반적으로 그 질문에 대한 답으로 그렇지 않을 수도 있음을 보여 준다.

참고 2 *연속(각각, 미분가능)함수가 점별수렴할 때 극한은 반드시 연속(각각, 미분가능)일 필요는 없다.*

증명 $f_n(x) = x^n, \quad n \in \mathbb{N}$ 이라 하자.

$$f(x) = \begin{cases} 0, & 0 \leq x < 1, \\ 1, & x = 1 \end{cases}$$

이라고 놓으면 $[0,1]$의 각 점에서 $f_n \to f$ 이고(그림 4.4) 모든 f_n 은 $[0,1]$ 에서 연속이며 미분가능이다. 그러나, $f(x)$ 는 $x = 1$ 에서 연속도 미분가능도 아니다. ■

참고 3 *적분가능한 함수들이 점별수렴할 때 극한은 반드시 적분가능일 필요는 없다.*

증명 자연수 $n \in \mathbb{N}$ 에 대하여,

$$f_n(x) = \begin{cases} 1, & x = p/n \in \mathbb{Q}, \\ 0, & \text{그렇지 않으면} \end{cases}$$

이고

$$f(x) = \begin{cases} 1, & x \in \mathbb{Q}, \\ 0, & \text{그렇지 않으면} \end{cases}$$

라 하자. $[0,1]$ 의 각 점에서 $f_n \to f$ 이고 각각의 f_n 은 $[0,1]$ 에서 적분가능 (적분값은 0)이다. 그러나, $f(x)$ 는 $[0,1]$ 에서 적분가능이 아니다(3.1 절의 보기 2). ■

참고 4 $[0,1]$ 의 각 점에서 $f_n \to f$ 이고 각 f_n 이 미분가능이지만 $x=1$ 에서

$$\lim_{n\to\infty} f_n'(x) \neq \left(\lim_{n\to\infty} f_n(x)\right)'. \tag{4.15}$$

증명 $f_n(x) = x^n/n$, $f(x)=0$ 이라 하자. $[0,1]$ 의 각 점에서 $f_n \to f$ 이고 모든 f_n 은 미분가능이며 $f_n'(x) = x^{n-1}$ 이다. 따라서 $x=1$ 에서 (4.15) 의 좌변은 1 이고 우변은 0 이다. ■

참고 5 $[0,1]$ 의 각 점에서 $f_n \to f$ 이고 각 f_n 이 연속이지만

$$\lim_{n\to\infty}\int_0^1 f_n(x)\,dx \neq \int_0^1 (\lim_{n\to\infty} f_n(x))\,dx. \tag{4.16}$$

증명 $f_1(x)=1$, $n=2,3,\cdots$ 에 대하여

$$f_n(x) = \begin{cases} n^2x & 0 \le x < 1/n, \\ 2n - n^2x & 1/n \le x < 2/n, \\ 0 & 2/n \le x \le 1 \end{cases}$$

으로 놓으면(그림 4.2) $[0,1]$의 각 점에서 $f_n \to f$ 이고 삼각형 영역의 넓이는 삼각형의 밑변과 높이의 곱의 절반이므로, 모든 $n \in \mathbb{N}$ 에 대하여 $\int_0^1 f_n(x)\,dx = 1$ 이다. 따라서 (4.16) 의 좌변은 1 이고 우변은 0 이다. ■

앞의 보기에서 점별수렴이 수열의 극한 계산에서 매우 제한적이다. 다음 개념은 대략 1850 년경에 스토크스, 코시, 바이어슈트라스 등에 의해서 독립적으로 발견되었는데 매우 유용하다.

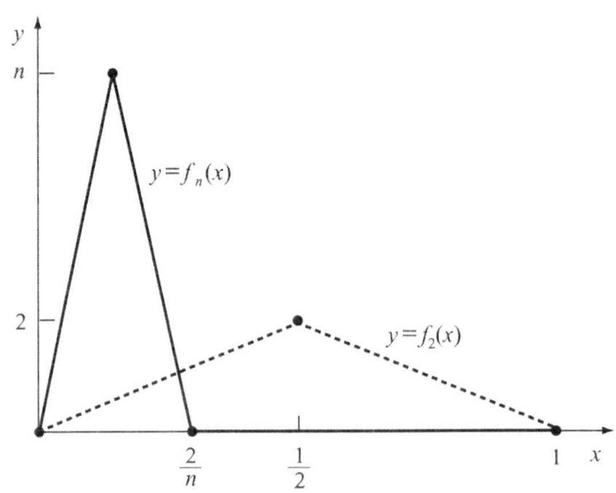

그림 4.2

정의 4.5 *$E \subseteq \mathbb{R}$ 를 공집합이 아니라고 하자. 함수열 $f_n : E \to \mathbb{R}$ 이 E 위에서 함수 f 로* **고르게 수렴한다**함은 *주어진 $\varepsilon > 0$ 에 대하여 $N \in \mathbb{N}$ 이 존재하여 모든 $x \in E$ 에 대하여*

$$n \geq N \quad \Longrightarrow \quad |f_n(x) - f(x)| < \varepsilon.$$

(이 때 N 은 오직 ε 에만 의존한다.) (표기법 : $f_n \rightrightarrows f$)

위의 정의에서 $f_n \rightrightarrows f$ 이기 위한 필요충분조건은 주어진 $\varepsilon > 0$ 에 대하여 $N \in \mathbb{N}$ 이 존재하여

$$n \geq N \quad \Longrightarrow \quad \sup_{x \in E} |f_n(x) - f(x)| < \varepsilon.$$

정의 4.5 와 위의 참고 1 을 비교하면 점별수렴과 고른수렴과의 유일한 차이점은 고른수렴의 경우에 자연수 $N \in \mathbb{N}$ 이 x 와는 무관하게 선택된다는 것이다(그림 4.3). 고른연속과 연속의 차이점도 이와 유사하다. 정의에 의하여 f_n 이 E 에서 고르게 수렴하면, f_n 이 E 에서 점별수렴한다. 다음 보기는 역이 성립하지 않음을 보여 준다.

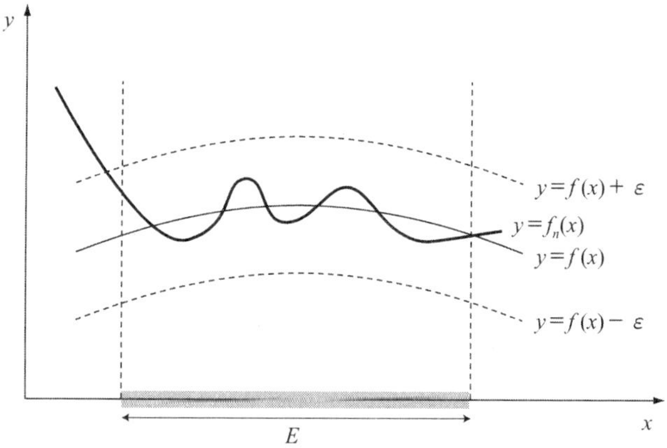

그림 4.3

보기 1 *$b < 1$ 이면 $[0, b]$ 의 각 점에서 $x^n \to 0$ 이며 고르게 수렴하지만 $[0, 1)$ 에서는 고르게 수렴하지 않는다.*

증명 $[0, 1)$의 각 점에서 $x^n \to 0$ 임은 알고있다. $b < 1$ 라 하자. 주어진 $\varepsilon > 0$ 에 대하여 $n \geq N$ 일 때 $b^n < \varepsilon$ 인 자연수 $N \in \mathbb{N}$ 을 선택하자. 이 때 모든 $x \in [0, b]$ 에 대하여

$$n \geq N \quad \Longrightarrow \quad |x^n| \leq b^n < \varepsilon$$

이다. 즉 $[0,b]$ 에서 $x^n \to 0$ 이 고른수렴이다.

$[0,1)$ 에서 $x^n \to 0$ 이 고른수렴이라고 가정하자. 그러면 $0 < \varepsilon < 1/2$ 일 때에도 모든 $x \in [0,1)$ 에 대하여 $|x^N| < \varepsilon$ 인 $N \in \mathbb{N}$ 이 존재한다. 한편, $x \to 1-$ 일 때 $x^N \to 1$ 이므로, $x_0^N > \varepsilon$ 인 $x_0 \in (0,1)$ 를 선택할 수 있다(그림 4.4). 따라서 $\varepsilon < x_0^N < \varepsilon$ 이므로 모순이다. ■

보기 2 $[0,\pi]$ 에서 $f_n(x) = \sin nx/\sqrt{n} \rightrightarrows 0$ *임을 보여라.*

증명 부등식

$$|f_n(x) - 0| = |f_n(x)| \le \frac{1}{\sqrt{n}}.$$

$\sup_{x\in[0,\pi]} |f_n(x) - 0| \le \frac{1}{\sqrt{n}} \to 0$ 으로 부터 $f_n \rightrightarrows 0$ 이다. ■

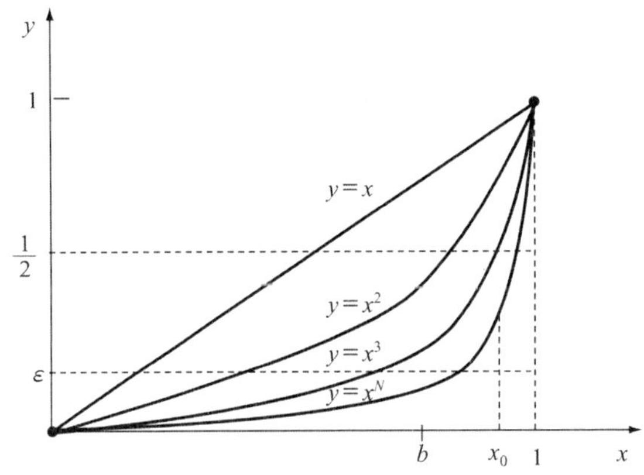

그림 4.4

보기 3 $[0,1]$ 에서 $f_n(x) = nx^2/(1+nx)$ *의 수렴성을 판단하여라.*

풀이 각 고정된 x 에 대하여, $n \to \infty$ 일 때

$$f_n(x) = \frac{x^2}{x + 1/n} \to x.$$

위의 수렴성이 고른가?

$$|f_n(x) - x| = \left|\frac{x^2}{x+1/n} - x\right| = \frac{x/n}{x+1/n} = \frac{1}{n}\left(\frac{nx}{nx+1}\right)$$
$$= \frac{1}{n}\left(1 - \frac{1}{nx+1}\right) \le \frac{1}{n}.$$

따라서 $\sup_{x\in[0,1]} |f_n(x) - x| \le \frac{1}{n} \to 0$ 이므로 $f_n(x) \rightrightarrows x$ 이다.

다음의 몇 가지 결과들은 만일 $f_n \rightrightarrows f$ 또는 $f_n' \rightrightarrows f'$ 이면 f_n 의 성질이 보존됨을 보여준다.

정리 4.25 *열린구간 (a,b) 에서 $f_n \rightrightarrows f$ 이라 가정하자. 이 때 각 f_n 이 $c \in (a,b)$ 에서 연속이면 f 도 c 에서 연속이다.*

증명 $\varepsilon > 0$ 에 대하여 자연수 $N \in \mathbb{N}$ 이 존재하여

$$n \geq N \text{ 이고 } x \in (a,b) \quad \Longrightarrow \quad |f_n(x) - f(x)| < \frac{\varepsilon}{3}.$$

그런데 f_N 이 c 에서 연속이므로 $\delta > 0$ 가 존재하여

$$|x-c| < \delta \text{ 이고 } x \in (a,b) \quad \Longrightarrow \quad |f_N(x) - f_N(c)| < \frac{\varepsilon}{3}.$$

$|x-c| < \delta$ 이고 $x \in (a,b)$ 이면

$$|f(x) - f(c)| \leq |f(x) - f_N(x)| + |f_N(x) - f_N(c)| + |f_N(c) - f(c)| < \varepsilon.$$

따라서 f 는 c 에서 연속이다. ■

(이 결과를 일반화하기 위해서는 연습문제 6 을 보라. 함수열 f_n 이 단조증가 혹은 단조감소일 때 이 결과의 역을 위해서는 정리 5.40 를 보라.)

여기에 극한기호와 적분기호 사이의 자리바꿈에 관한 중요한 정리가 있다.

정리 4.26 *닫힌구간 $[a,b]$ 에서 $f_n \rightrightarrows f$ 이라 하자. 모든 f_n 이 $[a,b]$ 에서 적분가능이면 f 도 적분가능이고*

$$\lim_{n\to\infty} \int_a^b f_n(x)\,dx = \int_a^b \left(\lim_{n\to\infty} f_n(x)\right)\,dx.$$

실제로 $x \in [a,b]$ 에 대하여

$$\lim_{n\to\infty} \int_a^x f_n(t)\,dt = \int_a^x \left(\lim_{n\to\infty} f_n(t)\right)\,dt.$$

증명 $\varepsilon > 0$ 이라 하고 $N \in \mathbb{N}$ 이 존재하여

$$n \geq N, \quad x \in [a,b] \quad \Longrightarrow \quad |f_n(x) - f(x)| < \frac{\varepsilon}{3(b-a)}. \tag{4.17}$$

위 부등식에서 $n = N$ 으로 할 때 하합과 상합의 정의에 의하여 구간 $[a,b]$ 의 임의의 분할 $\mathcal{P}$ 에 대하여

$$U(f - f_N, P) \leq \frac{\varepsilon}{3}, \qquad L(f - f_N, P) \geq -\frac{\varepsilon}{3}$$

이며, f_N 이 적분가능이므로 분할 $\mathcal{P}$ 가 존재하여

$$U(f_N, P) - L(f_N, P) < \frac{\varepsilon}{3}.$$

이것으로부터

$$\begin{aligned} U(f,P) - L(f,P) &\leq U(f - f_N, P) + U(f_N, P) - L(f_N, P) - L(f_N - f, P) \\ &< \frac{\varepsilon}{3} + \frac{\varepsilon}{3} + \frac{\varepsilon}{3} = \varepsilon. \end{aligned}$$

즉, f 는 $[a,b]$ 에서 적분가능이다. 정리 3.9 와 (4.17) 식에 의하여 모든 $x \in [a,b]$ 와 $n \geq N$ 에 대하여

$$\left| \int_a^x f_n(t)\,dt - \int_a^x f(t)\,dt \right| \leq \int_a^x |f_n(t) - f(t)|\,dt \leq \frac{\varepsilon(x-a)}{3(b-a)} < \varepsilon.$$

■

이제 고른수렴에 관한 코시 판정법을 보자.

보조정리 4.1 (고른수렴의 코시 판정법) *$E \neq \emptyset$ 를 $\mathbb{R}$ 의 부분집합이라 하고 $f_n : E \to \mathbb{R}$ 을 함수열이라 하자. 그러면 E 에서 f_n 이 고르게 수렴하기 위한 필요충분조건은 주어진 $\varepsilon > 0$ 에 대하여 $N \in \mathbb{N}$ 이 존재하여 모든 $x \in E$ 에 대하여*

$$n, m \geq N \implies |f_n(x) - f_m(x)| < \varepsilon. \tag{4.18}$$

증명 먼저 $n \to \infty$ 일 때 E 에서 $f_n \rightrightarrows f$ 임을 가정하고 $\varepsilon > 0$ 이 주어졌다고 하자. $N \in \mathbb{N}$ 이 존재하여, 모든 $x \in E$ 에 대하여

$$n \geq N \implies |f_n(x) - f(x)| < \frac{\varepsilon}{2}.$$

그러면 $|f_n(x) - f_m(x)| \leq |f_n(x) - f(x)| + |f(x) - f_m(x)|$ 이므로 (4.18) 이 성립한다.

역으로, (4.18) 을 만족하면 각각의 $x \in E$ 에 대하여 $\{f_n(x)\}_{n\in\mathbb{N}}$ 은 코시수열이다. 따라서 수열의 코시 정리(정리 1.24) 에 의하여 각각의 $x \in E$ 에 대하여

$$f(x) := \lim_{n\to\infty} f_n(x)$$

이 존재한다. 또한 (4.18) 의 부등식에 극한 $m \to \infty$ 를 시행하면 모든 $n \geq N$, $x \in E$ 에 대하여 $|f_n(x) - f(x)| \leq \varepsilon$ 을 얻는다. 정의에 의하여 E 에서 $f_n \rightrightarrows f$ 이다. ■

다음은 극한과 미분이 자리바꿈을 한 경우이다.

정리 4.27 (a,b) 을 열린구간, f_n 을 어떤 $x_0 \in (a,b)$ 에서 수렴하는 함수열이라 하자. 각 f_n 이 (a,b) 에서 미분가능이고, $n \to \infty$ 일 때 ${f_n}'$ 이 (a,b) 에서 고르게 수렴하면 f_n 도 (a,b) 에서 고르게 수렴하고 각각의 $x \in (a,b)$ 에 대하여

$$\lim_{n\to\infty} f_n'(x) = \left(\lim_{n\to\infty} f_n(x)\right)'.$$

증명 $c \in (a,b)$ 고정시키고, 각 $n \in \mathbb{N}$ 에 대하여

$$g_n(x) = \begin{cases} \dfrac{f_n(x) - f_n(c)}{x-c}, & x \neq c \\ f_n'(c), & x = c \end{cases}$$

로 정하자. 그러면

$$f_n(x) = f_n(c) + (x-c)g_n(x) \qquad n \in \mathbb{N}, \qquad x \in (a,b) \tag{4.19}$$

이다. 먼저 임의의 $c \in (a,b)$ 에 대하여 수열 g_n 은 (a,b) 에서 고르게 수렴함을 증명하자. $\varepsilon > 0, n,m \in \mathbb{N}, x \in (a,b), x \neq c$ 라 하자. 그러면 평균값 정리에 의하여 ξ 가 x 와 c 사이에 존재하여

$$g_n(x) - g_m(x) = \frac{f_n(x) - f_m(x) - (f_n(c) - f_m(c))}{x-c} = f_n'(\xi) - f_m'(\xi).$$

${f_n}'$ 이 (a,b) 에서 고르게 수렴하므로, $x \neq c$ 인 $x \in (a,b)$ 에 대하여 $N \in \mathbb{N}$ 이 존재하여

$$n,m \geq N \quad \Longrightarrow \quad |g_n(x) - g_m(x)| < \varepsilon.$$

모든 자연수 n 에 대하여 $g_n(c) = {f_n}'(c)$ 이므로 $x = c$ 에서도 $n,m \geq N$ 이면 $|g_n(x) - g_m(x)| < \varepsilon$ 이다.

이제 f_n 이 (a,b) 에서 고르게 수렴함을 증명하자. $n \to \infty$ 일 때 g_n 이 (a,b) 에서 고르게 수렴하고 $c = x_0$ 일 때 (4.19)가 성립함을 주목하자. 가정에 의하여 $n \to \infty$ 일 때 $f_n(x_0)$ 이 수렴하므로, (4.19) 로부터 $n \to \infty$ 일 때 f_n 가 (a,b) 에서 고르게 수렴한다.

$c \in (a,b)$ 을 고정하고, (a,b) 에서

$$f(x) := \lim_{n\to\infty} f_n(x) \text{ 와 } g(x) := \lim_{n\to\infty} g_n(x)$$

로 f, g 를 정하자.

$$f'(c) = \lim_{n\to\infty} {f_n}'(c) \tag{4.20}$$

임을 보일 필요가 있다. 각각의 g_n 이 c 에서 연속이기 때문에 g 도 c 에서 연속이다. $g_n(c) = f_n{}'(c)$ 이므로, (4.20)의 오른쪽 식은

$$\lim_{n\to\infty} f_n{}'(c) = \lim_{n\to\infty} g_n(c) = g(c) = \lim_{x\to c} g(x)$$

와 같이 나타낼 수 있다. 한편, $x \neq c$ 이면 정의에 의하여

$$\frac{f(x)-f(c)}{x-c} = \lim_{n\to\infty} \frac{f_n(x)-f_n(c)}{x-c} = \lim_{n\to\infty} g_n(x) = g(x).$$

따라서 (4.20) 의 왼쪽 식은

$$f'(c) = \lim_{x\to c} \frac{f(x)-f(c)}{x-c} = \lim_{x\to c} g(x)$$

으로 되어 (4.20) 의 증명이 끝났다. ■

연습문제 (4.5)

1. (a) 임의의 유계인 닫힌구간 $[a,b]$ 에서 $n \to \infty$ 일 때 $x/n \rightrightarrows 0$ 임을 증명하여라.

   (b) (a,b) 에서 $n \to \infty$ 일 때 $1/nx \to 0$ 은 점별수렴이고 고른수렴이 아님을 증명하여라.

2. 임의의 $a \geq 0$ 에 대하여

$$\lim_{n\to\infty} \int_0^\pi \frac{\sin x}{\sqrt{nx^2+a}}\, dx$$

   를 구하여라.

3. $E \subseteq \mathbb{R}$ 이고 $n \to \infty$ 일 때 E 에서 $f_n \rightrightarrows f$, $g_n \rightrightarrows g$ 이라고 가정하자.

   (a) 임의의 실수 α 에 대하여 $n \to \infty$ 일 때 E 에서 $f_n + g_n \rightrightarrows f+g$, $\alpha f_n \rightrightarrows \alpha f$ 임을 증명하여라.

   (b) E 의 각 점에서 $f_n g_n \to fg$ 임을 증명하여라.

   (c) f 와 g 가 E 에서 유계이면 $f_n g_n \rightrightarrows fg$ 임을 증명하여라.

   (d) g 가 유계가 아니면 (c)가 거짓임을 증명하여라.

4. g 가 유계인 닫힌구간 $[a,b]$ 에서 연속이고 $|g(x)| > 0$ 이며 $n \to \infty$ 일 때 $[a,b]$ 에서 $f_n \rightrightarrows f, g_n \rightrightarrows g$ 라고 가정하자.

   (a) 충분히 큰 n 에 대하여 $1/g_n$ 이 정의되고, $n \to \infty$ 일 때 $[a,b]$ 에서 $f_n/g_n \rightrightarrows f/g$ 임을 증명하여라.

   (b) $[a,b]$ 이 (a,b) 으로 바뀌면 (a)가 거짓임을 증명하여라.

5. 모든 $n \in \mathbb{N}$ 과 모든 $x \in E$ 에 대하여

$$|f(x)| \le M$$

   인 양수 $M > 0$ 이 존재하면, 함수열 f_n 은 E 에서 **고른 유계**(uniformly bounded) 라 한다. 각각의 f_n 이 E 에서 유계이고 E 위에서 $f_n \rightrightarrows f$ 이면 $\{f_n\}$ 은 E 에서 고른 유계이며 f 는 E 에서 유계 함수임을 증명하여라.

6. $n \to \infty$ 일 때 E 에서 $f_n \rightrightarrows f$ 이라 가정하자.

   (a) 각각의 f_n 이 E 에서 연속이면 f 도 E 에서 연속임을 증명하여라.

   (b) 각각의 f_n 이 E 에서 고른연속이면 f 도 E 에서 고른연속임을 증명하여라.

7. $b > a > 0$ 일 때 다음을 증명하여라.

$$\lim_{n\to\infty} \int_a^b \left(1 + \frac{x}{n}\right)^n e^{-x}\, dx = b - a$$

   임을 증명하여라.

8. $[a,b]$ 는 유계인 닫힌구간, $f : [a,b] \to \mathbb{R}$ 는 유계이고, $g : [a,b] \to \mathbb{R}$ 는 연속이며 $g(a) = g(b) = 0$ 이라 하자. f_n 들이 $[a,b]$ 에서 고른 유계인 함수열이라 하자(연습문제 5). 모든 닫힌유계 구간 $[c,d] \subset (a,b)$ 에서 $f_n \rightrightarrows f$ 이면 $[a,b]$ 에서 $f_n g \rightrightarrows fg$ 임을 증명하여라.

9. f_n 을 $[0,1]$ 에서 적분가능이라 하고 $[0,1]$ 에서 $f_n \rightrightarrows f$ 이라 하자. $n \to \infty$ 일 때 $b_n \uparrow 1$ 이면

$$\lim_{n\to\infty} \int_0^{b_n} f_n(x)\, dx = \int_0^1 f(x)\, dx$$

   임을 증명하여라.

10. $E \neq \emptyset$, $E \subseteq \mathbb{R}$ 이고 f 를 E 에서 정의된 실수함수라 하자. f_n 이 E 에서 f 로 고르게 수렴하며 E 에서 고르게 유계인 함수열이면 $n \to \infty$ 일 때 E 에서

$$\frac{f_1(x) + \cdots + f_n(x)}{n} \quad \rightrightarrows \quad f(x)$$

임을 증명하여라.

4.6 급수의 고른수렴

이 절에서는 4.5 절의 함수열의 수렴에 대한 개념들을 함수에 대한 급수의 수렴성으로 확장한다.

정의 4.6 *f_n 을 집합 E 에서 정의된 함수열이라 하고 부분합을*

$$s_n(x) := \sum_{k=1}^{n} f_k(x), \qquad x \in E, \qquad n \in \mathbb{N}$$

이라 하자.

(i) *$n \to \infty$ 일 때 $s_n(x)$ 이 E 의 각 점에서 수렴하면 급수 $\sum_{k=1}^{\infty} f_k$ 이 E 에서* **점별수렴한다**고 *한다.*

(ii) *$n \to \infty$ 일 때 $s_n(x)$ 이 E 에서 고르게 수렴하면 급수 $\sum_{k=1}^{\infty} f_k$ 이 E 위에서* **고르게 수렴한다**고 *한다.*

(iii) *각각의 $x \in E$ 에 대하여 $\sum_{k=1}^{\infty} |f_k(x)|$ 이 수렴하면 급수 $\sum_{k=1}^{\infty} f_k$ 은* **절대수렴한다**고 *한다.*

급수의 수렴은 부분합으로 만들어지는 수열의 수렴으로 정의가 되므로 함수열의 수렴에 대한 모든 결과는 함수로 구성되는 급수의 수렴에 대한 결과를 포함한다. 예를 들어, 다음 결과는 정리 4.25부터 정리 4.27까지의 결과로부터 즉시 유도된다.

정리 4.28 *$\{f_k\}$ 을 구간 I 에서 정의된 실수값을 가지는 함수열이라 하자.*

(i) *$I = (a, b)$ 는 열린구간, $c \in I$, 각각의 f_k 는 c 에서 연속이라고 가정하자. $f = \sum_{k=1}^{\infty} f_k$ 이 I 에서 고르게 수렴하면 f 는 c 에서 연속이다.*

(ii) **(항별 적분)** $I = [a,b]$ 는 유계인 닫힌구간이고 각각의 f_k 는 I 에서 적분가능이라 하자. $f = \sum_{k=1}^{\infty} f_k$ 이 $[a,b]$ 에서 고르게 수렴하면 f 는 $[a,b]$ 에서 적분가능이며

$$\int_a^b \sum_{k=1}^{\infty} f_k(x)\,dx = \sum_{k=1}^{\infty} \int_a^b f_k(x)\,dx.$$

(iii) **(항별 미분)** $I = (a,b)$ 는 열린구간이고 각각의 f_k 는 I 에서 미분가능이라 하자. $f = \sum_{k=1}^{\infty} f_k$ 이 $x_0 \in (a,b)$ 에서 수렴하고 $\sum_{k=1}^{\infty} f_k{}'$ 이 (a,b) 에서 고르게 수렴하면 $\sum_{k=1}^{\infty} f_k$ 은 f 로 고르게 수렴하고 f 는 (a,b) 에서 미분가능이며

$$\left(\sum_{k=1}^{\infty} f_k(x)\right)' = \sum_{k=1}^{\infty} f_k{}'(x), \qquad x \in (a,b).$$

급수의 고른수렴을 증명할 때 자주 사용되는 두 가지 방법을 제시한다.

정리 4.29 (바이어슈트라스 M-판정법) f_k 는 E 에서 정의되고 각각의 $k \in \mathbb{N}$ 에 대하여

$$|f_k(x)| \le M_k, \quad \forall x \in E$$

라고 하자. 만일 $\sum_{k=1}^{\infty} M_k < \infty$ 이면 $\sum_{k=1}^{\infty} f_k$ 은 E 에서 절대수렴하고 동시에 고르게 수렴한다.

증명 $\varepsilon > 0$ 라 하자. 코시 판정법에 의하여 $N \in \mathbb{N}$ 이 존재하여

$$m > n \ge N \quad \Longrightarrow \quad \sum_{k=n}^{m} M_k < \varepsilon.$$

그러면 가정에 의하여 $m > n \ge N$ 와 $x \in E$ 에 대하여

$$\left|\sum_{k=n}^{m} f_k(x)\right| \le \sum_{k=n}^{m} |f_k(x)| \le \sum_{k=n}^{m} M_k < \varepsilon.$$

따라서 $\sum_{k=1}^{\infty} f_k$ 의 부분합들은 고른 코시수열(uniformly Cauchy)이고, 각각의 $x \in E$ 에 대하여 $\sum_{k=1}^{\infty} |f_k(x)|$ 의 부분합은 코시수열이다. ■

정리 4.30 (고른수렴에 대한 디리클레 판정법) $E \neq \emptyset$, $E \subseteq \mathbb{R}$ 이고 $f_k, g_k : E \to \mathbb{R}$ 이라 하자.

$$\left|\sum_{k=1}^{n} f_k(x)\right| \le M < \infty, \qquad n \in \mathbb{N}, \qquad x \in E$$

이고 $k \to \infty$ 일 때 E 에서 $g_k \searrow 0$ 이 고른수렴이면 $\sum_{k=1}^{\infty} f_k g_k$ 은 E 에서 고르게 수렴한다.

증명 정수 $n > m > 0$ 을 고정하고

$$F_{n,m}(x) = \sum_{k=m}^{n} f_k(x), \quad x \in E$$

라 하자. 그러면 아벨 공식과 가정에 의하여 모든 $x \in E$ 에 대하여

$$\begin{aligned}\left|\sum_{k=m}^{n} f_k(x)g_k(x)\right| &= \left|F_{n,m}(x)g_n(x) + \sum_{k=m}^{n-1} F_{k,m}(x)(g_k(x) - g_{k+1}(x))\right| \\ &\le 2Mg_n(x) + 2M\sum_{k=m}^{n-1}(g_k(x) - g_{k+1}(x)) \\ &= 2Mg_m(x).\end{aligned}$$

$m \to \infty$ 일 때 $g_m(x) \to 0$ 이 E 에서 고른수렴이므로 고른수렴의 코시 판정법에 의하여 $\sum_{k=1}^{\infty} f_k g_k$ 은 E 에서 고르게 수렴한다. ■

디리클레 판정법의 대표적인 응용이 있다.

보기 1 *만일 $a_k \searrow 0 \quad (k \to \infty)$ 이면 $(0, 2\pi)$ 의 임의의 닫힌 부분구간(closed subinterval) $[a, b]$ 에서 $\sum_{k=0}^{\infty} a_k \cos kx$ 이 고르게 수렴함을 증명하여라.*

증명 $f_k(x) = \cos kx$, $g_k = a_k$, $k \in \mathbb{N}$ 이라 하자. 그러면 4.3 의 보기 3 에서 사용된 방법에 의하여

$$D_n(x) := \sum_{k=1}^{n} \cos kx = \frac{\sin(\frac{x}{2}) + \sin((n+\frac{1}{2})x)}{2\sin(\frac{x}{2})}, \qquad n \in \mathbb{N}, \quad x \in (0, 2\pi)$$

임을 증명할 수 있다. 따라서 $x \in (0, 2\pi)$ 이면 $\sum_{k=0}^{\infty} f_k$ 의 부분합은

$$|D_n(x)| = \left|\frac{\sin\frac{x}{2} + \sin(n+\frac{1}{2})x}{2\sin\frac{x}{2}}\right| \le \frac{1}{|\sin\frac{x}{2}|}.$$

그리고 $\delta = \min\{2\pi - b, a\}$ 이고 $x \in [a, b]$ 이면 $\sin x/2 \ge \sin\delta/2$ 이다(그림 4.5). 따라서 디리클레 판정법에 의하여 $[a, b]$ 에서 $\sum_{k=0}^{\infty} a_k \cos kx$ 은 고르게 수렴한다. ■

이 보기는 급수가 고르게 수렴한다고 해서 항별 미분이 가능하다고는 말할 수 없음을 보여 준다. 실제로, 비록 $\sum_{k=1}^{\infty} \cos kx/k$ 은 $[\pi/2, 3\pi/2]$ 에서 고르게 수렴하지만 이 식을 항별로 미분한 $\sum_{k=1}^{\infty}(-\sin kx)$ 는 $[\pi/2, 3\pi/2]$ 위의 어떤 점에서도 수렴하지 않는다.

함수 또는 수들로 이루어진 **이중급수(double series)**는

$$\sum_{k=1}^{\infty}\sum_{j=1}^{\infty} a_{kj}$$

형태의 급수이다.

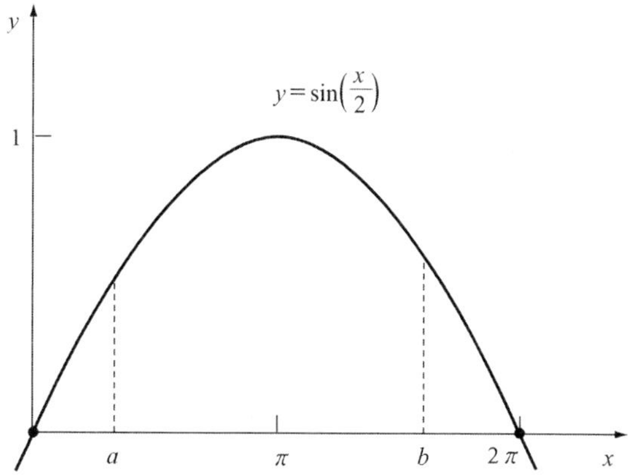

그림 4.5

정의 4.7 *이중급수* $\sum_{k=1}^{\infty}\sum_{j=1}^{\infty} a_{kj}$ *이* A *로* **수렴한다***함은 임의의* $\varepsilon > 0$ *에 대하여 자연수* N *이 존재하여*

$$n \geq N,\, m \geq N \Rightarrow \left|\sum_{k=1}^{n}\sum_{j=1}^{m} a_{kj} - A\right| < \varepsilon.$$

정의에 의하여 만일 $\sum\sum|a_{kj}|$ 이 수렴하면 $\sum\sum a_{kj}$ 도 수렴한다. 즉 절대수렴하는 이중급수는 수렴한다. 절대수렴하는 급수는 수렴성이나 수렴값이 변하지 않고 재배열할 수 있음을 알 수 있다. 따라서 절대수렴하는 이중급수 $\sum\sum a_{kj}$ 는 수렴하는 하나의 급수

$$a_{11} + a_{12} + a_{21} + a_{13} + a_{22} + a_{31} + a_{14} + a_{23} + \cdots$$

과 같이 재배열할 수 있다. 이러한 관측은 두 개의 무한급수의 곱을 정의하고 그 성질을 파악하는데 도움이 된다.

정의 4.8 *급수* $\sum_{n=0}^{\infty} a_n$ *과* $\sum_{n=0}^{\infty} b_n$ *의* **코시 곱***은 급수* $\sum_{n=0}^{\infty} c_n$ *이다. 여기서*

$$c_n = a_0 b_n + a_1 b_{n-1} + a_2 b_{n-2} + \cdots + a_n b_0. \tag{4.21}$$

정리 4.31 $\sum_{n=0}^{\infty} a_n$ *와* $\sum_{n=0}^{\infty} b_n$ *이 절대수렴하고 각각의 합을* A, B *라 하면 곱급수*

$$\sum_{n=0}^{\infty} c_n = \sum_{n=0}^{\infty}(a_0 b_n + a_1 b_{n-1} + a_2 b_{n-2} + \cdots + a_n b_0)$$

은 절대수렴하고 합은 AB *이다.*

증명 $a_{kj} = a_k b_j$ 라 두자. 그러면

$$\sum_{k=0}^{n}\sum_{j=0}^{m}|a_{kj}| = \sum_{k=0}^{n}|a_k|\sum_{j=0}^{m}|b_j|$$

이고, 따라서 $\sum_{k=0}^{n}\sum_{j=0}^{m}|a_{kj}|$ 은 수렴하는 이중급수이다. 그러므로 $\sum_{k=0}^{n}\sum_{j=0}^{m}a_{kj}$ 은 절대수렴하고 합은

$$\begin{aligned}\lim_{\substack{n\to\infty\\ m\to\infty}}\sum_{k=0}^{n}\sum_{j=0}^{m}a_{kj} &= \lim_{n\to\infty}\sum_{k=0}^{n}a_k \lim_{m\to\infty}\sum_{j=0}^{m}b_j\\ &= AB\end{aligned}$$

이중급수를 단급수로 다시 재배열하고 괄호를 집어 넣으면

$$\begin{aligned}AB &= (a_0b_0) + (a_0b_1 + a_1b_0) + (a_0b_2 + a_1b_1 + a_2b_0) + \cdots\\ &= \sum_{n=0}^{\infty}c_n.\end{aligned}$$

■

참조 1 *만일 급수 $\sum a_n$ 이나 $\sum b_n$ 이 절대수렴하고 다른 하나가 조건수렴하여도 정리는 성립한다. 그러나 모두 조건수렴하는 급수의 코시 곱급수는 수렴하지 않을 수 있다.*

보기 2 *교대급수*

$$1 - \frac{1}{\sqrt{2}} + \frac{1}{\sqrt{3}} - \frac{1}{\sqrt{4}} + \cdots + \frac{(-1)^{n+1}}{\sqrt{n+1}} + \cdots$$

를 생각하자. 그러면 p-판정법에 의해 이 급수는 조건수렴한다. 자신과의 코시곱 급수를 $\sum c_n$ 이라 하면

$$|c_n| = \frac{1}{\sqrt{n+1}} + \frac{1}{\sqrt{2}\sqrt{n}} + \frac{1}{\sqrt{3}\sqrt{n-1}} + \cdots + \frac{1}{\sqrt{n}\sqrt{2}} + \frac{1}{\sqrt{n+1}}$$

이 된다. 그런데 $c_n \nrightarrow 0$ 이므로 급수 $\sum c_n$ 은 수렴하지 않는다. 실제로 $|c_n| > \frac{1}{2}$ 이다.

반복합 $\sum_{k=1}^{\infty}\left(\sum_{j=1}^{\infty}a_{kj}\right)$ 은

$$\sum_{k=1}^{\infty}\sum_{j=1}^{\infty}a_{kj} = \sum_{n=1}^{\infty}A_n \tag{4.22}$$

을 뜻한다. 여기서 $A_n = \sum_{j=1}^{\infty}a_{nj}$ 이다.

이중급수를 다룰 때 종종 덧셈의 순서를 바꿀 수 있기를 원한다. 그런데 $a_{k_j} \geq 0$ 일 때 덧셈의 순서가 바꿀 수 있음을 알고있다(4.4 절의 연습문제 6).

이제 더 일반적인 결과를 증명하겠다.

정리 4.32 *음이 아닌 수* $a_{kj} \in \mathbb{R}$, $k, j \in \mathbb{N}$ *이고 각각의* $j \in \mathbb{N}$ *에 대하여*

$$A_j = \sum_{k=1}^{\infty} a_{kj} < \infty$$

이라 가정하자. $\sum_{j=1}^{\infty} A_j$ *이 수렴하면*

$$\sum_{k=1}^{\infty}\sum_{j=1}^{\infty} a_{kj} = \sum_{j=1}^{\infty}\sum_{k=1}^{\infty} a_{kj}.$$

증명 $E = \{0, 1, 1/2, 1/3, \cdots\}$ 이라 하자. 각각의 $j \in \mathbb{N}$ 에 대하여 E 에서 함수 f_j 를

$$f_j(0) = \sum_{k=1}^{\infty} a_{kj}, \quad f_j\left(\frac{1}{n}\right) = \sum_{k=1}^{n} a_{kj}, \qquad n \in \mathbb{N}$$

로 정의하자. 가정에 의해 $f_j(0)$ 이 존재하고

$$\lim_{\substack{x\to 0\\ x\in E}} f_j(x) = f_j(0).$$

더구나 모든 $j \in \mathbb{N}, x \in E$ 에 대하여 $|f_j(x)| \le A_j$ 이므로 바이어슈트라스 M 판정법에 의하여

$$f(x) := \sum_{j=1}^{\infty} f_j(x)$$

이 E 에서 고르게 수렴한다. 그러므로 4.5 절의 연습문제 6에 의하여

$$\lim_{\substack{x\to 0\\ x\in E}} f(x) = f(0).$$

따라서

$$\begin{aligned}\sum_{k=1}^{\infty}\sum_{j=1}^{\infty} a_{kj} &= \lim_{n\to\infty}\sum_{k=1}^{n}\sum_{j=1}^{\infty} a_{kj} = \lim_{n\to\infty}\sum_{j=1}^{\infty}\sum_{k=1}^{n} a_{kj} \\ &= \lim_{n\to\infty}\sum_{j=1}^{\infty} f_j\left(\frac{1}{n}\right) = \lim_{\substack{x\to 0\\ x\in E}} f(x) = f(0) = \sum_{j=1}^{\infty}\sum_{k=1}^{\infty} a_{kj}.\end{aligned}$$

■

참조 2 *만일 항* a_{kj} *이 모두 양수가 아니면 정리 4.32 는 성립하지 않는다.*

증명 a_{kj} 로 이루어진 행렬

$$[a_{kj}] = \begin{pmatrix} 1 & -\frac{1}{2} & 0 & 0 & 0 & 0 & 0 & \cdots \\ 0 & 1 & -\frac{3}{4} & 0 & 0 & 0 & 0 & \cdots \\ 0 & 0 & 1 & -\frac{7}{8} & 0 & 0 & 0 & \cdots \\ 0 & 0 & 0 & 1 & -\frac{15}{16} & 0 & 0 & \cdots \\ 0 & 0 & 0 & 0 & 1 & -\frac{31}{32} & 0 & \cdots \\ \vdots & \vdots & \vdots & \vdots & \vdots & \vdots & \vdots & \ddots \end{pmatrix}$$

일 때 k 번 째 행의 합은 $1/2^k$ 이고

$$\sum_{k=1}^{\infty}\left(\sum_{j=1}^{\infty} a_{kj}\right) = \sum_{k=1}^{\infty} \frac{1}{2^n} = 1$$

이지만 j 번 째 열의 합은 $1/2^{j-1}$ 이므로

$$\sum_{j=1}^{\infty}\left(\sum_{k=1}^{\infty} a_{kj}\right) = \sum_{j=1}^{\infty} \frac{1}{2^{j-1}} = 2.$$

■

연습문제 (4.6)

1. (a) $\sum_{k=1}^{\infty} \cos(kx)/k^2$ 이 $\mathbb{R}$ 에서 고르게 수렴함을 증명하여라.

   (b) $\sum_{k=1}^{\infty} \sin(x/k^2)$ 이 임의의 유계인 닫힌구간 $[a,b]$ 에서 고르게 수렴함을 증명하여라.

2. 기하급수 $\sum_{k=0}^{\infty} x^k = \dfrac{1}{1-x}$ 이 임의의 닫힌구간 $[a,b] \subset (-1,1)$ 에서 고르게 수렴함을 증명하여라.

3. $k \to \infty$ 일 때 $a_k \searrow 0$ 이면 $\sum_{k=0}^{\infty} a_k \sin kx$ 이 임의의 닫힌구간 $[a,b] \subset (0, 2\pi)$ 에서 고르게 수렴함을 증명하여라.

4. $E(x) = \sum_{k=0}^{\infty} x^k/k!$ 이라 하자.

(a) $E(x)$ 로 정의된 급수가 임의의 유계인 닫힌구간 $[a, b]$ 에서 고르게 수렴함을 증명하여라.

(b)

$$\int_a^b E(x)dx = E(b) - E(a), \qquad a, b \in \mathbb{R}$$

임을 증명하여라.

(c) 함수 $y = E(x)$ 이 초기값 문제 $y' - y = 0, \quad y(0) = 1$ 을 만족함을 증명하여라(4.7 에서 $E(x) = e^x$ 임을 보일 것이다).

5.

$$f(x) = \sum_{k=1}^{\infty} \frac{\cos kx}{k^2}$$

라고 가정할 때

$$\int_0^{\pi/2} f(x)\,dx = \sum_{k=0}^{\infty} \frac{(-1)^k}{(2k+1)^3}$$

임을 증명하여라.

6. $\mathbb{R}$ 에서 무한급수

$$f(x) = \sum_{k=1}^{\infty} \frac{1}{k} \sin\left(\frac{x}{k+1}\right)$$

는 모든 $x \in \mathbb{R}$ 에 대하여

$$|f(x)| \le |x|, \qquad |f'(x)| \le |x|$$

를 만족하는 미분가능한 함수 f 로 고르게 수렴함을 보여라.

7.

$$\left|\sum_{k=1}^{\infty} \left(1 - \cos\frac{1}{k}\right)\right| \le 2$$

임을 증명하여라.

8. $E \subseteq \mathbb{R}$ 에서 $f = \sum_{k=1}^{\infty} f_k$ 가 고르게 수렴한다고 가정하자. g_1 이 E 에서 유계이고, 모든 $x \in E$ 에 대하여 $g_k(x) \ge g_{k+1}(x) \ge 0$ 이면 $\sum_{k=1}^{\infty} f_k g_k$ 이 E 에서 고르게 수렴함을 증명하여라.

9. $n \geq 0$ 은 고정된 음이 아닌 정수라 하고 $0! := 1$ 임을 상기하자. 그러면 n **계 베셀함수**는

$$B_n(x) := \sum_{k=0}^{\infty} \frac{(-1)^k}{(k!)(n+k)!} \left(\frac{x}{2}\right)^{n+2k}$$

으로 정의된다.

(a) $B_n(x)$ 가 $\mathbb{R}$ 점별수렴함을 보이고, 임의의 유계인 닫힌구간 $[a, b]$ 에서 고르게 수렴함을 보여라.

(b) $y = B_n(x)$ 가 실수 미분방정식

$$x^2y'' + xy' + (x^2 - n^2)y = 0, \qquad x \in \mathbb{R}$$

을 만족함을 증명하여라.

(c) 자연수 $n \in \mathbb{N}$ 과 실수 $x \in \mathbb{R}$ 에 대하여

$$(x^n B_n(x))' = x^n B_{n-1}(x)$$

임을 증명하여라.

4.7 멱급수

우리는 이미 미적분학에서 테일러의 정리에 대하여 어느 정도 알고 있다. 그리고 테일러 정리는 주어진 함수를 적당한 멱급수로 전개할 수 있음을 나타내고 있는데, 이 정리는 계산이 어려운 함수를 간단한 멱급수로 표현하여 적당한 다항식을 선택함으로써 주어진 함수의 근사값을 계산할 수 있는 이점이 있다. 우리가 쉽게 구할 수 있다고 생각하는 삼각함수의 값도 특수각을 제외하고는 거의 대부분의 함수값을 정확하게 구할 수 없음을 알아야 한다. 이 절에서는 멱급수에 대한 수렴성 및 수렴반경을 구하는 방법을 알아 보기로 한다.

(x_0 를 중심으로 하는) **멱급수**는

$$\sum_{k=0}^{\infty} a_k(x - x_0)^k$$

와 같은 형태의 급수이다. 위와 같은 급수는 분명히 $x = x_0$ 에서 a_0 값을 가지므로 멱급수는 적어도 수렴하는 점은 한 점 이상이다. 그러나 오직 한 점에서만 수렴하는 멱급수도 있다.

급수 $\sum_{k=1}^{\infty} k!x^k$ 는 $x = 0$ 에서만 수렴한다. 실제로, 비율판정법을 사용하면 각 $x \neq 0$ 에 대하여

$$\lim_{k\to\infty}\left|\frac{(k+1)!x^{k+1}}{k!x^k}\right| = \lim_{k\to\infty}(k+1)|x| = \infty.$$

따라서 급수는 모든 $x \neq 0$ 에 대하여 발산한다.

그러나 급수

$$\sum_{k=1}^{\infty}\frac{1}{k!}x^k$$

은 모든 실수 x 에 대하여 수렴한다. 실제로 비율판정법을 사용하면

$$\lim_{k\to\infty}\left|\frac{x^{k+1}/(k+1)!}{x^k/k!}\right| = \lim_{k\to\infty}\frac{|x|}{k+1} = 0 < 1.$$

따라서 주어진 급수는 어떠한 x 에 대하여도 비율판정법에 의한 수렴조건을 만족한다.

기하급수

$$\sum_{k=1}^{\infty} x^k$$

는 $|x| < 1$ 일 때 수렴하고 $|x| \geq 1$ 일 때 발산함을 알고 있다.

정리 4.33 (i) *만일 급수 $\sum_{k=1}^{\infty} a_k(x-x_0)^k$ 이 x_1 에서 수렴하면 $|x-x_0| < |x_1-x_0|$ 를 만족하는 모든 x 에서 주어진 급수는 절대수렴한다.*

(ii) *만일 급수 $\sum_{k=1}^{\infty} a_k(x-x_0)^k$ 이 x_2 에서 발산하면 $|x-x_0| > |x_2-x_0|$ 를 만족하는 모든 x 에서 주어진 급수는 발산한다.*

증명 (i) $\sum_{k=1}^{\infty} a_k(x_1-x_0)^k$ 이 수렴하므로 $a_k(x_1-x_0)^k \to 0$ 이고 따라서 유계이다. 따라서 상수 M 이 존재하여

$$|a_k(x_1-x_0)^k| \leq M, \quad k = 0, 1, 2, \ldots$$

$|x-x_0| < |x_1-x_0|$ 이 되도록 x 를 택하면

$$r \equiv \left|\frac{x-x_0}{x_1-x_0}\right| < 1.$$

따라서

$$|a_k(x-x_0)^k| = \left|a_k(x_1-x_0)^k\frac{(x-x_0)^k}{(x_1-x_0)^k}\right| = |a_k(x_1-x_0)^k|\left|\frac{(x-x_0)^k}{(x_1-x_0)^k}\right| < Mr^k.$$

$r < 1$ 일 때 기하급수는 수렴하므로 급수의 비교 정리에 의하여 주어진 급수는 수렴한다.

(ii) $\sum_{k=1}^{\infty} a_k(x_2 - x_0)^k$ 이 발산하고 $|x_1 - x_0| > |x_2 - x_0|$ 인 x_1 이 존재하여 주어진 급수가 x_1 에서 수렴한다고 하자. 그러면 (i) 에 의하여 $|x - x_0| < |x_1 - x_0|$ 인 모든 x 에 대하여 절대수렴하여야 한다. 그런데 $|x_1 - x_0| > |x_2 - x_0|$ 이므로 주어진 급수는 x_2 에서 절대수렴하여야 한다. 이것은 가정에 모순이다. ■

모든 급수는 한 점, 모든 실수, 적당한 범위에서 수렴함을 알았다. 따라서 우리는 주어진 급수의 수렴하는 x 의 범위를 정의할 수 있다. 정리 4.33 으로부터 주어진 멱급수의 수렴반경에 관한 정의를 얻는다.

정의 4.9 *주어진 멱급수* $\sum_{k=0}^{\infty} a_k(x - x_0)^k$ *에 대하여 집합* S *를 멱급수가 수렴하는* x *들의 집합이라 하자. 이때 확장된 실수* R *이 멱급수* $\sum_{k=0}^{\infty} a_k(x - x_0)^k$ *의* **수렴반경(radius of convergence)** *이라 함은*

(i) $\sum_{k=0}^{\infty} a_k(x - x_0)^k$ *이* $x = x_0$ *에서만 수렴하면* $R = 0$,

(ii) $\sum_{k=0}^{\infty} a_k(x - x_0)^k$ *이 모든 실수* x *에 대하여 수렴하면* $R = \infty$,

(iii) $\sum_{k=0}^{\infty} a_k(x - x_0)^k$ *이 어떤* x *에 대하여 수렴하지만 다른 것에 대하여 발산할 때* $R = \sup_{x \in S} |x - x_0|$.

다음 정리는 멱급수의 수렴반경내에서의 성질을 나타내고 있다.

정리 4.34 $S(x)$ *를 수렴반경이* R *이고* x_0 *가 중심인 멱급수라 하자. 그러면*

(i) $|x - x_0| < R$ *에서* $S(x)$ *는 절대수렴한다.*

(ii) $|x - x_0| > R$ *에서* $S(x)$*는 발산한다.*

(iii) $S(x)$ *는 임의의 닫힌구간* $[a, b] \subset (x_0 - R, x_0 + R)$ *에서 고르게 수렴한다.*

증명 (i) $S(x) = \sum_{k=0}^{\infty} a_k(x - x_0)^k$ 이 수렴반경 R 을 갖는다고 하자. $R = 0$ 이나 $R = \infty$ 일 때는 당연하므로 $0 < R < \infty$ 일 때만 증명하기로 하자. $|x - x_0| < R$ 를 만족하는 임의의 x 가 주어졌다고 하자. x_1 이 존재하여

$$|x - x_0| < |x_1 - x_0| < R$$

이고 x_1 에서 급수가 수렴한다. 정리 4.33 에 의하여 주어진 멱급수는 x 에서 절대수렴한다. 따라서 $|x - x_0| < R$ 인 모든 x 에서 절대수렴한다.

(ii) 급수 S 가 $|a - x_0| > R$ 인 a 에서 발산하지 않는다고 가정하자. 그러면 급수 S 는 a 에서 수렴한다. 그런데 R 은 S 가 수렴하는 가장 큰 수이므로 이것은 가정에 모순이다.

(iii) 을 증명하기 위하여 $[a, b] \subset (x_0 - R, x_0 + R)$ 이라 하고 $x \in [a, b]$ 일 때 $|x - x_0| \le |x_1 - x_0|$ 인 $x_1 \in (x_0 - R, x_0 + R)$ 을 선택하자(그림 4.6). $M_k = |a_k||x_1 - x_0|^k$ 이라 할 때 (i)에 의하여 $\sum_{k=1}^{\infty} M_k$ 는 수렴한다. $x \in [a, b]$ 와 $k \in \mathbb{N}$ 에 대하여 $|a_k(x - x_0)^k| \le M_k$ 이므로 바이어슈트라스 M 판정법에 의하여 $S(x)$ 는 $[a, b]$ 에서 고르게 수렴한다. ■

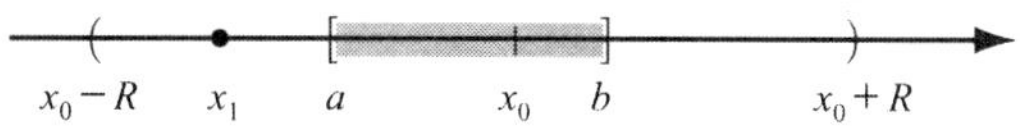

그림 4.6

다음의 결과들은 멱급수의 수렴반경을 구하는 방법을 제공한다.

정리 4.35

$$R = \lim_{k\to\infty} \left| \frac{a_k}{a_{k+1}} \right|$$

이 존재하면 R *은 멱급수* $S(x) = \sum_{k=0}^{\infty} a_k(x - x_0)^k$ *의 수렴반경이다.*

증명 $S(x)$ 가 $(x_0 - R, x_0 + R)$ 에서 절대수렴하고 $x \notin [x_0 - R, x_0 + R]$ 에서는 발산하는 것을 알아내기 위해서 비율판정법을 사용하여 정리 4.34 을 되풀이해 보자. 그러면 정리 4.34 에 의하여 R 은 급수 $S(x)$ 의 수렴반경 이다. ■

정리 4.36 (코시-아다마르 공식) *멱급수* $S(x) = \sum_{k=0}^{\infty} a_k(x - x_0)^k$ *에 대하여 수렴반경* R *은*

(i) *만일* $\limsup_{k\to\infty} \sqrt[k]{|a_k|} = \infty$ *이면* $R = 0$;

(ii) *만일* $\limsup_{k\to\infty} \sqrt[k]{|a_k|} = 0$ *이면* $R = \infty$;

(iii) *만일* $0 < \limsup_{k\to\infty} \sqrt[k]{|a_k|} < \infty$ *이면*

$$R = \frac{1}{\limsup_{k\to\infty} \sqrt[k]{|a_k|}}.$$

증명 먼저 $q = \limsup_{k\to\infty} \sqrt[k]{|a_k|}$ 라 두자. 거듭제곱근판정법에 의해서

$$\limsup_{k\to\infty} \sqrt[k]{|a_k(x - x_0)^k|} = \limsup_{k\to\infty} |x - x_0| \sqrt[k]{|a_k|} = |x - x_0| q$$

이므로, 만일

$$|x - x_0|q < 1 \tag{4.23}$$

이면 주어진 멱급수는 수렴한다. 만일 $q = 0$ 이면 (4.23) 는 모든 x 에 대하여 성립하므로 $R = \infty$. 만일 $q = \infty$ 이면 (4.23) 은 $x = x_0$ 일 때만 성립한다. 만일 $0 < q < \infty$ 이면 $|x - x_0| < 1/q$ 인 x 에 대하여 (4.23) 가 성립한다. ■

참고 1 *다음 관계*

$$\frac{1}{\infty} = 0, \quad \frac{1}{0} = \infty$$

를 형식적으로 나타내면 정리 4.36(i)–(iii) *은 다음과 같이 간단히 쓸 수 있다.*

$$R = \frac{1}{\limsup_{k\to\infty} \sqrt[k]{|a_k|}}. \tag{4.24}$$

정의 4.10 *멱급수 $S(x)$ 의* **수렴구간(interval of convergence)**은 *$S(x)$ 이 수렴하는 최대구간이다.*

정리 4.34 에 의하여 주어진 멱급수 $S(x) = \sum_{k=0}^{\infty} a_k(x - x_0)^k$ 대하여 오직 다음의 세 가지 가능성만이 있다.

(i) $R = \infty$ 이면 $S(x)$ 는 $\mathbb{R}$ 에서 절대수렴하고 수렴구간은 $(-\infty, \infty)$ 이다.

(ii) $R = 0$ 이면 $S(x)$ 은 $x = x_0$ 에서만 수렴하고 수렴구간은 퇴화한다.

(iii) $0 < R < \infty$ 이면 $S(x)$ 는 $|x - x_0| < R$ 일 때 절대수렴하고 $|x - x_0| > R$ 일 때 발산하며 수렴구간의 양 끝점은 $x_0 - R$ 과 $x_0 + R$ 이다.

멱급수의 수렴구간을 구하기 위하여 수렴반경을 계산하고 그런 다음 양 끝점 $x_0 - R$ 와 $x_0 + R$ 에서의 수렴성을 검토할 필요가 있다.

보기 1 $S(x) = \sum_{k=1}^{\infty} x^k/\sqrt{k}$ *의 수렴구간을 구하여라.*

풀이 정리 4.36 에 의하여

$$R = \lim_{k\to\infty} \frac{\sqrt{k+1}}{\sqrt{k}} = \sqrt{\lim_{k\to\infty} \frac{k+1}{k}} = 1$$

이다. 따라서 수렴구간의 양 끝점은 1 과 -1 이다. p-급수 판정법에 의하여 $x = 1$ 에서 $S(x)$ 는 발산하고 교대급수 판정법에 의하여 $x = -1$ 에서 수렴한다. 따라서 $S(x)$ 의 수렴구간은 $[-1, 1)$ 이다.

참고 2 *수렴구간은 양 끝점을 모두 포함하거나 하나만 포함하거나 또는 전혀 포함하지 않는다.*

증명 정리 4.35 에 의하여 급수

$$\sum_{k=1}^{\infty} x^k, \quad \sum_{k=1}^{\infty} \frac{x^k}{k}, \quad \sum_{k=1}^{\infty} \frac{x^k}{k^2}$$

의 수렴반경은 1 이다. 발산판정법, 교대급수 판정법과 p-급수 판정법에 의하여 이 급수들의 수렴구간은 각각 $(-1,1)$, $[-1,1)$, $[-1,1]$ 이다. ■

이제 멱급수의 수렴에서 멱급수의 계산으로 넘어가 보자. 다음의 몇 가지 결과들은 "멱급수의 극한은 어떤 성질(예: 연속성, 미분가능성, 적분가능성)을 만족하는가?" 하는 질문에 대한 답이다.

정리 4.37 $f(x) = \sum_{k=0}^{\infty} a_k(x-x_0)^k$ *이 양수인 수렴반경* R *을 가지는 멱급수라고 하면* f *는* (x_0-R, x_0+R) *에서 연속이다.*

증명 $x \in (x_0-R, x_0+R)$ 이고 $x \in [a,b] \subset (x_0-R, x_0+R)$ 인 실수 $a, b \in \mathbb{R}$ 를 선택하자. 그러면 정리 4.34 과 4.25 에 의하여 f 는 $[a,b]$ 에서 연속이고 따라서 x 에서도 연속이다. ■

다음 결과들은 수렴구간의 양 끝점이 수렴구간에 포함될 때 극한의 연속성이 양 끝점까지 확장됨을 보여 준다.

정리 4.38 (아벨 정리) $f(x) = \sum_{k=0}^{\infty} a_k(x-x_0)^k$ *이 멱급수이고 양수인 수렴반경* R *을 갖는다고 하자.* $f(x)$ *가* $x = x_0 + R$ *(각각,* $x = x_0 - R$*) 에서 수렴하면* $f(x)$ *는* $[x_0, x_0+R]$*(각각,* $[x_0-R, x_0]$*) 에서 연속이고 고르게 수렴한다.*

증명 대칭성에 의해 증명은 오른쪽 끝점에 대하여만 생각하겠다. 이에 따라 $f(x)$ 가 $x = x_0 + R$ 에서 수렴함을 가정하고 $x_1 \in (x_0, x_0+R]$ 을 고정하자. 그리고 $k \in \mathbb{N}$ 에 대하여 $b_k = a_k R^k$, $c_k = (x_1-x_0)^k/R^k$ 라고 하자. 그러면 가정에 의하여 $\sum_{k=1}^{\infty} b_k$ 는 수렴한다. 따라서 주어진 $\varepsilon > 0$ 에 대하여 자연수 $N > 1$ 이 존재하여

$$k > m \geq N \implies \left|\sum_{j=m}^{k} b_j\right| < \frac{\varepsilon}{c_1}.$$

$0 < x_1 - x_0 \le R$ 이므로 수열 $\{c_k\}$ 는 감소 수열이다. 이제 아벨 공식을 적용하고 식을 간단히 하면

$$\begin{aligned}\left|\sum_{k=m}^{n} a_k(x_1-x_0)^k\right| &= \left|\sum_{k=m}^{n} b_k c_k\right| \\ &= \left|c_n \sum_{k=m}^{n} b_k + \sum_{k=m}^{n-1}(c_k - c_{k+1})\sum_{j=m}^{k} b_j\right| \\ &< c_n\frac{\varepsilon}{c_1} + (c_m - c_n)\frac{\varepsilon}{c_1} = c_m\frac{\varepsilon}{c_1}.\end{aligned}$$

또한 $c_m \le c_1$ 이므로 모든 $x_1 \in (x_0, x_0+R]$ 에 대하여

$$\left|\sum_{k=m}^{n} a_k(x_1-x_0)^k\right| < \varepsilon.$$

또한 위 부등식은 $x_1 = x_0$ 에 대하여도 만족하므로 구간 $[x_0, x_0+R]$ 에서 $\sum_{k=0}^{\infty} a_k(x-x_0)^k$ 는 고르게 수렴한다. ■

참고 3 멱급수 $S(x) = \sum_{k=0}^{\infty} a_k(x-x_0)^k$ *이 어떤* $x_1 > x_0$ *에서 수렴하면* $S(x)$ *는* $[x_0, x_1]$ *에서 고르게 수렴하고,* $[x_0, x_1)$ *에서 절대수렴한다. 그리고* $x = x_1$ *에서는 절대수렴할 필요는 없다.*

증명 정리 4.34 과 4.38 에 의하여 $S(x)$ 는 $[x_0, x_1]$ 에서 고르게 수렴하고 $[x_0, x_1)$ 에서 절대수렴한다. 그러나 멱급수 $\sum_{k=1}^{\infty} \frac{(-x)^k}{k}$ 는 $x = 0, 1$ 에서 수렴하지만 $x = 1$ 에서는 절대수렴하지는 않는다. ■

멱급수의 극한에 대한 미분가능성을 논의하기 위하여 먼저 멱급수의 수렴반경은 항별 미분에 의해 변하지 않는다.

보조정리 4.2 $a_n \in \mathbb{R}$, $n \in \mathbb{N}$ *에 대하여*

$$\limsup_{n\to\infty} \sqrt[n]{n|a_n|} = \limsup_{n\to\infty} \sqrt[n]{|a_n|}.$$

증명 $\varepsilon > 0$ 이라 하면, $n \to \infty$ 일 때 $\sqrt[n]{n} \to 1$ 이므로 $N \in \mathbb{N}$ 이 존재하여

$$n \ge N \implies 1 - \varepsilon < \sqrt[n]{n} < 1 + \varepsilon.$$

이 부등식에 $\sqrt[n]{|a_n|}$ 을 곱하고 $n \to \infty$ 일 때 상극한을 취하면

$$(1-\varepsilon)\limsup_{n\to\infty} \sqrt[n]{|a_n|} \le \limsup_{n\to\infty} \sqrt[n]{n|a_n|} \le (1+\varepsilon)\limsup_{n\to\infty} \sqrt[n]{|a_n|}$$

이다. 이 때 $\varepsilon \to 0$ 취하면 보조정리의 증명은 끝난다. ■

양의 수렴반경을 갖는 모든 멱급수가 항별 미분가능임을 증명하기 위해 이 결과를 사용하자.

정리 4.39 $f(x) = \sum_{k=0}^{\infty} a_k(x-x_0)^k$ *이 양의 수렴반경* R *을 가지는 멱급수이면* $x \in (x_0 - R, x_0 + R)$ *에 대하여*

$$f'(x) = \sum_{k=1}^{\infty} k a_k (x-x_0)^{k-1}.$$

증명 $x \in (x_0 - R, x_0 + R)$ 이라 하고, $x \in (a,b)$ 인 $(x_0 - R, x_0 + R)$ 의 부분집합인 닫힌구간 $[a,b]$ 을 선택하자. 보조정리 4.2 에 의하여 급수 $\sum_{k=1}^{\infty} k a_k (x-x_0)^{k-1}$ 의 수렴반경은 여전히 R 이다. 더구나 정리 4.34 에 의하여 주어진 급수는 $[a,b]$ 에서 고르게 수렴한다. 정리 4.28 에 의하여 급수 $f(x)$ 는 (a,b) 에서 항별 미분가능이다. 따라서 x 에서 미분가능이다. ■

모든 자연수 $k \in \mathbb{N}$ 에 대하여 (a,b) 에서 $f^{(k)}$ 이 존재하고 연속인 함수 f 의 집합이 $\mathcal{C}^{\infty}(a,b)$ 으로 표현됨을 상기하자. 다음 결과는 정리 4.39 를 일반화한 것이다.

따름정리 4.40 $f(x) = \sum_{k=0}^{\infty} a_k(x-x_0)^k$ *이 양의 수렴반경* R *을 가지는 멱급수이면* $f \in \mathcal{C}^{\infty}(x_0 - R, x_0 + R)$ *이고*

$$f^{(k)}(x) = \sum_{n=k}^{\infty} \frac{n!}{(n-k)!} a_n (x-x_0)^{n-k}, \quad x \in (x_0 - R, x_0 + R), \quad k \in \mathbb{N}. \tag{4.25}$$

증명 k 에 대한 수학적 귀납법에 의해 증명하자. 정리 4.39 과 $0! := 1$ 이라는 사실로부터 (4.25) 식은 $x \in (x_0 - R, x_0 + R)$ 와 $k = 1$ 에 대하여 성립한다. (4.25) 식이 $k \in \mathbb{N}$ 와 $x \in (x_0 - R, x_0 + R)$ 에 대하여 만족하면 $f^{(k)}$ 는 수렴반경이 R 인 멱급수이다. 정리 4.39 로부터 모든 $x \in (x_0 - R, x_0 + R)$ 에 대하여

$$\begin{aligned} f^{(k+1)}(x) &= (f^{(k)}(x))' = \left(\sum_{n=k}^{\infty} \frac{n!}{(n-k)!} a_n (x-x_0)^{n-k} \right)' \\ &= \sum_{n=k+1}^{\infty} \frac{n!}{(n-k-1)!} a_n (x-x_0)^{n-k-1} \end{aligned}$$

이므로 k 대신에 $k+1$ 을 바꾸어도 (4.25) 식은 만족한다. ■

다음 결과는 모든 양의 수렴반경을 갖는 멱급수가 항별 적분이 가능함을 보여 준다.

정리 4.41 $f(x) = \sum_{k=0}^{\infty} a_k(x-x_0)^k$ 를 멱급수라 하고, $a < b$ 라 하자.

(i) $f(x)$ 가 $x = a$ 와 $x = b$ 에서 수렴하면

$$\int_a^b f(x)\,dx = \sum_{k=0}^{\infty} a_k \int_a^b (x-x_0)^k\,dx.$$

(ii) $f(x)$ 가 구간 $[a,b)$ 에서 수렴하고 $\sum_{k=0}^{\infty} a_k(b-x_0)^{k+1}/(k+1)$ 이 수렴하면 함수 f 는 구간 $[a,b)$ 에서 특이적분가능이고

$$\int_a^b f(x)\,dx = \sum_{k=0}^{\infty} a_k \int_a^b (x-x_0)^k\,dx.$$

증명 (i) 아벨 정리에 의하여 함수 $f(x)$ 는 구간 $[a,b]$ 에서 고르게 수렴한다. 따라서 정리 4.28 에 의해서 함수 $f(x)$ 는 구간 $[a,b]$ 에서 항별 적분이 가능하다.

(ii) $a \le t < b$ 라 하고 $A = \sum_{k=0}^{\infty} a_k(a-x_0)^{k+1}/(k+1)$ 라 하면 (i)에 의하여

$$\int_a^t f(x)\,dx = \sum_{k=0}^{\infty} a_k \int_a^t (x-x_0)^k\,dx = \sum_{k=0}^{\infty} \frac{a_k}{k+1}(t-x_0)^{k+1} - A.$$

이 식의 가장 왼편의 항은 가정에 의해 $t = b$ 에서 수렴하는 멱급수이다. 따라서 특이적분의 정의와 아벨정리로부터

$$\begin{aligned}
\int_a^b f(x)\,dx &= \lim_{t\to b-} \int_a^t f(x)\,dx \\
&= \lim_{t\to b-} \sum_{k=0}^{\infty} \frac{a_k}{k+1}(t-x_0)^{k+1} - A \\
&= \sum_{k=0}^{\infty} \frac{a_k}{k+1}(b-x_0)^{k+1} - A = \sum_{k=0}^{\infty} a_k \int_a^b (x-x_0)^k\,dx.
\end{aligned}$$

■

다음의 결과는 두 개의 멱급수의 곱이 하나로 표현됨을 보여 준다.

정리 4.42 $f(x) = \sum_{k=0}^{\infty} a_k x^k$ 와 $g(x) = \sum_{k=0}^{\infty} b_k x^k$ 이 $(-r,r)$ 에서 수렴하고

$$c_k = \sum_{j=0}^{k} a_j b_{k-j}, \qquad k = 0, 1, \cdots$$

이면 $\sum_{k=0}^{\infty} c_k x^k$ 은 $(-r,r)$ 에서 $f(x)g(x)$ 로 수렴한다.

증명 $x \in (-r, r)$ 를 고정하고 각각의 $n \in \mathbb{N}$ 에 대하여

$$f_n(x) = \sum_{k=0}^{n} a_k x^k, \quad g_n(x) = \sum_{k=0}^{n} b_k x^k, \quad h_n(x) = \sum_{k=0}^{n} c_k x^k$$

이라 하자. 합산순서를 바꾸면

$$\begin{aligned} h_n(x) &= \sum_{k=0}^{n}\sum_{j=0}^{k} a_j b_{k-j} x^j x^{k-j} = \sum_{j=0}^{n} a_j x^j \sum_{k=j}^{n} b_{k-j} x^{k-j} \\ &= \sum_{j=0}^{n} a_j x^j g_{n-j}(x) = g(x) f_n(x) + \sum_{j=0}^{n} a_j x^j (g_{n-j}(x) - g(x)). \end{aligned}$$

따라서

$$\lim_{n\to\infty} \sum_{j=0}^{n} a_j x^j (g_{n-j}(x) - g(x)) = 0$$

임을 보이면 충분하다. $\varepsilon > 0$ 이라고 하자. 그러면 $n \to \infty$ 일 때 $g_n(x)$ 이 수렴하므로 모든 정수 $n > j > 0$ 에 대하여

$$|g_{n-j}(x) - g(x)| \le M$$

인 양수 M 을 선택할 수 있다. 그러면 $C = \sum_{k=0}^{\infty} |a_k x^k|$ 이 유한하므로

$$l \ge N \implies |g_l(x) - g(x)| < \frac{\varepsilon}{2C} \quad 와 \quad \sum_{j=N+1}^{\infty} |a_j x^j| < \frac{\varepsilon}{2M}$$

을 만족하는 $N \in \mathbb{N}$ 이 있다. $n > 2N$ 이라 하자. 그러면

$$\begin{aligned} &\left|\sum_{j=0}^{n} a_j x^j (g_{n-j}(x) - g(x))\right| \\ &= \left|\sum_{j=0}^{N} a_j x^j (g_{n-j}(x) - g(x)) + \sum_{j=N+1}^{n} a_j x^j (g_{n-j}(x) - g(x))\right| \\ &< \frac{\varepsilon}{2C} \sum_{j=0}^{N} |a_j x^j| + M \sum_{j=N+1}^{n} |a_j x^j| \\ &< \frac{\varepsilon}{2} + \frac{\varepsilon}{2} = \varepsilon. \end{aligned}$$

■

수렴하는 멱급수의 정확한 값을 찾는 몇 가지 유용한 방법을 제시한다. 어떤 종류의 멱급수를 간단한 식으로 만들기 위해서 기하급수를 어떻게 항별 미분과 항별 적분을 이용하는가를 보이자는 것이다. 이렇게 해서 얻은 간단한 식을 **닫힌형식**이라고 한다.

보기 2 멱급수 $f(x) = \sum_{k=1}^{\infty} kx^k$ *의 닫힌형식을 구하여라.*

풀이 이 멱급수의 수렴구간은 $(-1, 1)$ 이므로, 정리 4.41 과 기하급수의 수렴성에 의하여

$$\int_0^x \frac{f(t)}{t} dt = \sum_{k=1}^{\infty} k \int_0^x t^{k-1}\, dt = \sum_{k=1}^{\infty} x^k = \frac{x}{1-x}, \quad x \in (-1, 1).$$

(**주의**: $f(x)/x$ 는 $x = 0$ 에서 정의되고 값은 0 이다.) 따라서 미적분학의 기본정리로부터

$$\frac{f(x)}{x} = \left(\frac{x}{1-x}\right)' = \frac{1}{(1-x)^2}$$

이고

$$f(x) = \frac{x}{(1-x)^2}, \qquad x \in (-1, 1).$$

보기 3 멱급수

$$g(x) = \sum_{k=0}^{\infty} \frac{x^k}{k+1}$$

의 닫힌 형식을 구하여라.

풀이 이 멱급수의 수렴구간은 $[-1, 1)$ 이므로 정리 4.39 에 의하여

$$(xg(x))' = \sum_{k=0}^{\infty} \left(\frac{x^{k+1}}{k+1}\right)' = \sum_{k=0}^{\infty} x^k = \frac{1}{1-x}, \qquad x \in (-1, 1).$$

따라서 미적분학의 기본정리로부터 $x \in (-1, 1)$ 에 대하여

$$xg(x) = \int_0^x \frac{dt}{1-t} = -\log(1-x)$$

이다. $g(-1)$ 이 존재하고 $\log(1-x)$ 이 $x = -1$ 에서 연속이므로 아벨정리에 의하여

$$g(x) = -\frac{\log(1-x)}{x}, \qquad x \in [-1, 1), \quad x \neq 0.$$

연습문제 (4.7)

1. 다음 멱급수의 수렴구간을 구하여라.

(a) $\displaystyle\sum_{k=0}^{\infty}\frac{x^k}{2^k}$

(b) $\displaystyle\sum_{k=0}^{\infty}((-1)^k+3)^k(x-1)^k$

(c) $\displaystyle\sum_{k=1}^{\infty}\log\left(\frac{k+1}{k}\right)x^k$

(d) $\displaystyle\sum_{k=1}^{\infty}\frac{1\cdot 3\ldots(2k-1)}{(k+1)!}x^{2k}$

2. 다음 각각의 급수에 대하여 닫힌 형식을 찾고 이 식이 참인 가장 큰 집합을 구하여라.

(a) $\displaystyle\sum_{k=1}^{\infty}3x^{3k-1}$

(b) $\displaystyle\sum_{k=2}^{\infty}kx^{k-2}$

(c) $\displaystyle\sum_{k=1}^{\infty}\frac{2k}{k+1}(1-x)^k$

(d) $\displaystyle\sum_{k=0}^{\infty}\frac{x^{3k}}{k+1}$

3. 정리 4.39 와 4.42 을 사용하여 다음 등식의 두 가지 다른 증명을 하여라.

$$\frac{1}{(1-x)^2}=\sum_{k=0}^{\infty}(k+1)x^k,\qquad x\in(-1,1)$$

4. $\sum_{k=1}^{\infty}a_kx^k$ 이 수렴반경 R 을 가지며 충분히 큰 k 에 대하여 $a_k\neq 0$ 이면

$$\liminf_{k\to\infty}\left|\frac{a_k}{a_{k+1}}\right|\leq R\leq\limsup_{k\to\infty}\left|\frac{a_k}{a_{k+1}}\right|$$

임을 보여라.

5. 충분히 큰 k 에 대하여 $|a_k|\leq|b_k|$ 임을 가정하자. $\sum_{k=1}^{\infty}b_kx^k$ 이 열린구간 I 에서 수렴하면, $\sum_{k=1}^{\infty}a_kx^k$ 도 열린구간 I 에서 수렴함을 증명하여라. 열린구간이라는 말이 없어도 이 결과는 사실인가?

6. $\{a_k\}_{k=0}^{\infty}$ 이 유계인 수열이라 하자.

(a)

$$f_{x_0}(x)=\sum_{k=0}^{\infty}a_k(x-x_0)^k$$

이 양수인 수렴반경을 가짐을 증명하여라.

(b) $f_{0.5}$ 가 $[0,1]$ 에서 적분가능이고

$$\int_0^1 f_{0.5}(x)\,dx = \sum_{k=0}^{\infty} \frac{a_{2k}}{(2k+1)2^{2k}}$$

임을 증명하여라.

7.

$$\lim_{r\to 1-} \sum_{k=0}^{\infty} a_k r^k = L$$

이면 급수 $\sum_{k=0}^{\infty} a_k$ 는 L 로 **아벨 덧셈가능**이라 한다.

(a) $\sum_{k=0}^{\infty} a_k$ 가 L 로 수렴하면 $\sum_{k=0}^{\infty} a_k$ 는 L 로 **아벨 덧셈가능**이다.

(b) $\sum_{k=0}^{\infty}(-1)^k$ 의 아벨 합을 구하여라.

8.

$$f(x) = \sum_{k=0}^{\infty} \left(\frac{x}{(-1)^k + 4}\right)^k$$

이 $(-3,3)$ 에서 미분가능이고 $0 \le x < 3$ 일 때

$$|f'(x)| \le \frac{3}{(3-x)^2}$$

임을 증명하여라.

9. $k \to \infty$ 일 때 $a_k \searrow 0$ 임을 가정하자. 주어진 $\varepsilon > 0$ 에 대하여 $|x-y| < \delta$ 을 만족하는 모든 $x, y \in [0,1]$ 에 대하여

$$\left|\sum_{k=0}^{\infty}(-1)^k a_k (x^k - y^k)\right| < \varepsilon$$

인 양수 $\delta > 0$ 가 존재함을 증명하여라.

10. (a) 다음 스털링 공식의 약한형식(정리 7.27 과 비교)

$$\frac{n^n}{e^{n-1}} < n! \le \frac{n^{n+1}}{e^{n-1}}$$

를 증명하여라.

(b) 멱급수

$$\sum_{k=0}^{\infty} \frac{n^n}{n!} x^n$$

이 절대수렴하는 모든 $x \in \mathbb{R}$ 를 구하여라.

4.8 테일러 정리

4.7 절에서 멱급수로 정의된 함수는 수렴반경내에서 무한번 미분가능함을 알았다. 역으로, "주어진 함수가 구간 $(-R, R)$ 에서 무한번 미분가능하면 이 함수는 이 구간에서 멱급수로 표현가능할까?" 하는 질문에 대하여 멱급수로 표시할 수 있는 함수들에 대하여 공부한다.

먼저, 함수

$$f(x) = \begin{cases} e^{-1/x^2}, & x \neq 0, \\ 0, & x = 0 \end{cases} \tag{4.26}$$

을 생각하자. 그러면 주어진 함수 f 는 모든 계수에 대하여 미분가능하고 또한 $f^{(n)}(0) = 0$, $n = 0, 1, 2, \ldots$ 이다. 만일

$$f(x) = \sum_{k=0}^{\infty} a_k x^k, \quad |x| < R$$

로 표현이 가능하다면

$$a_k = \frac{f^{(k)}(0)}{k!}, \quad k = 0, 1, 2, \ldots$$

이므로 모든 k 에 대하여 $a_k = 0$ 이 된다. 따라서 $f(x) = 0, |x| < R$ 이 된다. 그러나 이것은 모순이다. 따라서 모든 함수는 멱급수로 전개가 가능한 것이 아니다.

우리는 일반적으로 함수 f 에 대하여 멱급수 전개가 가능한지를 조사하기로 하자. 우선 주어진 함수 f 는 점 a 에서 충분히 미분가능하다고 가정하자. 미적분학의 기본정리를 사용하면

$$f(x) = f(a) + \int_a^x f'(t)\, dt \tag{4.27}$$

를 얻는다. (4.27) 를 부분적분법을 사용하면

$$
\begin{aligned}
f(x) &= f(a) + \int_a^x f'(t)\,dt \\
&= f(a) + f'(a)(x-a) + \int_a^x (x-t)f''(t)\,dt \\
&= f(a) + f'(a)(x-a) + \frac{f''(a)}{2}(x-a)^2 + \frac{1}{2}\int_a^x (x-t)^2 f'''(t)\,dt \\
&= f(a) + f'(a)(x-a) + \frac{f''(a)}{2}(x-a)^2 + \frac{f'''(a)}{3!}(x-a)^3 \\
&\quad + \frac{1}{3!}\int_a^x (x-t)^3 f^{(4)}(t)\,dt \\
&= \cdots \\
&= f(a) + f'(a)(x-a) + \frac{f''(a)}{2}(x-a)^2 + \frac{f'''(a)}{3!}(x-a)^3 \\
&\quad + \cdots + \frac{f^{(n)}(a)}{n!}(x-a)^n + \frac{1}{n!}\int_a^x (x-t)^n f^{(n+1)}(t)\,dt
\end{aligned}
\tag{4.28}
$$

을 얻는다. 이것을 "나머지를 가지는 테일러 공식"이라 한다. 따라서 우리는 다음 정리를 얻는다. 이러한 방법은 라그랑쥬에 의해 증명되었다.

정리 4.43 (테일러 정리) *함수 $f \in C^{n+1}([c,d])$ 이라 하자. 그러면 임의의 $a, x \in [c,d]$ 에 대하여*

$$f(x) = f(a) + f'(a)(x-a) + \cdots + \frac{f^{(n)}(a)}{n!}(x-a)^n + R_{n+1}(x) \tag{4.29}$$

이다. 여기서

$$R_{n+1}(x) = \frac{1}{n!}\int_a^x (x-t)^n f^{(n+1)}(t)\,dt. \tag{4.30}$$

$R_{n+1}(x)$ 을 함수 f 의 **나머지 항**이라 한다. 또한 나머지 항은 변형될 수 있다.

따름정리 4.44 *정리 4.43 와 같은 가정하에서*

$$R_{n+1}(x) = \frac{1}{(n+1)!}f^{(n+1)}(\beta)(x-a)^{n+1}.$$

여기서, β 는 x 와 a 사이에 있다.

증명 적분의 평균값 정리에 의하여

$$
\begin{aligned}
R_{n+1}(x) &= \frac{1}{n!}\int_a^x (x-t)^n f^{(n+1)}(t)\,dt = \frac{f^{(n+1)}(\beta)}{n!}\int_a^x (x-t)^n\,dt \\
&= \frac{f^{(n+1)}(\beta)}{(n+1)!}(x-a)^{n+1}
\end{aligned}
$$

■

이제 식 (4.29) 에서

$$S_n(x) = f(a) + f'(a)(x-a) + \cdots + \frac{f^{(n)}(a)}{n!}(x-a)^n$$

라 두면

$$f(x) - S_n(x) = R_{n+1}(x).$$

정리 4.45 *$f(x)$ 가 $|x-a| < R$ 에서 C^∞ 라 하자. 만일 $n \to \infty$ 일 때 $R_{n+1}(x) \to 0$ 이면 이러한 x 에 대하여*

$$f(x) = \sum_{n=0}^{\infty} \frac{f^{(n)}(a)}{n!}(x-a)^n.$$

이 급수를 함수 f 의 **테일러 급수**라 한다. 특히 $a = 0$ 이면 이 급수를 **매클로린 급수**라 한다.

보기 1 *$x = 0$ 에 관한 e^x 의 테일러 급수를 전개하여라.*

풀이 $f(x) = e^x$ 라 두면 모든 $n = 0, 1, 2, \ldots$ 에 대하여 $f^{(n)}(x) = e^x$ 이므로 $f^{(n)}(0) = 1$ 이므로 고정된 x 에 대하여

$$e^x = 1 + x + \frac{x^2}{2!} + \frac{x^3}{3!} + \cdots + \frac{x^n}{n!} + R_{n+1}(x)$$

이 성립한다. 이제 $n \to \infty$ 일 때 $R_{n+1}(x) \to 0$ 임을 보이자. 따름정리 4.44 에 의하여

$$|R_{n+1}(x)| = \frac{1}{(n+1)!} e^\beta |x|^{n+1}$$

이 성립한다. 여기서 β 는 0 과 x 사이의 수이다. 따라서 만일 $x < 0$ 이면 $e^\beta < 1$; 만일 $x > 0$ 이면 $e^\beta < e^{|x|}$ 이므로 두 경우에 $e^\beta < e^x$. 따라서

$$|e^x - S_n(x)| \le e^{|x|} \cdot \frac{|x|^{n+1}}{(n+1)!}.$$

이제 $N > 2|x|$ 이 되도록 N 을 택하자. 그러면 $n \ge N$ 에 대하여

$$\begin{aligned}
\frac{e^{|x|}|x|^{n+1}}{(n+1)!} &= \frac{e^{|x|}|x|^N}{N!} \frac{|x|^{n+1-N}}{(N+1)(N+2)\cdots(n+1)} \\
&= \frac{e^{|x|}|x|^N}{N!} \frac{|x|}{N+1} \frac{|x|}{N+2} \cdots \frac{|x|}{n+1} \le \frac{e^{|x|}|x|^N}{N!} \left(\frac{1}{2}\right)^{n+1-N} \\
&= \frac{2^N e^{|x|}|x|^N}{N!} \left(\frac{1}{2}\right)^{n+1}
\end{aligned}$$

N 과 x 을 고정하고 $n \to \infty$ 라 두자. 인수 $\left(\frac{1}{2}\right)^n \to 0$ 이지만 다른 항은 변하지 않음을 보자. 따라서 $R_{n+1} \to 0$ 이고 따라서

$$e^x = 1 + x + \frac{x^2}{2!} + \frac{x^3}{3!} + \cdots + \frac{x^n}{n!} + \cdots, \qquad (-\infty < x < \infty).$$

이러한 사실로 부터 아래와 같은 정의를 얻는다.

정의 4.11 *f 가 주어진 $x_0 \in (a,b)$ 에 대하여 x_0 를 중심으로 하며, x_0 근방의 x 에서 f 에 수렴하는 멱급수가 있을 때, 즉 $c < x_0 < d$ 와 $x \in (c,d)$ 이면*

$$f(x) = \sum_{k=0}^{\infty} a_k(x - x_0)^k$$

를 만족하는 계수 $\{a_k\}_{k=0}^{\infty}$ 와 점 $c, d \in (a,b)$ 가 존재하면, f 는 (a,b) 에서 **해석적(analytic)***이라 한다.*

보기 1 에서 e^x 가 해석함수임을 보였다. 주어진 함수가 해석적임을 보이기 위한 여러 가지 방법을 전개한다. 우선 간단히 하기 위해서 $f^{(0)} := f$ 와 $0! = 1$ 로 정한다. 첫 째, f 가 멱급수로 표시될 수 있다면 멱급수의 계수는 f 의 도함수를 이용하여 계산할 수 있다.

정리 4.46 (유일성) *$c < d$ 는 확장된 실수이고, $x_0 \in (c,d)$ 이며 $f : (c,d) \to \mathbb{R}$ 이라 하자. 각 $x \in (c,d)$ 에 대하여 $f(x) = \sum_{k=0}^{\infty} a_k(x - x_0)^k$ 이면 $f \in \mathcal{C}^{\infty}(c,d)$ 이고*

$$a_k = \frac{f^{(k)}(x_0)}{k!}, \qquad k = 0, 1, 2, \cdots.$$

증명 $f(x_0) = a_0$ 는 명백하다. $k \in \mathbb{N}$ 를 고정하자. 가정에 의하여 멱급수 $\sum_{k=0}^{\infty} a_k(x - x_0)^k$ 의 수렴반경 R 은 양수이고 $(c,d) \subseteq (x_0 - R, x_0 + R)$ 이다. 그러므로 따름정리 4.40 에 의하여 $f \in \mathcal{C}^{\infty}(c,d)$ 이고

$$f^{(k)}(x) = \sum_{n=k}^{\infty} \frac{n!}{(n-k)!} a_n (x - x_0)^{n-k}, \quad x \in (c,d). \tag{4.31}$$

$x = x_0$ 을 대입하면, 식 (4.31) 의 우변은 $n > k$ 일 때 0 이고 $n = k$ 일 때 $k!a_k$ 이다. 그러므로 각 $k \in \mathbb{N}$ 에 대하여 $f^{(k)}(x_0) = k!a_k$ 이다. ■

특히, f 가 (a,b) 에서 해석적이면 각각의 $x_0 \in (a,b)$ 에 대하여 중심이 x_0 이며 x_0 에 가까운 x 에서 f 를 나타내는 멱급수가 유일하게 존재한다.

주의 2 *중심이* $x_0 = 0$ *인* f *의 테일러 전개는 보통* f *의* **매클로린 전개**(*또는* **매클로린 급수**) *라 한다.*

다음 결과는 따름정리 4.40 와 정리 4.45 를 요약한 것이다.

참고 1 f *가* (a,b) *에서 해석적이면* $f \in \mathcal{C}^\infty(a,b)$ *이다. 역으로,* $f \in \mathcal{C}^\infty(a,b)$ *가* (a,b) *에서 해석적이기 위한 필요충분조건은 각각의* $x_0 \in (a,b)$ *에 대하여 중심이* x_0 *인* f *의 테일러 전개가* x_0 *을 포함하는 어떤 열린구간에 속해 있는 모든 점* x *에서* $f(x)$ *에 수렴하는 것이다.*

(4.26) 의 함수 f 는 $\mathcal{C}^\infty$ 이지만 해석적인 것은 아님을 보여 준다. 이 사실로 부터 모든 $\mathcal{C}^\infty$ 함수는 해석적이 될 수 없음을 알 수 있다. 다행하게도 위와 같은 함수는 드물다. 이 절의 목적 중에 하나는 미적분학에서 다룬 많은 $\mathcal{C}^\infty$ 함수가 정의역에서 해석적이라는 것을 증명하는 것이다. 먼저 주어진 함수가 해석적인지 아닌지를 결정하는 문제를 다시 공식화하기 위해서 정리 4.45 를 이용한다.

그러므로 $f \in \mathcal{C}^\infty(a,b)$ 가 (a,b) 에서 해석적인지 아닌지를 결정하기 위해서는 단지 대응하는 나머지 항의 계산이 필요하다. 구체적인 조건에서 나머지 항을 계산하기 위해서 이용될 수 있는 결과를 증명하겠다. 다음 정리는 테일러 전개의 따름정리에 해당되는 것으로 $f \in \mathcal{C}^\infty$ 가 해석적이기 위한 충분조건을 $f^{(n)}$ 에 준다.

정리 4.47 $f \in \mathcal{C}^\infty(a,b)$ *라 하자. 모든* $x \in (a,b)$ *와* $n \in \mathbb{N}$ *에 대하여*

$$|f^{(n)}(x)| \le M^n$$

을 만족하는 $M > 0$ *이 존재하면* f *는* (a,b) *에서 해석적이다. 실제로 각각의* $x_0 \in (a,b)$ *에 대하여*

$$f(x) = \sum_{k=0}^{\infty} \frac{f^{(k)}(x_0)}{k!}(x-x_0)^k, \qquad x \in (a,b).$$

증명 $x \in (a,b)$ 을 고정하고 $C = \max\{M|a-x_0|, M|b-x_0|\}$ 라 하자. 따름정리 4.44 에 의하여

$$|R_n(x)| := |R_n^{f,x_0}(x)| \le \frac{M^n|x-x_0|^n}{n!} \le \frac{C^n}{n!}, \qquad n \in \mathbb{N}.$$

그러나 임의의 $C \in \mathbb{R}$ 에 대하여 $C^n/n! \to 0$, $n \to \infty$ 이다. 그러므로 조임정리에 의하여 나머지항 $R_n(x) \to 0$, $x \in (a,b)$ 이다. ∎

보기 2 $\sin x$ 와 $\cos x$ 는 $\mathbb{R}$ 에서 *해석적이고 매클로린 전개는*

$$\sin x = \sum_{k=0}^{\infty} \frac{(-1)^k x^{2k+1}}{(2k+1)!}, \qquad \cos x = \sum_{k=0}^{\infty} \frac{(-1)^k x^{2k}}{(2k)!}$$

임을 증명하여라.

증명 $f(x) = \sin x$ 라 하자. 각 $j \in \mathbb{N}$ 에 대하여

$$f^{(n)}(x) = \begin{cases} \sin x, & n = 4j, \\ \cos x, & n = 4j+1, \\ -\sin x, & n = 4j+2, \\ -\cos x, & n = 4j+3. \end{cases}$$

즉, $k \in \mathbb{N}$ 에 대하여

$$f^{(n)}(0) = \begin{cases} (-1)^k, & n = 2k-1 \\ 0, & n = 2k. \end{cases}$$

그러므로 정리 4.47 에 의하여 $f(x) = \sin x$ 는 $\mathbb{R}$ 에서 해석적이고 매클로린 전개는 주어진 식과 같이 성립한다. 같은 방법으로 $\cos x$도 증명할 수 있다. ■

보기 3 $\arctan x$ 는 $(-1, 1)$ 에서 *해석적이고 매클로린 전개는*

$$\arctan x = \sum_{k=0}^{\infty} \frac{(-1)^k x^{2k+1}}{2k+1}$$

임을 보여라.

증명 $0 < x < 1$ 에 대하여 기하급수 $\sum_{k=0}^{\infty}(-1)^k t^{2k}$ 는 $[-x, x]$ 에서 $1/(1+t^2)$ 에 고르게 수렴한다 (4.1 의 보기 6). 그러므로 정리 4.41 에 의하여

$$\arctan x = \int_0^x \frac{dt}{1+t^2} = \int_0^x \sum_{k=0}^{\infty}(-1)^k t^{2k}\, dt = \sum_{k=0}^{\infty} \frac{(-1)^k x^{2k+1}}{2k+1}.$$

유일성에 의하여 이것은 $\arctan x$ 의 매클로린전개이다. ■

보기 4 함수 $x/(1-x)$ 은 $(-1, 1)$ 에서 *해석적임을 보이고 매클로린 전개를 구하여라.*

증명 정리 4.42 에 의하여 각각의 $|x| < 1$ 에 대하여

$$\begin{aligned} \left(\frac{\arctan x}{1-x}\right) &= \left(\sum_{k=0}^{\infty} x^k\right)\left(\sum_{k=0}^{\infty} \frac{(-1)^k x^{2k+1}}{2k+1}\right) \\ &= \sum_{k=1}^{\infty}\left(\sum_{j \in A_k} \frac{(-1)^j}{2j+1}\right) x^k. \end{aligned}$$

여기서 $A_k = \{j \in \mathbb{N} : 0 \le j \le (k-1)/2\}$ 이다. ■

보기 5 $\log x$ 는 $(0,2)$ 에서 해석적이고 중심이 $x_0 = 1$ 인 테일러 전개는

$$\log x = \sum_{k=1}^{\infty} \frac{(-1)^{k+1}}{k}(x-1)^k$$

임을 보여라.

증명 정리 4.41 에 의하여 $x \in (0,2)$ 에 대하여

$$\begin{aligned}\log x &= \int_1^x \frac{dt}{t} = \int_1^x \frac{dt}{1-(1-t)} \\ &= \int_1^x \sum_{k=0}^{\infty}(1-t)^k\, dt = \sum_{k=1}^{\infty} \frac{(-1)^{k+1}}{k}(x-1)^k.\end{aligned}$$

■

하나의 해석함수로부터 다른 해석함수를 만들어 내기 위하여 아무 방법으로나 확장할 수는 없음을 보인다. 먼저 중심이 x_0 인 멱급수는 x_0 의 한쪽방향에서 0 이면 x_0 의 양쪽방향에서 0 임을 증명하자

보조정리 4.3 f 와 g 가 열린구간 (c,d) 에서 해석적이고 $x_0 \in (c,d)$ 라 가정하자. $x \in (c,d)$ 에 대하여 $f(x) = g(x)$ 이면 모든 $x \in (x_0-\delta, x_0+\delta)$ 에 대하여 $f(x) = g(x)$ 가 되는 $\delta > 0$ 가 존재한다.

증명 정리 4.46 와 정의 4.11 에 의하여 모든 $x \in (x_0-\delta, x_0+\delta)$ 에 대하여

$$f(x) = \sum_{k=0}^{\infty} \frac{f^{(k)}(x_0)}{k!}(x-x_0)^k, \qquad g(x) = \sum_{k=0}^{\infty} \frac{g^{(k)}(x_0)}{k!}(x-x_0)^k \tag{4.32}$$

이 되는 $\delta > 0$ 가 존재한다. 가정에 의하여 f 와 g 는 x_0 에서 연속이고

$$f(x_0) = \lim_{x \to x_0-} f(x) = \lim_{x \to x_0-} g(x) = g(x_0).$$

같은 방법으로 $k \in \mathbb{N}$ 에 대하여 $f^{(k)}(x_0) = g^{(k)}(x_0)$ 이다. (4.32) 에 의하여 모든 $x \in (x_0 - \delta, x_0+\delta)$ 에 대하여 $f(x) = g(x)$ 이다. ■

정리 4.48 (해석적 연장(analytic continuation) 정리) f 는 열린구간 I 에서 해석적이고, g 는 열린구간 J 에서 해석적이며 $a, b \in I \cap J$, $a < b$ 로 취하자. $x \in (a,b)$ 에 대하여 $f(x) = g(x)$ 이면 모든 $x \in I \cap J$ 에 대하여 $f(x) = g(x)$ 이다.

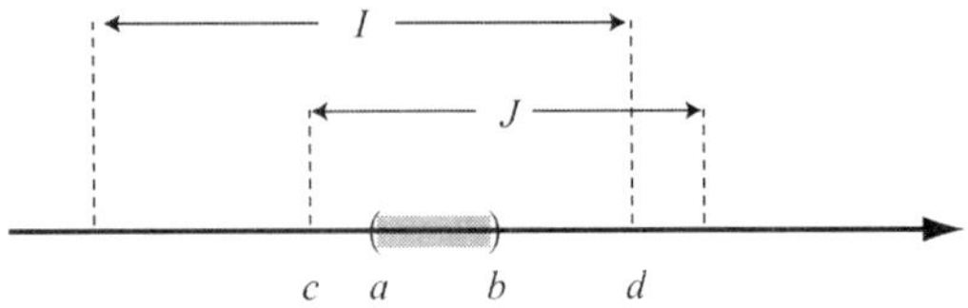

그림 4.7

증명 간단히 I 와 J 는 유계구간이라 하자. $I \cap J \neq \emptyset$ 이므로 $I \cap J = (c, d)$ 를 만족하는 $c, d \in \mathbb{R}$ 를 선택하자. (그림 4.7) $E = \{t \in (a, d) : x \in (a, t)$ 에 대하여 $f(x) = g(x)\}$ 라 놓자. 유계구간이므로 $d < \infty$ 이고 가정에 의하여 $b \in E$ 이다. 그러므로 E 는 유계이고 $E \neq \emptyset$. $x_0 = \sup E$ 라 하자. $x_0 < d$ 이면 보조정리 4.3 에 의하여, 모든 $x \in (x_0 - \delta, x_0 + \delta)$ 에 대하여 $f(x) = g(x)$ 이 성립하는 $\delta > 0$ 이 존재한다. 이것은 x_0 의 선택에 모순이다. 그러므로 $x_0 = d$, 즉 모든 $x \in (a, b)$ 에 하여 $f(x) = g(x)$ 이다. 비슷한 방법으로 모든 $x \in (c, d)$ 에 대하여 $f(x) = g(x)$ 가 된다. ■

연습문제 (4.8)

1. 다음 함수들을 주어진 점에 관하여 테일러 전개및 수렴구간을 구하여라.

   (a) $\sin x, x_0 = \pi/4$
   (b) $\sqrt{x}, x_0 = 1$
   (c) $e^x, x_0 = -1$
   (d) $\log x, x_0 = 1$
   (e) $\log_{10} x, x_0 = 10$
   (f) $x^3 + 2x^2 - x + 1, x_0 = 1$
   (g) $\int_0^x e^{-t^2}\, dt, x_0 = 0$

2. 다음 함수들은 $\mathbb{R}$ 에서 해석적임을 증명하고, 각 함수들의 매클로린 전개를 하여라.

   (a) $\cos x^2$
   (b) 3^x
   (c) $\cos^2 x$
   (d) $\sin^2 x + \cos^2 x$
   (e) $x^3 e^{x^2}$

3. 다음 함수들은 $(-1,1)$ 에서 해석적임을 증명하고, 각 함수들의 매클로린 전개를 하여라.

(a) $\log(1-x)$

(b) $\dfrac{x^3}{1-x^2}$

(c) $\dfrac{e^x}{1-x}$

(d) $\dfrac{x^3}{(1-x)^2}$

(e) $\arcsin x$

(f) $\sin\frac{1}{1-x}$

4. 다음 함수들은 $\mathbb{R}$ 에서 해석적임을 증명하고, 각 함수들의 매클로린 전개를 구하여라.

(a) $(x^3-1)e^x$

(b) $e^x\sin x$

(c) $\dfrac{\cos x}{e^x}$

(d) $f(x) := \begin{cases} (a^x-1)/x & x \neq 0 \\ 1 & x = 0 \end{cases}$,
단 $a > 0$ 는 고정되었음.

5. $\int_0^1 te^{-t^3}\,dx$ 의 근사값을 구하여라.(힌트 $f(x) = \int_0^x te^{-t^3}\,dt$ 라 두고 $f(1)$ 의 값을 매클로린 전개하여 구할 것.)

6. $f \in \mathcal{C}^\infty(a,b)$ 이다. f 가 (a,b) 에서 해석적이기 위한 필요충분조건은 f' 이 (a,b) 에서 해석적임을 증명하여라.

7. (a) 모든 $\delta > 0$ 에 대하여
$$|\delta + \sin(\delta+\pi)| \leq \frac{\delta^3}{3!}$$
임을 증명하여라.

(b) $|x-\pi| \leq \delta$ 이면 $|x + \sin(x-\pi)| \leq \delta^3/3!$ 임을 증명하여라.

8. $f \in \mathcal{C}^\infty(-\infty,\infty)$ 이고 모든 $a \in \mathbb{R}$ 에 대하여
$$\lim_{n\to\infty}\frac{1}{n!}\int_0^a x^n f^{(n+1)}(a-x)\,dx = 0$$
이라 가정하자. 그러면 f 는 $(-\infty,\infty)$ 에서 해석적이고
$$f(x) = \sum_{k=0}^{\infty}\frac{f^{(k)}(0)}{k!}x^k, \qquad x \in \mathbb{R}$$
임을 보여라.

9. (a) $n \in \mathbb{N}$ 에 대하여

$$\left| \int_0^1 e^{x^2}\, dx - \sum_{k=0}^{n-1} \frac{1}{(2k+1)k!} \right| \leq \frac{3}{n!}$$

임을 보여라.

(b) $2.9253 < \int_{-1}^{1} e^{x^2}\, dx < 2.9254$ 임을 보여라.

10. f 가 $(-\infty, \infty)$ 에서 해석적이고 어떤 $a \neq b \in \mathbb{R}$ 에 대하여

$$\int_a^b |f(x)|\, dx = 0$$

이라 하자. 그러면 모든 $x \in \mathbb{R}$ 에 대하여 $f(x) = 0$ 임을 보여라.

11. 모든 $a_k \in \mathbb{R}$, $\beta > 1$ 에 대하여

$$\left(\sum_{k=1}^{\infty} |a_k|^{\beta} \right)^{1/\beta} \leq \sum_{k=1}^{\infty} |a_k|$$

임을 증명하여라.

12. **(번스타인 정리)** $f \in C^{\infty}(a, b)$ 이고 모든 $x \in (a, b)$ 와 $n \in \mathbb{N}$ 에 대하여 $f^{(n)}(x) \geq 0$ 이면 f 는 (a, b) 에서 해석적이다.

13. (a) $\alpha \in \mathbb{R}$ 와 $k \in \mathbb{N}$ 에 대하여

$$\binom{\alpha}{k} := \begin{cases} \dfrac{\alpha(\alpha-1)\cdots(\alpha-k+1)}{k!} & k \neq 0 \\ 1 & k = 0 \end{cases}$$

라고 정의할 때 $\binom{\frac{1}{2}}{3}$, $\binom{1}{5}$ 를 계산하여라.

(b) **(이항급수)** $\alpha \in \mathbb{R}$ 이고 $|x| < 1$ 이면

$$(1+x)^{\alpha} = \sum_{k=0}^{\infty} \binom{\alpha}{k} x^k$$

임을 보여라. 특히 $\alpha \in \mathbb{R}$ 에 대하여 $(1+x)^{\alpha}$ 는 $(-1, 1)$ 에서 해석적이다.

14. 미분작용소 $D = \frac{d}{dx}$ 를

$$D^0 f = f, \quad D^n f = D(D^{n-1} f, \quad n = 1, 2, \ldots$$

A, B, f 가 함수일 때

$$(AD^n + BD^m)f = AD^n f + BD^m f.$$

으로 정의하자.

(a) f, g 는 미분가능한 함수이고 a, b 는 상수일 때 $D(f+g) = Df + Dg$, $D(af) = aDf$ 임을 보여라.

(b) $f^{(n)} = D^n f$ 임을 보여라.

(c) a, b 가 상수일 때 $(aD+b)^2 f = a^2 D^2 f + 2abDf + b^2 f$ 임을 보여라. 만일 $(xD + 1)^2 f = x^2 D^2 f + 2xDf + 1$ 이 성립하는가?

(d) 함수 f 의 테일러 급수

$$f(x+h) = \sum_{n=0}^{\infty} \frac{h^n}{n!} f^{(n)}(x)$$

이

$$f(x+h) = e^{hD} f(x)$$

으로 표현될 수 있음을 보여라.

15. 만일 f 가 기함수이면 f 의 매클로린 급수는

$$f(x) = \sinh(xD) f(0)$$

으로 표현되고, f 가 우함수이면

$$f(x) = \cosh(xD) f(0)$$

으로 표현될 수 있음을 보여라.

5 $\mathbb{R}^n$ 공간과 다변수함수의 성질

이 장에서는 n 차원 유클리드 공간 $\mathbb{R}^n$ 을 도입하고 이 공간이 가진 여러 성질에 대해 다루도록 한다. 이미 실수의 도입과 성질은 1 장에서 다룬 적이 있다. 각 $n \in \mathbb{N}$ 에 대하여, 집합

$$\mathbb{R}^n := \{ (x_1, x_2, \ldots, x_n) : j = 1, 2, \ldots, n \text{ 에 대해 } x_j \in \mathbb{R} \}$$

을 정의하고, $\mathbb{R}^n$ 의 원소 $\mathbf{x} = (x_1, x_2, \ldots, x_n)$ 를 **점** 또는 **벡터** 또는 **n-순서쌍**이라 하고 각 수 x_j 를 $\mathbf{x}$ 의 j 번째 **좌표** 또는 **원소**라고 한다. $n = 2$(각각, $n = 3$) 일 때 $\mathbf{x}$ 의 원소를 x, y (각각, x, y, z) 라고 쓰기로 하자. 특히 $n = 1$ 일 때 $\mathbb{R}^1 = \mathbb{R}$ 은 실직선이고 원소를 **스칼라**라고 한다.

5.1 $\mathbb{R}^n$ 의 대수구조

1 장에서 실수 $\mathbb{R}$ 의 공리를 도입하고 대수 및 위상적인 구조를 배우고 이를 이용한 일차원에서의 미적분학을 공부하였다. 이 절에서는 n 차원 유클리드 공간 $\mathbb{R}^n$ 의 대수적인 구조를 공부하기로 한다.

정의 5.1 *$\mathbf{x} = (x_1, \ldots, x_n)$, $\mathbf{y} = (y_1, \ldots, y_n) \in \mathbb{R}^n$ 가 벡터이고 $\alpha \in \mathbb{R}$ 가 스칼라일 때 두 벡터의 상등, 벡터 합, 스칼라 곱을 아래와 같이 정의한다.*

(i) *$\mathbf{x}$ 와 $\mathbf{y}$ 의* **상등** *$\mathbf{x} = \mathbf{y}$ 은 각 $j = 1, 2, \ldots, n$ 에 대하여 $x_j = y_j$.*

(ii) *$\mathbf{x}$ 와 $\mathbf{y}$ 의* **벡터 합**은

$$\mathbf{x} + \mathbf{y} := (x_1 + y_1, x_2 + y_2, \ldots, x_n + y_n);$$

vi) *스칼라* α *와 벡터* $\mathbf{x}$ *의* **스칼라 곱***은*

$$\alpha\mathbf{x} = (\alpha x_1, \alpha x_2, \ldots, \alpha x_n).$$

$\mathbb{R}^n$ 에 도입된 대수연산은 $\mathbb{R}$ 의 덧셈, 곱셈의 일반화이다. 다음 정리는 $\mathbb{R}^n$ 위에서 대수법칙이 성립함을 보여 준다.

정리 5.1 $\mathbf{x}, \mathbf{y}, \mathbf{z} \in \mathbb{R}^n$ *이고* $\alpha, \beta \in \mathbb{R}$ *라하자. 그러면*

(i) $\mathbf{x} + (\mathbf{y} + \mathbf{z}) = (\mathbf{x} + \mathbf{y}) + \mathbf{z}$,

(ii) $\mathbf{x} + \mathbf{y} = \mathbf{y} + \mathbf{x}$,

(iii) *벡터* $\mathbf{0} \in \mathbb{R}^n$ *이 존재하여 모든 벡터* $\mathbf{x}$ *에 대하여*

$$\mathbf{0} + \mathbf{x} = \mathbf{x} + \mathbf{0} = \mathbf{x}.$$

(iv) *각각의 벡터* $\mathbf{x}$ *에 대하여* $-\mathbf{x} \in \mathbb{R}^n$ *가 존재하여*

$$\mathbf{x} + (-\mathbf{x}) = (-\mathbf{x}) + \mathbf{x} = \mathbf{0}.$$

(v) $\alpha(\beta\mathbf{x}) = (\alpha\beta)\mathbf{x}$,

(vi) $1\mathbf{x} = \mathbf{x}$,

(vii) $\alpha(\mathbf{x} + \mathbf{y}) = \alpha\mathbf{x} + \alpha\mathbf{y}$,

(viii) $(\alpha + \beta)\mathbf{x} = \alpha\mathbf{x} + \beta\mathbf{x}$.

증명 위의 성질들은 정의 5.1 과 실수의 성질로부터 직접 얻을 수 있다. 위의 성질 중 벡터의 결합법칙을 증명하기로 하자. 정의 5.1 과 실수의 결합법칙으로부터

$$\begin{aligned}
\mathbf{x} + (\mathbf{y} + \mathbf{z}) &= (x_1, \cdots, x_n) + (y_1 + z_1, \cdots, y_n + z_n) \\
&= (x_1 + (y_1 + z_1), \cdots, x_n + (y_n + z_n)) \\
&= ((x_1 + y_1) + z_1, \cdots, (x_n + y_n) + z_n) = (\mathbf{x} + \mathbf{y}) + \mathbf{z}.
\end{aligned}$$

■

일반적으로, F 를 체라 하자. 벡터의 덧셈

$$+ :V \times V \to V$$
$$(x, y) \to x + y$$

과 스칼라 곱

$$\cdot :F \times V \to V$$
$$(\alpha, x) \to \alpha x$$

이 정의된 집합 $V = V(+, \cdot)$ 가 정리 5.1 의 성질 (i)-(viii) 을 모두 만족할 때 V 를 체 F 위의 **벡터공간**이라 한다. 따라서 $\mathbb{R}^n$ 은 $\mathbb{R}$ 위의 벡터공간이다. 즉, $\mathbb{R}^n$ 은 실벡터공간이다.

정의 5.2 *V 는 F 위의 벡터공간이고 벡터 $\{\mathbf{x}_1, \mathbf{x}_2, \cdots, \mathbf{x}_n\} \subseteq V$ 가 주어져 있을 때*

(i) *$c_1\mathbf{x}_1 + c_2\mathbf{x}_2 + \cdots + c_n\mathbf{x}_n$ 을 $\mathbf{x}_1, \mathbf{x}_2, \cdots, \mathbf{x}_n$ 의* **일차결합***이라 한다.*

(ii) *$\mathbf{x}_1, \mathbf{x}_2, \cdots, \mathbf{x}_n$ 이* **일차독립***이라 함은*

$$c_1\mathbf{x}_1 + c_2\mathbf{x}_2 + \cdots + c_n\mathbf{x}_n = \mathbf{0} \Longrightarrow c_1 = c_2 = \cdots = c_n = 0.$$

(iii) *$\mathbf{x}_1, \mathbf{x}_2, \cdots, \mathbf{x}_n$ 이* **일차종속***이라 함은 $\mathbf{x}_1, \mathbf{x}_2, \cdots, \mathbf{x}_n$ 이 일차독립이 아니다. 즉, 적어도 하나의 0 이 아닌 c_k 가 존재하여 $c_1\mathbf{x}_1 + c_2\mathbf{x}_2 + \cdots + c_n\mathbf{x}_n = \mathbf{0}$ 이다.*

(iv) *집합*

$$< \mathbf{x}_1, \mathbf{x}_2, \cdots, \mathbf{x}_n >= \left\{ \sum_{k=1}^{n} c_k\mathbf{x}_k \in V \ : \ c_k \in F,\ 1 \le k \le n \right\}$$

을 $\mathbf{x}_1, \mathbf{x}_2, \cdots, \mathbf{x}_n$ 으로 **생성된 공간***이라 한다.*

(v) *벡터 $\mathbf{x}_1, \mathbf{x}_2, \cdots, \mathbf{x}_n$ 이 벡터공간 V 의* **기저***라 함은 $\mathbf{x}_1, \mathbf{x}_2, \cdots, \mathbf{x}_n$ 이 일차독립이고 $V =< \mathbf{x}_1, \mathbf{x}_2, \cdots, \mathbf{x}_n >$ 이다.*

보기 1 *$\mathbb{R}^3$ 에서*

(i) *$E = \{(1, 1, -1), (-1, 2, 1), (1, 0, 0)\}$ 가 일차독립임을 보여라.*

(ii) *E 가 $\mathbb{R}^3$ 의 기저임을 보여라.*

증명 (i) $a(1,1,-1)+b(-1,2,1)+c(1,0,0)=(0,0,0)$ 와 동치는 연립방정식

$$\begin{aligned} a-b+c&=0\\ -a+2b&=0\\ -a+b&=0 \end{aligned} \tag{5.1}$$

이므로 연립방정식 (5.1) 을 풀면 $a=b=c=0$ 이므로 일차독립이다.

(ii) 집합 E 가 일차독립임을 이미 보였으므로 $<E>=\mathbb{R}^3$ 임을 보여야 한다. 즉, 임의의 $\mathbf{x}=(x,y,z)\in\mathbb{R}^3$ 가 벡터 $(1,1,-1)$, $(-1,2,1)$, $(1,0,0)$ 의 일차결합으로 표현되어야 한다. $(x,y,z)=a(1,1,-1)+b(-1,2,1)+c(1,0,0)$ 이 성립하도록 a, b, c 를 x, y, z 로 표현하자. 이 식을 정리하면 연립방정식

$$\begin{aligned} a-b+c&=x\\ -a+2b&=y\\ -a+b&=z \end{aligned} \tag{5.2}$$

을 얻고 (5.2) 을 풀면 $a=y-2z$, $b=y-z$, $c=x+z$ 을 얻는다. 따라서 $\mathbf{x}=(y-2z)(1,1,-1)+(y-z)(-1,2,1)+(x+z)(1,0,0)$ 이 되므로 E 는 $\mathbb{R}^3$ 의 기저이다.

■

벡터 $\mathbf{e}_j\in\mathbb{R}^n$ 를 j 번째 성분이 1 이고 그외 나머지 성분이 0 인 $\mathbb{R}^n$ 의 점이라 하면 $\{\mathbf{e}_1,\ldots,\mathbf{e}_n\}$ 은 $\mathbb{R}^n$ 의 기저가 된다. 이러한 기저를 **표준기저**라 한다. 특히, $\mathbb{R}^2$ 또는 $\mathbb{R}^3$ 에서는 $\mathbf{e}_1$ 을 $\mathbf{i}$, $\mathbf{e}_2$ 를 $\mathbf{j}$ 로 $\mathbb{R}^3$ 에서는 $\mathbf{e}_3$ 을 $\mathbf{k}$ 로 나타낸다. 따라서 벡터 $\mathbf{x}=(x_1,x_2,\ldots,x_n)$ 은

$$\mathbf{x}=\sum_{k=1}^{n}x_k\mathbf{e}_k$$

으로 표현된다.

정의 5.3 $\mathbf{x}$ *와* $\mathbf{y}$ *의* **내적**은

$$\mathbf{x}\cdot\mathbf{y}=x_1y_1+x_2y_2+\cdots+x_ny_n$$

으로 정의한다. 만일 $\mathbf{x}\cdot\mathbf{y}=0$ *이면* $\mathbf{x}$ *와* $\mathbf{y}$ *는* **직교**라고 *한다. 집합* $E\subset\mathbb{R}^n$ *이* **직교집합**이*라 함은* E *의 임의의 두 벡터가 직교이다.*

보기 2 $\mathbb{R}^n$ *의 표준기저* $E=\{\mathbf{e}_1,\mathbf{e}_2,\ldots,\mathbf{e}_n\}$ *의 임의의 두 벡터는 직교이므로* E *는 직교기저이다.*

$\mathbb{R}^n$ 은 다음 성질을 만족한다.

정리 5.2 $\mathbf{x}, \mathbf{y}, \mathbf{z} \in \mathbb{R}^n$ *이고* $\alpha, \beta \in \mathbb{R}$ *라하자.*

(i) $\mathbf{x} \cdot \mathbf{y} = \mathbf{y} \cdot \mathbf{x}$.

(ii) $\alpha(\mathbf{x} \cdot \mathbf{y}) = (\alpha\mathbf{x}) \cdot \mathbf{y} = \mathbf{x} \cdot (\alpha\mathbf{y})$.

(iii) $\mathbf{x} \cdot (\mathbf{y} + \mathbf{z}) = \mathbf{x} \cdot \mathbf{y} + \mathbf{x} \cdot \mathbf{z}$.

(iv) $\mathbf{x} \cdot \mathbf{x} \geq 0$; $\mathbf{x} \cdot \mathbf{x} = 0 \iff \mathbf{x} = \mathbf{0}$.

벡터공간 V 에 내적

$$\cdot : V \times V \to \mathbb{R}$$
$$(x, y) \to x \cdot y$$

이 정의되고 정리 5.2 의 성질 (i)-(iv) 를 만족할 때 V 를 **내적공간**이라 한다. 따라서 $\mathbb{R}^n$ 은 내적공간이다.

특히 정리 5.2(iv) 로 부터 벡터 $\mathbf{x} \in \mathbb{R}^n$ 의 **(유클리드)노름**

$$\|\mathbf{x}\| = \sqrt{\mathbf{x} \cdot \mathbf{x}}$$

을 정의하면 두 점 $\mathbf{a}$ 와 $\mathbf{b} \in \mathbb{R}^n$ 사이의 **(유클리드)거리**는 $\|\mathbf{a} - \mathbf{b}\|$ 를 정의할 수 있다. 특히 $\|\mathbf{x}\| = 1$ 인 벡터 $\mathbf{x}$ 를 **단위벡터**라 한다. 만일 집합 E 가 직교집합이고 모든 원소가 단위벡터이면 E 를 **정규직교집합**이라 한다.

보기 3 표준 *기저* $E = \{\mathbf{e}_1, \mathbf{e}_2, \ldots, \mathbf{e}_n\}$ 는 *정규직교기저이다.*

기저 E 가 주어졌을 때 정규직교기저를 만들 수 있다. 이러한 방법을 **그람-슈미트 과정**이라 한다. 유한 기저 $E = \{\mathbf{x}_1, \mathbf{x}_2, \ldots, \mathbf{x}_n\}$ 에 대하여 생각하기로 하자. 먼저

$$\mathbf{u}_1 = \frac{\mathbf{x}_1}{\|\mathbf{x}_1\|}$$

라 두자.

$$\mathbf{y}_k = \mathbf{x}_k - \sum_{i=1}^{k-1} (\mathbf{x}_k \cdot \mathbf{u}_i)\mathbf{u}_i,$$
$$\mathbf{u}_k = \frac{\mathbf{y}_k}{\|\mathbf{y}_k\|}$$

라 두면 $\{\mathbf{u}_1, \mathbf{u}_2, \ldots, \mathbf{u}_n\}$ 은 정규직교이다.

이러한 정규직교기저를 이용하면 임의의 벡터를 일차결합으로 표현하기 쉽다.

정리 5.3 $\{\mathbf{u}_1, \mathbf{u}_2, \ldots, \mathbf{u}_n\}$ 을 $\mathbb{R}^n$ 의 정규직교기저라 하자. 그러면 임의의 $\mathbf{x} \in \mathbb{R}^n$ 에 대하여

$$\mathbf{x} = c_1\mathbf{u}_1 + c_2\mathbf{u}_2 + \cdots + c_n\mathbf{u}_n \tag{5.3}$$

이다. 여기서 $c_k = \mathbf{x} \cdot \mathbf{u}_k$ 이다.

증명 식 (5.3) 의 양변을 내적을 취하면 얻을 수 있다. ■

두 벡터의 내적과 노름 사이의 곱에 관한 기본적인 부등식이 성립한다. 이것을 코시–쉬바르츠(Cauchy–Schwarz)부등식[1] 이라 한다.

정리 5.4 (코시–쉬바르츠 부등식) 만일 $\mathbf{x}, \mathbf{y} \in \mathbb{R}^n$ 이면

$$|\mathbf{x} \cdot \mathbf{y}| \leq \|\mathbf{x}\| \, \|\mathbf{y}\|.$$

증명 $\mathbf{y} = \mathbf{0}$ 일 때 위의 부등식은 자명하다. $\mathbf{y} \neq \mathbf{0}$ 이라고 가정하자. 정의에 의하여

$$0 \leq \|\mathbf{x} - t\mathbf{y}\|^2 = (\mathbf{x} - t\mathbf{y}) \cdot (\mathbf{x} - t\mathbf{y}) = \|\mathbf{x}\|^2 - 2t(\mathbf{x} \cdot \mathbf{y}) + t^2\|\mathbf{y}\|^2 \tag{5.4}$$

이 모든 스칼라 t 에 대하여 성립한다. $t = (\mathbf{x} \cdot \mathbf{y})/\|\mathbf{y}\|^2$ 을 (5.4) 에 대입하면

$$0 \leq \|\mathbf{x}\|^2 - t(\mathbf{x} \cdot \mathbf{y}) = \|\mathbf{x}\|^2 - \frac{(\mathbf{x} \cdot \mathbf{y})^2}{\|\mathbf{y}\|^2}$$

이 성립한다. 이 부등식을 $(\mathbf{x} \cdot \mathbf{y})^2$ 에 관하여 풀면

$$(\mathbf{x} \cdot \mathbf{y})^2 \leq \|\mathbf{x}\|^2\|\mathbf{y}\|^2$$

을 얻는다. ■

$\mathbb{R}$ 과 $\mathbb{R}^n$ 의 유사성은 절대값과 노름의 유사성에 의해 알 수 있다.

정리 5.5 만일 $\mathbf{x}, \mathbf{y} \in \mathbb{R}^n$ 이면

(i) $\|\mathbf{x}\| \geq 0$ 이고 $\mathbf{x} = \mathbf{0}$ 일 때만 등식이 성립한다.

(ii) 모든 스칼라 α 에 대하여 $\|\alpha\mathbf{x}\| = |\alpha|\|\mathbf{x}\|$.

(iii) **(삼각 부등식)** $\|\mathbf{x} + \mathbf{y}\| \leq \|\mathbf{x}\| + \|\mathbf{y}\|$.

1) 코시–쉬바르츠–부냐코프스키(Cauchy–Schwarz–Bunyakovsky) 부등식이라고도 부른다. 이 부등식은 각각 독립적으로 발견되었다.

증명 문장 (i) 과 (ii) 은 자명하다. 문장 (iii) 의 첫 번째를 증명하기 위해 정의 5.1 및 정리 5.1과 코시–쉬바르츠 부등식를 이용하면

$$\begin{aligned}\|\mathbf{x}+\mathbf{y}\|^2 &= (\mathbf{x}+\mathbf{y})\cdot(\mathbf{x}+\mathbf{y}) = \mathbf{x}\cdot\mathbf{x} + 2\mathbf{x}\cdot\mathbf{y} + \mathbf{y}\cdot\mathbf{y} \\ &= \|\mathbf{x}\|^2 + 2\mathbf{x}\cdot\mathbf{y} + \|\mathbf{y}\|^2 \le \|\mathbf{x}\|^2 + 2\|\mathbf{x}\|\|\mathbf{y}\| + \|\mathbf{y}\|^2 = (\|\mathbf{x}\| + \|\mathbf{y}\|)^2\end{aligned}$$

을 얻는다. 두 번째 부등식은 첫 번째로부터 직접 계산된다. ■

벡터 공간 V 위의 노름

$$\|\bullet\| : V \to \mathbb{R}$$

이 정리 5.5 의 (i)-(iii) 을 만족할 때 $V = (V, \|\bullet\|)$ 을 **노름공간**이라 한다. 따라서 $\mathbb{R}^n$ 은 노름공간이다.

정의 5.4 *V 와 W 가 벡터공간일 때 함수 $T : V \to W$ 가* **선형함수***라 함은 모든 벡터 $\mathbf{x}, \mathbf{y} \in V$ 및 모든 스칼라 $\alpha \in F$ 에 대하여 $T(\mathbf{x}+\mathbf{y}) = T(\mathbf{x}) + T(\mathbf{y})$ 와 $T(\alpha\mathbf{x}) = \alpha T(\mathbf{x})$ 을 만족한다.*

일변수함수 $T : \mathbb{R} \to \mathbb{R}$ 가 선형이기 위한 필요충분조건은 $F(x) = mx$ 이다. 다변수 선형함수의 성질을 알기 위해 먼저 $m \times n$ 행렬

$$B = [b_{ij}]_{m\times n} = \begin{pmatrix} b_{11} & b_{12} & \dots & b_{1n} \\ b_{21} & b_{22} & \dots & b_{2n} \\ \cdot & \cdot & \dots & \cdot \\ b_{m1} & b_{m2} & \dots & b_{mn} \end{pmatrix}$$

를 생각하자. 여기서 행렬 B 의 성분 b_{ij} 는 보통 실수이거나 실수값 함수이다. $B = [b_{ij}]_{m\times n}$ 과 $C = [c_{ij}]_{p\times q}$ 를 위와 같은 행렬이라 하자. 행렬 B 와 스칼라 α 의 곱은

$$\alpha B = [\alpha b_{ij}]_{m\times n},$$

로 정의되고 행렬 B 와 C 의 합은 ($m = p$ 이고 $n = q$ 일 때)

$$B + C = [b_{ij} + c_{ij}]_{m\times n},$$

로 정의하고 행렬의 곱은 ($n = p$ 일 때)

$$BC = \left[\sum_{k=1}^{n} b_{ik}c_{kj}\right]_{m\times q}$$

로 정의된다. 행렬의 합, 스칼라곱, 행렬의 곱에 관한 대수적인 성질을 얻을 수 있다.

정리 5.6 $A = [a_{ij}]$, $B = [b_{ij}]$, $C = [c_{ij}]$ 를 실행렬이라 하고 α, β 를 스칼라라고 하자.

(i) $(\alpha + \beta)C = \alpha C + \beta C$.

(ii) $B + C$가 정의되면 $\alpha(B + C) = \alpha B + \alpha C$ 이고 $B + C = C + B$.

(iii) BC가 정의되면 $\alpha(BC) = (\alpha B)C = B(\alpha C)$.

(iv) AB 와 AC가 정의되면 $A(B + C) = AB + AC$.
BA 와 CA가 정의되면 $(B + C)A = BA + CA$.

(v) $A + B$ 와 $B + C$가 정의되면 $A + (B + C) = (A + B) + C$.
AB 와 BC가 정의되면 $A(BC) = (AB)C$.

(vi) B가 $m \times n$ 행렬이면

$$B + O_{m\times n} = B, \quad B - B = O_{m\times n},$$

$$BO_{n\times q} = O_{m\times q},\ O_{p\times m}B = O_{p\times n},\ 0B = O_{m\times n}.$$

(vii) B가 $n \times n$ 행렬이면

$$I_{n\times n}B = BI_{n\times n} = B.$$

주의 3 점 $\mathbf{x} = (x_1, x_2, \ldots, x_n) \in \mathbb{R}^n$ 를

$$[\mathbf{x}] = [x_1, x_2, \ldots, x_n],\ [\mathbf{x}]^T = [x_1, x_2, \ldots, x_n]^T = \begin{pmatrix} x_1 \\ x_2 \\ \vdots \\ x_n \end{pmatrix}.$$

라고 둠으로써 $1 \times n$ 행 행렬 또는 $n \times 1$ 열 행렬과 동일시하고자 한다. 기호로 $m \times n$ 행렬 B 과 $n \times 1$ 열 행렬 $[\mathbf{x}]$ 의 곱을 $B\mathbf{x}$ 로 나타내기로 하자.

참고 1 만일 $\mathbf{x}, \mathbf{y} \in \mathbb{R}^n$ 이고 α 가 스칼라이면

$$[\mathbf{x} + \mathbf{y}] = [\mathbf{x}] + [\mathbf{y}], \quad [\mathbf{x} \cdot \mathbf{y}] = [\mathbf{x}][\mathbf{y}]^T, \quad [\alpha\mathbf{x}] = \alpha[\mathbf{x}].$$

다음 정리는 일반적으로 선형함수와 행렬과의 관계는 일대일 대응관계가 있음을 보여 주고 있다. 일반적으로 벡터공간위에서 정의된 선형함수에 대하여도 성립하나 우리는 유클리드 공간의 경우에 대하여 증명하기로 한다.

정리 5.7 *$B = [b_{ij}]$ 를 성분이 실수인 $m \times n$ 행렬이고 $\mathbf{e}_1, \ldots, \mathbf{e}_n$ 을 $\mathbb{R}^n$ 의 표준기저라 하자. 만일*

$$F(\mathbf{x}) = B\mathbf{x}, \qquad \mathbf{x} \in \mathbb{R}^n, \tag{5.5}$$

이면 F 는 $\mathbb{R}^n$ 에서 $\mathbb{R}^m$ 으로의 선형함수이고

$$(b_{1j}, b_{2j}, \ldots, b_{mj}) = F(\mathbf{e}_j), \qquad j = 1, 2, \ldots, n. \tag{5.6}$$

역으로, 만일 $F : \mathbb{R}^n \to \mathbb{R}^m$ 이 선형이고 $B = [b_{ij}]_{m \times n}$ 이 (5.6)에서 정의된 성분을 가진다고 하면, F 와 B 는 (5.5)을 만족한다. 특히 각 선형함수 $F : \mathbb{R}^n \to \mathbb{R}^m$ 에 대해 (5.5)을 만족하는 유일한 $m \times n$ 행렬 B 가 존재한다.

증명 참고 1 과 정리 5.6 의 행렬곱의 분배법칙에 의해 모든 $\mathbf{x}, \mathbf{y} \in \mathbb{R}^n$ 에 대하여

$$F(\mathbf{x} + \mathbf{y}) = B[\mathbf{x} + \mathbf{y}] = B([\mathbf{x}] + [\mathbf{y}]) = B[\mathbf{x}] + B[\mathbf{y}] = F(\mathbf{x}) + F(\mathbf{y}).$$

비슷하게 모든 $\mathbf{x} \in \mathbb{R}^n$ 와 $\alpha \in \mathbb{R}$ 에 대하여 $F(\alpha\mathbf{x}) = B[\alpha\mathbf{x}] = B(\alpha[\mathbf{x}]) = \alpha B[\mathbf{x}] = \alpha F(\mathbf{x})$ 이다. 따라서 F 는 선형함수이다. 더구나 (5.6)은 행렬곱의 정의에 의해 성립한다.

역으로, $F : \mathbb{R}^n \to \mathbb{R}^m$ 이 선형이고 행렬 B 를 (5.6) 에 의하여 정의되었다고 가정하자. 그러면

$$\begin{aligned}
F(\mathbf{x}) &= F\left(\sum_{j=1}^{n} x_j \mathbf{e}_j\right) \\
&= \sum_{n=1}^{n} x_j F(\mathbf{e}_j) = \sum_{n=1}^{n} x_j (b_{1j}, b_{2j}, \ldots, b_{mj}) \\
&= \left(\sum_{n=1}^{n} x_j b_{1j}, \sum_{n=1}^{n} x_j b_{2j}, \ldots, \sum_{n=1}^{n} x_j b_{mj}\right) = B\mathbf{x}.
\end{aligned}$$

■

식 (5.5) 를 만족하는 유일한 행렬 B 를 F **의 표현행렬**이라 한다. 정리 5.7 는 선형함수와 표현행렬을 동일시 할 수 있음을 보여 주고 있음을 나타낸 것이다. 이러한 조건에서 다음 조건은 합성함수의 표현행렬은 두 함수의 표현행렬의 곱으로 나타낼 수 있음을 보여주고 있다.

정리 5.8 *만일 $F : \mathbb{R}^n \to \mathbb{R}^m$ 이고 $G : \mathbb{R}^m \to \mathbb{R}^p$ 가 선형이면 합성함수 $G \circ F$ 도 또한 선형이다. 실제로 만일 B 가 F 의 $m \times n$ 표현행렬이고 C 가 G 의 $p \times m$ 표현행렬이면 CB 는 $G \circ F$ 의 표현행렬이다.*

증명 $\mathbf{e}_1, \ldots, \mathbf{e}_n$ 은 $\mathbb{R}^n$ 의 표준기저, $\mathbf{u}_1, \ldots, \mathbf{u}_m$ 은 $\mathbb{R}^m$ 의 표준기저, $\mathbf{w}_1, \ldots, \mathbf{w}_p$ 은 $\mathbb{R}^p$ 의 표준기저라 하자. 만일 $B = [b_{ij}]_{m\times n}$ 이 F 의 표현행렬이고 $C = [c_{\nu k}]_{p\times m}$ 이 F 의 표현행렬이면 정리 5.7 에 의하여

$$\sum_{k=1}^{m} b_{kj}\mathbf{u}_k = (b_{1j}, \ldots, b_{mj}) = F(\mathbf{e}_j), \quad j = 1, 2, \ldots, n,$$

이고

$$\sum_{\nu=1}^{m} c_{\nu k}\mathbf{w}_k = (c_{1k}, \ldots, b_{pk}) = G(\mathbf{u}_k), \quad k = 1, 2, \ldots, m.$$

따라서 각 $1 \le j \le n$ 에 대하여

$$\begin{aligned}(G\circ F)(\mathbf{e}_j) &= G(F(\mathbf{e}_j)) = G\left(\sum_{k=1}^{m} b_{kj}\mathbf{u}_k\right) = \sum_{k=1}^{m} b_{kj}G(\mathbf{u}_k) \\ &= \sum_{k=1}^{m}\sum_{\nu=1}^{p} b_{kj}c_{\nu k}\mathbf{w}_\nu = \left(\sum_{k=1}^{m} b_{kj}c_{1k}, \ldots, \sum_{k=1}^{m} b_{kj}c_{pk}\right).\end{aligned}$$

그런데 마지막 벡터는 행렬 CB 의 j 번째 열이므로 CB 는 $G\circ F$ 의 표현행렬이다. ■

행렬곱은 내적의 일반화로 볼 수 있으므로 다음 정리는 코시–쉬바르츠부등식과 유사하다.

정리 5.9 *만일 $B = [b_{ij}]_{m\times n}$ 이 실행렬이고*

$$\|B\|_\infty := \max\{|b_{ij}| \;:\; 1 \le i \le m,\ 1 \le j \le n\}$$

이면 모든 $\mathbf{x} \in \mathbb{R}^n$ 에 대하여

$$\|B\mathbf{x}\| \le \sqrt{mn}\|B\|_\infty\|\mathbf{x}\|.$$

증명 정의에 의하여 $B = [b_{ij}]_{m\times n}$ 이면

$$B\mathbf{x} = \left(\sum_{j=1}^{n} b_{1j}x_j, \ldots, \sum_{j=1}^{n} b_{mj}x_j\right).$$

따라서 연습문제 3(b) 과 Cauchy-Schwarz 부등식에 의하여

$$\begin{aligned}\|B\mathbf{x}\| &\leq \left\|\left(\sum_{j=1}^{n} b_{1j}x_j, \ldots, \sum_{j=1}^{n} b_{mj}x_j\right)\right\| \\ &\leq \sqrt{m} \max_{1\leq i\leq m} \left|\sum_{j=1}^{n} b_{ij}x_j\right| \\ &\leq \sqrt{m} \left(\max_{1\leq i\leq m} \sqrt{\sum_{j=1}^{n} |b_{ij}|}\right) \|\mathbf{x}\| \\ &\leq \sqrt{mn} \max_{1\leq i\leq m} \max_{1\leq j\leq n} |b_{ij}| \|\mathbf{x}\| = \sqrt{mn}\|B\|_\infty \|\mathbf{x}\|.\end{aligned}$$

■

연습문제 (5.1)

1. V 를 벡터공간이라 하자. $x, y \in V, \alpha, \beta \in F$ 일 때 다음을 보여라.

   (a) $\alpha\mathbf{0} = \mathbf{0}$.

   (b) $0x = \mathbf{0}$.

   (c) $(-1)x = -x$.

2. 집합 $\mathcal{C}[a,b]$ 은 구간 $[a,b]$ 위에서 연속인 $f : [a,b] \to \mathbb{R}$ 들의 집합으로

$$\|f\|_\infty :- \sup_{x\in[a,b]} |f(x)|$$

   라 두자. 그러면

   (a) $\mathcal{C}[a,b]$ 은 벡터공간임을 보여라.

   (b) 각 $f \in \mathcal{C}[a,b]$ 에 대하여 $\|f\|_\infty$ 이 유한이고 음이 아닌 실수임을 보여라.

   (c) $\|f\|_\infty = 0$ 이기 위한 필요충분조건은 모든 $x \in [a,b]$에 대하여 $f(x) = 0$ 임을 보여라.

   (d) 모든 $f \in \mathcal{C}[a,b]$ 와 모든 스칼라 α 에 대하여 $\|\alpha f\|_\infty = |\alpha|\|f\|_\infty$ 임을 보여라.

   (e) 모든 $f, g \subset \mathcal{C}[a,b]$ 에 대하여 $\|f+g\|_\infty \leq \|f\|_\infty + \|g\|_\infty$ 이고 $\|f-g\|_\infty \geq \|f\|_\infty - \|g\|_\infty$ 임을 보여라.

3. 임의의 $\mathbf{x} = (x_1, x_2, \ldots, x_n)$ 에 대하여 다음을 증명하여라.

   (a) $\|\mathbf{x}\| \le \sum_{i=1}^n |x_i| \le \sqrt{n}\|\mathbf{x}\|$.

   (b) $\|\mathbf{x}\| \le \sqrt{n} \max_{1 \le i \le n} |x_i|$.

4. 다음을 증명하여라.

   (a) $2\|\mathbf{x}\|^2 + 2\|\mathbf{y}\|^2 = \|\mathbf{x}+\mathbf{y}\|^2 + \|\mathbf{x}-\mathbf{y}\|^2$

   (b) $\|\mathbf{x}+\mathbf{y}\|\|\mathbf{x}-\mathbf{y}\| \le \|\mathbf{x}\|^2 + \|\mathbf{y}\|^2$

   (c) (b) 의 등호가 성립할 필요충분조건은 $\mathbf{x} \cdot \mathbf{y} = 0$.

   (d) $4\mathbf{x} \cdot \mathbf{y} = \|\mathbf{x}+\mathbf{y}\|^2 - \|\mathbf{x}-\mathbf{y}\|^2$.

5. 다음을 증명하여라.

   (a)
   $$\left(\sum_{i=1}^n x_i y_i\right)^2 = \left(\sum_{i=1}^n x_i^2\right)\left(\sum_{i=1}^n y_i^2\right) - \sum_{1 \le i < j \le n} (x_i y_j - x_j y_i)^2$$

   (b) (a) 를 이용하여 코시–슈바르츠 부등식을 증명하여라.

   (c)
   $$\left(\sum_{i=1}^n (x_i + y_i)^2\right)^{1/2} \le \left(\sum_{i=1}^n x_i^2\right)^{1/2} + \left(\sum_{i=1}^n y_i^2\right)^{1/2}.$$

   (d)
   $$\left(\sum_{i=1}^n x_i y_i z_i\right)^4 \le \left(\sum_{i=1}^n x_i^4\right)\left(\sum_{i=1}^n y_i^2\right)^2\left(\sum_{i=1}^n z_i^4\right).$$

6. 다음 $E = \{(1,1,0), (0,1,1), (1,0,1)\}$ 에 대하여 다음 물음에 답하여라.

   (a) E 가 일차독립임을 보여라.

   (b) E 가 $\mathbb{R}^3$ 의 기저임을 보여라.

   (c) E 의 정규직교기저를 구하여라.(그람-슈미트(Grahm-Schmidt) 직교화과정을 이용할 것)

   (d) $x = (1,2,3)$ 을 E 의 원소로 일차결합으로 표현하고 정규직교기저를 이용하여 일차결합으로 나타내어라.

7. $\mathbb{R}^3$ 내의 두 벡터 $\mathbf{x} = (x_1, x_2, x_3)$ 와 $\mathbf{y} = (y_1, y_2, y_3)$ 의 **외적**은

$$\mathbf{x} \times \mathbf{y} = (x_1, x_2, x_3) \times (y_1, y_2, y_3) := (x_2y_3 - x_3y_2, x_3y_1 - x_1y_3, x_1y_2 - x_2y_1)$$

으로 정의된 벡터이다. 다음을 증명하여라.

(a) 표준기저 $\mathbf{i} = \mathbf{e}_1, \mathbf{j} = \mathbf{e}_2, \mathbf{k} = \mathbf{e}_3$ 에 대하여

$$\mathbf{x} \times \mathbf{y} = \det \begin{bmatrix} \mathbf{i} & \mathbf{j} & \mathbf{k} \\ x_1 & x_2 & x_3 \\ y_1 & y_2 & y_3 \end{bmatrix}.$$

(b) $\mathbf{x} \times \mathbf{x} = \mathbf{0}, \qquad \mathbf{x} \times \mathbf{y} = -\mathbf{y} \times \mathbf{x},$

(c) $(\alpha\mathbf{x}) \times \mathbf{y} = \alpha(\mathbf{x} \times \mathbf{y}) = \mathbf{x} \times (\alpha\mathbf{y}),$

(d) $\mathbf{x} \times (\mathbf{y} + \mathbf{z}) = (\mathbf{x} \times \mathbf{y}) + (\mathbf{x} \times \mathbf{z}),$

(e) $(\mathbf{x} \times \mathbf{y}) \cdot \mathbf{z} = \mathbf{x} \cdot (\mathbf{y} \times \mathbf{z}) = \det \begin{bmatrix} x_1 & x_2 & x_3 \\ y_1 & y_2 & y_3 \\ z_1 & z_2 & z_3 \end{bmatrix},$

(f) $\mathbf{x} \times (\mathbf{y} \times \mathbf{z}) = (\mathbf{x} \cdot \mathbf{z})\mathbf{y} - (\mathbf{x} \cdot \mathbf{y})\mathbf{z},$

(g) $\|\mathbf{x} \times \mathbf{y}\| = (\mathbf{x} \cdot \mathbf{x})(\mathbf{y} \cdot \mathbf{y}) - (\mathbf{x} \cdot \mathbf{y})^2.$

(h) θ 는 $\mathbf{x}$ 와 $\mathbf{y}$의 사이각이면

$$\|\mathbf{x} \times \mathbf{y}\| = \|\mathbf{x}\|\|\mathbf{y}\| \sin\theta.$$

(i) $\mathbf{x} \cdot (\mathbf{x} \times \mathbf{y}) = \mathbf{y} \cdot (\mathbf{x} \times \mathbf{y}) = 0$

8. 평행사변형의 넓이는 밑변의 길이 b 와 높이 h 의 곱 bh 로 구하고 평행육면체의 부피는 밑넓이와 높이의 곱으로 구한다. 이때 다음을 구하여라.

a) $\mathbf{a}, \mathbf{b} \in \mathbb{R}^3$ 이 0 이 아닌 벡터이고 $\mathcal{P}$ 는 평행사변형

$$\{(x, y, z) = u\mathbf{a} + v\mathbf{b} \ : \ u, v \in [0, 1]\}$$

일 때 $\mathcal{P}$ 의 넓이는 $\|\mathbf{a} \times \mathbf{b}\|$ 임을 보여라.

b) $\mathbf{a}, \mathbf{b}, \mathbf{c} \in \mathbb{R}^3$ 이 0 이 아닌 벡터이고 $\mathcal{P}$ 는 평행육면체

$$\{(x, y, z) = u\mathbf{a} + v\mathbf{b} + w\mathbf{c} \ : \ u, v, w \in [0, 1]\}$$

일 때 $\mathcal{P}$ 의 부피는 $|(\mathbf{a} \times \mathbf{b}) \cdot \mathbf{c}|$ 임을 보여라.

9. $\{a_k\}$ 와 $\{b_k\}$ 는

$$\sum_{k=1}^{\infty} a_k^2 < \infty, \quad \sum_{k=1}^{\infty} b_k^2 < \infty$$

을 만족하는 실수들의 수열이다. 무한급수 $\sum_{k=1}^{\infty} a_k b_k$ 이 절대수렴함을 보여라.

5.2 $\mathbb{R}^n$ 의 위상구조

1 절에서 벡터의 노름을 이용하여 두 벡터 사이의 거리를 정의하였다. 2 장에서 정의하였던 실수위의 열린집합과 마찬가지로 이 절에서는 $\mathbb{R}^n$ 의 열린집합, 닫힌집합등 위상적인 성질들에 대하여 다룬다. 중심이 $\mathbf{x}$ 이고 반경이 $\varepsilon > 0$ 인 **열린공**을 $B_\varepsilon(\mathbf{x}) = \{ \mathbf{y} \in \mathbb{R}^n : \|\mathbf{y} - \mathbf{x}\| < \varepsilon \}$ 으로 나타내기로 한다.

정의 5.5 *집합 $V \subseteq \mathbb{R}^n$ 이* **열린집합***이라 함은 주어진 $\mathbf{x} \in V$ 에 대하여 $\varepsilon > 0$ 이 존재하여*

$$B_\varepsilon(\mathbf{x}) \subset V.$$

집합 $E \subseteq \mathbb{R}^n$ 이 **닫힌집합***이라 함은 $E^c = \mathbb{R}^n \backslash E$ 이 열린집합이다.*

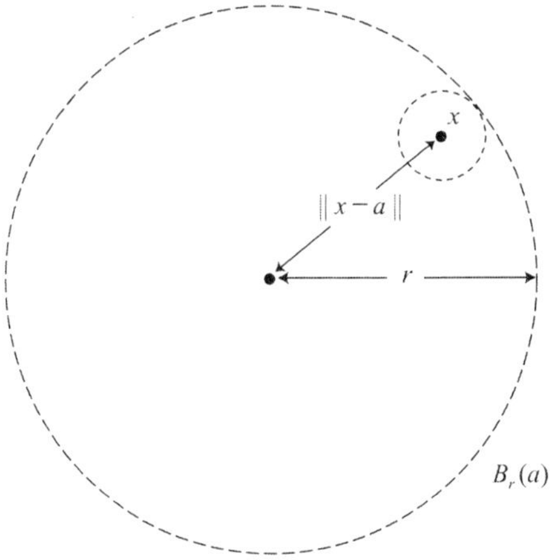

그림 5.1

명제 5.1 (i) *$\mathbb{R}^n$ 내의 모든 열린공은 열린집합이다.*

(ii) *$\mathbb{R}^n$ 의 모든* **유한***집합은 닫힌집합이다.*

증명 (i) 임의의 원소 $\mathbf{x} \in B_r(\mathbf{a})$ 를 잡자. $\epsilon = r - \|\mathbf{x} - \mathbf{a}\|$ 라 두자(그림 5.1). $\mathbf{y} \in B_\epsilon(\mathbf{x})$ 이면

$$\|\mathbf{y} - \mathbf{a}\| \leq \|\mathbf{y} - \mathbf{x}\| + \|\mathbf{x} - \mathbf{a}\| < \epsilon + \|\mathbf{x} - \mathbf{a}\| = r.$$

따라서 $B_\epsilon(\mathbf{x}) \subseteq B_r(\mathbf{a})$이고 정의에 의하여 $B_r(\mathbf{x})$은 열린집합이다.

(ii) 유한집합을 $E = \{\mathbf{x}_1, \mathbf{x}_2, \ldots, \mathbf{x}_p\}$라 가정하자. $\mathbf{x} \in E^c$ 라 하고

$$\epsilon = \min\{\ \|\mathbf{x} - \mathbf{x}_k\|\ :\ k = 1, 2, \ldots, p\ \}$$

이라 두자. 그러면 모든 $k = 1, 2, \ldots, p$ 에 대하여 $\mathbf{x}_k \notin B_\epsilon(\mathbf{x})$ 이다. 그러므로 $B_\epsilon(\mathbf{x}) \subseteq E^c$ 이고 정의에 의하여 E^c 은 열린집합이다. ■

정리 5.10 (i) *공집합 $\emptyset$ 와 전체 공간 $\mathbb{R}^n$ 은 열린집합이고 또한 닫힌집합이다.*

(ii) *만일 $\{V_\alpha\}_{\alpha \in A}$ 을 $\mathbb{R}^n$ 내의 열린 집합들의 임의의 모임이면*

$$\bigcup_{\alpha \in A} V_\alpha$$

은 열린집합이다.

(iii) *$\{V_k\ :\ k = 1, 2, \ldots, n\}$ 은 $\mathbb{R}^n$ 내의 열린집합들의 유한 모임이면*

$$\bigcap_{k=1}^{n} V_k = \bigcap_{k \in \{1, 2, \ldots, n\}} V_k$$

은 열린집합이다.

증명 (i) 공집합은 점을 포함하지 않으므로 **"모든 점 $\mathbf{x} \in \emptyset$ 은 $B_\epsilon(\mathbf{x}) \subseteq \emptyset$ 을 만족한다."** (이러한 명제를 **빈참명제(vacous implication)**라 한다.) 그러므로 $\emptyset$ 은 열린집합이고 정의에 의하여 $\mathbb{R}^n = \emptyset^c$ 은 닫힌집합이다. 한편 모든 $\mathbf{x} \in \mathbb{R}^n$ 와 $\epsilon > 0$ 에 대하여 $B_\epsilon(\mathbf{x}) \subseteq \mathbb{R}^n$ 이므로 $\mathbb{R}^n$ 은 열린집합이고, 따라서 $\emptyset = (\mathbb{R}^n)^c$ 은 닫힌집합이다.

(ii) $\mathbf{x} \in \bigcup_{\alpha \in A} V_\alpha$ 라 하자. 그러면 $\mathbf{x} \in V_\alpha$ 인 $\alpha \in A$ 가 존재한다. 그런데 V_α 는 열린집합이므로 $B_r(\mathbf{x}) \subset V_\alpha$ 이 성립하는 $r > 0$ 이 존재한다. 따라서, $B_r(\mathbf{x}) \subset \bigcup_{\alpha \in A} V_\alpha$. 즉 합집합은 열린집합이다.

(iii) $\mathbf{x} \in \bigcap_{k=1}^{n} V_k$ 라 하자. 그러면 모든 $k = 1, 2, \ldots, n$ 에 대하여 $\mathbf{x} \in V_k$ 이 성립한다. 그런데 각각의 V_k 는 열린집합이므로 $B_{r_k}(\mathbf{x}) \subset V_k$ 이 성립하는 $r_k > 0$ 이 존재한다. $r = \min\{r_1, r_2, \ldots, r_n\}$ 라 놓으면 $r > 0$ 이고 모든 $k = 1, 2, \ldots, n$ 에 대하여 $B_r(\mathbf{x}) \subset V_k$ 이다. 따라서 $B_{r_k}(\mathbf{x}) \subset \bigcap_{k=1}^{n} V_k$. 즉 공통집합은 열린집합이다. ■

일반적으로 집합 X 의 부분집합들의 모임 $\mathcal{T} = \{E : E$ 는 열린집합$\}$ 가 정리 5.10 의 (i)-(iii) 을 만족하면 $\mathcal{T}$ 를 X 의 **위상**이라 하며 $(X, \mathcal{T})$ 을 **위상공간**이라 부른다. 정리 5.10 는 $\mathbb{R}^n$ 이 위상공간임을 말하고 있다. 특히 $\mathbb{R}^n$ 의 위상을 **보통위상**이라 한다.

명제 5.1 의 증명을 적당히 변형하면, 모든 $\mathbf{a} \in \mathbb{R}^n$ 와 $r \geq 0$ 에 대하여 집합 $\{ \mathbf{y} \in \mathbb{R}^n : \|\mathbf{y} - \mathbf{x}\| > r \}$ 은 열린 집합이다. 따라서 $\{ \mathbf{y} \in \mathbb{R}^n : \|\mathbf{y} - \mathbf{x}\| \leq r \}$ 로 정의된 닫힌공은 모든 $\mathbf{a} \in \mathbb{R}^n$ 와 $r \geq 0$ 에 대하여 닫힌집합이다.

주의 1 *정리 5.10 의 명제(iii) 는 유한 모임 대신 임의의 모임으로 바뀌면 성립하지 않는다.*

증명 유클리드 공간 $X = \mathbb{R}$ 에서

$$\bigcap_{k \in \mathbb{N}} \left(-\frac{1}{k}, \frac{1}{k} \right) = \{0\}$$

는 닫힌집합이고,

$$\bigcup_{k \in \mathbb{N}} \left[\frac{1}{k+1}, \frac{k}{k+1} \right] = (0, 1)$$

는 열린집합이다. ■

$\mathbb{R}^n$ 의 자세한 위상적 성질을 얻기 위해서 다음 개념이 필요하다.

정의 5.6 $E \subseteq \mathbb{R}^n$ *이라 하자.* E *의 내부, 폐포 및 경계를 아래와 같이 정의한다.*

(i) E *의* **내부**는

$$E^o := \bigcup \{ V : V \subseteq E \text{ 이고 } V \text{ 는 } \mathbb{R}^n \text{ 내에서 열린집합} \};$$

(ii) E *의* **폐포**는

$$\overline{E} := \bigcap \{ B : B \supseteq E \text{ 이고 } B \text{ 는 } \mathbb{R}^n \text{ 내에서 닫힌집합} \};$$

(iii) E *의* **경계**는

$$\partial E := \{ \mathbf{x} \in \mathbb{R}^n : \text{모든 } r > 0 \text{ 에 대해 } B_r(\mathbf{x}) \cap E \neq \emptyset \text{ 이고 } B_r(\mathbf{x}) \cap E^c \neq \emptyset \};$$

(iv) $\mathbf{a}$ *가* E *의* **집적점**(*또는,* **극한점**)*이라 함은 모든* $r > 0$ *에 대하여* $B_r(\mathbf{a}) \cap E$ *이 무한히 많은 점을 포함한다.* E' *은* E *의 집적점들의 집합을 나타내며* E *의* **유도집합**이라 한다.

정리 5.10 에 의하여 집합의 내부는 항상 열린집합이고 집합의 폐포는 항상 닫힌집합임을 주목하자. 다음 정리는 E^o 는 E 에 포함되는 가장 큰 열린집합이고 $\overline{E}$ 는 E 를 포함하는 가장 작은 닫힌집합이고 E 의 경계는 E^o 와 $\overline{E}$ 를 사용하여 계산할 수 있다는 것을 보이고 있다.

정리 5.11 $E \subseteq \mathbb{R}^n$ *이라 하자. 그러면*

(i) $E^o \subseteq E \subseteq \overline{E}$,

(ii) V *가 열린집합이고* $V \subseteq E$ *이면* $V \subseteq E^o$,

(iii) C *가 닫힌집합이고* $C \supseteq E$ *이면* $C \supseteq \overline{E}$,

(iv) $\partial E = \overline{E} \backslash E^o$.

(v) E *가 닫힌집합이기 위한 필요충분조건은* $E' \subset E$.

(vi) $\overline{E} = E \cup E'$.

증명 (i) E^o 를 정의하는 합집합 내의 모든 열린집합 V 는 E 의 부분집합이므로 이러한 V들의 합집합은 E 의 부분집합이다. 따라서 $E^o \subseteq E$ 이다. 비슷한 방법으로 $E \subseteq \overline{E}$ 를 증명할 수 있다.

(ii), (iii) 정의 5.8에 의해 V 가 E 의 열린 부분집합이면 $V \subseteq E^o$ 이고, C 가 E 를 포함하는 닫힌집합 $\overline{E} \subseteq C$ 이다.

(iv) 를 증명하기 위해서

(a) $\mathbf{x} \in \overline{E}$ 이기 위한 필요충분조건은 모든 $r > 0$ 에 대하여 $B_r(\mathbf{x}) \cap E \neq \emptyset$,

(b) $\mathbf{x} \notin E^o$ 이기 위한 필요충분조건은 모든 $r > 0$ 에 대하여 $B_r(\mathbf{x}) \cap E^c \neq \emptyset$

을 보이면 충분하다. 여기서 (a) 를 증명하고 (b) 는 연습문제로 남겨 둔다. $\mathbf{x} \in \overline{E}$ 이고 어떤 $r > 0$ 에 대하여 $B_r(\mathbf{x}) \cap E = \emptyset$ 라고 가정하자. 그러면 $(B_{r_0}(\mathbf{x}))^c$ 은 E 를 포함하는 닫힌집합이다. 따라서 (iii) 에 의하여 $\overline{E} \subseteq (B_{r_0}(\mathbf{x}))^c$ 으로부터 $\overline{E} \cap (B_{r_0}(\mathbf{x})) = \emptyset$ 이다. 즉 $\mathbf{x} \notin \overline{E}$ 이다. 이것은 모순. 역으로, $\mathbf{x} \notin \overline{E}$ 이라 가정하자. $(\overline{E})^c$ 은 열린집합이므로 $r_0 > 0$ 이 존재하여 $B_{r_0}(\mathbf{x}) \subset (\overline{E})^c$ 이 성립한다. 특히, 어떤 $r_0 > 0$ 에 대하여, $\emptyset = B_{r_0}(\mathbf{x}) \cap \bar{E} \supset B_{r_0}(\mathbf{x}) \cap E$ 이 성립한디.

(v) 정리 1.31과 같은 방법으로 증명할 수 있다.

(vi) $F = E \cup E'$ 라고 하자. 그러면 (v) 에 의하여 E 를 포함하는 임의의 닫힌집합은 F 를 포함한다. 그러므로 F 가 닫힌집합임을 보이면 충분하다. $\mathbf{x} \in F'$ 라고 하자. 이제 $\mathbf{x} \in F$ 임을 보이자. $\mathbf{x} \notin E$ 라고 가정하자. 그렇지 않다면, 당연히 $\mathbf{x} \in F$ 이다. 이제 $\mathbf{x} \in E'$ 임을 보이자. 그러면 (v) 에 의하여 F 는 닫힌집합이므로 정리의 증명은 끝난다. U 를 $\mathbf{x}$ 를 포함하는 열린집합이라 하자. 정의에 의하여 $\mathbf{y} \in U \cap F$ 이 존재한다. 이제 $\mathbf{y} \in E$ 이거나 $\mathbf{y} \in E'$ 이다. 후자의 경우 $\mathbf{z} \in U \cap E$ 이 존재한다. 따라서 어느 경우이든지 $(U \backslash \{\mathbf{x}\}) \cap E \neq \emptyset$ 이다. 따라서 $\mathbf{x} \in E'$ 이다. ■

정리 5.11 의 성질 (ii) 와 (iii) 을 사용하면

따름정리 5.12 (i) *$E = E^o$ 이기 위한 필요충분조건은 E 가 열린집합.*

(ii) *$E = \overline{E}$ 이기 위한 필요충분조건은 E 가 닫힌집합.*

정리 5.13 *A, B 가 $\mathbb{R}^n$ 의 부분집합이라 하자.*

(i) $(A \cup B)^o \supset A^o \cup B^o$, $(A \cap B)^o = A^o \cap B^o$,

(ii) $\overline{A \cup B} = \overline{A} \cup \overline{B}$, $\overline{A \cap B} \subset \overline{A} \cap \overline{B}$,

(iii) $\partial(A \cup B) \subset \partial A \cup \partial B$, *이고* $\partial(A \cap B) \subset (A \cap \partial B) \cup (\partial A \cap B) \cup (\partial A \cap \partial B)$.

증명 (i) 두 개의 열린집합의 합집합은 열린집합이므로 $A^o \cup B^o$ 은 $A \cup B$ 의 열린 부분집합이다. 따라서 정리 5.12(ii) 에 의하여 $A^o \cup B^o \subset (A \cup B)^o$ 이다. 마찬가지로 $(A \cap B)^o \supset A^o \cap B^o$. 한편, 만일 $V \subset A \cap B$ 이면 $V \subset A$ 이고 $V \subset B$ 이다. 따라서 $(A \cap B)^o \subset A^o \cap B^o$.

(ii) $\overline{A} \cup \overline{B}$ 은 닫힌집합이고 $A \cup B$ 을 포함하므로 정리 5.12(iii)에 의하여 $\overline{A \cup B} \subset \overline{A} \cup \overline{B}$ 임이 당연하다. 비슷하게, $\overline{A \cap B} \subset \overline{A} \cap \overline{B}$. 합집합에 대해 역포함관계를 증명하자. $\mathbf{x} \notin \overline{A \cup B}$ 라 가정하자. 그러면 $A \cup B$ 를 포함하고 $\mathbf{x} \notin E$ 을 만족하는 닫힌집합 E 가 존재한다. 그런데 E 는 A 와 B 를 모두 포함하므로, $\mathbf{x} \notin \overline{A}$ 이고 $\mathbf{x} \notin \overline{B}$ 이다.

(iii) $\mathbf{x} \in \partial(A \cup B)$ 이라 하자. 그러면 모든 $r > 0$ 에 대해 $B_r(\mathbf{x})$ 은 $A \cup B$ 와 $(A \cup B)^c$ 를 모두 만난다. 그런데 $(A \cup B)^c = A^c \cap B^c$ 이므로 모든 $r > 0$ 에 대해 $B_r(\mathbf{x})$ 은 A^c 와 B^c 를 모두 만난다. 따라서 모든 $r > 0$ 에 대해 $B_r(\mathbf{x})$ 은 A 와 A^c 를 모두 만나거나 모든 $r > 0$ 에 대해 $B_r(\mathbf{x})$ 은 B 와 B^c 를 모두 만난다. 즉 $\mathbf{x} \in \partial A \cup \partial B$.

두 번째를 증명하자. $\mathbf{x} \in \partial(A \cap B)$이라 하자. 그러면 모든 $r > 0$ 에 대해 $B_r(\mathbf{x})$ 은 $A \cap B$ 와 $(A \cap B)^c$ 을 모두 만난다. 만일 $\mathbf{x} \in \partial A \cap \partial B$ 이면 자명하다. $\mathbf{x} \notin \partial A \cap \partial B$ 일때

$\mathbf{x} \in (A \cap \partial B) \cup (\partial A \cap B)$ 임을 보이자. $\mathbf{x} \notin \partial A \cap \partial B$ 이므로 $\mathbf{x} \notin \partial A$ 이거나 $\mathbf{x} \notin \partial B$ 이다. 먼저 $\mathbf{x} \notin \partial A$ 일 때 $\mathbf{x} \in A \cap \partial B$ 임을 보이자(왜?). 어떤 $r_0 > 0$ 에 대해 $B_{r_0}(\mathbf{x})$ 은 A 또는 A^c 와 만나지 않으므로 가정에 의하여 $B_{r_0}(\mathbf{x})$ 은 A^c 와 만나지 않는다. 따라서 $B_{r_0}(\mathbf{x}) \subset A$ 이고 $\mathbf{x} \in A$ 이다. 가정으로부터 모든 $r > 0$ 에 대해서 $B_r(x)$ 은 A^c 또는 B^c 과 만난다. 그런데 어떤 $r_0 > 0$ 에 대해서 $B_{r_0}(\mathbf{x})$ 이 A^c 와 만나지 않으므로 모든 $r > 0$ 에 대해서 $B_r(\mathbf{x})$ 은 B^c 와 만난다. 따라서 $\mathbf{x} \in \partial B$ 이다. 그러므로 $\mathbf{x} \in A \cap \partial B$ 이다. 비슷하게 $\mathbf{x} \notin \partial B$ 일 때도 $\mathbf{x} \in \partial A \cap B$ 임을 보일 수 있다. ■

연습문제 (5.2)

1. $a < b$ 인 모든 실수에 대해 구간 (a, b), (a, ∞), $(-\infty, b)$ 은 열린집합이고, 구간 $[a, b]$, $[a, \infty)$, $(-\infty, b]$ 은 닫힌집합이고 구간 $[a, b)$, $(a, b]$ 은 열린집합도 닫힌집합도 아님을 보여라.

2. 다음 집합들이 각각 열린집합, 닫힌집합, 어느 것도 아님을 알아보아라. 그리고 각 집합의 $E^o, \overline{E}, \partial E$ 을 구하고, 집합 E 를 그려라.

   (a) $\{(x, y) \,:\, 4x^2 + 9y^2 \le 1\}$

   (b) $\{(x, y) \,:\, y \ge x^2, 0 \le y < 1\}$

   (c) $\{(x, 0) \,:\, 0 < x < 1\}$

   (d) $\{(x, y) \,:\, x^2 + y^2 = 1\}$

   (e) $\{\,(x, y) \,:\, x^2 - 2x + y^2 = 0\,\} \cup \{\,(x, 0) \,:\, x \in [2.3]\,\}$

   (f) $\{(x, y) \,:\, x^2 - y^2 < 1, -1 < y < 1\}$

   (g) $\{(x, y) \,:\, x^2 + y^2 \le 1, x, y$ 는 유리수 $\}$

   (h) $\{\mathbf{x} \,:\, \mathbf{y} \cdot \mathbf{x} < c\}$ 여기서 c 는 실수

3. $s < r$, $V = \{\,\mathbf{x} \in \mathbb{R} \,:\, s < \|x\| < r\,\}$, $E = \{\,\mathbf{x} \in \mathbb{R} \,:\, s \le \|x\| \le r\,\}$ 이라 하자. 집합 V 가 열린집합이고, E 가 닫힌집합임을 보여라.

4. $A \subseteq B \subseteq \mathbb{R}^n$ 일 때 $\overline{A} \subset \overline{B}$ 와 $A^o \subseteq B^o$ 을 보여라.

5. 집합 A 와 B 가 $\mathbb{R}^n$ 의 부분집합일 때 다음이 맞는지 틀리는지를 판단하여라.

(a) $(\overline{A})^o = A^o$

(b) $\overline{A} \cap A = A$

(c) $\overline{A^o} = A$

(d) $\partial(\overline{A}) = \partial A$

(e) $(A')' = A'$

(f) A' 은 닫힌집합

(g) A 가 열린집합이면 $\partial A \subset \mathbb{R}^n \backslash A$

6. 집합 A 와 B 가 $\mathbb{R}^n$ 의 부분집합일 때 다음을 증명하여라.

(a) $(A^o)^o = A^o$

(b) $\overline{\overline{A}} = \overline{A}$

(c) $\partial(\partial A) \subseteq \partial A$

(d) $\partial(\partial(\partial A)) = \partial(\partial A)$

7. $\{V_\alpha\}_{\alpha \in A}$ 는 A 내의 모든 $\alpha \neq \beta$ 에 대하여 $V_\alpha \cap V_\beta = \emptyset$ 를 만족하는 $\mathbb{R}^n$ 의 공집합이 아닌 열린집합들의 모임이라 하자. 이 때 $\bigcup_{\alpha \in A} V_\alpha$ 가 열린집합임을 보여라. V_α 가 열린집합이 아니면 위의 결과는 성립하는가?

8. V 가 $\mathbb{R}^n$ 내의 열린집합이면 열린공 $B_1, B_2, \ldots$ 이 존재하여

$$V = \bigcup_{j \in \mathbb{N}} B_j$$

이 성립함을 보여라.

9. 집합 A 와 $\mathbf{x} \in \mathbb{R}^n$ 에 대하여 $d(\mathbf{x}, A) = \inf\{\|\mathbf{x} - \mathbf{y}\| : \mathbf{y} \in A\}$ 라 하자. $\varepsilon > 0$ 에 대하여 $N_\varepsilon(A) = \{\mathbf{x} : d(\mathbf{x}, A) < \varepsilon\}$ 라 하자.

(a) $N_\varepsilon(A)$ 이 열린집합임을 보여라.

(b) 만일 A 가 $\mathbb{R}^n$ 내에서 닫힌집합이고 $\mathbf{a} \notin A$ 이면

$$d(\mathbf{a}, A) > 0$$

임을 보여라.

(c) $A \subseteq \mathbb{R}^n$ 와 $F_\varepsilon = \{\mathbf{x} : d(\mathbf{x}, A) \leq \varepsilon\}$ 라 하자. F_ε 이 닫힌집합이고 A 가 닫힌집합이기 위한 필요충분조건은 $\bigcap_{\varepsilon > 0} F_\varepsilon = A$ 임을 보여라.

(d) 위의 사실을 예를 들어 설명하여라.

(e) $d(\mathbf{x}, A) = \|\mathbf{x} - \mathbf{z}\|$ 인 점 $\mathbf{z} \in A$ 가 존재하는가?

10. 다음의 경우에 해당하는 실수의 부분집합 A 와 B 를 찾아라.

    (a) $(A \cup B)^o \neq A^o \cup B^o$

    (b) $\overline{A \cap B} \neq \overline{A} \cap \overline{B}$

    (c) $\partial(A \cup B) \neq \partial A \cup \partial B$

    (d) $\partial(A \cap B) \neq (A \cap \partial B) \cup (B \cap \partial A) \cup (\partial A \cap \partial B)$

11. $f : \mathbb{R}^m \to \mathbb{R}^n$ 이라 하자. f 가 $\mathbb{R}^m$ 위에서 연속이기 위한 필요충분조건은 $\mathbb{R}^n$ 의 모든 열린집합 V 에 대하여 $f^{-1}(V)$ 이 $\mathbb{R}^m$ 내에서 열린집합임을 보여라.

5.3 $\mathbb{R}^n$ 위의 수열

1 장에서 우리는 실수열을 도입하고 이를 이용하여 실수의 집합에 관한 극한 및 위상적인 성질을 증명하는데 이용하였다.

정의 5.7 $\{\mathbf{x}_k\}_{k\in\mathbb{N}}$ *을 $\mathbb{R}^n$ 내의 점들의 수열*[2] *이라 하자.*

(i) *수열 $\{\mathbf{x}_k\}$ 이* **유계***라 함은 어떤 실수 $M > 0$ 이 존재하여*

$$\|\mathbf{x}_k\| \leq M, \qquad \forall k \in \mathbb{N}.$$

(ii) *수열 $\{\mathbf{x}_k\}$ 이 점 $\mathbf{x} \in \mathbb{R}^n$ 으로* **수렴***한다 함은 (기호로 $k \to \infty$ 일 때 $\mathbf{x}_k \to \mathbf{x}$ 또는 $\lim_{k\to\infty} \mathbf{x}_k = \mathbf{x}$) 주어진 $\epsilon > 0$ 에 대해 자연수 $N \in \mathbb{N}$ 이 존재하여*

$$k \geq N \Longrightarrow \|\mathbf{x}_k - \mathbf{x}\| < \epsilon$$

을 만족한다. 이 경우, $\mathbf{x}$ 를 수열 $\{\mathbf{x}_k\}$ 의 **극한***이라 한다.*

참고 1 $\mathbf{x}_k \in \mathbb{R}^n$ *이 수열일 때 $\mathbf{x}_k \to \mathbf{x} \in \mathbb{R}^n$ 이기 위한 필요충분조건은 실수 $\|\mathbf{x}_k - \mathbf{x}\| \to 0$ 이다.*

---

2) 이것을 $\mathbb{R}^n$ 상의 **점열**이라고 부르기도 한다. 실제로 이것은 $\mathbb{R}^n$ 의 원소이므로 벡터 또는 점이다. 그러나 여기서는 편의상 수열이라고 부르기로 한다.

이러한 사실로부터 1 장의 많은 정리의 증명은 실수의 절대값 $|x-y|$ 대신 노름 $\|\mathbf{x}-\mathbf{y}\|$으로 바꾸어 벡터인 수열에 대하여도 비슷한 결과 등을 얻을 수 있다.

실수의 극한 성질과 마찬가지로 다음 성질이 성립한다.

명제 5.2 (i) *$\mathbb{R}^n$ 내의 주어진 수열은 많아야 한 개의 극한을 갖는다.*

(ii) *모든 수렴하는 수열은 유계이다.*

증명 (i) $\mathbf{x}_k$ 이 동시에 $\mathbf{x}$ 와 $\mathbf{y}$ 로 수렴한다면 $k\to\infty$ 일 때 $0\le\|\mathbf{x}-\mathbf{y}\|\le\|\mathbf{x}-\mathbf{x}_k\|+\|\mathbf{x}_k-\mathbf{y}\|\to 0$ 이다. 따라서 정리 1.16(조임정리)에 의하여 $\|\mathbf{x}-\mathbf{y}\|=0$ 이고 따라서 $\mathbf{x}=\mathbf{y}$ 이다.

(ii) 만일 $\mathbf{x}_k\to\mathbf{x}$ 이면 자연수 N 을 선택하여 $k\ge N$ 인 모든 k 에 대해 $\|\mathbf{x}_k-\mathbf{x}\|<1$ 이 성립하게 할 수 있다. 이제

$$M=\max\{\,1+\|\mathbf{x}\|,\|\mathbf{x}_1\|,\ldots,\|\mathbf{x}_N\|\,\}$$

라 두자. 그런데 $\|\mathbf{x}_k\|\le\|\mathbf{x}_k-\mathbf{x}\|+\|\mathbf{x}\|$ 이므로 모든 $k\in\mathbb{N}$ 에 대하여 $\|\mathbf{x}_k\|\le M$ 이 성립한다. 즉 $\{\mathbf{x}_k\}$ 은 유계이다. ■

실수열에서와 같이 똑같은 방법으로 $\mathbb{R}^n$ 내의 점들의 수열의 부분수열을 정의할 수 있다. 정리 1.22 의 증명을 변형하면 다음 정리를 얻을 수 있다.

정리 5.14 *$\mathbb{R}^n$ 내의 수열 $\{\mathbf{x}_k\}_{k\in\mathbb{N}}$ 이 어떤 $\mathbf{x}$ 로 수렴하기 위한 필요충분조건은 모든 부분수열 $\{\mathbf{x}_{k_j}\}_{j\in\mathbb{N}}$ 이 같은 점 $\mathbf{x}$로 수렴한다.*

$\mathbb{R}^n$ 상에 주어진 수열의 수렴은 수열의 각각의 성분과의 수렴관계를 생각할 수 있다.

정리 5.15 *$k\in\mathbb{N}$ 에 대하여 $\mathbf{x},\mathbf{x}_k\in\mathbb{R}^n$ 라 하자. $\mathbf{x}_k$ 의 j 번째 성분을 $x_k(j)$ 라 쓰고, $\mathbf{x}$ 의 j 번째 성분을 $x(j)$ 라 쓰자. 그러면 $\lim_{k\to\infty}\mathbf{x}_k=\mathbf{x}$ 이기 위한 필요충분조건은 각 $j=1,2,\ldots,n$ 에 대하여 $\lim_{k\to\infty}x_k(j)=x(j)$.*

증명 5.1 연습문제 3(a) 에 의하여, $j=1,2,\ldots,n$ 에 대하여

$$|x_k(j)-x(j)|\le\|\mathbf{x}_k-\mathbf{x}\|\le\sqrt{n}\max_{1\le j\le n}|x_k(j)-x(j)|$$

이 성립한다. 따라서 조임정리에 의하여 모든 $1\le j\le n$ 에 대하여 $k\to\infty$ 일 때 $x_k(j)\to x(j)$ 이기 위한 필요충분조건은 $k\to\infty$ 일 때 실수열 $\|\mathbf{x}_k-\mathbf{x}\|\to 0$ 이다. 그런데 $\|\mathbf{x}_k-\mathbf{x}\|\to 0$ 이기 위한 필요충분조건은 $k\to\infty$ 일 때 $\mathbf{x}_k\to\mathbf{x}$ 이다. ■

실수열에서 수렴하는 수열의 사칙연산에 관한 정리를 기억할 것이다. 마찬가지로

정리 5.16 *$\{\mathbf{x}_k\}$ 와 $\{\mathbf{y}_k\}$ 을 $\mathbb{R}^n$ 내의 수열이라 하자. 만일 $k \to \infty$ 일 때 $\mathbf{x}_k \to \mathbf{x}$ 이고 $\mathbf{y}_k \to \mathbf{y}$ 이고 $\alpha \in \mathbb{R}$ 이면 $k \to \infty$ 일 때*

$$\alpha\mathbf{x}_k \to \alpha\mathbf{x}, \quad \mathbf{x}_k + \mathbf{y}_k \to \mathbf{x} + \mathbf{y}, \quad \mathbf{x}_k \cdot \mathbf{y}_k \to \mathbf{x} \cdot \mathbf{y}.$$

증명 정리 5.5 에 의하여

$$0 \le \|\alpha\mathbf{x}_k - \alpha\mathbf{x}\| = |\alpha|\|\mathbf{x}_k - \mathbf{x}\|.$$

가정에 의하여 $k \to \infty$ 일 때 $\|\mathbf{x}_k - \mathbf{x}\| \to 0$ 이다. 따라서 조임정리로부터 $k \to \infty$ 일 때 $\|\alpha\mathbf{x}_k - \alpha\mathbf{x}\| \to 0$ 이다. 그러므로 $k \to \infty$일 때 $\alpha\mathbf{x}_k \to \alpha\mathbf{x}$ 이다.

같은 방법으로 두 번째 명제는 부등식

$$\|\mathbf{x}_k + \mathbf{y}_k - (\mathbf{x} + \mathbf{y})\| \le \|\mathbf{x}_k - \mathbf{x}\| + \|\mathbf{y}_k - \mathbf{y}\|$$

얻을 수 있다.

마지막으로 모든 수렴하는 수열은 유계이므로 $M > 0$ 을 택하여 모든 $k \in \mathbb{N}$ 에 대하여 $\|\mathbf{y}_k\| \le M$ 이 성립하게 한다. 그러면 코시–슈바르츠–부냐코프스키 부등식으로부터

$$\begin{aligned} |\mathbf{x}_k \cdot \mathbf{y}_k - \mathbf{x} \cdot \mathbf{y}| &\le |(\mathbf{x}_k - \mathbf{x}) \cdot \mathbf{y}_k| + |\mathbf{x} \cdot (\mathbf{y}_k - \mathbf{y})| \\ &\le \|\mathbf{x}_k - \mathbf{x}\|\|\mathbf{y}_k\| + \|\mathbf{x}\|\|\mathbf{y}_k - \mathbf{y}\| \\ &\le M\|\mathbf{x}_k - \mathbf{x}\| + \|\mathbf{x}\|\|\mathbf{y}_k - \mathbf{y}\|. \end{aligned}$$

따라서 $k \to \infty$ 일 때 $\mathbf{x}_k \cdot \mathbf{y}_k \to \mathbf{x} \cdot \mathbf{y}$ 이다. ■

일차원상의 볼차노–바이어슈트라스 정리를 반복함으로써 다음 정리를 $\mathbb{R}^n$ 상으로 확장할 수 있다.

정리 5.17 ($\mathbb{R}^n$ 상의 볼차노–바이어슈트라스 정리) *$\mathbb{R}^n$ 상의 모든 유계인 수열은 수렴하는 부분수열을 가진다.*

증명 $\{\mathbf{x}_k\}$ 가 $\mathbb{R}^n$ 에서 유계라고 가정하자. 각 $j \in \{1, 2, \ldots, n\}$ 에 대하여 $x_k(j)$ 를 벡터 $\mathbf{x}_k$ 의 j 번째 성분을 나타낸다고 하자. 가정에 의하여 각 $j \in \{1, 2, \ldots, n\}$ 에 대하여 수열 $\{x_k(j)\}_{k \in \mathbb{N}}$ 은 $\mathbb{R}$ 안에서 유계이다.

$j = 1$ 이라 두자. 일차원상의 볼차노-바이어슈트라스 정리에 의해 정수들의 수열 $1 < k(1,1) < k(1,2) < \ldots$ 와 수 $x(1)$ 가 존재하여 $\nu \to \infty$ 일 때 $x_{k(1,\nu)}(1) \to x(1)$ 이 성립한다.

$j=2$ 이라 두자. 수열 $\{x_{k(1,\nu)}(2)\}_{\nu\in\mathbb{N}}$ 은 $\mathbb{R}^n$ 안에서 유계이므로, $\{k(1,\nu)\}_{\nu\in\mathbb{N}}$ 의 부분수열 $\{k(2,\nu)\}_{\nu\in\mathbb{N}}$ 과 수 $x(2)$ 가 존재하여 $\nu\to\infty$ 일 때 $x_{k(2,\nu)}(2)\to x(2)$이 성립한다. 그런데 $x_{k(2,\nu)}(2)\to x(2)$ 은 $\{k(1,\nu)\}_{\nu\in\mathbf{N}}$ 의 부분수열이므로 $\nu\to\infty$ 일 때 $x_{k(2,\nu)}(1)\to x(1)$ 이다. 따라서 모든 $1\le l\le j=2$ 에 대하여 $\nu\to\infty$ 일 때 $x_{k(2,\nu)}(l)\to x(l)$ 이다.

$j=n$ 까지 이러한 과정을 계속하면 부분수열 $k_\nu=k(n,\nu)$ 과 점 $x(l)$ 을 택하여 모든 $1\le l\le j=2$ 에 대하여

$$\lim_{\nu\to\infty} x_{k_\nu}(l)=x(l)$$

이 성립한다. $\mathbf{x}=(x(1),x(2),\ldots,x(n))$ 이라 두자. 그러면 정리 5.16 에 의하여 $\nu\to\infty$ 일 때 $\mathbf{x}_{k_\nu}\to\mathbf{x}$ 이다. ■

정의 5.8 *수열 $\{\mathbf{x}_k\}\subset\mathbb{R}^n$ 가* **코시수열***이라 함은 주어진 $\epsilon>0$ 에 대해 자연수 $N\in\mathbb{N}$ 이 존재하여 $k,m\ge N$ 인 모든 k, m 에 대하여 $\|\mathbf{x}_k-\mathbf{x}_m\|<\epsilon$ 이 성립한다.*

다음의 정리는 수렴성과 코시 조건이 동치임을 보여 주고 있다.

정리 5.18 *$\mathbb{R}^n$ 내의 수열 $\{\mathbf{x}_k\}$ 이 코시수열이기 위한 필요충분조건은 $\{\mathbf{x}_k\}$ 이 수렴한다.*

증명 $\mathbb{R}^n$ 내의 모든 수렴하는 수열 $\{\mathbf{x}_k\}$ 은 코시수열이다. 왜냐하면 $k\to\infty$ 일 때 $\mathbf{x}_k\to\mathbf{x}$ 이면 주어진 $\epsilon>0$ 에 대해 자연수 $N\in\mathbb{N}$ 이 존재하여 $k\ge N$ 인 모든 k 에 대하여 $\|\mathbf{x}_k-\mathbf{x}\|<\epsilon/2$ 이 성립한다. 그러므로 $k,m\ge N$ 인 모든 k,m 에 대하여

$$\|\mathbf{x}_k-\mathbf{x}_m\|\le\|\mathbf{x}_k-\mathbf{x}\|+\|\mathbf{x}-\mathbf{x}_m\|<\frac{\epsilon}{2}+\frac{\epsilon}{2}=\epsilon$$

이 성립한다. 역으로 $\{\mathbf{x}_k\}$ 을 코시수열이라 하자. 그러면 명제 5.2(ii) 또는 정리 1.24 의 증명방법과 동일하게 하면 $\{\mathbf{x}_k\}$ 이 유계임을 보일 수 있다. 따라서 볼차노-바이어슈트라스 정리로부터 $\{\mathbf{x}_k\}$ 은 수렴하는 부분수열 $\{\mathbf{x}_{k_\nu}\}$ 을 가진다. 그런데 $\{\mathbf{x}_k\}$ 은 코시수열이므로 부분수열 $\{\mathbf{x}_{k_\nu}\}$ 의 극한과 동일하다(연습문제 20). ■

실수의 완비성공리와 동치는 "**실수의 모든 코시수열이 수렴한다**". 만일 이 조건은 위상공간 X 에 코시수열을 정의하고 위상공간 X 가 **완비**라는 것을 "X **위의 모든 코시수열이 수렴한다**"고 정의하면 정리 5.18 로 부터 $\mathbb{R}^n$ 은 완비공간임을 말하고 있다.

임의의 $\varepsilon>0$ 대신 임의의 열린집합으로 바꾸어도 수열의 수렴조건과 동치인 조건을 얻을 수 있다.

참고 2 *수열 $\{\mathbf{x}_k\}$ 이 $\mathbf{x} \in \mathbb{R}^n$ 로 수렴하기 위한 필요충분조건은 $\mathbf{x}$ 를 포함하는 모든 열린집합 V 에 대해 자연수 $N \in \mathbb{N}$ 이 존재하여*

$$k \geq N \Longrightarrow \mathbf{x}_k \in V. \tag{5.7}$$

증명 $k \to \infty$일 때 $\mathbf{x}_k \to \mathbf{x}$ 이고 V 를 $\mathbf{x}$ 를 포함하는 열린집합이라 하자. 정의에 의하여 $B_r(\mathbf{x}) \subseteq V$ 를 만족하는 r 이 존재한다. 주어진 $\epsilon = r$ 에 대해 자연수 $N \in \mathbb{N}$ 을 택하여 $k \geq N$ 이면 $\|\mathbf{x}_k - \mathbf{x}\| < \epsilon = r$ 이 성립한다. 따라서 (5.7) 이 성립한다.

역으로 주어진 $\epsilon = r$ 에 대해 (5.7) 를 열린집합 $V = B_\epsilon(\mathbf{x})$ 에 적용하자. 그러면 자연수 $N \in \mathbb{N}$ 을 택하여 $k \geq N$ 이면 $\mathbf{x}_k \in V$, 즉 $\|\mathbf{x}_k - \mathbf{x}\| < \epsilon = r$ 이 성립한다. 정의에 의하여 $k \to \infty$ 일 때 $\mathbf{x}_k \to \mathbf{x}$ 이다. ■

다음 정리는 수열이 닫힌집합을 특성화하는데 사용할 수 있음을 보여주고 있다.

정리 5.19 *$E \subseteq \mathbb{R}^n$ 이라 하자. 그러면 E 가 닫힌집합이기 위한 필요충분조건은 모든 수렴하는 수열 $\mathbf{x}_k \in E$ 의 극한 $\mathbf{x}$가*

$$\lim_{k\to\infty} \mathbf{x}_k = \mathbf{x} \in E$$

을 만족한다.

증명 만일 E 가 공집합이면, 정리는 당연히 성립한다.

$E \neq \emptyset$ 는 닫힌집합이지만 어떤 수열 $\mathbf{x}_k \in E$ 이 점 $\mathbf{x} \notin E$ 으로 수렴한다고 가정하자. 그런데 E 는 닫힌집합이므로 E^c 은 열린집합이다. 따라서 참고 2 에 의하여 자연수 $N \in \mathbb{N}$ 이 존재하여 $k \geq N$ 이면 $\mathbf{x}_k \notin E$ 이다. 이것은 모순이다.

역으로, E 는 E 내의 모든 수렴하는 수열이 E 안에서 극한을 가지는 공이 아닌 집합이라 가정하자. 만일 E 가 닫힌집합이 아니면 정리 5.10(i) 에 의하여 $E \neq \mathbb{R}^n$ 이고 정의에 의하여 E^c 는 공집합이 아니고 열린집합이 아니다. 따라서 적어도 한 점 $\mathbf{x} \in E^c$ 가 존재하여 공 $B_r(\mathbf{x})$ 이 E^c 에 포함되지 않는다. $k = 1, 2, \ldots$ 에 대하여 $\mathbf{x}_k \in B_{1/k}(\mathbf{x}) \cap E$ 를 잡자. 그러면 $\mathbf{x}_k \in E$ 이고 모든 $k \in \mathbb{N}$ 에 대하여 $\|\mathbf{x}_k - \mathbf{x}\| < 1/k$ 이므로 $k \to \infty$ 일 때 $\mathbf{x}_k \to \mathbf{x}$. 그러므로 가정에 의해 $\mathbf{x} \in E$, 이것은 모순이다. ■

1 장에서 실수의 유계이고 닫힌 집합의 특성을 설명하는 정리가 하이네–보렐정리이었다. 이 정리는 이러한 구간을 덮는 임의의 열린 덮개는 유한개의 모임을 가지는 부분덮개를 가심을 말하고 있다. 따라서 이 정리는 다음과 같은 개념을 일반화시킨다.

정의 5.9 $\mathcal{V} = \{V_\alpha\}_{\alpha \in A}$ *를 유클리드 공간* $\mathbb{R}^n$ *의 부분집합의 모임이라 하고* $E \subseteq \mathbb{R}^n$ *이라 하자.*

(i) $\mathcal{V}$ 가 E 를 **덮는다**(또는 E 의 **덮개** 라)함은

$$E \subseteq \bigcup_{\alpha \in A} V_\alpha.$$

(ii) $\mathcal{V}$ *가* E *의* **열린덮개**라 *함은* $\mathcal{V}$ *가* E *를 덮고 각* V_α *는 열린집합이다.*

(iii) $\mathcal{V}$ *가* E *의* **덮개**라 *하자.* $\mathcal{V}$ *가 "***유한***(각각,* **가산***)***부분덮개**를 *가진다" 함은* A *의 유한(각각, 가산)부분집합* A_0 *가 존재하여* $\{V_\alpha\}_{\alpha \in A_0}$ *가* E*를 덮는다.*

열린구간들의 모임

$$\left\{\left(\frac{1}{k+1}, \frac{k}{k+1}\right)\right\}_{k \in \mathbb{N}}, \qquad \left\{\left(-\frac{1}{k+1}, \frac{k+1}{k}\right)\right\}_{k \in \mathbb{N}}$$

은 구간 $(0,1)$ 의 열린덮개이다. $(0,1)$ 의 첫번째 덮개는 유한부분덮개를 가지지 않는다. 그러나 두번째 덮개의 어떠한 원소도 $(0,1)$ 를 덮는다. 린델뢰프 정리(연습문제 19)에 의하여 $\mathbb{R}^n$ 내의 집합 E 의 임의의 열린덮개는 가산 부분덮개를 가진다. 일반적으로 한 집합의 열린덮개는 유한부분덮개를 가질 수도 가지지 않을 수도 있다.

정의 5.10 $\mathbb{R}^n$ *의 부분집합* H *가* **컴팩트(compact)**라 *함은* H *의 임의의 열린덮개는 유한 부분덮개를 가진다.*

보기 1 *공집합과* $\mathbb{R}^n$ *의 모든 유한부분집합은 컴팩트이다.*

다음 정리는 컴팩트집합과 닫힌집합과의 관계를 설명하는 정리이다.

정리 5.20 $E \subset H \subseteq \mathbb{R}^n$ *일 때, 만일* H *가 컴팩트이고* E *가 닫힌집합이면* E *는 컴팩트이다.*

증명 $\mathcal{V} = \{\mathcal{V}_\alpha\}_{\alpha \in \mathcal{A}}$ 를 E 의 열린덮개이라 하자. $E^c = \mathbb{R}^n \backslash E$ 는 열린집합이므로 $\mathcal{V} \cup \{E^c\}$ 는 H의 열린덮개이다. 그런데 H 는 컴팩트이므로 유한집합 $A_0 \subseteq A$ 이 존재하여

$$H \subseteq E^c \cup \left(\bigcup_{\alpha \in A_0} V_\alpha\right).$$

$E \cap E^c = \emptyset$ 이므로 E 는 $\{V_\alpha\}_{\alpha \in A_0}$ 에 의하여 덮혀진다. ■

정리 5.21 $H \subset \mathbb{R}^n$ *이고* H *가 컴팩트이면* H *는 닫힌집합이다.*

증명 H 가 컴팩트이지만 닫힌집합이 아니라고 가정하자. 정리 5.19에 의해 수렴하는 수열 $\mathbf{x}_k \in H$ 이 존재하지만 극한 $\mathbf{x}$ 는 H 에 속하지 않는다. 각 $\mathbf{y} \in H$ 에 대하여 $r := r(\mathbf{y}) := \|\mathbf{x} - \mathbf{y}\|/2$ 이라 두자. 그런데 $\mathbf{x}$ 는 H 에 속하지 않으므로 $r > 0$ 에 대하여 각 $B_r(\mathbf{y})$ 은 열린 집합이고 $\mathbf{y}$ 를 포함한다. 즉, $\{B_{r(\mathbf{y})}(\mathbf{y}) : \mathbf{y} \in H\}$ 은 H 의 열린덮개이다. H 는 컴팩트이므로 유한개의 점 $\mathbf{y}_j$ 와 반지름 $r_j = r(\mathbf{y}_j)$ 이 존재하여 $\{B_{r_j}(\mathbf{y}_j) : j = 1, 2, \ldots, N\}$ 은 H 를 덮는다.

$r := \min\{r_1, r_2, \ldots, r_N\}$ 이라 두자. $\mathbf{x}_k \to \mathbf{x}$ 이므로, 충분히 큰 k 에 대하여 $\mathbf{x}_k \in B_r(\mathbf{x})$. 한편, 주어진 $\mathbf{x}_k \in H \cap B_r(\mathbf{x})$ 에 대하여 $j \in \mathbb{N}$ 이 존재하여 $\mathbf{x}_k \in B_{r_j}(\mathbf{y}_j)$. r_j 과 r 의 선택으로부터

$$\begin{aligned} r_j &\geq \|\mathbf{x}_k - \mathbf{y}_j\| \geq \|\mathbf{x} - \mathbf{y}_j\| - \|\mathbf{x}_k - \mathbf{x}\| \\ &= 2r_j - \|\mathbf{x}_k - \mathbf{x}\| > 2r_j - r \geq 2r_j - r_j = r_j. \end{aligned}$$

이것은 모순이다. ■

다음 정리는 축차구간 정리의 일반화이다.

정리 5.22 (칸토어(Cantor) 교점정리) $H_1, H_2, \ldots.$ 는 $\mathbb{R}^n$의 *공이 아닌 컴팩트 집합열이라 하자. 만일* $H_1 \supseteq H_2 \supseteq \cdots$ *이면,*

$$\bigcap_{j \in N} H_j \neq \emptyset.$$

증명 모순을 얻기 위해서 $\bigcap_{j\in\mathbb{N}} H_j = \emptyset$ 이라 가정하자. 그러면 드모르간의 법칙에 의하여 $\mathbb{R}^n = \bigcup_{j\in\mathbb{N}} H_j^c$. 따라서 $\{H_j^c\}_{j\in\mathbb{N}}$ 은 H_1 의 열린덮개이다. 그런데 H_1 은 컴팩트이므로 자연수 N 이 존재하여

$$H_1 \subseteq \bigcup_{j=1}^{N} H_j^c, \text{ 즉, } H_1^c \supseteq \bigcap_{j=1}^{N} H_j. \tag{5.8}$$

그런데 모든 H_j 들은 포개어졌으므로 귀납법에 의하여 모든 $m \in \mathbb{N}$ 에 대하여

$$\bigcap_{j=1}^{m} H_j = H_m \subseteq H_1.$$

위의 사실과 (5.8) 을 결합하면 $H_N \subseteq H_1 \cap H_1^c = \emptyset$. 즉 H_N 은 공집합이다. 이것은 각 H_j 이 공집합이 아니라는 가정에 모순이다. ■

참고 1 정리 5.22 *에서* $\operatorname{diam}(H_k) := \sup\{\|\mathbf{x} - \mathbf{y}\| : x, y \in H_k\} \to 0$ *이면* $\bigcap_{k=1}^{\infty} H_k$ 은 한원소집합이다.

다음은 실수상의 하이네–보렐정리의 일반화이다.

정리 5.23 (하이네–보렐) *H 가 유클리드공간 $\mathbb{R}^n$ 의 부분집합이라 하자. 그러면 다음 세 명제는 동치이다.*

(i) *H 는 컴팩트이다.*

(ii) *H 위의 모든 수열은 H 의 원소로 수렴하는 부분수열을 가진다.*[3]

(iii) *H 는 유계이고 닫힌집합이다.*

증명 (i) $\Rightarrow$ (ii). H 가 컴팩트이라고 가정하자. $k \in \mathbb{N}$ 에 대해 $\mathbf{x}_k \in H$ 이라 하자. 그러면 다음 두 가지 경우가 나타난다. 즉, $\mathbf{a} \in H$ 가 존재하여 각 $r > 0$ 에 대하여 $B_r(\mathbf{a})$ 이 무한개의 $\mathbf{x}_k$ 를 포함하거나 각 $\mathbf{a} \in H$ 에 대하여 $r_{\mathbf{a}} > 0$ 이 존재하여 $B_{r_{\mathbf{a}}}(\mathbf{a})$ 이 단지 유한개의 $\mathbf{x}_k$ 를 포함한다.

만일 후자의 경우가 성립하면

$$H \subseteq \bigcup_{\mathbf{a} \in H} B_{r_{\mathbf{a}}}(\mathbf{a}).$$

H 는 컴팩트이므로 유한개의 점 $\mathbf{a}_1, \mathbf{a}_2, \ldots, \mathbf{a}_N$ 이 존재하여

$$H \subseteq \bigcup_{j=1}^{N} B_{r_{\mathbf{a}_j}}(\mathbf{a}_j).$$

각각의 $B_{r_{\mathbf{a}_j}}(\mathbf{a}_j)$ 은 단지 유한개의 $\mathbf{x}_k$ 를 포함하고 모든 $k \in \mathbb{N}$ 에 대하여 $\mathbf{x}_k \in H$ 이므로 자연수 집합 $\mathbb{N}$ 은 유한이다. 이것은 모순이므로 후자의 경우는 성립할 수 없다. 그러므로 전자의 경우가 성립한다.

$\mathbf{x}_{k_1} \in B_1(\mathbf{a})$ 이라 하자. 그런데 $B_{1/2}(\mathbf{a})$은 무한개의 $\mathbf{x}_k$ 를 포함하므로 $\mathbf{x}_{k_2} \in B_{1/2}(\mathbf{a})$ 를 만족하는 $k_2 > k_1$ 를 선택할 수 있다. 이와 같은 방법을 계속하면 정수 $k_1 < k_2 < \ldots$ 을 선택하여 $j \in \mathbb{N}$ 에 대하여 $\mathbf{x}_{k_j} \in B_{1/j}(\mathbf{a})$ 이 성립한다. 그런데 $\|\mathbf{x}_{k_j} - \mathbf{a}\| < \frac{1}{j}$ 이므로 $\mathbf{x}_{k_j}$ 이 $\mathbf{a}$ 로 수렴한다.

(ii) $\Rightarrow$ (iii). H 의 모든 수열은 수렴하는 부분수열을 가진다고 가정하자. 먼저 H 가 닫힌집합임을 보이자. $\mathbf{x}_k \in H$ 이 $\mathbf{x}$ 로 수렴한다고 하자. 그러면 임의의 부분수열 $\mathbf{x}_{k_j}$ 또한 $\mathbf{x}$ 로 수렴한다. 가정에 의해 $\mathbf{x} \in H$ 이다. 따라서 정리 5.19 에 의하여 H 는 닫힌집합이다. 이제 H가 유계임을 보이자. 모순을 유도하기 위해 $k \in \mathbb{N}$ 에 대하여 $\|\mathbf{y}_k\| \geq k$ 을 만족하는 점

3) 이러한 성질을 만족하는 집합을 **수열컴팩트집합(sequentially compact set)**이라 한다.

$\mathbf{y}_k \in H$ 가 존재한다고 하자. 가정에 의하여 $\{\mathbf{y}_k\}$ 는 수렴하는 부분수열 $\{\mathbf{y}_{k_j}\}_{j\in\mathbb{N}}$ 를 가진다. 따라서 이것은 유계이다. 이것으로부터 $\|\mathbf{y}_{k_j}\| \geq k_j$ 는 유계이다. 이것은 모순이다.

(iii) $\Rightarrow$ (i). 모순을 얻기 위해 H 가 닫힌집합이고 유계이지만 컴팩트이 아니라고 하자. $\mathcal{V}$ 를 H 의 부분덮개를 가지지 않는 H 의 열린덮개라고 하자. 린델뢰프의 정리(연습문제 19)에 의하여 $\mathcal{V} = \{V_k\}_{k\in\mathbb{N}}$, 즉

$$H \subseteq \bigcup_{k\in\mathbb{N}} V_k \tag{5.9}$$

이라고 가정해도 된다. $\mathcal{V}$ 의 선택에 의하여 임의의 $k \in \mathbb{N}$ 에 대하여 $\cup_{j=1}^{k} V_j$ 는 H 를 포함할 수 없다. 그러므로 각 $k \in \mathbb{N}$ 에 대하여 점

$$\mathbf{x}_k \in H \backslash \bigcup_{j=1}^{k} V_j \tag{5.10}$$

을 택할 수 있다. H 는 유계이므로 수열 $\mathbf{x}_k$ 은 유계이다. 그러므로 볼차노–바이어슈트라스 정리에 의하여 $\nu \to \infty$ 일 때 부분수열 $\mathbf{x}_{k_\nu}$ 이 존재하여 어떤 $\mathbf{x}$ 로 수렴한다. H 는 닫힌집합이므로 $\mathbf{x} \in H$. 그러므로 (5.9) 에 의하여 어떤 $N \in \mathbb{N}$ 에 대하여 $\mathbf{x} \in V_N$ 이다. 그러나 V_N 은 열린집합이므로 $M \in \mathbb{N}$ 이 존재하여 $\nu \geq M$ 이면 $k_\nu > N$ 이고 $\mathbf{x}_{k_\nu} \in V_N$ 이 성립한다. 이것은 (5.10)에 모순이다. 그러므로 H 는 컴팩트이다. ■

참고 3 칸토르 *교집합정리와* 하이네–보렐*정리에 의하여 만일* $H_1 \supseteq H_2 \supseteq \ldots$ *이* $\mathbb{R}^n$ *내의 공집합이 아닌 유계이고 닫힌집합이면 이것들의 교집합은 공집합이 아니다. 이 명제에서 유계와 닫힘은* $n = 1$ *일 때라도 어느 것도 뺄 수 없다.*

증명 $[1, \infty) \supset [2, \infty) \supset \ldots$ 은 공이 아닌 닫힌집합으로

$$\bigcap_{k\in\mathbb{N}} [k, \infty) = \emptyset$$

이다. $(0, 1) \supset (0, \frac{1}{2}) \supset \ldots$ 은 공이 아닌 유계 집합으로

$$\bigcap_{k\in\mathbb{N}} \left(0, \frac{1}{k}\right) = \emptyset$$

이다. ■

연습문제 (5.3)

1. 다음 각 벡터수열의 극한이 있으면 구하여라.

   (a) $\mathbf{x}_k = \left(\dfrac{1}{k^2}, \dfrac{3k-k^2}{2k+2k^2}\right)$

   (b) $\mathbf{x}_k = \left(1, \sin k\pi, \cos\dfrac{1}{k}\right)$

   (c) $\mathbf{x}_k = \left(k - \sqrt{k^2+k}, k^{1/k}, \dfrac{1}{k!}\right)$

   (d) $\mathbf{x}_k = \left(\sin\dfrac{1}{k}, \cos\dfrac{1}{k}, \tan\dfrac{1}{k}\right)$

2. $k \to \infty$ 일 때 $\mathbb{R}^n$ 안에서 $\mathbf{x}_k \to \mathbf{0}$ 이고 $\mathbf{y}_k$ 이 $\mathbb{R}^n$ 안에서 유계라고 하자. 그러면 $k \to \infty$ 일 때 $\mathbf{x}_k \cdot \mathbf{y}_k \to \mathbf{0}$ 임을 증명하여라.

3. 주어진 $\mathbf{a} \in \mathbb{R}^n$ 이고 $E \subseteq \mathbb{R}^n$ 일 때 $\mathbf{a}$ 가 E 의 **극한점**(또는 집적점)이라 함은 각 $r > 0$ 에 대하여 $E \cap B_r(\mathbf{a})$ 이 무한히 많은 점을 포함한다. 이 때 $\mathbb{R}^n$의 모든 유계인 무한 부분집합은 적어도 하나의 극한점을 가짐을 증명하여라.

4. 다음 집합의 극한점을 모두 구하여라.

   (a) $\{(x,y) : x^2+y^2 < 1\}$

   (b) $\{(x,y) : |x|+|y| \le 1\}$

   (c) $\{(x,0) : -1 < x < 1\}$

   (d) $\{(\frac{1}{n}, \frac{1}{n^2}) : n \in \mathbb{N}\}$

   (e) $\{(x,y) : x^2+y^2 < 1,\ x,y$는 유리수$\}$

5. 다음 집합 E 가 컴팩트인지 아닌지를 구별하여라. 만일 E 가 컴팩트이 아니면 $E \subset H$ 을 만족하는 가장 작은 컴팩트집합 H 를 구하여라.

   (a) $\{\frac{1}{k} : k \in \mathbb{N}\} \cup \{0\}$

   (b) $\{(x,y,z) \in \mathbb{R}^3 : |xyz| \le 1\}$

   (c) $\{(x,y) \in \mathbb{R}^2 : a \le x^2+y^2 \le b\}, 0 < a < b$ 인 실수

   (d) $\{(x,y) \in \mathbb{R}^2 : y = \sin(1/x), \quad x \in (0,1]\}$

6. A 와 B 가 $\mathbb{R}^n$ 의 컴팩트 부분집합이라 하자. $A \cup B$ 와 $A \cap B$ 는 컴팩트임을 보여라.

7. $E \subseteq \mathbb{R}$ 이 닫힌집합이고 위로 유계인 집합이라 하자. 이 때 $\sup E \in E$ 임을 보여라.

8. E 가 $\mathbb{R}^n$ 의 부분집합이라 하자. E 가 닫힌집합이기 위한 필요충분조건은 E 이 E의 모든 집적점을 포함한다.

9. $\mathbf{x}_k \to \mathbf{x}$ 이고 $A_k = \{\mathbf{x}_k, \mathbf{x}_{k+1}, \mathbf{x}_{k+2}, \ldots\}$ 라 할 때 $\{\mathbf{x}\} = \bigcap_{k=1}^{\infty} \overline{F}_k$ 임을 보여라.

10. $A \subset \mathbb{R}^n$ 이 컴팩트집합이고 $\mathbf{x}_k$ 는 A 내의 코시수열이라 하자. 그러면 $\mathbf{x}_k$ 이 A 내의 점으로 수렴함을 보여라.

11. $A \subset \mathbb{R}^n$ 이 컴팩트집합이 아니라고 가정하자. 그러면 닫힌 집합열 $F_1 \supset F_2 \supset F_3 \supset \cdots$ 이 존재하여 모든 k 에 대하여 $F_k \cap A \neq \emptyset$ 이고

$$\left(\bigcap_{k=1}^{\infty} F_k\right) \cap A = \emptyset$$

임을 보여라.

12. $E_0, E_1, E_2, \ldots$ 이

$$\overline{E_k} \subset E_{k-1}, \quad k \in \mathbb{N}$$

을 만족하는 $\mathbb{R}^n$ 의 공이 아닌 부분집합이라 하자. 만일 E_0 이 유계라면

$$\bigcap_{k \in \mathbb{N}} E_k$$

은 공집합이 아니다.

13. $E \subset \mathbb{R}^n$ 이 닫힌집합이라 하자.

    (a) $\partial E \subset E$ 을 증명하여라.

    (b) $\partial E = E$ 이기 위한 필요충분조건은 $E^o = \emptyset$ 임을 증명하여라.

    (c) 만일 E 이 닫힌집합이 아니면 (b) 가 거짓임을 보여라.

14. 볼차노-바이어슈트라스 정리가 $\mathcal{C}[a,b]$ 와 $\|f\|_\infty$ 에 대하여 성립하지 않음을 증명하여라. 즉 만일 $f_n(x) = x^n$ 이면 $\|f_n\|_\infty$ 은 유계이지만 $\|f_{n_k} - f\|_\infty$ 은 어떠한 $f \in \mathcal{C}[0,1]$ 와 $\{n_k\}$ 에 대하여도 0 으로 수렴하지 않는다.

15. **(베어(Baire) 카테고리정리)** 집합 $S \subset \mathbb{R}^n$ 이 **어느 곳에서도 조밀하지 않은(no- where dense)**라 함은 임의의 공집합이 아닌 집합 U 에 대하여 $\overline{S} \cap U \neq U$ 이다. $\mathbb{R}^n$ 은 어느 곳에서도 조밀하지 않은 집합들의 가산 합집합으로 나타낼 수 없음을 보여라.(힌트: 만일 $\mathbb{R}^n = \bigcup_{k=1}^{\infty} S_k$ 이면 축차공 $D(\mathbf{x}_k, r_k) \subset \mathbb{R}^n \backslash (S_1 \cup \cdots \cup S_k)$ 을 조심스럽게 택함으로써 수렴하지 않는 코시수열을 찾을 수 있다.)

16. $\mathbf{x}_n$ 은 $\|\mathbf{x}_{n+1} - \mathbf{x}_n\| \le 1/(n^2+n), n \ge 1$ 을 만족하는 수열이라 하자. $\mathbf{x}_n$ 이 수렴함을 보여라.

17. 임의의 닫힌집합 $A \subset \mathbb{R}^n$ 은 열린집합들의 가산공통집합임을 증명하여라. (힌트: $U_k = \{\mathbf{y} \in \mathbb{R}^n$: 어떤 $\mathbf{x} \in A$ 에 대하여 $\|\mathbf{x} - \mathbf{y}\| < 1/k\}$ 라 두자.)

18. $A \subset \mathbb{R}^n$ 이 비가산집합이면 A 는 집적점을 가짐을 보여라.

19. **(린델뢰프, Lindelöf)** $E \subset \mathbb{R}^b$ 이고 $\{V_\alpha\}_{\alpha\in A}$ 은 E 의 열린덮개이면 가산부분집합 $A_0 \subset A$ 이 존재하여

$$E \subset \bigcup_{\alpha\in A_0} V_\alpha.$$

(힌트: $\{B_q(\mathbf{a}) : q \in \mathbb{Q}, q > 0, \mathbf{a} = (a_1, \ldots, a_n) \in \mathbb{Q}^n\}$ 은 가산집합임을 이용할 것)

20. $\{\mathbf{x}_k\}$ 이 코시수열이고 $\{\mathbf{x}_{k_\nu}\}$ 이 부분수열이라 하자. 만일 $\mathbf{x}_{k_\nu} \to \mathbf{x}$ 이면 $\mathbf{x}_k \to \mathbf{x}$ 임을 보여라.

5.4 다변수함수의 극한

지구 표면위의 온도분포및 지구 표면위의 바람에 따른 풍속의 변화등은 변수가 3 차원 공간에서 정의된 함수로 치역이 실수이거나 벡터인 함수이다. 이와 같이 주어진 정의역이 $\mathbb{R}^n$ 의 부분집합이고 치역이 실수이거나 $\mathbb{R}^m$ 의 부분집합인 함수를 생각할 수 있다.

집합 $E \subseteq \mathbb{R}^n$ 일 때 $f : E \to \mathbb{R}^m$ 인 함수에 대하여 f 가 정의되는 $\mathbb{R}^n$ 의 가장 큰 부분집합을 f 의 **정의역**이라 하고 $\mathrm{Dom}(f)$ 이라고 쓴다. 각 $\mathbf{x} \in \mathrm{Dom}(f)$ 에 대하여 $f(\mathbf{x}) \in \mathbb{R}^m$ 이므로 f 의 성분함수 $f_j : \mathrm{Dom}(f) \to \mathbb{R}$ 가 존재하여 각 $\mathbf{x} \in \mathrm{Dom}(f)$ 에 대하여 $f(\mathbf{x}) = (f_1(\mathbf{x}), \ldots, f_m(\mathbf{x}))$ 이다. $m = 1$ 일 때 f 는 오직 한 개의 성분을 가지며 **실수값**함수라고 한다.

보기 1 함수 $f(x, y) = (\log(9 - x^2 - y^2), \sqrt{xy - y + 2x - 2})$ *의 정의역을 구하여라.*

풀이 함수 f 는 두 개의 성분 $f_1(x, y) = \log(9 - x^2 - y^2)$ 와 $f_2(x, y) = \sqrt{xy - y + 2x - 2}$ 를 가진다. 로그는 진수가 양수이어야 하므로, f_1 의 정의역은

$$x^2 + y^2 < 9$$

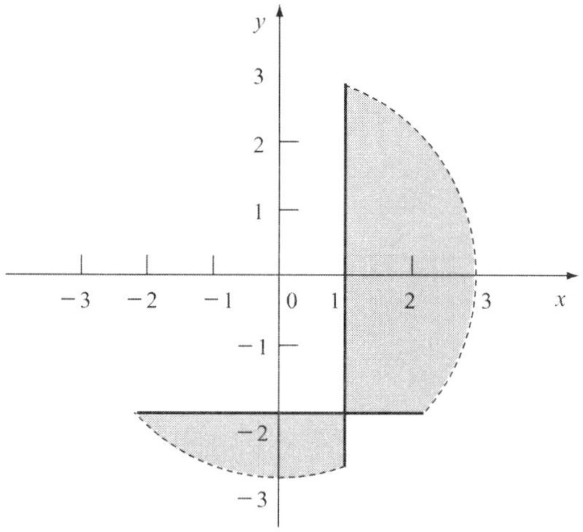

그림 5.2

를 만족하는 점 (x, y) 들의 집합이다. 근호 안은 음이 아니어야 하므로 f_2 의 정의역은

$$0 \le xy - y + 2x - 2 = (x-1)(y+2)$$

를 만족하는 점 (x, y) 들의 집합이다. 따라서

$$\mathrm{Dom}(f) = \{(x, y) \ : \ x^2 + y^2 < 9, (x-1)(y+2) \ge 0\} \quad (\text{그림 } 5.2).$$

보기 2 함수 $f(x, y) = (\sqrt{1-x^2}, \log(x^2 - y^2), \sin x \cos y)$ *의 정의역을 구하여라.*

풀이 함수 f 는 세 개의 성분 $f_1(x, y) = \sqrt{1-x^2}$, $f_2(x, y) = \log(x^2 - y^2)$ 와 $f_3(x, y) = \sin x \cos y$ 를 가진다. f_1 는 $1 - x^2 \ge 0$ 일 때 정의되는 실수값 함수이고, f_2 는 $x^2 - y^2 > 0$ 일 때 정의되는 실수값 함수이고 f_3 의 정의역은 $\mathbb{R}^2$ 전체이므로

$$\mathrm{Dom}(f) = \{(x, y) \in \mathbb{R}^2 \ : \ -1 \le x \le 1, -|x| < y < |x|\} \quad (\text{그림 } 5.3).$$

정의 5.11 $E \subseteq \mathbb{R}^n$ *이고* $\mathbf{a} \in \mathbb{R}^n$ *는* E *의 집적점이라 하자.* $\mathbf{x} \to \mathbf{a}$ *일 때 함수* $f : E \to \mathbb{R}^m$ *가* $\mathbf{L} \in \mathbb{R}^m$ *으로* **수렴한다**(또는 **극한을 가진다**)*함은 주어진* $\epsilon > 0$ *에 대하여* $\delta > 0$ *이 존재*[4] *하여*

$$\mathbf{x} \in E,\ 0 < \|\mathbf{x} - \mathbf{a}\| < \delta \Longrightarrow \|f(\mathbf{x}) - \mathbf{L}\| < \epsilon.$$

4) 여기서 δ 는 $f, \mathbf{a}, \varepsilon$ 에 의존하는 수이다.

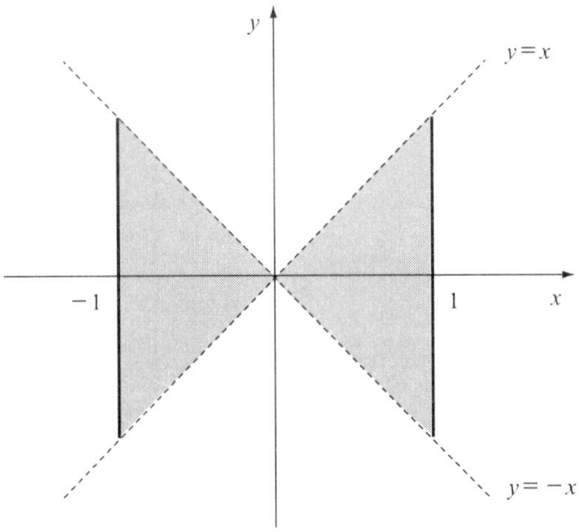

그림 5.3

이 경우, $\lim_{\mathbf{x}\to\mathbf{a}} f(\mathbf{x}) = \mathbf{L}$ *로 나타낸다.*

일차원의 경우와 같이 $\mathbf{a}$ 에서 f 의 값은 $\mathbf{x} \to \mathbf{a}$ 일 때 f 의 극한에 영향을 받지 않는다. 또한 **극한이 존재한다면 유일하다**.

주어진 다변수 함수 f 가 극한을 가짐을 증명하는 것은 음이 아닌 어떤 함수 g 를 찾아

$$\|f(\mathbf{x}) - \mathbf{L}\| \le g(\mathbf{x})$$

이고 $\mathbf{x} \to \mathbf{a}$ 일 때 $g(\mathbf{x}) \to 0$ 을 만족함을 보이는 것을 포함한다.

보기 3 $(x, y) \to (0, 0)$ *일 때*

$$f(x, y) = \frac{x^2 y}{x^2 + y^2}$$

이 수렴함을 증명하여라.

증명 분자는 3차의 다항식이고 분모는 2차의 다항식이므로 $(x, y) \to (0, 0)$ 일 때 극한이 0 이 될 것이라고 기대할 수 있다. 이것을 증명하기 위해서는 $(0, 0)$ 근처에서 $f(x, y)$ 을 평가해야 한다. 모든 $(x, y) \in \mathbb{R}^2$ 에 대하여 $2|xy| \le x^2 + y^2$ 이므로 모든 $(x, y) \ne (0, 0)$ 에 대하여

$$|f(x, y)| \le \frac{1}{2}|x|$$

임을 알 수 있다. $\epsilon > 0$ 을 잡고 $\delta = 2\epsilon$ 이라 두자. 만일 $0 < \|(x, y)\| < \delta$ 이면 $|f(x, y)| \le \frac{1}{2}|x| \le \frac{1}{2}\|(x, y)\| < \frac{1}{2}\delta = \epsilon$. 그러므로 정의에 의하여

$$\lim_{(x,y)\to(0,0)} f(x, y) = 0.$$

■

정의 5.11 에 의하여 $\mathbf{x} \to \mathbf{a}$ 일 때 f 가 $\mathbf{L}$ 로 수렴하면 $\mathbf{a}$ 근처의 모든 $\mathbf{x}$ 에 대하여 $\|f(\mathbf{x}) - \mathbf{L}\|$ 이 아주 작음을 깨닫는 것이 중요하다.

다음의 보기들은 몇몇 특정한 방향으로 접근하여 극한이 존재한다고 쉽게 판단할 수 없음을 보여 준다. 즉, 극한의 존재성은 엄밀한 정의에 의하여만 판단할 수 있음을 말하고 있다.

보기 4 $(x, y) \to (0, 0)$ *일 때 함수*

$$f(x, y) = \frac{2xy}{x^2 + y^2}$$

은 극한을 가지지 않는다.

증명 $(x, y) \to (0, 0)$일 때 f이 극한 L을 가진다고 가정하자. (x, y) 가 $y = ax$ 축을 따라 $(0, 0)$ 으로 접근할 때 $y = ax$ 위에서 주어진 함수는

$$f(x, ax) = \frac{2ax^2}{x^2 + a^2x^2} = \frac{2a}{1 + a^2}, \quad x \neq 0$$

이므로 극한은 $2a/(1 + a^2)$ 이된다. 따라서 $(x, y) \to (0, 0)$ 일 때 f 의 극한은 원점을 지나는 직선에 따라서 다르게 된다. 그런데 함수의 극한은 유일하므로 이것은 모순이다. ■

보기 4 에서 대각선 길은 $f(x, y)$ 의 분모를 단항으로 줄이기 위해서 선택하였다. 이러한 방법은 다음 보기에서도 사용한다.

보기 5 $(x, y) \to (0, 0)$ *일 때 함수*

$$f(x, y) = \frac{xy^2}{x^2 + y^4}$$

이 극한을 가지는지를 결정하여라.

증명 만일 $y = mx$ 이면 $x \to 0$ 일 때

$$f(x, y) = \frac{m^2x^3}{x^2 + m^4x^4} \to 0.$$

이므로 모든 직선길을 따른 극한이 존재하고 모두 같으므로 극한값이 0 이라고 쉽게 단정지어서는 안된다. 극한의 정의에는 어느 특정한 경로를 따라 극한이 존재함을 정의하지 않고 두 점간의 거리가 충분히 작을 때 함수가 극한에 가까이 있다는 것을 말하고 있기 때문이다. 한편 포물선 길 $x = y^2$ 을 따라서 원점으로 접근한다고 하자. 그러면 $x = y^2$ 위에서 함수는

$$f(y^2, y) = \frac{y^4}{2y^4} = \frac{1}{2} \neq 0, \quad y \neq 0.$$

$(x, y) \to (0, 0)$ 일 때 위의 극한이 서로 다르므로 극한의 유일성에 따라서 f 은 $(x, y) \to (0, 0)$ 일 때 극한을 가질 수 없다. ■

정리 2.1 의 증명을 변형하면 다음 결과를 증명할 수 있다.

정리 5.24 (극한의 수열특성) *$E \subseteq \mathbb{R}^n$, $\mathbf{a}$는 E 의 집적점이고 $f : E \to \mathbb{R}^m$ 이라 하자. 그러면*

$$\mathbf{L} = \lim_{\mathbf{x} \to \mathbf{a}} f(\mathbf{x})$$

이 존재하기 위한 필요충분조건은 $k \to \infty$ 일 때 $\mathbf{a}$ 로 수렴하는 모든 수열 $\mathbf{x}_k \in E \setminus \{\mathbf{a}\}$ 에 대하여 $f(\mathbf{x}_k) \to \mathbf{L}$ 이다.

정리 5.15 과 정리 5.24 을 결합하면 다음을 얻는다.

정리 5.25 *$E \subseteq \mathbb{R}^n$, $\mathbf{a}$는 E의 집적점이고 $f : E \to \mathbb{R}^m$ 이고 $\mathbf{L} = (L_1, L_2, \dots, L_m) \in \mathbb{R}^m$ 이라 하자. 그러면*

$$\mathbf{L} = \lim_{\mathbf{x} \to \mathbf{a}} f(\mathbf{x})$$

이 존재하기 위한 필요충분조건은 각 $j = 1, 2, \dots, m$에 대하여

$$L_j = \lim_{\mathbf{x} \to \mathbf{a}} f_j(\mathbf{x})$$

이 존재한다.

이 정리는 벡터값을 가지는 함수의 극한에 대한 평가는 실수값 함수의 경우로 축소된다.

함수의 대수적인 결합에 관한 결과를 언급하기 위해 먼저 다음의 용어를 정의하기로 하자. $E \subset \mathbb{R}^n$ 이고 $f, g : E \to \mathbb{R}^m$ 라 하자. 각 $\mathbf{x} \in E$ 에 대하여 f 와 스칼라 $\alpha \in \mathbb{R}$ 의 **곱**은

$$(\alpha f)(\mathbf{x}) := \alpha f(\mathbf{x}),$$

f 와 g 의 **합**은

$$(f + g)(\mathbf{x}) := f(\mathbf{x}) + g(\mathbf{x});$$

f 와 g 의 **내적**은

$$(f \cdot g)(\mathbf{x}) := f(\mathbf{x}) \cdot g(\mathbf{x})$$

으로 정의된다. ($m = 1$ 일 때 두 함수의 내적은 2 장 1 절에서 정의된 점별곱이다.)

정리 2.3 의 증명을 변형하면 다음 정리를 증명할 수 있다.

정리 5.26 *$E \subseteq \mathbb{R}^n$, $\mathbf{a}$ 는 E 의 집적점, $\alpha \in \mathbb{R}$ 이고 $f, g : E \to \mathbb{R}^m$ 이라 하자. 만일*

$$\lim_{\mathbf{x}\to\mathbf{a}} f(\mathbf{x}) \text{ 와 } \lim_{\mathbf{x}\to\mathbf{a}} g(\mathbf{x})$$

가 존재하면

(i) $\lim_{\mathbf{x}\to\mathbf{a}} (\alpha f)(\mathbf{x}) = \alpha \lim_{\mathbf{x}\to\mathbf{a}} f(\mathbf{x})$,

(ii) $\lim_{\mathbf{x}\to\mathbf{a}} (f+g)(\mathbf{x}) = \lim_{\mathbf{x}\to\mathbf{a}} f(\mathbf{x}) + \lim_{\mathbf{x}\to\mathbf{a}} g(\mathbf{x})$,

(iii) $\lim_{\mathbf{x}\to\mathbf{a}} (f\cdot g)(\mathbf{x}) = \left(\lim_{\mathbf{x}\to\mathbf{a}} f(\mathbf{x})\right)\cdot\left(\lim_{\mathbf{x}\to\mathbf{a}} g(\mathbf{x})\right)$,

(iv) $\lim_{\mathbf{x}\to\mathbf{a}} \|f(\mathbf{x})\| = \left\|\lim_{\mathbf{x}\to\mathbf{a}} f(\mathbf{x})\right\|$.

보기 6 *$(x, y) \to (0, 0)$ 일 때 함수*

$$f(x,y) = \frac{2 + x^2 - y^2}{1 + x^4 + y^4}$$

이 극한을 가짐을 보여라.

증명 연습문제 2 에 의하여 $(x, y) \to (0, 0)$ 일 때 $2 + x^2 - y^2 \to 2$ 이고 $1 + x^4 + y^4 \to 1$ 이다. 그러므로 정리 5.26 로부터

$$\lim_{(x,y)\to(0,0)} \frac{2 + x^2 - y^2}{1 + x^4 + y^4} = \frac{2}{1} = 2.$$

■

주의 1 *보기 6 에서 주어진 함수는 $(x, y) \to (0, 0)$ 일 때 분모가 0 이 되지 않는다. 따라서 정리 5.26 을 적용할 수 있는 것이다. 그러나 보기 5 에서는 $(x, y) \to (0, 0)$ 일 때 분모가 0 이 되므로 정리 5.26 을 적용할 수 없고 정의에 의해 극한을 구하여야 한다.*

함수 $f(\mathbf{x})$ 의 극한의 존재 여부는 각 변수를 독립적으로 움직이면서 극한을 구하는 것이 자연스럽다. 보기 4 와 보기 6 을 비교하여 보면, 이러한 전략이 어떤 함수에 대하여는 되지만 모두 다 성립하는 것은 아니다. 이를 위해서는 다음 용어를 도입하기로 하자. 편의상 2 차원의 경우에 한정하여 생각하기로 한다.

$E \subset \mathbb{R}^2$ 이고 점 (a, b) 이 E 의 집적점, 그리고 $f : E \to \mathbb{R}^m$ 이라 하자. 점 (a, b) 에서 f 의 **반복극한**은

$$\lim_{x\to a}\lim_{y\to b} f(x,y) := \lim_{x\to a}\left(\lim_{y\to b} f(x,y)\right), \quad \lim_{y\to b}\lim_{x\to a} f(x,y) := \lim_{y\to b}\left(\lim_{x\to a} f(x,y)\right)$$

(오른쪽이 존재할 때)으로 정의한다.

주어진 함수의 반복극한은 존재하지 않을 수도 있고, 비록 존재할지라도 대응되는 2 차원 상의 극한이 존재한다는 보장은 없다. 실제로 보기 4 에서 함수 f 의 반복극한은 $(0,0)$ 에서 둘 다 0 으로 존재하더라도 $(x,y) \to (0,0)$ 일 때 f 는 극한을 가지지 않는다.

또한 두 반복극한이 존재하더라도 극한값은 서로 다를 수 있다.

보기 7 *원점 $(0,0)$ 에서*

$$f(x,y) = \frac{x^2 - y^2}{x^2 + y^2}$$

의 반복극한을 구하여라.

풀이 각 $x \neq 0$ 에 대하여 $y \to 0$ 일 때 $\frac{x^2-y^2}{x^2+y^2} \to 1$. 그러므로

$$\lim_{x\to 0}\lim_{y\to 0} \frac{x^2 - y^2}{x^2 + y^2} = \lim_{x\to 0} \frac{x^2}{x^2} = 1.$$

한편,

$$\lim_{y\to 0}\lim_{x\to 0} \frac{x^2 - y^2}{x^2 + y^2} = \lim_{y\to 0} \frac{-y^2}{y^2} = -1.$$

위의 보기는 "반복 극한이 언제 일치하는가?" 하는 질문을 하게 한다. 다음의 결과는 이 물음의 답이다.

정리 5.27 *I, J 는 열린구간, $a \in I$, $b \in J$, 각 $y_0 \in J$ 에 대하여 $\lim_{x\to a} f(x, y_0)$ 이 존재, 각 $x_0 \in I$ 에 대하여 $\lim_{y\to b} f(x_0, y)$ 이 존재한다고 하자. 만일*

$$L = \lim_{(x,y)\to(a,b)} f(x,y)$$

이 존재하면,

$$L = \lim_{x\to a}\lim_{y\to b} f(x,y) = \lim_{y\to b}\lim_{x\to a} f(x,y).$$

증명 $x \in I$ 에 대하여

$$g(x) := \lim_{y\to b} f(x,y)$$

라 두자. 주어진 $\epsilon > 0$ 에 대해 $\delta > 0$ 를 택하여

$$0 < \|(x,y) - (a,b)\| < \delta \Longrightarrow |f(x,y) - L| < \epsilon$$

이 성립한다. $x \in I$ 이고 $0 < |x-a| < \delta/\sqrt{2}$ 라 가정하자. 그러면 $0 < |y-b| < \delta/\sqrt{2}$ 를 만족하는 임의의 y 에 대하여 $0 < \|(x,y)-(a,b)\| < \delta$ 이고

$$|g(x)-L| \le |g(x)-f(x,y)| + |f(x,y)-L| < |g(x)-f(x,y)| + \epsilon.$$

$y \to b$ 일 때 위의 부등식의 극한을 취하면 $|x-a| < \delta/\sqrt{2}$ 를 만족하는 모든 $x \in I$ 에 대하여 $|g(x)-L| \le \epsilon$ 이다. 이것으로부터 $x \to a$ 일 때 $g(x) \to L$, 즉

$$L = \lim_{x\to a}\lim_{y\to b} f(x,y).$$

같은 방법으로 다른 반복극한은 또한 존재하고 L 과 같다. ■

이 결과는 함수 f 의 극한이 존재하지 않음을 보이는 다른 방법을 제시하고 있다.

따름정리 5.28 *f 의 반복극한이 점 (a,b) 에서 존재하고 다른 값을 가지면 f 는 $(x,y) \to (a,b)$ 일 때 극한을 가지지 않는다.*

보기 7 의 결과는 아래 사실을 유도한다.

주의 2 *가정 "$(x,y) \to (a,b)$ 일 때 $f(x,y) \to L$" 이 빠지면 성립하지 않을 수 있다.*

연습문제 (5.4)

1. 원점 $(0,0)$ 에서 다음 함수의 반복극한을 계산하여라. 이를 이용하여 $\mathbb{R}^2$ 안에서 $(x,y) \to (0,0)$ 일 때 어느 함수가 극한을 가지는지를 결정하고 극한이 존재함을 증명하여라.

(a) $f(x,y) = \dfrac{\sin x \sin y}{x^2+y^2}$

(b) $f(x,y) = \dfrac{x^3y - xy^3}{x^2+y^2}$

(c) $f(x,y) = \dfrac{x^\alpha y^4}{x^2+y^4}, \quad \alpha > 0$

(d) $f(x,y) = \dfrac{x^2y}{x^4+y^2}$

(e) $f(x,y) = \dfrac{x-y}{(x^2+y^2)^\alpha}, \quad \alpha < \dfrac{1}{2}.$

2. (a) $\mathbb{R}^n$ 에서의 **다항식**은

$$P(x_1, x_2, \ldots, x_n) = \sum_{j_1=0}^{N_1} \cdots \sum_{j_n=0}^{N_n} a_{j_1,\ldots,j_n} x_1^{j_1} \ldots x_n^{j_n}$$

인 형태의 함수이다. 여기서 $a_{j_1,\ldots,j_n}$ 는 스칼라이고 $N_1, \ldots, N_n$ 는 음이 아닌 정수이다. 만일 P 이 $\mathbb{R}^n$ 위에서 다항식이고 $\mathbf{a} \in \mathbb{R}^n$ 이면 $\lim_{\mathbf{x}\to\mathbf{a}} P(\mathbf{x}) = P(\mathbf{a})$ 임을 보여라.

(b) $P(x_1, x_2, \ldots, x_n)$ 와 $Q(x_1, x_2, \ldots, x_n)$ 이 $\mathbb{R}^n$ 의 다항식이고 $\mathbf{a} \in \mathbb{R}^n$ 의 근방에서 $Q(x_1, x_2, \ldots, x_n) \neq 0$ 이면

$$\lim_{\mathbf{x}\to\mathbf{a}} \frac{P(\mathbf{x})}{Q(\mathbf{x})} = \frac{P(\mathbf{a})}{Q(\mathbf{a})}$$

임을 보여라.

3. 다음 각 함수에 대하여 f 의 정의역을 찾고, 주어진 극한이 존재함을 증명하고, 극한값을 구하여라.(ϵ 과 δ 를 사용하지 않고 극한이 존재함을 보일 수 있다. 연습문제 2(b)를 이용)

(a) $\displaystyle\lim_{(x,y)\to(1,-1)} \left(\frac{x-1}{y-1}, \frac{x^2+x-2}{x-1}\right),$

(b) $\displaystyle\lim_{(x,y)\to(0,1)} \left(\frac{y\sin x}{x}, \tan\frac{x}{y}, x^2+y^2-xy\right),$

(c) $\displaystyle\lim_{(x,y)\to(0,0)} \left(\frac{x^4+y^4}{x^2+y^2}, \frac{\sqrt{|xy|}}{\sqrt[3]{x^2+y^2}}\right),$

(d) $\displaystyle\lim_{(x,y)\to(1,1)} \left(\frac{x^2-1}{y^2+1}, \frac{x^2y-2xy+y-(x-1)^2}{x^2+y^2-2x-2y+2}\right).$

4. 보기 7 을 이용하여 주의 2 를 증명하여라.

5.5 다변수함수의 연속성

정의 5.12 E 은 $\mathbb{R}^n$ 의 공집합이 아닌 부분집합이고 $f : E \to \mathbb{R}^m$ 일 때

(i) f 가 $\mathbf{a} \in E$ 에서 **연속**이라 함은 주어진 $\epsilon > 0$ 에 대하여 $\delta > 0$ 가 존재하여

$$\mathbf{x} \in E \text{ 이고 } \|\mathbf{x}-\mathbf{a}\| < \delta \Longrightarrow \|f(\mathbf{x}) - f(\mathbf{a})\| < \epsilon.$$

(ii) f 는 E 위에서 **연속**(기호: $f : E \to \mathbb{R}^m$ 은 연속)이라 함은 f 는 각 점 $\mathbf{a} \in E$ 에서 연속이다.

(iii) f 가 **연속**이라 함은 f 가 정의역위에서 연속이다.

그러므로 E 의 임의의 집적점 $\mathbf{a}$ 에 대하여 f 이 $\mathbf{a} \in E$ 에서 연속이기 위한 필요충분조건은

$$f(\mathbf{a}) = \lim_{\mathbf{x}\to\mathbf{a}} f(\mathbf{x}).$$

2 장의 실함수의 극한 및 연속성질과 유사하게 벡터값 함수에 대하여도 똑같이 성립한다. 정리 5.25 에 의하여

정리 5.29 *벡터값 함수 f 가 점 $\mathbf{a} \in E$(각각, 집합 E 위)에서 연속이기 위한 필요충분조건은 각 성분함수 f_j 는 $\mathbf{a} \in E$(각각, 집합 E 위)에서 연속이다.*

따라서 연속인 벡터값함수의 정리들은 어떤 $E \subseteq \mathbb{R}^n$ 에 대한 실수값 함수의 경우로 축소된다. 정리 5.26 에 의하여

정리 5.30 *f 와 g 가 E 위에서 연속이면 모든 스칼라 α 에 대하여 $f+g$, $f \cdot g$, $\|f\|$, αf 들 또한 연속이다.*

정리 2.9 의 증명을 변형하면 다음 정리를 증명할 수 있다.

정리 5.31 *$E \subseteq \mathbb{R}^n$, $\Omega \subseteq \mathbb{R}^m$, $f : E \to \Omega$, $g : \Omega \to \mathbb{R}^p$ 이라 하자. $\mathbf{x} \to \mathbf{a}$ 일 때 $f(\mathbf{x})$ 가 L 로 수렴하고 g 가 $\mathbf{L}$ 에서 연속이면*

$$\lim_{\mathbf{x}\to\mathbf{a}} (g \circ f)(\mathbf{x}) = g\left(\lim_{\mathbf{x}\to\mathbf{a}} f(\mathbf{x})\right).$$

정의 5.13 *E 를 $\mathbb{R}^n$ 의 부분집합이라 하자.*

(i) *집합 $U \subset E$ 이 E 내에서* **상대적으로 열린집합***이라 함은 $\mathbb{R}^n$ 내의 열린집합 V 가 존재하여 $U = E \cap V$ 을 만족한다.*

(ii) *집합 $F \subset E$ 이 E 내에서* **상대적으로 닫힌집합***이라 함은 $\mathbb{R}^n$ 내의 닫힌집합 C 가 존재하여 $F = E \cap C$ 을 만족한다.*

연속함수를 다른 관점에서 생각하자. 정의 5.12 에 의하면 f 이 $\mathbf{a} \in E$ 에서 연속이고 $\epsilon > 0$ 이면 $\delta > 0$ 가 존재하여 $f\left(B_\delta(\mathbf{a}) \cap E\right) \subseteq B_\epsilon\left(f(\mathbf{a})\right)$, 즉

$$B_\delta(\mathbf{a}) \cap E \subseteq f^{-1}\left(B_\epsilon\left(f(\mathbf{a})\right)\right).$$

특히 $f(\mathbf{a})$ 를 중심으로 하는 열린공의 역상은 $\mathbf{a}$ 을 중심으로 하는 E 의 상대적으로 열린 부분집합을 포함한다.

정리 5.32 *$E \subseteq \mathbb{R}^n$ 이고 $f : E \to \mathbb{R}^m$ 이라 하자. 그러면 f 가 E 위에서 연속이기 위한 필요충분조건은 $\mathbb{R}^m$ 내의 모든 열린집합 V 에 대하여 $f^{-1}(V) \cap E$ 은 E 내의 상대적으로 열린집합이다.*

증명 f 가 E 위에서 연속이고 V 이 $\mathbb{R}^m$ 내의 열린집합이라 하자. $f^{-1}(V) \cap E$ 은 공집합이 아니라고 가정해도 된다. $\mathbf{a} \in f^{-1}(V) \cap E$ 이라 하자. 그런데 V 는 열린집합이므로 $\epsilon > 0$ 을 선택하여 $B_\epsilon(f(\mathbf{a})) \subseteq V$ 이 성립한다. f 가 $\mathbf{a} \in E$ 에서 연속이므로 $\delta > 0$ 를 선택하여

$$B_\delta(\mathbf{a}) \cap E \subseteq f^{-1}\left(B_\epsilon(f(\mathbf{a})\right) \subseteq x^{-1}(V) \tag{5.11}$$

이 성립한다.

$$U = \bigcup_{\mathbf{a} \in f^{-1}(V)} B_\delta(\mathbf{a})$$

라 두자. U 이 열린집합들의 합집합이므로 U 는 모든 $\mathbf{a} \in f^{-1}(V)$ 위에서 $B_\delta(\mathbf{a})$ 의 합집합이므로 U 은 $f^{-1}(V)$ 를 포함한다. 즉 $U \cap E \supseteq f^{-1}(V) \cap E$. 한편 (2.41) 에 의하여 $A \cap E \subseteq f^{-1}(V) \cap E$. 따라서 $U \cap E = f^{-1}(V) \cap E$. 그러므로 $f^{-6}(V) \cap E$ 은 E 안에서 상대적으로 열린집합이다.

역으로, $\epsilon > 0$, $\mathbf{a} \in E$ 이라 하고 $V = B_\epsilon\left(f(\mathbf{a})\right)$라 두자. 가정에 의하여 $f^{-1}(V) \cap E$ 은 E 내의 상대적으로 열린집합이다. $\mathbf{a} \in f^{-1}(V)$ 이므로 $\delta > 0$ 이 존재하여 $E \cap B_\delta(\delta) \subseteq f^{-1}(V)$, 즉 $\mathbf{x} \in E$ 이고 $\|\mathbf{x} - \mathbf{a}\| < \delta$ 이면 $\|f(\mathbf{x}) - f(\mathbf{a})\| < \epsilon$ 이 성립한다. ■

정리 5.32는 열린집합은 연속함수의 역상에 대하여는 불변임을 말하고 있으며 닫힌집합에 대하여도 같은 성질을 만족한다. 그러나 컴팩트집합에 대하여는 이러한 성질을 만족하지 않는다.

보기 1 *$f(x) = \frac{6}{x}$ 이고 $H = [0, 1]$ 이면 f 는 $(0, \infty)$ 위에서 연속이고 H 는 컴팩트집합이다. 그러나 $f^{-1}(H) = [1, \infty)$ 는 컴팩트가 아니다.*

다음 정리는 컴팩트집합이 연속함수의 역상보다는 상에 대하여 불변임을 보여 주고 있다.

정리 5.33 *만일 H 가 $\mathbb{R}^n$ 안에서 컴팩트이고 $f : H \to \mathbb{R}^m$ 이 H 위에서 연속이면 $f(H)$ 는 컴팩트이다.*

증명 $\{V_\alpha\}_{\alpha\in A}$ 이 $f(H)$ 의 열린덮개라 가정하자. 명제 1.1 와 정리 1.4 에 의하여

$$H \subseteq f^{-1}(f(H)) \subseteq f^{-1}\left(\bigcup_{\alpha\in A} V_\alpha\right) = \bigcup_{\alpha\in A} f^{-1}(V_\alpha).$$

따라서 정리 5.32 에 의하여 $\{f^{-1}(V_\alpha)\}_{\alpha\in A}$ 는 H 내의 상대적으로 열린집합들의 H 의 덮개이다. H 가 컴팩트이므로 유한 개의 $\alpha_1, \alpha_2, \ldots, \alpha_N$ 이 존재하여

$$H \subseteq \bigcup_{j=1}^{N} f^{-1}(V_{\alpha_j})$$

이 성립한다. 정리 1.4 으로부터

$$f(H) \subseteq f\left(\bigcup_{j=1}^{N} f^{-1}(V_{\alpha_j})\right) = \bigcup_{j=1}^{N}(f\circ f^{-1})(V_{\alpha_j}) = \bigcup_{j=1}^{N} V_{\alpha_j}.$$

그러므로 $f(H)$ 는 컴팩트이다. ■

주의 4 **"컴팩트"**집합이 **"열린"** 또는 **"닫힌"** 집합으로 *바뀌면 정리 5.33 은 성립하지 않는다.*

보기 2 *$f(x) = x^6$ 이고 $U = (-1, 1)$ 이면 f 은 $\mathbb{R}$ 위의 연속이고 U 는 열린집합이다. 그러나 $f(U) = [0, 1)$ 은 열린집합도 닫힌집합도 아니다.*

2 장에서 연속함수는 컴팩트 집합위에서 최대, 최소값을 가짐을 보였다. 다변수함수의 경우에도 이와 같다.

정리 5.34 (다변수함수의 최대·최소정리) *H 는 유클리드 공간 $\mathbb{R}^n$ 내의 공집합이 아닌 컴팩트집합이고 $f : H \to \mathbb{R}$ 는 연속함수라고 하자. 그러면*

$$M := \sup\{f(\mathbf{x}) \;:\; \mathbf{x}\in H\} \text{ 이고 } m := \inf\{f(\mathbf{x}) \;:\; \mathbf{x}\in H\}$$

은 유한인 실수값이고 점 $\mathbf{x}_M, \mathbf{x}_m \in H$ 가 존재하여 $M = f(\mathbf{x}_M)$ 이고 $m = f(\mathbf{x}_m)$ 이 성립한다.

증명 대칭성에 의하여 M 에 대하여만 증명해도 충분하다. H 는 컴팩트이므로 $f(H)$ 는 컴팩트이다. 그러므로 하이네–보렐 정리에 의하여 $f(H)$ 는 유계이고 닫힌집합이다. $f(H)$ 는 유계이므로 M 은 유한이다. 상한의 근사성질에 의하여 $\mathbf{x}_k \in H$ 를 선택하여 $k \to \infty$ 일 때 $f(\mathbf{x}_k) \to M$ 이 성립한다. $f(H)$ 는 닫힌집합이므로, $M \in f(H)$. 그러므로 $\mathbf{x}_M \in H$ 가 존재하여 $M = f(\mathbf{x}_M)$ 이 성립한다. ■

따름정리 5.35 *H 는 유클리드 공간 $\mathbb{R}^n$ 내의 공집합이 아닌 컴팩트집합이고 $f : H \to \mathbb{R}^m$ 는 연속함수라고 하자. 그러면*

$$M := \sup\{\|f(\mathbf{x})\| \ : \ \mathbf{x} \in H\} \text{ 이고 } m := \inf\{\|f(\mathbf{x})\| \ : \ \mathbf{x} \in H\}$$

은 유한인 실수값이고 점 $\mathbf{x}_M, \mathbf{x}_m \in H$ 가 존재하여 $M = \|f(\mathbf{x}_M)\|$ 이고 $m = \|f(\mathbf{x}_m)\|$ 이 성립한다.

정의 5.14 *$E \subseteq \mathbb{R}^n$ 이라 하자. 함수 $f : E \to \mathbb{R}^m$ 이 E 위에서* **고른연속***이라 함은 주어진 $\epsilon > 0$ 에 대하여 $\delta > 0$ 이 존재하여*

$$\|\mathbf{x} - \mathbf{a}\| < \delta \text{ 이고 } \mathbf{x}, \mathbf{a} \in E \Rightarrow \|f(\mathbf{x}) - f(\mathbf{a})\| < \epsilon.$$

일차원의 경우와 같이 모든 연속함수가 고른연속은 아니다. 다음 정리는 컴팩트집합위의 연속 함수는 고른연속임을 보여 주고 있다.

정리 5.36 *$H \subseteq \mathbb{R}^n$ 는 컴팩트이라 하고 $f : H \to \mathbb{R}^m$ 이라 하자. 그러면 f 가 H 위에서 연속이기 위한 필요충분조건은 f 가 H 위에서 고른연속이다.*

증명 정의에 의하여 f 이 H 위에서 고른연속이면 f 가 H 위에서 연속이다. 역으로 f 가 컴팩트집합 H 위에서 연속이라 가정하자. f 가 연속이므로 정리 5.34 에 의하여 $f(H)$ 은 컴팩트이다. $\varepsilon > 0$ 이 주어졌다고 하자. 그러면 $\{B_{\varepsilon/2}(f(\mathbf{x})) \ : \ \mathbf{x} \in H\}$ 은 $f(H)$ 의 열린 덮개이고 $f(H)$ 가 컴팩트집합이므로 $B_\varepsilon(f(\mathbf{x}_1))$, $B_\varepsilon(f(\mathbf{x}_2))$, $\ldots$, $B_\varepsilon(f(\mathbf{x}_n))$ 이 존재하여 $f(H)$ 를 덮는다. f 가 연속이므로 각 $B_\varepsilon(f(\mathbf{x}_k))$ 에 대하여 $\delta_k > 0$ 가 존재하여 $f(B_{\delta_k/2}(\mathbf{x}_k)) \subset B_{\varepsilon/2}(f(\mathbf{x}_k))$ 이 성립한다. 즉, 각 k 에 대하여 $\delta_k > 0$ 이 존재하여

$$\|\mathbf{x} - \mathbf{x}_k\| < \delta_k/2 \Rightarrow \|f(\mathbf{x}) - f(\mathbf{x}_k)\| < \varepsilon/2.$$

이제 $\delta = \frac{1}{2}\max\{\delta_1, \delta_2, \ldots, \delta_n\}$ 이라 두자. 만일 $\|\mathbf{x} - \mathbf{y}\| < \delta$ 이면 적당한 k 가 존재하여 $\mathbf{x} \in B_{\delta_k/2}(\mathbf{x}_k)$ 이고 삼각부등식에 의해 $\mathbf{y} \in B_{\delta_k}(\mathbf{x}_k)$ 이다. 따라서

$$\|f(\mathbf{x}) - f(\mathbf{y})\| \le \|f(\mathbf{x}) - f(\mathbf{x}_k)\| + \|f(\mathbf{x}_k) - f(\mathbf{y})\| < \varepsilon.$$

■

정의 5.15 *$E \subseteq \mathbb{R}^n$ 이라 하자. E 가 $\mathbb{R}^n$ 내에서* **비연결집합***이라 함은 $\mathbb{R}^n$ 내의 공이 아닌 열린집합 U, V 가 존재하여 $E \subseteq U \cup V$, $U \cap V = \emptyset$, $E \cap U \neq \emptyset$, $E \cap V \neq \emptyset$ 를 만족한다. E 가* **연결집합***이라 함은 E 가 비연결집합이 아닌 것이다.*

보기 8 *정수들의 집합 $\mathbb{Z}$ 는 연결집합인가?*

풀이 만일 $U = (1/2, \infty)$, $V = (-\infty, 1/4)$ 라 두면 $\mathbb{Z} \subset U \cup V$, $\mathbb{Z} \cap U = \{1, 2, 3, \ldots\} \neq \emptyset$, $\mathbb{Z} \cap V = \{\ldots, -2, -1, 0\} \neq \emptyset$ 이고 $\mathbb{Z} \cap U \cap V = \emptyset$ 이므로 연결집합이 아니다.

연결집합은 연속함수에 의해 유지된다.

정리 5.37 *$E \subseteq \mathbb{R}$ 는 연결집합이라 하고 $f : E \to \mathbb{R}^m$ 가 연속함수이면 $f(E)$ 도 연결집합이다.*

증명 $f(H)$ 가 연결집합이 아니라고 가정하자. 그러면 공집합이 아닌 열린집합 U, V 가 존재하여

$$f(H) \subset U \cup V,\ U \cap f(H) \neq \emptyset,\ V \cap f(H) \neq \emptyset,\ U \cap V \cap f(H) = \emptyset$$

을 만족한다. f 가 연속이므로 $f^{-1}(U)$ 와 $f^{-1}(V)$ 은 상대적으로 열린집합이다. 따라서 열린집합 U_1, V_1 가 존재하여

$$f^{-1}(U) = U_1 \cap H, \quad f^{-1}(V) = V_1 \cap H.$$

U 와 V 의 조건으로부터

$$U_1 \cap V_1 \cap H = \emptyset,\ H \subset U_1 \cup V_1,\ U_1 \cap H \neq \emptyset, V_1 \cap H \neq \emptyset.$$

따라서 H 는 연결이 아니다. 이것은 가성에 보순이다. ■

정리 5.38 (다변수함수의 중간값정리) *E 는 $\mathbb{R}^n$ 의 연결부분집합이라 하자. 만일 $f : E \to \mathbb{R}^n$ 이 연속, 어떤 $\mathbf{a}, \mathbf{b} \in E$ 에 대해 $f(\mathbf{a}) \neq f(\mathbf{b})$ 이고 y 는 $f(\mathbf{a})$ 와 $f(\mathbf{b})$ 사이의 수이면 적당한 점 $\mathbf{x} \in E$ 가 존재하여 $f(\mathbf{x}) = y$ 를 만족한다.*

증명 $f(\mathbf{a}) \leq y \leq f(\mathbf{b})$ 라고 가정해도 일반성을 잃지 않는다. 만일 그러한 $\mathbf{x} \in E$ 가 존재하지 않는다고 하자. 그러면 $U = (-\infty, y)$, $V = (y, \infty)$ 라 하자. 분명히 U 와 V 는 열린집합이다. f 가 연속이므로 열린집합 U_0, V_0 가 존재하여 $f^{-1}(U) = U_0 \cap E$, $f^{-1}(V) = V_0 \cap E$ 이다. U 와 V 의 정의에 의하여 $U_0 \cap V_0 \cap E = \emptyset$ 이고, 가정 $\{\mathbf{x} \in E : f(\mathbf{x} = y\} = \emptyset$ 에 의하여 $U_0 \cup V_0 \supset E$. 또한 $\mathbf{a} \in U$ 이므로 $U_0 \cap E \neq \emptyset$ 이고 $\mathbf{b} \in V$ 이므로 $V_0 \cap E \neq \emptyset$ 이다. 따라서 E 는 연결집합이 아니다. 따라서 이것은 가정에 모순. ■

참고 1 *정리 5.38 에서 "집합 E 가 연결집합이 아니면" 성립하지 않는다. 집합* $E = N_1(0,0) \cup N_1(3,0)$ *이라 하고*

$$f(x,y) = \begin{cases} 1 & (x,y) \in N_1(0,0), \\ -1 & (x,y) \in N_1(3,0) \end{cases}$$

라 정의하자. 그러면 f 는 E 위에서 연속이지만 $f(x,y) = \frac{1}{2}$ 이 되는 $(x,y) \in E$ 는 없다.

정리 5.39 (닫힌그래프정리) *$[a,b]$ 는 닫힌구간이고 $f : [a,b] \to \mathbb{R}$ 이라 하자. 함수 f 가 $[a,b]$ 위에서 연속이기 위한 필요충분조건은 f 의 그래프 $\mathcal{G}[a,b] = \{(x, f(x)) \in \mathbb{R}^2 \ : \ x \in [a,b]\}$ 가 $\mathbb{R}^2$ 내에서 연결이고 닫힌집합이다.*

증명 임의의 점 $c, d \in [a,b]$ 에 대하여 $\mathcal{G}[c,d]$ 를 $x \in [c,d]$ 에 대한 $y = f(x)$ 의 그래프라고 하자. f 를 $[a,b]$ 위에서 연속이라고 가정하자. 함수 $x \to (x, f(x))$ 은 구간 $[a,b]$ 에서 $\mathbb{R}^2$ 로의 연속함수이고 $[a,b]$ 는 실수 $\mathbb{R}$ 내에서 연결집합이다. 따라서 $\mathcal{G}[a,b]$ 은 연습문제 1 에 의하여 연결집합이다. $\mathcal{G}[a,b]$ 가 닫힌집합임을 보이자. $x_k \in [a,b]$ 이고 $k \to \infty$ 일 때 $(x_k, f(x_k)) \to (x,y)$ 라고 가정하자. 그러면 $k \to \infty$ 일 때 $x_k \to x$ 이고 $f(x_k) \to y$ 이다. 따라서 $x \in [a,b]$ 이고 f 는 연속이므로 $f(x_k) \to f(x)$ 이다. 그러므로 f 의 그래프는 닫힌집합이다.

역으로, f 의 그래프가 $\mathbb{R}^2$ 에서 닫히고 연결되었다고 가정하자. 먼저 f 는 $[a,b]$ 에서 중간값 정리를 만족함을 보이자. 모순을 얻기위해 $f(x_1) \neq f(x_2)$ 인 $[a,b]$ 의 $x_1 < x_2$ 와 모든 $t \in [a,b]$ 에 대하여 $f(t) \neq y_0$ 를 만족하는 $f(x_1)$ 과 $f(x_2)$ 의 사이의 값 y_0 가 존재한다고 가정하자. 증명을 간단히 하기위해 $f(x_1) < f(x_2)$ 라 가정하자. $\delta < \min\{|f(x_1) - y_0|, |f(x_2) - y_0|\}$ 라 두자. 임의의 $t \in [x_1, x_2]$ 에 대하여 $f(t) \neq y_0$ 이므로 열린집합

$$U = \{(x,y) \ : \ x_1 < x < x_2, \ y < y_0\} \cup B_{\delta/2}((x_1, f(x_1))),$$

$$V = \{(x,y) \ : \ x_1 < x < x_2, \ y > y_0\} \cup B_{\delta/2}((x_2, f(x_2))),$$

은 $\mathcal{G}[x-1, x_2]$ 을 분리한다(그림 5.4). 따라서 열린집합

$$U \cup \{(x,y) \ : \ x < x_1\} \text{ 와 } V \cup \{(x,y) \ : \ x > x_2\}$$

은 $\mathcal{G}[a,b]$ 을 분리한다. 이것은 모순이다. 그러므로 f 는 $[a,b]$ 에서 중간값 정리를 만족한다. 만일 f 가 $[a,b]$ 에서 연속이 아니면 실수 $x_0 \in [a,b], \varepsilon_0 > 0$ 및 $x_k \in [a,b]$ 가 존재하

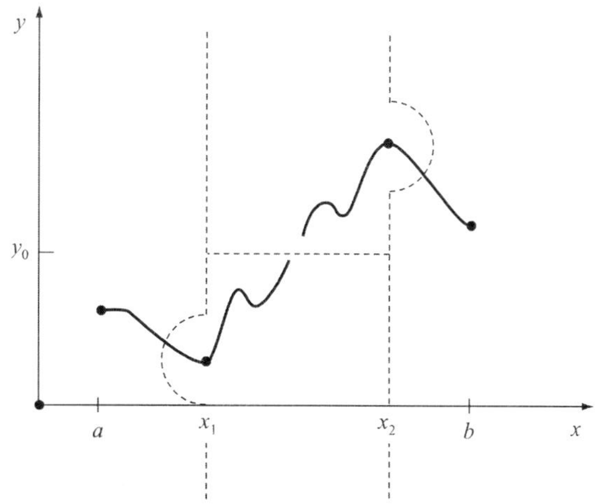

그림 5.4

여 $x_k \to x_0$ 이고 $|f(x_k) - f(x_0)| > \epsilon_0$ 을 만족한다. 대칭성에 의해 무한히 많은 k 에 대해 $f(x_k) > f(x_0) + \varepsilon_0$, 즉

$$f(x_{k_j}) > f(x_0) + \varepsilon_0 > f(x_0), \qquad j \in \mathbb{N}$$

라고 가정할 수 있다. 중간값정리에 의하여 $f(c_j) = f(x_0) + \varepsilon_0$ 을 만족하는 x_{k_j} 와 x_0 사이의 c_j 를 선택하자. 따라서 $j \to \infty$ 일 때 $(c_j, f(c_j)) \to (x_0, f(x_0) + \varepsilon_0)$ 이고 $c_j \to x_0$ 이다. 그러므로 $[a, b]$ 위에서 f 의 그래프는 닫힌집합이 아니다. ■

연속함수열 f_n 이 f 로 고르게 수렴하면 f 도 또한 연속함수임을 알고 있다. 이제 이 사실의 부분적인 역을 보이고자 한다. 먼저 다음과 같은 용어가 필요하다. 실수값 함수열 $\{f_k\}$ 이 집합 E 에서 **점별증가**(각각, **점별감소**)라 함은 모든 $\mathbf{x} \in E$ 와 $k \in \mathbb{N}$ 에 대하여 $f_k(\mathbf{x}) \le f_{k+1}(\mathbf{x})$(각각, $f_k(\mathbf{x}) \ge f_{k+1}(\mathbf{x})$) 이다. 함수열이 E 에서 **점별단조**라 함은 함수열이 E 에서 점별증가 또는 점별감소이다.

정리 5.40 (디니(Dini)) *$H \subset \mathbb{R}^n$ 는 컴팩트이고 $f_k : H \to \mathbb{R}$이 연속함수들의 점별단조 함수열이라고 가정하자. 만일 $k \to \infty$ 일 때 H 에서 f_k 이 f 로 점별수렴하고 f 가 H 에서 연속이면 f_k 는 H 에서 f 로 고르게 수렴한다. 특히, 만일 ϕ_k 이 연속함수로 점별수렴하는 구간 $[a, b]$ 위의 연속함수들의 점별단조 함수열이면*

$$\lim_{k\to\infty} \int_a^b \phi_k(t)\, dt = \int_a^b \left(\lim_{k\to\infty} \phi_k(t) \right) dt.$$

증명 정리 4.26 에의하여 f_k 가 H 위에서 f 로 고르게 수렴함을 보이면 된다. f_k 가 점별 증가 함수열이라고 가정하자.

$\varepsilon > 0$ 라 하자. 각 $\mathbf{x} \in H$에 대하여 $N(\mathbf{x}) \in \mathbb{N}$ 을 선택하여

$$k \geq N(\mathbf{x}) \implies |f_k(\mathbf{x}) - f(\mathbf{x})| < \frac{\varepsilon}{3}.$$

f 와 $f_{N(\mathbf{x})}$ 이 H 에서 연속이므로 $r = r(\mathbf{x})$ 을 선택하여

$$\mathbf{y} \in H \cap B_r(\mathbf{x}) \implies |f(\mathbf{x}) - f(\mathbf{y})| < \frac{\varepsilon}{3} \text{ 이고 } |f_{N(\mathbf{x})}(\mathbf{x}) - f_{N(\mathbf{x})}(\mathbf{y})| < \frac{\varepsilon}{3}.$$

H 는 컴팩트이므로 $\mathbf{x}_j \in H$ 와 $r_j = r_j(\mathbf{x}_j)$ 이 존재하여

$$H \subset \bigcup_{j=1}^{M} B_{r_j}(\mathbf{x}_j).$$

$N = \max\{N(\mathbf{x}_1), \cdots, N(\mathbf{x}_M)\}$ 라 두고, $\mathbf{x} \in H$ 라 하고 $k \geq N$ 라 가정하자. 어떤 $j \in \{1, \cdots, M\}$ 에 대하여 $\mathbf{x} \in B_{r_j}(\mathbf{x}_j)$ 이고 $k \geq N(\mathbf{x}_j)$ 이므로

$$\begin{aligned}|f(\mathbf{x}) - f_k(\mathbf{x})| &= f(\mathbf{x}) - f_k(\mathbf{x}) \leq f(\mathbf{x}) - f_{N(\mathbf{x}_j)}(\mathbf{x}) \\ &\leq |f(\mathbf{x}) - f(\mathbf{x}_j)| + |f(\mathbf{x}_j) - f_{N(\mathbf{x}_j)}(\mathbf{x}_j)| + |f_{N(\mathbf{x}_j)}(\mathbf{x}_j) - f_{N(\mathbf{x}_j)}(\mathbf{x})| \\ &< \varepsilon.\end{aligned}$$

모든 $\mathbf{x} \in H$ 에 대하여 이 부등식이 성립하므로 $k \to \infty$ 일 때 H 위에서 f_k 는 f 로 고르게 수렴한다. ■

연습문제 (5.5)

1. 노름 함수 $\|\bullet\| : \mathbb{R}^n \to \mathbb{R}; \mathbf{x} \to \|\mathbf{x}\|$ 은 연속임을 증명하여라.

2. 함수

$$f(x, y) = \begin{cases} e^{-1/|x-y|}, & x \neq y, \\ 0 & x = y \end{cases}$$

은 $\mathbb{R}^2$ 위에서 연속함수임을 증명하여라.

3. $E \subseteq \mathbb{R}^n$ 이고 $f : E \to \mathbb{R}^m$이라 하자. f 가 E 위에서 연속이기 위한 필요충분조건은 $\mathbb{R}^m$ 의 모든 닫힌집합에 대하여 $f^{-1}(C) \cap E$ 은 E 안에서 상대적으로 닫힌집합임을 증명하여라.

4. 벡터의 합과 스칼라곱연산이 연속함수임을 증명하여라.

5. (a) 함수 $f : E \subset \mathbb{R}^n \to \mathbb{R}^m$ 이 **리프쉬츠(Lipschitz)**라 함은 상수 L 이 존재하여

$$\|f(\mathbf{x}) - f(\mathbf{y})\| \leq L\|\mathbf{x} - \|y\|, \quad \forall x, y \in E.$$

리프쉬츠 함수는 고른 연속임을 보여라.

(b) 고른연속이 아닌 유계 연속함수 $f : \mathbb{R} \to \mathbb{R}$ 을 구하여라.

(c) 리프쉬츠 함수들의 합과 곱은 리프쉬츠인가?

(d) 고른연속함수들의 합과 곱은 고른 연속인가?

6. $H \subseteq \mathbb{R}^n$ 의 모든 수열은 수렴하는 부분수열을 가지고 $f : H \to \mathbb{R}^m$ 이라 하자. f 가 H 에서 연속이면 f 는 고른연속임을 증명하여라.

7. (a) $\mathbb{Q}$ 가 $\mathbb{R}$ 안에서 연결집합이 아님을 보여라.

(b) $\mathbb{R}$ 의 공이 아닌 부분집합 E 가 연결집합이기 위한 필요충분조건은 E 이 구간임을 증명하여라.

(c) 실수의 공집합이 아닌 부분집합 E 가 연결이기 위한 필요충분조건은 E 는 구간이다.

8. H 는 $\mathbb{R}^n$ 의 컴팩트 부분집합, $f : H \to \mathbb{R}^m$ 는 연속이라 할 때 주어진 $\epsilon > 0$ 에 대하여 적당한 점 $x_1, \ldots, x_N \in H$ 와 양수 $\delta_1, \ldots, \delta_N$ 이 존재하여

$$H \subseteq \bigcup_{j=1}^{N} B_{\delta_j}(x_j) \text{ 이고 } f(H \cap B_{2\delta_j}(x_j)) \subseteq B_{\epsilon/2}(f(x_j))$$

이 성립함을 증명하여라.

9. $H \subseteq \mathbb{R}^n$, $f : H \to \mathbb{R}^m$ 는 H 위에서 1-1 이라 할 때

(a) 모든 $E \subseteq H$ 에 대하여 $(f^{-1})^{-1}(E) = f(E)$ 임을 보여라.

(b) (a) 를 이용하여 H 가 컴팩트이고 f 가 H 위에서 1-1 이고 연속이면 f^{-1} 는 $f(H)$ 위에서 연속이다.

10. H 는 $\mathbb{R}^n$ 의 공집합이 아닌 컴팩트 부분집합이라 하자.

(a) $f : H \to \mathbb{R}^m$ 이 연속이라 가정하자.

$$\|f\|_\infty := \sup_{\mathbf{x}\in H} \|f(x)\|$$

이 유한이고 $x_0 \in H$ 이 존재하여 $\|f(x_0)\| = \|f\|_\infty$ 을 만족함을 증명하여라.

(b) 함수열 $f_k : H \to \mathbb{R}^m$ 이 H 위에서 함수 $f : H \to \mathbb{R}^m$ 으로 고르게 수렴함이란 주어진 $\epsilon > 0$ 에 대하여 자연수 N 이 존재하여

$$k \geq N \text{ 이고 } \mathbf{x} \in H \Rightarrow \|f_k(\mathbf{x}) - f(\mathbf{x})\| < \epsilon.$$

이 때 $k \to \infty$ 일 때 $\|f_k - f\| \to 0$ 이기 위한 필요충분조건은 $k \to \infty$일 때 f_k 이 H 위에서 f 으로 고르게 수렴함을 보여라.

(c) 함수열 f_k 이 H 위에서 함수 f 으로 고르게 수렴하기 위한 필요충분조건은 주어진 $\epsilon > 0$ 에 대하여 자연수 N 이 존재하여

$$k, j \geq N \Rightarrow \|f_k - f_j\|_\infty < \epsilon.$$

임을 증명하여라.

11. 집합 $E \subseteq \mathbb{R}^n$ 이 **다각형 연결집합**이라 함은 임의의 두 점 $\mathbf{a}, \mathbf{b} \in E$ 을 E 안에서 다각형 선로에 의해 연결될 수 있다, 즉 점 $\mathbf{x}_k \in E$, $k = 1, \ldots, N$ 가 존재하여 $\mathbf{x}_0 = \mathbf{a}$, $\mathbf{x}_N = \mathbf{b}$ 이고 $k = 1, \ldots, N$ 에 대하여 $\mathbf{x}_{k-1}$ 와 $\mathbf{x}_k$ 을 연결하는 선분 $L(\mathbf{x}_{k-1}; \mathbf{x}_k) \subseteq E$ 이다.

(a) $\mathbb{R}^n$ 내의 모든 다각형 연결집합은 연결 집합임을 증명하여라.

(b) $E \subseteq \mathbb{R}^n$ 는 열린 연결집합이고 $\mathbf{x}_0 \in E$ 이라 하자. U 를 E 안에서 $\mathbf{x}_0$ 와 다각형으로 연결될 수 있는 점 $\mathbf{x} \in E$ 들의 집합이라 하자. 그러면 U 는 열린집합임을 증명하여라.

(c) $\mathbb{R}^n$ 내의 모든 열린 연결집합은 다각형 연결집합임을 증명하여라.

12. 만일 E 가 $\mathbb{R}^n$ 의 연결집합이고 $f : E \to \mathbb{R}^m$ 이 E 위에서 연속이면 $f(E)$ 은 $\mathbb{R}^m$ 에서 연결집합임을 보여라.

13. 만일 $k \in N$ 에 대하여 $f_k : [a, b] \to [o, \infty)$ 이고

$$f(x) = \sum_{k=1}^{\infty} f_k(x)$$

은 $[a, b]$ 위에서 점별수렴한다. 만일 f 와 f_k 가 $k \in \mathbb{N}$ 에 대하여 $[a, b]$ 에서 연속이면

$$\int_a^b \sum_{k=1}^{\infty} f_k(x)\, dx = \sum_{k=1}^{\infty} \int_a^b f_k(x)\, dx$$

임을 보여라.

14. E 가 $\mathbb{R}^n$ 의 컴팩트 부분집합이라 하자. $g, f_k, g_k : E \to \mathbb{R}$ 이 E 위에서 연속이고 모든 $k \in \mathbb{N}$ 에 대하여 $g_k \geq 0$ 이고 $f_1 \geq f_2 \geq \cdots \geq f_k \geq 0$ 라 가정하자. 만일 $g = \sum_{k=1}^{\infty} g_k$ 이 E 위에서 점별수렴하면 $\sum_{k=1}^{\infty} f_k g_k$ 이 E 에서 고르게 수렴함을 증명하여라.

15. $f, f_k : \mathbb{R} \to \mathbb{R}$ 이 연속이고 음이 아니라고 가정하자. 만일 $x \to \pm\infty$ 일 때 $f(x) \to 0$ 이고 $\mathbb{R}$ 위의 모든 점에서 $f_k \nearrow f$ 이면 $\mathbb{R}$ 위에서 f_k 는 f 로 고르게 수렴함을 보여라.

16. 실수의 임의의 컴팩트 부분집합위에서 $(1 - x/k)^k \to e^{-x}$ 고르게 수렴함을 보여라.

17. 정리 4.26 이나 정리 5.40 를 사용하여 다음 각 극한이 존재함을 보여라. 각 경우에 대해 극한을 구하여라.

(a)

$$\lim_{k\to\infty} \int_0^{\pi/2} \sin x \sqrt{\frac{2k}{4k - 3x}}\, dx.$$

(b)

$$\lim_{k\to\infty} \int_{-1}^{1} \left(1 + \frac{x}{k}\right)^k e^x\, dx.$$

(c)

$$\lim_{k\to\infty} \int_0^1 x^2 f\left(\frac{k}{k^2 + x}\right) dx,$$

여기서 f 는 $[0, 1]$ 에서 연속적으로 미분가능이고 $f'(0) > 0$.

(d)

$$\lim_{k\to\infty} \int_0^1 x^3 \cos\left(\frac{\log k + x}{k + x}\right) dx.$$

6 다변수함수의 미분

6.1 미분가능 함수

일차원의 미분가능성은 접선이 존재하여 주어진 함수와의 오차가 충분히 작아짐을 뜻한다. 그런데 접선이란 직선의 형태를 가지게 되는데 이러한 함수는 선형함수의 모양을 가지고 있다. 다변수의 경우에도 이와 비슷하게 미분가능성을 선형함수를 이용하여 정의한다.

정의 6.1 V 는 $\mathbb{R}^n$ *내에서 열린집합,* $\mathbf{a} \in V$ *이고* $f : V \to \mathbb{R}^m$ *이라 하자.* f *가* $\mathbf{a}$ *에서* **미분가능***이라 함은* ($\mathbf{a}$ *에서* f *의* **전미분***이라 부르는) 선형함수* $Df(\mathbf{a}) : \mathbb{R}^n \to \mathbb{R}^m$ *가 존재하여*

$$\lim_{\mathbf{x}\to\mathbf{a}} \frac{f(\mathbf{x}) - f(\mathbf{a}) - Df(\mathbf{a})(\mathbf{x}-\mathbf{a})}{\|\mathbf{x}-\mathbf{a}\|} = \mathbf{0} \tag{6.1}$$

을 만족한다.

$f(\mathbf{x})$, $f(\mathbf{a})$, $Df(\mathbf{a})(\mathbf{x}-\mathbf{a})$ 은 $\mathbb{R}^m$ 내의 벡터이므로 (6.1)의 분자는 $\mathbb{R}^m$ 의 벡터이고 (6.1)의 극한은 벡터들의 극한이다.

정의 6.1 은 주어진 $\varepsilon > 0$ 에 대하여 $\delta > 0$ 이 존재하여

$$\mathbf{x} \in V \text{ 이고 } \|\mathbf{x}-\mathbf{a}\| < \delta \Longrightarrow \|f(\mathbf{x}) - f(\mathbf{a}) - Df(\mathbf{a})(\mathbf{x}-\mathbf{a})\| < \varepsilon\|\mathbf{x}-\mathbf{a}\|$$

와 동치이다. 특히 $\mathbf{x} = \mathbf{a} + \mathbf{h}$ 라 두면 (6.1) 은

$$\lim_{\mathbf{h}\to\mathbf{0}} \frac{f(\mathbf{a}+\mathbf{h}) - f(\mathbf{a}) - Df(\mathbf{a})(\mathbf{h})}{\|\mathbf{h}\|} = \mathbf{0} \tag{6.2}$$

또는 주어진 $\varepsilon > 0$ 에 대하여 $\delta > 0$ 이 존재하여

$$\mathbf{a}+\mathbf{h} \in V \text{ 이고 } \|\mathbf{h}\| < \delta \Longrightarrow \|f(\mathbf{a}+\mathbf{h}) - f(\mathbf{a}) - Df(\mathbf{a})(\mathbf{h})\| < \varepsilon\|\mathbf{h}\|. \tag{6.3}$$

극한의 성질로 부터 다음 정리를 얻는다.

정리 6.1 *f 가 $\mathbf{a}$ 에서 미분가능이면 (6.1) 을 만족하는 유일한 선형함수 $Df(\mathbf{a})$ 가 존재한다.*

증명 $F : \mathbb{R}^n \to \mathbb{R}^m$ 이 선형이고 (6.1) 이 성립한다고 가정하자. 모든 $\mathbf{x} \in \mathbb{R}^n$ 에 대하여 $F(\mathbf{x}) = Df(\mathbf{a})(\mathbf{x})$ 임을 보이자. 먼저 F 와 $Df(\mathbf{a})$ 가 선형이므로 $F(\mathbf{0}) = Df(\mathbf{a})(\mathbf{0}) = \mathbf{0}$. $\mathbf{x} \neq \mathbf{0}$ 라 가정하고 $t > 0$ 에 대하여 $\mathbf{h} = t\mathbf{x}$ 이라 가정하자. 당연히 $t \to 0+$ 일 때 $\mathbf{h} \to \mathbf{0}$. F 와 $Df(\mathbf{a})$ 가 선형이고 (6.1) 을 만족하므로 $t \to 0+$ 일 때 $\mathbf{h} \to \mathbf{0}$ 이고 (6.2) 에 의하여

$$\begin{aligned}\frac{F(\mathbf{x}) - Df(\mathbf{a})(\mathbf{x})}{\|\mathbf{x}\|} &= \frac{tF(\mathbf{x}) - tDf(\mathbf{a})(\mathbf{x})}{t\|\mathbf{x}\|} = \frac{F(\mathbf{h}) - Df(\mathbf{a})(\mathbf{h})}{\|\mathbf{h}\|} \\ &= \frac{F(\mathbf{h}) - f(\mathbf{a}+\mathbf{h}) + f(\mathbf{a})}{\|\mathbf{h}\|} \\ &\quad + \frac{f(\mathbf{a}+\mathbf{h}) - f(\mathbf{a}) - Df(\mathbf{a})(\mathbf{h})}{\|\mathbf{h}\|} \to \mathbf{0}\end{aligned}$$

그러므로 $F(\mathbf{x}) - Df(\mathbf{a})(\mathbf{x}) = \|\mathbf{x}\| \cdot \mathbf{0} = \mathbf{0}$, 즉 $\mathbb{R}^n$ 위에서 $F = Df(\mathbf{a})$. ■

일차원의 경우와 같이 미분가능성은 연속성보다 더 강하다.

정리 6.2 *V 가 $\mathbb{R}^n$ 내에서 열린집합, $\mathbf{a} \in V$ 이고 $f : V \to \mathbb{R}^m$ 이라 하자. 만일 f 가 $\mathbf{a}$ 에서 미분가능이면 f 가 $\mathbf{a}$ 에서 연속이다.*

증명 (6.3) 에 의하여 $\delta > 0$ 를 선택하여

$$\|\mathbf{h}\| < \delta \Longrightarrow \|f(\mathbf{a}+\mathbf{h}) - f(\mathbf{a}) - Df(\mathbf{a})(\mathbf{h})\| < \|\mathbf{h}\|$$

이 성립한다. 삼각 부등식과 정리 5.9 에 의하여

$$\|f(\mathbf{a}+\mathbf{h}) - f(\mathbf{a})\| \leq \|Df(\mathbf{a})(\mathbf{h})\| + \|\mathbf{h}\| \leq (\sqrt{mn}\|Df(\mathbf{a})\|_\infty + 1)\|\mathbf{h}\|.$$

그러므로 $\mathbf{h} \to \mathbf{0}$ 일 때 $f(\mathbf{a}+\mathbf{h}) \to f(\mathbf{a})$ 이다. 즉 f 는 $\mathbf{a}$ 에서 연속이다. ■

더욱이 특정한 방향에 관한 수렴성은 극한의 존재성으로부터 아래 성질을 얻는다.

정리 6.3 *V 가 $\mathbb{R}^n$ 내에서 열린집합, $\mathbf{a} \in V$ 이고 $f : V \to \mathbb{R}^m$ 이라 하자. f 가 $\mathbf{a}$ 에서 미분가능이면 모든 단위벡터 $\mathbf{u} \in \mathbb{R}^n$ 에 대하여 극한*

$$D_{\mathbf{u}}f(\mathbf{a}) := \lim_{t \to 0} \frac{f(\mathbf{a}+t\mathbf{u}) - f(\mathbf{a})}{t} \tag{6.4}$$

이 존재하고

$$D_{\mathbf{u}}f(\mathbf{a}) = Df(\mathbf{a})(\mathbf{u}). \tag{6.5}$$

증명 식 (6.2) 에서 $\mathbf{h} = t\mathbf{u}$ 를 대입하고 $t \to 0$ 이라 두자. 그러면

$$\begin{aligned}\mathbf{0} &= \lim_{t\to 0} \frac{f(\mathbf{a}+t\mathbf{u}) - f(\mathbf{a}) - Df(\mathbf{a})(t\mathbf{u})}{\|t\mathbf{u}\|} \\ &= \lim_{t\to 0} \frac{f(\mathbf{a}+t\mathbf{u}) - f(\mathbf{a})}{t} - Df(\mathbf{a})(\mathbf{u})\end{aligned}$$

이므로 (6.4) 가 만족된다. ■

정리 6.3 에서 (6.4) 의 극한을 점 $\mathbf{a}$ 에서 $\mathbf{u}$ 방향으로 f 의 **방향도함수**라 한다. 특히 $\mathbf{u} = \mathbf{e}_j$ 일 때 $D_{\mathbf{e}_j} f(\mathbf{a})$ 를 j **번째 편도함수**라 하고 $\frac{\partial f}{\partial x_j}(\mathbf{a})$, $f_{x_j}(\mathbf{a})$, $D_j f(\mathbf{a})$ 로 나타낸다. 여기서 $\mathbf{e}_j \in \mathbb{R}^n$ 는 j 번째 성분이 1 이고 나머지 성분은 0 인 단위벡터이다. 즉,

$$\frac{\partial f}{\partial x_j}(\mathbf{a}) = \lim_{h\to 0} \frac{f(\mathbf{a}+h\mathbf{e}_j) - f(\mathbf{a})}{h}. \tag{6.6}$$

따름정리 6.4 *$f : \mathbb{R}^n \to \mathbb{R}^m$ 가 $\mathbf{a}$ 에서 미분가능이고 $\mathbf{u} = (u_1, u_2, \ldots, u_n)$ 이면*

$$D_{\mathbf{u}} f(\mathbf{a}) = \sum_{j=1}^{n} u_j \frac{\partial f}{\partial x_j}(\mathbf{a}). \tag{6.7}$$

여기서 $f = (f_1, f_2, \ldots, f_m)$ 이면 $\partial f / \partial x_j$ 은

$$\frac{\partial f}{\partial x_j}(\mathbf{a}) = \left(\frac{\partial f_1}{\partial x_j}(\mathbf{a}), \ldots, \frac{\partial f_m}{\partial x_j}(\mathbf{a})\right)$$

으로 정의한다.

$m = 1$ 일 때, 벡터

$$\nabla f(\mathbf{a}) - \left(\frac{\partial f}{\partial x_1}(\mathbf{a}), \frac{\partial f}{\partial x_2}(\mathbf{a}), \ldots, \frac{\partial f}{\partial x_n}(\mathbf{a})\right) \tag{6.8}$$

을 사용하면 식 (6.7) 은

$$D_{\mathbf{u}} f(\mathbf{a}) = \nabla f(\mathbf{a}) \cdot \mathbf{u} \tag{6.9}$$

이 된다. 이때 벡터 $\nabla f(\mathbf{a})$ 을 $\mathbf{a}$ 에서 f 의 **그래디언트(gradient)벡터**라고 한다.

따름정리 6.4 로 부터 실함수의 편도함수를 다음과 같이 벡터함수로 확장할 수 있다. V 는 $\mathbb{R}^n$ 의 열린 부분집합이고 $f = (f_1, f_2, \ldots, f_m) : V \to \mathbb{R}^m$ 이고 $j \in \{1, 2, \ldots, n\}$ 이라 하자. 만일 $\mathbf{a} \in V$ 에서 f 의 모든 성분들의 x_j 에 관한 일계 편도함수가 존재하면 x_j 에 관한 f 의 **일계 편도함수**는 벡터값 함수

$$f_{x_j}(\mathbf{a}) := \frac{\partial f}{\partial x_j}(\mathbf{a}) := \left(\frac{\partial f_1}{\partial x_j}(\mathbf{a}), \ldots, \frac{\partial f_m}{\partial x_j}(\mathbf{a})\right)$$

으로 정의한다. 고계 편도함수는 반복적으로 정의한다. 예를 들어 x_j 와 x_k 에 관한 실 및 벡터함수 f 의 **이계 편도함수**가 존재할 때

$$f_{x_j x_k} := \frac{\partial^2 f}{\partial x_k \partial x_j} := \frac{\partial}{\partial x_k}\left(\frac{\partial f}{\partial x_j}\right)$$

으로 정의한다. $j \neq k$ 일 때 이러한 2계 편도함수를 **혼합**이라 한다. 이러한 사실로부터 함수들의 중요한 집합을 도입하자.

정의 6.2 *V 은 $\mathbb{R}^n$ 의 열린집합, $f : V \to \mathbb{R}^m$ 이고 $p \in \mathbb{N}$ 이라 하자.*

(i) *f 가 V 위에서 $\mathcal{C}^p$ 라 함은 계수 $k \leq p$ 인 f 의 각 편도함수가 존재하고 V 위에서 연속이다.*

(ii) *f 이 V 위에서 $\mathcal{C}^\infty$ 라 함은 모든 $p \in \mathbb{N}$ 에 대하여 f 가 V 위에서 $\mathcal{C}^p$ 이다.*

당연히 f 가 V 위에서 $\mathcal{C}^p$ 이고 $q < p$ 이면 f 는 V 위에서 $\mathcal{C}^q$ 이다. 간단히 하기 위해 이 절에서는 $n = 2$ (x_1 을 x 로 x_2 를 y 로 사용) 인 경우에 대하여 모든 결과를 쓰기로 한다. 기호상의 적당한 변화를 주면 이러한 결과들은 $n \in \mathbb{N}$ 에 대하여 성립한다.

따름정리 6.5 *f 가 미분가능이면 f 의 모든 편도함수가 존재한다.*

따라서 주어진 함수가 미분가능하면 함수의 모든 편도함수는 존재한다. 그러면 그 역은 성립할까? 즉, 함수의 모든 편도함수가 존재하면 미분가능할까? 정리 6.2 의 대우명제를 이용하면 미분가능성을 쉽게 판단할 수 있다.

보기 1 함수

$$f(x,y) = \begin{cases} x + y, & x = 0 \text{ 또는 } y = 0 \\ 1, & \text{위의 경우가 아닐 때} \end{cases}$$

의 1 계 편도함수는 $(0,0)$ 에서 존재하지만 f 는 $(0,0)$ 에서 미분가능하지 않다.

증명 $\lim_{x\to 0} f(x,x) = 1 \neq 0 = f(0,0)$ 이므로 f 는 $(0,0)$ 에서 연속이 아니다. 그러므로 f 는 $(0,0)$ 에서 미분가능도 아니다. 한편

$$f_x(0,0) = \lim_{h\to 0} \frac{f(h,0) - f(0,0)}{h} = 1$$

이므로 f 의 1 계 편도함수는 존재한다. 비슷하게 $f_y(0,0) = 1$. ■

보기 1 의 함수는 원점에서 불연속이었으므로 미분가능성이 실패하였다. 이것을 좀더 보강하여 "만일 함수가 연속이고 1 계 편도함수가 존재하면 미분가능이다" 라고 추측하면 보기 2 는 이것 또한 거짓임을 보여 주고 있다.

보기 2 함수

$$f(x,y)=\begin{cases}\dfrac{x^2y-y^3}{x^2+y^2}, & (x,y)\neq(0,0)\\ 0 & (x,y)=(0,0)\end{cases}$$

은 $\mathbb{R}^2$ 의 모든 점에서 연속이고 또한 *1 계 편도함수를 가지지만* f 는 $(0,0)$ 에서 미분가능하지 않다.

증명 분명히 f 는 모든 $(x,y)\neq(0,0)$ 에서 연속이고 1 계 편도함수를 가진다. 그러면 $(0,0)$ 에서 어떤 일이 발생할까? 그런데,

$$|f(x,y)|=\frac{|y||x^2-y^2|}{x^2+y^2}\leq|y|$$

이므로 조임정리로부터 f 는 $(0,0)$ 에서 연속이다. 더구나,

$$\frac{\partial f}{\partial x}(0,0)=\lim_{h\to0}\frac{f(h,0)-f(0,0)}{h}=\lim_{h\to0}\frac{0}{h^3}=0$$

이고

$$\frac{\partial f}{\partial y}(0,0)=\lim_{h\to0}\frac{f(0,h)-f(0,0)}{h}=\lim_{h\to0}\frac{-h^3}{h^3}=-1,$$

이므로 f 의 1 계 편도함수가 존재한다. 마지막으로 만일 f 가 $(0,0)$ 에서 미분가능이라면

$$0=\lim_{(h,k)\to(0,0)}\frac{f(h,k)-f(0,0)-\nabla f(0,0)\cdot(h,k)}{\sqrt{h^2+k^2}}=\lim_{(h,k)\to(0,0)}\frac{2h^2k}{(h^2+k^2)^{3/2}}.$$

그러나 $h\to0+$ 일 때 선로 $h=k$ 을 따라 $\displaystyle\lim_{(h,k)\to(0,0)}\frac{2h^2k}{(h^2+k^2)^{3/2}}$ 의 극한은 $1/\sqrt{2}$ 이므로 위의 등식은 성립하지 않는다. 따라서 f 은 $(0,0)$ 에서 미분가능이 아니다. ■

만일 전미분이 존재하면 전미분은 $\mathbb{R}^n$ 위에서 선형함수이다. 그런데 $\mathbb{R}^n$ 에서 $\mathbb{R}^m$ 로의 선형함수는 $m\times n$ 행렬에 의해 표현될 수 있으므로, $Df(\mathbf{a})$ 는 표현행렬을 가져야 한다. 이 행렬을 계산하기 위한 쉬운 방법이 있을까? 이 질문에 답하기 위해 다음 기호를 도입하자. V 는 $\mathbb{R}^n$ 내의 열린집합이고 $\mathbf{a}\in V$ 라 하자. $\mathbf{a}$ 에서 1 계 편도함수가 존재하는 각 함수 $f:V\to\mathbb{R}^m$ 에 대하여 f 의 **야코비 행렬**은

$$\left(\frac{\partial f_i}{\partial x_j}(\mathbf{a})\right)_{m\times n}=\begin{pmatrix}\frac{\partial f_1}{\partial x_1}(\mathbf{a}) & \cdots & \frac{\partial f_1}{\partial x_n}(\mathbf{a})\\ \vdots & \ddots & \vdots\\ \frac{\partial f_m}{\partial x_1}(\mathbf{a}) & \cdots & \frac{\partial f_m}{\partial x_n}(\mathbf{a})\end{pmatrix}.$$

으로 정의한다. 만일 $\{k_1, k_2, \ldots, k_n\} \subseteq \{1, 2, \ldots, m\}$ 이고 편도함수들이 존재할 때 기호

$$\frac{\partial(f_{k_1}, \ldots, f_{k_n})}{\partial(x_1, \ldots, x_n)} := \det\left(\frac{\partial f_{k_i}}{\partial x_j}(\mathbf{a})\right)_{n\times n} = \begin{vmatrix} \frac{\partial f_{k_1}}{\partial x_1}(\mathbf{a}) & \cdots & \frac{\partial f_{k_1}}{\partial x_n}(\mathbf{a}) \\ \vdots & \ddots & \vdots \\ \frac{\partial f_{k_n}}{\partial x_1}(\mathbf{a}) & \cdots & \frac{\partial f_{k_n}}{\partial x_n}(\mathbf{a}) \end{vmatrix}$$

을 사용하자. $n = m$ 일 때 $\mathbf{a}$ 에서 f 의 **야코비 행렬식**은

$$\Delta_f(\mathbf{a}) := \frac{\partial(f_1, \ldots, f_n)}{\partial(x_1, \ldots, x_n)} := \det\left(\frac{\partial f_i}{\partial x_j}(\mathbf{a})\right)_{n\times n}$$

으로 정의된다.

다음 정리는 f 가 미분가능일 때 f 의 야코비행렬은 f 의 전미분을 표현하는 행렬임을 보여 주고 있다.

정리 6.6 *V 은 $\mathbb{R}^n$ 내에서열린집합, $\mathbf{a} \in V$ 이고 $f : V \to \mathbb{R}^m$ 라 하자. $\mathbf{a}$ 에서 미분가능이면 f 의 일계 편도함수가 $\mathbf{a}$ 에서 존재하고 $\mathbf{a}$ 에서 f 의 전미분 $Df(\mathbf{a})$ 의 표현행렬 $f'(\mathbf{a})$ 은*

$$f'(\mathbf{a}) = \left(\frac{\partial f_i}{\partial x_j}(\mathbf{a})\right)_{m\times n}. \tag{6.10}$$

증명 $B = (b_{ij})_{m\times n}$ 이 $Df(\mathbf{a})$ 의 표현행렬이라 하면 $Df(\mathbf{a})(\mathbf{e}_j) = (b_{1j}, \ldots, b_{mj})$. $1 \le j \le n$ 을 고정하고 어떤 $u > 0$ 에 대하여 $\mathbf{h} = u\mathbf{e}_j$ 라 두자. 등식

$$\frac{f(\mathbf{a}+\mathbf{h}) - f(\mathbf{a}) - Df(\mathbf{a})(\mathbf{h})}{\|\mathbf{h}\|} = \frac{f(\mathbf{a}+u\mathbf{e}_j) - f(\mathbf{a})}{u} - Df(\mathbf{a})(\mathbf{e}_j)$$

에서 $u \to 0+$ 일 때 극한은

$$\lim_{u\to 0+} \frac{f(\mathbf{a}+u\mathbf{e}_j) - f(\mathbf{a})}{u} = Df(\mathbf{a})(\mathbf{e}_j) = (b_{1j}, \ldots, b_{mj}).$$

같은 방법으로 이 몫에 대한 극한은 $u \to 0-$ 일 때도 존재하고 극한값이 $(b_{1j}, \ldots, b_{mj})$ 임을 보일 수 있다. 벡터값 함수가 수렴하기 위한 필요충분 조건은 각 성분함수가 수렴하는 것이므로 $\mathbf{a}$ 에서 x_j 에 관한 각 성분함수 f_i 의 1 계 편도함수는 존재하고 각 $i = 1, 2, \ldots, m$ 에 대하여

$$\frac{\partial f_i}{\partial x_j}(\mathbf{a}) = b_{ij}.$$

특히, $B = f'(\mathbf{a})$ 이다. ■

정리 6.6 은 $\mathbb{R}^n$ 위에서 $Df(\mathbf{a})$ 의 값이

$$Df(\mathbf{a})(\mathbf{h}) = f'(\mathbf{a})\mathbf{h}$$

으로 주어짐을 알 수 있다. 정리 6.6 과 정리 6.1 을 결합하여, V가 $\mathbb{R}^n$ 에서 열린집합, $\mathbf{a} \in V$, $f : V \to \mathbb{R}^m$ 이고 B 가

$$\lim_{\mathbf{h} \to \mathbf{0}} \frac{f(\mathbf{a}+\mathbf{h}) - f(\mathbf{a}) - B\mathbf{h}}{\|\mathbf{h}\|} = \mathbf{0} \tag{6.11}$$

을 만족하는 $m \times n$ 행렬이면 f 는 $\mathbf{a}$ 에서 미분가능이고 $f'(\mathbf{a}) = B$ 임을 보였다. 이것으로부터 **전미분의 유일성**을 언급할 수 있다. 이제부터 $Df(\mathbf{a})$ 를 야코비행렬 f' 과 전미분을 나타내는 데 사용하기로 한다. 이러한 기호의 사용은 고차원의 정리들을 일차원의 정리와 유사한 형태로 표기하려는 데 있다. 따라서 2 장과 3 장의 대부분의 정리들이 f' 대신 Df 또는 ∇f 로 바꾸면 다변수 함수일 때도 성립함을 보이고자 한다.

따름정리 6.5 의 역에 관한 조건을 보여 주고 있다.

정리 6.7 *V 를 $\mathbb{R}^n$ 내에서열린집합, $\mathbf{a} \in V$ 이고 $f : V \to \mathbb{R}^m$ 이라 하자. 만일 f 의 모든 1 계 편도함수가 V 내에서 존재하고 $\mathbf{a}$ 에서 연속이면 f 는 $\mathbf{a}$ 에서 미분가능하다.*

증명 "함수가 수렴하기 위한 필요충분조건은 각 성분함수가 수렴한다"는 사실을 이용하면 $m = 1$ 이라 가정해도 된다.

$$\lim_{\mathbf{h} \to \mathbf{0}} \frac{f(\mathbf{a}+\mathbf{h}) - f(\mathbf{a}) - \nabla f(\mathbf{a}) \cdot \mathbf{h}}{\|\mathbf{h}\|} = 0$$

을 보이면 충분하다. $\mathbf{a} = (a_1, \ldots, a_n)$ 라 두자. $\mathbf{h} = (h_1, \ldots, h_n) \neq \mathbf{0}$ 을 작게 잡아 $\mathbf{a}+\mathbf{h} \in V$ 이 된다고 가정하자. 일차원상의 평균값 정리를 사용하면 a_j 와 $a_j + h_j$ 사이의 수 c_j 를 택하여

$$\begin{aligned} f(\mathbf{a}+\mathbf{h}) - f(\mathbf{a}) &= f(a_1+h_1, \ldots, a_n+h_n) - f(a_1, a_2+h_2, \ldots, a_n+h_n) \\ &\quad + \cdots + f(a_1, \ldots, a_{n-1}, a_n+h_n) - f(a_1, \ldots, a_n) \\ &= \sum_{j=1}^{n} h_j \frac{\partial f}{\partial x_j}(a_1, \ldots, a_{j-1}, c_j, a_{j+1}+h_{j+1}, \ldots, a_n+h_n) \end{aligned}$$

이 성립되게 할 수 있다. 그러므로

$$f(\mathbf{a}+\mathbf{h}) - f(\mathbf{a}) - \nabla f(\mathbf{a}) \cdot \mathbf{h} = \mathbf{h} \cdot \delta \tag{6.12}$$

여기서 $\delta \in \mathbb{R}^n$ 는 각 성분이

$$\delta_j = \frac{\partial f}{\partial x_j}(a_1, \ldots, a_{j-1}, c_j, a_{j+1}+h_{j+1}, \ldots, a_n+h_n) - \frac{\partial f}{\partial x_j}(a_1, \ldots, a_n)$$

인 벡터이다. 그런데 f 의 1 계 편도함수는 $\mathbf{a}$ 에서 연속이므로 $\mathbf{h} \to \mathbf{0}$ 일 때 각 $1 \le j \le n$ 에 대하여 $\delta_j \to 0$, 즉 $\|\delta\| \to 0$. 더구나 코시-슈바르츠 부등식과 (6.12) 에 의하여

$$0 \le \frac{\|f(\mathbf{a}+\mathbf{h}) - f(\mathbf{a}) - \nabla f(\mathbf{a}) \cdot \mathbf{h}\|}{\|\mathbf{h}\|} = \frac{\|\mathbf{h} \cdot \delta\|}{\|\mathbf{h}\|} \le \|\delta\| \tag{6.13}$$

조임정리로부터 (6.13)의 첫번째 몫은 $\mathbf{h} \to \mathbf{0}$ 일 때 0 으로 수렴한다. 따라서 f 는 $\mathbf{a}$ 에서 미분가능하다. ■

만일 f 의 모든 편도함수가 존재하고 점 $\mathbf{a}$ (각각, 열린집합 V)에서 연속이면 f 를 점 $\mathbf{a}$ (각각, 열린집합 V)에서 **연속적으로 미분가능한** 함수라고 부른다. 정리 6.7 에의하면 **모든 연속적으로 미분가능한 함수는 미분가능**이다. 특히 어떤 $1 \le p \le \infty$ 에 대하여 열린집합 V 위에서 $\mathcal{C}^p$ 인 모든 함수는 V 위에서 연속적으로 미분가능이다. 정리 6.7 은 정의 6.1 을 사용하는 것보다 단순할지라도 다음의 예는 정리 6.7을 적용하지 못하고 정의 6.1 을 직접 사용해야 하는 경우이다.

보기 3 함수

$$f(x,y) = \begin{cases} (x^2+y^2)\sin\dfrac{1}{\sqrt{x^2+y^2}}, & (x,y) \ne (0,0) \\ 0, & (x,y) = (0,0) \end{cases}$$

는 $(0,0)$ *에서 미분가능이지만 연속적으로 미분가능은 아니다.*

증명 당연히 f 는 $\mathbb{R}^2 \backslash \{(0,0)\}$ 위에서 $\mathcal{C}^1$ 이고 미분가능이다. f 가 $(0,0)$ 에서 미분가능함을 증명하자. 정의에 의하면

$$f_x(0,0) = \lim_{t\to 0} \frac{f(t,0) - f(0,0)}{t} = \lim_{t \to 0} t \sin\frac{1}{|t|} = 0$$

이고 비슷하게 $f_y(0,0) = 0$ 이다. 그러므로 $(h,k) \to (0,0)$ 일 때

$$\frac{f(h,k) - f(0,0) - \nabla f(0,0) \cdot (h,k)}{\|(h,k)\|} = \sqrt{h^2+k^2}\sin\frac{1}{\sqrt{h^2+k^2}} \to 0$$

이므로 f 이 $(0,0)$ 에서 미분가능이다. 한편 만일 $(x,y) \ne (0,0)$ 이면

$$f_x(x,y) = \frac{-x}{\sqrt{x^2+y^2}} \cos\frac{1}{\sqrt{x^2+y^2}} + 2x\sin\frac{1}{\sqrt{x^2+y^2}}$$

이므로 $x \to 0$ 일 때 $f_x(x,0)$ 은 극한을 가지지 않는다. 따라서 편도함수 f_x 는 $(0,0)$ 에서 연속이 아니다. ■

정리 6.7 와 보기 3 을 결합하면 "**모든 연속적으로 미분가능인 함수는 미분가능이지만 역은 성립하지 않음**"을 알 수 있다.

위의 정리 및 보기들로 부터 함수 f 가 $\mathbf{a}$ 에서의 미분가능성을 결정하기 위해서 다음과 같은 절차가 필요하다.

I. $\mathbf{a}$ 에서 f 의 모든 1 계 편도함수를 구한다.

II. 만일 이것 중에 하나라도 존재하지 않으면 f 는 $\mathbf{a}$ 에서 미분가능하지 않다.

III. 만일 모든 1 계 편도함수가 $\mathbf{a}$ 에서 존재하고 연속이면 f 는 $\mathbf{a}$ 에서 미분가능이다. 만일 1 계 편도함수들 중 하나가 존재하지만 연속이 아니면 정의 6.1 를 직접 사용한다.

일차원의 경우에 대하여 g 가 a 에서 미분가능이면 $g'(a)$ 는 $x = a$ 에서 $y = g(x)$ 에 대한 접선의 기울기이다. 이차원의 경우에 대하여 f가 미분가능이면 $f_x(a,b)$ 와 $f_y(a,b)$ 는 $(x,y) = (a,b)$ 에서 $z = f(x,y)$ 에 대한 접평면의 법벡터를 계산하는데 사용될 수 있다.

참고 1 *V 는 $\mathbb{R}^2$ 의 열린 부분집합이고 $f : V \to \mathbb{R}$ 이 $(a,b) \in V$ 에서 미분가능하다고 가정하자. Π 가 방정식 $F(x,y,z) = d$ 으로 표현된 점 $(a,b,f(a,b))$ 을 지나고 직선 $F(x,b,z) = d$ 이 $x = a$ 에서 곡선 $z = f(x,y)$ 에 대한 접선이고 직선 $F(a,y,z) = d$ 이 $y = b$ 에서 곡선 $z = f(a,y)$ 에 대한 접선인 평면이면*

$$\mathbf{n} = (-f_x(a,b), -f_y(a,b), 1)$$

은 Π 에 법선벡터이고

$$\mathbf{n} \cdot (x-a, y-b, z-f(a,b)) = 0$$

은 Π 의 방정식이다.

증명 f는 (a,b) 에서 미분가능이면 $f(\cdot,b)$ 은 a 에서 미분가능이고 $f(a,\cdot)$ 은 b 에서 미분가능이다. 일변수 미적분학에서 $x = a$ 에서 곡선 $z = f((x,y)$ 에 대한 접선의 기울기는 $f_x(a,b)$ 이다. 그래서 $\mathbf{u} = (1,0,f_x(a,b))$ 은 Π 에 대하여 평행인 벡터이다. 비슷하게 $\mathbf{v} = (0,1,f_y(a,b))$ 도 또한 Π 에 대하여 평행인 벡터이다. 그러므로

$$\mathbf{n} := \mathbf{u} \times \mathbf{v} = (-f_x(a,b), -f_y(a,b), 1)$$

은 Π 에 대하여 수직인 벡터이고

$$\mathbf{n} \cdot (x-a, y-b, z-f(a,b)) = 0$$

Π 의 방정식이다. ■

연습문제 (6.1)

1. 각 함수에 대하여 야코비 행렬 Df를 구하여라.

   (a) $f(x, y) = (\sin x, \sqrt{xy}, \cos y)$

   (b) $f(s, t, u, v) = (st + u^2, uv - s^2)$

   (c) $f(t) = (\log t, 1/(1 + t))$

   (d) $f(r, \theta) = (r\cos\theta, r\sin\theta)$

2. 만일 $f : \mathbb{R} \to \mathbb{R}$ 이 a 에서 미분가능이기 위한 필요충분조건은 선형함수 $\lambda : \mathbb{R} \to \mathbb{R}$ 이 존재하여

$$\lim_{h \to 0} \frac{f(a + h) - f(a) - \lambda(h)}{h} = 0$$

   을 만족한다. (참조: $\lambda : \mathbb{R} \to \mathbb{R}$ 이 선형이기 위한 필요충분조건은 어떤 $m \in \mathbb{R}$ 에 대하여 $\lambda(x) = mx$ 이다.)

3. V 이 $\mathbb{R}^n$ 내에서 열린집합이고 $f, g : V \to \mathbb{R}^m$ 이라 하자.

   (a) $\mathbf{u} = \mathbf{e}_k$ 에 대하여 $D_{\mathbf{u}}f(\mathbf{a})$ 이 존재하기 위한 필요충분조건은 $f_{x_k}(\mathbf{a})$ 이 존재한다. 이 경우

$$D_{\mathbf{e}_k} f(\mathbf{a}) = \frac{\partial f}{\partial x_k}(\mathbf{a}).$$

   (b) f가 모든 방향 $\mathbf{u}$ 에 대한 $\mathbf{a}$ 에서 방향도함수를 가지면 f 의 1 계 편도함수가 $\mathbf{a}$ 에서 존재함을 보여라. 보기 1 을 사용하여 역이 성립하지 않음을 보여라.

   (c) 함수

$$f(x, y) = \begin{cases} \dfrac{x^2 y}{x^4 + y^2} & y \neq 0, \\ 0 & y = 0 \end{cases}$$

   이 $(0, 0)$ 에서 모든 방향 $\mathbf{u}$ 에 대하여 방향도함수가 존재하지만 f 는 $(0, 0)$ 에서 연속도 미분가능도 아님을 보여라.

4. $f = (f_1, \ldots, f_m)$ 이 점 $\mathbf{a} \in \mathbb{R}^n$ 에서 미분가능이기 위한 필요충분조건은 $j = 1, 2, \ldots, m$ 에 대하여 성분함수 f_j 들이 $\mathbf{a}$ 에서 미분가능임을 증명하여라.

5. I 는 열린구간, $a \in I$ 이고 $f, g : I \to \mathbb{R}^m$ 이라 하자.

(a) f 가 a 에서 미분가능이기 위한 필요충분조건은

$$f'(a) = \lim_{h \to 0} \frac{f(a+h) - f(a)}{h}$$

이 존재함을 증명하여라. 모든 스칼라 α 에 대하여 $(\alpha f)'(a) = \alpha f'(a)$ 임을 증명하여라.

(b) f 와 g 가 a 에서 미분가능이면

$$(f+g)'(a) = f'(a) + g'(a) \text{ 이고 } (f \cdot g)'(a) = g(a) \cdot f'(a) + f(a) \cdot g'(a).$$

(c) J 를 열린구간, $b \in J$, $h : J \to \mathbb{R}$ 이고 $a = h(b)$ 이라 하자. f 가 a 에서 미분가능이고 h 가 b 에서 미분가능이면

$$(f \circ h)'(b) = h'(b) f'(h(b)).$$

6. α 는 스칼라, V 는 $\mathbb{R}^n$ 내의 열린집합, $\mathbf{a} \in V$, $f, g : V \to \mathbb{R}^m$ 라 하고 $\mathbf{a}$ 에서 f 와 g 의 모든 1 계 편도함수가 존재한다고 가정하자.

(a) 야코비 행렬 $D(f+g)$ 와 $D(\alpha f)$ 는

$$D(f+g)(\mathbf{a}) = Df(\mathbf{a}) + Dg(\mathbf{a}) \text{ 이고 } D(\alpha f)(\mathbf{a}) = \alpha Df(\mathbf{a})$$

을 만족함을 증명하여라.

(b) 야코비 행렬 $D(f \cdot g)$ 는

$$D(f \cdot g)(\mathbf{a}) = f(\mathbf{a}) Dg(\mathbf{a}) + g(\mathbf{a}) Df(\mathbf{a})$$

을 만족함을 증명하여라. $f(x,y,z) = (x^2, y^2)$ 이고 $g(x,y,z) = (xyz, x+y+z)$ 인 경우에 위의 등식을 표현하여라.

7. $f(x,y) = \sqrt{|xy|}$ 는 $(0,0)$ 에서 미분가능이 아님을 증명하여라.

8. 함수

$$f(x,y) = \begin{cases} \dfrac{x^2+y^2}{\sin\sqrt{x^2+y^2}} & 0 < \|(x,y)\| < \pi, \\ 0 & (x,y) = (0,0) \end{cases}$$

는 $(0,0)$ 에서 미분가능이 아님을 증명하여라.

9. $r > 0$, $f : B_r(\mathbf{0}) \to \mathbb{R}$ 이고 모든 $\mathbf{x} \in B_r(\mathbf{0})$ 에 대하여 $|f(\mathbf{x})| \le \|\mathbf{x}\|^\alpha$ 를 만족하는 $\alpha > 1$ 가 존재한다고 가정하자. f 는 $\mathbf{0}$ 에서 미분가능임을 증명하여라. $\alpha = 1$ 일 때 어떻게 되는가?

10. 만일 $\alpha > 1/2$ 이면

$$f(x,y) = \begin{cases} (xy)^\alpha \log(x^2+y^2) & (x,y) \neq (0,0), \\ 0 & (x,y) = (0,0) \end{cases}$$

는 $(0,0)$ 에서 미분가능임을 증명하여라.

11. 함수

$$f(x,y) = \begin{cases} \dfrac{x^4+y^4}{(x^2+y^2)^\alpha} & (x,y) \neq (0,0) \\ 0 & (x,y) = (0,0) \end{cases}$$

는 모든 $\alpha < 3/2$ 에 대하여 $(0,0)$ 에서 미분가능임을 증명하여라.

6.2 미분가능성에 관한 정리

앞 절에서는 주어진 함수가 미분가능할 필요충분조건을 논하였다. 이 절에서는 함수의 미분가능에 관한 특성 및 성질에 관하여 살펴본다.

정리 6.8 *V는 $\mathbb{R}^n$ 내의 열린집합, $\mathbf{a} \in V$ 이고 $f : V \to \mathbb{R}^m$ 이라 하자. f 의 모든 1 계 편도함수가 $\mathbf{a}$ 에서 존재하면 f 가 $\mathbf{a}$ 에서 미분가능이기 위한 필요충분조건은 함수 $\varepsilon : \mathbb{R}^n \to \mathbb{R}^m$ 이 존재하여 $\mathbf{h} \to \mathbf{0}$ 일 때 $\varepsilon(\mathbf{h}) \to \mathbf{0}$ 이고 충분히 작은 $\mathbf{h}$ 에 대하여*

$$f(\mathbf{a}+\mathbf{h}) - f(\mathbf{a}) = Df(\mathbf{a})(\mathbf{h}) + \|\mathbf{h}\|\varepsilon(\mathbf{h}) \tag{6.14}$$

을 만족한다. $\|\mathbf{h}\| < r$ 에 대하여 (6.14) 를 만족하는 r 이 존재한다.

증명 $r > 0$ 을 선택하여 $B_r(\mathbf{a}) \subset V$ 을 만족하도록 한다. f가 미분가능이면 $0 < \|\mathbf{h}\| < r$ 에 대하여

$$\varepsilon(\mathbf{h}) = \frac{f(\mathbf{a}+\mathbf{h}) - f(\mathbf{a}) - Df(\mathbf{a})(\mathbf{h})}{\|\mathbf{h}\|} \tag{6.15}$$

라 두고 그외에 대하여는 $\varepsilon(\mathbf{h}) = \mathbf{0}$ 라 두자. 분명히 $\mathbf{h} = \mathbf{0}$ 에 대하여는 (6.14) 가 성립한다. $0 < \|\mathbf{h}\| < r$ 에 대하여 (6.15) 에 의하여 (6.14) 가 성립한다. 그리고 정의 6.1 에 의하여 $\mathbf{h} \to \mathbf{0}$ 일 때 $\varepsilon(\mathbf{h}) \to \mathbf{0}$.

역으로 $0 < \|\mathbf{h}\| < r$ 에 대하여 (6.14) 가 성립한다고 가정하면 $0 < \|\mathbf{h}\| < r$ 에 대하여 (6.15) 가 성립한다. 그런데 $\mathbf{h} \to \mathbf{0}$ 일 때 $\varepsilon(\mathbf{h}) \to \mathbf{0}$ 이므로 f 가 $\mathbf{a}$ 에서 미분가능이다. ■

정리 6.9 *$F : \mathbb{R}^n \to \mathbb{R}^m$ 가 선형이면 F 는 $\mathbb{R}^n$ 위의 모든 점에서 미분가능이고 $DF(\mathbf{a}) = F$ 이다. B 가 F의 표현행렬이면 모든 $\mathbf{a} \in \mathbb{R}^n$ 에 대하여 $F'(\mathbf{a}) = B$ 이다.*

증명 F 는 선형이므로 임의의 $\mathbf{h} \in \mathbb{R}^n$ 에 대하여

$$F(\mathbf{a}+\mathbf{h}) - F(\mathbf{a}) = F(\mathbf{h}).$$

그러므로 $\varepsilon(\mathbf{h}) := \mathbf{0}$ 을 정리 6.8 에 적용하면 모든 $\mathbf{a} \in \mathbb{R}^n$ 에 대하여 $DF(\mathbf{a}) = F$ 이다.

■

다음 정리는 함수의 합, 스칼라 곱, 함수의 곱(벡터함수의 경우, 내적) 의 미분을 다룬 것이다.

정리 6.10 *V 는 $\mathbb{R}^n$ 내의 열린집합, $\mathbf{a} \in V$, α 는 스칼라, $f, g : V \to \mathbb{R}^m$ 라 하자. 만일 f 와 g 가 $\mathbf{a}$ 에서 미분가능이면 $f+g$, αf, $f \cdot g$ 도 또한 미분가능이다. 실제로*

$$D(f+g)(\mathbf{a}) = Df(\mathbf{a}) + Dg(\mathbf{a}), \tag{6.16}$$

$$D(\alpha f)(\mathbf{a}) = \alpha Df(\mathbf{a}), \tag{6.17}$$

$$D(f \cdot g)(\mathbf{a}) = g(\mathbf{a})Df(\mathbf{a}) + f(\mathbf{a})Dg(\mathbf{a}). \tag{6.18}$$

(식 (6.18) 에 나타난 곱 gDf 와 fDg 은 행렬곱을 나타낸다.)

증명 이러한 법칙의 증명은 비슷하다. 여기서는 식 (6.18) 만 증명하도록 하자.

$$B = g(\mathbf{a})Df(\mathbf{a}) + f(\mathbf{a})Dg(\mathbf{a}) \tag{6.19}$$

라 두자. $g(\mathbf{a})$ 와 $f(\mathbf{a})$ 는 $1 \times m$ 행렬이고 $Df(\mathbf{a})$ 와 $Dg(\mathbf{a})$ 는 $m \times n$ 행렬이므로 B 는 $1 \times n$ 행렬이고 이것은 $D(f \cdot g)$ 의 우변의 크기와 같다. 전미분의 유일성에 의하여

$$\lim_{\mathbf{h} \to \mathbf{0}} \frac{(f \cdot g)(\mathbf{a}+\mathbf{h}) - (f \cdot g)(\mathbf{a}) - B\mathbf{h}}{\|\mathbf{h}\|} = 0$$

이 성립함을 보이면 충분하다.

함수 $\varepsilon, \delta : \mathbb{R}^n \to \mathbb{R}^m$ 을 선택하여 $\mathbf{h} \to \mathbf{0}$ 일 때 $\varepsilon(\mathbf{h}), \delta(\mathbf{h}) \to 0$ 이고 충분히 작은 $\mathbf{h}$ 에 대하여

$$f(\mathbf{a}+\mathbf{h}) - f(\mathbf{a}) = Df(\mathbf{a})(\mathbf{h}) + \|\mathbf{h}\|\varepsilon(\mathbf{h}), \quad g(\mathbf{a}+\mathbf{h}) - g(\mathbf{a}) = Dg(\mathbf{a})(\mathbf{h}) + \|\mathbf{h}\|\delta(\mathbf{h})$$

이 되게 하자. 식 (6.19) 에 의하면

$$\begin{aligned}
&(f\cdot g)(\mathbf{a}+\mathbf{h}) - (f\cdot g)(\mathbf{a}) - B\mathbf{h} \\
=&(f\cdot g)(\mathbf{a}+\mathbf{h}) - (f\cdot g)(\mathbf{a}) - g(\mathbf{a})Df(\mathbf{a})(\mathbf{h}) - f(\mathbf{a})Dg(\mathbf{a})(\mathbf{h}) \\
=&(f(\mathbf{a}+\mathbf{h}) - f(\mathbf{a}) - Df(\mathbf{a})(\mathbf{h}))\cdot g(\mathbf{a}+\mathbf{h}) \\
&+ (Df(\mathbf{a})(\mathbf{h}))\cdot(g(\mathbf{a}+\mathbf{h}) - g(\mathbf{a})) \\
&+ f(\mathbf{a})\cdot(g(\mathbf{a}+\mathbf{h}) - g(\mathbf{a}) - Dg(\mathbf{a})(\mathbf{h})) \\
=:&T_1(\mathbf{h}) + T_2(\mathbf{h}) + T_3(\mathbf{h}).
\end{aligned}$$

전미분의 유일성에 의하여 $j = 1,2,3$ 에 대하여 $\mathbf{h} \to \mathbf{0}$ 일 때 $T_j(\mathbf{h})/\|\mathbf{h}\| \to 0$ 임을 보여야 한다. $T_1(\mathbf{h})$ 을 평가하기 위해 코시–슈바르츠 부등식과 ε 의 선택을 이용하면

$$\begin{aligned}
|T_1(\mathbf{h})| &\le \|f(\mathbf{a}+\mathbf{h}) - f(\mathbf{a}) - Df(\mathbf{a})(\mathbf{h})\|\|g(\mathbf{a}+\mathbf{h})\| \\
&= \|\mathbf{h}\|\|\varepsilon(\mathbf{h})\|\|g(\mathbf{a}+\mathbf{h})\|.
\end{aligned}$$

그런데 g 는 $\mathbf{a}$ 에서 연속이고 $\mathbf{h} \to \mathbf{0}$ 일 때 $\varepsilon(\mathbf{h}) \to \mathbf{0}$ 이므로 $\mathbf{h} \to \mathbf{0}$ 일 때 $|T_1(\mathbf{h})|/\|\mathbf{h}\| \to 0$. 비슷하게 $\mathbf{h} \to \mathbf{0}$ 일 때 $|T_3(\mathbf{h})|/\|\mathbf{h}\| \to 0$. $T_2(\mathbf{h})$ 을 평가하기 위해 코시–슈바르츠 부등식과 정리 5.9 를 이용하면

$$\begin{aligned}
|T_2(\mathbf{h})| &\le \|Df(\mathbf{a})(\mathbf{h})\|\|g(\mathbf{a}+\mathbf{h}) - g(\mathbf{a})\| \\
&= \sqrt{mn}\|\mathbf{h}\|\|Df(\mathbf{a})\|_\infty\|g(\mathbf{a}+\mathbf{h}) - g(\mathbf{a})\|.
\end{aligned}$$

따라서 $\mathbf{h} \to \mathbf{0}$ 일 때 $|T_2(\mathbf{h})|/\|\mathbf{h}\| \le \sqrt{mn}\|Df(\mathbf{a})\|_\infty\|g(\mathbf{a}+\mathbf{h}) - g(\mathbf{a})\| \to 0$. 그러므로 $f\cdot g$ 는 $\mathbf{a}$ 에서 미분가능하고 도함수는 B 이다. ■

다음은 고차원 함수의 연쇄법칙이다.

정리 6.11 (연쇄법칙) *V 는 $\mathbb{R}^n$ 내의 열린집합, U 는 $\mathbb{R}^m$ 내의 열린집합, $g : V \to \mathbb{R}^m$, $f : U \to \mathbb{R}^p$, $\mathbf{a} \in V$, $g(\mathbf{a}) \in U$ 라 하자. 만일 g 가 $\mathbf{a}$ 에서 미분가능이고 f 가 $g(\mathbf{a})$ 에서 미분가능이면 $f \circ g$ 가 $\mathbf{a}$ 에서 미분가능이고*

$$D(f\circ g)(\mathbf{a}) = Df(g(\mathbf{a})) \circ Dg(\mathbf{a}), (f\circ g)'(\mathbf{a}) = f'(g(\mathbf{a}))g'(\mathbf{a}) \tag{6.20}$$

증명 다음 식

$$\lim_{\mathbf{h}\to\mathbf{0}} \frac{f(g(\mathbf{a}+\mathbf{h})) - f(g(\mathbf{a})) - Df(g(\mathbf{a}))\circ Dg(\mathbf{a})(\mathbf{h})}{\|\mathbf{h}\|} = \mathbf{0} \tag{6.21}$$

임을 보이자. $\mathbf{b} = g(\mathbf{a})$ 라 두자. 함수 $\varepsilon : \mathbb{R}^n \to \mathbb{R}^m$ 이고 $\delta : \mathbb{R}^m \to \mathbb{R}^p$ 를 선택하여 $\mathbf{h}\to\mathbf{0}$ 일 때 $\varepsilon(\mathbf{h})\to\mathbf{0}$, $\mathbf{k}\to\mathbf{0}$ 일 때 $\delta(\mathbf{h})\to\mathbf{0}$ 이고 충분히 작은 $\mathbf{h}$ 와 $\mathbf{k}$ 에 대하여

$$g(\mathbf{a}+\mathbf{h}) - g(\mathbf{a}) = Dg(\mathbf{a})(\mathbf{h}) + \|\mathbf{h}\|\varepsilon(\mathbf{h}) \tag{6.22}$$

$$f(\mathbf{b}+\mathbf{k}) - f(\mathbf{b}) = Df(\mathbf{b})(\mathbf{k}) + \|\mathbf{k}\|\delta(\mathbf{k}) \tag{6.23}$$

이 성립한다. $\mathbf{h}\neq\mathbf{0}$ 을 고정하고 $\mathbf{k} = g(\mathbf{a}+\mathbf{h}) - g(\mathbf{a})$ 라 두자. 식 (6.22) 와 (6.23) 에 의하여

$$\begin{aligned} f(g(\mathbf{a}+\mathbf{h})) - f(g(\mathbf{a})) &= f(\mathbf{b}+\mathbf{k}) - f(\mathbf{b}) = Df(\mathbf{b})(\mathbf{k}) + \|\mathbf{k}\|\delta(\mathbf{k}) \\ &= Df(\mathbf{b})[Dg(\mathbf{a})(\mathbf{h}) + \|\mathbf{h}\|\varepsilon(\mathbf{h})] + \|\mathbf{k}\|\delta(\mathbf{k}) \end{aligned}$$

이므로

$$\begin{aligned} f(g(\mathbf{a}+\mathbf{h})) - f(g(\mathbf{a})) - Df(g(\mathbf{a}))[Dg(\mathbf{a})(\mathbf{h})] &= \|\mathbf{h}\|Df(\mathbf{b})\varepsilon(\mathbf{h}) + \|\mathbf{k}\|\delta(\mathbf{k}) \\ &:= T_1(\mathbf{h}) + T_1(\mathbf{h}). \end{aligned}$$

전미분의 유일성에 의하여 $j = 1, 2$ 에 대하여 $\mathbf{h}\to\mathbf{0}$ 일 때 $|T_j(\mathbf{h})|/\|\mathbf{h}\|\to\mathbf{0}$ 을 보이면 충분하다. 그런데 $\mathbf{h}\to\mathbf{0}$ 일 때 $\varepsilon(\mathbf{h})\to\mathbf{0}$ 이므로 $\mathbf{h}\to\mathbf{0}$ 일 때 $|T_1(\mathbf{h})|/\|\mathbf{h}\|\to\mathbf{0}$ 은 당연하다. 한편 식 (6.22) 와 정리 5.9 에 의해

$$\begin{aligned} \|\mathbf{k}\| = \|g(\mathbf{a}+\mathbf{h}) - g(\mathbf{a})\| &= \|Dg(\mathbf{a})(\mathbf{h}) + \|\mathbf{h}\|\varepsilon(\mathbf{h})\| \\ &\le \sqrt{mn}\|\mathbf{h}\|(\|Dg(\mathbf{a})\|_\infty + \|\varepsilon(\mathbf{h})\|). \end{aligned}$$

따라서 충분히 작은 $\mathbf{h}$ 에 대하여 $\frac{\|\mathbf{k}\|}{\|\mathbf{h}\|}$ 은 유계이다. 그런데 $\mathbf{h}\to\mathbf{0}$ 일 때 $\mathbf{k}\to\mathbf{0}$ (그러므로 $\delta(\mathbf{h})\to\mathbf{0}$) 이므로 $\mathbf{h}\to\mathbf{0}$ 일 때 $\|T_2(\mathbf{h})|/\|\mathbf{h}\| = (\|\mathbf{k}\|/\|\mathbf{h}\|)\|\delta(\mathbf{k})\|\to 0$. 그러므로 $f\circ g$ 가 $\mathbf{a}$ 에서 미분가능이고 도함수는 $Df(g(\mathbf{a}))\circ Dg(\mathbf{a})$ 이다. ■

보기 1 $F, G, H : \mathbb{R}^2\to\mathbb{R}$ 이 미분가능이라 하자. 만일 $z = F(x,y)$, $x = G(r,\theta)$, $y = H(r,\theta)$ 이면

$$\frac{\partial z}{\partial r} = \frac{\partial z}{\partial x}\frac{\partial x}{\partial r} + \frac{\partial z}{\partial y}\frac{\partial y}{\partial r}, \qquad \frac{\partial z}{\partial \theta} = \frac{\partial z}{\partial x}\frac{\partial x}{\partial \theta} + \frac{\partial z}{\partial y}\frac{\partial y}{\partial \theta}.$$

풀이 $z = \psi(r,\theta) = F(G(r,\theta), H(r,\theta))$ 이고 $\phi = (H, G)$ 라 하자. 정의에 의하면

$$DF = \begin{pmatrix} \dfrac{\partial z}{\partial x} & \dfrac{\partial z}{\partial y} \end{pmatrix},$$

$$D\psi = \begin{pmatrix} \dfrac{\partial z}{\partial r} & \dfrac{\partial z}{\partial \theta} \end{pmatrix},$$

$$D\phi = \begin{pmatrix} \dfrac{\partial x}{\partial r} & \dfrac{\partial x}{\partial \theta} \\ \dfrac{\partial y}{\partial r} & \dfrac{\partial x}{\partial \theta} \end{pmatrix}$$

그런데 $\psi = F \circ \phi$ 이므로 연쇄법칙으로부터

$$\begin{aligned} \begin{pmatrix} \dfrac{\partial z}{\partial r} & \dfrac{\partial z}{\partial \theta} \end{pmatrix} &= \begin{pmatrix} \dfrac{\partial z}{\partial x} & \dfrac{\partial z}{\partial y} \end{pmatrix} \begin{pmatrix} \dfrac{\partial x}{\partial r} & \dfrac{\partial x}{\partial \theta} \\ \dfrac{\partial y}{\partial r} & \dfrac{\partial x}{\partial \theta} \end{pmatrix} \\ &= \begin{pmatrix} \dfrac{\partial z}{\partial x}\dfrac{\partial x}{\partial r} + \dfrac{\partial z}{\partial y}\dfrac{\partial y}{\partial r} & \dfrac{\partial z}{\partial x}\dfrac{\partial x}{\partial \theta} + \dfrac{\partial z}{\partial y}\dfrac{\partial y}{\partial \theta} \end{pmatrix}. \end{aligned}$$

보기 2 $f : \mathbb{R}^3 \to \mathbb{R}$ 이고 $\phi, \psi, \sigma : \mathbb{R} \to \mathbb{R}$ 이 미분가능이라 하자. 만일 $w = f(x, y, z)$, $x = \phi(t)$, $y = \psi(t)$, $z = \sigma(t)$ 이면

$$\frac{dw}{dt} = \frac{\partial w}{\partial x}\frac{dx}{dt} + \frac{\partial w}{\partial y}\frac{dy}{dt} + \frac{\partial w}{\partial z}\frac{dz}{dt}$$

임을 보여라.

풀이 $w = G(t) := f(\phi(t), \psi(t), \sigma(t))$ 이고 $g := (\phi, \psi, \sigma)$ 라 하자. 정의에 의하면

$$Df = \begin{pmatrix} \dfrac{\partial w}{\partial x} & \dfrac{\partial w}{\partial y} & \dfrac{\partial w}{\partial z} \end{pmatrix},$$

$$Dg = \begin{pmatrix} dx/dt \\ dy/dt \\ dz/dt \end{pmatrix} \text{ 이고 } DG = \begin{bmatrix} \dfrac{dw}{dt} \end{bmatrix}.$$

$G = f \circ g$ 이므로 연쇄법칙으로부터

$$\begin{bmatrix} \dfrac{dw}{dt} \end{bmatrix} = \begin{pmatrix} \dfrac{\partial w}{\partial x} & \dfrac{\partial w}{\partial y} & \dfrac{\partial w}{\partial z} \end{pmatrix} \begin{pmatrix} dx/dt \\ dy/dt \\ dz/dt \end{pmatrix} = \begin{pmatrix} \dfrac{\partial w}{\partial x}\dfrac{dx}{dt} + \dfrac{\partial w}{\partial y}\dfrac{dy}{dt} + \dfrac{\partial w}{\partial z}\dfrac{dz}{dt} \end{pmatrix}.$$

연습문제 (6.2)

1. V 는 $\mathbb{R}^n$ 내의 열린집합, $\mathbf{a} \in V$, $f : V \to \mathbb{R}$ 라 하고 f 는 $\mathbf{a}$ 에서 미분가능이라고 가정하자.

   (a) 만일 $\nabla f(\mathbf{a}) \neq \mathbf{0}$ 이고 θ 는 $\mathbf{u}$ 와 $\nabla f(\mathbf{a})$ 사이각을 나타낸다고 하면 $D_{\mathbf{u}} f(\mathbf{a}) = \|\nabla f(\mathbf{a})\| \cos\theta$ 를 증명하여라.

   (b) $\mathbf{u}$ 가 $\mathbb{R}^n$ 내의 모든 단위 벡터를 움직일 때 $D_{\mathbf{u}} f(\mathbf{a})$ 의 최대값은 $\|\nabla f(\mathbf{a})\|$ 이고 $\mathbf{u}$ 가 $\|\nabla f(\mathbf{a})\|$ 에 평행일 때 발생한다.

2. $U \subset \mathbb{R}^2$ 은 원점근방이고 함수 $f : U \to \mathbb{R}$ 는

$$f(x,y) = \begin{cases} \dfrac{x^2 y\sqrt{x^2+y^2}}{x^4+y^2}, & (x,y) \neq (0,0), \\ 0, & (x,y) = (0,0) \end{cases}$$

   으로 정의되었다고 하자. 다음 물음에 답하여라.

   (a) f 는 원점에서 연속임을 보여라.

   (b) 원점에서 f 의 방향도함수를 구하여라.

   (c) f 는 원점에서 미분가능한가?

3. $U \subset \mathbb{R}^2$ 은 원점근방이고 함수 $f : U \to \mathbb{R}$ 는

$$f(x,y) = \begin{cases} \dfrac{xy}{x^2+y}, & (x,y) \neq (0,0), \\ 0, & (x,y) = (0,0). \end{cases}$$

   으로 정의되었다고 하자. 다음 물음에 답하여라.

   (a) f 는 원점에서 연속임을 보여라.

   (b) 원점에서 f 의 방향도함수를 구하여라.

   (c) f 는 원점에서 미분가능한가?

4. 함수

$$f(x,y) = \begin{cases} \dfrac{(xy)^2}{\sqrt{x^2+y^2}}, & (x,y) \neq (0,0), \\ 0, & (x,y) = (0,0). \end{cases}$$

이 원점에서 미분가능임을 보여라.

5. 함수

$$f(x,y) = \begin{cases} \dfrac{xy}{\sqrt{x^2+y^2}}, & (x,y) \neq (0,0) \\ 0 & (x,y) = (0,0). \end{cases}$$

의 원점에서 미분가능성을 조사하여라.

6. 다음 함수의 야코비 행렬을 구하여라.

(a) $f(x,y) = \sin(x^2+y^3)$

(b) $f(x,y,z) = (z\sin x, z\sin y)$

(c) $f(x,y,z) = x^{y+z}$

(d) $f(x,y,z) = (z^{xy}, x^2, \tan(xyz))$

(e) $f(x,y) = (\sin(xy), \cos(xy), x^2y^2)$

7. $F : \mathbb{R}^3 \to \mathbb{R}$ 이고 $f, g, h : \mathbb{R}^2 \to \mathbb{R}$ 이 $\mathcal{C}^2$ 함수라 한다. $w = F(x,y,z)$, 여기서 $x = f(p,q)$, $y = g(p,q)$, $z = h(p,q)$, 이면 w_p, w_q, w_{pp} 에 대한 공식을 구하여라.

8. $r > 0, \mathbf{a} \in \mathbb{R}^n$ $g : B_r(\mathbf{a}) \to \mathbb{R}^m$ 이 $\mathbf{a}$ 에서 미분가능이라 하자.

(a) 만일 $f : B_r(g(\mathbf{a})) \to \mathbb{R}$ 가 $g(\mathbf{a})$ 에서 미분가능이면 $h = f \circ g$ 의 편도함수들은 $j = 1, 2, \ldots, n$ 에 대하여

$$\frac{\partial h}{\partial x_j}(\mathbf{a}) = \nabla f(g(\mathbf{a})) \cdot \frac{\partial g}{\partial x_j}(\mathbf{a})$$

로 주어짐을 증명하여라.

(b) $n = m$ 이고 $f : B_r(g(\mathbf{a})) \to \mathbb{R}^n$ 가 $g(\mathbf{a})$ 에서 미분가능이면 $\Delta_{f\circ g}(\mathbf{a}) = \Delta_f(g(\mathbf{a}))\Delta_g(\mathbf{a})$ 을 증명하여라.

9. $f, g : \mathbb{R} \to \mathbb{R}$ 가 두 번 미분가능하다고 하자. $u(x,y) := f(xy)$ 이

$$x\frac{\partial u}{\partial x} - y\frac{\partial u}{\partial y} = 0$$

을 만족하고 $v(x,y) := f(x-y) + g(x+y)$ 이 **파동방정식**

$$\frac{\partial^2 v}{\partial x^2} - \frac{\partial^2 v}{\partial y^2} = 0$$

을 만족함을 보여라.

10. $u : \mathbb{R} \to [0, \infty)$ 이 미분가능이라 하자. $F(x,y,z) := u(\sqrt{x^2+y^2+z^2})$ 는

$$u'(\sqrt{x^2+y^2+z^2}) = \left(\left(\frac{\partial F}{\partial x}\right)^2 + \left(\frac{\partial F}{\partial y}\right)^2 + \left(\frac{\partial F}{\partial z}\right)^2\right)^{1/2}$$

을 만족함을 증명하여라.

11. 함수

$$u(x,t) = \frac{e^{-x^2/4t}}{\sqrt{4\pi t}}, \qquad t > 0,\ x \in \mathbb{R}$$

라 하자.

(a) u 가 모든 $t > 0$ 와 $x \in \mathbb{R}$ 에 대하여 **열방정식** $u_t - u_{xx} = 0$ 을 만족함을 보여라.

(b) 만일 $a > 0$ 이면 $x \in [a, \infty)$ 에 대하여 고르게 $t \to 0+$ 일 때 $u(x,t) \to 0+$ 임을 증명하여라.

12. I 이 열린구간이고 $f : I \to \mathbb{R}^m$ 이 I 위에서 미분가능하다고 가정하자. 만일 어떤 고정된 $r > 0$ 에 대하여 $f(I) \subseteq \partial B_r(\mathbf{0})$ 이면 모든 $t \in I$ 에 대하여 $f(t)$ 은 $f'(t)$ 에 대하여 수직임을 증명하여라.

13. $z = F(x,y)$ 는 (a,b) 에서 미분가능, $F_y(a,b) \neq 0$, I 는 a 를 포함하는 열린구간이라 하자. 만일 $f : I \to \mathbb{R}$ 가 a 에서 미분가능이고 모든 $x \in I$ 에 대하여 $F(x, f(x)) = 0$ 이면

$$\frac{df}{dx}(a) = \frac{-\dfrac{\partial F}{\partial x}(a,b)}{\dfrac{\partial F}{\partial y}(a,b)}$$

임을 증명하여라.

14. $r > 0$, $(a,b) \in \mathbb{R}^2$, $f : B_r(a,b) \to \mathbb{R}$, 이고 1 계 편도함수 f_x 와 f_y 가 $B_r(a,b)$ 내에서 존재하고 점 (a,b) 에서 미분가능이라 가정하자.

(a) $\Delta(h) = f(a+h, b+h) - f(a+h, b) - f(a, b+h) + f(a,b)$ 라 두고 충분히 작은 h 와 어떤 $t \in (0,1)$ 에 대하여

$$\begin{aligned}\frac{\Delta(h)}{h} = \;& f_y(a+h, b+th) - f_y(a,b) - \nabla f_y(a,b) \cdot (h, th) \\ & -(f_y(a, b+th) - f_y(a,b) - \nabla f_y(a,b) \cdot (0, th)) + h f_{yx}(a,b)\end{aligned}$$

임을 증명하여라.

(b) $\lim_{h \to 0} \frac{\Delta(h)}{h^2} = f_{yx}(a, b)$ 임을 증명하여라.

(c) $\frac{\partial^2 f}{\partial x \partial y}(a, b) = \frac{\partial^2 f}{\partial y \partial x}(a, b)$ 임을 증명하여라.

15. $f, g : \mathbb{R}^2 \to \mathbb{R}$ 가 미분가능이고 $\mathbb{R}^2$ 에서 코시-리만 방정식

$$\frac{\partial f}{\partial x} = \frac{\partial g}{\partial y}, \qquad \frac{\partial f}{\partial y} = -\frac{\partial g}{\partial x}$$

이 성립한다 하자. 만일 $u(r, \theta) = f(r\cos\theta, r\sin\theta)$, 이고 $v(r, \theta) = g(r\cos\theta, r\sin\theta)$, 이면

$$\frac{\partial u}{\partial r} = \frac{1}{r}\frac{\partial v}{\partial \theta}, \qquad \frac{\partial v}{\partial r} = -\frac{1}{r}\frac{\partial u}{\partial \theta}$$

이 성립함을 증명하여라.

16. $f : \mathbb{R}^2 \to \mathbb{R}$ 가 $\mathbb{R}^2$ 에서 $\mathcal{C}^2$ 이고 $u(r, \theta) = f(r\cos\theta, r\sin\theta)$ 라 두자. f 가 라플라스 방정식 $\frac{\partial^2 f}{\partial x^2} + \frac{\partial^2 f}{\partial y^2} = 0$ 을 만족하면

$$\frac{1}{r^2}\frac{\partial^2 u}{\partial \theta^2} + \frac{1}{r}\frac{\partial u}{\partial r} + \frac{\partial^2 u}{\partial r^2} = 0$$

을 증명하여라.

6.3 평균값 정리와 테일러 공식

우리는 미적분학에서 일변수함수의 평균값정리와 테일러 공식에 대해 배운 바 있다. 다변수 함수일 때도 이와 유사하게 평균값정리와 테일러 공식을 유도할 수 있는데 일변수의 경우와 약간의 차이가 나타난다.

먼저 평균값정리에 대해 살펴 보기로 하자. 일변수 함수 f 의 평균값 정리는 적당한 조건 하에서 a 와 x 사이의 적당한 수 c 가 존재하여

$$f(x) - f(a) = f'(c)(x - a)$$

임을 알고 있다. 이 절에서는 다변수 벡터 함수의 경우 대한 평균값 정리를 고찰하고자 한다. 먼저 다변수함수일 때도 위의 식과 유사한 형태

$$f(\mathbf{x}) - f(\mathbf{a}) = Df(\mathbf{c})(\mathbf{x} - \mathbf{a})$$

일 것이라고 추측하게 된다. 여기서 $\mathbf{c}$ 는 $\mathbf{x}$ 와 $\mathbf{a}$ 사이의 점이다. 그러나 $m > 1$ 일 때 함수 $f : \mathbb{R}^n \to \mathbb{R}^m$ 에 대하여 추측이 거짓임을 알 수 있다.

보기 1 *함수 $f(t) = (\cos t, \sin t)$ 는 $\mathbb{R}$ 위에서 미분가능이고 $f(0) = f(2\pi)$ 를 만족한다. 그러나 $\nabla f(c) = (0, 0)$을 만족하는 점 $c \in \mathbb{R}$ 는 존재하지 않는다.*

증명 $\nabla f(t) = (-\sin t, \cos t)$ 는 $t \in \mathbb{R}$ 에 대하여 존재하고 연속이다. 그러나 $t \in \mathbb{R}$ 에 대하여 $(0, 0) \neq (-\sin t, \cos t)$ 이다. ■

다음 정리는 다변수 함수에 대한 수정된 평균값 정리이다.

정리 6.12 (평균값 정리) *V 는 $\mathbb{R}^n$ 내에서 열린집합이고 $f : V \to \mathbb{R}^m$ 이 V 위에서 미분가능이라 하자. 만일 $\mathbf{x}, \mathbf{a} \in V$ 이고 선분 $L(\mathbf{x}; \mathbf{a}) := \{\mathbf{a} + t(\mathbf{x} - \mathbf{a}) \,|\, t \in [0, 1]\} \subset V$ 이면 주어진 임의의 $\mathbf{u} \in \mathbb{R}^m$ 에 대하여 $\mathbf{c} \in L(\mathbf{x}; \mathbf{a})$ 이 존재하여*

$$\mathbf{u} \cdot (f(\mathbf{x}) - f(\mathbf{a})) = \mathbf{u} \cdot (Df(\mathbf{c})(\mathbf{x} - \mathbf{a})).$$

증명 함수

$$g(t) = \mathbf{a} + t(\mathbf{x} - \mathbf{a}), \qquad t \in \mathbb{R}$$

라 두면 정리 6.10 에 의해 $g : \mathbb{R} \to \mathbb{R}^m$ 는 모든 $t \in \mathbb{R}$ 에 대해 $Dg(t) = \mathbf{x} - \mathbf{a}$ 인 미분가능이다. 그런데 $L(\mathbf{x}; \mathbf{a}) \subset V$ 이고 V 는 열린집합이므로 $\delta > 0$ 를 선택하여 모든 $t \in I_\delta := (-\delta, 1 + \delta)$ 에 대해 $g(t) \in V$ 이 성립한다. 연쇄법칙에 의하여

$$D(f \circ g)(t) = Df(g(t))(\mathbf{x} - \mathbf{a}), \quad t \in I_\delta \tag{6.24}$$

$\mathbf{u} \in \mathbb{R}^m$ 를 고정하고 함수

$$F(t) = \mathbf{u} \cdot (f \circ g)(t), \qquad t \in I_\delta$$

를 생각하자. 함수 F 는 I_δ 위에서 실수값 함수이다. 식 (6.18) 과 (6.24) 에 의하여 F 는 I_δ 위에서 미분가능이고

$$F'(t) = \mathbf{u} \cdot D(f \circ g)(t) = \mathbf{u} \cdot (Df(g(t))(\mathbf{x} - \mathbf{a})).$$

따라서 일변수함수의 평균값 정리에 의하여 $t_0 \in (0, 1)$ 이 존재하여

$$\mathbf{u} \cdot (f(\mathbf{x}) - f(\mathbf{a})) = F(1) - F(0) = F'(t_0) = \mathbf{u} \cdot (Df(g(t_0))(\mathbf{x} - \mathbf{a})$$

이 성립한다. 그러므로 $\mathbf{c} = g(t_0)$ 라 두면 위 식이 성립한다. ■

정의 6.3 *집합 $E \subseteq \mathbb{R}^n$ 가* **볼록집합***이라 함은 주어진 $\mathbf{a}, \mathbf{b} \in E$ 에 대하여 선분 $L(\mathbf{a}; \mathbf{b})$ 이 E 의 부분집합이다.*

따름정리 6.13 *V 는 $\mathbb{R}^n$ 에서 열린 볼록집합이고 $f : V \to \mathbb{R}$ 라 하자. f 가 V 위에서 미분가능이고 $\mathbf{a}+\mathbf{h}, \mathbf{a} \in V$ 이면 $t \in (0,1)$ 에 존재하여*

$$f(\mathbf{a}+\mathbf{h}) - f(\mathbf{a}) = \sum_{j=1}^{n} \frac{\partial f}{\partial x_j}(\mathbf{a}+t\mathbf{h})h_j = \nabla f(\mathbf{a}+t\mathbf{h}) \cdot \mathbf{h}. \tag{6.25}$$

증명 u 는 0 이 아닌 스칼라이고 $\mathbf{a}+\mathbf{h}, \mathbf{a} \in V$ 라 가정하자. V 는 볼록집합이므로 $L(\mathbf{a}; \mathbf{b}) \subset V$ 정리 6.12 에 의해 어떤 $\mathbf{c} \in L(\mathbf{a}+\mathbf{h}; \mathbf{a})$ 에 대하여

$$u(f(\mathbf{a}+\mathbf{h}) - f(\mathbf{a})) = u(\nabla f(\mathbf{c}) \cdot \mathbf{h}).$$

이 부등식을 u 로 나누고 $t \in (0,1)$ 을 선택하여 $\mathbf{c} = \mathbf{a} + t\mathbf{h}$ 이 성립하게 한다. 따라서 (6.25) 이 성립한다. ■

다음은 평균값 정리의 응용을 다룬 것이다.

따름정리 6.14 *V 는 $\mathbb{R}^n$ 에서 열린집합이고 H 는 V 의 컴팩트집합, $f : V \to \mathbb{R}^m$ 이 연속적으로 미분가능이라 하자. 만일 E 가 H 의 볼록 부분집합이면 (H 와 f 에 의존하지만 E 에는 의존하지 않는) 상수 M 존재하여 모든 $\mathbf{x}, \mathbf{a} \in E$ 에 대하여*

$$\|f(\mathbf{x}) - f(\mathbf{a})\| \leq M\|\mathbf{x} - \mathbf{a}\|.$$

증명 H 가 컴팩트이고 Df 의 성분들이 H 위의 연속이므로

$$M := \sqrt{mn} \sup_{\mathbf{c} \in H} \|Df(\mathbf{c})\|_{\infty}$$

이 유한이고 H 와 f 에만 의존함은 분명하다.

$\mathbf{x}, \mathbf{a} \in E$ 이고 $\mathbf{u} = f(\mathbf{x}) - f(\mathbf{a})$ 라 하자. E 는 볼록집합이므로 $L(\mathbf{x}; \mathbf{a}) \subseteq E$. 따라서 정리 6.12 에 의해 $\mathbf{c} \in L(\mathbf{x}; \mathbf{a})$ 이 존재하여

$$\begin{aligned} \|f(\mathbf{x}) - f(\mathbf{a})\|^2 = \mathbf{u} \cdot (f(\mathbf{x}) - f(\mathbf{a})) &= \mathbf{u} \cdot (Df(\mathbf{c})(\mathbf{x} - \mathbf{a})) \\ &= (f(\mathbf{x}) - f(\mathbf{a})) \cdot (Df(\mathbf{c})(\mathbf{x} - \mathbf{a})) \end{aligned}$$

이 성립한다. 코시-슈바르츠 부등식과 정리 5.9 로부터

$$\|f(\mathbf{x}) - f(\mathbf{a})\|^2 \leq \sqrt{mn}\|f(\mathbf{x}) - f(\mathbf{a})\|\|Df(\mathbf{c})\|_{\infty}\|\mathbf{x} - \mathbf{a}\|.$$

만일 $\|f(\mathbf{x}) - f(\mathbf{a})\| = 0$ 이면 증명할 것이 없다. 다른 경우일 때 위의 부등식을 $\|f(\mathbf{x}) - f(\mathbf{a})\|$ 로 나누어

$$\|f(\mathbf{x}) - f(\mathbf{a})\| \leq \|Df(\mathbf{c})\|_\infty \|\mathbf{x} - \mathbf{a}\| \leq M\|\mathbf{x} - \mathbf{a}\|$$

을 얻을 수 있다. ∎

따름정리 6.15 *만일 V 가 $\mathbb{R}^n$ 내에서 열린 다각형 연결집합이고 $f : V \to \mathbb{R}^m$ 는 V 위에서 미분가능이라 하자. 만일 모든 $\mathbf{c} \in V$ 에 대하여 $Df(\mathbf{c}) = O$ 이면 f 는 V 위에서 상수함수이다.*

증명 $\mathbf{a} \in V$ 를 고정하고 $\mathbf{x} \in V$ 라 하자. V 이 $\mathbb{R}^n$ 내에서 열린 다각형 연결집합이므로 점 $\mathbf{x}_0 = \mathbf{a}, \mathbf{x}_1, \ldots, \mathbf{x}_k = \mathbf{x}$ 이 존재하여 $j = 1, 2, \ldots, k$ 에 대하여 $L(\mathbf{x}_{j-1}; \mathbf{x}_j) \subset V$ 을 만족한다(그림 6.1). $\mathbf{u} = f(\mathbf{x}) - f(\mathbf{a})$ 라 두고 정리 6.12 에 의하여 점 $\mathbf{c}_j \in L(\mathbf{x}_{j-1}; \mathbf{x}_j)$ 를 선택하여 $j = 1, 2, \ldots, k$ 에 대하여

$$\mathbf{u} \cdot (f(\mathbf{x}_j) - f(\mathbf{x}_{j-1})) = \mathbf{u} \cdot (Df(\mathbf{c}_j)(\mathbf{x}_j - \mathbf{x}_{j-1})) = 0$$

j 에 대하여 합하면 $\mathbf{u}$ 의 선택에 의해

$$0 = \sum_{j=1}^{k} \mathbf{u} \cdot (f(\mathbf{x}_j) - f(\mathbf{x}_{j-1})) = \mathbf{u} \cdot (f(\mathbf{x}) - f(\mathbf{a})) = \|f(\mathbf{x}) - f(\mathbf{a})\|^2.$$

그러므로 $f(\mathbf{x}) = f(\mathbf{a})$. ∎

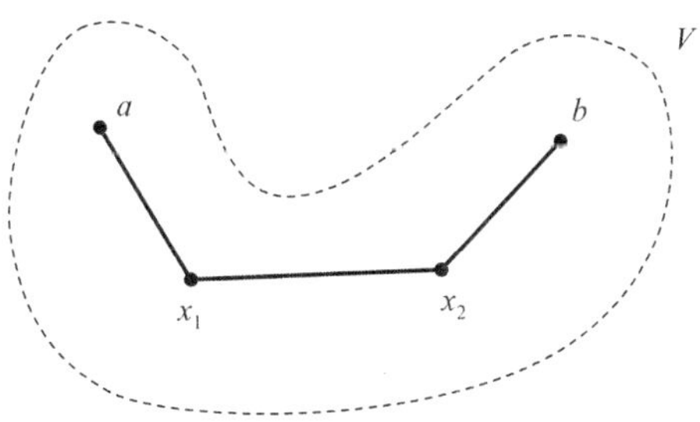

그림 6.1

함수 $f : V \subset \mathbb{R}^n \to \mathbb{R}$ 이라 하자. 우리는 적절한 조건하에서 2 계 도함수 $\dfrac{\partial^2 f}{\partial x_i \partial x_j}$ 와 $\dfrac{\partial^2 f}{\partial x_j \partial x_i}$ 이 일치하는지를 평균값 정리를 사용하여 증명하려고 한다. 평균값 정리에 의하여 $t \in (0, 1)$ 가 존재하여

$$f(\mathbf{a} + \mathbf{h}) - f(\mathbf{a}) = Df(\mathbf{a} + t\mathbf{h})(\mathbf{h}) = \nabla f(\mathbf{a} + t\mathbf{h}) \cdot \mathbf{h}.$$

기호 $\triangle f_{\mathbf{a}}(\mathbf{h}) = f(\mathbf{a}+\mathbf{h}) - f(\mathbf{a})$ 와

$$\triangle^2 f_{\mathbf{a}}(\mathbf{h},\mathbf{k}) = f(\mathbf{a}+\mathbf{h}+\mathbf{k}) - f(\mathbf{a}+\mathbf{h}) - f(\mathbf{a}+\mathbf{k}) + f(\mathbf{a})$$

을 도입하자. 2 계 방향도함수 $D_{\mathbf{k}}D_{\mathbf{h}}f(\mathbf{x})$ 는 $\mathbf{x}$ 에서 함수 $D_{\mathbf{h}}f$ 의 $\mathbf{k}$ 에 관한 방향도함수이다. 즉,

$$D_{\mathbf{k}}D_{\mathbf{h}}f(\mathbf{x}) = \lim_{t\to 0} \frac{D_{\mathbf{h}}f(\mathbf{x}+t\mathbf{k}) - D_{\mathbf{h}}f(\mathbf{x})}{t}.$$

보조정리 6.1 *$U \subset \mathbb{R}^n$ 은 점 $\mathbf{a}$, $\mathbf{a}+\mathbf{h}$, $\mathbf{a}+\mathbf{k}$, $\mathbf{a}+\mathbf{h}+\mathbf{k}$ 으로 결정된 평행사변형을 포함하는 열린집합이라 하자. 만일 실수값 함수 f 와 방향도함수 $D_{\mathbf{h}}f$ 가 모두 U 에서 미분가능하면 수 $\alpha, \beta \in (0,1)$ 이 존재하여*

$$\triangle^2 f_{\mathbf{a}}(\mathbf{h},\mathbf{k}) = D_{\mathbf{k}}D_{\mathbf{h}}f(\mathbf{a}+\alpha\mathbf{h}+\beta\mathbf{k}).$$

증명 $\mathbf{a}$ 와 $\mathbf{a}+\mathbf{h}$ 을 잇는 선분의 근방에서 정의된 $g(\mathbf{x})$ 을

$$g(\mathbf{x}) = f(\mathbf{x}+\mathbf{k}) - f(\mathbf{x})$$

으로 정의한다. 그러면 g 는 미분가능하고

$$Dg(\mathbf{x}) = Df(\mathbf{x}+\mathbf{k}) - Df(\mathbf{x}).$$

따라서 식 (6.25), (6.9) 및 (6.5) 를 사용하면

$$\begin{aligned}
\triangle^2 f_{\mathbf{a}}(\mathbf{h},\mathbf{k}) &= g(\mathbf{a}+\mathbf{h}) - g(\mathbf{a}) \\
&= \nabla g(\mathbf{a}+\alpha\mathbf{h})\cdot\mathbf{h} \quad \alpha \in (0,1) \\
&= D_{\mathbf{h}}g(\mathbf{a}+\alpha\mathbf{h}) \\
&= Dg(\mathbf{a}+\alpha\mathbf{h})(\mathbf{h}) \\
&= Df(\mathbf{a}+\alpha\mathbf{h}+\mathbf{k})(\mathbf{h}) - Df(\mathbf{a}+\alpha\mathbf{h})(\mathbf{h}) \\
&= D_{\mathbf{h}}f(\mathbf{a}+\alpha\mathbf{h}+\mathbf{k}) - D_{\mathbf{h}}f(\mathbf{a}+\alpha\mathbf{h}) \\
&= \nabla(D_{\mathbf{h}}f)(\mathbf{a}+\alpha\mathbf{h}+\beta\mathbf{k})\cdot\mathbf{k} \\
&= D_{\mathbf{k}}D_{\mathbf{h}}f(\mathbf{a}+\alpha\mathbf{h}+\beta\mathbf{k}).
\end{aligned}$$

■

정리 6.16 *$U \subset \mathbb{R}^n$ 은 열린집합이고 $f : U \to \mathbb{R}$ 이라 하자. 만일 f 의 일계 및 2 계 편도함수가 U 에서 존재하고 연속이면, U 에서*

$$\frac{\partial^2 f}{\partial x_i \partial x_j} = \frac{\partial^2 f}{\partial x_j \partial x_i}. \tag{6.26}$$

증명 정리 6.8 에 의하여 f, $\frac{\partial f}{\partial x_i}, \frac{\partial f}{\partial x_j}$ 은 U 에서 미분가능하다. 그러므로 U 가 꼭지점 $\mathbf{a}$, $\mathbf{a} + h\mathbf{e}_i$, $\mathbf{a} + k\mathbf{e}_j$, $\mathbf{a} + h\mathbf{e}_i + k\mathbf{e}_j$ 을 가지는 사각형을 포함하도록 h 와 k 를 충분히 작다면 보조정리 6.1 에 $\mathbf{h} = h\mathbf{e}_i$ 와 $\mathbf{k} = k\mathbf{e}_j$ 을 적용할 수 있다. $\alpha_1, \beta_1 \in (0,1)$ 가 존재하여

$$\triangle^2 f_{\mathbf{a}}(h\mathbf{e}_i, k\mathbf{e}_j) = D_{k\mathbf{e}_j} D_{h\mathbf{e}_i} f(\mathbf{a} + \alpha_1 h\mathbf{e}_i + \beta_1 k\mathbf{e}_j).$$

이제 $\mathbf{h}$ 와 $\mathbf{k}$ 을 교환하여 보조정리 6.1 을 적용하면 $\alpha_2, \beta_2 \in (0,1)$ 이 존재하여

$$\triangle^2 f_{\mathbf{a}}(k\mathbf{e}_j, h\mathbf{e}_i) = D_{h\mathbf{e}_i} D_{k\mathbf{e}_j} f(\mathbf{a} + \alpha_2 k\mathbf{e}_j + \beta_2 k\mathbf{e}_i).$$

$\triangle^2 f_{\mathbf{a}}$ 의 정의로부터

$$\triangle^2 f_{\mathbf{a}}(h\mathbf{e}_i, k\mathbf{e}_j) = \triangle^2 f_{\mathbf{a}}(k\mathbf{e}_j, h\mathbf{e}_i)$$

이므로 $D_{h\mathbf{e}_i} f = h\frac{\partial f}{\partial x_i}$ 와 $D_{k\mathbf{e}_j} f = k\frac{\partial f}{\partial x_j}$ 을 이용하면

$$hk\frac{\partial^2 f}{\partial x_i \partial x_j}(\mathbf{a} + \alpha_1 h\mathbf{e}_i + \beta_1 k\mathbf{e}_j) = hk\frac{\partial^2 f}{\partial x_j \partial x_i}(\mathbf{a} + \alpha_2 k\mathbf{e}_j + \beta_2 h\mathbf{e}_i). \tag{6.27}$$

(6.27) 의 양변을 hk 로 나누고 $h \to 0$ 과 $k \to 0$ 의 극한을 취하면 (6.27) 의 양변이 $\mathbf{a}$ 에서 연속이므로 (6.26) 이 성립한다. ■

참고 1 *정리 6.14의 증명에서 f, $\dfrac{\partial f}{\partial x_i}, \dfrac{\partial f}{\partial x_j}$ 이 U 에서 미분가능하고 $\dfrac{\partial^2 f}{\partial x_i \partial x_j}$ 와 $\dfrac{\partial^2 f}{\partial x_j \partial x_i}$ 가 점 $\mathbf{a}$ 에서 연속임이 사용되었다.*

$\dfrac{\partial^2 f}{\partial x_i \partial x_j}$ 와 $\dfrac{\partial^2 f}{\partial x_j \partial x_i}$ 의 연속성은 등식 (6.26) 에 필요한 조건이다.

보기 2 함수

$$f(x,y) = \begin{cases} xy\left(\dfrac{x^2 - y^2}{x^2 + y^2}\right), & (x,y) \neq (0,0), \\ 0, & (x,y) = (0,0) \end{cases}$$

는 $\mathbb{R}^2$ 위에서 C^1 이고, f 의 혼합 2 계 편도함수가 $(0,0)$ 에서 존재하지만 교환가능이 아니다. 즉 $f_{xy}(0,0) \neq f_{yx}(0,0)$.

풀이 일차원의 미분공식에 의하여 $(x, y) \neq (0, 0)$ 에 대하여

$$\begin{aligned}\tfrac{\partial f}{\partial x}(x, y) &= xy\frac{\partial}{\partial x}\left(\frac{x^2 - y^2}{x^2 + y^2}\right) + \frac{\partial}{\partial x}(xy)\left(\frac{x^2 - y^2}{x^2 + y^2}\right) \\ &= xy\left(\frac{4xy^2}{(x^2 + y^2)^2}\right) + y\left(\frac{x^2 - y^2}{x^2 + y^2}\right)\end{aligned}$$

그런데 $2|xy| \leq x^2 + y^2$ 이므로 $|f_x(x, y)| \leq 2|y|$ 이다. 그러므로 $(x, y) \to (0, 0)$ 일 때 $f_x(x, y) \to 0$. 한편 정의에 의하여 모든 $y \in \mathbb{R}$ 에 대하여

$$\frac{\partial f}{\partial x}(0, y) = \lim_{h \to 0} y\left(\frac{h^2 - y^2}{h^2 + y^2}\right) = -y.$$

그러므로 $f_x(0, 0) = 0$. 이것은 f_x 이 존재하고 $(0, y)$ 에서 $-y$ 을 가지는 $\mathbb{R}^2$ 위에서 연속임을 증명하였다. 같은 방법으로 f_y 이 존재하고 $(x, 0)$ 에서 값 x 을 가지는 $\mathbb{R}^2$ 위에서 연속됨을 증명할 수 있다. 이것으로부터 f 의 혼합 2 계 편도함수가 $\mathbb{R}^2$ 위에서 존재하고

$$\frac{\partial^2 f}{\partial y \partial x}(0, 0) = -1 \neq 1 = \frac{\partial^2 f}{\partial x \partial y}(0, 0).$$

고차원의 테일러 공식을 구하기 위해 고계 미분을 정의할 필요가 있다.

참고 2 *$L(\mathbb{R}^n, \mathbb{R}^m) = \{T : \mathbb{R}^n \to \mathbb{R}^m \ : \ T$ 는 선형함수$\}$ 이라 하자. 그러면 함수 $f : V \subset \mathbb{R}^n \to \mathbb{R}^m$ 의 전미분은 $\mathbf{x} \in V$ 에 대하여 선형함수 $Df(\mathbf{x}) \in L(\mathbb{R}^n, \mathbb{R}^m)$ 에 대응하는 함수이므로*

$$Df : V \to L(\mathbb{R}^n, \mathbb{R}^m)$$

이 된다. 비슷하게 f 의 2 계 전미분은 $D^2 f = D(Df)$ 이므로 $\mathbf{x} \in V$ 에 대하여 선형함수 $D(Df)(\mathbf{x}) \in L(\mathbb{R}^n, L(\mathbb{R}^n, \mathbb{R}^m))$ 에 대응하는 함수이므로

$$D^2 f : V \to L(\mathbb{R}^n, L(\mathbb{R}^n, \mathbb{R}^m))$$

이 된다. 그런데 $L(\mathbb{R}^n, L(\mathbb{R}^n, \mathbb{R}^m))$ 은 벡터공간 $L(\mathbb{R}^n \times \mathbb{R}^n, \mathbb{R}^m)$ 과 동형이므로

$$D^2 f : V \to L(\mathbb{R}^n \times \mathbb{R}^n, \mathbb{R}^m)$$

이 된다. 여기서 $L(\mathbb{R}^n \times \mathbb{R}^n, \mathbb{R}^m)$ 은 $T : \mathbb{R}^n \times \mathbb{R}^n \to \mathbb{R}^m$ 인 함수들의 집합으로 $T(\mathbf{x}, \mathbf{y})$ 이 각 변수 $\mathbf{x}$ 와 $\mathbf{y}$ 에 대하여 선형함수이다. 이러한 성질을 만족하는 함수를 **쌍선형함수(bilinear function)***라 한다. 따라서 $D^2 f(\mathbf{x})$ 은 쌍선형함수이므로 $\mathbf{h}, \mathbf{k} \in \mathbb{R}^n$ 에 대하여 $D^2 f(\mathbf{x})(\mathbf{h}, \mathbf{k}) \in \mathbb{R}^m$ 이 된다. 이것을 간단히 $D^2 f(\mathbf{x}; \mathbf{h}, \mathbf{k})$ 로 쓰기로 하자.*

일반적으로, p 계 전미분은

$$D^p f : V \to L(\overbrace{\mathbb{R}^n \times \cdots \times \mathbb{R}^n}^{p \text{ 개}}, \mathbb{R}^m)$$

임을 알 수 있다. 여기서

$$D^p f(\mathbf{x}) : \overbrace{\mathbb{R}^n \times \cdots \times \mathbb{R}^n}^{p \text{ 개}} \to \mathbb{R}^m$$

는 각 $\mathbf{h}_j$ 에 대하여 선형함수, 즉, 다중선형(*multilinear*)함수이다. 따라서 각 $\mathbf{h}_1, \mathbf{h}_2, \ldots, \mathbf{h}_p \in \mathbb{R}^n$ 에 대하여

$$D^p f(\mathbf{x}; \mathbf{h}_1, \mathbf{h}_2, \ldots, \mathbf{h}_p) = D^p f(\mathbf{x})(\mathbf{h}_1, \mathbf{h}_2, \ldots, \mathbf{h}_p) \in \mathbb{R}^m.$$

$m = 1$ 일 때 고계도함수에 관하여 생각하자. $p \geq 1$, V 는 $\mathbb{R}^n$ 내에서 열린집합, $f : V \to \mathbb{R}$ 라고 하자. f 의 $p-1$ 계 편도함수가 V 위에서 존재하고 $\mathbf{a}$ 에서 미분가능이면 $\mathbf{a}$ 와 $\mathbf{h}_1, \mathbf{h}_2, \ldots, \mathbf{h}_p \in \mathbb{R}^n$ 에서의 p 계 전미분은

$$D^p f(\mathbf{a}; \mathbf{h}_1, \mathbf{h}_2, \ldots, \mathbf{h}_p) = \sum_{i_1=1}^{n} \cdots \sum_{i_p=1}^{n} \frac{\partial^p f}{\partial x_{i_1} \ldots \partial x_{i_p}}(\mathbf{a}) h_{i_1} \ldots h_{i_p}.$$

$p > 1$ 에 대하여

$$\begin{aligned} D^p f(\mathbf{a}; \mathbf{h}_1, \mathbf{h}_2, \ldots, \mathbf{h}_p) &= D(D^{(p-1)} f)(\mathbf{a}; \mathbf{h}_1, \mathbf{h}_2, \ldots, \mathbf{h}_{p-1})(\mathbf{h}_p) \\ &= \sum_{j=1}^{n} \frac{\partial}{\partial x_j} \left(\sum_{i_1=1}^{n} \cdots \sum_{i_{p-1}=1}^{n} \frac{\partial^{p-1} f}{\partial x_{i_1} \ldots \partial x_{i_{p-1}}}(\mathbf{a}) h_{i_1} \ldots h_{i_{p-1}} \right) h_j \end{aligned}$$

임을 주의하자. $p = 1$ 일 때 정의에 의하여

$$D^1 f(\mathbf{a}; \mathbf{h}) := \sum_{j=1}^{n} \frac{\partial f}{\partial x_j}(\mathbf{a}) h_j = \nabla f(\mathbf{a}) \cdot \mathbf{h} = Df(\mathbf{a})(\mathbf{h})$$

이므로 f 의 첫번째 전미분은 f 의 전도함수과 밀접한 관계가 있다. 만일 $p = 2$ 이면

$$D^2 f(\mathbf{a}; \mathbf{h}, \mathbf{k}) = D(Df(\mathbf{a}; \mathbf{h}))(\mathbf{k}) = [\mathbf{h}] H_{\mathbf{a}}(f) [\mathbf{k}]^T$$

임을 알 수 있다. 여기서 $[\mathbf{k}]^T$ 은 열벡터이고

$$H_{\mathbf{a}}(f) = \left(\frac{\partial^2 f}{\partial x_i \partial x_j} \right)_{n \times n}$$

은 $n \times n$ 행렬이다. 이 행렬을 **헤세행렬(Hessian)**이라 한다.

정리 6.17 (테일러(Taylor)) $p \in \mathbb{N}$, V 은 $\mathbb{R}^n$ 내의 열린집합, $\mathbf{x}, \mathbf{a} \in V$, $f : V \to \mathbb{R}$ 이라 하고 f 의 $p-1$ 계 편도함수가 V 위에서 존재한다고 가정하자. 만일 f 의 각 $p-1$ 번째 편도함수가 V 위에서 미분가능이고 $L(\mathbf{x}; \mathbf{a}) \subset V$ 이면 점 $\mathbf{c} \in L(\mathbf{x}; \mathbf{a})$ 가 존재하여 $\mathbf{h} := \mathbf{x} - \mathbf{a}$ 에 대하여

$$f(\mathbf{x}) = f(\mathbf{a}) + \sum_{k=1}^{p-1} \frac{1}{k!} D^k f(\mathbf{a}; \mathbf{h}_1, \ldots, \mathbf{h}_k) + \frac{1}{p!} D^p f(\mathbf{c}; \mathbf{h}_1, \ldots, \mathbf{h}_p).$$

여기서 $\mathbf{h}_j = \mathbf{h}$, $j = 1, 2, \ldots, p$ 이다.

증명 $\mathbf{h} := \mathbf{x} - \mathbf{a}$ 라 하자. 정리 6.12 의 증명과 같이 $\delta > 0$ 를 작게 선택하여 $t \in I_\delta := (-\delta, 1 + \delta)$ 에 대하여 $\mathbf{a} + t\mathbf{h} \in V$ 성립한다. 함수 $F(t) = f(\mathbf{a} + t\mathbf{h})$ 는 I_δ 위에서 미분가능이다. 실제로 연쇄법칙에 의하여

$$F'(t) = Df(\mathbf{a} + y\mathbf{h})(\mathbf{h}) = \sum_{k=1}^{n} \frac{\partial f}{\partial x_k}(\mathbf{a} + t\mathbf{h}) h_k.$$

귀납법에 의한 쉬운 증명은 $j = 1, 2, \ldots, p$ 에 대하여

$$F^{(j)}(t) = \sum_{i_1=1}^{n} \cdots \sum_{i_j=1}^{n} \frac{\partial^j f}{\partial x_{i_1} \ldots \partial x_{i_j}}(\mathbf{a} + t\mathbf{h}) h_{i_1} \ldots h_{i_j}.$$

임을 보일 수 있다. 그러므로 $j = 1, \ldots, p$ 와 $t \in I_\delta$ 에 대하여

$$F^{(j)}(0) = D^j f(\mathbf{a}; \mathbf{h}_1, \ldots, \mathbf{h}_j), \quad F^{(p)}(t) = D^p f(\mathbf{a} + t\mathbf{h}; \mathbf{h}_1, \ldots, \mathbf{h}_p), \tag{6.28}$$

여기서 $\mathbf{h}_j = \mathbf{h}$, $j = 1, 2, \ldots, p$ 이다. 기호를 간단히 하기 위해 $\mathbf{h}_j = \mathbf{h}$, $j = 1, 2, \ldots, p$ 일 때 식

$$D^j f(\mathbf{a}; \mathbf{h}_1, \ldots, \mathbf{h}_j) = D^j f(\mathbf{a}; \mathbf{h})$$

으로 나타내기로 하자. 함수 $F : I_\delta \to \mathbb{R}$ 은 $I_\delta \supset [0, 1]$ 위의 모든 점에서 계수 p 의 도함수를 가짐을 보였다. 그러므로 일차원 테일러 공식과 (6.28) 에 의하여 적당한 $t \in (0, 1)$ 에 대하여

$$\begin{aligned} f(\mathbf{x}) - f(\mathbf{a}) \quad &= F(1) - F(0) = \sum_{j=1}^{p-1} \frac{1}{j!} F^{(j)}(0) + \frac{1}{p!} F^{(p)}(t) \\ &= \sum_{j=1}^{p-1} \frac{1}{j!} D^j f(\mathbf{a}; \mathbf{h}) + \frac{1}{p!} D^p f(\mathbf{a} + t\mathbf{h}; \mathbf{h}) \end{aligned}$$

따라서 $\mathbf{c} = \mathbf{a} + t\mathbf{h}$ 라 두면 위의 결과를 얻는다. ■

테일러 정리에서 사용된 $D^j f(\mathbf{a};\mathbf{h})$ 을 보다 간단한 식으로 쓰기 위해서 다음 기호를 도입하기로 하자. 먼저 $\mathbf{x} = (x_1, x_2, \ldots, x_n) \in \mathbb{R}^n$, $\alpha = (\alpha_1, \alpha_2, \ldots, \alpha_n) \in \mathbb{Z}_{\geq 0}{}^n$ 일 때

$$\mathbf{x}^\alpha = x_1^{\alpha_1} x_2^{\alpha_2} \cdots x_n^{\alpha_n},\ |\alpha| = \alpha_1 + \alpha_2 + \cdots + \alpha_n,\ \alpha! = \alpha_1!\alpha_2! \cdots \alpha_n! \tag{6.29}$$

$$D^\alpha = \frac{\partial^{|\alpha|}}{\partial x_1^{\alpha_1} \partial x_n^{\alpha_2} \cdots \partial x_n^{\alpha_n}} \tag{6.30}$$

라 두면

$$D^j f(\mathbf{a};\mathbf{h}) = \sum_{|\alpha|=k} \frac{k!}{\alpha!} D^\alpha f(\mathbf{a}) \mathbf{h}^\alpha \tag{6.31}$$

으로 쓸 수 있다. 따라서 테일러 공식은

$$f(\mathbf{x}) = f(\mathbf{a}) + \sum_{|\alpha| \leq p-1} \frac{1}{\alpha!} D^\alpha f(\mathbf{a})(\mathbf{x}-\mathbf{a})^\alpha + \frac{1}{\alpha!} \sum_{|\alpha|=p} D^\alpha f(\mathbf{c})(\mathbf{x}-\mathbf{a})^\alpha \tag{6.32}$$

으로 쓸 수 있다.

보기 3 $\mathbf{x} = (x, y, z) \in \mathbb{R}^3$, $\mathbf{a} = (a, b, c) \in \mathbb{R}^3$, $\alpha = (\alpha_1, \alpha_2, \alpha_3)$ *일 때 식 (6.32) 에 의하여*

$$D^2 f(\mathbf{a}; \mathbf{x}-\mathbf{a}) = \sum_{|\alpha|=2} \frac{2!}{\alpha!} D^\alpha f(\mathbf{a})(\mathbf{x}-\mathbf{a})^\alpha \tag{6.33}$$

이다. 그런데 $|\alpha| = 2$ *이 되도록* $\alpha = (\alpha_1, \alpha_2, \alpha_3)$ *의 값을 구하면*

$$(2,0,0),\ (0,2,0),\ (0,0,2),\ (1,1,0),\ (1,0,1),\ (0,1,1)$$

의 경우가 발생한다. 따라서 $\alpha = (2,0,0)$ *일 때*

$$D^\alpha f(\mathbf{a})(\mathbf{x}-\mathbf{a})^\alpha = \frac{\partial^2 f}{\partial x^2}(a,b,c)(x-a)^2 = f_{xx}(a,b,c)(x-a)^2,$$

$\alpha = (1,1,0)$ *일 때*

$$D^\alpha f(\mathbf{a})(\mathbf{x}-\mathbf{a})^\alpha = \frac{\partial^2 f}{\partial x \partial y}(a,b,c)(x-a)(y-b) = f_{xy}(a,b,c)(x-a)(y-b),$$

이 방법을 계속하면 (6.33) 에 의하여

$$\begin{aligned} D^2 f(\mathbf{a}; \mathbf{x}-\mathbf{a}) &= f_{xx}(a,b,c)(x-a)^2 + f_{yy}(a,b,c)(y-b)^2 + f_{zz}(a,b,c)(z-c)^2 \\ &+ 2f_{xy}(a,b,c)(x-a)(y-b) + 2f_{xz}(a,b,c)(x-a)(z-c) \\ &+ 2f_{yz}(a,b,c)(y-b)(z-c) \end{aligned}$$

보기 4 *함수* $f(x, y) = \cos(xy)$ *를 점* $(1, \pi)$ *에 관한 테일러 급수로 전개하여라.*

풀이 먼저 $f(1,\pi) = \cos\pi = -1$ 이고 $\alpha = (\alpha_1, \alpha_2)$ 에 대하여 먼저 $|\alpha| = 1$ 인 경우를 생각하자. 그러면 $\alpha = (1,0)$ 또는 $\alpha = (0,1)$ 이므로

$$\frac{\partial f}{\partial x} = -y\sin(xy), \quad \frac{\partial f}{\partial y} = -x\sin(xy)$$

로부터

$$\frac{\partial f}{\partial x}(1,\pi) = \frac{\partial f}{\partial y}(1,\pi) = 0.$$

$|\alpha| = 2$ 인 경우, $\alpha = (2,0), \alpha = (1,1), \alpha = (0,2)$ 이므로

$$\frac{\partial^2 f}{\partial x^2} = -y^2\cos(xy), \quad \frac{\partial^2 f}{\partial x \partial y} = -\sin(xy) - xy\cos(xy), \quad \frac{\partial^2 f}{\partial y^2} = -x^2\cos(xy)$$

로부터

$$\frac{\partial^2 f}{\partial x^2}(1,\pi) = -\pi^2, \quad \frac{\partial^2 f}{\partial x \partial y}(1,\pi) = \pi, \quad \frac{\partial^2 f}{\partial x^2}(0,\pi) = 1$$

$|\alpha| = 3$ 인 경우, $\alpha = (3,0), \alpha = (2,1), \alpha = (1,2), \alpha = (0,3)$ 이므로

$$\frac{\partial^3 f}{\partial x^3} = y^3\sin(xy), \quad \frac{\partial^3 f}{\partial x^2 \partial y} = -2y\cos(xy) + xy^2\sin(xy),$$

$$\frac{\partial^3 f}{\partial x \partial y^2} = -2x\sin(xy) + x^2 y\cos(xy), \quad \frac{\partial^3 f}{\partial y^3} = x^3\sin(xy)$$

로부터

$$\frac{\partial^3 f}{\partial x^3}(1,\pi) = \frac{\partial^3 f}{\partial y^3}(1,\pi) = 0, \quad \frac{\partial^3 f}{\partial x^2 \partial y}(0,\pi) = 2\pi, \quad \frac{\partial^3 f}{\partial x \partial y^2}(0,\pi) = 2.$$

따라서 식 (6.32) 로 부터

$$\begin{aligned}\cos(xy) = -1 &+ \frac{1}{2}(-\pi^2(x-1)^2 + 2\pi(x-1)(y-\pi) + (y-1)^2) \\ &+ \pi(x-1)^2(y-\pi) + (x-1)(y-\pi)^2 + \cdots.\end{aligned}$$

보기 4 에서는 나머지항에 대한 계산은 생략하였다.

연습문제 (6.3)

1. 다음 각 함수의 모든 혼합 2 계 도함수를 구하고 혼합 도함수가 서로 같음을 증명하여라.

   (a) $f(x, y) = xe^y$

   (b) $f(x, y) = \cos(xy)$

   (c) $f(x, y) = \dfrac{x+y}{x^2+1}$

2. 다음 각 함수의 1 계 및 2 계 편도함수를 계산하고 연속이 되는 곳을 구하여라.

   (a) $f(x, y) = x^2 + \sin(xy)$

   (b) $f(x, y) = \dfrac{xy}{1+xy}$

   (c) $f(x, y) = \sqrt{x^2+y^2}$

3. 다음 각 함수에 대하여 f_x 를 계산하고 연속인 곳을 구하여라.

   (a) $f(x, y) = \begin{cases} \dfrac{x^4+y^4}{x^2+y^2} & (x, y) \neq (0, 0) \\ 0 & (x, y) = (0, 0) \end{cases}$

   (b) $f(x, y) = \begin{cases} \dfrac{x^2-y^2}{\sqrt[3]{x^2+y^2}} & (x, y) \neq (0, 0) \\ 0 & (x, y) = (0, 0) \end{cases}$

4. $f : \mathbb{R}^n \to \mathbb{R}$ 라 하자. 각 단위벡터 $\mathbf{u} \in \mathbb{R}^n$ 에 대하여 방향도함수 $D_{\mathbf{u}}f(\mathbf{a} + t\mathbf{u})$ 이 $t \in [0, 1]$ 에 대하여 존재한다고 가정하자. 적당한 $t \in (0, 1)$ 에 대하여

$$f(\mathbf{a} + \mathbf{u}) - f(\mathbf{a}) = D_{\mathbf{u}}f(\mathbf{a} + t\mathbf{u}).$$

5. r 와 α 는 양수, E 는 $\mathbb{R}^n$ 의 볼록 부분집합, $\mathbf{0}$ 는 E 의 집적점, $\bar{E} \subset B_r(\mathbf{0})$ 라고 가정하자. $f : B_r(\mathbf{0}) \to \mathbb{R}$ 이 모든 $\mathbf{x} \in E$ 에 대하여 부등식 $|f(\mathbf{x})| \leq \|\mathbf{x}\|^\alpha$ 이고 f 이 $B_r(\mathbf{0})$ 위에서 연속적으로 미분가능이면 $M > 0$ 이 존재하여 모든 $\mathbf{x} \in E$ 에 대하여 $|f(\mathbf{x})| \leq M\|\mathbf{x}\|$ 이 성립함을 보여라.

6. (a) $f(x, y) = x^2 + xy + y^2$ 을 $(x + 1)$ 와 $(y \quad 1)$ 의 멱으로 표현하여라.

   (b) $f(x, y) = \sqrt{x} + \sqrt{y}$, **a**=(0,0), $p = 3$ 에 대한 테일러 식을 써라.

(c) $f(x,y) = e^{-x^2-y^2}\cos(xy)$, $\mathbf{a} = (0,0)$, $p = 4$ 에 대한 테일러 식을 써라.

(d) $f(x,y) = \sin(xy)$, $\mathbf{a} = (0,0)$, $p = 4$ 에 대한 테일러 식을 써라.

(e) $f(x,y) = \dfrac{1}{x^2+y^2+1}$, $p = 4$ 에 대한 테일러 식을 써라.

7. $f : \mathbb{R}^2 \to \mathbb{R}$ 이 적당한 $r > 0$ 에 대한 $B_r(x_0, y_0)$ 위에서 $\mathcal{C}^p$ 라고 하자. 주어진 $(x,y) \in B_r(x_0, y_0)$ 에 대하여 점 (c,d) 이 두 점 (x_0, y_0) 와 (x,y) 사이의 선분 위에 존재하여

$$\begin{aligned} f(x,y) =& f(x_0,y_0) \\ &+ \sum_{k=1}^{p-1} \frac{1}{k!} \left(\sum_{j=0}^{k} \binom{k}{j} (x-x_0)^j (y-y_0)^{k-j} \frac{\partial^k f}{\partial x^j \partial y^{k-j}}(x_0,y_0) \right) \\ &+ \frac{1}{p!} \left(\sum_{j=0}^{p} \binom{p}{j} (x-x_0)^j (y-y_0)^{p-j} \frac{\partial^p f}{\partial x^j \partial y^{p-j}}(c,d) \right) \end{aligned}$$

를 만족함을 증명하여라.

8. $r > 0$, $a, b \in \mathbb{R}$, $f : B_r(a,b) \to \mathbb{R}$ 이 미분가능, $(x,y) \in B_r(a,b)$ 이라 하자.

(a) $g(t) = f(tx + (1-t)a, y) + f(a, ty + (1-t)b)$ 라 할 때 g 의 도함수를 계산하여라.

(b) a 와 x 사이의 c, b 와 y 사이의 d 가 존재하여

$$f(x,y) - f(a,b) = (x-a) f_x(c,y) + (y-b) f_y(a,d)$$

을 만족함을 증명하여라.

9. **(테일러 공식의 적분형식)**. $p \in \mathbb{N}$, V 은 $\mathbb{R}^n$ 내의 열린집합, $\mathbf{x}, \mathbf{a} \in V$, $f : V \to \mathbb{R}$ 은 V 위에서 $\mathcal{C}^p$ 이라 하자. 만일 $L(\mathbf{x}; \mathbf{a}) \subset V$ 이고 $\mathbf{h} = \mathbf{x} - \mathbf{a}$ 이면

$$f(\mathbf{x}) - f(\mathbf{a}) = \sum_{k=1}^{p-1} \frac{1}{k!} D^k f(\mathbf{a}; \mathbf{h}) + \frac{1}{(p-1)!} \int_0^1 (1-t)^{p-1} D^p f(\mathbf{a} + t\mathbf{h}; \mathbf{h})\, dt$$

임을 증명하여라. 여기서 $D^k f(\mathbf{c}; \mathbf{h}) = D^k f(\mathbf{c}; \mathbf{h}, \ldots, \mathbf{h})$, $k = 1, 2, \ldots p$ 이다.

10. V 은 $\mathbb{R}^n$ 내의 열린집합, $f : V \to \mathbb{R}$ 은 V 위에서 $\mathcal{C}^2$, 적당한 $\mathbf{a} \in V$ 와 모든 $j = 1, \ldots, n$ 에 대하여 $f_{x_j}(\mathbf{a}) = 0$ 라 하자. 만일 H 이 V 의 컴팩트 볼록 부분집합이면 상수 M 이 존재하여 모든 $\mathbf{x} \in H$ 에 대하여

$$|f(\mathbf{x}) - f(\mathbf{a})| \leq M \|\mathbf{x} - \mathbf{a}\|^2$$

이 성립함을 증명하여라.

11. V 은 $\mathbb{R}^2$ 내의 열린집합, $(a,b) \in V$, $f : V \to \mathbb{R}$ 은 V 위에서 $\mathcal{C}^3$ 라 하자. 그러면

$$\lim_{r\to 0} \frac{4}{\pi r^2} \int_0^{\pi} f(a + r\cos\theta, b + r\sin\theta)\cos(2\theta)\,d\theta = f_{xx}(a,b) - f_{yy}(a,b)$$

임을 증명하여라.

12. V 은 $\mathbb{R}^2$ 내의 열린집합, $H = [a,b] \times [0,c] \subset V$, $u : V \to \mathbb{R}$ 은 V 위에서 $\mathcal{C}^2$, 모든 $(x_0, t_0) \in \partial H$ 에 대해 $u(x_0, t_0) \geq 0$ 라 하자.

    (a) 주어진 $\varepsilon > 0$ 에 대하여 컴팩트집합 $K \subset H^o$ 이 존재하여 모든 $(x,t) \in H \backslash K$ 에 대하여 $u(x,t) \geq -\varepsilon$ 임 보여라.

    (b) 적당한 $(x_1, t_1) \in H^o$ 에 대하여 $u(x_1, t_1) = -l < 0$ 라 가정하고 $r > 0$ 을 작게 선택하여 $2rt_1 < l$ 가 성립하게 하자. $\varepsilon := l/2 - rt_1$ 을 a) 에 대입하여 컴팩트집합 K 을 선택하고 H 위에서

    $$w(x,t) := u(x,t) + r(t - t_1)$$

    의 최소값이 어떤 $(x_2, t_2) \in K$ 에서 발생함을 증명하여라.

    (c) 만일 u 이 V 위에서 **열방정식** $u_{xx} - u_t = 0$ 을 만족하고 모든 $(x_0, t_0) \in \partial H$ 에 대하여 $u(x_0, t_0) \geq 0$ 이면 모든 $(x,t) \in H$ 에 대하여 $u(x,t) \geq 0$ 임을 증명하여라.

6.4 역함수 및 음함수 정리

이 절에서 우리는 역함수정리와 음함수정리를 증명할 것이다. 이 정리들은 국소적으로 성립하는 정리이지만 비선형 해석학에서 응용될 수 있는 무엇보다 강력한 정리이다. 정리 2.28 에 의하여 만일 $g : \mathbb{R} \to \mathbb{R}$ 이 1-1 이고 미분가능이고 $g'(x_0) \neq 0$ 이면 g^{-1} 은 $y_0 = g(x_0)$ 에서 미분가능하고

$$(g^{-1})'(y_0) = \frac{1}{g'(x_0)}$$

이 성립함은 기억할 것이다. 이 절에서는 고차원인 경우에 위와 비슷한 결과가 성립함을 증명하고자 한다. 함수 $f : \mathbb{R}^n \to \mathbb{R}^n$ 이 점 $\mathbf{a}$ 에서 미분가능한 함수라고 하자. 실수와 행렬의

유사성에 의해 실수의 역수는 행렬의 역행렬에 대응하므로 역수 $\frac{1}{g'(x_0)}$ 을 역행렬 $[Df(\mathbf{a})]^{-1}$ 으로 대치하여 f^{-1} 의 미분을 구할 수 있다. 다음 성질은 잘 알려져 있다.

명제 6.1 *정방행렬 A 가 역행렬을 가지기 위한 필요충분조건은 A 의 행렬식 $\det A \neq 0$ 이다.*

따라서 $[Df(\mathbf{a})]^{-1}$ 이 존재하기 위한 필요충분조건은 야코비 행렬식 $\Delta_f(\mathbf{a}) \neq 0$ 이다.

역함수정리의 증명은 다소 길고 복잡한 편이다. 따라서 몇 개로 나누어 증명한다. 첫 번째는 f 가 1-1 함수이고 야코비 행렬식이 0 이 아니면 f 는 열린집합을 열린집합으로 보내는 함수임을 보인다. 이러한 함수를 **열린함수**라고 부른다.

보조정리 6.2 *V 를 $\mathbb{R}^n$ 내의 열린집합이고 $f : V \to \mathbb{R}^n$, $\mathbf{a} \in V$, $r > 0$ 을 작게 하여 $\overline{B_r(\mathbf{a})} \subset V$ 이 만족되게 하자. f 가 $\overline{B_r(\mathbf{a})}$ 위에서 연속이고 1-1 이라 하고 f 의 1 계 편도함수가 $B_r(\mathbf{a})$ 내의 모든 점에서 존재한다고 가정하자. 만일 $B_r(\mathbf{a})$ 위에서 $\Delta_f \neq 0$ 이면 적당한 양수 $\rho > 0$ 가 존재하여*

$$B_\rho(f(\mathbf{a})) \subset f(B_r(\mathbf{a})).$$

증명 함수

$$g(\mathbf{x}) = \|f(\mathbf{x}) - f(\mathbf{a})\|, \qquad \mathbf{x} \in \overline{B_r(\mathbf{a})}$$

라 두자. 가정에 의하여 $g : \overline{B_r(\mathbf{a})} \to \mathbb{R}$ 이 연속이다. 그런데 f 는 1-1 이므로 모든 $\mathbf{x} \neq \mathbf{a}$ 에 대하여 $g(\mathbf{x}) > 0$ 이다. 또한 $\partial B_r(\mathbf{a})$ 이 컴팩트이므로

$$m = \inf_{\mathbf{x} \in \partial B_r(\mathbf{a})} g(\mathbf{x}) > 0.$$

$\rho = m/2$ 이라 두고 $\mathbf{y} \in B_\rho(f(\mathbf{a}))$ 를 고정하자. 함수

$$h(\mathbf{x}) = \|f(\mathbf{x}) - \mathbf{y}\|, \qquad \mathbf{x} \in \overline{B_r(\mathbf{a})}$$

가 컴팩트집합 $\overline{B_r(\mathbf{a})}$ 위에서 연속이므로 h 는 $\overline{B_r(\mathbf{a})}$ 위에서 최소값을 가진다. 따라서 $\mathbf{b} \in \overline{B_r(\mathbf{a})}$ 이 존재하여 모든 $\mathbf{x} \in \overline{B_r(\mathbf{a})}$ 에 대하여 $h(\mathbf{b}) \leq h(\mathbf{x})$ 이 성립한다.

$\mathbf{b} \in B_r(\mathbf{a})$ 를 보이기 위해 역설적으로 $\mathbf{b} \notin B_r(\mathbf{a})$ 라고 가정하자. 그러면 $\mathbf{b} \in \partial B_r(\mathbf{a})$. $h(\mathbf{a}) = \|f(\mathbf{a}) - \mathbf{y}\| < \rho$ 이므로 최소값 $h(\mathbf{b})$ 은 또한 $h(\mathbf{b}) < \rho$ 을 만족한다. $\mathbf{b} \in \partial B_r(\mathbf{a})$ 이므로 삼각 부등식과 ρ 의 선택으로부터

$$\rho > h(\mathbf{b}) = \|f(\mathbf{b}) - \mathbf{y}\| \geq \|f(\mathbf{b}) - f(\mathbf{a})\| - \|f(\mathbf{a}) - \mathbf{y}\| = g(\mathbf{b}) - h(\mathbf{a}) > 2\rho - \rho = \rho.$$

이것은 모순이다.

이제 $\mathbf{y} = f(\mathbf{b})$ 임을 보이자. $h(\mathbf{h}) \geq 0$ 이므로 $h^2(\mathbf{b})$ 은 $\overline{B_r(\mathbf{a})}$ 위에서 h^2 의 최소값이다. 따라서 일차원 미적분학의 정리를 사용하면 $k = 1, \ldots, n$ 에 대하여

$$\frac{\partial h^2}{\partial x_k}(\mathbf{b}) = 0.$$

그런데 $h^2(\mathbf{x}) = \sum_{j=1}^{n}(f_j(\mathbf{x}) - y_j)^2$ 이므로

$$0 = \frac{\partial h^2}{\partial x_k}(\mathbf{b}) = \sum_{j=1}^{n} 2(f_j(\mathbf{x}) - y_j)\frac{\partial f_j}{\partial x_k}(\mathbf{b}).$$

이것은 n 개의 미지수 $f_j(\mathbf{x}) - y_j$ 에 관한 n 원 일차 연립방정식이다. 이 방정식의 계수행렬의 행렬식의 값이 $2^n\Delta_f(\mathbf{b}) \neq 0$ 을 가지고 크래머 공식으로부터 이 방정식은 오직 자명해만 가진다. 즉 모든 $j = 1, \ldots, n$ 에 대하여 $f_j(\mathbf{x}) - y_j = 0$. 특히 $\mathbf{y} = f(\mathbf{b})$ 이고 $\mathbf{y} \in f(B_r(\mathbf{a}))$.

■

다음으로 f 이 1-1 이고 $\Delta_f \neq 0$ 일 때 f^{-1} 은 연속임을 보이고자 한다.

정리 6.18 *V 는 $\mathbb{R}^n$ 내의 열린집합이고 $f : V \to \mathbb{R}^n$ 이 연속이라 하자. f 가 V 위에서 1-1 이라 하고 f 의 1 계 편도함수가 존재한다고 가정하고 V 위에서 $\Delta_f \neq 0$ 이면, f^{-1} 는 $f(V)$ 위에서 연속이다.*

증명 정리 5.32 에 의하여 $\mathbb{R}^n$ 내의 모든 열린집합 $W \subseteq V$ 에 대하여 $f(W)$ 가 $\mathbb{R}^n$ 내의 열린집합임을 증명하여야 한다. $\mathbf{b} \in f(W)$, 즉 어떤 $\mathbf{a} \in W$ 에 대해 $\mathbf{b} = f(\mathbf{a})$. 그런데 W 는 열린집합이므로 $q > 0$ 를 선택하여 $B_q(\mathbf{a}) \subset W$ 이 성립한다. $0 < r < q$ 을 고정하고 $\overline{B_r(\mathbf{a})} \subset W$ 임에 주의하자. f 는 $V \supseteq W$ 이므로 보조정리 6.1 을 이용하여 $\rho > 0$ 을 선택하여

$$B_\rho(\mathbf{b}) = B_\rho(f(\mathbf{a})) \subset f(B_r(\mathbf{a}))$$

이 성립한다. $f(B_r(\mathbf{a})) \subset f(W)$ 이므로 $f(W)$ 이 열린집합이다. ■

마지막 보조정리는 연속적으로 미분가능한 함수 f 의 야코비 행렬식이 한 점에서 0 이 아니면 f 는 그 점 근처에서 1-1 임을 보이고자 한다. 이것이 역함수정리 증명의 열쇠가 되는 단계이다.

보조정리 6.3 *V 는 $\mathbb{R}^n$ 내의 열린집합이고 $f : V \to \mathbb{R}^n$ 이 V 위에서 연속적으로 미분가능이라 하자. 만일 어떤 $\mathbf{a} \in V$ 에 대하여 $\Delta_f(\mathbf{a}) \neq 0$ 이면 $r > 0$ 이 존재하여 $B_r(\mathbf{a}) \subset V$, f 는*

$B_r(\mathbf{a})$ 위에서 1-1, 모든 $\mathbf{x} \in B_r(\mathbf{a})$ 에 대하여 $\Delta_f(\mathbf{x}) \neq 0$, 이고 모든 $\mathbf{c}_1, \ldots, \mathbf{c}_n \in B_r(\mathbf{a})$ 에 대하여

$$\det\left[\frac{\partial f_i}{\partial x_j}(\mathbf{c}_i)\right]_{n\times n} \neq 0.$$

증명 $r > 0$ 이 존재하여 일차 연립방정식

$$0 = f_i(\mathbf{y}) - f_i(\mathbf{x}) = \sum_{k=1}^{n} \frac{\partial f_i}{\partial x_k}(\mathbf{c}_i)(y_k - x_k) \tag{6.34}$$

의 계수행렬이 모든 $\mathbf{c}_i \in B_r(\mathbf{a})$ 에 대하여 0 이 아님을 보이자. 함수 $h : \mathbb{R}^{n^2} \to \mathbb{R}$ 을

$$h(\mathbf{x}_1, \mathbf{x}_2, \ldots, \mathbf{x}_n) = \det\left[\frac{\partial f_i}{\partial x_j}(\mathbf{x}_i)\right]_{n\times n}$$

이라 정의하자. 행렬식은 행렬의 성분들의 곱과 차로 이루어졌으므로 가정에 의하여 h 는 $V^{(n)} = V \times \cdots \times V$ 위에서 연속이다. 그런데 $h(\mathbf{a}, \ldots, \mathbf{a}) = \Delta_f(\mathbf{a}) \neq 0$ 이므로 적당한 $r > 0$ 이 존재하여 $B_r(\mathbf{a}) \subset V$ 이고 $\mathbf{c}_i \in B_r(\mathbf{a})$ 에 대하여 $h(\mathbf{c}_1, \ldots, \mathbf{c}_n) \neq 0$. 특히 일차 방정식 (6.34) 의 계수행렬은 모든 $\mathbf{c}_i \in B_r(\mathbf{a})$ 에 대하여 0 이 아니고 모든 $\mathbf{x}_i \in B_r(\mathbf{a})$ 에 대하여 $\Delta_f(\mathbf{x}) = h(\mathbf{x}, \ldots, \mathbf{x}) \neq 0$. ■

이제 고차원 형태의 역함수 정리를 증명하도록 한다.

정리 6.19 (역함수정리) *V 를 $\mathbb{R}^n$ 내의 열린집합이고 $f : V \to \mathbb{R}^n$ 이 V 위에서 연속적으로 미분가능, $W = f(V)$ 이라 하자. 만일 어떤 $\mathbf{a} \in V$ 에 대하여 $\Delta_f(\mathbf{a}) \neq 0$ 이면 열린집합 $V_0 \subset V$ 와 $W_0 \subset W$ 이 존재하여*

(i) *$\mathbf{a} \in V$, $f(\mathbf{a}) \in W$;*

(ii) *f 는 V_0 에서 W_0 위로의 1-1 이고, f^{-1} 는 W_0 에서 V_0 위로의 1-1;*

(iii) *f^{-1} 는 W_0 위에서 연속적으로 미분가능이고;*

(iv) *모든 $\mathbf{y} = f(\mathbf{x}) \in W_0$ 에 대하여*

$$D(f^{-1})(\mathbf{y}) = [Df(\mathbf{x})]^{-1}.$$

여기서 $[\bullet]^{-1}$ 은 역행렬을 나타낸다.

증명 보조정리 6.3 에 의하여 $\mathbf{a}$ 가 중심인 열린 공 B가 존재하여 f 는 1-1 이고 B 위에서 $\Delta_f \neq 0$ 이고 모든 $\mathbf{c}_i \in B$ 에 대하여

$$\Delta := \det \left[\frac{\partial f_i}{\partial x_j}(\mathbf{c}_i)\right]_{n\times n} \neq 0.$$

정리 6.18 에 의하여 f^{-1} 이 $f(B)$ 위에서 연속이다. B_0 이 B 보다 작은 $\mathbf{a}$ 를 중심으로 하는 열린공이라 하자. 그러면 $\bar{B}_0 \subset B$ 이고 보조정리 6.2 에 의하여 $f(\mathbf{a})$ 를 중심으로 하는 열린 공 B_1 이 존재하여 $B_1 \subset f(B_0)$ 을 만족한다.

$\mathbf{y}_0 \in B_1$ 을 고정하고 $1 \leq i, k \leq n$. $t \in \mathbb{R}$ 을 작게 선택하여 $\mathbf{y}_0 + t\mathbf{e}_k \in B_1$ 이 되게 하고

$$\mathbf{x}_0 = f^{-1}(\mathbf{y}_0), \quad \mathbf{x}_1 = f^{-1}(\mathbf{y}_0 + t\mathbf{e}_k)$$

라 두자. 따름정리 6.13(평균값 정리)에 의하여 점 $\mathbf{c}_i \in L(\mathbf{x}_0;\mathbf{x}_1)$ 이 존재하여

$$\nabla f_i(\mathbf{c}_i)\cdot\frac{\mathbf{x}_1-\mathbf{x}_0}{t} = \frac{f_i(\mathbf{x}_1)-f_i(\mathbf{x}_0)}{t}, \qquad i=1,2,\ldots,n \tag{6.35}$$

이 성립한다. $x_0(j)$ (각각 $x_1(j)$) 을 $\mathbf{x_0}$ (각각 $\mathbf{x_1}$) 의 j 번째 성분을 나타낸다고 하자. 식 (6.35) 은 계수행렬식이 (B 의 선택에 의해 0 이 아닌) Δ 인 n 변수 $(x_1(j)-x_0(j))/t$ 에 관한 n 원 1 차 연립방정식이므로 크래머 공식에 의하여 (6.35) 의 해는

$$\frac{f_j^{-1}(\mathbf{y}+t\mathbf{e}_k)-f_j^{-1}(\mathbf{y}_0)}{t} := \frac{x_1(j)-x_0(j)}{t} = \mathcal{Q}_j(t) \tag{6.36}$$

을 만족한다. 여기서 $\mathcal{Q}_j(t)$ 은 $\mathbf{x}_1$ 와 $\mathbf{x}_0$ 에서 계산된 f 의 성분이거나 $\mathbf{c}_i$ 에서 계산된 f 의 성분의 1 계 편도함수들로 이루어진 항들에 의한 행렬식의 몫이다. 그런데 $t \to 0$ 이면 $\mathbf{x}_1 \to \mathbf{x}_0, \mathbf{c}_i \to \mathbf{x}_0, \mathbf{y}_0 + t\mathbf{e}_k \to \mathbf{y}_0$ 이므로 $\mathcal{Q}_j(t)$ 은 모두 $\mathbf{x}_0 = f^{-1}(\mathbf{y}_0)$ 에서 계산된 f 의 성분이거나 $\mathbf{c}_i$ 에서 계산된 f 의 성분의 1 계 편 도함수들로 이루어진 항들에 의한 행렬식의 몫 $\mathcal{Q}_j$ 으로 수렴한다. f^{-1} 은 $f(B)$ 위에서 연속이므로 $\mathcal{Q}_j$ 는 각 $\mathbf{y}_0 \in B_1$ 에서 연속이다. (6.36) 에 극한 $t \to 0$ 을 취하면 $\mathbf{y}_0$ 에서 f_j^{-1} 의 1 계 편도함수가 존재하고 $\mathcal{Q}_j$ 이다. 따라서 f_j^{-1} 은 B_1 에서 연속적으로 미분가능이다.

W_0 이 B_1 보다 작은 $f(\mathbf{a})$ 를 중심으로 하는 열린공이라 하고

$$V_0 = f^{-1}(W_0) \cap B_0$$

이라 두자. 분명히 (i), (ii), (iii) 은 성립한다. 더구나 각 $\mathbf{y} \in W_0$ 에 대하여 연쇄법칙과 정리 6.6 에 의하여

$$I = DI(\mathbf{y}) = D(f\circ f^{-1})(\mathbf{y}) = Df(f^{-1}(\mathbf{y}))Df^{-1}(\mathbf{y}).$$

역행렬의 유일성에 의하여

$$D(f^{-1})(\mathbf{y}) = [Df(f^{-1}(\mathbf{y}))]^{-1}.$$

■

참고 1 *정리 6.18 에서 가정 "$\Delta_f \neq 0$" 은 완화될 수 있다.*

증명 만일 $f(x) = x^3$ 이면 $f : \mathbb{R} \to \mathbb{R}$ 와 역함수 $f^{-1}(x) = \sqrt[3]{x}$ 은 $\mathbb{R}$ 위에서 연속이다. 그러나 $\Delta_f(0) = f'(0) = 0$. ■

참고 2 *정리 6.19 에서 가정 "$\Delta_f \neq 0$" 은 완화될 수 없다. 실제로 $f : B_r(\mathbf{a}) \to \mathbb{R}^n$ 가 $\mathbf{a}$ 에서 미분가능이고 역함수 f^{-1} 가 존재하고 $f(\mathbf{a})$ 에서 미분가능이면 $\Delta_f(\mathbf{a}) \neq 0$.*

증명 f가 위의 가정과 같은 함수이고 $\Delta_f(\mathbf{a}) = 0$ 이면 정리 6.6 과 연쇄법칙에 의해

$$I = D(f^{-1} \circ f)(\mathbf{a}) = D(f^{-1})(f(\mathbf{a}))Df(\mathbf{a}).$$

위 식의 행렬식을 구하면

$$1 = \Delta_{f^{-1}}(f(\mathbf{a}))\Delta_f(\mathbf{a}) = 0$$

이것은 모순이다. ■

참고 3 *정리 6.19 에서 가정 "f 는 V* **위에서 연속적으로 미분가능이다***" 는 완화될 수 없다.*

증명 만일 $f(x) = x + 2x^2 \sin(1/x), x \neq 0,$ 이고 $f(0) = 0$ 이면 $f : \mathbb{R} \to \mathbb{R}$ 은 $(-1, 1)$ 위에서 미분가능이고 $f'(0) = 1 \neq 0$. 그러나 $k \in \mathbb{N}$ 에 대하여

$$f\left(\frac{2}{(4k-1)\pi}\right) < f\left(\frac{2}{(4k+1)\pi}\right) < f\left(\frac{2}{(4k-3)\pi}\right)$$

이므로 f 은 0 을 포함하는 임의의 열린집합 V 위에서 1-1 이 아니다. ■

정리 6.19 에서 f 가 V 의 어떤 부분집합 V_0 위에서 1-1 이어야 함을 말하고 있지만 f 가 V 위에서 1-1 임을 말하는 것은 아니다.

참고 4 *정리 6.19 의 집합 V_0 은 V 가 연결집합일지라도 V의 진부분집합이다.*

증명 $f(x, y) = (x^2 - y^2, xy)$ 와 $V = \mathbb{R}^2 \backslash \{(0, 0)\}$ 이라 두자. 그러면 $(x, y) \in V$ 에 대하여 $\Delta_f = 2(x^2 + y^2) \neq 0$ 이지만 모든 $(x, y) \in \mathbb{R}^2$ 에 대하여 $f(x, -y) = f(-x, y)$ 이다. 따라서 f 은 V 위에서 1-1 이 아니다. ■

미분방정식의 해를 구하여 보면 대부분의 해들은 관계식 $F(x, y, z) = 0$ 과 같은 음함수 형태를 가진다. 즉, $\mathbb{R}^p$ 에서 $\mathbb{R}^n$ 으로의 함수들은 $\mathbb{R}^{n+p}$ 위의 관계에 의해 음(implicitly)으로 정의된다.

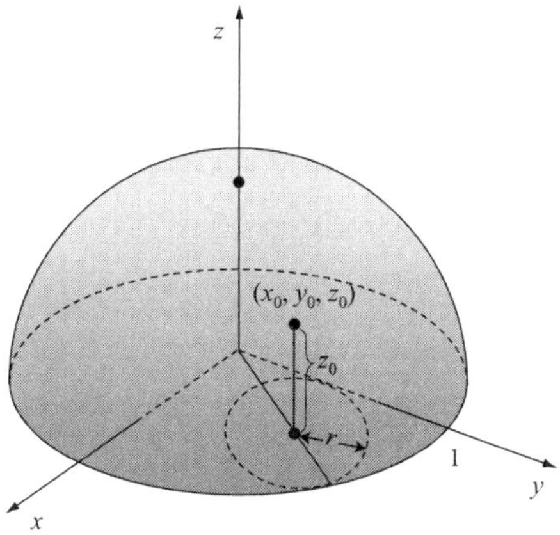

그림 6.2

보기 1 *$x_0^2 + y_0^2 + z_0^2 = 1$ 이고 $z_0 \neq 0$ 이면 $r > 0$ 와 $B_r(x_0, y_0)$ 위에서 연속적으로 미분가능한 함수 $g(x, y)$ 가 존재하여 $z_0 = g(x_0, y_0)$ 이고 $z = g(x, y)$, $(x, y) \in B_r(x_0, y_0)$ 에 대하여*

$$x^2 + y^2 + z^2 = 1.$$

증명 등식 $x^2 + y^2 + z^2 = 1$ 은

$$z = \pm\sqrt{1 - x^2 - y^2}$$

와 동치이다. 만일 $z_0 > 0$ 이면 $g(x, y) = \sqrt{1 - x^2 - y^2}$ 라 두자. 연쇄법칙에 의하여

$$\frac{\partial g}{\partial x} = \frac{-x}{\sqrt{1 - x^2 - y^2}} \quad \text{이고} \quad \frac{\partial g}{\partial y} = \frac{-y}{\sqrt{1 - x^2 - y^2}}.$$

따라서 g 는 2 차원상의 단위원 $x^2 + y^2 < 1$ 내에 놓여있는 임의의 점 (x, y) 에서 미분가능하다. 그런데 $x_0^2 + y_0^2 + z_0^2 = 1$ 이고 $z_0 > 0$ 이므로 (x_0, y_0, z_0) 은 xy 평면으로부터 z_0만큼 위에 있는 xyz 공간내에 3 차원상의 단위 구의 경계 위에 놓여있다(그림 6.2). 특히 $r := 1 - \sqrt{1 - z_0^2}$ 이고 $(x, y) \in B_r(x_0, y_0)$ 이면 $x^2 + y^2 < 1$. 그러므로 g 은 $B_r(x_0, y_0)$ 위에서 연속적으로 미분가능이다. 만일 $z_0 < 0$ 이면 비슷한 결과를 $g(x, y) = -\sqrt{1 - x^2 - y^2}$ 에 대하여 얻을 수 있다. ■

모든 관계식은 정확하게 풀 수 있는 것은 아니다. 이와 같은 상황에서 다음 결과는 유용하게 증명될 수 있다. (이 정리에서 벡터 $(x_1, \ldots, x_n, y_1, \ldots, y_m)$ 를 나타내기위해 기호 $(\mathbf{x}, \mathbf{y})$ 를 사용한다.)

정리 6.20 (음함수 정리) *W 는 $\mathbb{R}^{n+m}$ 내의 열린집합이고 $F = (F_1, \ldots, F_m) : W \to \mathbb{R}^m$ 는 W 위에서 연속적으로 미분가능(각각, C^p)이라 가정하자. 더욱이 어떤 $(\mathbf{x}_0, \mathbf{y}_0) \in W$, $\mathbf{x}_0 \in \mathbb{R}^n$, $\mathbf{y}_0 \in \mathbb{R}^m$ 에 대하여 $F(\mathbf{x}_0, \mathbf{y}_0) = \mathbf{0}$ 라고 가정하자. 만일*

$$\frac{\partial(F_1, \ldots, F_m)}{\partial(y_1, \ldots, y_m)}(\mathbf{x}_0, \mathbf{y}_0) \neq 0$$

이면 $\mathbf{x}_0$ 의 열린근방 $U \subset \mathbb{R}^n$, $\mathbf{y}_0$ 의 열린근방 $V \subset \mathbb{R}^m$ 및 유일한 연속적으로 미분가능한(각각, C^p) 함수 $f : U \to V$ 가 존재하여 $f(\mathbf{x}_0) = \mathbf{y}_0$ 이고 모든 $\mathbf{x} \in U$ 에 대하여 $F(\mathbf{x}, f(\mathbf{x})) = \mathbf{0}$ 을 만족한다.

증명 각각의 $(\mathbf{x}, \mathbf{y}) \in W$ 에 대하여

$$G(\mathbf{x}, \mathbf{y}) = (x_1, \ldots, x_n, F_1(\mathbf{x}, \mathbf{y}), \ldots, F_m(\mathbf{x}, \mathbf{y})) = (\mathbf{x}, F(\mathbf{x}, \mathbf{y})) \tag{6.37}$$

라 두자. 분명히 $G : W \to \mathbb{R}^{n+m}$ 이고

$$DG = \begin{pmatrix} I_{n\times n} & O_{n\times m} \\ B & \left[\frac{\partial F_i}{\partial y_j}\right]_{m\times m} \end{pmatrix}.$$

여기서 $O_{n\times m}$ 은 영행렬, $I_{n\times n}$ 은 단위행렬이고 B 는 x_k 에 대한 F_j 의 1 계 편도함수를 성분으로 하는 어떤 $m \times n$ 행렬이다. DG 를 마지막 행에 관한 라플라스 전개방법으로 행렬식을 계산하면 가정에 의하여

$$\Delta_G(\mathbf{x}_0, \mathbf{y}_0) = 1 \cdot \frac{\partial(F_1, \ldots, F_m)}{\partial(y_1, \ldots, y_m)}(\mathbf{x}_0, \mathbf{y}_0) \neq 0.$$

그런데 $G(\mathbf{x}_0, \mathbf{y}_0) = (\mathbf{x}_0, \mathbf{0})$ 이므로 역함수 정리로부터 $(\mathbf{x}_0, \mathbf{y}_0)$ 를 포함하는 열린집합 Ω_1 와 $(\mathbf{x}_0, \mathbf{0})$ 를 포함하는 열린집합 Ω_2 가 존재하여 G 는 Ω_1 으로부터 Ω_2 위로의 1-1 함수, G^{-1} 은 Ω_2 으로부터 Ω_1 위로의 1-1 함수이고 G^{-1} 는 Ω_2 위에서 연속적으로 미분가능한 함수이다. 열린집합의 정의로 부터 열린집합 $U \subset \mathbb{R}^n$, $V \subset \mathbb{R}^m$, $\mathbf{x}_0 \in U$, $\mathbf{y}_0 \in V$ 가 존재하여 $U \times V \subset \Omega_1$ 가 성립한다. $G(U \times V) = Y \subset \Omega_2$. 따라서 $G : U \times V \to Y$ 는 연속적으로 미분가능한 역함수 $G^{-1} : Y \to U \times V$ 를 가진다. 이제 $G^{-1}(\mathbf{x}, \mathbf{z}) = (\mathbf{x}, H(\mathbf{x}, \mathbf{z}))$ 이다. 여기서 $H : Y \to V$ 이다.

사영함수 $\pi : \mathbb{R}^n \times \mathbb{R}^m \to \mathbb{R}^m$ 을 $\pi(\mathbf{x}, \mathbf{y}) = \mathbf{y}$ 으로 정의하자. 따라서 $F(\mathbf{x}, H(\mathbf{x}, \mathbf{z})) = \pi \circ G(\mathbf{x}, H(\mathbf{x}, \mathbf{z})) = \pi \circ G \circ G^{-1}(\mathbf{x}, \mathbf{z}) = \mathbf{z}$. G^{-1} 가 $G^{-1}(\mathbf{x}, \mathbf{z}) = (\mathbf{x}, H(\mathbf{x}, \mathbf{z}))$ 이므로 $(\mathbf{x}, \mathbf{z}) \in Y$ 이면 $\mathbf{x} \in U$. 함수 $f : U \to V$ 를 $f(\mathbf{x}) = H(\mathbf{x}, \mathbf{0})$ 로 정의하자. 그러면 $F(\mathbf{x}, H(\mathbf{x}, \mathbf{z})) = \mathbf{z}$ 이므로 $F(\mathbf{x}, f(\mathbf{x})) = \mathbf{0}$. 또한 H 도 연속적으로 미분가능이므로 f 도 연속적으로 미분가능이다.

이제 유일성을 보이자. 만일 $g : U \to V$ 이 $F(\mathbf{x}, g(\mathbf{x})) = \mathbf{0} = F(\mathbf{x}, f(\mathbf{x}))$ 을 만족하면 $G(\mathbf{x}, g(\mathbf{x})) = (\mathbf{x}, \mathbf{0}) = G(\mathbf{x}, f(\mathbf{x}))$ 이고 G 는 1-1 이므로 모든 $\mathbf{x} \in U$ 에 대하여 $g(\mathbf{x}) = f(\mathbf{x})$ 이다. ■

정리 6.20 은 존재정리이다. 이것은 해 g 가 존재함을 뜻하고 찾는 방법 및 표현에 대하여는 아무런 언급이 없다. 그러나 많은 응용문제에서는 g 의 정확한 표현보다는 g 가 존재한다는 사실만으로도 충분한 경우가 많다.

다음 보기는 정확한 해를 구할 수 없는 경우이다.

보기 2 *어떤 $B_r(1, 0)$ 위에서 연속적으로 미분가능인 함수 $g(x, y)$ 가 존재하여 $1 = g(1, 0)$ 이고 $z = g(x, y)$, $(x, y) \in B_r(1, 0)$ 에 대하여*

$$xz^2 + yz^3 + 2\sqrt{x+y} + y^2z^4 - z^5 \cos y - z^6 = 1$$

을 만족함을 보여라.

증명 만일 $F(x, y, z) = xz^2 + yz^3 + 2\sqrt{x+y} + y^2z^4 - z^5 \cos y - z^6 - 1$ 이면 $F(1, 0, 1) = 0$ 이고 $F_z = 2xz + 3yz^2 + 4y^2z^3 - 5z^4 \cos y - 6z^5$ 은 점 $(1, 0, 1)$ 에서 0 이 아니다. F 및 $m = 1$, $n = 2$, $z_0 = 1$, $(x_0, y_0) = (1, 0)$ 인 경우에 대해 음함수 정리를 이용하면 원하는 함수 f 를 구할 수 있다. ■

때로는 정확한 해를 구할 수 있지만 하나 또는 그 이상의 변수에 대하여 정확한 관계를 푸는 것보다 음함수정리를 이용하는 것이 보다 쉽다. 실제로 보기 1 을 다시 살펴보면 $F(x, y, z) = 1 - x^2 - y^2 - z^2$ 이고 $F_z = -2z$ 이다. 따라서 음함수 정리에 의해 각 $z_0 \neq 0$ 에 대해 연속적으로 미분가능한 해 $z = g(x, y)$ 가 존재한다.

다음 보기는 음함수정리가 연립방정식의 해의 존재성을 증명하는 데 사용될 수 있음을 보여 준다.

보기 3 *점 (x, y, z, w) 을 중심으로 하는 어떤 공 B 위에서 연속적으로 미분가능한 함수 $u, v : \mathbb{R}^4 \to \mathbb{R}$ 이 존재하여 $u(2, 1, -1, -2) = 4$, $v(2, 1, -1, -2) = 3$ 이고 모든 $(x, y, z, w) \in B$ 에*

대하여 방정식

$$u^2 + v^2 + w^2 = 29, \qquad \frac{u^2}{x^2} + \frac{v^2}{y^2} + \frac{w^2}{z^2} = 17$$

이 모두 만족함을 증명하여라.

증명 $m = 2, n = 4$ 이라 두고

$$F(x, y, z, w, u, v) = \left(u^2 + v^2 + w^2 - 29, \frac{u^2}{x^2} + \frac{v^2}{y^2} + \frac{w^2}{z^2} - 17\right)$$

라 두자. 그러면 $F(4, 3, 2, 1, -1, -2) = (0, 0)$ 이고

$$\frac{\partial(F_1, F_2)}{\partial(u, v)} = \det\begin{pmatrix} 2u & 2v \\ 2u/x^2 & 2v/y^2 \end{pmatrix} = 4uv\left(\frac{1}{y^2} - \frac{1}{x^2}\right).$$

이 행렬식은 $u = 4, v = 3, x = 2, y = 1$ 일 때 0 이 아니다. 그러므로 음함수 정리에 의하여 원하는 함수 u, v 가 존재한다. ■

연습문제 (6.4)

1. 만일 "f 이 $\overline{B_r(\mathbf{a})}$ 위에서 1-1" 이 "모든 $\mathbf{x} \in \partial B_r(\mathbf{a})$ 에 대하여 $f(\mathbf{x}) \neq f(\mathbf{a})$" 으로 바꾸어도 보조정리 6.1 은 성립함을 증명하여라.

2. $E = \{(x, y) : 0 < y < x\}$ 이고 $(x, y) \in E$ 에 대하여 $f(x, y) = (x + y, xy)$ 이라 두자.

   (a) f 이 E 로 부터 $\{(s, t) : s > 2\sqrt{t}, t > 0\}$ 위로의 1-1 함수임을 증명하고 $f^{-1}(s, t)$ 에 대한 식을 구하여라.

   (b) 역함수 정리를 사용하여 $x \neq y$ 에 대하여 $D(f^{-1})(f(x, y))$ 를 계산하여라.

   (c) (a) 에서 구한 식을 사용하여 직접 $D(f^{-1})(s, t)$ 을 구하여라. (b) 에서 구한 답과 비교하면 된다.)

3. (a) $x, y : \mathbb{R}^2 \to \mathbb{R}$ 을 $x(r, \theta) = r\cos\theta, y(r, \theta) = r\sin\theta$ 로 정의하자.

   $$\frac{\partial(x, y)}{\partial(r, \theta)}(r_0, \theta_0) = r_0$$

   임을 보여라.

(b) 언제 매끄러운 역함수 $r(x,y)$, $\theta(x,y)$ 가 존재할까? 직접 점검하여 보고 역함수 정리를 써서 점검하여 보아라.

(c) 구면좌표계에 대한 다음 변환

$$x(r,\varphi,\theta) = r\sin\varphi\cos\theta;$$
$$y(r,\varphi,\theta) = r\sin\varphi\sin\theta;$$
$$z(r,\varphi,\theta) = r\cos\varphi;$$

을 생각하자.

$$\frac{\partial(x,y,z)}{\partial(r,\varphi,\theta)} = r^2\sin\varphi$$

임을 보여라.

(d) (r,φ,θ) 을 언제 (x,y,z) 의 항으로 풀 수 있는가?

4. $f(x,y) = (x/(x^2+y^2), y/(x^2+y^2))$ 이 원점을 제외한 모든 점의 근방에서 국소적으로 역함수를 가짐을 보여라. f^{-1} 을 정확하게 계산하여라.

5. 다음 함수는 모든 점에서 국소적으로 역함수를 가짐을 보여라.

(a) $f(x,y) = (e^x+e^y, e^x-e^y)$.

(b) $g(x,y) = (e^x\cos y, e^x\sin y)$.

6. $u \in \mathbb{R}$ 이고 $v > 0$ 에 대하여 $f(u,v) = (u^3-v^2, \sin u - \log v)$, f^{-1} 이 존재하고 $(-1,0)$ 의 근처에서 미분가능함을 증명하고 $D(f^{-1})(-1,0)$ 을 계산하여라.

7. $f:\mathbb{R}^2 \to \mathbb{R}^2$ 이 어떤 공 $B_r(x_0,y_0)$, $r>0$ 내에서연속인 1 계 편도함수를 가진다고 가정하자. 만일 $\Delta_f(x_0,y_0) \neq 0$ 이면

$$\frac{\partial f_1^{-1}}{\partial x}(f(x_0,y_0)) = \frac{\partial f_2/\partial y(x_0,y_0)}{\Delta_f(x_0,y_0)}, \quad \frac{\partial f_1^{-1}}{\partial y}(f(x_0,y_0)) = \frac{-\partial f_1/\partial y(x_0,y_0)}{\Delta_f(x_0,y_0)}$$

이고

$$\frac{\partial f_2^{-1}}{\partial x}(f(x_0,y_0)) = \frac{-\partial f_2/\partial x(x_0,y_0)}{\Delta_f(x_0,y_0)}, \quad \frac{\partial f_2^{-1}}{\partial y}(f(x_0,y_0)) = \frac{\partial f_1/\partial x(x_0,y_0)}{\Delta_f(x_0,y_0)}$$

임을 증명하여라.

8. (a) 방정식

$$\sin(x+z)+\log yz^2=0,\quad e^{x+z}+yz=0$$

은 (1, 1) 근처에서 (x,y) 의 함수로써 -1 근처에서 z 가 정의됨을 보여라.

(b) 방정식 $xy-y\log z+\sin xz=0$ 의 곡면이 $(0,2,1)$ 근처에서 $z=f(x,y)$ 의 형태로 쓸 수 있는가?

9. (x_0,y_0,z_0) 을 $z^2+xy-a=0$, $z^2+x^2-y^2-b=0$ 으로 정의된 곡선의 점이라 하자.

(a) (x_0,y_0,z_0) 근처에서 $x=f(z), y=g(z)$ 로 표현될 수 있는 충분조건은 무엇인가?

(b) $f'(z)$ 와 $g'(z)$ 을 구하여라.

10. $F:\mathbb{R}^4\to\mathbb{R}^2$ 이 $F(x,y,u,v)=(u^3+vx+y, uy+v^3-x)$ 으로 정의되었다 하자. u, v 에 관한 방정식 $F(x,y,u,v)=(0,0)$ 을 x, y 의 항으로 표현가능한 점은 어느 것인가? $\partial u/\partial x$ 을 구하여라.

11. 함수 $u(x,y)$, $v(x,y)$, $w(x,y)$ 와 $r>o$ 이 존재하여 u, v, w 이 연속적으로 미분가능하고 $B_r(1,1)$ 위에서 방정식

$$u^5+xv^2-y+w=0$$
$$v^5+yu^2-x+w=0$$
$$w^4+y^5-x^4=1$$

을 만족하고 $u(1,1)=1$, $v(1,1)=1$, $w(1,1)=-1$ 임을 증명하여라.

12. (x_0,y_0) 근처에서 연속적으로 미분가능한 실수값 함수 $u(x,y)$ 와 $v(x,y)$ 이 존재하여 연립방정식

$$xu^2+yv^2+xy=9$$
$$xv^2+yu^2-xy=7$$

을 만족하는 점 (x_0,y_0,u_0,v_0) 에 관한 조건을 구하여라. 해가 $u^2+v^2=16/(x+y)$ 을 만족함을 증명하여라.

13. 주어진 0 이 아닌 수 $x_0, y_0, u_0, v_0, s_0, t_0$ 이 연립방정식

$$(*)\begin{cases} u^2 + sx + ty = 0 \\ v^2 + tx + sy = 0 \\ s^2x + t^2y = 0 \\ s^2x - t^2y = 0 \end{cases}$$

을 만족할 때 함수 $u(x,y), v(x,y), s(x,y), t(x,y)$ 와 (x_0, y_0) 를 포함하는 열린 공이 존재하여 u, v, s, t 이 연속적으로 미분가능이고 B 위에서 (*) 을 만족하고 $u(x_0, y_0) = u_0$, $v(x_0, y_0) = v_0$, $s(x_0, y_0) = s_0$, $t(x_0, y_0) = t_0$ 임을 증명하여라.

14. $F(x,y,z)$ 이 $\mathbb{R}^3$ 내의 관계라 하고

$$\mathcal{G} := \{(x,y,z) \in \mathbb{R}^3 : F(x,y,z) = 0\}$$

로 정의된 F 의 그래프를 생각하자. $\mathcal{G}$ 가 점 (a,b,c) 에서 접평면을 가진다함은 $F(x,y,z) = 0$ 이 미분가능한 방법으로 변수들 중 하나에 대해 풀릴 수 있다. 예를 들어 점 (b,c) 에서 미분가능한 함수 $x = f(y,z)$가 존재하여 (b,c) 를 중심으로 하는 열린공 안의 모든 점 (y,z) 에 대하여 $F(f(y,z),y,z) = 0$ 을 만족한다. $F : \mathbb{R}^3 \to \mathbb{R}$ 이 점 (a,b,c) 에서 연속적으로 미분가능하고 $\nabla F(a,b,c) \neq 0$ 이라 하자.

(a) $\mathcal{G}$ 는 (a,b,c) 에서 접평면을 가짐을 증명하여라.

(b) 만일 Π 가 방정식 $\lambda(x,y,z) = d$ 으로 점 (a,b,c) 를 지나는 평면으로 직선 $\lambda(x,b,z) = d$ 는 $x = a$ 에서 곡선 $F(x,b,z) = 0$ 에 대한 집선이고 직선 $\lambda(a,y,z) = d$ 는 $y = b$ 에서 곡선 $F(a,y,z) = 0$ 에 대한 접선이면 Pi 에 대한 수직 벡터는 $\nabla F(a,b,c)$ 로 주어짐을 보여라.

15. 만일 V 이 $\mathbb{R}^n$ 내에서열린집합, $\phi : V \to \mathbb{R}^n$ 이 $\mathcal{C}^1$ 이고 V 위에서 $\Delta_\phi \neq 0$ 이면 $\phi(V)$ 이 열린집합임을 보여라.

6.5 극값

우리는 일변수 함수의 극점을 정의하고 극점을 구하기 위해 미분을 이용하였다. 이 절에서는 다변수 함수의 극점을 정의하고 극점을 구하는 방법을 편미분을 이용하여 극점을 판단하고 또한 제약조건이 주어졌을 때 주어진 함수값의 최대값을 구하는 방법에 관하여 논하기로 한다.

정의 6.4 *V 는 $\mathbb{R}^n$ 의 열린 부분집합, $\mathbf{a} \in V$, $f : V \to \mathbb{R}$ 이라 하자.*

(i) *$f(\mathbf{a})$ 가 f 의* **극소값***이라 함은 적당한 $r > 0$ 이 존재하여 모든 $\mathbf{x} \in B_r(\mathbf{a})$ 에 대하여 $f(\mathbf{a}) \leq f(\mathbf{x})$ 을 만족한다.*

(ii) *$f(\mathbf{a})$ 가 f 의* **극대값***이라 함은 적당한 $r > 0$ 이 존재하여 모든 $\mathbf{x} \in B_r(\mathbf{a})$ 에 대하여 $f(\mathbf{a}) \geq f(\mathbf{x})$ 을 만족한다.*

(iii) *$f(\mathbf{a})$ 가 f 의* **극값***이라 함은 $f(\mathbf{a})$ 이 f 의 극소값이거나 극대값이다.*

일차원 경우, 극점에서 미분이 가능할 때 극점에서 도함수가 0 임을 알고 있다. 다변수 함수의 경우에도 이와 유사한 정리가 성립한다.

정리 6.21 *f 의 1 계 편도함수가 $\mathbf{a}$ 에서 존재하고 $f(\mathbf{a})$ 가 f 의 극값이면*

$$\nabla f(\mathbf{a}) = \mathbf{0}.$$

증명 일차원상의 함수 $g(t) = f(a_1, \ldots, a_{j-1}, t, a_{j+1}, \ldots, a_n)$ 이 각 $j = 1, \ldots, n$ 에 대하여 $t = a_j$ 에서 극값을 가진다. 따라서 일차원 이론에 의하여

$$\frac{\partial f}{\partial x_j}(\mathbf{a}) = g'(a_j) = 0.$$

■

일차원의 경우와 같이 $\nabla f(\mathbf{a}) = 0$ 은 $f(\mathbf{a})$ 가 극값이 되기 위한 필요조건이지만 충분조건은 아니다.

참고 1 *$\nabla f(\mathbf{a}) = 0$ 을 만족하고도 $f(\mathbf{a})$ 가 극대도 극소도 아닌 연속적으로 미분가능한 함수가 존재한다.*

증명 함수

$$f(x, y) = y^2 - x^2$$

을 생각하자. f 의 1 계 편도함수가 $\mathbb{R}^2$ 위의 모든 점에서 존재하고 연속이므로 f 는 $\mathbb{R}^2$ 위에서 연속적으로 미분가능이다. $\nabla f(\mathbf{0}) = 0$ 이지만 $f(\mathbf{0})$ 은 극값이 아니다(그림 6.3).

■

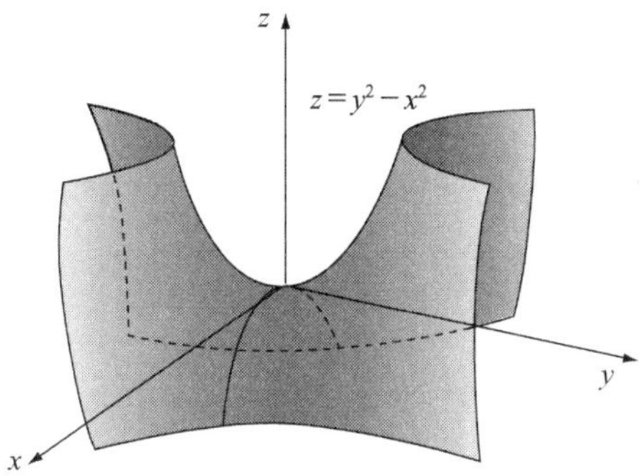

그림 6.3

위와 같은 함수의 그래프는 다음과 같은 용어의 도입이 필요하다.

정의 6.5 *$V \subset \mathbb{R}^n$ 은 열린집합, $\mathbf{a} \in V$ 이고 $f : V \to \mathbb{R}$ 가 $\mathbf{a}$ 에서 미분가능이라 하자. 그런데 $\mathbf{a}$ 가 f 의* **안장점***이라 함은 $\nabla f(\mathbf{a}) = \mathbf{0}$ 이고 $r_0 > 0$ 이 존재하여 주어진 임의의 $0 < \rho < r_0$ 에 대해*

$$f(\mathbf{x}) < f(\mathbf{a}) < f(\mathbf{y})$$

을 만족하는 점 $\mathbf{x}, \mathbf{y} \in B_\rho(\mathbf{a})$ 이 존재한다.

최대·최소값 정리에 의하여 만일 f 가 컴팩트집합 H 위에서 연속이면 f 는 H 위에서 최대값과 최소값을 갖는다. 즉 점 $\mathbf{a}, \mathbf{b} \in H$ 가 존재하여

$$f(\mathbf{a}) = \sup_{\mathbf{x} \in H} f(\mathbf{x}) \text{ 이고 } f(\mathbf{b}) = \inf_{\mathbf{x} \in H} f(\mathbf{x}).$$

f가 2 변수함수일 때 이러한 점들은 일차원의 기술과 정리 6.21 를 결합함으로써 찾을 수 있다.

보기 1 *$H = \overline{B_1(0,0)}$ 위에서 $f(x, y) = x^2 - 2x + y^2 - 2y$ 의 최대, 최소값을 구하여라.*

증명 $\nabla f(x,y) = (0,0)$ 이면 $(x,y) = (1,1)$ 이므로 f 는 H 내에서 극값을 갖지 않는다. 따라서 H 위의 f 의 극값은 ∂H 위에서 발생해야 한다. 극좌표를 사용하여 ∂H 을 $(x,y) = (\cos\theta, \sin\theta)$, $0 \le \theta < 2\pi$ 로 나타낼 수 있다.

$$h(\theta) := f(\cos\theta, \sin\theta) = 1 - \cos\theta - \sin\theta$$

라 두자. $\tan\theta = 2$ 를 만족하는 $\theta = \arctan 2$ 일 때 h 의 도함수는 0 임을 주의하자. ■

6.4 절에서 도입된 2 계 전미분 $D^2 f$ 을 사용하여 고차원인 경우에도 2 계 도함수 판정법을 사용할 수 있다. 먼저 기교적인 결과를 얻을 수 있다.

보조정리 6.4 *V 는 $\mathbb{R}^n$ 내의 열린집합, $\mathbf{a} \in V$ 이고 $f : V \to \mathbb{R}$ 라 하자. 만일 f 의 모든 2 계 편도함수가 $\mathbf{a}$ 에서 존재하고 $\mathbf{h} \neq \mathbf{0}$ 에 대하여 $D^2 f(\mathbf{a}; \mathbf{h}) > 0$ 이면 $m > 0$ 이 존재하여 $\mathbf{x} \in \mathbb{R}^n$ 에 대하여*

$$D^2 f(\mathbf{a}; \mathbf{h}) \ge m\|\mathbf{x}\|^2. \tag{6.38}$$

증명 $H = \{\mathbf{x} \in \mathbb{R}^n : \|\mathbf{x}\| = 1\}$ 라 두고 함수

$$g(\mathbf{x}) = D^2 f(\mathbf{a}; \mathbf{x}) = \sum_{j=1}^{n} \sum_{k=1}^{n} \frac{\partial^2 f}{\partial x_k \partial x_j}(\mathbf{a}) x_j x_k, \qquad \mathbf{x} \in \mathbb{R}^n$$

를 생각하자. 가정에 의하여 $\mathbb{R}^n \backslash \{\mathbf{0}\}$ 위에서 g 은 연속이고 양이다. 따라서 H 위에서 g는 연속이고 양이다. H 는 컴팩트이므로 최대·최소 정리로부터 g 는 H 위에서 양의 최소값 m 을 가진다.

분명히 (6.38) 는 $\mathbf{x} = \mathbf{0}$ 에 대하여 성립한다. 만일 $\mathbf{x} \neq \mathbf{0}$ 이면 $\mathbf{x}/\|\mathbf{x}\| \in H$ 이고 g 과 m 의 정의로부터

$$D^2 f(\mathbf{a}; \mathbf{x}) = \frac{g(\mathbf{x})}{\|\mathbf{x}\|^2}\|\mathbf{x}\|^2 = g\left(\frac{\mathbf{x}}{\|\mathbf{x}\|}\right)\|\mathbf{x}\|^2 \ge m\|\mathbf{x}\|^2.$$

따라서 (6.38) 은 모든 $\mathbf{x} \in \mathbb{R}^n$ 에 대하여 성립한다. ■

정리 6.22 (이계 도함수 판정) *V 는 $\mathbb{R}^n$ 내의 열린집합, $\mathbf{a} \in V$ 이고 $f : V \to \mathbb{R}$ 가 $\nabla f(\mathbf{a}) = \mathbf{0}$ 을 만족한다 하자. f 의 모든 2 계 편도함수가 V 위에서 존재하고 $\mathbf{a}$ 에서 연속이라 가정하자.*

(i) *만일 모든 $\mathbf{h} \neq \mathbf{0}$ 에 대하여 $D^2 f(\mathbf{a}; \mathbf{h}) > 0$ 이면 $f(\mathbf{a})$ 은 f 의 극소이다.*

(ii) *만일 모든 $\mathbf{h} \neq \mathbf{0}$ 에 대하여 $D^2 f(\mathbf{a}; \mathbf{h}) < 0$ 이면 $f(\mathbf{a})$ 은 f 의 극대이다.*

(iii) *만일 $\mathbf{h} \in \mathbb{R}^n$ 에 대하여 $D^2 f(\mathbf{a}; \mathbf{h})$ 이 동시에 양과 음의 값을 가지면 $\mathbf{a}$는 f 의 안장점이다.*

증명 (i), (ii) : $r > 0$ 을 택하여 $B_r(\mathbf{a}) \subset V$ 이고 잠시 함수 $\varepsilon : B_r(\mathbf{0}) \to \mathbb{R}$ 가 존재하여 $\mathbf{h} \to \mathbf{0}$ 일 때 $\varepsilon(\mathbf{h}) \to 0$ 이고 충분히 작은 $\mathbf{h}$ 에 대하여

$$f(\mathbf{a}+\mathbf{h}) - f(\mathbf{a}) = \frac{1}{2}D^2 f(\mathbf{a};\mathbf{h}) + \|\mathbf{h}\|^2\varepsilon(\mathbf{h}) \tag{6.39}$$

만일 $\mathbf{h} \neq \mathbf{0}$ 에 대하여 $D^2 f(\mathbf{a};\mathbf{h}) > 0$ 이면 (6.38) 와 (6.39) 로부터 충분히 작은 $\mathbf{h}$ 에 대하여

$$f(\mathbf{a}+\mathbf{h}) - f(\mathbf{a}) \geq \left(\frac{m}{2} + \varepsilon(\mathbf{h})\right)\|\mathbf{h}\|^2.$$

$m > 0$ 이고 $\mathbf{h} \to \mathbf{0}$ 일 때 $\varepsilon(\mathbf{h}) \to 0$ 이므로 충분히 작은 $\mathbf{h}$ 에 대하여 $f(\mathbf{a}+\mathbf{h}) - f(\mathbf{a}) \geq 0$. 따라서 $f(\mathbf{a})$ 은 극소이다. 비슷하게, 만일 $\mathbf{h} \neq \mathbf{0}$ 에 대하여 $D^2 f(\mathbf{a};\mathbf{h}) < 0$ 이면 $f(\mathbf{a})$ 은 극대이다.

(iii) : $\mathbf{h} \in \mathbb{R}^n$ 를 고정하고 (6.39) 로부터 $t \in \mathbb{R}$ 에 대하여

$$f(\mathbf{a}+t\mathbf{h}) - f(\mathbf{a}) = t^2\left(\frac{1}{2}D^2 f(\mathbf{a};\mathbf{h}) + \|\mathbf{h}\|^2\varepsilon(t\mathbf{h})\right)$$

$t \to 0$ 일 때 $\varepsilon(t\mathbf{h}) \to 0$ 이므로 작은 t 에 대하여 $f(\mathbf{a}+t\mathbf{h}) - f(\mathbf{a})$ 은 $D^2 f(\mathbf{a};\mathbf{h})$ 와 같은 부호를 갖는다. 특히 $\mathbf{h}$가 변할 때 $D^2 f(\mathbf{a};\mathbf{h})$ 이 동시에 양과 음의 값을 가지면 $\mathbf{a}$ 는 안장점이다.

이제 $\mathbf{h} \to \mathbf{0}$ 일 때 $\varepsilon(\mathbf{h}) \to 0$ 이고 충분히 작은 모든 $\mathbf{h}$ 에 대하여 (6.39) 가 성립하는 함수 $\varepsilon : B_r(\mathbf{0}) \to \mathbb{R}$ 을 찾는 일이 남았다. $\varepsilon(\mathbf{0}) = 0$ 이고

$$\varepsilon(\mathbf{h}) = \frac{f(\mathbf{a}+\mathbf{h}) - f(\mathbf{a}) - \frac{1}{2}D^2 f(\mathbf{a};\mathbf{h})}{\|\mathbf{h}\|^2}, \qquad \mathbf{h} \in B_r(\mathbf{0}), \quad \mathbf{h} \neq \mathbf{0}$$

라 두자. $\varepsilon(\mathbf{h})$ 의 정의에 의하여 $\mathbf{h} \in B_r(\mathbf{0})$ 에 대하여 (6.39) 가 성립한다. 만일 $\mathbf{h} = (h_1, h_2, \ldots, h_n) \in B_r(\mathbf{0})$ 이 고정되면 $\nabla f(\mathbf{a}) = \mathbf{0}$ 와 테일러 공식에 의하여 적당한 $\mathbf{c} \in L(\mathbf{a};\mathbf{a}+\mathbf{h})$ 에 대하여

$$f(\mathbf{a}+\mathbf{h}) - f(\mathbf{a}) = \frac{1}{2}D^2 f(\mathbf{c};\mathbf{h}).$$

따라서

$$\begin{aligned} f(\mathbf{a}+\mathbf{h}) - f(\mathbf{a}) - \frac{1}{2}D^2 f(\mathbf{a};\mathbf{h}) &= \frac{1}{2}\left(D^2 f(\mathbf{c};\mathbf{h}) - D^2 f(\mathbf{a};\mathbf{h})\right) \\ &= \frac{1}{2}\sum_{j=1}^{n}\sum_{k=1}^{n}\left(\frac{\partial^2 f}{\partial x_j \partial x_k}(\mathbf{c}) - \frac{\partial^2 f}{\partial x_j \partial x_k}(\mathbf{a})\right)h_j h_k. \end{aligned}$$

그런데 $|h_j h_k| \leq \|\mathbf{h}\|^2$ 이고 f 의 2 계 편도함수는 $\mathbf{a}$ 에서 연속이므로 $\mathbf{h} \to \mathbf{0}$ 일 때

$$0 \leq |\varepsilon(\mathbf{h})| \leq \frac{1}{2}\left(\sum_{j=1}^{n}\sum_{k=1}^{n}\left|\frac{\partial^2 f}{\partial x_j \partial x_k}(\mathbf{c}) - \frac{\partial^2 f}{\partial x_j \partial x_k}(\mathbf{a})\right|\right) \to 0.$$

조임정리에 의하여 $\mathbf{h} \to \mathbf{0}$ 일 때 $\varepsilon(\mathbf{h}) \to \mathbf{0}$ 이다. ■

다음은 정리 6.22 의 부등식 $>$ 이 완화될 수 없음을 나타낸다.

참고 2 만일 $D^2f(\mathbf{a};\mathbf{h}) \geq 0$ 이면 $f(\mathbf{a})$ 이 극소값이 되거나 $\mathbf{a}$ 가 안장점이 될 수 있다.

증명 $f(0,0)$ 은 $f(x,y) = x^4 + y^2$ 의 극소이고 $(0,0)$ 은 $f(x,y) = x^3 + y^2$ 의 안장점이다. ■

실제로 $D^2f(\mathbf{a};\mathbf{h})$ 의 부호를 결정하기가 쉽지 않다. $n = 2$ 인 경우에는 2 계 전미분 $D^2f(\mathbf{a};\mathbf{h})$ 은 2 차 형식 $Ah^2 + 2Bhk + Ck^2$ 의 모양이다. 다음 결과는 이차형식의 부호는 **판별식** $D = B^2 - AC$ 에 의하여 완전히 결정됨을 보여 주고 있다.

보조정리 6.5 $A, B, C \in \mathbb{R}$, $D = B^2 - AC$, $\phi = Ah^2 + 2Bhk + Ck^2$ 이라 하자.

(i) 만일 $D < 0$ 이면 A 와 $\phi(h,k)$ 은 모든 $(h,k) \neq (0,0)$ 에 대하여 같은 부호를 갖는다.

(ii) 만일 $D > 0$ 이면 $\phi(h,k)$ 은 (h,k) 가 $\mathbb{R}^2$ 위를 움직일 때 양과 음의 값을 모두 갖는다.

증명 (i) 만일 $D < 0$ 라 가정하자. 그러면 $A \neq 0$ 이고 $A\phi(h,k)$ 은

$$A\phi(h,k) = A^2h^2 + 2ABhk + ACk^2 = (Ah + Bk)^2 + |D|k^2$$

로 두 제곱항의 합이다. 그런데 $A \neq 0 \neq D$ 이므로 이러한 제곱항 중 적어도 하나는 각 $(h,k) \neq (0,0)$ 에 대하여 양이다. 이것으로부터 A 와 $\phi(h,k)$ 은 모든 $(h,k) \neq (0,0)$ 에 대하여 같은 부호를 갖는다.

(ii) 만일 $D > 0$ 라 가정하자. 그러면 $A \neq 0$ 이거나 $B \neq 0$ 이다. 만일 $A \neq 0$ 이면 $A\phi(h,k)$ 은

$$A\phi(h,k) = (Ah + Bk - \sqrt{D}k)(Ah + Bk + \sqrt{D}k)$$

로 두 제곱항의 차이다. 직선 $Ah + Bk - \sqrt{D}k = 0$ 와 $Ah + Bk + \sqrt{D}k = 0$ 은 hk 평면을 네 개의 열린영역으로 나눈다(그림 6.4). 그런데 $A\phi(h,k)$ 은 이러한 영역 중 두 곳에서 양이고 나머지 두 곳에서 음이므로 $\phi(h,k)$ 은 (h,k) 가 $\mathbb{R}^2$ 위를 움직일 때 양과 음의 값을 모두 갖는다. 만일 $A = 0$ 이고 $B \neq 0$ 이면

$$\phi(h,k) = 2Bhk + Ck^2 = (2Bh + Ck)k.$$

그런데 $B \neq 0$ 이므로 직선 $2Bh + Ck = 0$ 와 $k = 0$ hk 평면을 네 개의 열린영역으로 나눈다. 전과 같이 $\phi(h,k)$ 은 (h,k) 가 $\mathbb{R}^2$ 위를 움직일 때 양과 음의 값을 모두 갖는다. ■

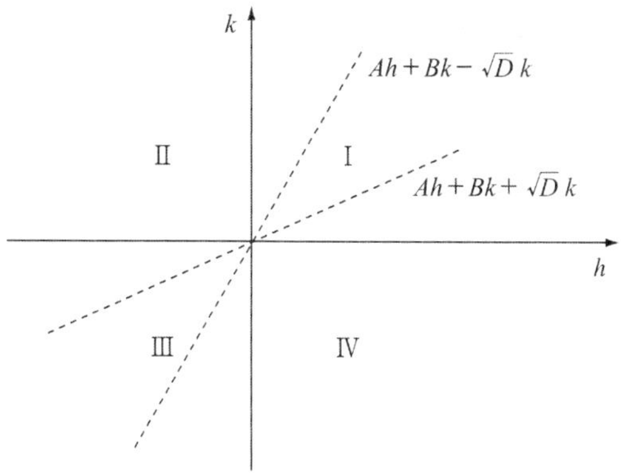

그림 6.4

다음 결과는 극값과 안장점을 찾기 위한 판정이다.

정리 6.23 *V 는 $\mathbb{R}^2$ 내에서 열린집합, $(a,b) \in V$ 라 하고 $f : V \to \mathbb{R}$ 가 $\nabla f(a,b) = \mathbf{0}$ 를 만족한다고 가정하자. 또한 f 의 모든 2 계 편도함수가 V 위에서 존재하고 (a,b) 에서 연속이고*

$$D = [f_{xy}(a,b)]^2 - f_{xx}(a,b)f_{yy}(a,b)$$

라 가정하자.

(i) *만일 $D < 0$ 이고 $f_{xx}(a,b) > 0$ 이면 $f(a,b)$은 극소값이다.*

(ii) *만일 $D < 0$ 이고 $f_{xx}(a,b) < 0$ 이면 $f(a,b)$은 극대값이다.*

(iii) *만일 $D > 0$ 이면 (a,b) 은 안장점이다.*

증명 $A = f_{xx}(a,b), B = f_{xy}(a,b), C = f_{yy}(a,b)$라 두자. 정리 6.22 와 보조정리 6.5 를 적용한다. ■

참고 3 *판별식 $D = 0$ 이면 $f(a,b)$ 이 극대, 극소이거나 (a,b) 가 f 에 대한 안장점이 될 수 있다.*

증명 함수 $f(x,y) = x^2$ 이 $(a,b) = (0,0)$ 에서 0 인 판별식을 가지고 $0 = f(0,0)$ 이 f 의 극소이다. 한편, $f(x,y) = x^3$ 이 $(a,b) = (0,0)$ 에서 0 인 판별식을 가지고 $0 = f(0,0)$ 이 f 의 안장점이다. ■

실제로 주어진 제약조건하에서 극값을 찾아야 하는 경우가 종종 있다.

정의 6.6 V 는 $\mathbb{R}^n$ 내의 열린집합, $\mathbf{a} \in V$, $j = 1, 2, \ldots, m$ 에 대하여 $f, g_j : V \to \mathbb{R}$ 라 하자.

(i) $f(\mathbf{a})$ 가 제약조건 $g_j(\mathbf{a}) = 0, j = 1, 2, \ldots, m$ 하에서의 f 의 **극소**라 함은 $\rho > 0$ 이 존재하여 $\mathbf{x} \in B_\rho(\mathbf{a})$ 이고 모든 $j = 1, \ldots, m$ 에 대하여 $g_j(\mathbf{a}) = 0$ 이면 $f(\mathbf{x}) \geq f(\mathbf{a})$ 을 만족한다.

(ii) $f(\mathbf{a})$ 가 제약조건 $g_j(\mathbf{a}) = 0, j = 1, 2, \ldots, m$ 하에서의 f 의 **극대**라 함은 $\rho > 0$ 이 존재하여 $\mathbf{x} \in B_\rho(\mathbf{a})$ 이고 모든 $j = 1, \ldots, m$ 에 대하여 $g_j(\mathbf{a}) = 0$ 이면 $f(\mathbf{x}) \leq f(\mathbf{a})$ 을 만족한다.

첫번째 방법은 제약조건 문제를 같은 집합 V 위의 다른 제약되지 않은 문제로 바꾸는 것이다. 우리가 제약 조건 $g(\mathbf{x}) = 0$ 하에서 $f(\mathbf{x})$ 의 최소값을 구한다고 하자. 열쇠가 되는 아이디어는 최소값을 구하는 문제 대신 함수

$$F(\mathbf{x}) = f(\mathbf{x}) + A|g(\mathbf{x})|^2, \quad A \text{ 는 적당히 큰 상수} \tag{6.40}$$

을 생각한다. F 에 대해 최적인 점 $\mathbf{x}_A$ 가 $g(\mathbf{x}_A)$ 를 작게 할 것이라 예상하고 따라서 $f(\mathbf{x}_A)$ 는 $g(\mathbf{x}) = 0$ 인 점 $\mathbf{x}$ 들 중에 $f(\mathbf{x})$ 의 진짜 최소값인 $f(\mathbf{a})$ 과 거의 같게된다. 그러면 A 가 증가함에 따라 $\mathbf{x}_A$ 가 $\mathbf{a}$ 로 수렴하기를 바랄 것이다.

보기 2 $xy - 18 = 0$, $x \geq 0$, $y \geq 0$ 인 점 (x, y) 중에 $f(x, y) = 2x + y$ 를 최소화하여라.

풀이 쉽게 $\mathbf{a} = (3, 6)$ 이고 $f(\mathbf{x})$ 의 최소값은 12 임을 보일 수 있다. 함수

$$F(x, y) = 2x + y + A(xy - 18)^2$$

라 하자. 그리고 $x \geq 0$, $y \geq 0$ 에 대하여 $F(\mathbf{x})$ 의 최소값을 구하자. 이것은 충분히 큰 A 에 대하여 점 $\mathbf{x}_A = (3 - 1/(72A), 6 - 1/(36A))$ 에서 근사적으로 발생한다. 만일 $A \to \infty$ 이면 $\mathbf{x}_A \to (3, 6) = \mathbf{a}$ 이다.

하나 또는 그 이상의 변수를 소거하거나 치환함으로써 제약조건을 가진 극값 문제를 제약이 없는 문제로 바꿀 수 있다. 이러한 방법을 **직접 방법(direct method)**이라 한다.

보기 3 원점에서 가장 가까운 점과 가장 먼 점을 타원면 $x^2 + 2y^2 + 3z^2 = 1$ 위에서 모두 찾아라.

풀이 제약조건 $g(x,y,z)=x^2+2y^2+3z^2-1=0$ 에 대한 거리 공식 $\sqrt{x^2+y^2+z^2}$ (또한 함수 $f(x,y,z)=x^2+y^2+z^2$) 을 최적화하여야 한다. g 를 사용하여 f 에서 변수 x 를 소거하면 f 는

$$\phi(y,z)=1-y^2-2z^2$$

인 형태를 가진다. $\nabla\phi(y,z)=(0,0)$ 를 풀면 $(y,z)=(0,0)$ 을 얻는다. 따라서 $x^2=1$ 이다. 그러므로 x 를 소거함으로써 $(\pm1,0,0)$ 을 얻는다. 비슷하게 y 를 소거함으로써 $(0,\pm1/\sqrt{2},0)$ 을 얻는다. z 를 소거함으로써 $(0,0,\pm1/\sqrt{3})$ 을 얻는다. 거리 공식을 점검하면 최대거리는 점 $(\pm1,0,0)$ 에서 1 이고 최소거리는 점 $(0,0,\pm1/\sqrt{3})$ 에서 $1/\sqrt{3}$ 이다. (점 $(0,\pm1/\sqrt{2},0)$ 은 안장점이므로 최대도 최소도 아니다.)

보기 3 을 푸는 좀더 기하학적인 다른 방법이 있다. 타원면 $g(x,y,z)=x^2+2y^2+3z^2-1=0$ 에 대하여 원점에서 가장 가까운 거리와 가장 먼 거리의 점은 $g(x,y,z)$ 의 접평면과 구면 $f(x,y,z)=1$ 의 접평면이 평행이 되는 점에서 발생함을 주의하자(그림 6.5). $\mathbf{0}$ 이 아닌 두 벡터 $\mathbf{a}$ 와 $\mathbf{b}$ 가 평행이기 위한 필요충분조건은 적당한 $\lambda\neq0$ 에 대하여 $\mathbf{a}+\lambda\mathbf{b}=\mathbf{0}$ 이다. 그런데 $f(x,y,z)=1$ 와 $g(x,y,z)=0$ 의 접평면의 법벡터는 ∇f 와 ∇g 이므로 원점에서 가장 가까운 점과 가장 먼 점 (x,y,z) 은 어떤 $\lambda\neq0$ 에 대하여

$$\nabla f(x,y,z)+\lambda\nabla g(x,y,z)=\mathbf{0} \tag{6.41}$$

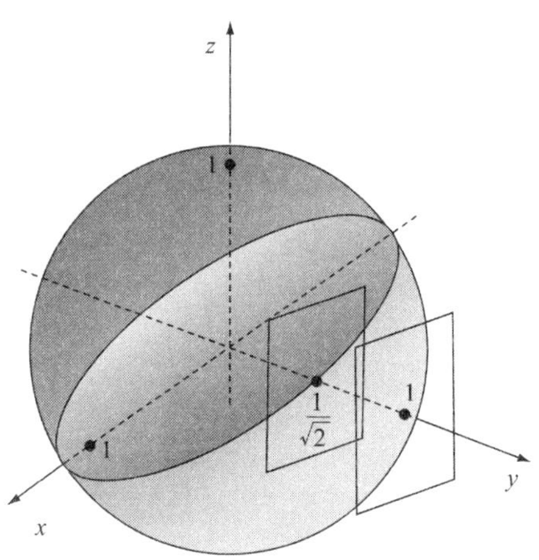

그림 6.5

을 만족해야 한다. 위의 경우 (6.41) 은 $(2x,2y,2z)+\lambda(2x,4y,6z)=(0,0,0)$ 이다. 이 방정식과 제약조건 $g(x,y,z)=0$ 을 결합하면 네 개의 미지수에 대한 네개 연립방정식

$$x(\lambda+1)=0, y(2\lambda+1)=0, z(3\lambda+1)=0, x^2+2y^2+3z^2=1$$

을 얻는다. 이 연립방정식을 풀면 세 쌍의 해, $\lambda=-1$ 일 때 $(\pm1,0,0)$, $\lambda=-1/2$ 일 때 $(0,\pm1/\sqrt{2},0)$, 그리고 $\lambda=-1/3$ 일 때 $(0,0,\pm1/\sqrt{3})$ 을 얻는다. 그러므로 직접 방법에서 구한 해는 기하적인 방법으로 구한 해와 같음을 알 수 있다.

다음 결과는 기하적인 방법으로 함수들이 구면과 타원면에서는 할 수 없는 경우와 여러 개의 제약들이 사용될 때도 성립함을 보인다. 이것은 직접적인 방법이 제약조건들이 상대적으로 단순하지 않는 한 사용될 수 없는 것이 다행이다.

정리 6.24 (라그랑주 승수법) *$m<n$, V 는 $\mathbb{R}^n$ 내의 열린집합, $f,g_j:V\to\mathbb{R}$ 가 $j=1,2,\ldots,m$ 에 대하여 V 위에서 연속적으로 미분가능이라 하자. $\mathbf{a}\in V$ 가 존재하여*

$$\frac{\partial(g_1,\ldots,g_m)}{\partial(x_1,\ldots,x_m)}(\mathbf{a})\neq 0$$

라 가정하자. 만일 $f(\mathbf{a})$ 가 제약조건 $g_k(\mathbf{a})=0$, $k=1,\ldots,m$, 에 대해 f 의 국소극값이면 스칼라 $\lambda_1,\lambda_2,\ldots,\lambda_m$ 가 존재하여

$$\nabla f(\mathbf{a})+\sum_{k=1}^{n}\lambda_k\nabla g_k(\mathbf{a})=\mathbf{0} \tag{6.42}$$

이 성립한다.

증명 방정식 (6.42)은 m 개의 미지수 $\lambda_1,\lambda_2,\ldots,\lambda_m$ 에 관한 n원 연립방정식

$$\sum_{k=1}^{m}\lambda_k\frac{\partial g_k}{\partial x_j}(\mathbf{a})=-\frac{\partial f}{\partial x_j}(\mathbf{a}),\qquad j=1,2,\ldots,n \tag{6.43}$$

이다. 첨자를 $j=1,2,\ldots,m$ 으로 제한하면 가정에 의하여 연립방정식 (6.43)의 계수행렬의 행렬식은 0 이 아님을 알 수 있다. 따라서 모든 λ_k 는 (6.43) 의 처음 m 개의 방정식에 의해 유일하게 결정된다. 이제 보여야 할 것은 이러한 λ_k 들이 또한 $j=m+1,\ldots,n$ 에 대하여도 (6.43) 이 만족됨을 보이는 것이다. $p=n-m$ 이라 하자. 음함수 정리의 증명에서와 같이 $\mathbb{R}^{m+p}$ 내의 벡터를

$$\mathbf{x}=(\mathbf{y},\mathbf{t})=(y_1,\ldots,y_m,t_1,\ldots,t_p)$$

로 쓰기로 하자. $l = 1, \ldots, p$ 에 대하여

$$0 = \frac{\partial f}{\partial t_l}(\mathbf{a}) + \sum_{k=1}^{m} \lambda_k \frac{\partial g_k}{\partial t_l}(\mathbf{t}_0) \tag{6.44}$$

임을 보여야 한다.

$g = (g_1, \ldots, g_m)$ 이라 하고 $\mathbf{y}_0 \in \mathbb{R}^m$, $\mathbf{t}_0 \in \mathbb{R}^p$ 을 선택하여 $\mathbf{a} = (\mathbf{y}_0, \mathbf{t}_0)$ 이 되게 하자. 가정에 의하여 $g(\mathbf{y}_0, \mathbf{t}_0) = \mathbf{0}$ 이고 g 의 야코비 행렬식은 $(\mathbf{y}_0, \mathbf{t}_0)$ 에서 0 이 아니다. 따라서 음함수 정리에 의하여 $\mathbf{t}_0$ 를 포함하는 열린집합 $W \subset \mathbb{R}^p$ 와 W 위에서 연속적으로 미분가능한 함수 $h : W \to \mathbb{R}^m$ 가 존재하여 $h(\mathbf{t}_0) = \mathbf{y}_0$ 와

$$g(h(\mathbf{t}), \mathbf{t}) = \mathbf{0}, \qquad \mathbf{t} \in W \tag{6.45}$$

을 만족한다. 각 $\mathbf{t} \in W$ 와 $k = 1, \ldots, m$ 에 대하여

$$G_k(\mathbf{t}) = g_k(h(\mathbf{t}), \mathbf{t}) \qquad F(\mathbf{t}) = f(h(\mathbf{t}), \mathbf{t})$$

라 두자. $l = 1, \ldots, p$ 에 대하여 (6.44) 을 증명하기 위해서 함수 $G_1, \ldots, G_m$ 와 F 을 사용하자. 그러한 l 을 고정하자. (6.45) 에 의하여 각 G_k 은 W 위에서 항등적으로 0 이고, 따라서, W 위에서 0 인 도함수를 가진다. $\mathbf{t}_0 \in W$ 이고 $(h(\mathbf{t}_0), \mathbf{t}_0) = (\mathbf{y}_0, \mathbf{t}_0) = \mathbf{a}$ 이므로 연쇄법칙으로부터

$$0 = DG_k(\mathbf{t}_0) = \left(\frac{\partial g_k}{\partial x_1}(\mathbf{a}) \cdots \frac{\partial g_k}{\partial x_n}(\mathbf{a}) \right) \begin{pmatrix} \frac{\partial h_1}{\partial t_1}(\mathbf{t}_0) & \cdots & \frac{\partial h_1}{\partial t_p}(\mathbf{t}_0) \\ \vdots & \ddots & \vdots \\ \frac{\partial h_m}{\partial t_1}(\mathbf{t}_0) & \cdots & \frac{\partial h_m}{\partial t_p}(\mathbf{t}_0) \\ 1 & \cdots & 0 \\ \vdots & \ddots & \vdots \\ 0 & \cdots & 1 \end{pmatrix}.$$

따라서 $DG_k(\mathbf{t}_0)$ 의 l 째 성분은 $k = 1, 2, \ldots, m$ 에 대하여

$$0 = \sum_{j=1}^{m} \frac{\partial g_k}{\partial x_j}(\mathbf{a}_0) \frac{\partial h_j}{\partial t_l}(\mathbf{t}_0) + \frac{\partial g_k}{\partial t_l}(\mathbf{a}_0) \tag{6.46}$$

으로 주어진다. (6.46) 에 λ_k 를 곱하고 k 관하여 더하면

$$\begin{aligned} 0 = &\ \sum_{k=1}^{m} \sum_{j=1}^{m} \lambda_k \frac{\partial g_k}{\partial x_j}(\mathbf{a}_0) \frac{\partial h_j}{\partial t_l}(\mathbf{t}_0) + \sum_{k=1}^{m} \lambda_k \frac{\partial g_k}{\partial t_l}(\mathbf{a}_0) \\ = &\ \sum_{j=1}^{m} \left(\sum_{k=1}^{m} \lambda_k \frac{\partial g_k}{\partial x_j}(\mathbf{a}_0) \right) \frac{\partial h_j}{\partial t_l}(\mathbf{t}_0) + \sum_{k=1}^{m} \lambda_k \frac{\partial g_k}{\partial t_l}(\mathbf{a}_0). \end{aligned}$$

따라서 (6.43)로부터

$$0 = -\sum_{j=1}^{m} \frac{\partial f}{\partial x_j}(\mathbf{a}_0)\frac{\partial h_j}{\partial t_l}(\mathbf{t}_0) + \sum_{k=1}^{m} \lambda_k \frac{\partial g_k}{\partial t_l}(\mathbf{a}_0). \tag{6.47}$$

$f(\mathbf{a})$가 제약조건 $g(\mathbf{a}) = \mathbf{0}$ 에 대한 극대라고 가정하자. $E_0 = \{\mathbf{x} \in V : g(\mathbf{x}) = \mathbf{0}\}$ 이라 하고 n 차원 열린공 $B(\mathbf{a})$ 을 선택하여

$$\mathbf{x} \in B(\mathbf{a}) \cap E_0 \Longrightarrow f(\mathbf{x}) \leq f(\mathbf{a}) \tag{6.48}$$

이 성립하게 하자. h 이 연속이므로 p 차원 열린공 $B(\mathbf{t}_0)$ 을 선택하여 $\mathbf{t} \in B(\mathbf{t}_0)$ 이면 $(h(\mathbf{t}), \mathbf{t}) \in B(\mathbf{a})$ 이 성립하게 할 수 있다. (6.48)에 의하여 $F(\mathbf{t}_0)$ 은 $B(\mathbf{t}_0)$ 위에서 F 의 극대이다. 따라서 $\nabla F(\mathbf{t}_0) = \mathbf{0}$. 위의 연쇄법칙을 적용하면

$$0 = \sum_{j=1}^{m} \frac{\partial f}{\partial x_j}(\mathbf{a})\frac{\partial h_j}{\partial t_l}(\mathbf{t}_0) + \frac{\partial f}{\partial t_l}(\mathbf{a}). \tag{6.49}$$

(6.49)와 (6.47)을 더하면

$$0 = \frac{\partial f}{\partial t_l}(\mathbf{a}) + \sum_{k=1}^{m} \lambda_k \frac{\partial g_k}{\partial t_l}(\mathbf{a}).$$

을 얻는다. ■

보기 4 *제약조건 $x - y = 1$ 와 $y^2 - z^2 = 1$ 에 대하여 $x^2 + y^2 + z^2$ 의 모든 극값을 구하여라.*

풀이 $f(x,y,z) = x^2 + y^2 + z^2$, $g(x,y,z) = x - y - 1$, $h(x,y,z) = y^2 - z^2 - 1$ 이라 하자. 그러면 (6.42) 는 $\nabla f + \lambda \nabla g + \mu \nabla h = \mathbf{0}$ 인 형태, 다시 말해

$$(2x, 2y, 2z) + \lambda(1, -1, 0) + \mu(0, 2y, -2z) = (0, 0, 0).$$

특히 $2x + \lambda = 0, 2y + 2\mu y - \lambda = 0, 2z - 2\mu z = 0$ 이다. 마지막 등식으로부터 $\mu = 1$ 이거나 $z = 0$ 이다. 먼저, $\mu = 1$ 이면 $\lambda = 4y$. $2x + \lambda = 0$ 이므로 $x = -2y$ 이다. $g = 0$ 으로부터 $-3y = 1$ 을 얻는다. 이것을 $h = 0$ 에 대입하면 $z^2 = -8/9$ 을 얻게 되는데 이것은 모순이다.

$z = 0$ 이면 $h = 0$ 으로부터 $y = \pm 1$ 을 얻는다. $g = 0$ 이므로 $y = 1$ 일 때 $x = 2$, $y = -1$ 일 때 $x = 0$ 을 얻는다. 따라서 제약조건 $g = 0 = h$ 에 대한 f 의 극값 후보는 $f(2,1,0) = 5$ 와 $f(0,-1,0) = 1$ 이다. 이 값들이 극대값, 극소값인지 둘 다 아닌지를 결정하기 위해 기하적인 관점에서 문제를 바라보자. 문제는 평면 $x - y = 1$ 과 원점에서 가장 가까이 놓여 있는 쌍곡형 실린더 $y^2 - z^2 = 1$ 와의 교선 위의 점을 찾기를 요구하고 있다. 확실히 이러한 점들 모두는 극소이고 극대는 없다(그림 6.6). 특히 주어진 제약조건에서의 $x^2 + y^2 + z^2$ 의 최소는 1 이고 점 $(0, -1, 0)$ 에서 얻어진다.

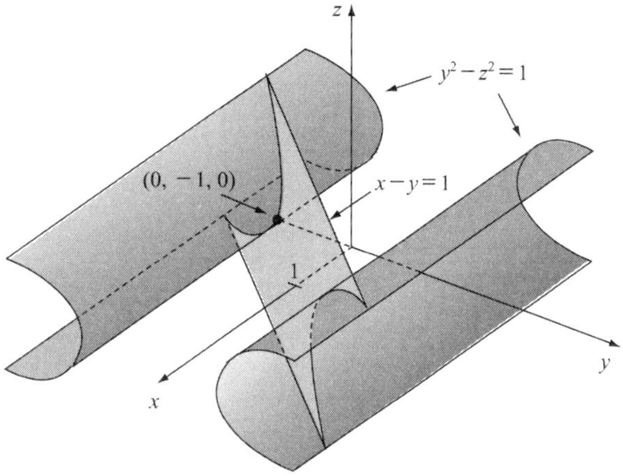

그림 6.6

보기 5 *제약조건* $x^2 + y^2 + z^2 = 1$ *하에서* $f(x, y, z) = x + z$ *의 최대값을 구하여라.*

풀이 정리 6.24 를 사용하면 관계식 $\nabla f = \lambda \nabla g$ 로 부터

$$(1, 0, 1) = \lambda(2x, 2y, 2z) \tag{6.50}$$

을 얻는다. 제약 조건 $x^2 + y^2 + z^2 = 1$ 과 (6.50) 을 연립하여 λ 와 점 (x, y, z) 를 구하자. $\lambda \neq 0$ 이므로 (6.50) 에서 $y = 0$ 이고 $x = z$ 와 $4\lambda^2 x^2 - 4\lambda^2 z^2 = 0$ 이다. 제약조건으로부터 $4\lambda^2 x^2 + 4\lambda^2 z^2 = 4\lambda^2$ 을 얻고 이 식으로 부터 $8\lambda^2 x^2 = 4\lambda^2$ 이고 따라서 $x = \pm 1/\sqrt{2} = z$. 그러므로 구하는 점은 $(1/\sqrt{2}, 0, 1/\sqrt{2})$ 와 $(-1/\sqrt{2}, 0, -1/\sqrt{2})$ 이다. 처음 점은 f 의 최대점이고 두 번째 점은 최소점임을 알 수 있다. S 는 컴팩트이므로 f 는 S 위에서 최대와 최소를 가져야 한다.

연습문제 (6.5)

1. 다음 각 함수의 모든 극값을 찾아라.

   (a) $f(x, y) = x^2 - 2xy + 3y^2 - 4x$

   (b) $f(x, y) = xye^{-x}$

(c) $f(x, y) = x^2 - xy + y^3 - y$

(d) $f(x, y) = \sin x + \cos y$

(e) $f(x, y, z) = e^{x+y} \cos z$

(f) $f(x, y) = ax^2 + bxy + cy^2$ 여기서 $a \neq 0$ 이고 $b^2 - 4ac \neq 0$.

2. 주어진 $f(x, y) = px^2 + 2qxy + ry^2$ 에 대하여 $(0, 0)$ 이 $\nabla f = 0$ 와 다음 조건

(a) $f(0, 0)$ 이 극대

(b) $f(0, 0)$ 이 극소

(c) $(0, 0, f(0, 0))$ 이 안장점

을 만족하는 유일한 점이 되도록 상수 p, q, r 에 관한 충분조건을 각각 구하여라.

3. 다음 각각에 대해 H 위에서 f 의 최대, 최소를 구하여라.

(a) $f(x, y) = x^2 + 2x - y^2$ 이고 $H = \{(x, y) : x^2 + 4y^2 \leq 4\}$.

(b) $f(x, y) = x^2 + 2xy + 3y^2$ 이고 H 는 꼭지점 $(1, 0), (1, 2), (3, 0)$ 을 갖는 삼각형으로 둘러싸인 영역.

(c) $f(x, y) = x^3 + 3xy - y^3$ 이고 $H = [-1, 1] \times [-1, 1]$.

(d) $f(x, y, z) = x - y + z$ 이고 $H = \{(x, y, z) : x^2 + y^2 + z^2 = 2\}$.

(e) $f(x, y, z) = x + y + z$ 이고 $H = \{(x, y, z) : x^2 - y^2 = 1,\ 2x + z = 1\}$.

4. 제약조건 $g(x, y, z) = 2x + 3y + z - 12 = 0$ 하에서 $f(x, y, z) = 4x^2 + y^2 + z^2$ 이 최소가 되는 점을 구하여라.(힌트 직접방법을 사용할 것.)

5. 다음 각각에 대해 주어진 제약조건에서 f 의 모든 극값을 라그랑주 승수법을 사용하여 찾아라.

(a) $f(x, y) = x + y^2$ 와 $x^2 + y^2 = 4$.

(b) $f(x, y) = x^2 - 4xy + 4y^2$ 와 $x^2 + y^2 = 1$.

(c) $f(x, y, z) = xy$, $x^2 + y^2 + z^2 = 1$ 와 $x + y + z = 0$.

(d) $f(x, y, z, w) = 3x + y + w$, $3x^2 + y + 4z^3 = 1$ 와 $-x^3 + 3z^4 + w = 0$.

6. $f:\mathbb{R}^n \to \mathbb{R}^m$ 이 $\mathbf{a}$ 에서 미분가능이고 $g:\mathbb{R}^m \to \mathbb{R}$ 이 $\mathbf{b}=f(\mathbf{a})$ 에서 미분가능하다고 가정하자. 만일 $g(\mathbf{b})$ 이 g 의 극값이면 $\nabla(g\circ f)(\mathbf{a})=\mathbf{0}$ 임을 보여라.

7. V 이 $\mathbb{R}^2$ 내에서 열린집합이고 $(a,b)\in V$, $f:V\to\mathbb{R}$ 이 V 위에서 2 계 편도함수를 가지고 $f_x(a,b)=f_y(a,b)=0$ 라고 가정하자. f 의 2 계 편도함수가 (a,b) 에서 연속이고 세 개 수 $f_{xx}(a,b)$, $f_{xy}(a,b)$, $f_{yy}(a,b)$ 중 정확히 두 개가 0 이면 (a,b) 가 안장점이기 위한 필요충분조건 은 $f_{xy}(a,b)\neq 0$ 임을 증명하여라.

8. V 이 $\mathbb{R}^n$ 내에서 열린집합이고 $\mathbf{a}\in V$, $f:V\to\mathbb{R}$ 이 V 위에서 $\mathcal{C}^2$ 라고 가정하자. $f(\mathbf{a})$가 f 의 극소이면 모든 $\mathbf{h}\in\mathbb{R}^n$ 에 대하여 $D^2f(\mathbf{a})(\mathbf{h})\geq 0$ 임을 증명하여라.

9. a,b,c,D,E 은 $c\neq 0$ 인 실수라 하자.

   (a) 만일 $DE>0$ 이면 제약조건 $z=Dx^2+Ey^2$에서의 $ax+by+cz$ 의 모든 극값을 찾아라. 극대는 $cD<0$ 일 때 극소는 $cD>0$ 일 때 발생함을 증명하여라.

   (b) $DE<0$ 일 때 무엇을 말할 수 있는가?

10. (음함수 방법)

    (a) $f,g:\mathbb{R}^3\to\mathbb{R}$ 이 점 (a,b,c) 에서 미분가능이고 $f(a,b,c)$ 이 제약조건 $g(x,y,z)=k$, k 는 상수에서 f 의 극값이라고 가정하자. 이때

    $$\frac{\partial f}{\partial x}(a,b,c)\frac{\partial g}{\partial z}(a,b,c)-\frac{\partial f}{\partial z}(a,b,c)\frac{\partial g}{\partial x}(a,b,c)=0$$

    와

    $$\frac{\partial f}{\partial y}(a,b,c)\frac{\partial g}{\partial z}(a,b,c)-\frac{\partial f}{\partial z}(a,b,c)\frac{\partial g}{\partial y}(a,b,c)=0$$

    을 증명하여라.

    (b) (a) 를 사용하여 제약조건 $xyz=16$에서의 $f(x,y,z)=4xy+2xz+2yz$ 의 모든 극값을 구하여라.

11. 다음을 증명하여라.

    (a) $p>1$ 이라 하자. 제약조건 $\sum_{k=1}^{n}|x_k|^p=1$에서 $f(\mathbf{x})=\sum_{k=1}^{n}x_k^2$ 의 모든 극값을 구하여라.

(b) 모든 $x_1, \ldots, x_n \in \mathbb{R}, n \in \mathbb{N}, 1 \le p \le 2$ 에 대하여

$$\frac{1}{n^{(2-p)/(2p)}}\left(\sum_{k=1}^{n}|x_k|^p\right)^{1/p} \le \left(\sum_{k=1}^{n}x_k^2\right)^{1/2} \le \left(\sum_{k=1}^{n}|x_k|^p\right)^{1/p}$$

임을 증명하여라.

(c) 만일 $\{x_k\}$ 이 $\sum_{k=1}^{\infty}|x_k| < \infty$ 를 만족하는 실수열이면

$$\left(\sum_{k=1}^{n}x_k^2\right)^{1/2} \le \infty$$

임을 증명하여라.

6.6 미분가능성과 접평면

1 절에서는 미분가능성을 대수–해석적인 관점에서 살펴보았으나, 이 절에서는 기하적인 관점에서 살펴본다. 먼저 함수 f 가 점 (a,b) 에서 미분가능이기 위한 필요충분조건은 $z = f(x,y)$ 의 그래프가 점 $(a,b,f(a,b))$ 에서 유일한 접평면을 가짐을 증명하고 다음으로는 일차원상의 미분이 함수의 접선을 따라 함수의 변화를 근사하는 데 사용한 것처럼 다변수 함수는 접평면을 따라 함수의 변화를 근사하는 데 사용할 수 있다.

먼저, 접평면의 기하적인 정의를 도입하자.

정의 6.7 *V 이 $\mathbb{R}^2$ 내에서 열린집합, $(a,b) \in V$, $f : V \to \mathbb{R}$ 이라 하자. $z = f(x,y)$ 의 그래프가 점 $\mathbf{c} = (a,b,f(a,b))$ 에서* **유일한 접평면***이라 함은 점 $\mathbf{c}$ 를 포함하는 평면 Π가 존재하여 Π 의 임의의 수직벡터 $\mathbf{n}$ 와 점 $\mathbf{c}$ 에서 곡면 $z = f(x,y)$ 위의 점까지를 잇는 벡터*

$$\begin{aligned}&(h,k,f(a+h,b+k)-f(a,b))\\&\quad=(a+h,b+k,f(a+h,b+k))-f(a,b,f(a,b))\end{aligned} \tag{6.51}$$

와의 사이각 $\theta_{h,k}$ 이 $(h,k) \to (0,0)$ 일 때 $\pi/2$ 로 수렴한다(그림 6.7). 이 경우 Π 는 $\mathbf{c}$ 에서 $z = f(x,y)$ 에 **접한다***고 말한다.*

(6.51) 에 의하면 평면 Π 가 $z = f(x,y)$ 의 유일한 접평면이기 위한 필요충분조건은 Π 내에 놓여 있는 가장 가까운 벡터와 벡터 $(h,k,f(a+h,b+k)-f(a,b))$ 와의 사이각이 $(h,k) \to (0,0)$ 일 때 0 으로 수렴한다.

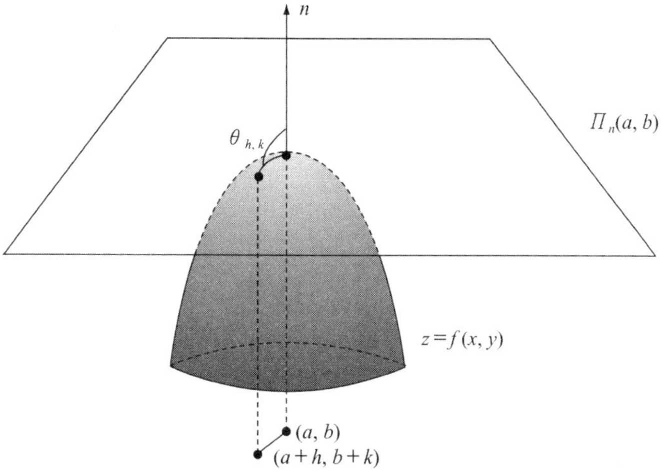

그림 6.7

만일 평면 Π가 수직이 아니면 Π 의 임의의 수직벡터 (α, β, γ) 는 0 이 아닌 세 번째 성분 γ 를 가진다. γ 로 나눔으로써 Π 은 $\mathbf{n} = (n_1, n_2, 1)$ 인 형태의 수직 벡터를 가진다. 이 경우 다음 결과는 조건 $\theta_{h,k} \to \pi/2$ 이 미분가능성 조건과 같음을 보이고 있다.

보조정리 6.6 *V 이 $\mathbb{R}^2$ 내에서 열린집합, $(a, b) \in V$, $f : V \to \mathbb{R}$, $\mathbf{c} = (a, b, f(a, b))$, $\mathbf{n} = (n_1, n_2, 1)$ 이라 하자. 여기서 $n_1, n_2 \in \mathbb{R}$. 그러면 평면 $\Pi_{\mathbf{n}}(\mathbf{c})$ 이 $z = f(x, y)$ 의 그래프의 유일한 접평면이기 위한 필요충분조건은*

$$\lim_{(h,k)\to(0,0)} \frac{f(a+h, b+k) - f(a, b) + n_1 h + n_2 k}{\|(h, k, f(a+h, b+k) - f(a, b))\|} = 0. \tag{6.52}$$

증명 $\theta_{h,k}$ 이 $\mathbf{n}$ 와 $(h, k, f(a+h, b+k) - f(a, b))$ 사이각이므로 내적의 성질에 의하여

$$\begin{aligned} \cos\theta_{h,k} &= \frac{\mathbf{n} \cdot (h, k, f(a+h, b+k) - f(a, b))}{\|\mathbf{n}\| \|(h, k, f(a+h, b+k) - f(a, b))\|} \\ &= \frac{1}{\|\mathbf{n}\|} \cdot \frac{f(a+h, b+k) - f(a, b) + n_1 h + n_2 k}{\|(h, k, f(a+h, b+k) - f(a, b))\|}. \end{aligned}$$

그러므로 (6.52) 가 성립하기위한 필요충분조건은 $(h, k) \to (0, 0)$ 일 때 $\cos\theta_{h,k} \to 0$ 이다. 그러나 $(h, k) \to (0, 0)$ 일 때 $\cos\theta_{h,k} \to 0$ 이기 위한 필요충분조건은 $\theta_{h,k} \to \pi/2$ 이다. 이것으로부터 $\Pi_{\mathbf{n}}(\mathbf{c})$ 이 $\mathbf{c}$ 에서 $z = f(x, y)$ 의 유일한 접평면이기 위한 필요충분조건은 (6.52)가 성립하는 것이다. ∎

미분의 정의와 식 (6.52)을 비교하면 $\nabla f(a, b) = (-n_1, -n_2)$임을 추측할 수 있다. 다음 정리는 이 추측이 사실임을 보이고 있다.

정리 6.25 V 는 $\mathbb{R}^2$ 내에서 열린집합, $(a,b) \in V$, $f : V \to \mathbb{R}$, $\mathbf{c} = (a, b, f(a,b))$ 라 하자. 그러면 $z = f(x,y)$ 의 그래프가 $\mathbf{c}$ 에서 유일한 수직이 아닌 접평면 Π를 가지기 위한 필요충분조건은 f 가 (a,b) 에서 미분가능이다. 이 경우 $\Pi = \Pi_{\mathbf{n}}(\mathbf{c})$ 이다. 여기서

$$\mathbf{n} = (-f_x(a,b), -f_y(a,b), 1). \tag{6.53}$$

증명 $B_r(a,b) \subset V$ 이 성립하도록 r 을 선택하고 $z = f(x,y)$가 법벡터 $\mathbf{n} = (n_1, n_2, 1)$ 을 가지는 $\mathbf{c}$ 에서 유일한 수직이 아닌 접평면 Π를 가진다고 가정하자. 각 $(h,k) \in B_r(\mathbf{0}) \backslash \{(0,0)\}$ 에 대하여

$$\varepsilon = \frac{\Delta z + \delta}{\sqrt{h^2 + k^2 + (\Delta z)^2}}$$

라 두자. 여기서 $\Delta z := f(a+h, b+k) - f(a,b)$ 이고 $\delta := n_1 h + n_2 k$ 이다. ε 을 정의하는 식은 Δz 에 대해 2 차식이다. Δz 에 관하여 풀면

$$\Delta z = \frac{\delta \pm \varepsilon\sqrt{\delta^2 + (1-\varepsilon^2)(h^2+k^2)}}{\varepsilon^2 - 1} \tag{6.54}$$

$|\delta| = |(n_1, n_2) \cdot (h,k)| \le \|\mathbf{n}\| \|(h,k)\|$ 임을 주의하자. 따라서 (6.54)으로부터

$$|f(a+h, b+k) - f(a,b) + n_1 h + n_2 k| := |\Delta z + \delta| \le |G(\varepsilon)| \|(h,k)\|, \tag{6.55}$$

여기서 $G(\varepsilon) := (\varepsilon^2 \|\mathbf{n}\| + \varepsilon\sqrt{\|\mathbf{n}\|^2 + (1-\varepsilon^2)})/|\varepsilon^2 - 1|$ 이다. 보조정리 6.6 에 의하여 $(h,k) \to (0,0)$일 때 $\varepsilon \to 0$ 이다. 따라서 (6.55) 이면 $(h,k) \to (0,0)$일 때

$$0 \le \frac{|f(a+h, b+k) - f(a,b) + (n_1, n_2) \cdot (h,k)|}{\|(h,k)\|} \le |G(\varepsilon)| \to 0.$$

그러므로 f 는 $\mathbf{a}$ 에서 미분가능이고 $\nabla f(a,b) = (-n_1, -n_2)$ 이다.

역으로 f 는 $\mathbf{a}$ 에서 미분가능이라 가정하고 $\mathbf{n}$ 을 (6.53) 로 정의하자. 그런데

$$\|(h, k, f(a+h, b+k) - f(a,b))\| \ge \|(h,k)\|$$

이므로

$$\begin{aligned} 0 &\le \frac{|f(a+h, b+k) - f(a,b) + n_1 h + n_2 k|}{\|(h, k, f(a+h, b+k) - f(a,b))\|} \\ &\le \frac{|f(a+h, b+k) - f(a,b) - \nabla f(a,b) \cdot (h,k)|}{\|(h,k)\|} \end{aligned}$$

을 얻는다. f 는 미분가능이므로 $(h,k) \to (0,0)$ 일 때 위 부등식의 마지막 몫이 0 으로 수렴한다. 따라서 조임정리에 의하여 $(h,k) \to (0,0)$ 일 때 가운데 몫이 0 으로 수렴한다. 보조정리 6.6 에 의하여 $\Pi_{\mathbf{n}}(\mathbf{c})$ 이 $\mathbf{c}$ 에서 $z = f(x,y)$ 의 유일한 접평면이다. ■

$\mathbf{a}$ 에서 n 변수의 실수값 미분가능한 함수의 전미분은

$$dz := \sum_{j=1}^{n} \frac{\partial f}{\partial x_j}(\mathbf{a})dx_j \tag{6.56}$$

로 정의되었음을 상기하자.

참고 1 *$f : \mathbb{R}^n \to \mathbb{R}$ 이 $\mathbf{a}$ 에서 미분가능이고 $\Delta\mathbf{x} = (\Delta x_1, \ldots, \Delta x_n)$ 라 하자. $\mathbf{x}$ 가 $\mathbf{a}$ 부터 $\mathbf{x} + \Delta\mathbf{x}$ 까지 움직일 때 $z = f(x, y)$ 의 변화가 $\Delta z = f(\mathbf{a} + \Delta\mathbf{x}) - f(\mathbf{a})$ 으로 정의되면*

$$\Delta\mathbf{x} \to \mathbf{0} \text{ 일 때 } \frac{\Delta z - dz}{\|\Delta\mathbf{x}\|} \to 0.$$

특히 전미분 dz 은 Δz 을 근사한다.

증명 정의에 의하여 f 는 $\mathbf{a}$ 에서 미분가능이면 주어진 $\varepsilon > 0$ 에 대하여 $\delta > 0$ 이 존재하여 모든 $\|\mathbf{h}\| < \delta$ 에 대하여

$$|f(\mathbf{a}+\mathbf{h}) - f(\mathbf{a}) - \nabla f(\mathbf{a})\dot{\mathbf{h}}| \le \varepsilon\|\mathbf{h}\|$$

이 성립한다. 만일 $\mathbf{h} = \Delta\mathbf{x} = (\Delta x_1, \ldots, \Delta x_n)$ 이면 $\Delta z = f(\mathbf{a}+\mathbf{h}) - f(\mathbf{a})$ 이고 $dz = \nabla f(\mathbf{a}) \cdot \mathbf{h}$. 따라서 충분히 작은 $\|\Delta\mathbf{x}\|$ 에 대하여 $|\Delta z - dz| < \varepsilon\|\Delta\mathbf{x}\|$ 이다. ■

따라서 f 가 $\mathbf{a}$ 에서 미분가능이면 f 의 미분은 충분히 작은 $\mathbf{h}$ 에 대하여 $\mathbf{x}$ 가 $\mathbf{a}$ 부터 $\mathbf{x} + \mathbf{h}$ 까지 움직일 때 f 의 변화를 근사시키는 데 사용될 수 있다.

보기 1 *미분을 사용하여 (x, y)가 $(0, 1)$부터 $(0.02, 1.01)$까지 움직일 때 $f(x, y) = x^2y - y^3$ 의 변화를 근사시키라.*

풀이 $z = x^3y - y^3$, $a = 0$, $b = 1$ 라 하자. 그러면 $dx = 0.02$ 이고 $dy = 0.01$ 이다. 그런데 $dz = 2xydx + (x^2 - 3y^2)dy$ 이므로

$$\Delta z \approx 0(0.02) - 3(0.01) = -0.03.$$

$\Delta z = f(0.02, 1.01) - f(0, 1) = -0.029897\ldots$ 이 -0.03 에 매우 가까움을 주의하자.

보기 2 *미분을 사용하여 $(5.97)\sqrt[4]{16.03}$ 의 근사값을 구하여라.*

풀이 $z = y\sqrt[4]{x}$, $a = 16$, $b = 6$ 이라 하자. 그러면 $dx = 0.03$ 이고 $dy = -0.03$ 이다. 그런데

$$dz = \frac{y}{4\sqrt[4]{x^3}}dx + \sqrt[4]{x}dy$$

이므로

$$\Delta z \approx \frac{6(0.03)}{4\sqrt[4]{(16)^3}}dx + \sqrt[4]{16}(-0.03) \approx -0.054375.$$

따라서

$$z \approx 6\sqrt[4]{16} - 0.054375 = 11.945625.$$

$5.97\sqrt[4]{16.03}$ 의 실제 값은 $11.945593\ldots$ 이다. 따라서 근사값은 소수점 셋 째자리까지 정확하다.

보기 3 *반지름의 최대 오차율이 3%, 높이의 최대 오차율이 2%로 측정되었다면 직원기둥의 부피로 계산된 최대오차율을 구하여라.*

풀이 직원기둥의 부피는 $V = \pi r^2 h$ 이다. 여기서 r 은 반지름, h 는 높이이다. 따라서 V 의 미분은 $dV = 2\pi rhdr + \pi r^2 dh$ 이다. 그러므로

$$\frac{dV}{V} = 2\frac{dr}{r} + \frac{dh}{h}.$$

그런데 변수 x 의 오차율은 $\Delta x/x \approx dx/x$ 이므로 부피 V 를 계산하는 최대 오차율은

$$\frac{dV}{V} = 2(\pm 0.03) + (\pm 0.02) = \pm 0.08$$

로부터 약 8% 이다.

연습문제 (6.6)

1. 다음 각 함수의 미분을 계산하여라.

   (a) $z = x^2 + y^2$

   (b) $z = \sin(xy)$

   (c) $z = \dfrac{xy}{1 + x^2 + y^2}$

2. $w = x^2 y + z$ 라 하자. 미분을 사용하여 (x, y, z) 가 $(1, 2, 1)$ 부터 $(1.01, 1.98, 1.03)$ 까지 움직일 때 Δw 의 근사값을 구하여라. 이 근사값과 Δw 의 실제값을 비교하여라.

3. $f, g : \mathbb{R}^n \to \mathbb{R}$ 이 미분가능 함수이고 $u = f(\mathbf{x})$ 와 $v = g(\mathbf{y})$ 라 하자.

(a) 미분에 대하여도 합과 곱법칙

$$d(u+v) = du + dv, \qquad d(uv) = udv + vdu$$

이 성립함을 증명하여라.

(b) $v \neq 0$ 이면 미분에 대하여도 몫 법칙

$$d\left(\frac{u}{v}\right) = \frac{vdu - udv}{v^2}$$

이 성립함을 증명하여라.

4. 다음 각 함수에 대하여 $\mathbf{c}$ 에서 $z = f(x, y)$ 에 대한 접평면의 방정식을 구하여라.

(a) $f(x, y) = x^3 \sin y$, $\mathbf{c} = (0, 0, 0)$.

(b) $F(x, y) = x^3y - xy^3$, $\mathbf{c} = (1, 1, 0)$.

5. 진자가 한 번 완전히 진동하는 데 걸리는 시간은

$$T = 2\pi\sqrt{\frac{L}{g}}$$

이다. g 는 중력가속도이고 L 는 진자의 길이이다. 만일 g 가 최대 1% 의 오차로 측정되면 T 의 계산된 값이 최대 2% 의 오차를 가지기 위해서는 L 을 얼마나 정확하게 측정해야 하는가?

6. 각 변수 x, y, z 는 최대 p% 의 오차로 측정되고, 식

$$\frac{1}{w} = \frac{1}{x} + \frac{1}{y} + \frac{1}{z}$$

라 가정하자. w 의 계산된 값이 최대 p% 의 오차로 측정될 수 있음을 증명하여라.

7. 접평면이 평면 $x + y + z = 1$ 에 평행인 포물면 $z = x^2 + y^2$ 위의 모든 점들을 구하여라. 대응하는 접평면의 방정식을 구하여라.

8. $\mathcal{H}$ 이 $x^2 + y^2 - z^2 = 1$ 로 주어진 한 잎 쌍곡면이라 하자.

(a) 모든 점 $(a, b, c) \in \mathcal{H}$ 에서 $\mathcal{H}$ 이 법벡터가 $(-a, -b, c)$ 인 접평면을 가짐을 증명하여라.

(b) xy 평면에 수직인 $\mathcal{H}$ 에 접하는 각 평면의 방정식을 구하여라.

(c) 평면 $x + y - z = 1$ 에 평행인 $\mathcal{H}$ 에 접하는 각 평면의 방정식을 구하여라.

7 다변수함수의 적분

이 장에서는 3 장에서 다루었던 1 차원상의 적분론을 고차원의 경우로 확장한다. 이를 위해서 3 장에서는 구간의 분할과 같은 개념으로 주어진 영역을 분할하여 3 장에서 정의했었던 상합과 하합을 적용하여 적분가능성을 도입한 방식과 유사하게 다변수 함수의 적분론을 도입한다.

7.1 여러 가지 영역

R 을 n-차원 직사각형, 즉

$$R = [a_1, b_1] \times \cdots \times [a_n, b_n] = \{\mathbf{x} \in \mathbb{R}^n \mid x_j \in [a_j, b_j], 1 \leq j \leq n\} \tag{7.1}$$

이라 하자. 구간의 분할과 마찬가지로 n-차원 직다면체에 대한 분할개념을 정의하도록 하자.

정의 7.1 *R 의* **그물선(grid)** *이란 n-차원 직다면체들의 집합 $\mathcal{G} = \{R_1, R_2, \cdots, R_p\}$ 이다. 여기서 $R_i = I_1 \times I_2 \times \cdots I_n$, $I_j = [x_{k-1}^{(j)}, x_k^{(j)}]$, $(1 \leq k \leq \nu_j)$ 이며 각 $j = 1, 2, \ldots n$ 에대하여 $\mathcal{P}_j = \mathcal{P}_j(\mathcal{G}) = \{x_k^{(j)} \mid k = 1, \cdots, \nu_j\}$ 은 구간 $[a_j, b_j]$ 의 분할이다(그림 7.1).*

만약 R 의 두 그물선 $\mathcal{G}, \mathcal{H}$ 가 각 $j = 1, \cdots, n$에 대하여 $\mathcal{P}_j(\mathcal{G}) \subseteq \mathcal{P}_j(\mathcal{H})$ 이면 $\mathcal{H}$ 는 $\mathcal{G}$ 보다 더 **세분되었다고** *말한다.*

이제 n-차원 직다면체의 **부피**를

$$|R| = (b_1 - a_1) \times \cdots \times (b_n - a_n)$$

으로 정의하면, $|R|$ 은 $n = 1$ 일 때 R의 **길이**, $n = 2$ 일 때 R 의 **넓이**, $n = 3$ 일 때 **부피**가 된다.

이제 여러 형태의 도형위에서의 다변수 함수의 적분을 정의하고자 하는데, 2-차원에서는 그 도형들이 직사각형, 원, 삼각형, 타원 등이고, 3-차원에서는 구, 원뿔, 타원체, 사면체 등이 될 것이다. 이러한 도형의 공통된 기본성질은 **잘 정의된** "넓이" 또는 "부피" 를 가진다는 것이다.

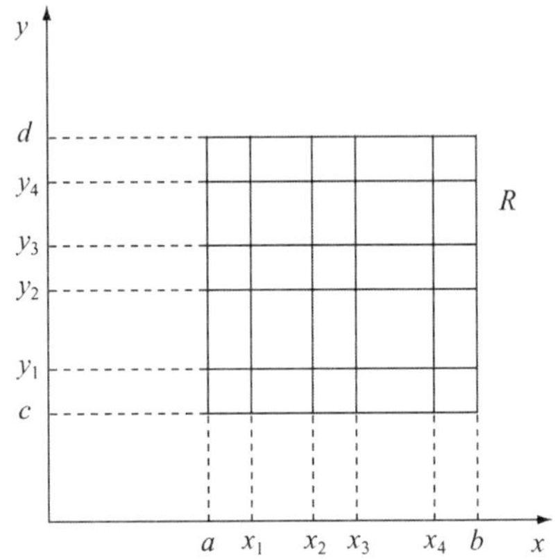

그림 7.1

앞에서 n-차원 직다면체의 부피를 정의하였는데, 일반적인 집합 E 의 부피를 어떻게 정의할까? 이는 1-차원에서 상합과 하합을 써서 적분을 정의하는 것과 같다.

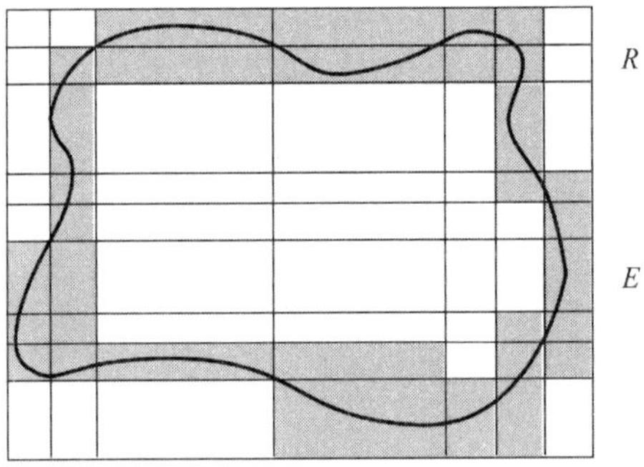

그림 7.2

정의 7.2 *집합 E 가 어떤 n-차원 직다면체 R 의 부분집합이라 하고, R 의 한 그물선를 $\mathcal{G}$ 라 하자. 그러면 그물선 $\mathcal{G}$ 에 대한 E 의* **외합**은

$$V(E;\mathcal{G}) = \sum_{R_j \cap \overline{E} \neq \emptyset} |R_j|$$

이고, **내합**은

$$v(E;\mathcal{G}) = \sum_{R_j \subset E^o} |R_j|$$

로 정의한다. 이 합에서 만족하는 R_j *가 없는 경우에는 그 합을* 0 *이라 정의한다(그림 7.2).*

정의로부터 모든 그물선 $\mathcal{G}$에 대하여 $V(\emptyset;\mathcal{G}) = v(\emptyset;\mathcal{G}) = 0$ 이고, $E^o = \emptyset$인 경우에는 $v(E;\mathcal{G}) = 0$ 이다.

먼저 이 외합과 내합에 대한 성질을 알아본다.

정리 7.1 *R 이 n-차원 직다면체이고, E 는 R 의 부분집합, $\mathcal{G}, \mathcal{H}$ 을 R 의 두 그물선이라 하자. 그러면*

(i) *R 의 모든 그물선 $\mathcal{G}$ 에 대하여*

$$V(E;\mathcal{G}) - v(E;\mathcal{G}) = V(\partial E;\mathcal{G}).$$

(ii) *만일 $\mathcal{H}$ 가 $\mathcal{G}$ 의 세분이라면*

$$0 \le v(E;\mathcal{G}) \le v(E;\mathcal{H}) \le V(E;\mathcal{H}) \le V(E;\mathcal{G}).$$

(iii) *임의의 $\mathcal{G}, \mathcal{H}$ 에 대하여*

$$0 \le v(E;\mathcal{G}) \le V(E;\mathcal{H}). \tag{7.2}$$

증명 (i) $R_j \in \mathcal{G}$ 라 하자. $\partial E = \overline{E} - E^o$ 은 닫힌집합이다. 따라서 $R_j \cap \overline{\partial E} \neq \emptyset$ 이면 $R_j \cap E \neq \emptyset$ 이지만 R_j 는 E^o 의 부분집합이 아니다. 한편 만일 $R_j \cap \overline{E} \neq \emptyset$ 이고 R_j 는 E^o 의 부분집합이 아니고 $R_j \cap \overline{\partial E} = \emptyset$ 이면 E^o 와 $\mathbb{R}^n \backslash E^o$ 은 R_j 를 나눈다. 그런데 모든 사각형은 연결되어 있으므로 이것은 모순이다. 이것으로부터 $R_j \cap \overline{\partial E} \neq \emptyset$ 이기위한 필요충분조건은 $R_j \cap \overline{E} \neq \emptyset$ 이고 R_j 는 E^o 의 부분집합이 아니다. 정의에 의하여

$$R_j \cap \overline{\partial E} \neq \emptyset \Longleftrightarrow R_j \cap \overline{E} \neq \emptyset, R_j \not\subseteq E^o.$$

(ii) $v(E;\mathcal{G})$ 이 0 이거나 음이 아닌 수들의 합이므로 모든 그물선 $\mathcal{G}$ 에대하여 $v(E;\mathcal{G}) \ge 0$ 이다.

세 번째 부등식은 만일 E^o 이 공집합이면 모든 $\mathcal{H}$ 에대하여 $v(E;\mathcal{H}) = 0$ 이므로 자명하다. 만일 E^o 이 공집합이 아니면 $R_j \subset E^o$ 이면 $R_j \cap \overline{E} \neq \emptyset$ 이 성립하므로 $V(E;\mathcal{H})$ 을 정의

하는 합은 $v(E;\mathcal{H})$ 을 정의하는 합으로 부터 모든 항들을 포함한다. 따라서 두 경우에 대하여 $v(E;\mathcal{H}) \leq V(E;\mathcal{H})$ 이 성립한다.

두 번째와 네 번째 부등식을 증명하자. 방법은 비슷하므로 네 번째 부등식만 증명하기로 한다. $\mathcal{H}$ 가 $\mathcal{G}$ 의 세분이므로 각 $Q \in \mathcal{G}$ 은 $\mathcal{H}$ 의 유한 개 R_j 의 합집합이다. 만일 $Q \cap \overline{E} \neq \emptyset$ 이면 Q 내의 R_j 중 몇 개는 $\overline{E}$ 와 만나고 나머지는 만나지 않는다.(그림 7.3: 굵은 선은 그물선 $\mathcal{G}$ 를 나타내고 가는 선은 $\mathcal{H}-\mathcal{G}$를 나타내며 $\overline{E}$ 와 만나는 R_j 는 검게 칠하였다) 이제 $\mathcal{I}_1 = \{R \in \mathcal{H} : R \cap \overline{E} \neq \emptyset\}$ 와 $\mathcal{I}_2 = \{R \in \mathcal{H}-\mathcal{I}_1 : Q \cap \overline{E} \neq \emptyset$ 인 어떤 $Q \in \mathcal{G}$ 에 대하여 $R \subset Q\}$ 라 두자. 그러면

$$V(E;\mathcal{G}) = \sum_{R \in \mathcal{I}_1} |R| + \sum_{R \in \mathcal{I}_2} |R| \geq \sum_{R \in \mathcal{I}_1} |R| = V(E;\mathcal{H}).$$

■

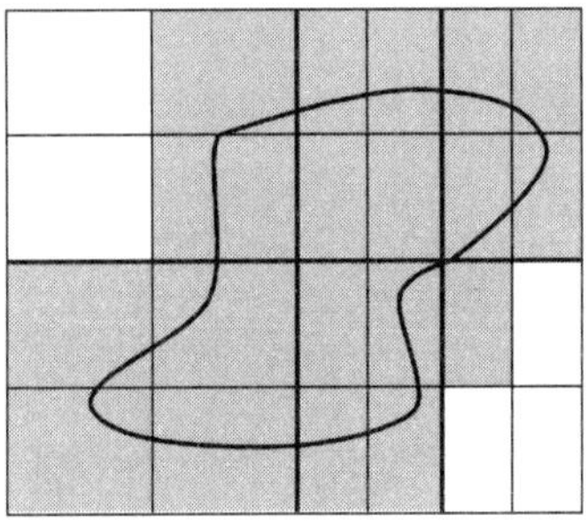

그림 7.3

이제 내합과 외합을 써서 내부피와 외부피를 정의한다.

정의 7.3 *R 이 n-차원 직다면체이고, E 는 R 의 부분집합이라 하자. 이 때 E 의* **내부피**와 **외부피**를 *각각 아래와 같이 정의한다.*

$$\underline{\text{Vol}}(E) = \sup\{v(E;\mathcal{G}) \,|\, \mathcal{G} \text{ 는 } R \text{ 의 모든 그물선}\};$$

$$\overline{\text{Vol}}(E) = \inf\{V(E;\mathcal{G}) \,|\, \mathcal{G} \text{ 는 } R \text{ 의 모든 그물선}\}.$$

이 정의에서 유의할 점은 내부피와 외부피의 값은 E 를 포함하는 n-차원 직다면체 R 의 선택에는 무관하다는 것이다.

정의로부터 $\mathbb{R}^n$ 의 유계 부분집합 E 에 대하여

$$0 \leq \underline{\text{Vol}}(E) \leq \overline{\text{Vol}}(E) \tag{7.3}$$

임을 알 수 있다.

정의 7.4 *E 는 $\mathbb{R}^n$ 의 부분집합이라 하자. 만약 $\underline{\text{Vol}}(E) = \overline{\text{Vol}}(E)$ 이면 E 를* **조르단영역***이라 한다. 이 때 E 의 부피를 $\text{Vol}(E) = \underline{\text{Vol}}(E) = \overline{\text{Vol}}(E)$ 로 정한다.*

$n = 1$ 일 때 $\text{Vol}(E)$ 를 E 의 **길이**라고 부르고 $\ell(E)$ 로 나타내고 $n = 2$ 일 때 $\text{Vol}(E)$ 를 E 의 **넓이**라고 부르고 $\text{Area}(E)$ 로 나타낸다. 만일 E 가 조르단영역 이고 $\text{Vol}(E) = 0$ 이면 E 를 **영부피**집합이라고 한다. 예를 들어 공집합은 영부피집합이다.

조르단영역 $\{E_l\}_{l\in\mathbb{N}}$ 의 모임이 **포개지지 않는다(nonoverlapping)**(각각, **서로 만나지 않는다(pairwise disjoint)**) 함은 $j \neq k$ 에 대하여 $E_j \cap E_k$ 이 영부피(각각, $E_j \cap E_k \neq \emptyset$) 이다. 서로 만나지 않는 집합들의 모임은 포개지지 않지만 역은 성립하지 않는다.

보기 1 *R 이 n-차원 직다면체이면, R 은 조르단영역이고, $\text{Vol}(R) = |R|$ 이다.*

참고 1 *$\mathbb{R}^n$ 의 부분집합 E 에 대하여*

$$\text{Vol}(E) = 0 \Longleftrightarrow \overline{\text{Vol}}(E) = 0$$

이고, 이 때 $E_0 \subset E$ 이면 $\text{Vol}(E_0) = 0$ 이다.

조르단영역이 아닌 예로 $[0,1] \times [0,1]$ 의 모든 유리점 (x, y 좌표가 모두 유리수인 점)을 모은 집합은 조르단영역이 아니다.

그러면 조르단영역인지 아닌지를 어떻게 판단할까?

정리 7.2 *$\mathbb{R}^n$ 의 유계 부분집합 E 에 대하여 E 가 조르단영역일 필요충분조건은 그 경계 ∂E 가 $\text{Vol}(\partial E) = 0$ 인 것이다.*

증명 E 를 포함하는 n-차원 직다면체 R 과 R 의 그물선 $\mathcal{G}$ 를 택하자. 참고 1 과 정의 7.1에 의하면

$$\begin{aligned} V(\partial E; \mathcal{G}) &= V(E; \mathcal{G}) - v(E; \mathcal{G}) \\ &\geq \overline{\text{Vol}}(E) - \underline{\text{Vol}}(E) \end{aligned}$$

이다. $\mathcal{G}$ 의 모든 그물선 위에서 이 부등식에 하한을 취하면

$$\overline{\text{Vol}}(\partial E) \geq \overline{\text{Vol}}(E) - \underline{\text{Vol}}(E) \tag{7.4}$$

한편 임의의 양수 ε 에 대하여 두 그물선 $\mathcal{H}_1$ 과 $\mathcal{H}_2$ 을 택해,

$$\overline{\mathrm{Vol}}(E)+\varepsilon > V(E;\mathcal{H}_1)$$

이고

$$\underline{\mathrm{Vol}}(E)-\varepsilon < v(E;\mathcal{H}_2)$$

가 되게 한다. 이 때 그물선 $\mathcal{G}$ 를 $\mathcal{H}_1$ 과 $\mathcal{H}_2$ 보다 더 세분된 그물선으로 잡으면, 정리 7.1(ii) 에 의하여

$$\overline{\mathrm{Vol}}(E)+\varepsilon > V(E;\mathcal{G})$$

이고

$$\underline{\mathrm{Vol}}(E)-\varepsilon < v(E;\mathcal{G}).$$

정리 7.1(i) 에 의하여

$$V(\partial E;\mathcal{G}) = V(E;\mathcal{G})-v(E;\mathcal{G}) < \overline{\mathrm{Vol}}(E)-\underline{\mathrm{Vol}}(E)+2\varepsilon.$$

따라서

$$\overline{\mathrm{Vol}}(\partial E) < \overline{\mathrm{Vol}}(E)-\underline{\mathrm{Vol}}(E)+2\varepsilon.$$

즉 $\varepsilon\to 0$ 이면

$$\overline{\mathrm{Vol}}(\partial E) \le \overline{\mathrm{Vol}}(E)-\underline{\mathrm{Vol}}(E)$$

가 된다. 앞의 부등식으로부터

$$\overline{\mathrm{Vol}}(\partial E) = \overline{\mathrm{Vol}}(E)-\underline{\mathrm{Vol}}(E).$$

따라서 E 가 조르단영역일 필요충분조건은 $\overline{\mathrm{Vol}}(\partial E)=0$ 인 것이다. 즉 E 가 조르단영역일 필요충분조건은 그 경계 ∂E 가 $\mathrm{Vol}(\partial E)=0$인 것이다. ■

이제 $\mathrm{Vol}(E)=0$ 인 집합 E 를 어떻게 판별할 것 인가? 다음 정리는 이를 말한다.

정리 7.3 *$E\subset\mathbb{R}^n$ 일 때 $\mathrm{Vol}(E)=0$ 일 필요충분조건은 임의의 양수 ε 에 대하여 유한개의 같은 크기의 n-차원 정사각형 (즉 모든 변의 길이가 s 이다)가 존재하여*

$$\overline{E}\subset\bigcup_{k=1}^{p}Q_k \text{ 이고, } \sum_{k=1}^{p}|Q_k|<\varepsilon.$$

증명 $\mathrm{Vol}(E) = 0$ 이면 그물선 $\mathcal{G} = \{R_1, R_2, \cdots, R_q\}$ 가 존재하여

$$\overline{E} \subset \bigcup_{j=1}^{q} R_j \text{ 이고, } \sum_{j=1}^{q} |R_j| < \frac{\varepsilon}{2}$$

이다. 이 때 R_j 를 약간 넓혀 R_j 의 모든 변의 길이가 유리수가 되고, $\sum_{j=1}^{q} |R_j| < \varepsilon$ 이 되게 할 수 있다. 이러한 유한개의 유리수의 공동분모를 d 라 하자. $s = \frac{1}{d}$ 이라 하면, 각 R_j 는 $Q_k^{(j)}$ $(k = 1, 2, \cdots, \nu_j)$ 로 그물선이되며 $Q_k^{(j)}$ 의 각 변의 길이는 s 이다. 즉 $|R_j| = \sum_{k=1}^{\nu_j} |Q_k^{(j)}|$ 이고, $\sum_{j=1}^{q} \sum_{k=1}^{\nu_j} |Q_k^{(j)}| < \varepsilon$ 이다.

역으로 그러한 Q_k 가 있다면

$$Q_k = [a_1^{(k)}, b_1^{(k)}] \times \cdots \times [a_n^{(k)}, b_n^{(k)}]$$

라 두고, Q_k 의 합집합을 포함하는 n-차원 직다면체을 R 이라 둔다. 이 때 각 $j = 1, \cdots, n$ 에 대해 $a_j^{(1)}, b_j^{(1)}, \cdots, a_j^{(p)}, b_j^{(p)}$ 를 크기순으로 나열하면 R 의 j-변의 그물선이 나온다. 이와 같이 R 의 그물선 $\mathcal{G} = \{R_1, R_2, \cdots, R_q\}$에 대하여 각 Q_k 는 어떤 R_j 등의 합집합이고(그림 7.4), $V(E; \mathcal{G}) \le \sum_{k=1}^{p} |Q_k| < \varepsilon$ 이 되어 $\overline{Vol}(E) < \varepsilon$ 이므로 $\mathrm{Vol}(E) = 0$ 이다. ■

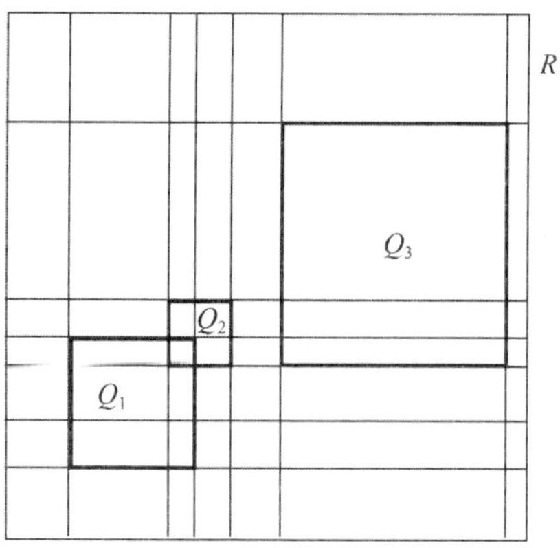

그림 7.4

위 결과는 조르단영역의 유한개의 합집합은 역시 조르단영역이라는 것을 증명하는데 이용된다.

따름정리 7.4 *E_1 과 E_2 가 조르단영역이면, $E_1 \cup E_2$ 도 조르단영역이고*

$$\mathrm{Vol}(E_1 \cup E_2) \le \mathrm{Vol}(E_1) + \mathrm{Vol}(E_2).$$

증명 정리 7.3에 의하여 영부피인 두 집합의 합집합은 영부피이다. 정리 5.13 에 의하여 $\partial(E_1 \cup E_2) \subseteq \partial(E_1) \cup \partial(E_2)$ 이므로 정리 7.2에 의하여 $E_1 \cup E_2$ 는 조르단영역이다. 부피를 구하기 위하여, $\mathcal{G}$ 는 $E_1 \cup E_2$ 을 포함하는 직다면체의 그물선이라 하자. R_j 가 $\overline{E_1 \cup E_2}$ 와 만난다면 R_j 는 $\overline{E}_1$ 또는 $\overline{E}_2$(혹은 둘 다)와 만난다. 그러므로 합 $V(E_1 \cup E_2; \mathcal{G})$ 의 모든 항들은 $V(E_1; \mathcal{G})$ 또는 $V(E_2; \mathcal{G})$(혹은 둘 다) 안에서 나타난다. 따라서, 모든 그물선 $\mathcal{G}$ 에 대하여

$$\mathrm{Vol}(E_1 \cup E_2) \leq V(E_1 \cup E_2; \mathcal{G}) \leq V(E_1; \mathcal{G}) + V(E_2; \mathcal{G})$$

모든 그물선 $\mathcal{G}$ 위에서 마지막 부등식에 하한을 취하면 $\mathrm{Vol}(E_1 \cup E_2) \leq \mathrm{Vol}(E_1) + \mathrm{Vol}(E_2)$. ■

이제 적당한 조건하에서 조르단영역의 상(image)은 조르단영역임을 보이자. (이 결과는 나중에 다변수 함수의 적분에 대한 변수변환 공식을 얻는데 사용된다.)

정리 7.5 V 는 $\mathbb{R}^n$ *위에서 열린유계집합이고* E *는 조르단영역이고,* $\phi : V \to \mathbb{R}^n$ *는* V *위에서 1-1이고 연속적으로 미분가능한 함수이다. 만일* V *위에서* $\overline{E} \subset V$ *이고* $\Delta_\phi \neq 0$ *이면* $\phi(E)$ *는 조르단영역이다.*

증명의 개략적 단계 : 정리 7.3에 의하여 닫힌집합이 영부피일 필요충분조건은 이것이 작은 부피의 입방체에 의하여 덮이는 것이다. E 가 조르단영역이면 정리 7.2에 의하여 ∂E 는 영부피이고 또 작은 부피의 입방체에 의하여 덮인다. $\|\mathbf{x} - \mathbf{y}\|$ 가 작으면 $\|\phi(x) - \phi(y)\|$ 도 작으므로, ϕ는 직경이 작은 집합에서 직경이 작은 집합으로 가는, 즉 작은 부피의 입방체에서 작은 부피의 입방체의 부분집합으로 가는 함수이다. 그러므로 $\phi(\partial E)$ 는 작은 부피의 입방체에 의하여 덮인다. 즉, 영부피이다. $\phi(E)$ 가 조르단영역일 필요충분조건은 $\phi(\partial E)$ 가 영부피이므로

$$\partial(\phi(E)) \subseteq \phi(\partial E) \tag{7.5}$$

를 증명하는 것이 남는다.

증명 정리 6.18에 의하여 $\phi(E^o)$ 은 열린집합이고 정리 5.33에 의하여 $\phi(\overline{E})$ 은 컴팩트이다, 그러므로 닫혀 있다. 정리 5.11 로부터 $\phi(E^o) \subseteq (\phi(E))^o$ 이고 $\phi(\overline{E}) \supseteq \overline{\phi(E)}$ 이다. 그러므로

$$\partial(\phi(E)) = \overline{\phi(E)} \backslash (\phi(E))^o \subseteq \phi(\overline{E}) \backslash \phi(E^o) = \phi(\overline{E} \backslash E^o) = \phi(\partial E).$$

즉 (7.5)를 만족한다. 정리 7.2로부터 $\mathrm{Vol}(\phi(\partial E)) = 0$ 만 보이면 충분하다.

각각의 $\mathbf{x} \in \overline{E}$ 에 대하여 $\overline{B_r(\mathbf{x})} \subset V$인 $r = r(\mathbf{x}) > 0$ 을 택하자. E 은 유계이므로 $\overline{E}$ 는 컴팩트이다. 그러므로

$$\overline{E} \subset \bigcup_{j=1}^{N} B_{r_j}(\mathbf{x}_j) \subset H := \bigcup_{j=1}^{N} \overline{B_{r_j}(\mathbf{x}_j)}$$

인 $\mathbf{x}_j \in \overline{E}$ 와 반경 $r_j = r(\mathbf{x}_j)$를 선택할 수 있다. 분명히 H 는 컴팩트이고 $\overline{E} \subset H^o \subset H \subset V$ 이다.

직다면체은 컴팩트이고 볼록이므로 따름정리 6.14 를 적용하여 모든 $\mathbf{x}, \mathbf{y} \in R$ 와 직다면체 $R \subseteq H$ 에 대하여

$$\|\phi(\mathbf{x}) - \phi(\mathbf{y})\| \le M\|\mathbf{x} - \mathbf{y}\| \tag{7.6}$$

인 (ϕ 와 H 에 의존하는)상수 $M > 0$을 택한다. $\varepsilon > 0$ 이라 하자. ∂E 가 영부피인 H^0 의 닫힌 부분집합이므로 정리 7.3 을 사용하여

$$\partial E \subset \bigcup_{j=1}^{p} Q_j \text{ 이고 } \sum_{j=1}^{p} |Q_j| < \frac{\varepsilon}{M^n n^{n/2}} \tag{7.7}$$

이고 $Q_j \subset H$ 을 만족하는 옆면의 길이가 s 인 입방체 $Q_1, \cdots, Q_p$ 를 택한다. 각각 $|Q_j| = s^n$ 이므로, (7.7) 이 성립하면

$$s < \left(\frac{\varepsilon}{pM^n n^{\frac{n}{2}}}\right)^{1/n} = \left(\frac{\varepsilon}{p}\right)^{1/n} \cdot \frac{1}{M\sqrt{n}}.$$

또한 $\|\mathbf{x} - \mathbf{y}\| \le s\sqrt{n}, \mathbf{x}, \mathbf{y} \in Q_j$ 이므로 (7.6) 에 의하여 $\phi(Q_j) \subset R_j$ 이고 입방체 R_j의 변의 길이는 $(\frac{\varepsilon}{p})^{1/n}$보다 작다. 따라서

$$\phi(\partial E) \subset \bigcup_{j=1}^{p} R_j \text{ 이고 } \sum_{j=1}^{p} |R_j| < \varepsilon.$$

끝으로 ∂E는 컴팩트이므로 $\phi(\partial E)$ 는 컴팩트이고, 닫힌집합이다. 따라서 $\overline{\phi(\partial E)}$ 는 작은 부피의 입방체로 덮히므로, 정리 7.3에 의하여 $\phi(\partial E)$ 는 영부피이다. ■

연습문제 (7.1)

1. $\mathbb{R}^n$ 의 모든 유한 부분집합은 영부피임을 증명하여라. 여기에서 "유한" 을 "가산"으로 바꾸면 성립하지 않음을 보여라.

2. $E \subset \mathbb{R}^n$ 는 조르단영역이라 하자.

   (a) E^o 와 $\overline{E}$ 는 조르단영역임을 증명하여라.

   (b) $\text{Vol}(E^o) = \text{Vol}(\overline{E}) = \text{Vol}(E)$ 임을 증명하여라.

   (c) $\text{Vol}(E) > 0$ 일 필요충분조건은 $E^o \neq \emptyset$ 임을 증명하여라.

3. $E \subset \mathbb{R}^n$ 라 하자. $\mathbf{x} \in \mathbb{R}^n$ 에 의한 E의 평행변환은

$$\mathbf{x} + E \subset \mathbb{R}^n = \{\mathbf{y} \in \mathbb{R}^n : \mathbf{y} = \mathbf{x} + \mathbf{z},\ \text{어떤 } \mathbf{z} \in E\}$$

   이고, 스칼라 $\alpha > 0$ 에 의한 E 의 확대변환은

$$\alpha E = \{\mathbf{y} \in \mathbb{R}^n : \mathbf{y} = \alpha \mathbf{z} \text{ 어떤 } \mathbf{z} \in E\}.$$

   (a) E 가 조르단영역일 필요충분조건은 $\mathbf{x} + E$ 이 조르단영역이고 이 경우 $\text{Vol}(\mathbf{x} + E) = \text{Vol}(E)$.

   (b) E 가 조르단영역일 필요충분조건은 αE 이 조르단영역이고 이 경우 $\text{Vol}(\alpha E) = \alpha^n \text{Vol}(E)$.

4. E_1, E_2가 $\mathbb{R}^n$ 에서 조르단영역이라 가정하자.

   (a) $E_1 \subseteq E_2$ 이면, $\text{Vol}(E_1) \leq \text{Vol}(E_2)$ 임을 증명하여라.

   (b) $E_1 \cap E_2$ 와 $E_1 \backslash E_2$ 는 조르단영역임을 증명하여라.

   (c) E_1, E_2가 서로 포개지지 않으면 $\text{Vol}(E_1 \cup E_2) = \text{Vol}(E_1) + \text{Vol}(E_2)$임을 증명하여라.

   (d) $E_2 \subseteq E_1$ 이면 $\text{Vol}(E_1 \backslash E_2) = \text{Vol}(E_1) - \text{Vol}(E_2)$ 임을 증명하여라.

   (e) $\text{Vol}(E_1 \cup E_2) = \text{Vol}(E_1) + \text{Vol}(E_2) - \text{Vol}(E_1 \cap E_2)$ 임을 증명하여라.

5. (a) $[a, b]$ 위에서 $f : [a, b] \to \mathbb{R}$ 는 연속이라 하자. $y = f(x), x \in [a, b]$ 의 그래프는 $\mathbb{R}^2$ 에서 면적이 영인 조르단영역임을 증명하여라.

(b) (a)에서 "연속"을 "적분가능"으로 바꾸면 어떠한가? 또 "유계"로 바꾸면 어떠한가?

6. 모든 그물선는 포개지지 않는 조르단영역들의 모임임을 증명하여라.

7. V 는 $\mathbb{R}^n$ 에서 열린유계집합이고 $\phi : V \to \mathbb{R}^n$ 는 V 위에서 연속적으로 미분가능하다고 가정하자.

   (a) E 가 영부피이고 $\overline{E} \subset V$이면 $\phi(E)$ 는 영부피임을 보여라.

   (b) ϕ는 1-1이고 $\mathbf{x} \in V$ 에 대하여 $\Delta_\phi(\mathbf{x}) \neq 0$ 이고 $\{E_k\}_{k\in\mathbb{N}}$는 모든 $k \in \mathbb{N}$ 에 대하여 $\overline{E}_k \subset V$ 인 포개지지 않는 조르단영역들의 모임이라 가정하자. 그러면 $\{\phi(E_k)\}_{k\in\mathbb{N}}$ 는 포개지지 않는 조르단영역들의 모임임을 증명하여라.

8. $E \subset \mathbb{R}^n$ 가 유계이고 유한개의 집적점(cluster point)을 가지면 E 는 조르단영역임을 보여라.

9. (a) 열린공 $B_r(\mathbf{a})$의 경계는

$$\partial B_r(\mathbf{a}) = \{\mathbf{x} : \|\mathbf{x} - \mathbf{a}\| = r\}$$

   임을 증명하여라.

   (b) 모든 $\mathbf{a} \in \mathbb{R}^n$과 모든 $r \geq 0$에 대하여 $B_r(\mathbf{a})$은 조르단영역임을 증명하여라.

7.2 다변수함수의 리만적분가능성

일변수의 경우와 같이 조르단영역 E위에서 음이 아닌 함수 f의 적분은 $\{(\mathbf{x}, t) : \mathbf{x} \in E, 0 \leq t \leq f(\mathbf{x})\}$ 집합의 부피이다. 이 값은 높이의 근사치가 $t = f(\mathbf{x})$이고 밑면이 E 위의 그물선인 $(n+1)$-차원 직다면체으로 접근시킬 수 있다(그림 7.5).

이것은 다음 정의를 유도한다(정의 3.2, 정의 3.4 와 비교).

정의 7.5 *E는 $\mathbb{R}^n$ 위에서 조르단영역이고 $f : E \to \mathbb{R}$은 유계함수라 하고, R 은 $E \subset R$인 n-차원 직다면체이고 $\mathcal{G} = \{R_1, \cdots, R_p\}$는 R의 그물선라 하자.*

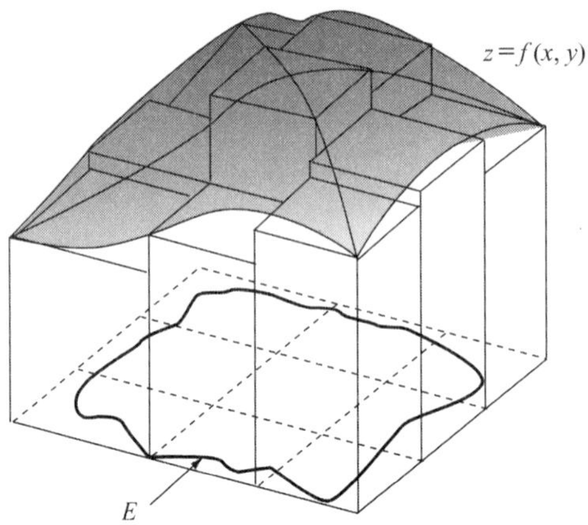

그림 7.5

(i) E 위에서 $\mathcal{G}$에 관한 f의 **상합**은 $M_j = \sup_{\mathbf{x}\in R_j\cap E} f(\mathbf{x})$ 일 때

$$U(f,\mathcal{G}) := \sum_{R_j\cap E\neq\emptyset} M_j|R_j|.$$

(ii) E 위에서 $\mathcal{G}$에 관한 f의 **하합**은 $m_j = \inf_{\mathbf{x}\in R_j\cap E} f(\mathbf{x})$ 일 때

$$L(f,\mathcal{G}) := \sum_{R_j\cap E\neq\emptyset} m_j|R_j|.$$

(iii) E 위에서 f에 대한 **하적분**과 **상적분**은 각각 R 위의 모든 그물선 $\mathcal{G}$ 에 대하여

$$\underline{\int}_E f(\mathbf{x})\,d\mathbf{x} := \underline{\int}_E f\,\mathrm{d}V := \sup_{\mathcal{G}} L(f,\mathcal{G})$$

와

$$\overline{\int}_E f(\mathbf{x})\,d\mathbf{x} := \overline{\int}_E f\,\mathrm{d}V := \inf_{\mathcal{G}} U(f,\mathcal{G})$$

으로 정의한다.

(iv) f가 E 위에서 **리만 적분가능**이라 함은

$$\underline{\int}_E f(\mathbf{x})\,\mathrm{d}\mathbf{x} = \overline{\int}_E f(\mathbf{x})\,\mathrm{d}\mathbf{x}. \tag{7.8}$$

f가 E 위에서 적분가능할 때 (7.8)에서의 공통값을

$$\int_E f(\mathbf{x})\,\mathrm{d}\mathbf{x} \text{ 또는 } \int_E f\,\mathrm{d}V$$

으로 나타내고 이것을 E 위에서 **f의 적분**이라 부른다. $n = 2$(각각, $n = 3$)에 대하여 적분 $\int_E f\,\mathrm{d}V$ 는 종종 $\iint_E f\,\mathrm{d}A$(각각, $\iiint_E f\,\mathrm{d}V$)로 나타내기도 한다.

다음은 정의로 부터 얻어진다.

참고 1 *E가 $\mathbb{R}^n$에서 조르단영역이고 $f : E \to \mathbb{R}$가 유계이고 E는 n-차원 직다면체 R의 부분집합이라고 하자.*

(i) *만일 $\mathcal{G}$ 와 $\mathcal{H}$가 R의 그물선이면*

$$L(f, \mathcal{G}) \leq U(f, \mathcal{H}).$$

(ii) *E 위에서 하적분과 상적분은 R의 선택에 관계없이 존재하고*

$$\underline{\int}_E f(\mathbf{x})\,\mathrm{d}\mathbf{x} \leq \overline{\int}_E f(\mathbf{x})\,\mathrm{d}\mathbf{x}.$$

(iii) *f가 E 위에서 적분가능할 필요충분 조건은 주어진 $\varepsilon > 0$에 대하여 그물선 $\mathcal{G}$가 존재하여*

$$U(f, \mathcal{G}) - L(f, \mathcal{G}) \leq \varepsilon.$$

정리 7.6 *E가 $\mathbb{R}^n$에서 조르단영역이고 $f : E \to \mathbb{R}$이 E 위에서 고른연속이라하면 f는 E 위에서 적분가능하다.*

증명 $\varepsilon > 0$이고 R은 E를 포함하는 직다면체이라 하자. f가 E 위에서 고른연속이므로 $\delta > 0$ 가 존재하여

$$\|\mathbf{x} - \mathbf{y}\| < \delta, \quad \mathbf{x}, \mathbf{y} \in E \implies |f(\mathbf{x}) - f(\mathbf{y})| < \frac{\varepsilon}{|R|}.$$

$\mathbf{x}, \mathbf{y} \in R_j$ 가 되는 R 위의 그물선 $\mathcal{G} = \{R_1, \cdots, R_p\}$ 를 택하자. 그러면 $R_j \cap E \neq \emptyset$인 각각의 j에 대하여 $M_j - m_j \leq \varepsilon/|R|$이다. 따라서

$$U(f, \mathcal{G}) - L(f, \mathcal{G}) \leq \frac{\varepsilon}{|R|} \sum_{R_j \cap E \neq \emptyset} |R_j| \leq \varepsilon.$$

참고 1(iii) 에 의하여 f는 E 위에서 적분가능하다. ■

조르단영역의 부피는 적분으로 구할 수 있다.

따름정리 7.7 *E가 조르단영역이면*

$$\mathrm{Vol}(E) = \int_E 1\,\mathrm{d}\mathbf{x}.$$

증명 정리 7.6에 의하여 $f(x) = 1$는 E 위에서 적분가능하다. E^o는 공집합이 아니라고 가정하자. 그러면 $R_j \subset E^o$이면 $R_j \cap E \neq \emptyset$이고 $R_j \cap E \neq \emptyset$이면 $R_j \cap \overline{E} \neq \emptyset$ 이다. 그러므로 모든 그물선 $\mathcal{G}$에 대해

$$v(E;\mathcal{G}) \leq L(1,\mathcal{G}) \leq U(1,\mathcal{G}) \leq V(E;\mathcal{G}).$$

공집합의 합은 영이므로 E^o가 공집합일 때 위의 부등식은 성립한다. 그러므로

$$\mathrm{Vol}(E) = \sup_{\mathcal{G}} v(E;\mathcal{G}) \leq \int_E 1 \, \mathrm{d}\mathbf{x} \leq \inf_{\mathcal{G}} V(E;\mathcal{G}) = \mathrm{Vol}(E).$$

■

일차원인 경우와 같이 다음이 성립한다.

정리 7.8 (선형성) *E가 $\mathbb{R}^n$ 에서 조르단영역이고 $f, g : E \to \mathbb{R}$ 이고 α 는 스칼라라 하자.*

(i) *E위에서 f와 g가 적분가능하면 αf와 $f+g$는 적분가능하다. 즉,*

$$\int_E \alpha f(\mathbf{x}) \, \mathrm{d}\mathbf{x} = \alpha \int_E f(\mathbf{x}) \, \mathrm{d}\mathbf{x} \tag{7.9}$$

이고

$$\int_E (f(\mathbf{x}) + g(\mathbf{x})) \, \mathrm{d}\mathbf{x} = \int_E f(\mathbf{x}) \, \mathrm{d}\mathbf{x} + \int_E g(\mathbf{x}) \, \mathrm{d}\mathbf{x}. \tag{7.10}$$

(ii) *$E_1, E_2 \subseteq E$는 서로 포개지지않는 조르단영역이고 f는 E_1과 E_2에서 적분가능하면 f는 $E_1 \cup E_2$에서 적분가능하고*

$$\int_{E_1 \cup E_2} f(\mathbf{x}) \, \mathrm{d}\mathbf{x} = \int_{E_1} f(\mathbf{x}) \, \mathrm{d}\mathbf{x} + \int_{E_2} f(\mathbf{x}) \, \mathrm{d}\mathbf{x}. \tag{7.11}$$

증명 먼저 $\alpha = 0$일 때는 자명하다. $\alpha > 0$라 가정하자. $\varepsilon > 0$에 대해서

$$U(f,\mathcal{G}) - \varepsilon \leq \int_E f(\mathbf{x}) \, \mathrm{d}\mathbf{x} \leq L(f,\mathcal{G}) + \varepsilon \tag{7.12}$$

인 $\mathcal{G}$를 선택하자. $U(\alpha f,\mathcal{G}) = \alpha U(f,\mathcal{G})$이고 $L(\alpha f,\mathcal{G}) = \alpha L(f,\mathcal{G})$ 이므로 (7.12)에 α를 곱하면

$$U(\alpha f,\mathcal{G}) - \alpha\varepsilon \leq \alpha \int_E f(\mathbf{x}) d\mathbf{x} \leq L(\alpha f,\mathcal{G}) + \alpha\varepsilon.$$

특히

$$\inf_{\mathcal{G}} U(\alpha f,\mathcal{G}) < \alpha \int_E f(\mathbf{x}) d\mathbf{x} + \alpha\varepsilon$$

이고

$$\sup_{\mathcal{G}} L(\alpha f, \mathcal{G}) > \alpha \int_E f(\mathbf{x})\, \mathrm{d}\mathbf{x} - \alpha\varepsilon.$$

이러한 부등식에 $\varepsilon \to 0$인 극한을 취하면

$$\inf_{\mathcal{G}} U(\alpha f, \mathcal{G}) \le \alpha \int_E f(\mathbf{x})\, \mathrm{d}\mathbf{x} \le \sup_{\mathcal{G}} L(\alpha f, \mathcal{G}).$$

이것이 (7.9)의 증명이다. $\alpha < 0$일 때는 독자들에게 남긴다.

(7.10)를 증명하기 위하여

$$U(f, \mathcal{G}) - \varepsilon < \int_E f(\mathbf{x})\, \mathrm{d}\mathbf{x} < L(f, \mathcal{G}) + \varepsilon$$

와

$$U(g, \mathcal{G}) - \varepsilon < \int_E g(\mathbf{x})\, \mathrm{d}\mathbf{x} < L(g, \mathcal{G}) + \varepsilon$$

인 그물선 $\mathcal{G}$ 를 선택하고, 위의 두 부등식을 더하면

$$U(f, \mathcal{G}) + U(g, \mathcal{G}) - 2\varepsilon < \int_E f(\mathbf{x})\, \mathrm{d}\mathbf{x} + \int_E g(\mathbf{x})\, \mathrm{d}\mathbf{x} < L(f, \mathcal{G}) + L(g, \mathcal{G}) + 2\varepsilon$$

을 얻는다. 정의에 의하여 $U(f+g, \mathcal{G}) \le U(f, \mathcal{G}) + U(g, \mathcal{G})$ 이고 $L(f+g, \mathcal{G}) \ge L(f, \mathcal{G}) + L(g, \mathcal{G})$ 이므로 $U(f+g, \mathcal{G}) - 2\varepsilon < \int_E f(\mathbf{x})\, \mathrm{d}\mathbf{x} + \int_E g(\mathbf{x})\, \mathrm{d}\mathbf{x} < L(f+g, \mathcal{G}) + 2\varepsilon$ 이다. 즉,

$$\inf_{\mathcal{G}} U(f+g, \mathcal{G}) \le \int_E f(\mathbf{x})\, \mathrm{d}\mathbf{x} + \int_E g(\mathbf{x})\, \mathrm{d}\mathbf{x} \le \sup_{\mathcal{G}} L(f+g, \mathcal{G}).$$

이것이 (7.10)의 증명이다.

(7.11)을 증명하기 위하여 $\Omega = \partial E_1 \cup \partial E_2 \cup (E_1 \cap E_2)$ 라 놓으면 $\mathrm{Vol}(\Omega) = 0$ 임을 주목하여라. 그물선 $\mathcal{G}_i$, $i = 1, 2, 3$를 선택하여 $i = 1, 2$에 대해

$$U(f, \mathcal{G}_i) - \varepsilon < \int_{E_i} f(\mathbf{x}) d\mathbf{x} < L(f, \mathcal{G}_i) + \varepsilon \tag{7.13}$$

이고

$$V(\Omega; \mathcal{G}_3) < \varepsilon. \tag{7.14}$$

$\mathcal{G} = \{R_1, \cdots, R_p\}$를 $\mathcal{G}_1, \mathcal{G}_2$ 그리고 $\mathcal{G}_3$보다 더 세분된 그물선이라 하자.

$$M = \max\{|M_1|, \cdots, |M_p|\}, (1 \le j \le p \text{ 에 대하여 } M_j = \sup_{\mathbf{x} \in R_j \cap (E_1 \cup E_2)} f(\mathbf{x}))$$

이라 두자. $\mathcal{I}_1 = \{j : R_j \subseteq E_1\}, \mathcal{I}_2 = \{j : R_j \subseteq E_2\}$ 그리고 $\mathcal{I}_3 = \{j \notin \mathcal{I}_1 \cup \mathcal{I}_2 : R_j \cap (E_1 \cup E_2) \neq \emptyset\}$ 라 하자. 만일 $j \in \mathcal{I}_3$이고 $R_j \cap (E_1 \cap E_2) \neq \emptyset$ 이면 $R_j \cap \partial E_1 \neq \emptyset$ 또는 $R_j \cap \partial E_2 \neq \emptyset$. 결론적으로

$$\sum_{j \in \mathcal{I}_3} M_j |R_j| \leq MV(\Omega; \mathcal{G}). \tag{7.15}$$

$\mathcal{G}$는 $\mathcal{G}_i,\ i = 1, 2, 3$ 보다 더 세분된 그물선이므로 (7.13), (7.14), (7.15)로부터 다음을 만족한다.

$$\begin{aligned} U(f, \mathcal{G}) &= \sum_{j \in \mathcal{I}_1} M_j |R_j| + \sum_{j \in \mathcal{I}_2} M_j |R_j| + \sum_{j \in \mathcal{I}_3} M_j |R_j| \\ &\leq U(f, \mathcal{G}_1) + U(f, \mathcal{G}_2) + MV(\Omega; \mathcal{G}_3) \\ &< \int_{E_1} f(\mathbf{x})\, d\mathbf{x} + \int_{E_2} f(\mathbf{x})\, d\mathbf{x} + (2 + M)\varepsilon. \end{aligned}$$

결론적으로,

$$\inf_{\mathcal{G}} U(f, \mathcal{G}) \leq \int_{E_1} f(\mathbf{x})\, d\mathbf{x} + \int_{E_2} f(\mathbf{x})\, d\mathbf{x}.$$

마찬가지로

$$\sup_{\mathcal{G}} L(f, \mathcal{G}) \geq \int_{E_1} f(\mathbf{x})\, d\mathbf{x} + \int_{E_2} f(\mathbf{x})\, d\mathbf{x}.$$

그러므로 (7.11)을 만족한다. ■

다음 결과는 부피가 영인 집합위에서 피적분 함수가 다르더라도 그 적분값은 변하지 않는다는 것이다.

따름정리 7.9 *E 는 $\mathbb{R}^n$ 에서 조르단영역이고 $g : E \to \mathbb{R}$는 유계라 하자.*

(i) *만일 E의 부분집합 E_0의 부피가 영이면 g는 E_0 위에서 적분가능하고*

$$\int_{E_0} g(\mathbf{x})\, d\mathbf{x} = 0.$$

(ii) *$f : E \to \mathbb{R}$가 E 위에서 적분가능하고*

$$E_0 = \{\mathbf{x} \in E : f(\mathbf{x}) \neq g(\mathbf{x})\}$$

는 부피가 영인 조르단영역이라면, g는 E 위에서 적분가능하고

$$\int_E f(\mathbf{x})\, d\mathbf{x} = \int_E g(\mathbf{x})\, d\mathbf{x}.$$

증명 (i) $\varepsilon > 0$이고 $M = \sup_{\mathbf{x}\in E_0}|g(\mathbf{x})|$라 하자. E_0는 부피가 영이므로 $V(E_0;\mathcal{G}) < \varepsilon/M$인 그물선 $\mathcal{G}$를 택하자. 그러면

$$-\varepsilon < -MV(E_0;\mathcal{G}) \leq U(g,\mathcal{G}) \leq MV(E_0;\mathcal{G}) < \varepsilon.$$

즉, $\overline{\int}_{E_0} g(\mathbf{x})\,\mathrm{d}\mathbf{x} = 0$. 마찬가지로 $\underline{\int}_{E_0} g(\mathbf{x})\,\mathrm{d}\mathbf{x} = 0$. 그러므로 g 는 E_0 위에서 적분가능하고 $\int_{E_0} g(\mathbf{x})\,\mathrm{d}\mathbf{x} = 0$이다.

(ii) 앞의 (i)에 의하여 g는 E_0 위에서 적분가능하고

$$\int_{E_0} g(\mathbf{x})\,\mathrm{d}\mathbf{x} = \int_{E_0} f(\mathbf{x})\,\mathrm{d}\mathbf{x} = 0.$$

$E\backslash E_0$ 위에서 $g = f$ 이므로 g는 $E\backslash E_0$ 위에서 적분가능하다. 그러므로 정리 7.8(ii) 에 의하여 g는 E 위에서 적분가능이고, 따라서

$$\begin{aligned}\int_E g(\mathbf{x})\,\mathrm{d}\mathbf{x} &= \int_{E\backslash E_0} g(\mathbf{x})\,\mathrm{d}\mathbf{x} + \int_{E_0} g(\mathbf{x})\,\mathrm{d}\mathbf{x} \\ &= \int_{E\backslash E_0} f(\mathbf{x})\,\mathrm{d}\mathbf{x} + \int_{E_0} f(\mathbf{x})\,\mathrm{d}\mathbf{x} = \int_E f(\mathbf{x})\,\mathrm{d}\mathbf{x}.\end{aligned}$$

■

위의 따름정리는 f 가 E 의 모든 점에서 정의되지 않았을 때 E 위에서 f 의 적분을 정의하는 방법을 제시한다. 즉, 만일 E가 조르단영역이고 E_0의 부피가 영일 때 f가 $E\backslash E_0$에서 정의되고 함수

$$g(\mathbf{x}) := \begin{cases} f(\mathbf{x}), & \mathbf{x} \in E\backslash E_0 \\ 0, & \mathbf{x} \in E_0 \end{cases}$$

가 E 위에서 적분가능하면 다음과 같이 정의한다.

$$\int_E f(\mathbf{x})\,\mathrm{d}\mathbf{x} := \int_E g(\mathbf{x})\,\mathrm{d}\mathbf{x}.$$

예를 들어

$$\int_0^2 \frac{x^2-1}{x-1}\,\mathrm{d}x = \int_0^2 (x+1)\,\mathrm{d}x = 3.$$

이제부터 "$f : E \to \mathbb{R}$는 적분 가능하다"는 f가 E의 부피가 영인 부분집합 위에서는 정의되지 않을 가능성도 있다.

다음 결과는 일차원의 정리 3.8 과 유사하다.

정리 7.10 (중적분에 대한 비교정리) *E가 $\mathbb{R}^n$에서 조르단영역이고 $f, g : E \to \mathbb{R}$는 E 위에서 적분가능하다고 하자.*

(i) 만일 $\mathbf{x} \in E$에 대하여 $f(\mathbf{x}) \le g(\mathbf{x})$이면

$$\int_E f(\mathbf{x})\,\mathrm{d}\mathbf{x} \le \int_E g(\mathbf{x})\,\mathrm{d}\mathbf{x}.$$

(ii) $\mathbf{x} \in E$에 대하여 m, M 이 $m \le f(\mathbf{x}) \le M$ 을 만족하면

$$m\mathrm{Vol}(E) \le \int_E f(\mathbf{x})\,\mathrm{d}\mathbf{x} \le M\mathrm{Vol}(E).$$

(iii) 함수 $|f|$는 E 위에서 적분가능하고

$$\left|\int_E f(\mathbf{x})\,\mathrm{d}\mathbf{x}\right| \le \int_E |f(\mathbf{x})|\,\mathrm{d}\mathbf{x}. \tag{7.16}$$

증명 (i) E 위에서 $f \le g$라면 임의의 그물선 $\mathcal{G}$에 대하여 $L(f,\mathcal{G}) \le L(g,\mathcal{G})$이다. 모든 그물선 $\mathcal{G}$ 위에서 이 부등식에 상한을 취하면 (i)의 증명이다.

(ii) 따름정리 7.7, (7.9), (i)에 의하여

$$m\mathrm{Vol}(E) = \int_E m\,\mathrm{d}\mathbf{x} \le \int_E f(\mathbf{x})\,\mathrm{d}\mathbf{x} \le \int_E M\,\mathrm{d}\mathbf{x} = M\mathrm{Vol}(E).$$

(iii) $\varepsilon > 0$이고

$$U(f,\mathcal{G}) - \varepsilon < \int_E f(\mathbf{x})\,\mathrm{d}\mathbf{x} < L(f,\mathcal{G}) + \varepsilon$$

인 그물선 $\mathcal{G} = \{R_1, \cdots, R_p\}$를 선택하자. 즉

$$U(f,\mathcal{G}) - L(f,\mathcal{G}) < 2\varepsilon. \tag{7.17}$$

다음

$$\sup_{\mathbf{x}\in R_j\cap E} |f(\mathbf{x})| - \inf_{\mathbf{x}\in R_j\cap E} |f(\mathbf{x})| \le \sup_{\mathbf{x}\in R_j\cap E} f(\mathbf{x}) - \inf_{\mathbf{x}\in R_j\cap E} f(\mathbf{x})$$

을 보이는 것은 쉽다(3.2절의 (3.11)을 보라). 그러므로 (7.17)으로부터

$$U(|f|,\mathcal{G}) - L(|f|,\mathcal{G}) \le U(f,\mathcal{G}) - L(f,\mathcal{G}) < 2\varepsilon$$

을 얻는다. E 위에서 $|f|$는 적분가능하다. $-|f| \le f \le |f|$ 이므로 (i)에 의하여

$$-\int_E |f(\mathbf{x})|\,\mathrm{d}\mathbf{x} \le \int_E f(\mathbf{x})\,\mathrm{d}\mathbf{x} \le \int_E |f(\mathbf{x})|\,\mathrm{d}\mathbf{x}.$$

■

정리 7.11 (중적분에 대한 평균값정리) *E가 $\mathbb{R}^n$에서 조르단영역이고 $f, g : E \to \mathbb{R}$는 E 위에서 적분가능하고, 모든 $\mathbf{x} \in E$에 대하여 $g(\mathbf{x}) \geq 0$라 하자.*

(i) *부등식*

$$\inf_{\mathbf{x}\in E} f(\mathbf{x}) \leq c \leq \sup_{\mathbf{x}\in E} f(\mathbf{x}) \tag{7.18}$$

을 만족하는 어떤 수 c 가 존재하여

$$c\int_E g(\mathbf{x})\,\mathrm{d}\mathbf{x} = \int_E f(\mathbf{x})g(\mathbf{x})\,\mathrm{d}\mathbf{x}. \tag{7.19}$$

(ii) *(7.18)을 만족하는 어떤 수 c 가 존재하여*

$$c\,\mathrm{Vol}(E) = \int_E f(\mathbf{x})\,\mathrm{d}\mathbf{x}.$$

증명 (i) 가정에 의하여 fg는 E 위에서 적분가능하다(아래 연습문제 3). $m = \inf_{\mathbf{x}\in E} f(\mathbf{x})$이고 $M = \sup_{\mathbf{x}\in E} f(\mathbf{x})$라 하자. $g \geq 0$ 이므로 정리 7.6 으로부터

$$m\int_E g(\mathbf{x})\,\mathrm{d}\mathbf{x} \leq \int_E f(\mathbf{x})g(\mathbf{x})\,\mathrm{d}\mathbf{x} \leq M\int_E g(\mathbf{x})\,\mathrm{d}\mathbf{x}. \tag{7.20}$$

만일 $\int_E g(\mathbf{x})\,\mathrm{d}\mathbf{x} = 0$이면, (7.20)에서 $\int_E f(\mathbf{x})g(\mathbf{x})\,\mathrm{d}\mathbf{x} = 0$이고 어떠한 c 에 대하여도 (7.19)를 만족한다. $\int_E g(\mathbf{x})\,\mathrm{d}\mathbf{x} \neq 0$이면

$$c = \frac{\int_E f(\mathbf{x})g(\mathbf{x})\,\mathrm{d}\mathbf{x}}{\int_E g(\mathbf{x})\,\mathrm{d}\mathbf{x}}$$

에 대하여 (7.19)를 만족한다.

(ii) (i)에서 $g(\mathbf{x}) = 1$을 적용하면 된다. ■

3.4 절에서 실수집합의 영측도에 대한 개념을 소개하였다. 이제 $\mathbb{R}^n$ 에 대한 영측도의 집합의 개념을 소개한다.

정의 7.6 *$E \subset \mathbb{R}^n$이* **영측도집합***이라는 함은 주어진 $\varepsilon > 0$에 대하여 가산개의 직다면체 $\{R_j\}_{j\in\mathbb{N}}$ 의 모임이 존재하여*

$$E \subset \bigcup_{j=1}^{\infty} R_j \text{ 이고 } \sum_{j=1}^{\infty} |R_j| < \varepsilon.$$

참고 2 *만일 $E_1, E_2, \cdots$ 가 $\mathbb{R}^n$ 의 부분집합열이고 각각의 E_k 가 영측도이면*

$$E = \bigcup_{k=1}^{\infty} E_k$$

또한 영측도이다.

증명 $\varepsilon > 0$라 하자. 각각의 $k \in \mathbb{N}$에 대하여

$$\sum_{j=1}^{\infty} |R_j^{(k)}| < \frac{\varepsilon}{2^k}$$

이면서 E_k를 덮는 직다면체의 모임 $\{R_j^{(k)}\}_{j\in\mathbb{N}}$를 택하자. 분명 $\{R_j^{(k)}\}_{j,k\in\mathbb{N}}$은 가산개이고 E를 덮으며

$$\sum_{k=1}^{\infty}\sum_{j=1}^{\infty} |R_j^{(k)}| \le \sum_{k=1}^{\infty} \frac{\varepsilon}{2^k} = \varepsilon.$$

따라서 E는 영측도이다. ■

$\mathbb{R}^n$에서 한원소 집합 $\{\mathbf{a}\}$ 는 영측도이다. 정의 7.4와 정리 7.3을 비교해 보면 영부피집합은 분명 영측도이다. 그러나 역은 성립하지 않는다. 각각의 $a \in \mathbb{R}$ 에 대하여 집합 $\{(a, y) : y \in [0, 1]\}$는 영부피이다. 그러므로 영측도이다. 또 참고 2 에 의하면 $E = \mathbb{Q} \times [0, 1]$는 영측도이다. 또 다른 한편으로 $\underline{\mathrm{Vol}}(E) = 0 < 1 \le \overline{\mathrm{Vol}}(E)$ 은 분명하고, E는 영부피집합이 아니다. 그러므로 E는 조르단영역이 아니다.

중적분에 대하여도 르베그 정리가 비슷하게 성립한다.

정리 7.12 *조르단영역 E 위에서 함수 f가 리만적분가능하기 위한 필요충분조건은 E 위에서 f의 연속이 아닌 점들의 집합은 영측도이다.*

이 증명은 정리 3.16 의 증명과 비슷하다.

연습문제 (7.2)

1. 1.2절의 연습문제 1을 사용하여 $[0,1]\times[0,1]$ 위에서 $j=1,2$에 대해

$$\mathcal{P}_j(\mathcal{G}_m)=\{k/2^m : k=0,1,\cdots,2^m\}$$

을 만족하는 그물선 $\mathcal{G}_m$에 의하여 생성된 $f(x,y)=xy$의 상합과 하합을 구하여라. 그리고 다음을 증명하여라

$$\lim_{m\to\infty} U(f,\mathcal{G}_m)-L(f,\mathcal{G}_m)=0.$$

2. 함수

$$f(x,y)=\begin{cases}1, & x,y \text{ 는 유리수,}\\ 0, & \text{그 외의 경우}\end{cases}$$

는 $R=[0,1]\times[0,1]$ 위에서 정의되었다 하자. 다음 물음에 답하여라.

(a) $U(f,\mathcal{P})$ 와 $L(f,\mathcal{P})$ 을 구하여라.

(b) $\overline{\iint}_R f(x,y)\,\mathrm{d}(x,y)$, $\underline{\iint}_R f(x,y)\,\mathrm{d}(x,y)$ 을 구하여라.

(c) f 가 적분가능성을 판단하여라.

3. 함수

$$f(x,y)=\begin{cases}x^2y+y^3, & 0\le x\le 1, 0\le y\le 1,\\ x^3y+x, & 1<x\le 2, 0\le y\le 1.\end{cases}$$

f 은 $[0,2]\times[0,1]$ 에서 적분가능함을 보여라.

4. (a) $E_1\subset E$는 $\mathbb{R}^n$에서 조르단영역이라 하자. $f:E\to\mathbb{R}$이 E 위에서 적분가능 하면 f는 E_1에서 적분가능하다.

(b) $f:\mathbb{R}^n\to\mathbb{R}$이 $\mathbb{R}^n$ 위에서 연속이면 f는 $\mathbb{R}^n$의 임의의 조르단영역 위에서 적분가능하다.

5. E는 $\mathbb{R}^n$에서 조르단영역이고, $f,g:E\to\mathbb{R}$은 E 위에서 적분가능하다.

(a) 따름정리 3.10 와 같이 fg는 E 위에서 적분가능함을 증명하여라.

(b) $f \vee g$와 $f \wedge g$도 E 위에서 적분가능함을 보여라(2.1절의 연습문제 10).

6. E는 $\mathbb{R}^n$에서 조르단영역이라 하고, $f, g : E \to \mathbb{R}$이 E 위에서 적분가능하다고 하자.

(a) E는 $\mathbb{R}^n$에서 조르단영역이라 하고, $f, f_k : E \to \mathbb{R}$이 E 위에서 적분가능하다고 가정하자. $k \to \infty$일 때 E 위에서 $f_k \to f$로 고르게 수렴하면, 다음을 증명하여라.

$$\lim_{k\to\infty} \int_E f_k(\mathbf{x})\,\mathrm{d}\mathbf{x} = \int_E f(\mathbf{x})\,\mathrm{d}\mathbf{x}.$$

(b) $\mathbb{R}^2$의 조르단영역 E 위에서

$$\lim_{k\to\infty} \iint_E \cos(x/k)e^{y/k}\,\mathrm{d}A$$

이 존재함을 보이고 그 값을 찾아라.

7. (7.4, 8.5, 8.6절에서 이용됨) E는 $\mathbb{R}^n$에서 열린조르단영역이라 하고, $\mathbf{x}_0 \in E$라 하자. $f : E \to \mathbb{R}$이 E 위에서 적분가능하고 $\mathbf{x}_0$에서 연속이면, 다음을 증명하여라.

$$\lim_{r\to 0} \frac{1}{\mathrm{Vol}(B_r(\mathbf{x}_0))} \int_{B_r(\mathbf{x}_0)} f(\mathbf{x})\,\mathrm{d}\mathbf{x} = f(\mathbf{x}_0).$$

8. E는 $\mathbb{R}^n$에서 열린조르단영역이라 하고, $f, g : E \to \mathbb{R}$이고 $\mathbf{x}_0 \in E$ 이라 하자. f, g는 모두 E 위에서 적분가능하고 g는 $\mathbf{x}_0$에서 연속이라 가정하자.

$$I = \lim_{r\to 0} \frac{1}{\mathrm{Vol}(B_r(\mathbf{x}_0))} \int_{B_r(\mathbf{x}_0)} f(\mathbf{x})\,\mathrm{d}\mathbf{x}$$

이 존재할 필요충분조건은

$$J = \lim_{r\to 0} \frac{1}{\mathrm{Vol}(B_r(\mathbf{x}_0))} \int_{B_r(\mathbf{x}_0)} f(\mathbf{x})g(\mathbf{x})\,\mathrm{d}\mathbf{x}$$

임을 보여라. 또 이 경우 $J = g(\mathbf{x}_0)I$ 이다.

9. H는 컴팩트 연결 조르단영역이고 $f : H \to \mathbb{R}$는 H 위에서 연속이라 하자.

(a) $g : H \to \mathbb{R}$는 적분가능하고 H 위에서 음이 아니면, $\mathbf{x}_0 \in H$가 존재하여

$$f(\mathbf{x}_0) \int_H g(\mathbf{x})\,\mathrm{d}\mathbf{x} = \int_H f(\mathbf{x})g(\mathbf{x})\,\mathrm{d}\mathbf{x}$$

(b) $H^o \neq \emptyset$ 이면 $\mathbf{x}_0 \in H^o$가 존재하여

$$\int_H f(\mathbf{x})\,\mathrm{d}\mathbf{x} = f(\mathbf{x}_0)\mathrm{Vol}(H).$$

10. 정리 7.12의 특별한 다음 경우를 증명하여라.

    E는 $\mathbb{R}^n$에서 컴팩트 조르단영역, E_0는 영부피인 조르단영역, 그리고 $f : E \to \mathbb{R}$ 는 $E \backslash E_0$에서 연속인 유계함수이다 그러면 f는 E 위에서 적분가능하다.

11. V는 $\mathbb{R}^n$에서 열린집합이고 조르단영역이라 하고 $f : V \to \mathbb{R}$는 연속이라고 가정하자. 만일 모든 조르단영역 $E \subset V$에 대하여

$$\int_E f(\mathbf{x})\,\mathrm{d}\mathbf{x} = 0$$

    이라면 V 위에서 $f = 0$임을 증명하여라.

12. (a) $E \subset \mathbb{R}^n$가 영부피이면 E는 영측도임을 증명하여라.

    (b) $E \subset \mathbb{R}^n$가 가산이면 E는 영측도임을 증명하여라.

    (c) 영부피(조르단영역)이 아니면서 영측도인 집합 $E \subset \mathbb{R}^2$가 존재함을 증명하여라.

7.3 반복적분

만일 $f(x_1, \cdots, x_k, \cdots, x_j, \cdots, x_n)$가 $x_k \in [c, d]$ 그리고 $x_j \in [a, b]$, $j \neq k$ 에 대하여 정의되었다면

$$\int_c^d \int_a^b f(x_1, \cdots, x_n)\,\mathrm{d}x_j\,\mathrm{d}x_k := \int_c^d \Big(\int_a^b f(x_1, \cdots, x_n)\,\mathrm{d}x_j \Big)\,\mathrm{d}x_k$$

을, 오른쪽 적분이 존재할 때, **반복적분**이라 한다.

앞 절에서는 다변수함수의 적분을 정의하였지만 이 절에서는 실제로 그 값을 구하는데 반복적분을 사용하여 그 적분값이 계산될 수 있음을 보이려 한다.

간단하게, 2차원 경우부터 시작해 보자. 각각의 $\phi : [a, b] \to \mathbb{R}$에 대하여 $\overline{\int_a^b} \phi(x)\,\mathrm{d}x$ 는 ϕ의 **상적분** 그리고 $\underline{\int_a^b} \phi(x)\,\mathrm{d}x$는 ϕ의 **하적분**으로 나타낸다.

보조정리 7.1 *$R = [a, b] \times [c, d]$을 2차원 직사각형, $f : R \to \mathbb{R}$를 유계함수라 하자. 각각의 $x \in [a, b]$에 대하여 $f(x, \cdot)$가 $[c, d]$ 위에서 적분가능하면*

$$\begin{aligned} \underline{\iint_R} f\,\mathrm{d}A &\le \underline{\int_a^b} \Big(\int_c^d f(x, y)\,\mathrm{d}y \Big)\,\mathrm{d}x \\ &\le \overline{\int_a^b} \Big(\int_c^d f(x, y)\,\mathrm{d}y \Big)\,\mathrm{d}x \le \overline{\iint_R} f dA. \end{aligned}$$

증명 $\{x_0, \cdots, x_k\}$가 $[a,b]$의 그물선이고 $\{y_0, \cdots, y_l\}$가 $[c,d]$ 의 그물선일 때 $R_{i,j} = [x_{i-1}, x_i] \times [y_{j-1}, y_j]$ 라 하자. 그러면 $\mathcal{G} = \{R_{ij} : i = 1, 2, \cdots, k,\ j = 1, 2, \cdots, l\}$ 는 R 위의 그물선이다.

$$U(f,\mathcal{G}) - \varepsilon \leq \overline{\iint_R} f\,\mathrm{d}A \tag{7.21}$$

인 그물선 $\mathcal{G}$를 택하고,

$$M_{ij} = \sup_{(x,y)\in R_{ij}} f(x,y)$$

라 하자. $\overline{\int}_a^b \phi(x)\,\mathrm{d}x = \sum_{i=1}^k \overline{\int}_{x_{i-1}}^{x_i} \phi(x)\,\mathrm{d}x$ 이고 $[a,b]$에서 정의된 유계인 함수 ϕ와 ψ에 대하여

$$\overline{\int_a^b} (\phi(x) + \psi(x))\,\mathrm{d}x \leq \overline{\int_a^b} \phi(x)\,\mathrm{d}x + \overline{\int_a^b} \psi(x)\,\mathrm{d}x$$

이므로(3.1절 연습문제 7)

$$\begin{aligned}
\overline{\int_a^b} \Big(\int_c^d f(x,y)\,\mathrm{d}y\Big)\,\mathrm{d}x &= \sum_{i=1}^k \overline{\int_{x_{i-1}}^{x_i}} \Big(\sum_{j=1}^l \int_{y_{j-1}}^{y_j} f(x,y)\,\mathrm{d}y\Big)\,\mathrm{d}x \\
&\leq \sum_{i=1}^k \sum_{j=1}^l \overline{\int_{x_{i-1}}^{x_i}} \Big(\int_{y_{j-1}}^{y_j} f(x,y)\,\mathrm{d}y\Big)\,\mathrm{d}x \\
&\leq \sum_{i=1}^k \sum_{j=1}^l M_{ij}(x_i - x_{i-1})(y_j - y_{j-1}) = U(f,\mathcal{G}).
\end{aligned}$$

(7.21)로부터

$$\overline{\int_a^b} \Big(\int_c^d f(x,y)\,\mathrm{d}y\Big)\,\mathrm{d}x < \overline{\iint_R} f\,\mathrm{d}A + \varepsilon.$$

이 부등식에 $\varepsilon \to 0$인 극한을 취하면

$$\overline{\int_a^b} \Big(\int_c^d f(x,y)\,\mathrm{d}y\Big)\,\mathrm{d}x \leq \overline{\iint_R} f\,\mathrm{d}A$$

을 얻는다. 마찬가지로

$$\underline{\int_a^b} \Big(\int_c^d f(x,y)\,\mathrm{d}y\Big)\,\mathrm{d}x \geq \underline{\iint_R} f\,\mathrm{d}A.$$

■

정리 7.13 (푸비니 정리) *$R = [a,b] \times [c,d]$를 2차원 직사각형 그리고 $f : R \to \mathbb{R}$를 유계함수라 하자. 각각의 $x \in [a,b]$에 대하여 $f(x,\cdot)$가 $[c,d]$ 위에서 적분가능, 각각의 $y \in [c,d]$에 대하여 $f(y,\cdot)$가 $[a,b]$ 위에서 적분가능, 그리고 f가 $\mathbb{R}$ 위에서 적분가능하면*

$$\iint_R f\,\mathrm{d}A = \int_a^b \Big(\int_c^d f(x,y)\,\mathrm{d}y\Big)\,\mathrm{d}x = \int_c^d \Big(\int_a^b f(x,y)\,\mathrm{d}x\Big)\,\mathrm{d}y. \tag{7.22}$$

증명 각각의 $x \in [a,b]$에 대하여 $g(x) = \int_c^d f(x,y)\,\mathrm{d}y$라 놓자. f가 R 위에서 적분가능이므로 보조정리 7.1 에 의하여

$$\iint_R f\,\mathrm{d}A = \overline{\int_a^b} g(x)\,\mathrm{d}x = \underline{\int_a^b} g(x)\,\mathrm{d}x.$$

그러므로 g는 $[a,b]$에서 적분가능하고 (7.22)에 있는 첫 번째 등식을 만족한다. x와 y의 역할을 바꾸면

$$\iint_R f\,\mathrm{d}A = \int_c^d \left(\int_a^b f(x,y)\,\mathrm{d}x\right)\mathrm{d}y.$$

그러므로 (7.22)에 있는 두 번째 등식을 만족한다. ■

f가 직사각형 $[a,b]\times[c,d]$ 위에서 연속이면 푸비니 정리의 가정이 성립하는데 주목하여라.

푸비니 정리의 두 번째 등식은 첫 번째 등식만큼이나 중요하다. 반복적분에서 적분의 순서는 바꿀 수 있다는 것이다.

보기 1 *다음을 구하여라.*

$$\int_0^1 \int_0^1 y^3 \sin \pi x y^2\,\mathrm{d}y\,\mathrm{d}x.$$

풀이 이 반복적분은 sin 함수의 πxy^2 때문에 적분하기 어려워 보인다. 그러나 적분순서를 바꾸고 푸비니의 정리를 이용하면

$$\int_0^1 \int_0^1 y^3 \sin \pi x y^2\,\mathrm{d}y\,\mathrm{d}x = \int_0^1 \frac{y}{\pi}(1-\cos \pi y^2)\,\mathrm{d}y = \frac{1}{2\pi}.$$

참고 1 과 2 는 푸비니 정리의 가정은 완화될 수 없음을 나타내고 있다.

참고 1 $f:\mathbb{R}^2 \to \mathbb{R}$*인 함수가 존재하여* $f(x,\cdot)$*와* $f(\cdot,y)$*가* $[0,1]$ *위에서 적분가능하지만 그 반복적분은 같지 않다.*

증명 각각의 $k \in \mathbb{N}$ 와 $t \in \mathbb{R}$에 대하여

$$\phi_k(t) = \begin{cases} 2^k, & 2^{-k} \le t < 2^{-k+1} \\ 0, & \text{그 이외의 경우} \end{cases}$$

라 놓고 살펴보면, $t \notin [0,1)$에 대하여 $\phi_k(t) = 0$이고,

$$\int_0^1 \phi_k(t)dt = 1, \qquad k \in \mathbb{N}. \tag{7.23}$$

이제

$$f(x,y)=\sum_{k=1}^{\infty}(\phi_k(x)-\phi_{k+1}(x))\phi_k(y)$$

으로 정의된 함수 $f:\mathbb{R}^2\to\mathbb{R}$를 생각해 보자. 이 급수는 $[0,1)\times[0,1)$ 위에서 점별수렴한다. 즉 각각의 고정된 $y\in[0,1)$는 정확하게 구간 $[2^{-k},2^{-k+1}), k\in\mathbb{N}$ 의 하나에 속하기 때문에 각각의 $(x,y)\in[0,1)\times[0,1)$에 대하여 f를 정의하는 급수는 하나의 영이 아닌 항이 된다. 즉

$$f(x,y)=(\phi_k(x)-\phi_{k+1}(x))\phi_k(y),\ y\in[2^{-k},2^{-k+1}),\ k\in\mathbb{N}.$$

특히 함수$f(\cdot,y)$ 는$[0,1]$ 에서 적분가능하고 3.2절의 연습문제 9와 (7.23)에 의하여

$$\int_0^1\Big(\int_0^1 f(x,y)\,\mathrm{d}x\Big)\,\mathrm{d}y=\sum_{k=1}^{\infty}\int_{2^{-k}}^{2^{-k+1}}\Big(\int_0^1 f(x,y)\,\mathrm{d}x\Big)\,\mathrm{d}y$$

$$=\sum_{k=1}^{\infty}\int_{2^{-k}}^{2^{-k+1}}\phi_k(y)\Big(\int_0^1(\phi_k(x)-\phi_{k+1}(x))\,\mathrm{d}x\Big)\,\mathrm{d}y=0.$$

마찬가지로, 각각의 고정된 $x\in[2^{-k},2^{-k+1})$에 대하여

$$f(x,y)=\begin{cases}\phi_1(x)\phi_1(y) & k=1\\ \phi_k(x)(\phi_k(y)-\phi_{k-1}(y)) & k\ge 2\end{cases}$$

그러므로

$$\begin{aligned}\int_0^1\Big(\int_0^1 f(x,y)\,\mathrm{d}y\Big)\,\mathrm{d}x &= \sum_{k=1}^{\infty}\int_{2^{-k}}^{2^{-k+1}}\Big(\int_0^1 f(x,y)\,\mathrm{d}y\Big)\,\mathrm{d}x\\ &= \int_{1/2}^1\int_0^1\phi_1(x)\phi_1(y)\,\mathrm{d}y\,\mathrm{d}x\\ &\quad+\sum_{k=2}^{\infty}\int_{2^{-k}}^{2^{-k+1}}\int_0^1\phi_k(x)(\phi_k(y)-\phi_{k-1}(y))\,\mathrm{d}y\,\mathrm{d}x\\ &= 1+0=1.\end{aligned}$$

특히, 이 반복적분은 비록 모두 존재하고 유한이지만 같지 않다. ■

참고 2 $[0,1]\times[0,1]$ *위에서* f *는 적분가능하고 모든* $y\in[0,1]$*에 대하여* $f(\cdot,y)$*는* $[0,1]$ *위에서 적분가능하지만 무한히 많은* $x\in[0,1]$ *에 대하여* $f(x,\cdot)$*는* $[0,1]$ *위에서 적분가능하지 않은* $f:\mathbb{R}^2\to\mathbb{R}$ *인 함수가 존재한다.*

증명 함수

$$f(x,y) = \begin{cases} 0 & x=0 \text{ 이거나 } x \text{ 또는 } y \text{ 는 무리수}, \\ 1/q & x,y \in \mathbb{Q} \text{ 이고 } x = p/q \text{ 인 기약형태} \end{cases}$$

는 2.2절의 연습문제 14(c) 에 의하여 연속이고 집합 $([0,1]\backslash\mathbb{Q}) \times [0,1]$ 위에서 0 이다. 그러므로 르베그 정리에 의하여 f는 $R = [0,1] \times [0,1]$ 위에서 적분가능하다. 더욱이 $\mathbb{Q} \times [0,1]$는 부피가 0 이므로 $\iint_R f \, \mathrm{d}A = 0$. 마찬가지로, 각각의 $y \in [0,1]$에 대하여 $f(\cdot, y)$는 $[0,1]$ 위에서 적분가능하고, $\int_0^1 f(x,y)\,\mathrm{d}x = 0$. 그러므로,

$$\int_0^1 \left(\int_0^1 f(x,y)\,\mathrm{d}x \right) \mathrm{d}y = \iint_R f \, \mathrm{d}A = 0.$$

한편, 각각 0 이 아닌 $x \in \mathbb{Q}$에 대해 함수 $f(x,\cdot)$는 어디에서도 연속이 아니므로, $[0,1]$ 위에서 적분가능하지 않다. 그러므로 다른 반복적분은 존재하지 않는다. ■

정리 7.14 *E가 $\mathbb{R}^n$에서 조르단영역이고 R은 E를 포함하는 n-차원 직다면체이고 $f : E \to \mathbb{R}$는 E 위에서 적분가능하다고 하자. 만일*

$$g(\mathbf{x}) = \begin{cases} f(\mathbf{x}) & \mathbf{x} \in E, \\ 0 & \mathbf{x} \notin E \end{cases}$$

이면 g는 R 위에서 적분가능하고

$$\int_E f(\mathbf{x})\,\mathrm{d}\mathbf{x} = \int_R g(\mathbf{x})\,\mathrm{d}\mathbf{x}. \tag{7.24}$$

증명 $f^+ = f \vee 0$이고 $f^- = (-f) \vee 0$ 라 두면 f^+와 f^-는 음이 아니고, E 위에서 적분가능하고, 그리고 $f = f^+ - f^-$ 이다(3.2절 연습문제5). $g^+ = f^+$이고 $g^- = f^-$이므로 정리 7.8(i)에 의하여 $f \geq 0$ 라 가정할 수 있다. $\varepsilon > 0$라 하고

$$U(f,\mathcal{G}) - \varepsilon < \int_E f(\mathbf{x})\,\mathrm{d}\mathbf{x} < L(f,\mathcal{G}) + \varepsilon \tag{7.25}$$

이고

$$V(\partial E;\mathcal{G}) = V(E;\mathcal{G}) - v(E;\mathcal{G}) < \varepsilon \tag{7.26}$$

인 그물선 $\mathcal{G} = \{R_1, \cdots, R_p\}$를 R 위에서 택하자. $M_j = \sup_{\mathbf{x} \in R_j} g(\mathbf{x})$라 하고 R 위에서 g의 리만합을 세 개로 쪼개어 $\mathcal{I}_1 = \{j : R_j \subseteq E\}, \mathcal{I}_2 = \{j \notin \mathcal{I}_1 : R_j \cap \partial E \neq \emptyset\}$ 이고 $\mathcal{I}_3 = \{j \notin \mathcal{I}_2 : R_j \subseteq R\backslash E\}$ 일 때

$$U(g,\mathcal{G}) = S_1 + S_2 + S_3 := \sum_{j \in \mathcal{I}_1} M_j |R_j| + \sum_{j \in \mathcal{I}_2} M_j |R_j| + \sum_{j \in \mathcal{I}_3} M_j |R_j|,$$

라 하자. 만일 $M = \max\{|M_1|, \cdots, |M_p|\}$이면, (7.26)에서 $S_2 \le M\varepsilon$. $j \in \mathcal{I}_1$이면 $\mathbf{x} \in R_j$에 대하여 $g(\mathbf{x}) = f(\mathbf{x})$이므로 $S_1 \le U(f, g)$ (왜냐하면 $f \ge 0$). $j \in I_3$이면 $\mathbf{x} \in R_j$에 대해 $g(\mathbf{x}) = 0$ 이므로 $S_3 = 0$. 결론적으로 (7.25) 으로부터

$$U(g, \mathcal{G}) = S_1 + S_2 + S_3 \le U(f, \mathcal{G}) + M\varepsilon < \int_E f(\mathbf{x})\,\mathrm{d}\mathbf{x} + (M+1)\varepsilon.$$

특히,

$$\overline{\int}_R g(\mathbf{x})\,\mathrm{d}\mathbf{x} \le \int_E f(\mathbf{x})\,\mathrm{d}\mathbf{x}.$$

마찬가지 방법으로

$$\underline{\int}_R g(\mathbf{x})\,\mathrm{d}\mathbf{x} \ge \int_E f(\mathbf{x})\,\mathrm{d}\mathbf{x}.$$

그러므로 g는 R 위에서 적분가능하고 (7.24)를 만족한다. ■

집합 $E \subset \mathbb{R}^n$이 **사영가능한 영역**이라 함은 연속함수 $\phi, \psi : H \to \mathbb{R}$, 첨자 $j \in \{1, \cdots, n\}$ 그리고 컴팩트 조르단영역 $H \subset \mathbb{R}^{n-1}$이 존재하여

$$\begin{aligned} E =& \{(x_1, \cdots, x_n) \in \mathbb{R}^n : (x_1, \cdots, \widehat{x}_j, \cdots, x_n) \in H \text{ 이고} \\ & \phi(x_1, \cdots, \widehat{x}_j, \cdots, x_n) \le x_j \le \psi(x_1, \cdots, \widehat{x}_j, \cdots, x_n)\}. \end{aligned}$$

여기서 $\widehat{x_j}$의 의미는 x_j가 빠져 있는 것이다. 그러므로 $(x_1, \cdots, \widehat{x}_j, \cdots, x_n)$는 $\mathbb{R}^{n-1}$ 의 한 점이다. 이 경우 E는 j, H, ϕ, ψ에 의하여 생성되었다고 말한다.

$\mathbb{R}^2$와 $\mathbb{R}^3$의 영역에 대하여는 다음과 같이 보다 특수한 분류를 한다. $\phi, \psi : [a, b] \to \mathbb{R}$이 연속함수일 때 집합 $E \subset \mathbb{R}^2$의 **I, II 형 영역**을 각각

$$E = \{(x, y) : x \in [a, b], \phi(x) \le y \le \psi(x)\}$$

와

$$E = \{(x, y) : y \in [a, b], \phi(y) \le x \le \psi(y)\}$$

으로 분류한다. H가 $\mathbb{R}^2$에서 컴팩트 조르단영역일 때 집합 $E \subset \mathbb{R}^3$의 **I, II, III 형 영역**을 각각

$$E = \{(x, y, z) : (x, y) \in H, \phi(x, y) \le z \le \psi(x, y)\},$$

$$E = \{(x, y, z) : (x, z) \in H, \phi(x, z) \le y \le \psi(x, z)\},$$

$$E = \{(x, y, z) : (y, z) \in H, \phi(y, z) \le x \le \psi(y, z)\}$$

으로 분류한다.

보기 2 $\mathbb{R}^2$에서 직선 $y = 2x$ 와 포물선 $y = x^2$에 의하여 둘러싸인 주어진 영역 E는 I, II 형 영역임을 증명하여라.

풀이 집합 E(그림 7.6)를 두가지 영역.

$$\{(x,y) : 0 \le x \le 2,\ x^2 \le y \le 2x\} \text{ 와 } \{(x,y) : 0 \le y \le 4,\ \frac{1}{2}y \le x \le \sqrt{y}\}.$$

으로 나타낼 수 있고, 이들 영역은 차례로 I형과 II형 영역이다.

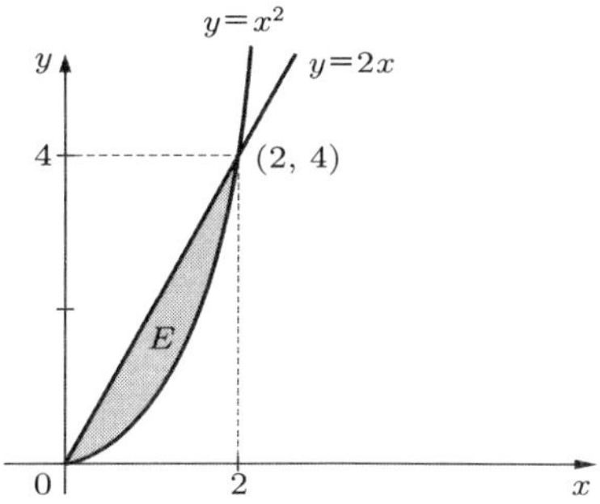

그림 7.6

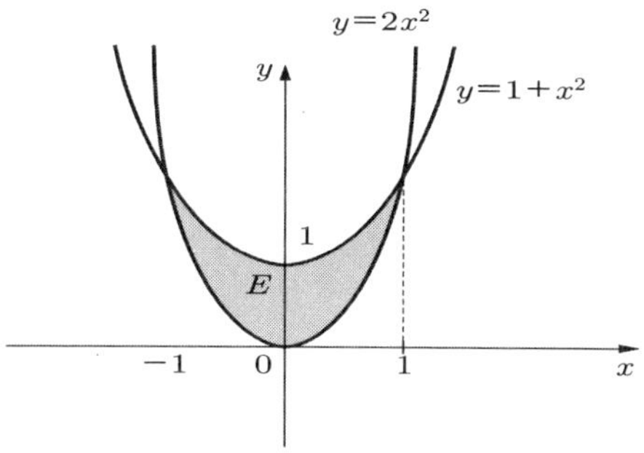

그림 7.7

보기 3 $\mathbb{R}^2$에서 포물선 $y = 2x^2$ 과 $y = 1 + x^2$에 의하여 둘러싸인 주어진 영역 E의 I, II형의 영역을 각각 구하여라.

풀이 포물선 $y = 2x^2$ 과 $y = 1 + x^2$은 $x = \pm 1$에서 만난다(그림 7.7). 따라서 영역

$$E = \{(x,y) : -1 \le x \le 1, 2x^2 \le y \le 1 + x^2\}$$

는 I형 영역이고

$$E = \left\{(x,y) : 1 \le y \le 2,\ -\sqrt{\frac{y}{2}} \le x \le -\sqrt{y-1}\right\} \cup \left\{(x,y) : 0 \le y \le 1,\ -\sqrt{\frac{y}{2}} \le x \le \sqrt{\frac{y}{2}}\right\}$$
$$\cup \left\{(x,y) : 1 \le y \le 2,\ \sqrt{y-1} \le x \le \sqrt{\frac{y}{2}}\right\}$$

는 II형 영역이다.

보기 4 $\mathbb{R}^2$에서 $E = \{(x,y) : x^2 + y^2 \le 1\}$일 때 다음 이중적분의 값을 구하여라.

$$I := \iint_E \frac{|y|}{\sqrt{(x-2)^2 + y^2}}\, dx\, dy,$$

풀이

$$\begin{aligned} I &= 2\int_{-1}^{1}\int_{0}^{\sqrt{1-x^2}} \frac{y}{\sqrt{(x-2)^2+y^2}}\,dy\,dx \\ &= 2\int_{-1}^{1} (\sqrt{5-4x} - |x-2|)\,dx \\ &= \frac{2}{3}. \end{aligned}$$

보기 5 *곡면 $z = 2x + y^2$의 아래 부분과, $x = y^2$과 $x = y^3$에 의하여 둘러싸인 영역 위에 있는 입체의 부피를 구하여라.*

풀이 구하여야 하는 부피는 함수 $z = 2x + y^2$의 그래프 아래 부분과

$$E = \{(x, y) : 0 \le y \le 1,\ y^3 \le x \le y^2\}$$

위에 놓여있다. 그러므로

$$\begin{aligned} V &= \int_0^1 \int_{y^3}^{y^2} (2x + y^2)\,dx\,dy \\ &= \int_0^1 (2y^4 - y^6 - y^5)\,dy \\ &= \frac{19}{210}. \end{aligned}$$

보기 6 *세 잎 장미 $r = \cos 3\theta$의 한 잎의 넓이를 이중적분을 사용하여 구하여라.*

풀이 한 잎의 영역 (그림 7.8)은

$$E = \{(r, \theta) : -\pi/6 \le \theta \le \pi/6,\ 0 \le r \le \cos 3\theta\}.$$

그러므로 넓이는

$$\begin{aligned} A(E) &= \iint_E dA = \int_{-\pi/6}^{\pi/6}\int_0^{\cos 3\theta} r\,dr\,d\theta \\ &= \int_0^{\pi/6} \cos^2 3\theta\,d\theta \\ &= \frac{1}{2}\int_0^{\pi/6} (1 + \cos 6\theta)\,d\theta = \frac{\pi}{12}. \end{aligned}$$

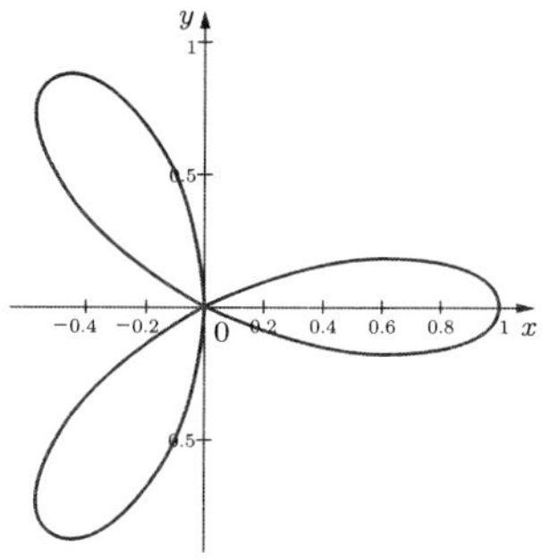

그림 7.8

명제 7.1 : $\mathbb{R}^3$의 영역 E는 I형 영역이라 하자.

(i) E를 xy-평면위로의 형태 I형의 정사영이라면,

$$E = \{(x, y, z) : a \le x \le b,\ g_1(x) \le y \le g_2(x),\ \phi(x, y) \le z \le \psi(x, y)\}$$

이고

$$\iiint_E f(x, y, z)\, dV = \int_a^b \int_{g_1(x)}^{g_2(x)} \int_{\phi(x,y)}^{\psi(x,y)} f(x, y, z)\, dz\, dy\, dx.$$

(ii) D를 xy-평면위로의 형태 II의 정사영이라면,

$$E = \{(x, y, z) : c \le y \le d,\ h_1(y) \le x \le h_2(y),\ \phi(x, y) \le z \le \psi(x, y)\}$$

이고

$$\iiint_E f(x, y, z)\, dV = \int_c^d \int_{h_1(y)}^{h_2(y)} \int_{u_1(x,y)}^{u_2(x,y)} f(x, y, z)\, dz\, dy\, dx.$$

보기 7 $4x^2 + 9y^2 + z^2 \le 1$을 만족하는 점 (x, y, z)의 집합 E는 I, II, 그리고 III 형태의 영역임을 증명하여라.

풀이 타원면 집합 E는 다음과 같다.

$$E = \{(x, y, z) : -\sqrt{1 - 4x^2 - 9y^2} \le z \le \sqrt{1 - 4x^2 - 9y^2},\ (x, y) \in H\}.$$

여기서, $H = \{(x, y) : 4x^2 + 9y^2 \le 1\}$ 이다. E 가 II, III형태는 마찬가지 방법으로 보인다.

보기 8 세 좌표평면 $x = 0,\ y = 0,\ z = 0$와 평면 $z = 2 - y$ 및 원기둥면 $x = 4 - y^2$에 의하여 둘러싸인 입체의 부피를 구하여라.

풀이 E를 III 형태 영역으로 나타내면

$$E = \{(x, y, z) : 0 \le y \le 2,\ 0 \le z \le 2 - y,\ 0 \le x \le 4 - y^2\}$$

이다. 그러므로 주어진 입체의 부피는

$$\begin{aligned} V = \iiint_E dV &= \int_0^2 \int_0^{2-y} \int_0^{4-y^2} 1\, dx\, dz\, dy \\ &= \int_0^2 \int_0^{2-y} (4 - y^2)\, dz\, dy \\ &= \int_0^2 (8 - 4y - 2y^2 + y^3)\, dy \\ &= \frac{20}{3}. \end{aligned}$$

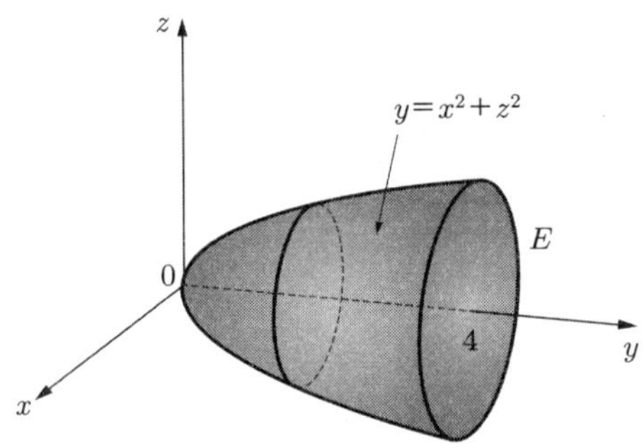

그림 7.9

보기 9 E가 포물면 $y = x^2 + z^2$과 평면 $y = 4$로 둘러싸인 영역(그림 7.9)일 때

$$\iiint_E \sqrt{x^2 + z^2}\, dV$$

를 구하여라.

풀이 E를 형태 I형 영역으로 나타내면

$$E = \{(x, y, z) :\ -2 \le x \le 2,\ x^2 \le y \le 4,\ -\sqrt{y - x^2} \le z \le \sqrt{y - x^2}\}$$

이고

$$\iiint_E \sqrt{x^2 + z^2}\, dV = \int_{-2}^{2} \int_{x^2}^{4} \int_{-\sqrt{y-x^2}}^{\sqrt{y-x^2}} \sqrt{x^2 + z^2}\, dz\, dy\, dx.$$

이 식은 정확하게 계산하기 매우 어렵다.

대신 E를 형태 II형 영역으로 변환하면 $E = \{(x, y, z) : -2 \le x \le 2,\ -\sqrt{4-x^2} \le z \le \sqrt{4-x^2},\ x^2 + z^2 \le y \le 4\}$ 이다. 따라서

$$\begin{aligned}\iiint_E \sqrt{x^2+z^2}\, dV &= \iint_D \left(\int_{x^2+z^2}^{4} \sqrt{x^2+z^2}\, dy \right) dA \\ &= \iint_D (4 - x^2 - z^2)\sqrt{x^2+z^2}\, dA \\ &= \int_{-2}^{2} \int_{-\sqrt{4-x^2}}^{\sqrt{4-x^2}} (4 - x^2 - z^2)\sqrt{x^2+z^2}\, dz\, dx\end{aligned}$$

위 적분식은 다음 절의 변수변환에서 극좌표계를 이용하면 쉽게 계산된다.

사영가능한 영역위에서 다중적분을 어떻게 구하는가를 보이기 위해 필요한 용어를 소개한다. 각각의 $k = 1, \cdots, n$ 에 대하여 집합

$$\Phi_k = \{\mathbf{x} \in \mathbb{R}^n : x_k = 0\}$$

을 **좌표초평면**이라 부른다. 주어진 집합 $E \subset \mathbb{R}^n$에 대하여 E에서 좌표초평면 Π_k 위로의 사영은 어떤 $x_k \in \mathbb{R}$에 대하여 $(x_1, \cdots, x_k, \cdots, x_n) \in E$ 인 점 $(x_1, \cdots, x_{k-1}, 0, x_{k+1}, \cdots, x_n)$들의 집합 E_k 이다.

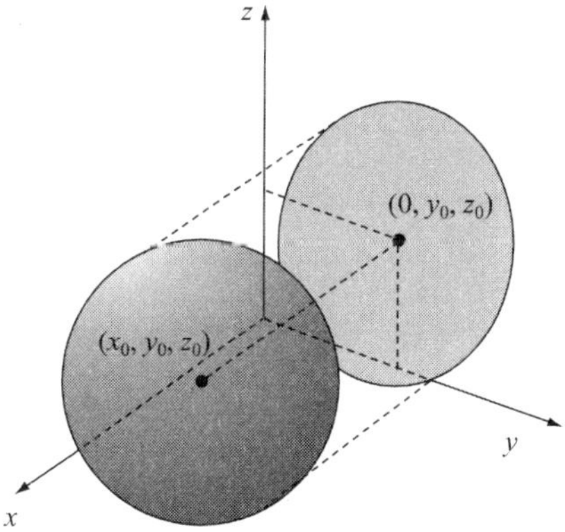

그림 7.10

예를 들어, $\mathbb{R}^3$ 에서의 좌표초평면 Π_1는 yz평면으로 대응되고 3차원의 공 $B_r(x_0, y_0, z_0)$에서 Π_1 위로의 사영은 2차원 공 $B_r(y_0, z_0)$이다(그림7.10).

다음은 $\mathbb{R}^n$에서 직나면체위에서 연속인 함수의 적분은 n 개의 부분적분을 사용하여 계산할 수 있음을 보여 준다.

보조정리 7.2 $1 \le k \le n$ 는 자연수, $R = [a_1, b_1] \times \cdots \times [a_n, b_n]$ 는 n 차원 직다면체, 그리고 $f : R \to \mathbb{R}$ 는 R 위에서 적분가능하다고 하자. 만일 $f(x_1, \cdots, x_{k-1}, \bullet, x_{k+1}, \cdots, x_n)$ 이 $[a_k, b_k]$ 위에서 적분가능하면

$$\int_{a_k}^{b_k} f(x_1, \cdots, x_{k-1}, t, x_{k+1}, \cdots, x_n)\, \mathrm{d}t$$

은 사영 R_k 위에서 적분가능하고

$$\int_R f(\mathbf{x})\, \mathrm{d}\mathbf{x} = \int_{R_k} \int_{a_k}^{b_k} f(x_1, \cdots, x_n)\, \mathrm{d}x_k\, \mathrm{d}(x_1, \cdots, \widehat{x}_k, \cdots, x_n). \tag{7.27}$$

($\widehat{x}_k$은 x_k가 적분에서 빠진 것이다. 즉, $(n-1)$-차원의 적분이다.)

증명 n 차원 직다면체 R 에서 초평면 Π_k 위로의 사영 R_k는 $(n-1)$-차원 직다면체이므로 R_k 는 조르단 영역이다. 그러므로 보조정리 7.1 를 반복적으로 사용하면 임의의 유계인 f에 대하여

$$\begin{aligned} \underline{\int}_R f(\mathbf{x})\, \mathrm{d}\mathbf{x} &\le \underline{\int}_{R_k} \int_{a_k}^{b^k} f(x_1, \cdots, x_n)\, \mathrm{d}x_k d(x_1, \cdots, \widehat{x}_k, \cdots, x_n) \\ &\le \overline{\int}_{R_k} \int_{a_k}^{b^k} f(x_1, \cdots, x_n)\, \mathrm{d}x_k d(x_1, \cdots, \widehat{x}_k, \cdots, x_n) \\ &\le \overline{\int}_R f(\mathbf{x})\, \mathrm{d}\mathbf{x} \end{aligned}$$

을 얻는다. f가 R 위에서 적분가능하므로 (7.27)을 만족한다. ■

정리 7.15 *E가 $\mathbb{R}^n$ 에서 j, H, ϕ, ψ에 의하여 생성된 사영가능한 영역이라 하자. 그러면 E 는 $\mathbb{R}^n$ 의 조르단영역이다. $f : E \to \mathbb{R}$ 가 E 위에서 연속이면*

$$\int_E f(\mathbf{x})\, \mathrm{d}\mathbf{x} = \int_H \left(\int_{\phi(x_1, \cdots, \widehat{x}_j, \cdots, x_n)}^{\psi(x_1, \cdots, \widehat{x}_j, \cdots, x_n)} f(x_1, \cdots, x_n)\, \mathrm{d}x_j \right) d(x_1, \cdots, \widehat{x}_j, \cdots, x_n) \tag{7.28}$$

증명 대칭성에 의하여 $j = n$라 가정해도 좋다. 즉,

$$E = \{(\mathbf{x}, t) : \mathbf{x} = (x_1, \cdots x_{n-1}) \in H \text{ 이고 } \phi(\mathbf{x}) \le t \le \psi(\mathbf{x})\}.$$

E가 조르단영역임을 보이기 위해 ∂E의 부피가 0임을 보여야 한다. 이제 ∂E는 "저차원 조각" 으로 되어져 있는데, 밑면$B = \{(\mathbf{x}, t) : \mathbf{x} \in H, t = \phi(\mathbf{x})\}$, 윗면 $T = \{(\mathbf{x}, t) : \mathbf{x} \in H, t = \psi(\mathbf{x})\}$, 그리고 옆면 $S = \{(\mathbf{x}, t) : \mathbf{x} \in \partial H, \phi(\mathbf{x}) \le t \le \psi(\mathbf{x})\}$ 이다(그림 7.11은 $n = 3$일 때를 설명한다). 그러므로 B, T, S 는 부피가 0임을 보여야 한다.

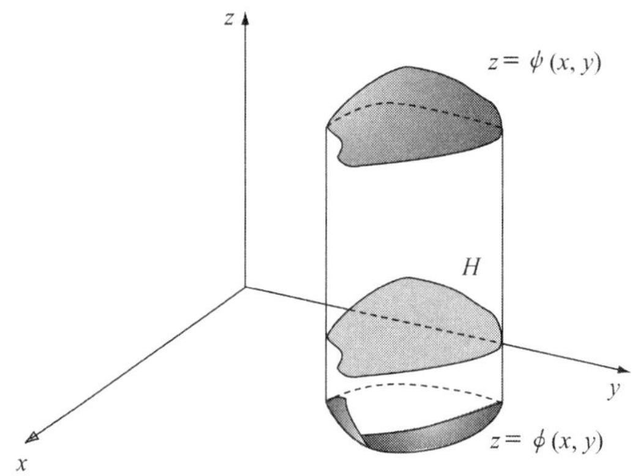

그림 7.11

B의 부피를 계산할 때 H는 컴팩트이고 ϕ는 H 위에서 고른연속임에 주목하자. 주어진 $\varepsilon > 0$에 대하여 $\delta > 0$가 존재하여

$$\mathbf{x}, \mathbf{y} \in H \text{ 이고 } \|\mathbf{x} - \mathbf{y}\| < \delta \text{ 이면 } \|\phi(\mathbf{x}) - \phi(\mathbf{y})\| \leq \varepsilon. \tag{7.29}$$

컴팩트집합은 유계이므로 H는 $(n-1)$-차원의 입방체 Q에 포함된다. Q를 $Q_1, \cdots, Q_p$로 나누어 $\mathbf{x}, \mathbf{y} \in Q_k$ 이면 $\|\mathbf{x} - \mathbf{y}\| < \delta$ 이고, 어떤 $\mathbf{a}_k \in Q_k$, $k = 1, 2, \cdots, p$ 에 대하여 $R_k = Q_k \times [\phi(\mathbf{a}_k) - 2\varepsilon, \phi(\mathbf{a}_k) + 2\varepsilon]$ 라 하면, 각각의 R_k는 n-차원 직다면체이고

$$\sum_{k=1}^{p} |R_k| = 4\varepsilon \sum_{k=1}^{p} |Q_k| = 4\varepsilon |Q|.$$

더욱이 (7.29)에 의하면 B는 직다면체 R_k에 의하여 덮인다. 그러므로 $\overline{\text{Vol}}(B) < 4\varepsilon|Q|$ 이다. 이 부등식에서 $\varepsilon \to 0$ 일 때 B의 부피는 0 이 된다. 같은 방법으로 T의 부피는 0 이 된다. S의 부피를 구하기 위하여

$$M = \sup_{\mathbf{x} \in H} \psi(\mathbf{x}) \text{ 이고 } m = \inf_{\mathbf{x} \in H} \phi(\mathbf{x})$$

라 놓자. H가 조르단영역이므로 ∂H를 덮으며

$$\sum_{k=1}^{p} |Q_k| < \varepsilon$$

인 $(n-1)$차원 입방체 $Q_1, \cdots, Q_p$를 선택할 수 있다. $R_k = Q_k \times [m, M]$라 놓으면

$$S \subseteq \bigcup_{k=1}^{p} R_k \text{ 이고 } \sum_{k=1}^{p} |R_k| < (M - m)\varepsilon.$$

그러므로 $\overline{\mathrm{Vol}}(S) \leq (M-m)\varepsilon$이고 따라서 S의 부피는 0이다. 따라서 ∂E의 부피는 0이다. 즉 E는 조르단영역이다. (7.28)을 증명하기 위하여 E를 포함하는 n차원 직다면체 $R = [a_1, b_1] \times \cdots \times [a_n, b_n]$라 하고 R 위에서 g를$(\mathbf{x}, t) \in E$일 때 $g(\mathbf{x}, t) = f(\mathbf{x}, t)$ 이고 그 밖의 경우에는 $g(\mathbf{x}, t) = 0$라 정의하자. 정리 7.14 과 보조정리 7.2에 의하여

$$\begin{aligned}\int_E f(\mathbf{x}, t)d(\mathbf{x}, t) &= \int_{a_1}^{b_1} \cdots \int_{a_n}^{b_n} g(x_1, \cdots, x_n)\, \mathrm{d}x_n \cdots \mathrm{d}x_1 \\ &= \int_H \left(\int_{a_n}^{b_n} g(\mathbf{x}, t)\, \mathrm{d}t \right) \mathrm{d}\mathbf{x}.\end{aligned}$$

그러나 각각의 $\mathbf{x} = (x_1, \cdots, x_{n-1}) \in H$ 에 대하여

$$g(\mathbf{x}, t) = \begin{cases} f(\mathbf{x}, t), & \phi(\mathbf{x}) \leq t \leq \psi(\mathbf{x}), \\ 0, & \text{그 이외의 경우.} \end{cases}$$

그러므로

$$\int_{a_n}^{b_n} g(\mathbf{x}, t)dt = \int_{\phi(\mathbf{x})}^{\psi(\mathbf{x})} f(\mathbf{x}, t)dt.$$

■

비록 연속함수 f에 대한 정리 7.15 를 얻었지만 보조정리 7.2 를 적용하여 f가 E 위에서 적분가능하고 각각의 고정된 $\mathbf{x} \in H$에 대하여 $f(\mathbf{x}, \cdot)$가 $[a_n, b_n]$ 위에서 적분가능하면 그 결과는 참이다.

만일 H가 또한 사영가능하다면 정리 7.15 는 다시 H에 적용되고, E 위에서의 적분은 n개의 부분적분으로 계산된다.

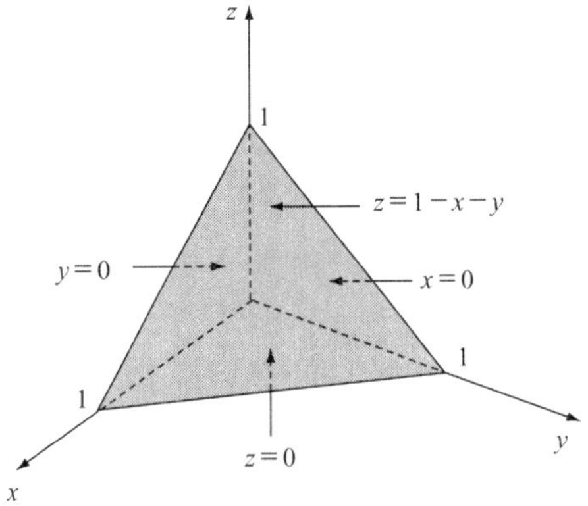

그림 7.12

보기 10 $x+y+z=1$, $x=0$, $y=0$ 와 $z=0$ 으로 둘러싸인 영역 E 위에서 $f(x,y,z)=(x+y+z)^2$의 적분을 구하여라.

풀이 곡면 $z=0$ 과 $z=1-x-y$ 는 $y=1-x$ 에서 만난다. 사영 E_3는 곡선 $x=0, y=0$ 그리고 $y=1-x$에 의하여 둘러싸여 있다. 그러므로

$$E=\{(x,y,z):0\le x\le 1, 0\le y\le 1-x, 0\le z\le 1-x-y\}$$

는 I 형 영역이다(그림 7.12). 따라서,

$$\begin{aligned}\iiint_E f dV &= \int_0^1\int_0^{1-x}\int_0^{1-x-y}(x+y+z)^2 dz\,\mathrm{d}y\,\mathrm{d}x\\ &= \int_0^1\int_0^{1-x}\left(\frac{1}{3}-\frac{(x+y)^2}{3}\right)\mathrm{d}y\,\mathrm{d}x\\ &= \int_0^1\left(\frac{1}{4}-\frac{x}{3}+\frac{x^4}{12}\right)\mathrm{d}x=\frac{1}{10}.\end{aligned}$$

보기 11 $|x|=1$, $z=x^2-y^2$, $z\ge 0$ 으로 둘러싸인 영역 E 위에서 $f(x,y,z)=x^2y^2$의 적분을 구하여라.

풀이 곡면 $z=0$과 $z=x^2-y^2$는 $x^2-y^2=0$ 에서 만난다. 즉 $y=\pm x$. 곡선 $y=\pm x$와 $|x|=1$는 $x=\pm 1$에서 만난다. 그러므로

$$E=\{(x,y,z):-1\le x\le 1, -|x|\le y\le |x|,\ 0\le z\le x^2-y^2\}$$

는 I형 영역이다(그림 7.13). 따라서

$$\begin{aligned}\iiint_E f dV &= \int_{-1}^1\int_{-|x|}^{|x|}\int_0^{x^2-y^2} x^2y^2 dz\,\mathrm{d}y\,\mathrm{d}x\\ &= \int_{-1}^1\int_{-|x|}^{|x|}(x^2-y^2)x^2y^2\,\mathrm{d}y\,\mathrm{d}x\\ &= 4\int_0^1\int_0^x(x^2-y^2)x^2y^2\,\mathrm{d}y\,\mathrm{d}x=\frac{8}{15}\int_0^1 x^7\,\mathrm{d}x=\frac{1}{15}.\end{aligned}$$

보기 12 $z=y^2$, $z=1$, $z=x$ 그리고 $x=0$ 으로 둘러싸인 영역위에서 $f(x,y,z)=x+y+z$의 적분을 구하여라.

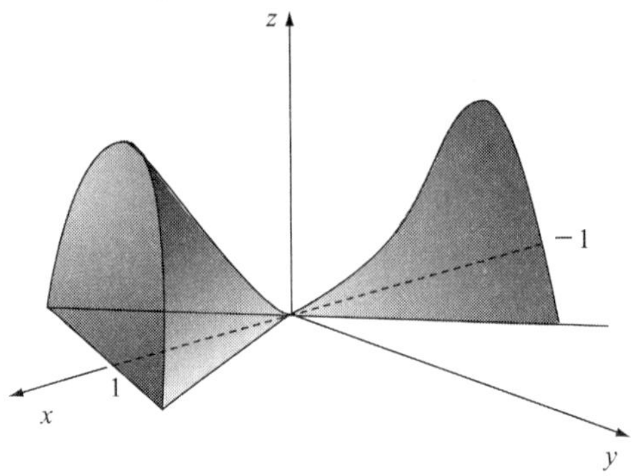

그림 7.13

풀이 E가 두 개의 I형 영역들의 합집합이므로 (그림 7.14) 두 개의 적분을 사용하여야만 하는데 dz를 먼저 적분하면 z의 범위는 y^2에서 1 사이가 되고 또 다른 적분은 z의 범위가 x부터 1 까지이다. 이것은 복잡해 보인다. dx를 먼저 적분하면 풀이는 더 간단하다. 즉 E는 III형 영역이므로

$$E = \{(x, y, z) : -1 \leq y \leq 1, y^2 \leq z \leq 1,\ 0 \leq x \leq z\}.$$

그러므로

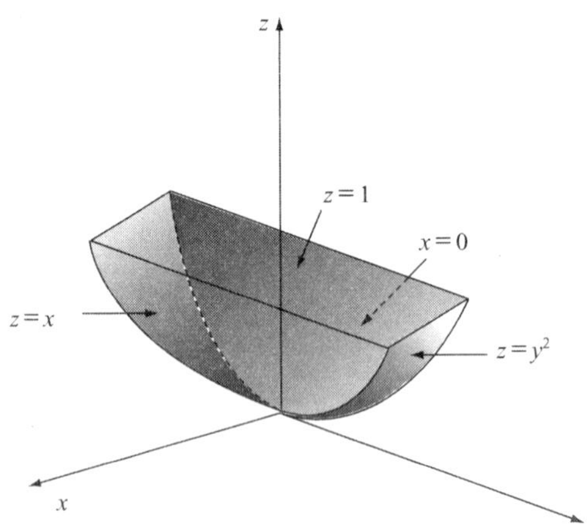

그림 7.14

$$\begin{aligned}\iiint_E f dV &= \int_{-1}^{1}\int_{y^2}^{1}\int_0^z (x+y+z)\,\mathrm{d}x\mathrm{d}z\,\mathrm{d}y\\ &= \int_{-1}^{1}\int_{y^2}^{1}\left(\frac{3}{2}z^2+yz\right)dz\,\mathrm{d}y\\ &= \frac{1}{2}\int_{-1}^{1}(1+y-2y^3)\,\mathrm{d}y = 1.\end{aligned}$$

연습문제 (7.3)

1. 다음 반복적분의 값을 구하여라.

(a) $\displaystyle\int_0^1\int_0^1 (x^2+y^2)\,\mathrm{d}x\,\mathrm{d}y$

(b) $\displaystyle\int_0^1\int_0^1 \sqrt{xy+x}\,\mathrm{d}x\,\mathrm{d}y$

(c) $\displaystyle\int_0^{\pi/2}\int_0^{\pi/2} x\cos(xy)\,\mathrm{d}y\,\mathrm{d}x$

2. 다음 반복적분의 값을 구하여라.

(a) $\displaystyle\int_0^1\int_x^{x^2+1} (x+y)\,\mathrm{d}y\,\mathrm{d}x$

(b) $\displaystyle\int_0^1\int_{\sqrt{y}}^1\int_0^{x^2+y^2} 3dz\,\mathrm{d}x\,\mathrm{d}y$

(c) $\displaystyle\int_0^1\int_y^1 \sin(x^2)\,\mathrm{d}x\,\mathrm{d}y$

(d) $\displaystyle\int_0^1\int_{\sqrt{y}}^1\int_{x^3}^1 \sqrt{x^3+z}dz\,\mathrm{d}x\,\mathrm{d}y$

3. 다음 적분값을 구하여라.

(a) $\displaystyle\iint_R (2x+y)e^{2x+y}\,\mathrm{d}x\,dy,\ R=[0,1]\times[2,4]$

(b) $\displaystyle\iint_R \frac{x^2}{y}\,\mathrm{d}x\,dy,\ R=[-2,2]\times[1,2]$

(c) $\displaystyle\iint_R \sin(x+2y+3z)\,\mathrm{d}x\,dy\,\mathrm{d}z,\ R=[0,\pi]\times[0,\tfrac{\pi}{2}]\times[0,\tfrac{\pi}{3}]$

(d) $\displaystyle\iint_R |x+y|\,\mathrm{d}x\,dy,\ R=[-1,1]\times[-1,1]$

(e) $\displaystyle\iint_R \frac{x}{y}\,\mathrm{d}x\,dy,\ R=[-1,1]\times[1,2]$

(f) $\displaystyle\iint_R \cos(x+2y+3z)\,\mathrm{d}x\,dy\,\mathrm{d}z,\ R=[0,2]\times[1,3]\times[-1,1]$

4. 각각의 $\int_E f(\mathbf{x})\,\mathrm{d}\mathbf{x}$의 값을 구하여라.

(a) $f(x,y)=x\sqrt{y}$ 이고 E는 $y=x$와 $y=x^2$ 으로 둘러싸인 영역

(b) $f(x,y)=x+y$ 이고 E는 $(0,0),(0,1),(2,0)$을 꼭지점으로 하는 삼각형

(c) $f(x,y)=x$ 이고 E는 $y=\sqrt{x}, x=-\sqrt{y}, y=4$ 으로 둘러싸인 영역

(d) $f(x,y,z)=x$ 이고 $E=\{(x,y,z):0\le z\le 1-x^2, 0\le y\le x^2+z^2,$ 그리고 $x\ge 0\}$

5. 다음 영역의 부피를 각각 계산하여라.

(a) E는 곡면 $x+y+z=3, z=0$ 와 $x^2+y^2=1$ 으로 둘러싸인 영역

(b) E는 평면$z=x+y$ 의 아래와 xy 평면에 있고, 곡선 $x=\sqrt{y/2}, x=2\sqrt{y}, x+y=3$ 으로 둘러싸인 영역

(c) E는 $z=y^2, x=y^2+z^2, x=0, z=1.$ 으로 둘러싸인 영역

(d) E는 $y=x^3, x=z^2, z=x^2,$ 그리고 $y=0$ 으로 둘러싸인 영역

6. f 는 $R=[0,1]\times[0,1]$ 위에서

$$f(x,y)=\begin{cases}1, & x \text{ 는 무리수},\\ 3y^2, & x \text{ 는 유리수}\end{cases}$$

로 정의되었다 하자. 다음을 보여라.

(a) f 는 R 에서 적분가능하지 않는다.

(b) 반복적분 $\int_0^1\int_0^1 f(x,y)\,\mathrm{d}y\,\mathrm{d}x$ 는 존재한다.

(c) 반복적분 $\int_0^1\int_0^1 f(x,y)\,\mathrm{d}x\,\mathrm{d}y$ 는 존재하지 않는다.

7. (a) f가 R 위에서 연속일 때 푸비니의 정리의 가정이 성립함을 증명하여라.

(b) 참고1 의 증명을 변경하여 비록 $f(x,y)$가 각각의 변수에 대하여 연속(즉, $x\in[a,b]$에 대하여 $f(x,\cdot)$ 는 연속이고 $y\in[c,d]$에 대하여 $f(\cdot,y)$는 연속)일지라도, 적분가능하지 않은 f에 대하여 푸비니의 정리가 성립되지 않음을 보여라.

8. (a) f_k는 $[a_k, b_k]$ $k = 1, 2, \cdots, n$ 위에서 적분가능이라 가정하고 $R = [a_1, b_1] \times \cdots \times [a_n, b_n]$라 할 때

$$\int_R f_1(x_1) \cdots f_n(x_n)\, \mathrm{d}(x_1 \cdots x_n) = \left(\int_{a_1}^{b_1} f_1(x_1)\, \mathrm{d}x_1\right) \cdots \left(\int_{a_n}^{b_n} f_n(x_n)\, \mathrm{d}x_n\right)$$

임을 증명하여라.

(b) $Q = [0, 1]^n$ 이고 $\mathbf{y} = (1, 1, \cdots, 1)$ 이다.

$$\int_Q e^{-\mathbf{x} \cdot \mathbf{y}}\, \mathrm{d}\mathbf{x} = \left(\frac{e-1}{e}\right)^n$$

임을 증명하여라.

9. R을 2차원 직사각형이라 하고 $\phi : \mathbb{R} \to \mathbb{R}$은 $\phi(x) = x - n - 1/2$ $n \leq x < n+1$, $n = 0, \pm 1, \pm 2, \cdots$ 로 정의된 함수이고 $\psi(x, y) = \phi(x)\phi(y)$ 이다.

(a) $\iint_R \psi\, \mathrm{d}A = 0$ 일 필요충분조건은 적어도 R의 한변은 정수 길이를 갖는다는 것을 증명하여라.

(b) R 은 $R_1, \cdots, R_N$의 직사각형 타일로 붙여졌다고 가정하자. 즉 R_j는 서로 포개져있지 않고 $R = \cup_{j=1}^N R_j$이다. 각각의 R_j가 적어도 한 변이 정수 길이를 가지면 R는 적어도 한 변이 정수 길이를 갖는다.

10. E가 $\mathbb{R}^2$에서 조르단영역이라 하고 $f : E \to [0, \infty)$는 E 위에서 적분가능하다. 영역 $\Omega = \{(x, y, z) : (x, y) \in E, 0 \leq z \leq f(x, y)\}$ 의 부피는

$$\mathrm{Vol}(\Omega) = \iint_E f\, \mathrm{d}A.$$

임을 증명하여라.

11. $R = [a, b] \times [c, d]$는 2차원 직사각형이고 $f : R \to \mathbb{R}$ 는 유계이다.

(a) $X =$ 상적분또는 $X =$ 하적분에 대하여 다음을 증명하여라.

$$\begin{aligned} \underline{\iint_R} f\, \mathrm{d}A &\leq \underline{\int_a^b}\left((X)\int_c^d f(x, y)\, \mathrm{d}y\right) \mathrm{d}x \\ &\leq \overline{\int_a^b}\left((X)\int_c^d f(x, y)\, \mathrm{d}y\right) \mathrm{d}x \\ &\leq \overline{\iint_R} f\, \mathrm{d}A \end{aligned}$$

(b) f가 R 위에서 적분가능하면

$$\begin{aligned}\underline{\iint}_R f\,\mathrm{d}A &= \int_a^b \left(\underline{\int}_c^d f(x,y)\,\mathrm{d}y\right)\mathrm{d}x \\ &= \int_a^b \left(\overline{\int}_c^d f(x,y)\,\mathrm{d}y\right)\mathrm{d}x.\end{aligned}$$

임을 증명하여라.

(c) (b)에서

$$f(x,y) = \begin{cases} 1 & y \in \mathbb{Q}, \\ x & y \notin \mathbb{Q} \end{cases}$$

$R = [0,1] \times [0,1]$ 대하여 반복적분을 계산하여라. f는 R 위에서 적분가능하지 않음을 증명하여라.

(d) $R = [0,1] \times [0,1]$ 와 함수

$$f(x,y) = \frac{x^2 - y^2}{(x^2+y^2)^2}$$

에 대하여 다음 물음에 답하여라.

i. 적분 $\iint_R f(x,y)\,\mathrm{d}A$ 의 존재성을 말하여라.

ii. 반복적분

$$\int_0^1 \int_0^1 f(x,y)\,\mathrm{d}x\,\mathrm{d}y = \int_0^1 \int_0^1 f(x,y)\,\mathrm{d}y\,\mathrm{d}x$$

이 성립하는지를 조사하여라.

iii. 만일 (ii) 가 성립하지 않는다면 그 이유를 말하여라.

(e) **(이상적분에 관한 푸비니 정리)** $a < b$는 확장된 실수이고 $c < d$ 는 유한인 실수이며 $f : (a,b) \times [c,d] \to \mathbb{R}$는 연속이라고 가정하자. 만일

$$F(y) = \int_a^b f(x,y)\,\mathrm{d}x$$

는 $[c,d]$ 위에서 고르게 수렴한다면

$$\int_c^d f(x,y)\,\mathrm{d}y$$

는 (a,b) 위에서 이상적분 가능하고

$$\int_c^d \int_a^b f(x,y)\,\mathrm{d}x\,\mathrm{d}y = \int_a^b \int_c^d f(x,y)\,\mathrm{d}y\,\mathrm{d}x.$$

임을 증명하여라.

12. $f(x,y)$ 는 $R=[a,b]\times[c,d]$ 위에서 정의되고 각 y 에대하여 x 에 관해 단조이고 각 x 에대하여 y 에 관해 단조라 하자.

    (a) f 는 R 위에서 적분가능임을 보여라.

    (b) 만일 f 가 y 에 관해 증가이면

$$(d-c)\int_a^b f(x,c)\,\mathrm{d}x \le \iint_R f\,\mathrm{d}A \le (d-c)\int_a^b f(x,d)\,\mathrm{d}x.$$

13. f 는 $R=[a,b]\times[c,d]$ 위에서 연속이라 하자. $(s,t)\in R$ 에 대하여 $R_{st}=\{(x,y):a\le x\le s,\ c\le y\le t\}$ 라 두자.

$$\frac{\partial^2}{\partial s\partial t}\iint_{R_{st}} f(x,y)\,\mathrm{d}A=f(s,t)$$

임을 보여라.

14. f 는 $a\le x\le b$ 에 관하여 적분가능함수이고 g 는 $c\le y\le d$ 에 관하여 적분가능하다고 하자. 다음을 보여라.

    (a) $f(x)g(y)$ 는 $S:a\le x\le b, c\le y\le d$ 에 관하여 적분가능한 함수이다.

    (b)

$$\frac{1}{2}\iint_S [f(x)g(y)-f(y)g(x)]^2\,\mathrm{d}x\,dy=\left[\int_a^b f^2(x)\,\mathrm{d}x\right]\left[\int_a^b g^2(x)\,\mathrm{d}x\right]-\left[\int_a^b f(x)g(x)\,\mathrm{d}x\right]^2.$$

15. f 와 g 는 $[a,b]$ 에서 적분가능이고 $S=[a,b]\times[a,b]$ 이면

$$\frac{1}{2}\iint_S [f(x)-f(y)][g(x)-g(y)]\,\mathrm{d}x\,\mathrm{d}y=(b-a)\int_a^b f(x)g(x)\,\mathrm{d}x-\left[\int_a^b f(x)\,\mathrm{d}x\right]\left[\int_a^b g(x)\,\mathrm{d}x\right]$$

이고, 만일 f 와 g 가 같은 의미로 단조이면

$$\frac{1}{b-a}\int_a^b f(x)g(x)\,\mathrm{d}x \ge \left[\frac{1}{b-a}\int_a^b f(x)\,\mathrm{d}x\right]\left[\frac{1}{b-a}\int_a^b g(x)\,\mathrm{d}x\right].$$

임을 보여라.

7.4 변수변환

3.3절 연습문제 12 에서 $\phi : [a, b] \to \mathbb{R}$ 가 연속적으로 미분가능하고 $[a, b]$ 위에서 $\phi' \neq 0$이면 $\phi([a, b])$ 위에서 적분가능한 모든 함수 f에 대하여

$$\int_{\phi([a,b])} f(t)dt = \int_{[a,b]} f(\phi(x))|\phi'(x)|\,\mathrm{d}x$$

이다. 이러한 결과를 다변수 함수들로 일반화시켜 보자. 즉 동일한 조건에서

$$\int_{\phi(E)} f(\mathbf{u})\,\mathrm{d}\mathbf{u} = \int_E f(\phi(\mathbf{x}))|\Delta_\phi(\mathbf{x})|\,\mathrm{d}\mathbf{x}, \tag{7.30}$$

이 성립한다. (이것은 앞 절에서 논의했던 것과 아래의 보기 1 에서 ϕ 가 극좌표로 부터 직교좌표로 바뀔 때 Δ_ϕ는 유사하다는 것을 보이는 것이다.)

정의 7.7 *함수 f가 E 위에서 "**국소적**"으로 어떤 성질 P를 만족한다는 것은 주어진 $\mathbf{a} \in E$에 대하여 $\mathbf{a}$를 포함하는 열린 공 B가 존재하여 f가 $B \cap E$ 위에서 성질 P를 만족하는 것이다. 함수 f가 E 위에서 "**대역적**"으로 어떤 성질 P를 만족한다는 것은 E에 있는 모든 점들에 대하여 f가 성질 P를 만족하는 것이다.*

이 절에서는 "국소"에서 변수변환공식(정리 7.16)과 야코비 행렬식이 0 이 아닐 때 "대역" 변수변환공식(정리 7.17)을 얻기 위한 준비과정을 다룬다. 또 부피가 영인 집합위에서 야코비 행렬식이 0이 되는 "대역" 변수변환공식(정리 7.18)에 대하여 다루고자 한다.

첫 번째 준비 결과는 (7.30)식이 두 함수에 대하여 성립하면 두 함수의 합성함수에 대하여도 성립하는 것이다.

보조정리 7.3 *V가 $\mathbb{R}^n$에서 열린집합, $\psi : V \to \mathbb{R}^n$가 V 위에서 연속적으로 미분가능, $\psi(V)$는 열린집합이고 $\sigma : \psi(V) \to \mathbb{R}^n$가 $\psi(V)$ 위에서 연속적으로 미분가능하다고 하자. 더욱이 $E \subset V$이고, E, $\psi(E)$ 및 $\sigma(\psi(E))$가 모두 조르단영역이라고 가정하자. 만일 f가 $\sigma(\psi(E))$ 위에서 적분가능, $f \circ \sigma|\Delta_\sigma|$는 $\psi(E)$ 위에서 적분가능, g는 $\psi(E)$ 위에서 적분가능하고 $g \circ \psi|\Delta_\psi|$는 E 위에서 적분가능한 모든 f, g에 대하여*

$$\int_{\psi(E)} g(\mathbf{u})\,\mathrm{d}\mathbf{u} = \int_E (g \circ \psi)(\mathbf{x})|\Delta_\psi(\mathbf{x})|\,\mathrm{d}\mathbf{x} \tag{7.31}$$

와

$$\int_{\sigma(\psi(E))} f(\mathbf{u})\,\mathrm{d}\mathbf{u} = \int_{\psi(E)} (f \circ \sigma)(\mathbf{x})|\Delta_\sigma(\mathbf{x})|\,\mathrm{d}\mathbf{x} \tag{7.32}$$

이 성립하면 $\phi = \sigma \circ \psi$에 대하여

$$\int_{\phi(E)} f(\mathbf{u})\,\mathrm{d}\mathbf{u} = \int_E f(\phi(\mathbf{x}))|\Delta_\phi(\mathbf{x})|\,\mathrm{d}\mathbf{x}.$$

단, f 가 $\phi(E)$ 위에서 적분가능하고, $f \circ \phi|\Delta_\phi|$는 E 위에서 적분가능하다.

증명 연쇄법칙에 의하면 모든 $\mathbf{x} \in V$에 대하여

$$\Delta_\phi(\mathbf{x}) = \Delta_\sigma(\psi(\mathbf{x}))\Delta_\psi(\mathbf{x}). \tag{7.33}$$

그러므로 (7.32), (7.31), (7.33)에 의하여

$$\begin{aligned}\int_{\phi(E)} f(\mathbf{u})\,\mathrm{d}\mathbf{u} &= \int_{\sigma(\psi(E))} f(\mathbf{u})\,\mathrm{d}\mathbf{u} \\ &= \int_{\psi(E)} (f\circ\sigma)(\mathbf{y})|\Delta_\sigma(\mathbf{y})|\,\mathrm{d}\mathbf{y} \\ &= \int_E (f\circ\sigma\circ\psi)(\mathbf{x})|\Delta_\sigma(\psi(\mathbf{x}))|\,|\Delta_\psi(\mathbf{x})|\,\mathrm{d}\mathbf{x} \\ &= \int_E (f\circ\phi)(\mathbf{x})|\Delta_\phi(\mathbf{x})|\,\mathrm{d}\mathbf{x}\end{aligned}$$

■

(다음으로 ϕ가 충분히 '좋은' 함수이면) 특히 직다면체 R 에 대하여 $f = 1, E = \phi^{-1}(R)$, 그리고 $E = \phi(R)$인 경우 식(7.30)을 보이는 것으로 충분하다. 이는 모든 적분가능한 함수는 거의 연속이고 아주 작은 집합에 대하여는 본질적으로 상수이고, 또한 모든 조르단영역은 $V(E;\mathcal{G})$ 의 합에 의하여 "근사적"인 부피를 갖고 본질적으로 유한개 직다면체들의 합집합이다.

보조정리 7.4 *V가 $\mathbb{R}^n$에서 열린집합, $\phi : V \to \mathbb{R}^n$는 1-1이고 V 위에서 연속적으로 미분가능, $\phi^{-1} : \phi(V) \to \mathbb{R}^n$는 $\phi(V)$ 위에서 연속적으로 미분가능하고, V 위에서 $\Delta_\phi \neq 0$ 라 하자. 만일 모든 n-차원 직다면체 $R \subset \phi(V)$에 대하여*

$$|R| = \int_{\phi^{-1}(R)} |\Delta_\phi(\mathbf{x})|\,\mathrm{d}\mathbf{x} \tag{7.34}$$

이고 모든 n-차원 직다면체 $Q \subset V$에 대하여

$$|Q| = \int_{\phi(Q)} |\Delta_{\phi^{-1}}(\mathbf{x})|\,\mathrm{d}\mathbf{x} \tag{7.35}$$

이면 $\overline{E} \subset V$를 만족하는 모든 조르단영역 E에 대하여

$$\int_{\phi(E)} f(\mathbf{u})\,\mathrm{d}\mathbf{u} = \int_E (f\circ\phi)(\mathbf{x})|\Delta_\phi(\mathbf{x})|\,\mathrm{d}\mathbf{x}.$$

단, f는 $\phi(E)$ 위에서 적분가능하고 $f\circ\phi|\Delta_\phi|$는 E 위에서 적분가능하다.

증명 E는 $\overline{E} \subset V$를 만족하는 조르단영역이라 하고 $f : \phi(E) \to \mathbb{R}$는 $\phi(E)$ 위에서 적분가능이라 하자(정리 7.5 에 의하여 $\phi(E)$는 조르단영역이다). 7.3 절의 보조정리 7.2 의 증명과 같이 $\phi(E)$ 위에서 $f \geq 0$라 가정할 수 있다.

H는 $\phi(E)$를 포함하는 직다면체이고 $\mathcal{G}$는 H 위의 그물선이라 하자. 주어진 $\varepsilon > 0$ 에 대하여 $V(\partial(\phi(E));\mathcal{H}) < \varepsilon$ 인 $\mathcal{G}$보다 더 세분된 그물선 $\mathcal{H} = \{R_1, R_2, \cdots, R_p\}$를 선택하자. $\mathcal{I}_1 = \{j : R_j \subseteq \phi(E)\}, \mathcal{I}_2 = \{j \notin \mathcal{I}_1 : R_j \cap \phi(E) \neq \emptyset\}$ 라 놓자. 각각의 $j \in \mathcal{I}_1 \cup \mathcal{I}_2$, $M = \sup\{m_1, m_2, \cdots, m_p\}$에 대하여

$$m_j = \inf_{\mathbf{u}\in R_j\cap\phi(E)} f(\mathbf{u}) = \inf_{\mathbf{x}\in\phi^{-1}(R_j)\cap E} f(\phi(\mathbf{x}))$$

라 놓자. $\{\phi^{-1}(R_j)\}_{j\in\mathcal{I}_1}$는 포개지지 않은 조르단영역들의 모임임을 주목하자(7.1 절 연습문제 7). 그리고

$$\Omega := \bigcup_{j\in\mathcal{I}_1} \phi^{-1}(R_j) \subseteq E.$$

등식 (7.34), 정리 7.10, 정리 7.8 으로부터

$$\begin{aligned}
L(f,\mathcal{G}) &\leq L(f,\mathcal{H}) = \sum_{j\in\mathcal{I}_1} m_j|R_j| + \sum_{j\in\mathcal{I}_2} m_j|R_j| \\
&\leq \sum_{j\in\mathcal{I}_1} m_j|R_j| + MV(\partial(\phi(E));\mathcal{H}) \\
&< \sum_{j\in\mathcal{I}_1} m_j|R_j| + M\varepsilon \\
&= \sum_{j\in\mathcal{I}_1} m_j \int_{\phi^{-1}(R_j)} |\Delta_\phi(\mathbf{x})|\,\mathrm{d}\mathbf{x} + M\varepsilon \\
&\leq \sum_{j\in\mathcal{I}_1} \int_{\phi^{-1}(R_j)} f(\phi(\mathbf{x}))|\Delta_\phi(\mathbf{x})|\,\mathrm{d}\mathbf{x} + M\varepsilon \\
&= \int_\Omega f(\phi(\mathbf{x}))|\Delta_\phi(\mathbf{x})|\,\mathrm{d}\mathbf{x} + M\varepsilon \\
&\leq \int_E f(\phi(\mathbf{x}))|\Delta_\phi(\mathbf{x})|\,\mathrm{d}\mathbf{x} + M\varepsilon
\end{aligned}$$

(마지막 단계는 단지 $f \geq 0$만 사용되었다). 모든 그물선 $\mathcal{G}$ 에 대하여 위 부등식에 상한을 취하고, $\varepsilon \to 0$인 극한을 취하면

$$\int_{\phi(E)} f(\mathbf{u})\,d\mathbf{u} \leq \int_E f(\phi(\mathbf{x}))|\Delta_\phi(\mathbf{x})|\,d\mathbf{x}. \tag{7.36}$$

반대 부등식을 얻기 위하여 정리 6.18 에 의하여 $\phi(V)$는 열린집합인 것에 주목하자. 또한 연쇄법칙에 의하여 V에서 $\Delta_\phi \neq 0$ 이므로 $\phi(V)$에서 $\Delta_{\phi^{-1}} \neq 0$ 이다. 그러므로 (7.36)에 ϕ 대신에 ϕ^{-1}를 f 대신에 $f \circ \phi|\Delta_\phi|$를 적용하고 $\phi(E)$ 대신에 $E = \phi^{-1}(\phi(E))$를 적용할 수 있다.

$$\int_E f(\phi(\mathbf{x}))|\Delta_\phi(\mathbf{x})|\,d\mathbf{x} \leq \int_{\phi(E)} f(\phi(\phi^{-1}(\mathbf{u})))|\Delta_\phi(\phi^{-1}(\mathbf{u}))||\Delta_{\phi^{-1}}(\mathbf{u})|\,d\mathbf{u}. \tag{7.37}$$

그러나 $\phi(V)$ 위에서 $\phi \circ \phi^{-1} = I$이고 또한 연쇄법칙에 의하면 모든 $\mathbf{u} \in \phi(V) \supset \phi(E)$ 에 대하여

$$|\Delta_\phi(\phi^{-1}(\mathbf{u}))|\,|\Delta_{\phi^{-1}}(\mathbf{u})| = |\Delta_I(\mathbf{u})| = 1.$$

(7.37)로부터

$$\int_E f(\phi(\mathbf{x}))|\Delta_\phi(\mathbf{x})|\,d\mathbf{x} \leq \int_{\phi(E)} f(\mathbf{u})\,d\mathbf{u}.$$

이고 (7.36)에 의하여 등식이 성립한다. ■

다음은 우리가 원하는 국소 변수변환공식이다.

정리 7.16 *V는 $\mathbb{R}^n$에서 열린집합, $\mathbf{a} \in V$, $\phi : V \to \mathbb{R}^n$은 1-1 이고 V에서 연속적으로 미분가능하다고 하자. 만일 $\Delta_\phi(\mathbf{a}) \neq 0$이면 $\mathbf{a}$를 포함하는 열린 직사각형 $W \subset V$ 가 존재하여 $\overline{E} \subset W$를 만족하는 모든 조르단영역 E에 대하여*

$$\int_{\phi(E)} f(\mathbf{u})\,d\mathbf{u} = \int_E f(\phi(\mathbf{x}))|\Delta_\phi(\mathbf{x})|\,d\mathbf{x}.$$

여기서 f는 $\phi(E)$ 위에서 적분가능하고 $f \circ \phi|\Delta_\phi|$는 E 위에서 적분가능하다.

증명 $\mathbb{R}^{n-1}, n > 1$에 대하여 성립한다고 가정하자. $\phi : V \to \mathbb{R}^n$는 $\Delta_\phi(\mathbf{a}) \neq 0$ 를 만족한다고 하자. 이 행렬식을 첫 번째 열을 따라서 전개하면 어떤 i에 대하여 $\mathbf{a}$에서 $\partial\phi_i/\partial x_1 \cdot \Delta_i$ 는 영이 아니다. 여기서 Δ_i는 $D\phi(\mathbf{a})$에서 $\partial\phi_i/\partial x_1$의 여인자를 나타낸다. ϕ_i와 ϕ_1을 바꾸고 각각의 $\mathbf{x} = (x_1, x_2, \cdots, x_n) \in V$에 대하여

$$\psi(\mathbf{x}) = (x_1, \phi_2(\mathbf{x}), \cdots, \phi_n(\mathbf{x})),$$

$$\sigma(\mathbf{x}) = (\phi_1(\psi^{-1}(\mathbf{x})), x_2, \cdots, x_n)$$

라 놓자. 그러면 $\phi = \psi \circ \sigma$이고 $\mathbf{a}$에서 $(\phi_1)_{x_1} \cdot \Delta_\psi = \partial\phi_1/\partial x_1 \cdot \Delta_1$는 영이 아니므로 $\Delta_\psi(\mathbf{a}) \neq 0$ 이다. 보조정리 7.3 에 의하여 $\mathbf{a} \in W \subset V$인 열린집합 W가 존재하여 (7.31), (7.32)가 둘 다 V 대신에 W를 넣어도 성립하는 것을 보이는 것으로 충분하다. 그러므로 보조정리 7.4 에 의하여 $\mathbf{a}$를 포함하는 열린집합 $W \subset V$가 존재하여 ϕ 대신 ψ(각각, σ), 모든 직다면체 $R \subset \psi(W)$(각각 $R \subset \sigma(W)$)와 $Q \subset W$ 에 대하여 (7.34), (7.35)가 성립하는 것을 보이는 것으로 충분하다. 그 논증은 비슷하고 (7.35)는 (7.34) 보다 증명하기가 더 간단하다. 그러므로 (7.34) 에 대해서만 증명한다.

$\Delta_\psi(\mathbf{a}) \neq 0$이므로 정리 6.19(역함수정리)를 이용하여 $\mathbf{a}$를 포함하는 열린집합 $W \subset V$를 선택하여 $\mathbf{x} \in W$에 대하여 $\Delta_\psi(\mathbf{x}) \neq 0$, ψ^{-1}는 $\psi(W)$ 위에서 연속적으로 미분가능하고 $\psi(W)$ 위에서 $\Delta_{\psi^{-1}} \neq 0$ 이 성립하게 할 수 있다. 필요하면 W를 작게 만들어 W가 열린 직다면체, 즉 열린구간 I_j, $j = 1, \cdots, n$ 이 존재하여 $W = I_1 \times \cdots \times I_n$ 이라 가정하여도 무방하다. $x_1 \in I_1$을 고정하고 $W_0 = I_2 \times \cdots \times I_n$ 라 놓고 $(x_1, \mathbf{y}) \in W$를 만족하는 각각의 $\mathbf{y} = (x_2, \cdots, x_n)$에 대하여

$$\phi_0(\mathbf{y}) = (\phi_2(x_1, \mathbf{y}), \cdots, \phi_n(x_1, \mathbf{y})).$$

라 놓자. 분명히 $\phi_0 : W_0 \to \mathbb{R}^{n-1}$는 $\psi(x_1, \mathbf{y}) = (x_1, \phi_0(\mathbf{y}))$를 만족한다. 또한 ϕ_0는 연속적으로 미분가능하고 연쇄법칙에 의하여 W_0 위에서 $\Delta_{\phi_0} = \Delta_\psi \neq 0$이다. 귀납법 가정에 의하여 모든 $(n-1)$-차원 직다면체 $R_0 \subset \phi_0(W_0)$에 대하여

$$|R_0| = \int_{\phi_0{}^{-1}(R_0)} |\Delta_{\phi_0}(\mathbf{x})| \, d\mathbf{x} \tag{7.38}$$

이고, 모든 $(n-1)$-차원 직다면체 $Q_0 \subset W_0$에 대하여

$$|Q_0| = \int_{\phi_0(Q_0)} |\Delta_{\phi_0{}^{-1}}(\mathbf{x})| \, d\mathbf{x}.$$

R 은 $R \subset \psi(W)$인 n-차원 직다면체이라고 가정하자. 그러면 $R = [a, b] \times R_0$. 여기서, R_0 는 $\phi_0(W_0)$ 안에 포함되는 $(n-1)$-차원직다면체이며 모든 $x_1 \in [a, b]$에 대하여

$$\psi^{-1}(\{x_1\} \times R_0) = \{x_1\} \times \phi_0{}^{-1}(R_0).$$

(7.38)과 정리 7.15 에 의하여

$$|R| = (b-a)|R_0| = \int_{\phi_0{}^{-1}(R_0)} \int_a^b |\Delta_{\phi_0}(\mathbf{y})| \, dx_1 \, d\mathbf{y} = \int_{\psi^{-1}(R)} |\Delta_\psi(\mathbf{x})| \, d\mathbf{x}.$$

즉, 모든 n-차원 직다면체 $R \subset \psi(W)$에 대하여 $|R| = \int_{\psi^{-1}(R)} |\Delta_\psi(\mathbf{x})|\,\mathrm{d}\mathbf{x}$ 이다. 즉, (7.34)는 ϕ 대신에 ψ를 넣어도 성립한다. 비슷한 논증으로 (7.34)는 ϕ 대신에 σ에 대하여도 성립한다. ■

국소 변수변환공식으로부터 다음 대역결과를 유도한다.

정리 7.17 *V는 $\mathbb{R}^n$ 에서 열린집합, $\phi : V \to \mathbb{R}^n$는 1-1 이고 V 위에서 연속적으로 미분가능하다고 하자. 만일 E 위에서 $\Delta_\phi \neq 0$이고 E는 $\overline{E} \subset V$를 만족하는 조르단영역이면*

$$\int_{\phi(E)} f(\mathbf{u})\,\mathrm{d}\mathbf{u} = \int_E f(\phi(\mathbf{x}))|\Delta_\phi(\mathbf{x})|\,\mathrm{d}\mathbf{x}.$$

여기서 f는 $\phi(E)$에서 적분가능하고, $f \circ \phi|\Delta_\phi|$ 는 E에서 적분가능하다.

증명 $f : \phi(E) \to \mathbb{R}$, $H = \overline{E}$ 라 하고 f는 $\phi(E)$ 위에서 적분가능하고 $(f \circ \phi)|\Delta_\phi|$는 E 위에서 적분가능하다고 가정하자. 정리 7.16 에 의하여 주어진 $\mathbf{a} \in H$ 에 대하여 $\mathbf{a} \in V_\mathbf{a} \subset V$ 인 열린 직다면체 $V_\mathbf{a}$가 존재하고 $\overline{E_i} \subset V_\mathbf{a}$를 만족하는 모든 조르단영역 E_i에 대하여

$$\int_{\phi(E_i)} f(\mathbf{u})\,\mathrm{d}\mathbf{u} = \int_{E_i} f(\phi(\mathbf{x}))|\Delta_\phi(\mathbf{x})|\,\mathrm{d}\mathbf{x}. \tag{7.39}$$

$W_\mathbf{a}$를 $\mathbf{a} \in W_\mathbf{a} \subset \overline{W_\mathbf{a}} \subset V_\mathbf{a}$인 열린 직다면체이라고 하자. H가 컴팩트이고

$$H \subset \bigcup_{\mathbf{a} \in H} W_\mathbf{a}$$

이므로 $W_j := W_{\mathbf{a}_j}$ 인 열린 직다면체을 선택하여

$$H \subset \bigcup_{j=1}^{k} W_j.$$

R을 H를 포함하는 큰 직다면체이라 하고, $\mathcal{G} = \{R_i : i = 1, \cdots, N\}$를 R 위에서 H 와 만나는 $\mathcal{G}$의 각 직다면체이 어떤 $\overline{W_j}$ 의 부분집합이 되는 세분된 그물선라 하자(이것은 W_j가 유한개이므로 가능하다). $E_i = R_i \cap E$ 라 하자. 그러면 어떤 $j \in \{1, \cdots, k\}$에 대하여 $\overline{E_i} \subseteq R_i \cap H \subseteq \overline{W_j} \subset V_{\mathbf{a}_j}$. 즉, (7.39)가 성립한다. 더욱이 $\{E_i : i = 1, \cdots, N\}$는 합집합이 E가 되는 포개지지 않는 모임이므로, 정리 1.4 과 7.1 절의 연습문제 7에 의하여 $\{\phi(E_i) : i = 1, \cdots, N\}$는 합집합이 $\phi(E)$가 되는 포개지지 않는 모임이다. 따라서 정리7.8 과 (7.39)에 의

하여

$$\begin{aligned}\int_{\phi(E)} f(\mathbf{u})\,\mathrm{d}\mathbf{u} &= \sum_{i=1}^{N}\int_{\phi(E_i)} f(\mathbf{u})\,\mathrm{d}\mathbf{u} \\ &= \sum_{i=1}^{N}\int_{E_i} f(\phi(\mathbf{x}))|\Delta_\phi(\mathbf{x})|\,\mathrm{d}\mathbf{x} \\ &= \int_E f(\phi(\mathbf{x}))|\Delta_\phi(\mathbf{x})|\,\mathrm{d}\mathbf{x}.\end{aligned}$$

■

비록 이러한 변수변환공식은 대역적이기는 하지만, 일반적으로 충분하지는 못하다. "V의 **모든 점에서** Δ_ϕ **가 영이 아니다**" 는 조건은 너무 제한적이다. 예를 들어, $(-1,1)$ 위에서 $\phi(x) = x^3$ 와 같은 단순한 변수변환도 적용되지 못한다. 부피가 영인 집합에서 야코비 행렬식이 영일 때는 다음 정리를 적용한다.

정리 7.18 *W는 $\mathbb{R}^n$에서 열린집합, $\phi : W \to \mathbb{R}^n$는 연속적으로 미분가능한 함수이며 E는 $\overline{E} \subset W$인 조르단영역이고 $\phi(E)$는 조르단영역이라고 가정하자. 만일 닫힌집합 Z가 존재하여 $E \cap Z$는 부피가 0이고 ϕ는 1-1 이고 모든 $\mathbf{x} \in E^0 \backslash Z$에 대하여 $\Delta_\phi(\mathbf{x}) \neq 0$이면*

$$\int_{\phi(E)} f(\mathbf{u})\,\mathrm{d}\mathbf{u} = \int_E f(\phi(\mathbf{x}))|\Delta_\phi(\mathbf{x})|\,\mathrm{d}\mathbf{x}. \tag{7.40}$$

여기서, f는 $\phi(E)$ 위에서 적분가능하고 $f \circ \phi|\Delta_\phi|$ 는 E 위에서 적분가능하다.

정리 7.18 의 증명은 다음 절로 넘긴다. 당분간 보기와 연습문제에 이러한 결과를 이용하겠다. 비록 여섯 개 이상의 가정을 검토하는데 복잡해 보이지만, 실제로 대부분의 가정들은 간단히 검토된다. 그 중에서 ϕ가 1-1 이고 Δ_ϕ가 Z의 밖에서 0이 아니고 $E \cap Z$는 부피가 0인 가정들은 항상 주의하여라.

보기 1 *R이 점 $(-1,3)$, $(1,-3)$, $(3,-1)$, $(1,5)$을 꼭짓점으로 갖는 평행사변형이고 $x = (u+v)/4$, $y = (v-3u)/4$일 때*

$$\iint_R (4x+8y)\,\mathrm{d}A$$

를 구하여라.

풀이 $x = (u+v)/4$이고 $y = (v-3u)/4$이므로 $u = x - y$, $v = 3x + y$이다. 각각의 고정된 $u, v \in \mathbb{R}^n$에 대하여 x, y는 유일한 해를 갖는다. 그러므로 변수변환 $\phi(x,y) =$

$(x-y, 3x+y)$는 $1-1$이고 야코비 행렬식

$$\Delta_\phi(x,y) = \frac{\partial(u,v)}{\partial(x,y)} = \det\begin{bmatrix} 1 & -1 \\ 3 & 1 \end{bmatrix} = 4.$$

ϕ하에서 R의 상을 구하자. $x-y=-4$이면 $u=-4$, $x-y=4$이면 $u=4$, $3x+y=0$이면 $v=0$ 그리고 $3x+y=8$이면 $v=8$이다. 그러므로 $\phi(R)=[-4,4]\times[0,8]$이고, 따라서 정리 7.17에 의하여

$$\begin{aligned}\iint_R (4x+8y)\,\mathrm{d}A &= \frac{1}{4}\iint_R (4x+8y)\Delta_{\phi(x,y)}\,\mathrm{d}(x,y)\\ &= \frac{1}{4}\int_0^8\int_{-4}^4 (-5u+3v)\,\mathrm{d}u\,\mathrm{d}v\\ &= 192.\end{aligned}$$

보기 2 *$f(x,y)=e^{(y-x)/(y+x)}$라고 하자.*

(a) $u=y-x$, $v=y+x$라고 하자. ϕ가 uv-평면에서 xy-평면으로 가는 변환이라면, ϕ의 야코비 행렬식을 구하여라.

(b) E가 $(1,1)$, $(2,2)$, $(2,0)$, $(4,0)$을 꼭짓점으로 갖는 사다리꼴일 때

$$\iint_E f(x,y)\,\mathrm{d}A.$$

구하여라.

풀이 $u=y-x$고 $v=y+x$이므로 각각의 고정된 u, $v\in\mathbb{R}^N$에 대하여 x, y는 유일한 해를 갖는다. 그러므로, 변수변환 $\phi(x,y)=(y-x, y+x)$는 $1-1$이고 야코비 행렬식

$$\Delta_\phi(x,y) = \frac{\partial(u,v)}{\partial(x,y)} = \det\begin{bmatrix} -1 & 1 \\ 1 & 1 \end{bmatrix} = -2.$$

문제 (a)에서 주어진 ϕ하에서 E의 상을 구하자. $y=0$이면 $u+v=0$, $x+y=4$이면 $v=4$, $y-x=0$이면 $v=2$이다. 그러므로 $\phi(E)=\{(u,v): 2\le v\le 4,\ -v\le u\le 0\}$이고,

따라서 정리 7.17에 의하여

$$\begin{aligned}\iint_E f(x,y)\,\mathrm{d}A &= \frac{1}{2}\iint_E e^{(y-x)/(y+x)}|\Delta_\phi(x,y)|\,\mathrm{d}(x,y)\\ &= \frac{1}{2}\int_2^4\int_{-v}^0 e^{\frac{u}{v}}\,\mathrm{d}u\,\mathrm{d}v\\ &= 3(1-e^{-1}).\end{aligned}$$

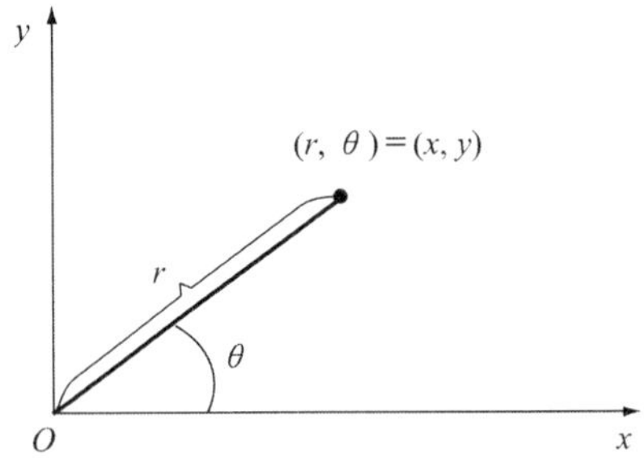

그림 7.15

정리 7.18 의 첫 번째 적용은 $\mathbb{R}^2$에서 이미 친숙한 극좌표변환이다.

$$x = r\cos\theta, \qquad y = r\sin\theta.$$

여기서, $r = \|(x,y)\|$이고 θ는 x-축 양의 방향으로부터 $L((0,0);(x,y))$까지 시계반대방향의 각의 크기이다(그림 7.15). $\phi(r,\theta) = (r\cos\theta, r\sin\theta)$라 놓자. ϕ는 1-1이 아니지만 (예를 들어 $\phi(0,\theta) = (0,0)$, $\theta \in \mathbb{R}$), $\Omega := \{(r,\theta) : r > 0, 0 \le \theta < 2\pi\}$ 로부터 $\mathbb{R}^2\backslash\{(0,0)\}$ 위로 가는 ϕ에 대하여 1-1이다. 더욱이

$$\Delta_\phi = \det\begin{bmatrix}\cos\theta & \sin\theta\\ -r\sin\theta & r\cos\theta\end{bmatrix} = r(\cos^2\theta + \sin^2\theta) = r$$

는 Ω 위에서 0이 아니다. 그러므로 ϕ는 1-1이고 야코비 행렬식이 $Z := \{(r.\theta) : r = 0\}$ 밖에서는 0이 아니다. $Z \cap E$은 그 넓이가 영인 집합이므로 정리 7.18 에 의하면 어떠한 조르단영역 E에 대하여 (7.40)을 만족한다. 단 $\phi(E)$는 조르단영역이고 f는 $\phi(E)$ 위에서 적분가능하고 $f \circ \phi|\Delta_\phi|$는 E 위에서 적분가능하다. 이러한 변수변환공식을 간략히 $dx\,\mathrm{d}y = r\,\mathrm{d}r\,\mathrm{d}\theta$로 나타낸다.

다음 두 보기는 극좌표가 직교좌표를 이용할 때 쉽게 적분되지 않는 것을 계산하는 데 이용되는 것을 보여 주고 있다.

보기 3 *앞 절의 보기 9에서 적분식*

$$\int_{-2}^{2}\int_{-\sqrt{4-x^2}}^{\sqrt{4-x^2}}(4-x^2-z^2)\sqrt{x^2+z^2}\,\mathrm{d}z\,\mathrm{d}x$$

에 대하여 xz-평면에서의 극좌표로 바꾸면

$$x = r\cos\theta,\ z = r\sin\theta.$$

따라서

$$\begin{aligned}\iiint_E \sqrt{x^2+z^2}\,\mathrm{d}V &= \int_0^{2\pi}\int_0^2 (4-r^2)r\cdot r\,\mathrm{d}r\,\mathrm{d}\theta \\ &= \int_0^{2\pi}\mathrm{d}\theta\int_0^2 4r^2-r^4\,\mathrm{d}r \\ &= \frac{128}{15}\pi.\end{aligned}$$

보기 4 *포물면 $z=x^2+y^2$ 아래에 있고, xy 평면위, 원주면 $x^2+y^2=2x$의 안쪽에 놓인 입체의 부피를 구하여라.*

풀이 입체는 경계가 $x^2+y^2=2x$ 또는 $(x-1)^2+y^2=1$인 원판 E 위에 놓여있다(그림 7.16과 그림 7.17 참조). 극좌표를 이용하면 경계는 $r^2=2r\cos\theta$ 또는 $r=2\cos\theta$이다.

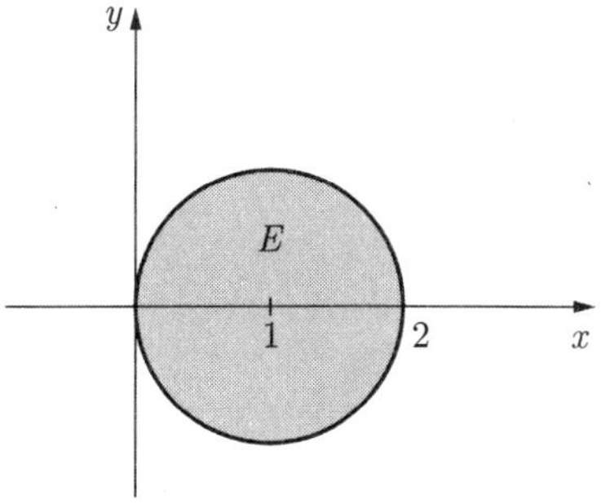

그림 7.16

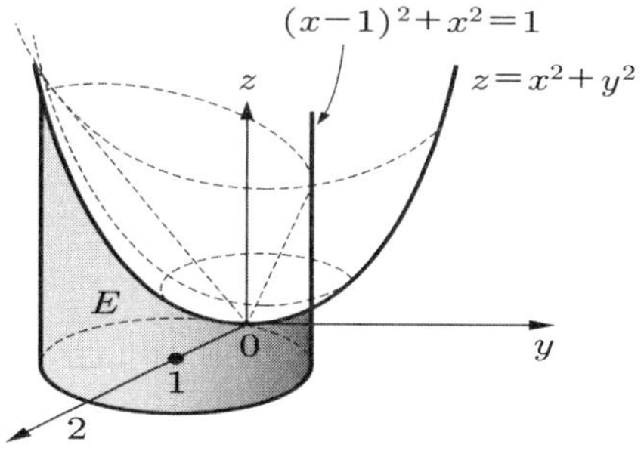

그림 7.17

따라서 원판 E는

$$D = \{(r,\theta) : -\pi/2 \le \theta \le \pi/2,\ 0 \le r \le 2\cos\theta\}$$

이고, 공식 (7.40)에 의하여 주어진 입체의 부피는

$$\begin{aligned} V &= \iint_E (x^2+y^2)\,\mathrm{d}A = \int_{-\pi/2}^{\pi/2}\int_0^{2\cos\theta} r^2 r\,\mathrm{d}r\,\mathrm{d}\theta \\ &= 4\int_{-\pi/2}^{\pi/2} \cos^4\theta\,\mathrm{d}\theta \\ &= 2\int_0^{\pi/2} \left[1+2\cos 2\theta+\tfrac{1}{2}(1+\cos 4\theta)\right]\mathrm{d}\theta \\ &= \frac{3\pi}{2}. \end{aligned}$$

$\mathbb{R}^3$에서의 원통좌표는

$$x = r\cos\theta, \qquad y = r\sin\theta, \qquad z = z.$$

여기서, $r = \|(x,y,z)\|$ 이고, θ 는 x-축 양의 방향으로부터 선분 $L((0,0,0);(x,y,0))$까지 시계반대방향의 각의 크기이다. $\Omega = \{(r,\theta,z) : r > 0,\ 0 \le \theta < 2\pi,\ z \in \mathbb{R}\}$에서의 이러한 변수변환은 1-1 이고 야코비 행렬식 r 은 $Z = \{(r,\theta,z) \ : \ r = 0\}$ 밖에서 0이 아니다. 정리 7.18에 의하여 어떠한 조르단영역 E에 대하여 (7.40)을 만족한다. 단 $\phi(E)$는 조르단영역이고 f는 $\phi(E)$ 위에서 적분가능하고 $f\circ\phi|\Delta_\phi|$는 E 위에서 적분가능하다. 이 변수변환공식을 간단히 $\mathrm{d}x\,\mathrm{d}y\,\mathrm{d}z = r\,\mathrm{d}z\,\mathrm{d}r\,\mathrm{d}\theta$ 로 나타낸다.

보기 5 *제 1 팔분공간에서 원기둥 $x^2+y^2=4$의 안쪽, 포물면 $z = 9-(x^2+y^2)$의 안쪽, xy-평면 위로 둘러싸인 입체영역의 부피를 구하여라.*

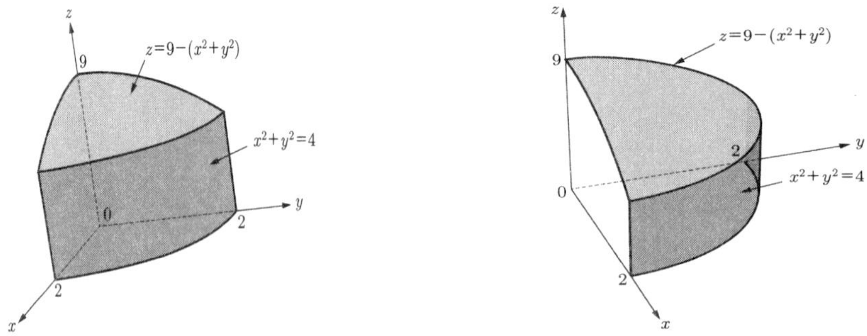

그림 7.18

풀이 원통좌표에서 원기둥은 $r = 2$이고 포물면은 $z = 9 - r^2$이므로

$$E = \{(r, \theta, z) : 0 \leq \theta \leq \pi/2,\ 0 \leq r \leq 2,\ 0 \leq z \leq 9 - r^2\}$$

(그림 7.18). 따라서 공식 (7.40)에 의하여

$$\begin{aligned} V &= \int_0^{\pi/2} \int_0^2 \int_0^{9-r^2} r \,\mathrm{d}z \,\mathrm{d}r \,\mathrm{d}\theta \\ &= \int_0^{\pi/2} \int_0^2 r(9 - r^2) \,\mathrm{d}r \,\mathrm{d}\theta \\ &= 7\pi. \end{aligned}$$

보기 6 *E가 제1팔분공간에서 포물면 $z = 1 - x^2 - y^2$ 아래에 놓인 입체일 때*

$$\iiint_E (x^3 + xy^2) \,\mathrm{d}V$$

를 구하여라.

풀이 주어진 영역은 원통좌표를 이용하면

$$E = \{(r, \theta, z) : 0 \leq \theta \leq \pi/2,\ 0 \leq r \leq 1,\ 0 \leq z \leq 1 - r^2\}$$

(그림 7.19). 따라서 공식 (7.40)에 의하여

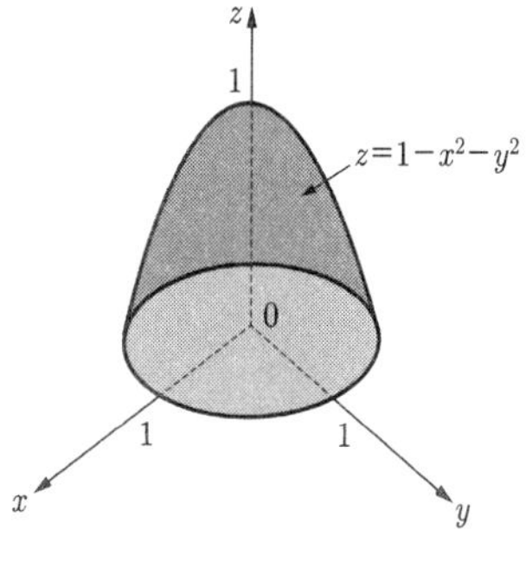

그림 7.19

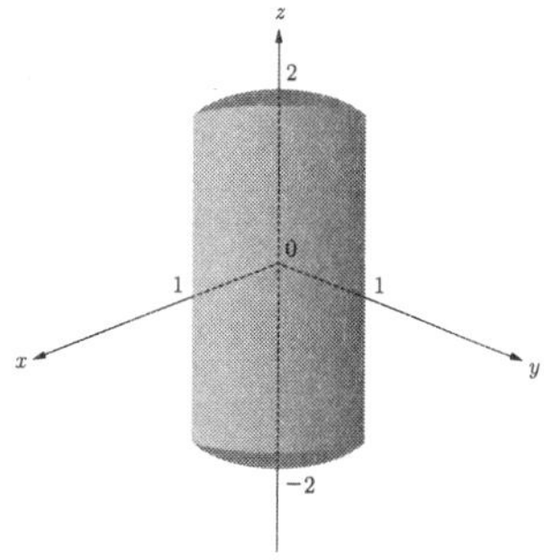

그림 7.20

$$\begin{aligned}\iiint_E (x^3+xy^2)\,\mathrm{d}V &= \int_0^{\pi/2}\int_0^1\int_0^{1-r^2} (r^3\cos^3\theta + r^3\cos\theta\sin^2\theta)r\,\mathrm{d}z\,\mathrm{d}r\,\mathrm{d}\theta \\ &= \int_0^{\pi/2}\int_0^1\int_0^{1-r^2} r^4\cos\theta\,\mathrm{d}z\,\mathrm{d}r\,\mathrm{d}\theta \\ &= \int_0^{\pi/2}\int_0^1 r^4(1-r^2)\cos\theta\,\mathrm{d}r\,\mathrm{d}\theta \\ &= \frac{\pi}{35}.\end{aligned}$$

보기 7 *원기둥 $x^2+y^2=1$과 구 $x^2+y^2+z^2=4$ 안에 놓인 입체의 부피를 구하여라.*

풀이 원통좌표에서 원기둥은 $r=1$이고 원은 $z^2=4-r^2$이므로

$$E=\{(r,\theta,z): 0\le\theta\le 2\pi,\ 0\le r\le 1,\ -\sqrt{4-r^2}\le z\le\sqrt{4-r^2}\}$$

(그림 7.20). 그러므로 공식 (7.40)에 의하여

$$\begin{aligned}V &= \iiint_E \mathrm{d}V \\ &= \int_0^{2\pi}\int_0^1\int_{-\sqrt{4-r^2}}^{\sqrt{4-r^2}} r\,\mathrm{d}z\,\mathrm{d}r\,\mathrm{d}\theta \\ &= \int_0^{2\pi}\int_0^1 2r\sqrt{4-r^2}\,\mathrm{d}r\,\mathrm{d}\theta \\ &= \frac{4}{3}\pi(8-3\sqrt{3}).\end{aligned}$$

보기 8 *다음 적분을 원통좌표로 바꾸어 계산하여라.*

$$\int_{-3}^{3}\int_0^{\sqrt{9-x^2}}\int_0^{9-x^2-y^2}\sqrt{x^2+y^2}\,\mathrm{d}z\,\mathrm{d}y\,\mathrm{d}x$$

풀이 이 반복적분은 입체영역

$$E=\{(x,y,z): -3\le x\le 3,\ 0\le y\le\sqrt{9-x^2},\ 0\le z\le 9-x^2-y^2\}$$

위에서의 삼중적분이고 xy-평면위로 E의 사영은 $y\le\sqrt{9-x^2}$인 반원판이다. 이 영역은 원통좌표로 표현하면 더 간단하다.

$$E=\{(r,\theta,z): 0\le\theta\le\pi,\ 0\le r\le 3,\ 0\le z\le 9-r^2\}.$$

그러므로

$$\begin{aligned}\int_{-3}^{3}\int_{0}^{\sqrt{9-x^2}}\int_{0}^{9-x^2-y^2}\sqrt{x^2+y^2}\,\mathrm{d}z\,\mathrm{d}y\,\mathrm{d}x &= \int_0^{\pi}\int_0^3\int_0^{9-r^2} r\cdot r\,\mathrm{d}z\,\mathrm{d}r\,\mathrm{d}\theta \\ &= \int_0^{\pi}\int_0^3 r^2(9-r^2)\,\mathrm{d}r\,\mathrm{d}\theta \\ &= \frac{162}{5}\pi.\end{aligned}$$

$\mathbb{R}^3$에서 구면좌표는

$$x=\rho\sin\varphi\cos\theta,\quad y=\rho\sin\varphi\sin\theta,\quad z=\rho\cos\varphi.$$

여기서, $\rho=\|(x,y,z)\|$ 이고, θ는 x-축 양의 방향으로부터 선분 $L((0,0,0);(x,y,0))$ 까지 시계반대방향의 각의 크기이다. 그리고 ϕ는 z-축 양의 방향으로부터 벡터 (x,y,z) 까지 각의 크기이다(그림 7.21). $\{(\rho,\varphi,\theta):\rho>0, 0<\varphi<\pi, 0\le\theta<2\pi\}$에서의 이러한 변수변환은 1-1이고 야코비 행렬식 $\rho^2\sin\varphi$은(연습문제 1) $Z:=\{(\rho,\varphi,\theta):\varphi=0,\pi,\rho=0\}$ 밖에서 0이 아니다. 변수변환공식을 간단히 $\mathrm{d}x\,\mathrm{d}y\mathrm{d}z=\rho^2\sin\varphi\,\mathrm{d}\rho\,\mathrm{d}\varphi\,\mathrm{d}\theta$ 로 나타낸다.

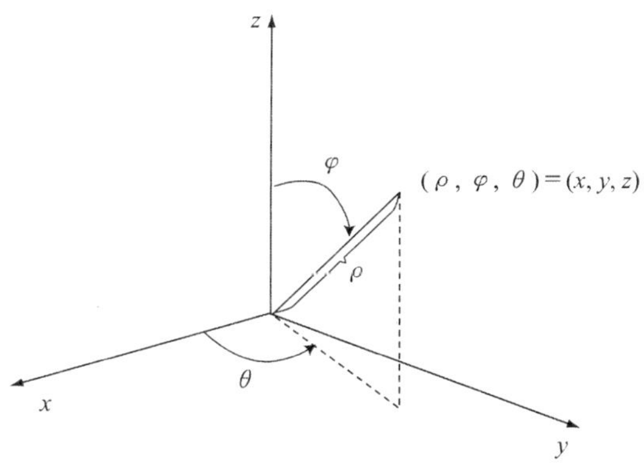

그림 7.21

보기 9 *제1팔분공간에서 E가 구 $x^2+y^2+z^2=9$에 둘러싸인 영역일 때*

$$\iiint_E e^{\sqrt{x^2+y^2+z^2}}\,\mathrm{d}V$$

를 구하여라.

풀이 구면좌표를 이용하면

$$E = \{(\rho, \varphi, \theta) : 0 \le \rho \le 3,\ 0 \le \varphi \le \pi/2,\ 0 \le \theta \le \pi/2\}.$$

그러므로

$$\begin{aligned}\iiint_E e^{\sqrt{x^2+y^2+z^2}}\,dV &= \int_0^{\pi/2}\int_0^{\pi/2}\int_0^3 e^{\rho}\rho^2\sin\varphi\,d\rho\,d\varphi\,d\theta\\ &= \int_0^{\pi/2} d\theta \int_0^{\pi/2}\sin\varphi\,d\varphi\int_0^3 \rho^2 e^{\rho}\,d\rho\\ &= \frac{\pi}{2}(5e^3-2).\end{aligned}$$

보기 10 *구 $x^2+y^2+z^2=4$의 안쪽, xy-평면 위, 뿔 $z=\sqrt{x^2+y^2}$ 아래로 둘러싸인 입체의 부피를 구하여라.*

풀이 구면좌표에서 주어진 구 $x^2+y^2+z^2=4$는 $\rho=2$이고 뿔 $z=\sqrt{x^2+y^2}$은

$$\rho\cos\varphi = \sqrt{\rho^2\sin^2\varphi\cos^2\theta + \rho^2\sin^2\varphi\sin^2\theta} \quad \text{또는} \quad \varphi = \pi/4$$

로 나타낼 수 있다(그림 7.22). 그러므로 주어진 입체를 구면좌표계를 이용하여 나타내면

$$\{(\rho, \varphi, \theta) : 0 \le \rho \le 2,\ \pi/4 \le \varphi \le \pi/2,\ 0 \le \theta \le 2\pi\}$$

이고

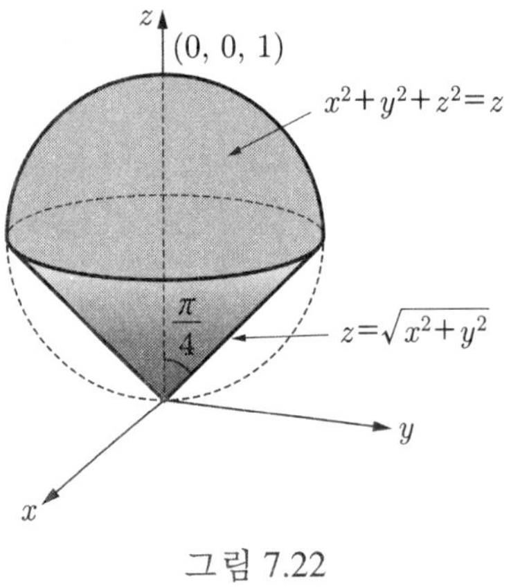

그림 7.22

$$
\begin{aligned}
V &= \int_0^{2\pi}\int_{\pi/4}^{\pi/2}\int_0^2 \rho^2 \sin\varphi \,\mathrm{d}\rho\,\mathrm{d}\varphi\,\mathrm{d}\theta \\
&= \int_0^2 \rho^2 \,\mathrm{d}\rho \int_{\pi/4}^{\pi/2} \sin\varphi\,\mathrm{d}\varphi \int_0^{2\pi} \mathrm{d}\theta \\
&= \frac{8\sqrt{2}}{3}\pi.
\end{aligned}
$$

연습문제 (7.4)

1. (a) 구면좌표에서 직교좌표로의 변수변환의 야코비 행렬식을 계산하여라.

   (b) Vol 은 평행이동과 회전이동에 대하여 변하지 않는다는 가정아래 (7.1절 연습문제 3과 아래 연습문제 8) 반지름이 r인 구의 부피는 $\frac{4}{3}\pi r^3$이고, 높이가 h이고 반지름이 r인 원뿔의 부피는 $\pi r^2 h/3$임을 증명하여라.

2. 다음 적분을 계산하여라.

   (a) $\displaystyle\int_0^2\int_0^{\sqrt{4-x^2}} \sin(x^2+y^2)\,\mathrm{d}y\,\mathrm{d}x$

   (b) $\displaystyle\int_0^1\int_0^x \sqrt[3]{(2y-y^2)^2}\,\mathrm{d}y\,\mathrm{d}x$

   (c) $\displaystyle\int_a^b\int_0^x \sqrt{x^2+y^2}\,\mathrm{d}y\,\mathrm{d}x, 0 \le a < b$

   (d) $\displaystyle\int_0^a\int_{(\sqrt{a}-\sqrt{y})^2}^a x^{-1/2}\,\mathrm{d}x\,\mathrm{d}y$

   (e) $\displaystyle\int_0^3\int_{-(2/3)x+2}^{2/3\sqrt{9-x^2}} y\,\mathrm{d}y\,\mathrm{d}x$

3. 다음 도형으로 둘러싸인 면적을 구하여라.

   (a) $x^2+y^2=16$, $\sqrt{x}+\sqrt{y}=2$.

   (b) $\sqrt{x}+\sqrt{y}=\sqrt{a}$, $\sqrt[3]{x}+\sqrt[3]{y}=\sqrt[3]{a}$

4. 적분의 순서를 바꾸어라.

(a) $\int_0^a \int_0^{(b/a)\sqrt{a^2-x^2}} f(x,y)\,\mathrm{d}y\,\mathrm{d}x$ (c) $\int_0^2 \int_{y/2}^{\sqrt{y}} f(x,y)\,\mathrm{d}y\,\mathrm{d}x$

(b) $\int_0^\pi \int_{-\sin x/2}^{\sin x} f(x,y)\,\mathrm{d}y\,\mathrm{d}x$ (d) $\int_1^4 \int_{\sqrt{y-1}}^{\sqrt{y}} f(x,y)\,\mathrm{d}y\,\mathrm{d}x$

5. 다음 각각의 $\iint_E f\,\mathrm{d}A$를 구하여라.

(a) $f(x,y) = \cos(3x^2+y^2)$, $E = \{(x,y) : x^2+y^2/3 \le 1\}$

(b) $f(x,y) = y\sqrt{x-2y}$, E 는 $(0,0), (4,0), (4,2)$ 을 꼭지점으로 갖는 삼각형

(c) $f(x,y) = x^2y^2$, $E = \{(x,y) : 0 < x < y^2,\ 0 < y < 2+x,\ x < 1\}$

(d) $f(x,y) = \sin(x^2+y^2)$, E 는 단위원

(e) $f(x,y) = \frac{1}{x^2+y^2+z^2}$, $E = \mathbb{R}^3$

(f) $f(x,y) = y/\sqrt{x}$, $E = \{(x,y) : 0 < x < 1,\ 0 < y < 1\}$

(g) $f(x,y) = x$, $E = \{(x,y) : 0 < x < \pi,\ 0 < y < \sin x^2\}$

6. 다음 각각의 $\iiint_E f dV$를 구하여라.

(a) $f(x,y,z) = z^2$, E는 $x^2+y^2+z^2 \le 6$와 $z \ge x^2+y^2$ 를 만족하는 점들의 집합

(b) $f(x,y,z) = e^z$, E는 $x^2+y^2+z^2 \le 9,\ x^2+y^2 \le 1$, 그리고 $z \ge 0$ 를 만족하는 점들의 집합.

(c) $f(x,y,z) = (x-y)z$, E는 $x^2+y^2+z^2 \le 4,\ z \ge \sqrt{x^2+y^2}$, 그리고 $x \ge 0$를 만족하는 점들의 집합.

7. (a) 타원면

$$\frac{x^2}{a^2} + \frac{y^2}{b^2} + \frac{z^2}{c^2} = 1$$

으로 둘러싸인 영역의 부피는 $4\pi abc/3$ 임을 증명하여라.

(b) a, b, c, d 는 양수이고 $r^2 < d^2/(b^2+c^2)$ 이다. $y^2+z^2 = r^2$과 $ax+by+cz = d$으로 둘러싸인 영역의 부피를 구하여라.

(c) $a \ge 0$에 대하여 원기둥 $x^2+z^2 = a^2$과 $y^2+z^2 = a^2$으로 둘러싸인 영역의 부피는 $16a^3/3$임을 보여라.

8. (a) E가 점 $(0,0),(2/3,-1/3),(1,0),(1/3,1/3)$을 꼭지점으로 갖는 평행사변형일 때 $\iint_E \sqrt{x-y}\sqrt{x+2y}\,\mathrm{d}A$을 계산하여라.

   (b) E가 직선 $y=x/3, y=(x-1)/3, y=-2x, y=1-2x$ 으로 둘러싸인 평행사변형일 때 $\iint_E \sqrt[3]{2x^2-5xy-3y^2}\,\mathrm{d}A$ 을 계산하여라.

   (c) E가 $(1,1),(2,2),(2,0),(4,0)$을 꼭지점으로 갖는 사다리꼴일 때 다음 값을 구하여라.

$$\iint_E e^{(y-x)/(y+x)}\,\mathrm{d}A.$$

   (d) $\int_0^1 (1-x)f(x)\,\mathrm{d}x = 5$ 일 때 다음 값을 구하여라.

$$\int_0^1 \int_0^x f(x-y)\,\mathrm{d}y\,\mathrm{d}x.$$

9. 다음 적분을 변수변환을 사용하여 계산하여라.

   (a) $\int_0^1 \int_0^1 (x^4-y^4)\,\mathrm{d}x\,\mathrm{d}y,\ u=x^2-y^2,\ v=2xy.$

   (b) $\int_0^1 \int_0^1 (x^2+y^2)\,\mathrm{d}x\,\mathrm{d}y,\ x=u+v,\ y=u-v.$

   (c) $\iint_R \exp\left(\frac{x+y}{x-y}\right)\,\mathrm{d}x\,\mathrm{d}y$, 여기서 $R=\{(x,y) : 0 \le y \le x, 0 \le x \le 1\}$ 이다. $u=x+y, v=x-y.$

10. V는 $\mathbb{R}^n$에서 열린집합이고, $f: V \to \mathbb{R}$ 는 V 위에서 $\Delta_f \neq 0$인 연속적으로 미분가능한 함수이다. 모든 $\mathbf{x}_0 \in V$에 대하여

$$\lim_{r\to 0} \frac{\mathrm{Vol}(f(B_r(\mathbf{x}_0)))}{\mathrm{Vol}(B_r(\mathbf{x}_0))} = |\Delta_f(\mathbf{x}_0)|$$

임을 증명하여라.

11. $\mathbb{R}^2$에서 Vol은 회전이동하여도 불변임을 보여라. 즉, ϕ가 $\mathbb{R}^2$ 위에서 회전변환이고 E가 $\mathbb{R}^2$ 에서 조르단영역이면

$$\mathrm{Vol}(\phi(E)) = \mathrm{Vol}(E).$$

12. $j=1,\cdots,n$에 대하여 $\mathbf{v}_j = (v_{j1}, v_{j2}, \cdots, v_{jn}) \in \mathbb{R}^n$라 하자. $\mathbf{v}_j$에 의하여 결정되는 평행육면체는

$$\mathcal{P}(\mathbf{v}_1, \cdots \mathbf{v}_n) := \{t_1\mathbf{v}_1 + \cdots + t_n\mathbf{v}_n : t_j \in [0,1]\}$$

이고 $\mathbf{v}_j$의 행렬식은

$$\det(\mathbf{v}_1, \cdots, \mathbf{v}_n) := \det[v_{jk}]_{n\times n}.$$

다음을 증명하여라.

$$\mathrm{Vol}(\mathcal{P}(\mathbf{v}_1, \cdots, \mathbf{v}_n)) = |\det(\mathbf{v}_1, \cdots, \mathbf{v}_n)|.$$

$n = 2, n = 3$에 대하여 이 공식을 확인해 보고 이것은 평행사변형의 면적 그리고 평행육면체의 부피와 일치함을 보여라.

13. (a) 이상적분 $\int_0^\infty e^{-x^2}\,\mathrm{d}x$는 유한한 실수 I로 수렴함을 보여라.

(b) 다음을 증명하여라.

$$I^2 = \lim_{N\to\infty}\int_0^{\pi/2}\int_0^N e^{-r^2} r\,\mathrm{d}r\,\mathrm{d}\theta.$$

(c) 다음을 보여라.

$$\int_0^\infty e^{-x^2}\,\mathrm{d}x = \frac{\sqrt{\pi}}{2}.$$

(d) Q_k는 n차원 입방체 $[-k,k]\times\cdots\times[-k,k]$라 하자. 다음 값을 구하여라.

$$\lim_{k\to\infty}\int_{Q_k} e^{-\|\mathbf{x}\|^2}\,\mathrm{d}\mathbf{x}.$$

14. 극좌표를 사용하여 다음 적분을 계산하여라.

(a) $\displaystyle\iint_R e^{x^2+y^2}\,\mathrm{d}x\,\mathrm{d}y,\quad R = \{(x,y) : x^2+y^2 < 1\}$

(b) $\displaystyle\iint_R \log(x^2+y^2)\,\mathrm{d}x\,\mathrm{d}y,$
$R = \{(x,y) : x \ge 0,\ y \ge 0,\ a^2 \le x^2+y^2 \le b^2\}$

15. 원통좌표계를 사용하여 다음 적분을 계산하여라.

(a) $\displaystyle\iiint_R z\sqrt{x^2+y^2}\,\mathrm{d}x\,\mathrm{d}y\,\mathrm{d}z,$
$R = \{(x,y,z) : 1 \le x^2+y^2 \le 2,\ 1 \le z \le 2\}$

(b) $\displaystyle\int_0^1\int_{-1}^1\int_{-\sqrt{1-y^2}}^{\sqrt{1-y^2}} z(x^2+y^2)\,\mathrm{d}x\,\mathrm{d}y\,\mathrm{d}z.$

16. ϕ 가 1-1 이 아니면 $\triangle_\phi(\mathbf{a}) \neq 0$ 일지라도 변수변환공식이 성립하지 않는 예를 찾아라. (힌트: $f = 1$ 이고 $\phi(x,y) = (e^x\cos y, e^x\sin y)$ 에 대하여 생각하자.)

7.5 단위분할

이 절에서 매끄러운 함수가 '작은' 집합 밖에서는 0이 되는 여러 개의 매끄러운 함수의 합으로 분해될 수 있음을 보이고, 이를 이용하여 7.4절의 대역 변수변환공식을 증명한다.

정의 7.8 $f : \mathbb{R}^n \to \mathbb{R}$ *라 하자.*

(i) *f의* **받침(support)**은 *f 가 0 이 아닌 점들의 집합의 폐포, 즉*

$$\operatorname{supp} f := \overline{\{\mathbf{x} \in \mathbb{R}^n : f(\mathbf{x}) \neq 0\}}.$$

(ii) *함수 f는 $\operatorname{supp} f$가 컴팩트 집합이면* **컴팩트받침을 갖는다**고 *말한다.*

보기 1 만일

$$f(x) = \begin{cases} 1 & x \in \mathbb{Q}, \\ 0 & x \notin \mathbb{Q} \end{cases}$$

이면 $\operatorname{supp} f = \mathbb{R}$.

보기 2 만일

$$f(x) = \begin{cases} 1 & x \in (-1, 0), \\ -1 & x \in (0, 1), \\ 0 & \text{다른 경우} \end{cases}$$

이면 $\operatorname{supp} f = [-1, 1]$.

함수의 받침은 항상 닫힌집합이므로 f가 컴팩트 받침을 가질 필요충분조건은 $\operatorname{supp} f$는 유계이다. 다음은 두 함수가 컴팩트 받침을 가지면 그것들의 합도 또한 컴팩트 받침을 갖는다는 것을 보여 준다.

참고 1 만일 $f, g : \mathbb{R}^n \to \mathbb{R}$ *이면*

$$\operatorname{supp}(f + g) \subseteq \operatorname{supp} f \cup \operatorname{supp} g.$$

증명 만일 $(f + g)(\mathbf{x}) \neq 0$ 이면 $f(\mathbf{x}) \neq 0$ 또는 $g(\mathbf{x}) \neq 0$. 그러므로

$$\{\mathbf{x} \in \mathbb{R}^n : (f + g)(\mathbf{x}) \neq 0\} \subseteq \{\mathbf{x} \in \mathbb{R}^n : f(\mathbf{x}) \neq 0\} \cup \{\mathbf{x} \in \mathbb{R}^n : g(\mathbf{x}) \neq 0\}.$$

합집합의 폐포는 폐포의 합집합과 같으므로(정리 5.11), $\operatorname{supp}(f + g) \subseteq \operatorname{supp} f \cup \operatorname{supp} g$.

∎

$p \in \mathbb{N}$ 또는 $p = \infty$라 하자. $\mathcal{C}_c^p(\mathbb{R}^n)$ 는 $\mathbb{R}^n$ 위에서 $\mathcal{C}^p$ 이고 컴팩트받침을 갖는 $f : \mathbb{R}^n \to \mathbb{R}$ 함수들을 모아 놓은 것이다. 특히 참고 1 로부터 $j = 1, 2, \cdots, N$ 에 대하여 $f_j \in \mathcal{C}_c^p(\mathbb{R}^n)$ 이면

$$\sum_{j=1}^{N} f_j \in \mathcal{C}_c^p(\mathbb{R}^n).$$

만일 f가 해석적($\mathcal{C}^\infty$ 보다 강한 조건)이고 컴팩트받침을 갖는다면 f는 항등적으로 0 이다(연습문제 3). $C_c^\infty(\mathbb{R}^n)$ 이 0 이 아닌 함수를 갖는 것을 보이는 것은 그리 간단하지 않다. 먼저 일차원인 경우를 다루어 보자.

보조정리 7.5 *모든 $a < b$ 에 대하여 $t \in (a, b)$ 이면 $\phi(t) > 0$이고 $t \notin (a, b)$ 이면 $\phi(t) = 0$인 함수 $\phi \in \mathcal{C}_c^\infty(\mathbb{R})$ 가 존재한다.*

증명 함수

$$f(t) = \begin{cases} e^{-1/t^2} & t \neq 0, \\ 0 & t = 0 \end{cases}$$

는 $\mathcal{C}^\infty(\mathbb{R})$에 속하고 모든 $j \in \mathbb{N}$ 에 대하여 $f^{(j)}(0) = 0$이다(2.5절 연습문제 3). 그러므로

$$\phi(t) = \begin{cases} e^{-1/(t-a)^2} e^{-1/(t-b)^2} & t \in (a, b) \\ 0 & \text{그 외의 경우} \end{cases}$$

는 $\mathcal{C}^\infty(\mathbb{R})$ 에 속하고 $t \in (a, b)$ 에 대하여 $\phi(t) > 0$ 이고 $\operatorname{supp} \phi = [a, b]$ 이다. ■

보조정리 7.6 *각각의 $\delta > 0$에 대하여 $\mathbb{R}$ 에서 $0 \leq \psi \leq 1$ 이고 $t \leq 0$ 에 대하여 $\psi(t) = 0$ 이고 $t > \delta$ 에 대하여 $\psi(t) = 1$ 인 $\mathcal{C}^\infty(\mathbb{R})$ 함수 ψ 가 존재한다.*

증명 보조정리 7.5 에 의하여 $t \in (0, \delta)$이면 $\phi(t) > 0$ 이고 $t \notin (0, \delta)$이면 $\phi(t) = 0$ 인 $\phi \in \mathcal{C}_c^\infty(\mathbb{R})$ 를 선택하자.

$$\psi(t) = \frac{\displaystyle\int_0^t \phi(u)du}{\displaystyle\int_0^\delta \phi(u)du}$$

라 놓자. 미적분학의 기본정리에 의하여 $\psi \in \mathcal{C}^\infty(\mathbb{R})$, ψ 의 정의에 의하여 $0 \leq \psi \leq 1$ 이고

$$\psi(t) = \begin{cases} 0 & t \leq 0, \\ 1 & t > \delta. \end{cases}$$

■

정리 7.19 ($\mathcal{C}^\infty$ 우리존의 보조정리) *H 가 컴팩트, V 는 $\mathbb{R}^n$ 내에서 열린집합이고 $H \subset V$ 라 하자. 그러면 모든 $\mathbf{x} \in \mathbb{R}^n$ 에 대하여 $0 \leq h(\mathbf{x}) \leq 1$ 인 $h \in \mathcal{C}_c^\infty(\mathbb{R}^n)$ 가 존재하여 $\mathbf{x} \in H$ 에 대하여 $h(\mathbf{x}) = 1$ 이고 $\operatorname{supp} h \subset V$ 이다.*

증명 $\phi \in \mathcal{C}_c^\infty(\mathbb{R})$ 는 $t \in (-1, 1)$에 대하여 $\phi(t) > 0$이고 $t \notin (-1, 1)$에 대하여 $\phi(t) = 0$이라 하자. 각각의 $\varepsilon > 0$ 과 $\mathbf{x} \in \mathbb{R}^n$ 에 대하여 $Q_\varepsilon(\mathbf{x})$ 를 n-차원 입방체

$$Q_\varepsilon(\mathbf{x}) = \{\mathbf{y} \in \mathbb{R}^n \ : \ |y_j - x_j| \leq \varepsilon, \ j = 1, \cdots, n\}.$$

라 하자.

$$g_\varepsilon(\mathbf{x}) = \phi\left(\frac{x_1}{\varepsilon}\right) \cdots \phi\left(\frac{x_n}{\varepsilon}\right), \tag{7.41}$$

라 놓으면 정리 2.16 에 의하여 $\mathbb{R}^n$ 에서 $g_\varepsilon(\mathbf{x})$ 는 $\mathcal{C}^\infty$이다. g_ε 의 정의에 의하여 $\mathbb{R}^n$에서 $g_\varepsilon(\mathbf{y}) \geq 0$이고 열린 공 $B_\varepsilon(\mathbf{0})$에 있는 모든 $\mathbf{y}$ 에 대하여 $g_\varepsilon(\mathbf{y}) > 0$ 이며 g_ε 의 받침은 입방체 $Q_\varepsilon(\mathbf{0})$의 부분집합이다. 특히 $g_\varepsilon \in \mathcal{C}_c^\infty(\mathbb{R})$ 이다.

각 $\mathbf{x} \in H$ 에 대하여 $Q_\varepsilon(\mathbf{x}) \subset V$인 $\varepsilon := \varepsilon(\mathbf{x}) > 0$을 택하자.

$$h_\mathbf{x}(\mathbf{y}) = g_\varepsilon(\mathbf{y} - \mathbf{x}), \quad \mathbf{y} \in \mathbb{R}^n$$

라 놓으면, $\mathbb{R}^n$에서 $h_\mathbf{x} \geq 0$, 모든 $\mathbf{y} \in B_\varepsilon(\mathbf{x})$에 대하여 $h_\mathbf{x}(\mathbf{y}) > 0$, 모든 $\mathbf{y} \notin Q_\varepsilon(\mathbf{x})$에 대하여 $h_\mathbf{x}(\mathbf{y}) = 0$, $h_\mathbf{x} \in \mathcal{C}_c^\infty(\mathbb{R})$이다. H가 컴팩트이고

$$H \subset \bigcup_{\mathbf{x} \in H} B_\varepsilon(\mathbf{x}),$$

이므로 $\mathbf{x}_j \in H$ 와 양수 $\varepsilon_j = \varepsilon(\mathbf{x}_j), j = 1, \cdots, N$ 를 택하여

$$H \subset B_{\varepsilon_1}(\mathbf{x}_1) \cup \cdots \cup B_{\varepsilon_N}(\mathbf{x}_N).$$

$Q = Q_{\varepsilon_1}(\mathbf{x}_1) \cup \cdots \cup Q_{\varepsilon_N}(\mathbf{x}_N)$라 하고 $f = h_{\mathbf{x}_1} + \cdots + h_{\mathbf{x}_N}$ 라 하자. 분명히 Q는 컴팩트이고, $Q \subset V$이며, $\mathbb{R}^n$ 위에서 f는 $\mathcal{C}^\infty$이다. 만일 $\mathbf{x} \notin Q$라면 모든 j에 대하여 $\mathbf{x} \notin Q_{\varepsilon_j}(\mathbf{x}_j)$이고, $f(\mathbf{x}) = 0$이다. 그러므로 $\operatorname{supp} f \subseteq Q$. 만일 $\mathbf{x} \in H$라면 어떤 j에 대하여 $\mathbf{x} \in B_{\varepsilon_j}(\mathbf{x}_j)$이고, 따라서 $f(\mathbf{x}) > 0$이다.

컴팩트 집합 H 위에서 $f > 0$이므로 f는 H 위에서 영이 아닌 최소값을 갖는다. $\mathbf{x} \in H$에 대하여 $f(\mathbf{x}) > \delta$인 양수 δ가 존재한다. 보조정리 7.6에 의하여 $t \leq 0$일 때 $\psi(t) = 0$이고 $t > \delta$일 때 $\psi(t) = 1$인 $\psi \in \mathcal{C}_c^\infty(\mathbb{R})$를 선택한다. $h = \psi \circ f$라 놓자. 분명히 $h \in \mathcal{C}_c^\infty(\mathbb{R}^n)$, $\operatorname{supp} h \subseteq Q \subset V$, H 위에서 $f > \delta$이므로 H 위에서 $h = 1$이나. 마침내 $0 \leq \psi \leq 1$이므로 $0 \leq h \leq 1$ 이다. ■

정리 7.20 ($\mathcal{C}^\infty$ 단위분할) $\Omega \subset \mathbb{R}^n$ 이고 $\{V_\alpha\}_{\alpha \in A}$ 는 Ω의 열린덮개라 하자. 그러면 $\phi_j \in \mathcal{C}_c^\infty(\mathbb{R}^n)$ 와 첨자들 $\alpha_j \in A$, $j \in \mathbb{N}$ 이 존재하여 다음을 만족한다:

(i) 모든 $j \in \mathbb{N}$에 대하여 $\phi_j \geq 0$.

(ii) 모든 $j \in \mathbb{N}$에 대하여 supp $\phi_j \subset V_{\alpha_j}$.

(iii) $\sum_{j=1}^\infty \phi_j(\mathbf{x}) = 1$, $\mathbf{x} \in \Omega$.

(iv) H가 Ω 의 컴팩트 집합이면 적당한 열린집합 $W \supset H$ 와 N 이 존재하여 $\phi_j(\mathbf{x}) = 0$, $j \geq N$, $\mathbf{x} \in W$. 특히

$$\sum_{j=1}^N \phi_j(\mathbf{x}) = 1, \quad \mathbf{x} \in W.$$

증명 각 $\mathbf{x} \in \Omega$에 대하여 유계인 열린집합 $W(\mathbf{x})$와

$$\mathbf{x} \in W(\mathbf{x}) \subset \overline{W}(\mathbf{x}) \subset V_\alpha$$

인 첨자 $\alpha \in A$를 택하자. 그러면 $\mathcal{W} = \{W(\mathbf{x}) : \mathbf{x} \in \Omega\}$ 는 Ω 의 열린덮개이고 린델뢰프(Lindelöf) 정리(연습문제 5.3 의 문제 19)에 의해 $\mathcal{W}$는 가산이라고 가정할 수 있다. 즉 $\mathcal{W} = \{W_j\}_{j \in \mathbb{N}}$. 주어진 $j \in \mathbb{N}$에 대하여

$$W_j \subset \overline{W}_j \subset V_{\alpha_j}$$

를 만족하는 첨자 $\alpha_j \in A$가 존재한다. 정리 7.19에 의하여 $\mathbb{R}^n$ 위에서 $0 \leq h_j \leq 1$을 만족하는 함수 $h_j \in \mathcal{C}_c^\infty(\mathbb{R}^n)$를 택하면 $\overline{W}_j$ 위에서 $h_j = 1$이고 $j \in \mathbb{N}$에 대하여 supp $h_j \subset V_{\alpha_j}$ 이다. $\phi_1 = h_1$라 놓고, $j > 1$에 대하여

$$\phi_j = (1 - h_1) \cdots (1 - h_{j-1}) h_j$$

라 놓자. 그러면 $\mathbb{R}^n$ 위에서 $\phi_j \geq 0$ 이고 $j \in \mathbb{N}$ 에 대하여 supp $\phi_j \subseteq$ supp $h_j \subset V_{\alpha_j}$ 이며 $\phi_j \in \mathcal{C}_c^\infty(\mathbb{R}^n)$이다. 이것이 (i)과 (ii)의 증명이다.

$k \in \mathbb{N}$에 대하여

$$\sum_{j=1}^k \phi_j = 1 - (1 - h_1) \cdots (1 - h_k).$$

만일 $\mathbf{x} \in \Omega$이면 어떤 j_0에 대해 $\mathbf{x} \in W_{j_0}$이고, 따라서 $1 - h_{j_0}(\mathbf{x}) = 0$ 이다. 그러므로 $k \geq j_0$에 대해

$$\sum_{j=1}^k \phi_j = 1 - 0 = 1.$$

만일 H가 Ω의 컴팩트 부분집합이면 어떤 $N \in \mathbb{N}$에 대해 $H \subset W_1 \cup \cdots \cup W_N$ 이다. 만일 $W = W_1 \cup \cdots \cup W_N$이면 $\mathbf{x} \in W$ 이면 어떤 $1 \leq k \leq N$에 대하여 $h_k(\mathbf{x}) = 1$이다. 즉, 모든 $j > N$에 대하여 $\phi_j(\mathbf{x}) = 0$이다. 그러므로 $\mathbf{x} \in W$ 에 대하여

$$\sum_{j=1}^{N} \phi_j(\mathbf{x}) = \sum_{j=1}^{\infty} \phi_j(\mathbf{x}) = 1.$$

■

함수열 $\{\phi_j\}_{j\in\mathbb{N}}$는 ϕ_j가 Ω 위에서 컴팩트 받침을 갖는 연속(각각, $\mathcal{C}^p$)함수이고 정리 7.20(i)-(iv)를 만족할 때 Ω 위에서 덮개 $\{V_\alpha\}_{\alpha\in A}$ 에 종속된 $\mathcal{C}^0$**(각각,** $\mathcal{C}^p$**) 단위분할**이라 한다. 정리 7.20 에 의하면 임의의 열린집합 $\Omega \subseteq \mathbb{R}^n$ 의 임의의 열린덮개 $\mathcal{V}$ 와 임의의 확장된 실수 $p \geq 0$ 가 주어졌을 때 $\mathcal{V}$에 종속된 Ω 위의 $\mathcal{C}^p$ 단위분할이 존재한다.

$\mathcal{C}^p$ 단위분할은 함수 f를 '작은' 받침을 가지며 f 만큼 매끄러운 함수 f_j의 합으로 분해하는데 이용된다. 예를 들어, f는 Ω 위에서 정의되고 $\{\phi_j\}_{j\in\mathbb{N}}$은 Ω 위에서 덮개 $\{V_j\}_{j\in\mathbb{N}}$로 종속된 $\mathcal{C}^p$ 단위분할이고, $f_j = f\phi_j$라 하자. 그러면 모든 $\mathbf{x} \in \Omega$에 대하여

$$f(\mathbf{x}) = f(\mathbf{x}) \sum_{j=1}^{\infty} \phi_j(\mathbf{x}) = \sum_{j=1}^{\infty} f(\mathbf{x})\phi_j(\mathbf{x}) = \sum_{j=1}^{\infty} f_j(\mathbf{x}).$$

만일 f가 Ω 위에서 연속이고 $p \geq 0$이면 각각의 f_j는 Ω 위에서 연속이다. 만일 f가 Ω 위에서 연속적으로 미분가능하고 $p \geq 1$이면 각각의 f_j는 Ω 위에서 연속적으로 미분가능하다. 그러므로 f는 f 만큼 매끄러운 f_j의 합으로 쓸 수가 있다.

이것은 국소로부터 대역 결과를 유도하는 것이 된다. 즉, Ω에서 작은 열린집합에 대한 분명한 성질을 알고 있으면 작은 열린집합으로 이루어진 Ω 의 덮개로 종속된 단위분할을 사용하여 Ω 위에서 어떤 성질을 만족한다는 것을 보일 수 있다.

적분이 조르단영역을 조르단영역이 아닌 열린유계집합으로 확장할 수 있음을 보이자.

V를 열린유계집합이라 하고 f를 V 위에서 **국소적분가능**이라 하자, 즉 $f : V \to \mathbb{R}$는 모든 닫힌 조르단영역 $H \subset V$ 위에서 적분가능하다고 하자. 각 $\mathbf{x} \in V$에 대하여 열린조르단영역 $V(\mathbf{x})$ 를 선택하고 $\mathbf{x} \in V(\mathbf{x}) \subset V$라 하자. (예를 들어, $V(\mathbf{x})$는 열린공이다). 그러면 $\{V(\mathbf{x})\}_{\mathbf{x}\in V}$ 는 V 의 열린덮개이고 린델뢰프정리에 의하여 이것은 가산 개의 부분 덮개 $\mathcal{V} = \{V_j\}_{j\in\mathbb{N}}$를 갖는다. $\{\phi_j\}_{j\in\mathbb{N}}$ 을 $\mathcal{V}$ 에 종속된 V 위의 단위분할이라 하자. f 가 V 에서 국소적분가능하므로 각 $f\phi_j$ 는 적분가능하다. $f = \sum_{j=1}^{\infty} f\phi_j$ 이므로

$$\int_V f(\mathbf{x})\,\mathrm{d}\mathbf{x} = \sum_{j=1}^{\infty} \int_{V_j} f(\mathbf{x})\phi_j(\mathbf{x})\,\mathrm{d}\mathbf{x}$$

라고 정의하는 것은 타당하다.

그 이유는 다음 두 질문을 답하는 것이다. 이 급수는 수렴하는가? 수렴한다면 단위분할이 변할 때 그 값은 변하는가?

보조정리 7.7 *V는 $\mathbb{R}^n$ 에서 열린유계집합이고 $\mathcal{V} = \{V_j\}_{j\in\mathbb{N}}$는*

$$V = \bigcup_{j=1}^{\infty} V_j$$

을 만족하는 V 내의 열린 조르단영역들의 집합열이라 하자. $f : V \to \mathbb{R}$ 은 V 위에서 유계이고 각 V_j 에 대하여 적분가능하다고 가정하자. 만일 ϕ_j 가 V 위에서 덮개 $\mathcal{V}$에 종속된 임의의 단위분할이라면

$$\sum_{j=1}^{\infty} \int_{V_j} \phi_j(\mathbf{x}) f(\mathbf{x})\, \mathrm{d}\mathbf{x} \tag{7.42}$$

는 절대수렴한다.

증명 R은 V를 포함하는 n-차원 직다면체이라 하고, $M = \sup_{\mathbf{x}\in V} |f(\mathbf{x})|$ 라 하자. $\operatorname{supp} \phi_j \subseteq V_j$ 이므로 함수 $\phi_j f$는 V_j 위에서 적분가능하다. 더욱이, 만일 $E = \cup_{j=1}^{N} V_j$ 이면

$$\begin{aligned} \sum_{j=1}^{N} \left| \int_{V_j} \phi_j(\mathbf{x}) f(\mathbf{x})\, \mathrm{d}\mathbf{x} \right| &\le \sum_{j=1}^{N} \int_{E} |\phi_j(\mathbf{x}) f(\mathbf{x})|\, \mathrm{d}\mathbf{x} \\ &= \int_{E} \sum_{j=1}^{N} |\phi_j(\mathbf{x}) f(\mathbf{x})|\, \mathrm{d}\mathbf{x} \\ &\le M \int_{E} \sum_{j=1}^{N} |\phi_j(\mathbf{x})|\, \mathrm{d}\mathbf{x} \\ &\le M \operatorname{Vol}(E) \le M|R| < \infty. \end{aligned}$$

을 얻는다. 따라서 (7.42)의 급수는 절대수렴한다. ■

(7.42)에 있는 급수의 값은 단위분할이나 덮개 $\mathcal{V}$ 의 선택에 대해 의존하지 않는다.

보조정리 7.8 *V는 $\mathbb{R}^n$ 에서 열린유계집합이라 하자. $\mathcal{V} = \{V_j\}_{j\in\mathbb{N}}$ 와 $\mathcal{W} = \{W_k\}_{k\in\mathbb{N}}$ 는*

$$V = \bigcup_{j=1}^{\infty} V_j = \bigcup_{k=1}^{\infty} W_k$$

인 $\mathbb{R}^n$ 내의 열린조르단영역들의 집합열이라 가정하자. 또한 $f : V \to \mathbb{R}$는 V에서 유계이고 국소적분가능한 함수라 가정하자. 만일 $\{\phi_j\}_{j\in\mathbb{N}}$이 V 위에서 $\mathcal{V}$에 종속된 단위분할이고 $\{\psi_k\}_{k\in\mathbb{N}}$ 이 V 위에서 $\mathcal{W}$에 종속된 단위분할이면

$$\sum_{j=1}^{\infty}\int_{V_j}\phi_j(\mathbf{x})f(\mathbf{x})\,\mathrm{d}\mathbf{x}=\sum_{k=1}^{\infty}\int_{W_k}\psi_k(\mathbf{x})f(\mathbf{x})\,\mathrm{d}\mathbf{x}. \tag{7.43}$$

증명 보조정리 7.7 에 의하여 (7.43)의 합은 둘 다 절대수렴한다. 연습문제 5에 의하여 $\{\phi_j\psi_k\}_{j,k\in\mathbb{N}}$ 는 V 위에서 덮개 $\{V_j\cap W_k\}_{j,k\in\mathbb{N}}$ 로 종속된 단위분할이다. 그러므로

$$\sum_{j=1}^{\infty}\sum_{k=1}^{\infty}\int_{V}\phi_j(\mathbf{x})\psi_k(\mathbf{x})\,\mathrm{d}\mathbf{x}$$

또한 절대수렴한다. $j\in\mathbb{N}$를 고정하자. $\operatorname{supp}\phi_j$ 는 컴팩트이므로 $N\in\mathbb{N}$을 크게 택하여 $k>N$에 대하여 $\psi_k(\mathbf{x})=0$ 이고 $\mathbf{x}\in\operatorname{supp}\phi_j$ 되게 한다. 따라서

$$\begin{aligned}\int_{V_j}\phi_j(\mathbf{x})f(\mathbf{x})\,\mathrm{d}\mathbf{x} &= \int_{V_j}\phi_j(\mathbf{x})\sum_{k=1}^{N}\psi_k(\mathbf{x})f(\mathbf{x})\,\mathrm{d}\mathbf{x}\\ &= \sum_{k=1}^{N}\int_{V_j\cap W_k}\phi_j(\mathbf{x})\psi_k(\mathbf{x})f(\mathbf{x})\,\mathrm{d}\mathbf{x}\\ &= \sum_{k=1}^{\infty}\int_{V_j\cap W_k}\phi_j(\mathbf{x})\psi_k(\mathbf{x})f(\mathbf{x})\,\mathrm{d}\mathbf{x}.\end{aligned}$$

그러므로

$$\sum_{j=1}^{\infty}\int_{V_j}\phi_j(\mathbf{x})f(\mathbf{x})\,\mathrm{d}\mathbf{x}=\sum_{j=1}^{\infty}\sum_{k=1}^{\infty}\int_{V_j\cap W_k}\phi_j(\mathbf{x})\psi_k(\mathbf{x})f(\mathbf{x})\,\mathrm{d}\mathbf{x}.$$

j와 k의 역할을 서로 바꾸면 다음을 얻는다.

$$\sum_{j=1}^{\infty}\int_{W_k}\psi_k(\mathbf{x})f(\mathbf{x})\,\mathrm{d}\mathbf{x}=\sum_{k=1}^{\infty}\sum_{j=1}^{\infty}\int_{V_j\cap W_k}\phi_j(\mathbf{x})\psi_k(\mathbf{x})f(\mathbf{x})\,\mathrm{d}\mathbf{x}.$$

이러한 급수들은 절대수렴함으로 합의 순서를 바꿀 수 있다. ■

보조정리 7.8 를 이용하여 열린유계집합 V 위에서 국소적분가능한 함수 f 의 적분을 다음과 같이 정의한다.

정의 7.9 *V는 $\mathbb{R}^n$ 위에서 열린유계집합이고 $f : V \to \mathbb{R}$는 V 위에서 유계이고 국소적분가능하다고 하자. V 위에서 f 의* **적분**을

$$I_V(f):=\sum_{j=1}^{\infty}\int_{V_j}\phi_j(\mathbf{x})f(\mathbf{x})\,\mathrm{d}\mathbf{x}$$

으로 정의한다. 여기서 $\{\phi_j\}_{j\in\mathbb{N}}$ 은 V 위에서, 각각의 V_j 는 조르단영역이고

$$V = \bigcup_{j=1}^{\infty} V_j$$

인 열린덮개 $\mathcal{V} = \{V_j\}_{j\in\mathbb{N}}$에 종속된 임의의 단위분할이다.

다음 정리는 V 가 조르단영역일 때 정의 7.9는 정의 7.5의 적분과 일치함을 보이고 있다. 따라서 기호 $I_V(f)$ 을 $\int_V f(\mathbf{x})\,\mathrm{d}\mathbf{x}$ 로 나타내기로 하자.

정리 7.21 *E가 $\mathbb{R}^n$ 에서 열린조르단영역이고 $f : E \to \mathbb{R}$이 E에서 적분가능하다고 하자. 그러면*

$$\int_E f(\mathbf{x})\,\mathrm{d}\mathbf{x} = I_E(f).$$

증명 $\varepsilon > 0$라 하자. E가 조르단영역이므로

$$\sum_{Q_l\cap\partial E\neq\emptyset} |Q_l| < \varepsilon. \tag{7.44}$$

을 만족하는 어떤 n-차원 직다면체 $R \supset E$의 그물선 $\mathcal{G} = \{Q_1, \cdots, Q_p\}$ 를 택할 수 있다.

$$H = \bigcup_{Q_l\subset E} Q_l$$

라 하자. 분명히 H는 컴팩트이고 (7.44)에 의해 $\mathrm{Vol}(E\backslash H) < \varepsilon$(7.1절 연습문제 4(d)).

$M = \sup_{\mathbf{x}\in E} |f(\mathbf{x})|$ 라 놓자. $\{R_j\}_{j\in\mathbb{N}}$는 $R_j \subset E$ 이고 $E = \cup_{j=1}^{\infty} R_j^o$ 인 직다면체의 집합열이고, $\{\phi_j\}_{j\in\mathbb{N}}$는 $\mathcal{V} = \{R_j^o\}_{j\in\mathbb{N}}$에 종속된 E 위의 단위분할이라 하자. H가 컴팩트이므로 $j > N_1$ 와 $\mathbf{x} \in H$ 에 대하여 $\phi_j(\mathbf{x}) = 0$ 인 $N_1 \in \mathbb{N}$을 택한다. 그러면 임의의 $N \geq N_1$에 대하여

$$\begin{aligned}
\left|\int_E f(\mathbf{x})\,\mathrm{d}\mathbf{x} - \sum_{j=1}^{N}\int_{R_j}\phi_j(\mathbf{x})f(\mathbf{x})\,\mathrm{d}\mathbf{x}\right| &= \left|\int_E f(\mathbf{x})\,\mathrm{d}\mathbf{x} - \sum_{j=1}^{N}\int_{E}\phi_j(\mathbf{x})f(\mathbf{x})\,\mathrm{d}\mathbf{x}\right| \\
&\leq \int_E \left|f(\mathbf{x}) - \sum_{j=1}^{N}\phi_j(\mathbf{x})f(\mathbf{x})\right|\mathrm{d}\mathbf{x} \\
&\leq M\int_E \left|1 - \sum_{j=1}^{N}\phi_j(\mathbf{x})\right|\mathrm{d}\mathbf{x} \\
&\leq M\,\mathrm{Vol}(E\backslash H) < M\varepsilon.
\end{aligned}$$

$I_E(f)$는 존재하고 $\int_E f(\mathbf{x})\,\mathrm{d}\mathbf{x}$와 같다. ■

모든 열린유계집합에 대한 변수변환공식을 증명한다.

정리 7.22 (중적분의 변수변환) *V는 $\mathbb{R}^n$ 내에서 열린유계집합, $\phi : V \to \mathbb{R}^n$ 는 V 위에서 1-1이고 연속적으로 미분가능하고 $\phi(V)$는 유계라 가정하자. 만일 V 위에서 $\Delta_\phi \neq 0$이면 모든 유계함수 $f : \phi(V) \to \mathbb{R}$에 대하여*

$$\int_{\phi(V)} f(\mathbf{u})\, d\mathbf{u} = \int_V f(\phi(\mathbf{x}))|\Delta_\phi(\mathbf{x})|\, d\mathbf{x}.$$

여기서, f 는 $\phi(V)$ 위에서 국소적분가능하고 $(f \circ \phi)|\Delta_\phi|$ 는 V 위에서 국소적분가능하다.

증명 각 $\mathbf{a} \in V$에 대하여 정리 7.16 에 의하여 $\overline{W}(\mathbf{a}) \subset V$ 와

$$\int_{\phi(W(\mathbf{a}))} f(\mathbf{u})\, d\mathbf{u} = \int_{W(\mathbf{a})} f(\phi(\mathbf{x}))|\Delta_\phi(\mathbf{x})|\, d\mathbf{x} \tag{7.45}$$

를 만족하는 열린직다면체 $W(\mathbf{a})$을 택하자. $\mathcal{W} = \{W(\mathbf{a})\}_{\mathbf{a}\in V}$라 놓자. 그러면 $\mathcal{W}$ 는 V의 열린덮개이다. 린델뢰프정리(5.3 절 연습문제 19)에 의하여 $\mathcal{W} = \{W_j\}_{j\in\mathbb{N}}$라 가정할 수 있다. $\{\phi_j\}_{j\in\mathbb{N}}$는 V 위에서 $\mathcal{W}$에 종속된 단위분할이라 하자. 즉, 모든 $\mathbf{x} \in V$에 대하여

$$\text{supp}\,\phi_j \subset W_j \subset V, \quad j \in \mathbb{N}, \text{그리고} \sum_{j=1}^{\infty} \phi_j(\mathbf{x}) = 1.$$

를 만족하는 C^∞ 함수열이다. 정리 7.5에 의해 각 $\phi(W_j)$는 조르단영역이다. 6.4절 연습문제 15 에 의하여 각각의 $\phi(W_j)$는 열린집합이다. 그리고 아래 연습문제 4에 의하여 $\{\phi_j \circ \phi^{-1}\}_{j\in\mathbb{N}}$는 $\phi(V)$ 위에서 열린 덮개 $\{\phi(W_j)\}_{j\in\mathbb{N}}$ 에 종속된 단위분할 이다. 그러므로 정의 7.9과 (7.45)에 의하여

$$\begin{aligned}
\int_{\phi(V)} f(\mathbf{u})\, d\mathbf{u} &= \sum_{j=1}^{\infty} \int_{\phi(W_j)} (\phi_j \circ \phi^{-1})(\mathbf{u}) f(\mathbf{u})\, d\mathbf{u} \\
&= \sum_{j=1}^{\infty} \int_{W_j} \phi_j(\mathbf{x}) f(\phi(\mathbf{x}))|\Delta_\phi(\mathbf{x})|\, d\mathbf{x} \\
&= \int_V f(\phi(\mathbf{x}))|\Delta_\phi(\mathbf{x})|\, d\mathbf{x}.
\end{aligned}$$

■

마침내 부피가 영인 집합위에서 야코비 행렬식이 영인 함수에 대한 변수변환공식을 증명할 준비가 되었다.

증명 [정리 7.18의 증명] $V := E^\circ \backslash Z$라 두면 V는 열린집합이고 유계이다. $\phi(E) \supseteq \phi(V)$, $\phi(V)$이므로 $\phi(V)$ 또한 유계이다. 가정에 의하면 $E \backslash E^\circ \subseteq \partial E$이고 $E \cap Z$는 부피가 영이

다. 더욱이 7.1절 연습문제 7(a)에 의하여, $\phi(E\backslash E^o)$ 와 $\phi(E \cap Z)$는 부피가 영이다. $E = V \cup (E \cap Z) \cup (E\backslash E^o)$ 이고 $\phi(E) = \phi(V) \cup \phi(E \cap Z) \cup \phi(E\backslash E^o)$ 이므로 정리7.8, 따름정리 7.9, 정리 7.22에 의하여

$$\begin{aligned}\int_{\phi(E)} f(\mathbf{u})\,d\mathbf{u} &= \int_{\phi(V)} f(\mathbf{u})\,d\mathbf{u} \\ &= \int_V f(\phi(\mathbf{x}))|\Delta_\phi(\mathbf{x})|\,d\mathbf{x} \\ &= \int_E f(\phi(\mathbf{x}))|\Delta_\phi(\mathbf{x})|\,d\mathbf{x}.\end{aligned}$$

■

연습문제 (7.5)

1. $f, g : \mathbb{R}^n \to \mathbb{R}$이면, $\operatorname{supp}(fg) \subseteq \operatorname{supp} f \cap \operatorname{supp} g$ 임을 증명하여라.

2. $f, g \in \mathcal{C}_c^\infty(\mathbb{R}^n)$이면 $fg \in \mathcal{C}_c^\infty(\mathbb{R}^n)$ 이고 임의의 스칼라 α 에 대하여 $\alpha f \in \mathcal{C}_c^\infty(\mathbb{R}^n)$임을 증명하여라.

3. 만일 f가 $\mathbb{R}$ 위에서 해석적이고 어떤 $x_0 \in \mathbb{R}$에 대하여 $f(x_0) \neq 0$이면 $f \notin \mathcal{C}_c^\infty(\mathbb{R})$ 임을 증명하여라.

4. V는 $\mathbb{R}^n$에서 열린유계집합이고 $\phi : V \to \mathbb{R}^n$는 V 위에서 1-1 이고 연속적으로 미분가능하며 $\Delta_\phi \neq 0$ 라 가정하자. $\mathcal{W} = \{W_j\}_{j\in\mathbb{N}}$ 는 V의 열린덮개 이고 $\{\phi_j\}_{j\in\mathbb{N}}$는 $p \geq 1$일 때 V 위에서 $\mathcal{W}$ 에 종속된 $\mathcal{C}^p$ 단위분할이라 하자. $\{\phi_j \circ \phi^{-1}\}_{j\in\mathbb{N}}$는 $\phi(V)$ 위에서 열린덮개 $\{\phi(W_j)\}_{j\in\mathbb{N}}$ 에 종속된 $\mathcal{C}^1$ 단위분할임을 증명하여라.

5. V는 $\mathbb{R}^n$에서 열린집합이고 $\mathcal{V} = \{V_j\}_{j\in\mathbb{N}}$, $\mathcal{W} = \{W_k\}_{k\in\mathbb{N}}$는 V의 열린덮개라 하자. 만일 $\{\phi_j\}_{j\in\mathbb{N}}$이 V 위에서 $\mathcal{V}$에 종속된 $\mathcal{C}^p$ 단위분할이고 $\{\psi_k\}_{k\in\mathbb{N}}$이 V 위에서 $\mathcal{W}$에 종속된 $\mathcal{C}^p$ 단위분할이면 $\{\phi_j\psi_k\}_{j,k\in\mathbb{N}}$ 은 V 위에서 덮개 $\{V_j \cap W_k\}_{j,k\in\mathbb{N}}$ 로 종속된 $\mathcal{C}^p$ 단위분할임을 증명하여라.

6. 주어진 임의의 컴팩트 조르단영역 $H \subset \mathbb{R}^n$에 대하여
$$\lim_{j\to\infty} \int_{\mathbb{R}^n} \phi_j(\mathbf{x})\,d\mathbf{x} = \operatorname{Vol}(H)$$
인 $\mathcal{C}^\infty$ 함수열 ϕ_j 이 존재함을 보여라.

7.6 부피와 감마함수

이 절에서는 감마함수를 사용하여 n-차원 공의 부피에 대한 공식을 찾고 $n!$의 값을 점근적으로 계산해 본다.

만일 $f:(0,\infty)\to\mathbb{R}$이 $(0,\infty)$에서 국소적분가능하면

$$\int_0^\infty f(t)\,\mathrm{d}t=\lim_{\substack{x\to0+,\\ y\to\infty}}\int_x^y f(t)\,\mathrm{d}t.$$

특히, 모든 $\alpha>0$에 대하여 $\int_0^\infty e^{-\alpha t}\,\mathrm{d}t$는 유한임을 쉽게 알 수 있다.

정의 7.10 감마함수 $\Gamma(x)$ 는

$$\Gamma(x)=\int_0^\infty t^{x-1}e^{-t}\,\mathrm{d}t,\qquad x>0$$

으로 정의한다.

만일 $x<1$ 이면 피적분함수는 $t=0$ 에서 특이함수이다. 정의로부터

$$\Gamma(1)=\int_0^\infty e^{-t}\,\mathrm{d}t=1,$$

$$\Gamma(1/2)=\int_0^\infty t^{-1/2}e^{-t}\,\mathrm{d}t=2\int_0^\infty e^{-u^2}\,\mathrm{d}u=\sqrt{\pi}.$$

정리 7.23 *$\Gamma(x)$ 는 연속이고 $C^\infty((0,\infty))$ 이다.*

증명 $x_0\in(0,\infty)$ 를 임의의 점이라 하자. a 와 b 를 $0<a<x_0<b$ 가 되도록 선택하자. 이제, $\Gamma(x)$ 를 구간 $[a,b]$ 위에서 조사하자. $\Gamma=\Gamma_1+\Gamma_2$ 라 두자. 여기서 $\Gamma_1(x)$ 과 $\Gamma_2(x)$ 은

$$\Gamma_1(x)=\int_0^1 e^{-t}t^{x-1}\,\mathrm{d}t$$

와

$$\Gamma_2(x)=\int_1^\infty e^{-t}t^{x-1}\,\mathrm{d}t$$

이다. $x\in[a,b]$ 와 $0\le t\le 1$ 에 대하여

$$|e^{-t}t^{x-1}|=e^{-t}t^{x-1}\le t^{a-1}\equiv M_1(t);$$

$t\ge 1$ 에 대하여

$$|e^{-t}t^{x-1}|\le e^{-t}t^{b-1}\equiv M_2(t).$$

적분 $\int_0^1 M_1(t)\,dt$ 와 $\int_1^\infty M_2(t)\,dt$ 가 수렴하므로 Γ_1 와 Γ_2 을 정의하는 적분들은 $x \in [a,b]$ 에 대하여 고르게 수렴한다. 따라서 이러한 함수들은 구간 $[a,b]$ 에서 연속이다. 그러면 Γ 는 $[a,b]$ 에서 연속이다. 특히 Γ 는 x_0 에서 연속이다. x_0 는 임의의 양수이므로 Γ 는 $(0,\infty)$ 에서 연속이다.

비슷하게 적분기호하에서 반복도함수가 $(0,\infty)$ 에서 가능함을 보일 수 있다. 자세한 것은 연습문제로 남긴다. ■

$\Gamma(x)$는 모든 $x \in (0,\infty)$에 대하여 정의된다.

정리 7.24 *각 $x \in (0,\infty)$에 대하여 $\Gamma(x)$는 존재하고 유한이며, $\Gamma(x+1) = x\Gamma(x)$ 이고 모든 $n \in \mathbb{N}$ 에 대하여 $\Gamma(n) = (n-1)!$ 이다.*

증명

$$\Gamma(x) = \int_0^1 t^{x-1}e^{-t}\,dt + \int_1^\infty t^{x-1}e^{-t}dt = I_1 + I_2$$

라 쓰고, 로피탈정리에 의하여 모든 $\beta > 0, t > 0, y \in \mathbb{R}$에 대하여

$$\lim_{t\to\infty} e^{-\beta t}t^y = 0.$$

그러므로, 충분히 큰 t에 대하여 $e^{-t}t^{x-1} \le e^{-t/2}$이고, 정리 3.17(비교정리)로부터 모든 $x \in \mathbb{R}$에 대하여 I_2는 유한이다.

$x > 0$에 대하여 I_1이 유한임을 보이기 위해, 먼저 $x \ge 1$ 라 가정하자. 그러면 모든 $t \in [0,1]$에 대해 $t^{x-1} \le 1$이고

$$I_1 = \int_0^1 t^{x-1}e^{-t}dt \le \int_0^1 e^{-t}dt = 1 - \frac{1}{e} < \infty.$$

그러므로, $\Gamma(x)$는 모든 $x \ge 1$에 대하여 유한이다. 다음 $0 < x < 1$ 라 가정하자. 그러면 $x + 1 \ge 1$이고 따라서 $\Gamma(x+1)$는 유한이다. 부분적분법을 사용하면

$$\Gamma(x) = \int_0^\infty t^{x-1}e^{-t}\,dt = \frac{t^x e^{-t}}{x}\Big|_0^\infty + \frac{1}{x}\int_0^\infty t^x e^{-t}\,dt = \frac{1}{x}\Gamma(x+1).$$

그러므로, $\Gamma(x)$는 $0 < x < 1$에서 유한이다.

이것은 또한 $x \in (0,\infty)$ 에 대하여 $x\Gamma(x) = \Gamma(x+1)$ 의 증명이다. $\Gamma(0) = 1$ 이므로 모든 $n \in \mathbb{N}$에 대하여 $\Gamma(n) = (n-1)!$이다. ■

$x \le 0$ 에 대하여 Γ 를 정의하는 적분은 발산한다. 따라서 Γ 는 오직 $x > 0$ 에 대하여만 정의된다. 그러나 정리 7.24를 사용하면 $x < 0$ 에 대하여 Γ 를 정의할 수 있다. 이러한 방법으로 음의 실수 및 복소수로 확장한 Γ 함수는 정수론 연구에 매우 중요한 역할을 한다.

정리 7.24 로 부터

$$\Gamma(x) = \frac{\Gamma(x+1)}{x}, \qquad x > 0 \tag{7.46}$$

으로 고쳐 쓸 수 있다. 그런데 (7.46) 의 오른쪽은 $x = 0$ 을 제외한 $x > -1$ 에 대하여 정의된다. 우리는 (7.46) 의 오른쪽을 $-1 < x < 0$ 에서 Γ 의 정의로 택한다. 비슷하게

$$\Gamma(x) = \frac{\Gamma(x+2)}{x(x+1)} \tag{7.47}$$

의 오른쪽은 $x = 0, 1$ 을 제외한 모든 $x > -2$ 에 대하여 의미를 갖는다.그러므로 (7.47) 은 $(-2, -1)$ 와 $(-1, 0)$ 에서 Γ 의 정의를 제공한다.

위에서 정의한 함수 (7.46) 와 (7.47) 는 공통영역 $(-1, 0)$ 에서 같은 값을 가질까? 실제로 답은 성립한다.

귀납적으로 우리는 x 가 0 과 음의 정수를 제외한 모든 곳에서 Γ 의 정의를 확장한다. 함수의 그래프는 그림 7.23과 같다.

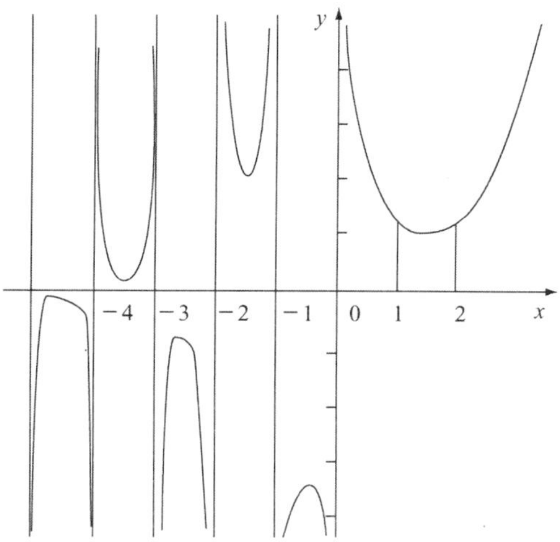

그림 7.23

정리 7.25 *$x, y \in (0, \infty)$ 라 하자. 그러면*

(i)

$$\int_0^1 v^{y-1}(1-v)^{x-1}\,\mathrm{d}v = \frac{\Gamma(x)\Gamma(y)}{\Gamma(x+y)},$$

(ii)

$$\int_0^{\pi/2} \cos^{2x-1}\varphi \, \sin^{2y-1}\varphi \, \mathrm{d}\varphi = \frac{\Gamma(x)\Gamma(y)}{2\Gamma(x+y)}.$$

특히, $k > 2$인 정수에 대하여는

(iii)
$$\int_0^{\pi} \sin^{k-2}\varphi \, d\varphi = \frac{\Gamma((k-1)/2)\Gamma(1/2)}{\Gamma(k/2)}.$$

증명 (i)을 증명하기 위하여 $v = u/(1+u)$로 변수변환하고 대입하면

$$\begin{aligned} \int_0^1 v^{y-1}(1-v)^{x-1}\, dv &= \int_0^{\infty} \Big(\frac{u}{1+u}\Big)^{y-1}\Big(1-\frac{u}{1+u}\Big)^{x-1} \frac{du}{(1+u)^2} \\ &= \int_0^{\infty} u^{y-1}\Big(\frac{1}{1+u}\Big)^{x+y} du \end{aligned}$$

치환 $s = t/(1+u)$, $w = su$ 와 푸비니정리로부터

$$\begin{aligned} \Gamma(x+y)\int_0^1 v^{y-1}(1-v)^{x-1}\, dv &= \int_0^{\infty}\int_0^{\infty} u^{y-1}\Big(\frac{1}{1+u}\Big)^{x+y} t^{x+y-1}e^{-t}\, dt\, du \\ &= \int_0^{\infty}\int_0^{\infty} u^{y-1}s^{x+y-1}e^{-s(u+1)}\, ds\, du \\ &= \int_0^{\infty} s^{x-1}e^{-s}\Big(\int_0^{\infty} u^{y-1}s^{y}e^{-su}\, du\Big)\, ds \\ &= \int_0^{\infty} s^{x-1}e^{-s}\Big(\int_0^{\infty} w^{y-1}e^{-w}\, dw\Big)\, ds \\ &= \Gamma(x)\Gamma(y). \end{aligned}$$

(ii)를 증명하기 위하여 $v = \sin^2\varphi$로 변수변환하고 (i)의 증명을 이용하면

$$\int_0^{\pi/2} \cos^{2x-1}\varphi \sin^{2y-1}\varphi\, d\varphi = \frac{1}{2}\int_0^1 v^{y-1}(1-v)^{x-1}\, dv = \frac{\Gamma(x)\Gamma(y)}{2\Gamma(x+y)}.$$

특히 $y = (k-1)/2$ 이고 $x = 1/2$ 이면 (iii) 을 얻는다. ■

정리 7.25(i) 에 주어진 함수를 **베타함수**라 하고 $B(x,y)$ 로 나타낸다. $B(x,y)$ 는 $x > 0$, $y > 0$ 에서 연속함수이다.

정리 7.26 $r > 0$이고 $\mathbf{a} \in \mathbb{R}^n$ 이면

$$\mathrm{Vol}(B_r(\mathbf{a})) = \frac{2r^n\pi^{n/2}}{n\Gamma(n/2)}.$$

증명 부피는 평행이동 불변성질(7.1절의 연습문제 3)과 따름정리 7.7에 의하여 $B = B_r(\mathbf{0})$에 대하여 $\mathrm{Vol}(B_r(\mathbf{a})) = \int_B 1\, d\mathbf{x}$ 이다. 증명을 간단히하기 위해 $n \geq 2$, $B = B_r(\mathbf{0})$ 라 가정하자. $\mathbb{R}^n$에서 변수변환을 구면좌표와 유사하게 도입한다. 즉, $0 \leq \rho \leq r$, $0 \leq \theta \leq 2\pi$ 및 $j = 0, \cdots, n-2$에 대하여 $0 \leq \varphi_j \leq \pi$ 일 때

$$x_1 = \rho\cos\varphi_1,\ x_2 = \rho\sin\varphi_1\cos\varphi_2,\ x_3 = \rho\sin\varphi_1\sin\varphi_2\cos\varphi_3, \cdots,$$

$$x_{n-1} = \rho \sin\varphi_1 \cdots \sin\varphi_{n-2}\cos\theta,\ x_n = \rho\sin\varphi_1 \cdots \sin\varphi_{n-2}\sin\theta$$

귀납법으로 이러한 변수변환은 야코비 행렬식

$$\Delta := \rho^{n-1}\sin^{n-2}\varphi_1 \sin^{n-3}\varphi_2 \cdots \sin^2\varphi_{n-3}\sin\varphi_{n-2}. \tag{7.48}$$

을 갖는다. 그러므로 정리 7.18와 7.25(iii)에 의해

$$\begin{aligned}
\mathrm{Vol}(B_r(\mathbf{a})) &= \int_B 1\,\mathrm{d}\mathbf{x} \\
&= \int_0^r \int_0^\pi \cdots \int_0^\pi \int_0^{2\pi} \rho^{n-1}\sin^{n-2}\varphi_1 \cdots \sin\varphi_{n-2}\,\mathrm{d}\theta\,\mathrm{d}\varphi_1 \cdots \mathrm{d}\varphi_{n-2}\,\mathrm{d}\rho \\
&= \frac{2\pi r^n}{n}\left(\int_0^\pi \sin^{n-2}\varphi\,\mathrm{d}\varphi\right)\cdots\left(\int_0^\pi \sin\varphi\,\mathrm{d}\varphi\right) \\
&= \frac{2\pi r^n}{n}\cdot\frac{\Gamma((n-1)/2)\Gamma(1/2)}{\Gamma(n/2)}\cdot\frac{\Gamma((n-2)/2)\Gamma(1/2)}{\Gamma((n-1)/2)}\cdots\frac{\Gamma(1)\Gamma(1/2)}{\Gamma(3/2)}.
\end{aligned}$$

$\Gamma(1/2)$ 대신에 $\sqrt{\pi}$를 쓰면

$$\mathrm{Vol}(B_r(\mathbf{a})) = \frac{2\pi r^n}{n}\left(\frac{\Gamma^{n-2}(1/2)}{\Gamma(n/2)}\right) = \frac{2r^n\pi^{n/2}}{n\Gamma(n/2)}.$$

■

위 공식으로부터 구의 부피를 알 수 있다. $n = 1$ 일 때

$$\mathrm{Vol}(B_r(0)) = \frac{2r\pi^{\frac{1}{2}}}{\Gamma(1/2)} = 2r,$$

$n = 2$ 일 때

$$\mathrm{Vol}(B_r(0,0)) = \frac{2r^2\pi}{2\Gamma(1)} = \pi r^2,$$

$n = 3$ 일 때

$$\mathrm{Vol}(B_r(0,0,0)) = \frac{2r^3\pi^{3/2}}{3\Gamma(3/2)} = \frac{2r^3\pi^{3/2}}{(3/2)\Gamma(1/2)} = \frac{4}{3}\pi r^3.$$

이제 $n!$ 의 점근식을 구해본다.

보조정리 7.9 $\phi(x) = x - \log x - 1,\ x > 0$ 이면

$$\frac{n!}{n^{n+1/2}e^{-n}} = \int_{-\sqrt{n}}^\infty e^{-n\phi(1+t/\sqrt{n})}\,\mathrm{d}t.$$

증명 정의 7.10 과 정리 7.24 에 의해

$$n! = \Gamma(n+1) = \int_0^\infty x^n e^{-x}\,\mathrm{d}x.$$

두 변수변환, 먼저 $x = ny$, 그 다음 $y = 1 + t/\sqrt{n}$ 을 대입하면

$$\begin{aligned}\frac{n!}{n^{n+1/2}e^{-n}} &= \frac{1}{\sqrt{n}}\int_0^\infty \left(\frac{x}{n}\right)^n e^{-x+n}\,\mathrm{d}x \\ &= \sqrt{n}\int_0^\infty y^n e^{-n(y-1)}\,\mathrm{d}y \\ &= \sqrt{n}\int_0^\infty e^{-n\phi(y)}\,\mathrm{d}y \\ &= \int_{-\sqrt{n}}^\infty e^{-n\phi(1+t/\sqrt{n})}dt.\end{aligned}$$

■

보조정리 7.10 $\phi(x) = x - \log x - 1,\ x > 0$ 이면

$$(x-1)\phi'(x) - 2\phi(x) > 0, \qquad 0 < x < 1$$

이고

$$(x-1)\phi'(x) - 2\phi(x) < 0 \qquad x > 1.$$

더욱이, 상수 M 이 존재하여

$$\phi(x) \geq M(x-1)^2, \qquad 0 < x < 2 \tag{7.49}$$

이고

$$\phi(x) \geq M(x-1), \qquad x \geq 2. \tag{7.50}$$

증명 $\psi(x) = 2\log x - x + 1/x$ 라 하고 $(x-1)\phi'(x) - 2\phi(x) = \psi(x)$을 보자. 모든 $x \neq 1$ 에 대하여 $\psi'(x) = -(x-1)^2/x^2 < 0$ 이므로 ψ는 $(0,\infty)$에서 감소한다. $\psi(1) = 0$ 이므로 $(0,1)$ 에서 $\psi > 0$ 이고 $(1,\infty)$에서 $\psi < 0$이다.

두 번째 부등식쌍을 증명하기 위하여 먼저 테일러공식을 이용하면 x와 1 사이에 있는 c에 대하여

$$\phi(x) = \phi(1) + \phi'(1)(x-1) + \phi''(c)\frac{(x-1)^2}{2!} = \frac{(x-1)^2}{2c^2}.$$

그러므로, 모든 $0 < x < 2$ 에 대하여 $\phi(x) \geq (x-1)^2/8$ 이다. 다음은 $x > 1$에 대해 $\phi(x) > 0$이고, $x \to \infty$일 때 $\phi(x)/(x-1) \to 1$이므로 $\phi(x)/(x-1)$는 $[2,\infty)$ 위에서 m이라는 양의 최소값을 갖는다. 그러므로 $M := \min\{m, 1/8\}$에 대하여 (7.49)과 (7.50)을 만족한다. ■

보조정리 7.11 만일 $\phi(x) = x - \log x - 1$, $x > 0$ 이고 $F_n(t) = e^{-n\phi(1+t/\sqrt{n})}$, $n \in \mathbb{N}$, $t > -\sqrt{n}$이면

$$\lim_{n\to\infty}\int_{-\sqrt{n}}^{\infty} F_n(t)\,\mathrm{d}t = \int_{-\infty}^{\infty} e^{-t^2/2}\,\mathrm{d}t.$$

증명의 개략적 단계 : 로피탈정리에 의하여

$$\lim_{n\to\infty} n\phi\Big(1+\frac{t}{\sqrt{n}}\Big) = \lim_{n\to\infty}\frac{t}{2}\frac{\phi'(1+t/\sqrt{n})}{1/\sqrt{n}} = \frac{t^2}{2}\lim_{n\to\infty}\phi''\Big(1+\frac{t}{\sqrt{n}}\Big) = \frac{t^2}{2}.$$

따라서, 모든 $t \in \mathbb{R}$에 대하여 $n \to \infty$일 때 $F_n(t) \to e^{-t^2/2}$ 이다. 그러므로, $n \to \infty$일 때 $\int_{-\sqrt{n}}^{\infty} F_n(t)\,\mathrm{d}t$는 $\int_{-\infty}^{\infty} e^{-t^2/2}\,\mathrm{d}t$ 으로 수렴한다. 이것을 증명하기 위하여 $(-\sqrt{n},\infty)$ 위에서의 적분을 세개로 나누어 $(-\sqrt{n},-\sqrt{a})$, $(\sqrt{a},\infty)$, $(-\sqrt{a},\sqrt{a})$라 하자. $e^{-t^2/2}$는 $(-\infty,\infty)$ 위에서 적분가능하므로 충분히 큰 a에 대하여 처음 두 적분은 작아진다. a가 고정되면 세 번째 적분은 디니(Dini) 정리(정리 5.40)를 이용해야 한다.

증명 M은 보조정리 7.10 에서 주어진 상수라하고, 상수 a를 크게 택하여

$$\int_{|t|\geq\sqrt{a}} e^{-Mt^2}\,\mathrm{d}t < \frac{\varepsilon}{4}, \quad \int_{\sqrt{a}}^{\infty} e^{-Mt}\,\mathrm{d}t < \frac{\varepsilon}{4} \tag{7.51}$$

이고

$$\int_{|t|\geq\sqrt{a}} e^{-t^2/2}\,\mathrm{d}t < \frac{\varepsilon}{4}. \tag{7.52}$$

$t > -\sqrt{a}$ 라 고정하고, 함수 $G(x) = e^{-x\phi(1+t/\sqrt{x})}$, $x > 0$ 를 고려해 보자. $y = 1 + t/\sqrt{x}$ 일 때

$$\begin{aligned} G'(x) &= e^{-x\phi(1+t/\sqrt{x})}\Big(\frac{t}{2\sqrt{x}}\phi'\Big(1+\frac{t}{\sqrt{x}}\Big) - \phi\Big(1+\frac{t}{\sqrt{x}}\Big)\Big) \\ &= \frac{e^{-x\phi(y)}}{2}\Big((y-1)\phi'(y) - 2\phi(y)\Big). \end{aligned}$$

그러므로, 보조정리 7.10 에 의하여 $x > a$, $-\sqrt{a} < t < 0$ 에 대해 $G'(x) > 0$이고 $x > 0$, $t > 0$에 대해 $G'(x) < 0$이다. 각 $t \in (-\sqrt{a}, 0)$에 대하여 $n \to \infty$일 때 $F_n(t) \nearrow e^{-t^2/2}$이고 각 $t \in (0,\infty)$에 대하여 $n \to \infty$일 때 $F_n(t) \searrow e^{-t^2/2}$이다. 그러므로, 디니의 정리(정리 5.40)에 의해 주어진 $\varepsilon > 0$에 대하여 $N \in \mathbb{N}$이 존재하고, $n \geq N$이면

$$\left|\int_{-\sqrt{a}}^{\sqrt{a}}\Big(F_n(t) - e^{-t^2/2}\Big)\,\mathrm{d}t\right| < \frac{\varepsilon}{4}. \tag{7.53}$$

$n > \max\{N, a\}$라 하자. (7.49)과 (7.50)에 의하여 $-\sqrt{n} < t < \sqrt{n}$에 대하여

$$n\phi\Big(1+\frac{t}{\sqrt{n}}\Big) \geq nM\frac{t^2}{n} = Mt^2$$

이고, $t \geq \sqrt{n}$에 대하여

$$n\phi\Big(1+\frac{t}{\sqrt{n}}\Big) \geq nM\frac{t}{\sqrt{n}} \geq Mt.$$

$n > a$이므로

$$\begin{aligned}\int_{\sqrt{a}}^{\infty} |F_n(t)|\,\mathrm{d}t + \int_{-\sqrt{n}}^{-\sqrt{a}} |F_n(t)|\,\mathrm{d}t &\leq \int_{\sqrt{a}\leq|t|\leq\sqrt{n}} e^{-Mt^2}\,\mathrm{d}t + \int_{\sqrt{n}}^{\infty} e^{-Mt}\,\mathrm{d}t \\ &< \int_{|t|\geq\sqrt{a}} e^{-Mt^2}\,\mathrm{d}t + \int_{\sqrt{a}}^{\infty} e^{-Mt}\,\mathrm{d}t.\end{aligned}$$

이 부등식과 (7.52)을 결합하면

$$\int_{\sqrt{a}}^{\infty} |F_n(t)|\,\mathrm{d}t + \int_{-\sqrt{n}}^{-\sqrt{a}} |F_n(t)|\,\mathrm{d}t < \frac{\varepsilon}{2}. \tag{7.54}$$

(7.52), (7.53), (7.54)에 의하여

$$\begin{aligned}&\left|\int_{-\sqrt{n}}^{\infty} F_n(t)\,\mathrm{d}t - \int_{-\sqrt{n}}^{\infty} e^{-t^2/2}\,\mathrm{d}t\right| \\ &\leq \int_{\sqrt{a}}^{\infty} |F_n(t)|\,\mathrm{d}t + \int_{-\sqrt{n}}^{-\sqrt{a}} |F_n(t)|\,\mathrm{d}t + \int_{|t|\geq\sqrt{a}} e^{-t^2/2}\,\mathrm{d}t + \left|\int_{-\sqrt{a}}^{\sqrt{a}} \Big(F_n(t) - e^{-t^2/2}\Big)\,\mathrm{d}t\right| \\ &< \frac{\varepsilon}{2} + \frac{\varepsilon}{4} + \frac{\varepsilon}{4} = \varepsilon.\end{aligned}$$

■

정리 7.27 (스털링 공식) *충분히 큰 $n \in \mathbb{N}$에 대하여 $n! \approx \sqrt{2\pi}(n^{n+1/2})e^{-n}$. 즉,*

$$\lim_{n\to\infty} \frac{n!}{\sqrt{2\pi}(n^{n+1/2})e^{-n}} = 1.$$

증명 7.4절 연습문제 13 과 변수변환 $t = \sqrt{2u}$에 의하여

$$\int_{-\infty}^{\infty} e^{-t^2/2}\,\mathrm{d}t = \sqrt{2}\int_{-\infty}^{\infty} e^{-u^2}\,\mathrm{d}u = 2\sqrt{2}\int_{0}^{\infty} e^{-u^2}\,\mathrm{d}u = \sqrt{2\pi}.$$

그러므로 보조정리 7.9 과 7.11 로부터

$$\begin{aligned}\lim_{n\to\infty} \frac{n!}{\sqrt{2\pi}(n^{n+1/2})e^{-n}} &= \lim_{n\to\infty} \frac{1}{\sqrt{2\pi}} \int_{-\sqrt{n}}^{\infty} e^{-n\phi(1+t/\sqrt{n})}\,\mathrm{d}t \\ &= \frac{1}{\sqrt{2\pi}} \int_{-\infty}^{\infty} e^{-t^2/2}\,\mathrm{d}t = 1.\end{aligned}$$

■

연습문제 (7.6)

1. 다음 적분값을 구하여라.

   (a) $0 < \alpha < 1$ 에 대하여
   $$\int_0^\infty \frac{1-e^{-x}}{x^{1+\alpha}}\,dx.$$

   (b) $-1 < \alpha < 1$ 에 대하여
   $$\int_0^\infty \frac{(1-e^{-x})^2}{x^{2+\alpha}}\,dx.$$

   (c) $-2 < \alpha < 1$ 에 대하여
   $$\int_0^\infty \frac{(1-e^{-x})^3}{x^{3+\alpha}}\,dx.$$

   (d) $\int_0^{\pi/2}(\tan x)^{1/2}\,dx.$ (e) $\int_0^\infty t^{-1/2}(1+t)^{-1/2}\,dt.$

2. $x > 0$ 에 대하여 $\Gamma(x) > 0$ 이고 $-n < x < -n+1$ 에서 $\operatorname{sgn}\Gamma(x) = (-1)^n$ 임을 보여라.

3. $\Gamma(x) = \displaystyle\int_0^1 [\log(1/t)]^{x-1}\,dt$ 을 보여라.

4. ψ 을 $\psi(x) = \dfrac{d}{dx}\log\Gamma(x)$ 으로 정의하자. 다음을 보여라.

   (a) $\psi(x+1) = \psi(x) + 1/x$

   (b) $\psi(x+n) = \psi(x) + \displaystyle\sum_{k=0}^{n-1} 1/(x+k)$

   (c) $\displaystyle\lim_{n\to\infty}[\psi(x+n) - \log n] = \psi(x) + \gamma + \frac{1}{x} - \sum_{k=1}^{\infty}\left(\frac{1}{k} - \frac{1}{x+k}\right)$
   여기서 γ 는 오일러–마스체로니(Euler-Mascheroni)상수이다.

   (d) $\lim_{n\to\infty}[\psi(x+n) - \log n] = 0$ 으로 알려졌다고 가정하자. 그러면
   $$\psi(x) = -\gamma - \frac{1}{x} + \sum_{n=0}^{\infty}\left(\frac{1}{n} - \frac{1}{x+n}\right)$$
   을 보이고
   $$\frac{1}{\Gamma(x)} = e^{\gamma x}x\prod_{k=1}^{\infty}\left[\left(1+\frac{x}{k}\right)e^{-x/k}\right]$$
   을 귀납적으로 보여라.

(e) (d) 와 Γ 의 정의를 이용하여

$$\Gamma'(x) = \psi(1) = \int_0^\infty e^{-t} \log t \, \mathrm{d}t = -\gamma$$

임을 보여라.

5. 다음을 보여라.

(a) $\displaystyle\int_0^\infty t^2 e^{-t^2} dt = \frac{\sqrt{\pi}}{4}$

(b) $\displaystyle\int_0^1 \frac{\mathrm{d}x}{\sqrt{-\log x}} = \sqrt{\pi}$

(c) $\displaystyle\int_{-\infty}^\infty e^{\pi t - e^t} dt = \Gamma(\pi)$

6. 반지름이 r인 4차원의 공의 부피는 $\pi^2 r^4/2$이고, 반지름이 r인 5차원의 공의 부피는 $8\pi^2 r^5/15$임을 보여라.

7. (7.48)식을 증명하여라.

8. 다음을 보여라.

(a) $\displaystyle\int_0^{\pi/2} \sin^{2n}\theta \, \mathrm{d}\theta = \int_0^{\pi/2} \cos^{2n}\theta \, \mathrm{d}\theta = \frac{1 \cdot 3 \cdots (2n-1)}{2 \cdot 4 \cdots (2n)} \frac{\pi}{2}$

(b) $\displaystyle\int_0^{\pi/2} \sin^{2n-1}\theta \, \mathrm{d}\theta = \int_0^{\pi/2} \cos^{2n-1}\theta \, \mathrm{d}\theta = \frac{2 \cdot 4 \cdots (2n-2)}{1 \cdot 3 \cdots (2n-1)}$

(c) $\displaystyle\int_0^{\pi/2} \sin^{2n+1}\theta \, \mathrm{d}\theta < \int_0^{\pi/2} \sin^{2n}\theta \, \mathrm{d}\theta < \int_0^{\pi/2} \sin^{2n-1}\theta \, \mathrm{d}\theta$

(d) $\displaystyle\frac{\pi}{2} = \lim_{n\to\infty} \left[\frac{2 \cdot 4 \cdots (2n-2)}{1 \cdot 3 \cdots (2n-1)}\right]^2 \frac{1}{2n+1}$ (힌트: (a) 와 (b) 를 이용)

9. $x > 0$ 에 대하여

$$\Gamma(x) = \sum_{n=0}^\infty \frac{(-1)^n}{n!} \frac{1}{n+x} + \sum_{n=0}^\infty c_n x^n$$

임을 보여라. 여기서 $c_n = (1/n!) \int_1^\infty t^{-1} e^{-t} (\log t)^n \, \mathrm{d}t$ 이다.

10. $n > 2$에 대하여, n차원 타원면

$$E = \left\{ (x_1, x_2, \cdots, x_n) : \left(\frac{x_1}{a_1}\right)^2 + \left(\frac{x_2}{a_2}\right)^2 + \cdots + \left(\frac{x_n}{a_n}\right)^2 \le 1 \right\}$$

의 부피는

$$\mathrm{Vol}(E) = \frac{2a_1 \cdots a_n \pi^{n/2}}{n\Gamma(n/2)}$$

임을 증명하여라.

11. $n > 2$에 대하여, n차원 원뿔

$$C = \{(x_1, \cdots, x_n) : (h/r)\sqrt{x_2^2 + \cdots + x_n^2} \le x_1 \le h\}$$

의 부피는

$$\mathrm{Vol}(C) = \frac{2hr^{n-1}\pi^{(n-1)/2}}{n(n-1)\Gamma((n-1)/2)}$$

임을 증명하여라.

12. 각각의 $k \in \mathbb{N}$에 대하여 다음의 값을 구하여라.

$$\int_{B_r(\mathbf{0})} x_k^2 \, \mathrm{d}(x_1, \cdots, x_n).$$

13. 각 $\mathbf{x} \in B_1(\mathbf{0})$에 대하여 $f : B_1(\mathbf{0}) \to \mathbb{R}$ 이 미분가능하 고

$$f(\mathbf{0}) = 0 \text{ 이고 } \|\nabla f(\mathbf{x})\| \le 1$$

이면

$$\lim_{k\to\infty} \int_{B_1(\mathbf{0})} |f(\mathbf{x})|^k \, \mathrm{d}\mathbf{x}$$

이 존재하고 그 값이 0 임을 증명하여라.

14. (a) Γ는 $(0, \infty)$ 위에서 미분가능하고

$$\Gamma^{(n)}(x) = \int_0^\infty e^{-t} t^{x-1} (\log t)^n \, \mathrm{d}t.$$

(b) Γ는 $(0, \infty)$ 위에서 볼록이고 $\mathcal{C}^\infty$ 이다.

15. $x \to \infty$ 일 때 다음 적분의 근사거동을 조사하여라.

(a) $\int_0^1 (\cos t)^x \, \mathrm{d}t$ (힌트 : $(\cos t)^x = e^{x \log \cos t}$) (b) $\int_0^{\pi/2} e^{-x \sec t} \, \mathrm{d}t$

(c) $\int_0^1 (1 - t^2)^x \cos t \, \mathrm{d}t$ (d) $\int_0^1 (2 - t^2)^x \, \mathrm{d}t$

16. $x \to \infty$ 일 때 다음을 보여라.

(a) $[\Gamma(x+1)]^{1/x} \sim x/e$ (b) $\Gamma(a+x) \sim \sqrt{2\pi} x^{x+a-1/2} e^{-x}$

(c) $\dfrac{\Gamma(a+x)}{\Gamma(b+x)} \sim x^{a-b}$

(d) x 가 0 과 음의 정수가 아닐 때

$$\Gamma(x) = \lim_{n\to\infty} \frac{n!n^x}{x(x+1)\cdots(x+n)}$$

(힌트 : (b) 를 이용)

(e) f 는 구간 $a < t < b$ 에서 $\mathcal{C}^2$ 이고 $c \in (a, b)$ 가 존재하여 f 는 $a < t \leq c$ 에서 감소하고 $c \leq t < b$ 에서 증가한다고 가정하자. $f'(c) = 0$ 이고 $f''(c) > 0$ 라 가정하자. 만일 $I(x) = \int_a^b e^{-xf(t)}\,\mathrm{d}t$ 가 $x = x_0$ 에 대하여 존재하면 이것은 $x > x_0$ 에서 존재하고 $I(x) \sim e^{-xf(c)}\sqrt{2\pi/xf''(c)}$ 임을 보여라.

(f) f 는 문제 의 조건을 만족하고 g 는 $a < t < b$ 에서 연속이라고 가정하자. 만일 $I(x) = \int_a^b g(t)e^{-xf(t)}\,\mathrm{d}t$ 가 $x = x_0$ 에 대하여 절대수렴하면 이것은 $x > x_0$ 에서 절대수렴하고 $I(x) \sim g(c)e^{-xf(c)}\sqrt{2\pi/xf''(c)}$ 임을 보여라.

(g) f 는 $0 \leq t < a$ 에서 $\mathcal{C}^4$, 증가하고 $f(0) = f'(0) = f''(0) = f'''(0) = 0$ 이고 $f^{(4)}(0) > 0$ 라고 가정하자. 만일

$$I(x) = \int_0^x e^{-xf(t)}\,\mathrm{d}t$$

이 $x = x_0$ 에 대하여 존재하면 $I(x)$ 은 $x > x_0$ 에 대하여 존재하고 $I(x) \sim \frac{1}{2}[4!/xf^{(4)}(0)]^{1/4}\Gamma(\frac{1}{4})$.

8 다변수 미적분학의 기본정리

이 장에서는 곡선 또는 곡면위에서 정의된 함수의 적분에 관하여 고찰하고 이러한 적분이 실제 응용에 어떻게 사용되는지 알아보기로 한다.

8.1 곡선

곡선이란 기하적으로 구불구불한 (유한 또는 무한)선분을 뜻한다. 우리는 곡선을 원, 타원, 포물선, 직선등과 같은 것을 생각할 수 있다. 이러한 곡선을 보다 수학적으로 엄밀하게 도입하도록 하자.

정의 8.1 곡선 *C 이란 구간 $I \subset \mathbb{R}$ 에서 정의된 연속함수 $\phi : I \to \mathbb{R}^m$ 를 말하며 함수 ϕ 의 치역(ϕ 에 의한 I 의 상)*

$$\phi(I) = \{\mathbf{x} \in \mathbb{R}^m : \mathbf{x} = \phi(t),\ t \in I\}$$

을 C의 **자취**, *t 를* **곡선의 매개변수**, *구간 I 를* **매개변수 구간***이라 한다. 이 경우 곡선 C 를 간단히 순서쌍 $C = (\phi, I)$ 으로 나타낸다. 점 $\mathbf{x} \in \mathbb{R}^m$ 가 C의 자취에 속하면* **곡선 C 위에 있다***라고 한다.*

보기 1 *$\mathbf{x}_0$, $\mathbf{a} \in \mathbb{R}^m$ 라 하자. $\phi(t) := t\mathbf{a} + \mathbf{x}_0$ 에 대한 $\mathbb{R}$ 의 상은 직선임을 쉽게 알 수 있다(연습문제 2). 이것을 $\mathbf{x}_0$를* **지나고 a방향으로의 직선***이라 부른다. 직선은 $\mathbb{R}^m$ 에서 가장 단순한 곡선이다.*

보기 2 *$\phi(t) = (\cos t, \sin t)$ 에 의한 구간 $[0, 2\pi]$ 의 상은 원임을 알 수 있다. 따라서 원은 곡선이다.*

점들의 주어진 집합은 많은 다른 곡선들의 자취가 될 수 있다. 예를 들어, 선분 $\{(x,y) \in \mathbb{R}^2 : y = x, 0 < x \leq 1\}$ 는 $(0,1]$ 위에서 $\phi(t) = (t,t)$, $(0,2]$ 위에서 $\psi(t) = (t/2, t/2)$, $[1,\infty)$ 위에서 $\sigma(t) = (1/t, 1/t)$의 자취이다. 비록 이 함수들은 같은 선분을 그리지만 각각은 다르게 그린다. 함수 ψ는 ϕ보다 두 배로 천천히 선을 그리고, σ는 ϕ에 꺼꾸로 선을 그린다. 그러므로 곡선 (ϕ, I)는 단순히 점들의 집합 $\phi(I)$일 뿐만 아니라 그 점들을 그리는 특별한 방법 $\phi : I \to \phi(I)$를 함께 고려한 것이다.

정의 8.2 *$I = [a,b]$가 닫혀있고 유계이면 곡선 $C = (\phi, I)$를* **호***라 하고 이 경우 $\phi(a)$, $\phi(b)$를 C의* **끝점***이라 한다. $\phi(a) = \phi(b)$이면 호 $(\phi, [a,b])$는* **닫혀있다***고 한다. ϕ가 I 위에서 1-1이면, 닫혀있지 않은 곡선 (ϕ, I)를* **단일곡선***이라 부르고, ϕ가 $[a,b)$ 위에서 1-1이고 $\phi(a) = \phi(b)$이면, 닫힌곡선 $(\phi, [a,b])$를* **단일닫힌곡선** *또는* **조르단 곡선***이라 한다.*

조르단정리에 의하면 $\mathbb{R}^2$에서 모든 단일닫힌곡선 (ϕ, I)의 자취는 $\mathbb{R}^2$를 두 조각, 즉 유계 연결집합 E 와 유계가 아닌 연결집합 Ω (단, $\partial E = \partial\Omega = \phi(I)$) 로 나눈다.

$\mathbb{R}^m$에서 일반적인 곡선을 단순하게 어떤 연속함수 $\phi : \mathbb{R} \to \mathbb{R}^m$에 대한 어느 구간의 상이라고 정의하기에는 너무 광범위한 정의가 된다. 실제로 단위구간 $[0,1]$에서 단위 정사각형 $[0,1] \times [0,1]$으로 가는 전사인 연속함수가 존재한다. 이러한 곡선을 페아노[1] 곡선 또는 공간채우는(Space-filling)곡선[2] 이라 한다. 이를 피하는 한 방법으로 위상동형, 즉, 역함수도 연속인 함수를 곡선으로 정의하는 것이다. 그러나 미분가능한 함수를 사용하여 곡선을 정의하려 한다.

열린 집합이 아닌 정의역에서 정의된 함수의 편미분의 정의를 확장해 보자. $m, n, p \in \mathbb{N}$ 이고 E 는 $\mathbb{R}^n$의 부분집합이라 하자. 함수 $f : E \to \mathbb{R}^m$가 E 위에서 $\mathcal{C}^p$라 함은 열린집합 $V \supseteq E$ 와 V 위에서 계수 $j \leq p$ 의 편미분이 존재하는 함수 $g : V \to \mathbb{R}$ 가 존재하여 모든 $\mathbf{x} \in E$에 대하여 $f(\mathbf{x}) = g(\mathbf{x})$을 만족한다. 이 경우 f의 **편도함수**는 g 의 편도함수로 정의한다. 즉 $\mathbf{x} \in E$ 이고 $k = 1, 2, \cdots, n$, $j = 1, 2, \cdots, m$에 대하여 $\partial f_j / \partial x_k(\mathbf{x}) = \partial g_j / \partial x_k(\mathbf{x})$. 모든 $p \in \mathbb{N}$에 대하여 E 위에서 f가 $\mathcal{C}^p$이면 함수 $f : E \to \mathbb{R}^m$ 는 E 위에서 $\mathcal{C}^\infty$ 라 한다.

이제부터 p는 자연수이거나 ∞를 나타낸다.

---

1) 페아노는 자연수를 정의한 인물과 동일인물이다.

2) 이 곡선의 페아노의 발견은 그 당시 많은 수학자들에게 충격적이었다. 왜냐하면 이 곡선은 연속 곡선이 가져야 하는 그들의 선입견의 모든 것을 위반하였기 때문이다. 그러나 다른 한편으로는 이 곡선은 기회를 제공하였는데 실제로 연속곡선이 $\mathbb{R}^2$ 의 부분집합의 내재성의 위상성질을 찾는 것이 I 에서 X 위로의 연속함수의 존재성과 동치임을 결정하는 매우 흥미로운 문제를 제안하였다.[11]

정의 8.3 *I가 (유계이거나 유계가 아닌) 구간이라 하자. $\mathbb{R}^m$의 C^p* **곡선** *$C = (\phi, I)$ 은 $\phi : I \to \mathbb{R}^m$ 는 I 위에서 C^p 인 함수이다.*

곡선 (ϕ, I)의 C^p **매개변수화**는 $\psi(J) = \phi(I)$를 만족하는 단일 C^p 곡선 (ψ, J)를 의미한다. 방정식

$$x_j = \psi_j(t), \qquad t \in J, \quad j = 1, \cdots, m$$

는 매개화 (ψ, J) 에 의해 도입된 (ϕ, I)의 **매개변수방정식**이라 불린다.

어떤 구간에서 실수값을 갖는 C^p 함수의 그래프는 단일 C^p곡선의 자취임을 다음 보기에서 알 수 있다.

보기 3 *I는 구간이고 $f : I \to \mathbb{R}$는 C^p 함수라 하자. 자취가 $y = f(x)$, $x \in I$의 그래프와 일치하는 1-1 인 C^p 함수 $\phi : I \to \mathbb{R}^2$가 존재함을 증명하여라.*

풀이 $\phi(t) = (t, f(t))$라 하면 ϕ는 I에서 C^p이고 1-1이다. 또한 $\phi(I)$는 I에서 $y = f(x)$의 그래프이다.

보기 4 *원 $x^2 + y^2 = a^2$는 $\mathbb{R}^2$에서 C^∞ 단일닫힌곡선의 자취임을 보여라.*

풀이 $x^2 + y^2 = a^2$를 만족하는 점 $(x, y) \in \mathbb{R}^2$의 집합은 $\phi(t) = (a\cos t, b\sin t)$ 와 $I = [0, 2\pi]$에 의하여 정의되는 C^∞ 단일닫힌곡선의 자취이다.(그림 8.1).

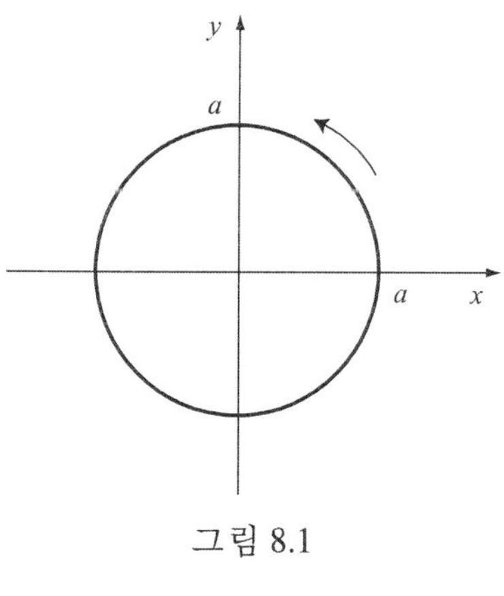

그림 8.1

정의 8.4 *단일 C^p곡선 $C = (\phi, I)$의* **호의 길이**는 *확장된 실수*

$$L(C) := \sup\left\{\sum_{j=1}^{k} \|\phi(t_j) - \phi(t_{j-1})\| : \{t_0, t_1, \cdots, t_k\} \text{ 는 } I \text{ 의 분할}\right\}$$

으로 정의한다. 만일 $L(C)$ 가 유한이면 곡선 C는 **길이를 갖는다***고 한다.*

다음 결과는 끝점을 갖는 모든 $\mathcal{C}^p$곡선은 $p \geq 1$에 대하여 길이가 있음을 보인다. 공간을 채우는 곡선은 ϕ 가 단지 연속이라면 이 결과는 거짓임을 보이고 연습문제 4 는 곡선이 끝 점을 가지고 있지 않다면 이는 거짓임을 보이고 있다.

정리 8.1 *$C = (\phi, I)$ 가 $\mathcal{C}^1$ 단일 호이면 C의 호의 길이는*

$$L(C) = \int_I \|\phi'(t)\| \, dt.$$

증명 $\epsilon > 0$라 하자. $\phi = (\phi_1, \phi_2 \cdots, \phi_m)$라 놓고 입방체 $I^m := I \times \cdots \times I$에 있는 $(x_1, x_2, \cdots, x_m)$에 대하여

$$F(x_1, x_2, \cdots, x_m) = \Big(\sum_{\ell=1}^{m} |\phi'_\ell(x_\ell)|^2 \Big)^{1/2}$$

라 놓자. 가정에 의하여 F는 I^m 위에서 연속이고, I^m은 컴팩트이다. 그러므로 F는 I^m 위에서 고른연속이다. 즉 $\delta > 0$가 존재하여

$$\mathbf{x}, \mathbf{y} \in I^m, \ \|\mathbf{x} - \mathbf{y}\| < \delta \implies |F(\mathbf{x}) - F(\mathbf{y})| < \frac{\epsilon}{2|I|}.$$

$\mathcal{P} = \{u_0, \cdots, u_N\}$는 I의 임의의 분할이라 하자. 정리 3.5 에 의하여 $\mathcal{P}$ 보다도 더 세분된 분할 $\mathcal{P}_0 = \{t_0, \cdots, t_k\}$ 를 택하여 $\|\mathcal{P}_0\| < \delta/\sqrt{m}$ 이고

$$\int_I \|\phi'(t)\| \, dt - \frac{\epsilon}{2} < \sum_{j=1}^{k} \|\phi'(t_j)\|(t_j - t_{j-1}) < \int_I \|\phi'(t)\| \, dt + \frac{\epsilon}{2}.$$

$\ell \in \{1, 2, \cdots, m\}$ 과 $j \in \{1, 2, \cdots, k\}$를 고정하자. 정리 2.20(일차원의 평균값 정리)에 의하여 점 $c_j(\ell) \in [t_{j-1}, t_j]$를 택해서

$$\phi_\ell(t_j) - \phi_\ell(t_{j-1}) = \phi'_\ell(c_j(\ell))(t_j - t_{j-1}).$$

$\|\mathcal{P}_0\| < \delta/\sqrt{m}$이므로 $\|F(t_1, \cdots, t_j) - F(c_j(1), \cdots, c_j(m))\| < \epsilon/(2|I|)$. $\phi'(t) = (\phi'_1(t), \cdots, \phi'_m(t))$이므로 $F(t_1, \cdots, t_j) = \|\phi'(t_j)\|$ 이고

$$\begin{aligned} F(c_j(1), \cdots, c_j(m))(t_j - t_{j-1}) &= \Big(\sum_{\ell=1}^{m} |\phi'_\ell(c_j(\ell))|^2 \Big)^{1/2} (t_j - t_{j-1}) \\ &= \|\phi(t_j) - \phi(t_{j-1})\|. \end{aligned}$$

따라서

$$\sum_{j=1}^{k} \|\phi'(t_j)\|(t_j - t_{j-1}) - \frac{\epsilon}{2} < \sum_{j=1}^{k} \|\phi(t_j) - \phi(t_{j-1})\| < \sum_{j=1}^{k} \|\phi'(t_j)\|(t_j - t_{j-1}) + \frac{\epsilon}{2}.$$

앞의 식과 위 부등식을 결합하면

$$\int_I \|\phi'(t)\| \, dt - \epsilon < \sum_{j=1}^{k} \|\phi(t_j) - \phi(t_{j-1})\| < \int_I \|\phi'(t)\| \, dt + \epsilon$$

왼쪽 부등식과 정의 8.4 를 사용하면

$$L(C) \geq \sum_{j=1}^{k} \|\phi(t_j) - \phi(t_{j-1})\| > \int_I \|\phi'(t)\| \, dt - \epsilon,$$

즉, $L(C) \geq \int_I \|\phi'(t)\| \, dt$. 한편, $\mathcal{P}_0 = \{t_0, t_1, \cdots, t_k\}$는 $\mathcal{P}$ 보다 세분이므로 오른쪽 부등식으로 부터

$$\sum_{i=1}^{N} \|\phi(u_i) - \phi(u_{i-1})\| \leq \sum_{j=1}^{k} \|\phi(t_j) - \phi(t_{j-1})\| < \int_I \|\phi'(t)\| \, dt + \epsilon.$$

I의 모든 분할 $\{u_0, u_1, \cdots, u_N\}$ 위에서 상한을 취하면

$$L(C) \leq \int_I \|\phi'(t)\| \, dt + \epsilon,$$

즉, $L(C) \leq \int_I \|\phi'(t)\| \, dt$. ■

공간에서 움직이는 입자 p의 경로로서 곡선의 자취 ϕ 와 특별한 비행기록으로써 매개화 (ϕ, I) 의 각각을 설명하는 것이 유용하다.

참고 1 *$t_0 \in I^o$ 이고 $\mathbf{x}_0 = \phi(t_0)$ 이면 $\|\phi'(t_0)\|$는 $\mathbf{x}_0$ 에서 입자 p의 속력이고 $\phi'(t_0)$ 은 영벡터가 아닐 때 점 $\mathbf{x}_0$ 에서 진행방향으로 향하는 곡선 C 의* **접벡터***이다.*

증명 $t_0 \in I$ 라 하자. 각각의 충분히 작은 $h > 0$ 에 대하여 몫

$$\frac{\phi(t_0 + h) - \phi(t_0)}{h}$$

은 곡선 C 을 따라 진행 방향으로 향하는 벡터이고 $\mathbf{x}_0$ 에서 C 에 대한 접선의 방향을 근사시킨다 (그림 8.2). p의 속력을 계산하기 위하여 곡선 C의 호의 길이 s를 다음과 같이 정의하자.

$$s := \ell(t) := \int_a^t \|\phi'(u)\| \, du, \qquad t \in [a, b]. \tag{8.1}$$

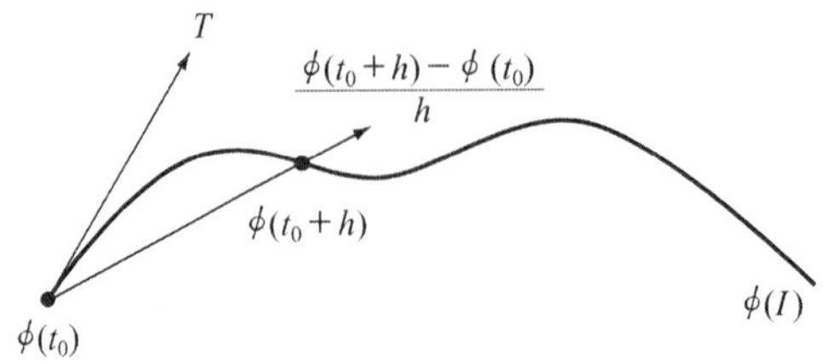

그림 8.2

미적분학의 기본정리에 의하여 $\mathrm{d}s/\mathrm{d}t = \ell'(t) = \|\phi'(t)\|$. 그러므로 호의 길이 s의 시간 t에 대한 변화율은 $\|\phi'(t)\|$ 이다. 즉 $\mathbf{x}_0$ 에서 입자 p 의 속력은 정확히 $\|\phi'(t_0)\|$ 이다. ■

열린 구간위에서 미분가능한 함수의 그래프는 매끄럽다. 즉, 각 점에서 접선은 유일하게 결정된다. 다음 보기는 $\mathcal{C}^p$ 곡선의 자취에 대하여 그렇지 않음을 보여 준다.

보기 5 *$\phi(t) = (\cos^3 t, \sin^3 t)$이고 $I = [0, 2\pi]$라 하자. (ϕ, I)는 $\mathbb{R}^2$ 에서 모서리를 갖는 $\mathcal{C}^\infty$ 단일닫힌곡선임을 증명하여라.* (이러한 곡선을 **사각별**(astroid)라 한다.)

풀이 분명히 ϕ는 I 위에서 $\mathcal{C}^\infty$이고 $[0, 2\pi)$ 위에서 1-1이다. $x = \cos^3 t$, $y = \sin^3 t$라 하고 배각의 공식에 의하여

$$x^2 + y^2 = \frac{3}{4}\cos^3(2t) + \frac{1}{4}.$$

그러므로 $\sqrt{x^2+y^2}$ 는 ($t = 0, \pi/2, \pi, 3\pi/2, 2\pi$ 일 때) 최대값 1 부터 ($t = \pi/4, 3\pi/4, 5\pi/4, 7\pi/4$ 일 때)최소값 1/2 까지 변한다. I는 연결이고, ϕ는 미분가능, 따라서 연속이므로 $\phi(I)$ 또한 연결이다. 몇 개의 점들을 작도해 보면 $\phi(I)$는 $(0, 1)$ 을 시계반대방향으로 출발하여 되돌아오는 사각별 형태이다(그림 8.3).

자취 $\phi(I)$ 가 점 (x_0, y_0)근방에서 미분가능한 함수의 그래프일 때 $\mathbb{R}^2$에 있는 곡선 (ϕ, I)은 점 $(x_0, y_0) = \phi(t_0)$ 에서 **유일한 접선을 갖는다**고 말한다. 이 말은 $t_0 \in I^o$ 일 때 열린 구간 I_0, J 와 미분가능한 함수 $f : J \to \mathbb{R}$가 존재하여 $t_0 \in I_0 \subset I$ 와 $x_0 \in J$ 이고 J 위에서 $y = f(x)$의 그래프가 $\phi(I_0)$와 일치, 또는 $y_0 \in J$이고 J 위에서 $x = f(y)$의 그래프가 $\phi(I_0)$와 일치, 둘 중 하나를 만족한다. 각 점에서 유일한 접선을 갖는 곡선을 어떻게 확인하는가? (ϕ, I) 를 사각별이라 하자(보기 5). $t = 0, \pi/2, \pi, 3\pi/2, 2\pi$ 일 때 $\phi'(t) = (0, 0)$ 임을 주목하자. 즉, 그 점들은 곡선 (ϕ, I)가 유일한 접선을 갖지 못하는 곳이다. 그러므로 곡선 (ϕ, I)는 $\phi'(t_0) \neq \mathbf{0}$일 때 어떤 점 $(x_0, y_0) = \phi(t_0)$에서 유일한 접선을 갖는다고 추측한다. 다음은 끝 점들을 제외하고 이러한 추측이 타당함을 보여 준다.

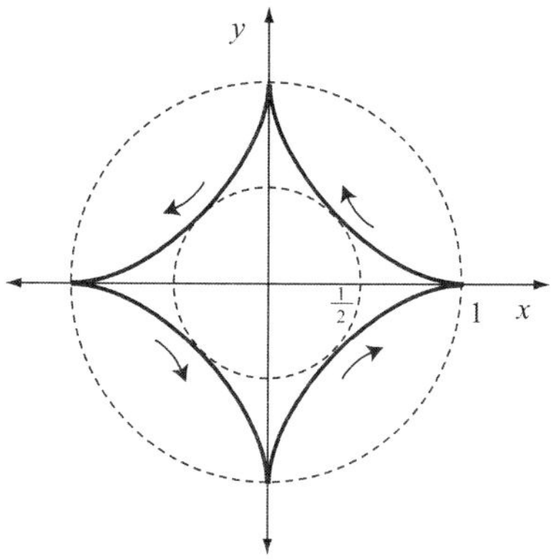

그림 8.3

참고 2 만일 (ϕ, I)이 $t_0 \in I^o$일 때 $(x_0, y_0) = \phi(t_0)$에서 접선을 갖지 않는 $\mathbb{R}^2$ 내의 C^1 곡선이라 하면, $\phi'(t_0) = \mathbf{0}$이다.

증명 (ϕ_1, ϕ_2)를 ϕ의 성분이라 하자. $\phi'(t_0) \neq \mathbf{0}$라 가정하자. $\phi_1'(t_0) \neq 0$라 가정할 수 있다. 음함수의 정리에 의하여 $F(x,t) = \phi_1(t) - x$를 적용하고, x_0를 포함하는 열린구간 J와 연속적으로 미분가능한 함수 $g: J \to I$가 존재하여 모든 $x \in J$에 대하여 $\phi_1(g(x)) = x$이고 $g(x_0) = t_0$이다. $f = \phi_2 \circ g$라 하면, $y = f(x), x \in J$의 그래프는 (x_0, y_0) 근방에서 $g(J)$ 위에서 ϕ의 자취이다. f는 x_0에서 미분가능이므로 그래프 $y = f(x)$는 x_0에서 접선을 갖는다. 이는 모순이다. ■

따라서 다음을 정의할 수 있다.

정의 8.5 (ϕ, I)는 C^1 곡선 또는 매개변수화라 하자.

(i) $\phi'(t_0) \neq \mathbf{0}$ 이면 (ϕ, I)는 $t_0 \in I$ 에서 **매끄럽다**한다.

(ii) I 의 각 점에서 매끄러우면 닫혀있지 않은 곡선 (ϕ, I) 는 **매끄럽다**하고, $(\phi, [a,b))$ 가 매끄럽고 $\phi'(a) = \phi'(b)$이면, 닫힌곡선 $(\phi, [a,b])$ 는 **매끄럽다**고 한다.

(iii) $C = (\phi, I)$ 가 단일이고 매끄러우면 $\mathbf{x}_0 = \phi(t_0)$ 에서 C 의 **단위 접선벡터** 는 $T(\mathbf{x}_0) := \phi'(t_0)/\|\phi'(t_0)\|$.

참고 2 에 의하면 어떤 내부의 점에서 접선을 갖지 않는 곡선은 매끄럽게 매개변수화되지 않는다. 이것의 역은 성립하지 않는다.

참고 3 각 점에서 유일한 접선을 갖는 곡선은 매끄럽지 않은 매개변수를 가질 수도 있다.

증명 $\psi(t) = (t^3, 3t^3)$ 라 하자. $\psi(t)$ 의 자취는 각각의 점에서 유일한 접선이 $y = 3x$ 이다. 그런데도 $\psi'(0) = \mathbf{0}$.(물론, 자명한 $\phi(t) = (t, 3t)$ 와 같이 $\phi'(0) \neq \mathbf{0}$ 을 만족하는 또 다른 매개화 곡선이 존재한다.) ■

이렇게 볼 때 주어진 곡선의 모든 매개변수화에 대하여 공통의 성질과 그렇지 않은 것 사이의 주의깊은 구별이 필요하다. 예를 들어, 정리 8.1 에서 계산한 주어진 곡선에서 호의 길이는 매개변수화에 대하여 독립적일까?

이 질문에 대답하기 위해서는 몇가지 예비적인 절차가 필요하다.

명제 8.1 *I, J는 닫힌 유계구간이고 $\phi : I \to \mathbb{R}^m$ 는 1-1 이고 연속이라 하자. 어떤 연속함수 $\psi : J \to \mathbb{R}^m$ 에 대하여 $\phi(I) = \psi(J)$ 일 필요충분조건은 J 에서 I 위로 가는 연속함수 τ 가 존재하여 $\psi = \phi \circ \tau$ 이다.*

증명 I 는 컴팩트이고 ϕ 는 1-1 이고 I 위에서 연속이므로 ϕ^{-1} 는 $\phi(I)$ 에서 I 위로 가는 연속함수이다(5.5절 연습문제9). $\psi(J) = \phi(I)$ 이므로 $\tau = \phi^{-1} \circ \psi$ 는 J 에서 I 위로 가는 연속함수이다.

역으로 τ 가 J 에서 I 위로 가는 연속함수 이면 $\psi = \phi \circ \tau$ 는 J 에서 $\phi(I)$ 위로가는 연속함수 이다. 즉 $\psi(J) = \phi(I)$. ■

(ψ, J), (ϕ, I) 가 같은 $\mathcal{C}^1$ 곡선의 매개변수화이고 $\tau = \phi^{-1} \circ \psi$ 는 미분가능하다면 연쇄법칙에 의하여

$$\psi'(u) = \phi'(\tau(u))\tau'(u), \qquad u \in J. \tag{8.2}$$

특히, (ϕ, I) 이 매끄러우면 (ψ, J)이 매끄러울 필요충분조건은 모든 $u \in J$ 에 대하여 $\tau'(u) \neq 0$ 이다. 이것으로부터 다음 정의를 생각한다.

정의 8.6 *$p \geq 1$ 라 하자. 두 개의 매끄러운 $\mathcal{C}^p$ 곡선 (ϕ, I), (ψ, J)가 $\phi(I) = \psi(J)$ 이고 J 에서 I 위로의 $\mathcal{C}^p$ 함수 $\tau : J \to \mathbb{R}$ 가 존재하여 $\psi = \phi \circ \tau$ 이고 모든 $u \in J$ 에 대하여 $\tau'(u) \neq 0$ 일 때 두 곡선을* **매끄러운 동치(smoothly equivalent)***라 한다. 이 함수 τ 를 $\psi(J)$ 에서 $\phi(I)$ 위로 가는* **추이**(transition)*라 한다.*

τ' 는 연속이고 0 이 아니므로 τ' 는 J 위에서 양수이거나 τ' 는 J 위에서 음수이거나 둘 중의 하나이다. 정리 2.22 에 의하여 추이 τ 는 항상 1-1 이다. 또 만일 두 함수가 **매끄러운 동치**이면 하나가 단일일 필요충분조건은 그 다른 하나도 단일이다(8.4절 연습문제 5).

명제 8.2 *만일 (ϕ, I) 와 (ψ, J) 가 매끄러운 동치이면*

$$\int_I \|\phi'(t)\|\,\mathrm{d}t = \int_J \|\psi'(u)\|\,\mathrm{d}u.$$

증명 만일 τ 가 $\psi(J)$ 에서 $\phi(I)$ 위로 가는 추이이면 $\tau(J) = I$ 이다. 그러므로 (8.2)와 변수변환공식(정리7.16)으로부터

$$\int_I \|\phi'(t)\|\,\mathrm{d}t = \int_{\tau(J)} \|\phi'(t)\|\,\mathrm{d}t = \int_J \|\phi'(\tau(u))\||\tau'(u)|\,\mathrm{d}u = \int_J \|\psi'(u)\|\,\mathrm{d}u.$$

■

유한개의 점을 제외한 $u \in J$에 대하여 $\tau'(u) \neq 0$ 이어도 명제 8.2 는 성립한다(연습문제 8).

다음 적분은 밀도 g 를 갖는 곡선모양의 철사의 질량으로 설명할 수 있다.

정의 8.7 *$C = (\phi, I)$ 는 $\mathbb{R}^m$ 에서 매끄러운 단일호이고 $g : \phi(I) \to \mathbb{R}$ 는 연속이라 하자. C 위에서 g 의* **선적분은**

$$\int_C g\,\mathrm{d}s := \int_{\phi(I)} g\,\mathrm{d}s := \int_I g(\phi(t))\|\phi'(t)\|\,\mathrm{d}t. \tag{8.3}$$

$y = f(x)$, $x \in [a, b]$ 로 주어진 곡선 C 에 대하여 이 적분은

$$\int_C g\,\mathrm{d}s = \int_a^b g(x, f(x))\sqrt{1 + |f'(x)|^2}\,\mathrm{d}x.$$

정리 8.1 에 의하여 선적분 (8.3)은 $g = 1$ 일 때 C 의 호의 길이와 같다. 즉 매개변수 s 는 호의 길이를 나타내고(위의 (8.1)), 미적분학의 기본정리에 의하여 $ds/dt = \|\phi'(t)\|$. 그러므로 s의 미분 $ds = \|\phi'(t)\|\,\mathrm{d}t$ 에 의하여 정의된다. 곡선위에서 함수 g 의 선적분은 매끄러운 동치 매개변수화에 대하여 변하지 않는다.

정의 8.5 에 의하여 선적분은 결국 3장에서 연습한 일차원 적분의 계산이다.

보기 6 *C가 단위원 $x^2 + y^2 = 1$의 상반부 일 때 $\int_C (2 + x^2 y)\,\mathrm{d}s$를 구하여라.*

풀이 공식을 사용하기 위하여 우리는 먼저 C를 매개화하여야 한다. 단위원은 방정식

$$x = \cos t, \qquad y = \sin t$$

이므로 이 원의 상반부의 매개변수화는 $t \in [0, \pi]$에 대하여

$$\phi(t) = (\cos t, \sin t)$$

이다. 그러므로 공식에 의하여

$$\begin{aligned}\int_C (2+x^2y)\,\mathrm{d}s &= \int_0^{\pi} (2+\cos^2 t\sin t)\|\phi'(t)\|\,\mathrm{d}t\\ &= \int_0^{\pi} (2+\cos^2 t\sin t)\,\mathrm{d}t\\ &= 2\pi+\tfrac{2}{3}.\end{aligned}$$

보기 7 $\mathbf{F}(x,y,z)=(1,\cos z,xy)$ *이고* C*가* $\phi(t)=(\cos t,\sin t,t)$, $t\in I=[0,4\pi]$*로 주어진 순환하는 나선일 때* $\int_{\phi(I)}\mathbf{F}\cdot\mathrm{d}\phi$*을 구하여라.*

풀이 C의 벡터 방정식은

$$\phi(t)=(\cos t,\sin t,t)$$

이고

$$\phi'(t)=(-\sin t,\cos t,1)$$

이다. 또한

$$\mathbf{F}(\phi(t))=(1,\cos t,\cos t\sin t)$$

이므로

$$\begin{aligned}\int_{\phi(I)}\mathbf{F}\cdot\mathrm{d}\phi &= \int_C \mathbf{F}\cdot T\,\mathrm{d}s\\ &= \int_0^{4\pi}\mathbf{F}(\phi(t))\cdot\phi'(t)\,\mathrm{d}t\\ &= \int_0^{4\pi}(1,\ \cos t,\ \cos t\sin t)\cdot(-\sin t,\ \cos t,\ 1)\,\mathrm{d}t\\ &= \int_0^{4\pi}(-\sin t+\cos^2 t+\sin t\cos t)\,\mathrm{d}t=2\pi.\end{aligned}$$

보기 8 *각각* C *(그림 8.4)에 대하여* $\int_C y^2\,\mathrm{d}x+2x\,\mathrm{d}y$*를 구하여라.*

(a) $C=C_1$*은* $(-5,\ -3)$*부터* $(0,2)$*까지의 선분*

(b) $C=C_2$*는* $(-5,\ -3)$*부터* $(0,2)$*까지의 포물선* $x=4-y^2$

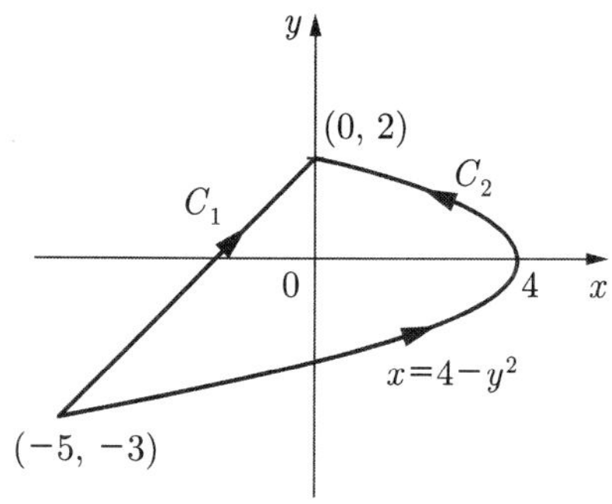

그림 8.4

풀이 (a) 주어진 선분의 매개변수화는 $t \in [0,1]$에 대하여

$$\phi(t) = (5t-5, 5t-3)$$

이다. 그렇다면 $dx = 5\,\mathrm{d}t,\ dy = 5\,\mathrm{d}t$이고 공식에 의하여

$$\begin{aligned}\int_{C_1} y^2\,\mathrm{d}x + 2x\,\mathrm{d}y &= \int_0^1 (5t-3)^2(5\,\mathrm{d}t) + 2(5t-5)(5\,\mathrm{d}t)\\ &= 5\int_0^1 (25t^2-20t-1)\,\mathrm{d}t\\ &= -\frac{40}{3}.\end{aligned}$$

(b) $y \in [-3,2]$에 대하여 $x = 4-y^2$이고 $dx = -2y\,\mathrm{d}y$이므로

$$\begin{aligned}\int_{C_2} y^2\,\mathrm{d}x + 2x\,\mathrm{d}y &= \int_{-3}^2 y^2(-2y)\,\mathrm{d}y + \int_{-3}^2 2(4-y^2)\,\mathrm{d}y\\ &= \frac{295}{6}.\end{aligned}$$

응용을 위하여 위의 개념들을 매끄러운 곡선들의 유한 합집합으로 확장할 필요가 있다. C_j 가 끝 점을 가지는 매끄러운 단일곡선일 때 $C = \bigcup_{j=1}^N C_j$ 라 하자.

C 가 다음 두 조건

I. 각각의 $j \neq k$ 에 대하여 C_j 와 C_k 의 자취가 서로 만나지 않는다. (이것은 반지모양 $0 < a^2 < x^2+y^2 < b^2$ 의 경계와 같이 연결되지 않은 매끄러운 곡선에 대하여 허락한다.)

II. 모든 C_j 는 끝점과 끝점이 연결되어 있다. 즉 $C_j = (\phi_j, [a, b])$ 이면 $j = 2, \cdots, N$ 에 대해 $\phi_{j-1}(b_{j-1}) = \phi_j(a_j)$ (그림 8.5) (이것은 유한개의 모서리를 가진 곡선, 예를 들어 삼각형의 변, 직사각형의 경계 등의 경우이다.)

중 하나를 만족하면 **조각적으로 매끄러운 곡선(piecewise smooth curve)**이라 한다. 만일 C 가 조건 II 를 만족하는 조각적으로 매끄러운 곡선이면 점 $\phi(a_1)$ 과 $\phi(b_N)$ 을 곡선 C 의 **끝점**이라 한다.

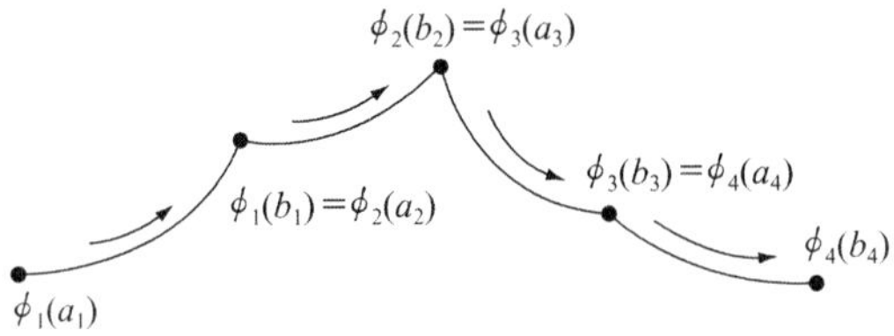

그림 8.5

조각적으로 매끄러운 곡선에 대해 $C = \cup_{j=1}^{N} C_j$ 라 하자. C 의 자취는 C_j 의 자취의 합집합으로 정의된다. C 의 **매개변수화**란 C_j 의 매끄러운 매개변수화 (ϕ_j, I_j) 의 모임을 의미한다. 매개변수를 바꾸어서 $\cup_{j=1}^{N} I_j$ 는 어떤 구간이라고 가정할 수 있다(8.2절 연습문제 4). C 의 두 매개변수화 $\cup_{j=1}^{N}(\phi_j, I_j)$ 와 $\cup_{j=1}^{N}(\psi_j, I_j)$ 가 **매끄러운 동치**라 함은 각각의 $j \in \{1, 2, \cdots, N\}$ 에 대하여 (ϕ_j, I_j) 와 (ψ_j, I_j) 가 매끄러운 동치이다.

각각의 C_j 가 길이를 갖고 있으면 C 는 **길이를 갖는다**고 말하고, 이 경우

$$L(C) = \sum_{j=1}^{N} L(C_j)$$

로 둔다. 만일 g 가 C 의 자취위에서 연속이고 실수값을 가지면 C 위에서 g 의 **선적분**은

$$\int_C g \, \mathrm{d}s = \sum_{j=1}^{N} \int_{C_j} g \, \mathrm{d}s$$

으로 정의된다.

조각적으로 매끄러운 곡선 C 를 **단일**이라 함은 C 의 자취가 끝점을 제외하고는 자신과 만나지 않는것을 말하고, **닫혀있다**는 것은 연결되어 있고 자신의 끝점이 동일한 것이다.

보기 9 *정사각형 $[0, 1] \times [0, 1]$ 의 경계 C 를 매개변수화하고 $g(x, y) = x^3 + y^2$ 일 때 $\int_C g \, \mathrm{d}s$ 를 계산하여라.*

풀이 C 는 $t \in [0,1]$ 에 대하여

$$\phi_1(t) = (t,0),\ \phi_2(t) = (1,t),\ \phi_3(t) = (1-t,1),\ \phi_4(t) = (0,1-t)$$

로 매개화할 수 있는 네 개의 매끄러운 조각을 갖는다. $\|\phi_j'(t)\| = 1$ 이므로 정의에 의하여

$$\int_C g\,\mathrm{d}s = \int_0^1 t^3\,\mathrm{d}t + \int_0^1 (1+t^2)\,\mathrm{d}t + \int_0^1 ((1-t)^2+1)\,\mathrm{d}t + \int_0^1 (1-t)^2\,\mathrm{d}t = \frac{13}{4}.$$

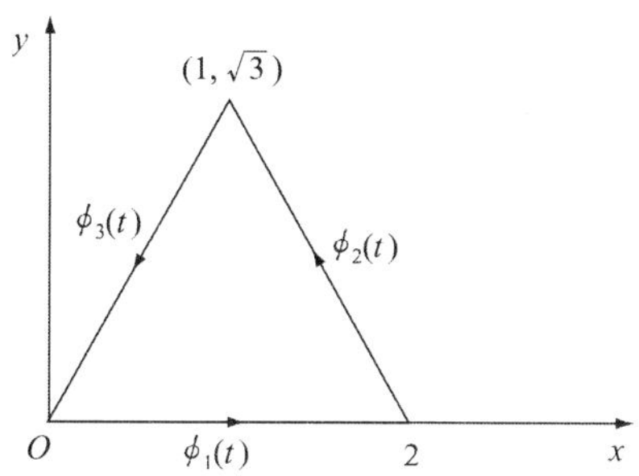

그림 8.6

보기 10 *정삼각형(그림 8.6)의 경계* C *를 매개화하고* $g(x,y) = x + xy^2$ *일 때* $\int_C g\,\mathrm{d}s$ *을 계산하여라.*

풀이 C 는 $t \in [0,1]$ 에 대하여

$$C_1 : \phi_1(t) - (2t,0), C_2 : \phi_2(t) = (2 \quad t, \sqrt{3}(2 \quad t), C_3 : \phi_3(t) = (t, \sqrt{3}t)$$

로 매개화할 수 있는 세 개의 매끄러운 조각을 갖는다. 따라서 $C = C_1 + C_2 + C_3$ 이고

$$\int_C g\,\mathrm{d}s = \int_{C_1} g\,\mathrm{d}s + \int_{C_2} g\,\mathrm{d}s + \int_{C_3} g\,\mathrm{d}s$$

이므로 위 식의 오른쪽을 계산하자. 먼저 $\|\phi_i'(t)\| = 2,\ i = 1, 2, 3$ 이므로

$$\int_{C_1} g\,\mathrm{d}s = 2\int_0^1 (2t)\,\mathrm{d}t = 2,$$

$$\int_{C_2} g\,\mathrm{d}s = 2\int_0^1 (2-t) + 3(2-t)^3\,\mathrm{d}t = \frac{51}{2},$$

$$\int_{C_3} g\,\mathrm{d}s = 2\int_0^1 (t + 3t^3)\,\mathrm{d}t = \frac{5}{2}$$

이므로 구하는 선적분은

$$\int_C g\,\mathrm{dt} = 30.$$

연습문제 (8.1)

1. $\psi(t) = (a\sin t, a\cos t)$, $\sigma(t) = (a\cos 2t, a\sin 2t)$, $I = [0, 2\pi)$, $J = [0, \pi)$ 라 하자. $(\psi(t), I)$ 와 $(\sigma(t), J)$ 의 자취를 그려라.

2. $\mathbf{x}_0, \mathbf{a} \in \mathbb{R}^m, \mathbf{a} \neq \mathbf{0}$ 이고 $\phi(t) = t\mathbf{a} + \mathbf{x}_0$ 라 하자. $C = (\phi, \mathbb{R})$ 는 $\mathbf{x}_0$ 와 $\mathbf{x}_0 + \mathbf{a}$ 를 포함하는 매끄러운 단일 유계가 아닌 곡선임을 보여라. 모든 $t_1, t_2 \neq 0$ 에 대하여 $\phi(t_1) - \phi(0)$ 와 $\phi(t_2) - \phi(0)$ 사이의 각은 0 또는 π 임을 증명하여라.

3. I 는 구간이고 $f : I \to \mathbb{R}$ 는 모든 $\theta \in I$ 에 대하여

$$|f(\theta)|^2 + |f'(\theta)|^2 \neq 0$$

이고 연속적으로 미분가능하다. 극좌표로서 $r = f(\theta)$ 의 그래프는 $\mathbb{R}^2$ 에서 매끄러운 곡선의 자취임을 증명하여라.

4. 곡선 $y = \sin(1/x), 0 < x \leq 1$ 는 길이를 갖지 않음을 보여라. 따라서 정리 8.1 은 C 가 호가 아닐 때 거짓임을 보여라.

5. 다음 각각의 곡선에 대하여 자취를 그리고, 호의 길이를 계산하여라.

   (a) $\phi(t) = (\sin t, \cos t, e^t), \quad t \in [0, 2\pi]$

   (b) $y^3 = x^2$, $(-1, 1)$ 부터 $(1, 1)$ 까지

   (c) $\phi(t) = (t^3, t^2, t), t \in [0, 2]$

   (d) 보기 5 의 사각별 모양

6. 다음 각각에 대하여 C 의 (조각적으로) 매끄러운 매개변수를 구하고 $\int_C g\,\mathrm{ds}$ 를 계산하여라.

(a) 곡선 C 는 $y = \sqrt{9 - x^2}, x \geq 0$ 이고 $g(x, y) = xy$

(b) C 는 제일상한에 놓여 있는 타원 $x^2/a^2 + y^2/b^2 = 1,\ a, b > 0$ 의 일부이고 $g(x, y) = xy$.

(c) C 는 곡면 $x^2 + z^2 = 4$ 와 $y = x^2$ 의 교집합이고 $g(x, y, z) = \sqrt{1 + yz^2}$.

(d) C 는 꼭지점이 $(0, 0, 0), (1, 0, 0), (0, 2, 0)$ 인 삼각형 이고 $g(x, y, z) = x + y + z^3$.

7. (ϕ, I) 는 매끄러운 호이고 $g_k : \phi(I) \to \mathbb{R}$는 $k \in \mathbb{N}$ 에 대하여 연속이라 하자.

(a) $\phi(I)$ 위에서 $g_k \rightrightarrows g$ 이면 $k \to \infty$ 일 때 $\int_C g_k \, \mathrm{d}s \to \int_C g \, \mathrm{d}s$ 임을 증명하여라.

(b) $\{g_k\}$가 점별 단조이고 $k \to \infty$ 일 때 $\phi(I)$ 위에서 $g_k \to g$ 이라고 가정하자. g 가 $\phi(I)$ 위에서 연속이면 $k \to \infty$ 일 때 $\int_C g_k \, \mathrm{d}s \to \int_C g \, \mathrm{d}s$ 임을 증명하여라.

8. (ϕ, I)는 $\mathbb{R}^m$ 에서 매끄럽고 단일호이고 $\tau : J \to \mathbb{R}$ 는 J 에서 I 위로 가는 1-1, $\mathcal{C}^1$ 함수라 가정하자. 만일 유한개를 제외하고 모든 $u \in J$ 에 대하여 $\tau'(u) \neq 0$ 이고 $\psi = \phi \circ \tau$ 이며 $g : \phi(I) \to \mathbb{R}$ 가 연속이라면 다음을 증명하여라.

$$\int_I g(\phi(t)) \|\phi'(t)\| \, \mathrm{d}t = \int_J g(\psi(u)) \|\psi'(u)\| \, \mathrm{d}u.$$

9. C 는 $I_1 = (-\infty, -1), I_2 = (-1, \infty)$ 일 때 $(\phi, I_1) \cup (\phi, I_2)$ 인 조각적으로 매끄러운 곡선이라 하고,

$$\phi(t) = \left(\frac{3t}{1 + t^3}, \frac{3t^2}{1 + t^3} \right)$$

라 하자. 만일 $(x, y) = \phi(t)$ 이면 $x^3 + y^3 = 3xy$ 임을 보여라. C 의 자취를 그려라.

10. 점 $\mathbf{x}_0 = \psi(t_0)$ 에서 매끄러운 곡선 (ψ, I) 의 절대곡률은 다음 극한이 존재할 때

$$\kappa(\mathbf{x}_0) = \lim_{t \to t_0} \frac{\theta(t)}{l(t)}$$

이다. 여기서 $\theta(t)$ 는 $\psi'(t)$ 와 $\psi'(t_0)$ 사이의 각이고, $l(t)$ 은 $\psi(t)$ 로부터 $\psi(t_0)$까지 (ψ, I) 의 호의 길이이다. (그러므로 κ 는 호의 길이에 대해 $\theta(t)$가 얼마나 빠르게 변하는가를 나타내는 양이다.)

(a) 주어진 $\mathbf{a}, \mathbf{b} \in \mathbb{R}^n$ 에 대하여, $\psi(t) := t\mathbf{a} + \mathbf{b}$ 이고 $I := (-\infty, \infty)$ 일 때 직선 $\Lambda = (\psi, I)$ 의 절대곡률은 Λ 위에 있는 각각의 점 $\mathbf{x}_0$ 에 대하여 0임을 증명하여라.

(b) 주어진 $(a,b) \in \mathbb{R}^2$ 에 대해 $\psi(t) = (r\cos t, r\sin t)$ 으로 주어진 원 C 의 절대곡률은 C 위에 있는 각각의 점 $\mathbf{x}_0$ 에 대하여 $1/r$ 임을 증명하여라.

11. $C = (\phi, [a,b])$ 는 $\mathbb{R}^m$ 위에서 매끄러운 단일호이고 (1)에 의하여 $s = l(t)$ 로 주어졌다고 하자. C 의 **자연 매개변수화(natural parametrization)**는

$$\nu(s) = (\phi \circ l^{-1})(s), \text{ 이고 } L = L(C)$$

인 쌍 $(\nu, [0, L])$ 이다.

(a) 모든 $s \in [0, L]$ 에 대하여 $\|\nu'(s)\| = 1$ 임을 증명하고 C 의 부분곡선 $(\nu, [c, d])$ 의 호의 길이는 $d - c$ 임을 증명하여라.

(b) 각 $s \in [0, L]$ 에 대하여 $\nu'(s)$ 와 $\nu''(s)$ 는 직교함을 보여라.

(c) $\mathbf{x}_0 = \nu(s_0)$ 에서 $(\nu, [0, L])$ 의 절대곡률(위의 연습문제 10)은 $\kappa(\mathbf{x}_0) = \|\nu''(s_0)\|$ 임을 증명하여라.

(d) 만일 $\mathbf{x}_0 = \phi(t_0) = \nu(s_0)$ 이면

$$\kappa(\mathbf{x}_0) = \|\nu'(s_0) \times \nu''(s_0)\| = \frac{\|\phi'(t_0) \times \phi''(t_0)\|}{\|\phi'(t_0)\|^3}$$

임을 증명하여라.

(e) $p \geq 1$ 라 하자. (x_0, y_0) 에서 $\mathcal{C}^p$ 곡선 $y = f(x)$ 의 절대곡률은

$$\kappa = \frac{|y''(x_0)|}{(1 + (y'(x_0))^2)^{3/2}}$$

임을 증명하여라.

8.2 방향이 있는 곡선

매끄러운 곡선 C의 모든 매개변수화 (ϕ, I)는 C를 따라서 '진행 방향'을 결정한다. 즉 방향 $\phi(t)$는 t가 I 위에서 증가할 때 움직이고 $\phi'(t)$점의 방향도 마찬가지이다. 이러한 방향을 **(ϕ, I)에 의하여 유도된 C의 방향(orientation)**이라 한다 (위 그림 8.1, 8.3 – 8.6에서 화살표는 주어진 매개변수화의 방향표현을 나타낸다). (ϕ, I) 와 (ψ, J) 는 추이사상 τ와 함께 같은 곡선의 매끄러운 동등한 매개변수화라 가정하자. τ는 연속적으로 미분가능이고 0 이 아니므

로 모든 $u \in J$에 대하여 $\tau'(u) > 0$ 또는 $\tau'(u) < 0$, 둘 중 하나이다. 첫 번째 경우, 벡터 $\phi'(\tau(u))$ 와 $\psi'(u)$ 은 같은 방향(8.1절 (8.2))이므로 이러한 매개변수화는 같은 방향을 결정한다. 두 번째 경우, 벡터들 $\phi'(\tau(u))$와 $\psi'(u)$는 반대방향이므로 다른 방향을 결정한다. 따라서 다음 정의를 얻는다.

정의 8.8 *두 매끄러운 곡선 (ϕ, I) 와 (ψ, J) 가* **방향동치(orientation equivalent)** *라함은 이것들이 매끄러운 동치이고 $\psi(J)$ 에서 $\phi(I)$ 로의 추이함수 τ 가 모든 $u \in J$에 대하여 $\tau'(u) > 0$을 만족하는 것을 말한다.*

보기 1 *z-축의 양의 방향 꼭대기에서 내려볼 때 시계방향으로 주어진, $\mathbb{R}^3$ 에서 곡면 $x^2 + 5y^2 = 5$ 과 $z = x^2$ 이 만나는 곡선 C 의 매끄러운 매개변수를 찾아라.*

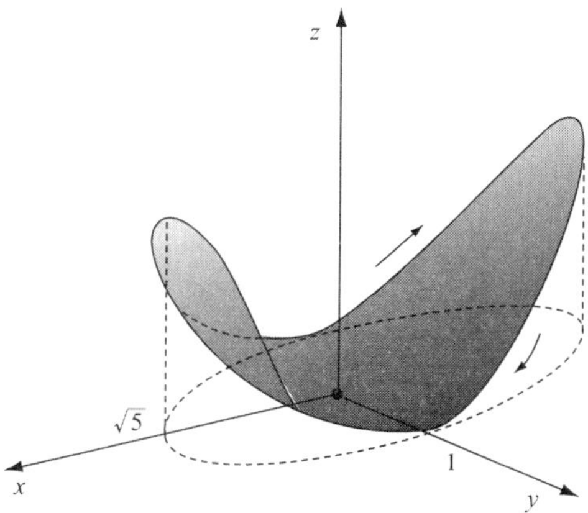

그림 8.7

풀이 타원기둥면 $x^2 + 5y^2 = 5$ 와 포물기둥면 $z = x^2$ 는 "늘어진 다원면"으로 만난다(그림 8.7의 칠해진 부분이 원기둥 $x^2 + 5y^2 = 5$ 의 내부에 놓인 $z = x^2$의 영역). $x = \sqrt{5}\sin t, y = \cos t$ 는 타원면 $x^2 + 5y^2 = 5$ 주위를 시계방향으로 움직이고 $z = x^2 = 5\sin^2 t$ 이다.

그러므로 C 의 매끄러운 매개변수화는 $I = [0, 2\pi]$ 위에서 $\phi(t) = (\sqrt{5}\sin t, \cos t, 5\sin^2 t)$ 이다.

보기 2 *xy-평면에서 $y = x$ 를 따라 멀리서 볼 때 방향이 오른쪽에서 왼쪽으로 방향인 $\mathbb{R}^3$ 에서 곡면 $z = x^2 - y^2$ 과 $x + y = 1$ 이 만나는 곡선 C 의 매끄러운 매개변수화를 찾아라.*

풀이 안장면 $z = x^2 - y^2$ 는 그 곡면을 가로질러 잘린 형태로 $x + y = 1$ 와 만난다. $x = t$ 를 오른쪽에서 왼쪽으로의 방향으로 하는 매개변수로 사용하여 $y = 1 - t$ 이고 $z = t^2 - (1-t)^2 = 2t - 1$ 이다. 그러므로 C 의 매끄러운 매개변수화는 $I = \mathbb{R}$ 위에서 $\phi(t) = (t, 1 - t, 2t - 1)$ 이다. 특히, C 는 $(0, 1, -1)$ 을 지나고 방향이 $(1, -1, 2)$ 인 직선이다.

다음은 유체역학, 전자기학에서 자연스럽게 나타나는 적분이다.

정의 8.9 $C = (\phi, I)$ 는 $\mathbb{R}^m$ 에서 매끄러운 단일호이고 $F : \phi(I) \to \mathbb{R}^m$ 는 연속이라 하자. 그러면 C**를 따른** F **의 방향 선적분(orientated line integral)**은

$$\int_C F \cdot T\,\mathrm{d}s := \int_{\phi(I)} F \cdot T\,\mathrm{d}s := \int_{\phi(I)} F \cdot d\phi := \int_I F(\phi(t)) \cdot \phi'(t)\,\mathrm{d}t. \tag{8.4}$$

여기서 $T = \phi'(t)/\|\phi'(t)\|$ 은 C 의 접선벡터이고 $ds = \|\phi'(t)\|\,\mathrm{d}t$ 은 C 와 관련된 호길이 전미분이다. 따라서 $F \cdot T\,\mathrm{d}s = F \cdot \phi'(t)\,\mathrm{d}t$ 이 된다. F 가 유체의 흐름을 나타낸다고 하면 $F \cdot T$ 는 F 의 접선성분이다. 즉, 접선 T 방향에 있는 유체흐름의 양이다. 예를 들어, C 를

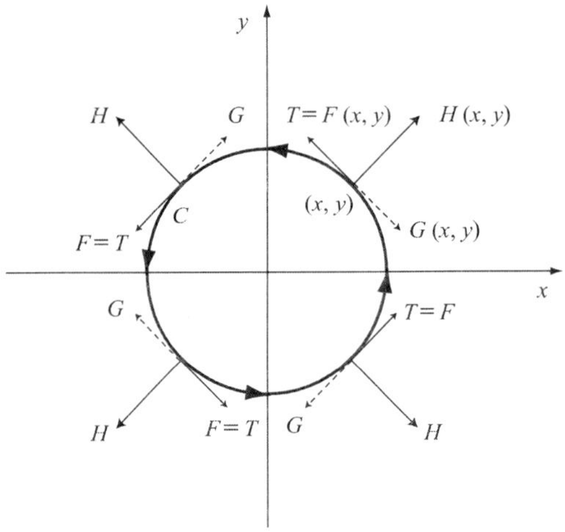

그림 8.8

시계 반대방향의 단위원이고 $F(x, y) = (-y, x)$ 라 가정하자. 점 (x, y) 에서 C 에 대한 단위 접벡터은 $(-y, x)$ 이고 F 는 T 와 같은 방향이다(그림 8.8). 따라서 $F \cdot T = 1$ 는 유체가 상반된다기 보다는 접선방향으로 흐른다는 것을 나타낸다. 한편, $G(x, y) = (y, -x)$ 또는 $H(x, y) = (x, y)$ 이면 유체가 접선방향의 반대로 흐르기 때문에 $G \cdot T = -1$ 이고 유체의 흐름은 T 와 수직이므로 $H \cdot T = 0$ 이다(예를 들어, 같지도 않고 반대도 아니다)(그림 8.8). 그러므로 C 위에서 $F \cdot Tds$ 의 적분은 접선벡터 방향에서 C 주위로 F의 순환량이다. 만일 이 적분이 양이면 유체의 순흐름은 T 에 역행하기보다는 T 와 같이한다.

정의 8.9에 의하여 방향 선적분은 실함수의 적분이다. 그러므로 3장에서 연습한 방법으로 적분된다.

보기 3 $\phi(t) = (\cos t, \sin t, t)$, $t \in I = [0, 4\pi]$ *의 자취를 그리고* $F(x, y, z) = (\sin z, \cos z, xy)$ *이고* $C = (\phi, I)$ *일 때 다음 적분을 계산하여라.*

$$\int_C F \cdot T \, \mathrm{d}s$$

풀이 $(x, y, z) = \phi(t)$ 라 하자. $x^2 + y^2 = 1$ 이므로 C 의 자취는 원기둥 $x^2 + y^2 = 1$, $0 \leq z \leq 4\pi$ 위에 놓인다. t 가 증가하면 점 (x, y) 는 단위원 $x^2 + y^2 = 1$ 주위를 시계 반대방향으로 돈다. 그러므로 ϕ 의 자취는 원기둥 $x^2 + y^2 = 1$ 주위를 도는 나선형이다(그림 8.9). t 가 0 부터 4π 까지 변할 때 나선형은 원기둥 주위를 두 번 돌고 z 는 0 부터 4π 까지 변한다. $\phi'(t) = (-\sin t, \cos t, 1)$ 이므로

$$\begin{aligned} \int_C F \cdot T \, \mathrm{d}s &= \int_0^{4\pi} F(\phi(t)) \cdot \phi'(t) \, \mathrm{d}t \\ &= \int_0^{4\pi} (\sin t, \cos t, \cos t \sin t) \cdot (-\sin t, \cos t, 1) \, \mathrm{d}t \\ &= \int_0^{4\pi} (-\sin^2 t + \cos^2 t + \sin t \cos t) \, \mathrm{d}t = 0. \end{aligned}$$

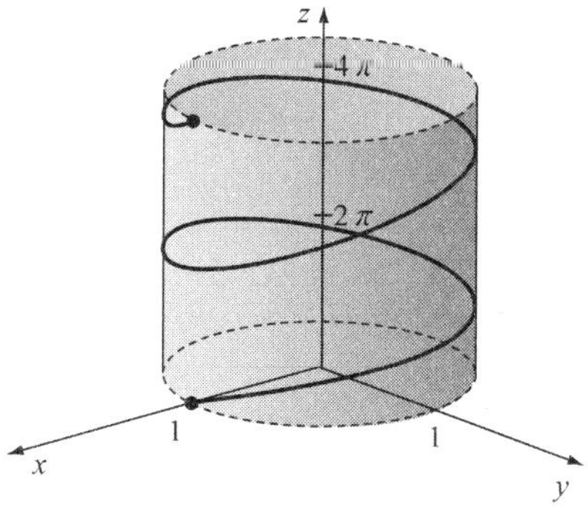

그림 8.9

다음은 선적분 $\int_C g \, \mathrm{d}s$ 와는 달리 방향 선적분 $\int_C F \cdot T \, \mathrm{d}s$ 는 같은 곡선의 서로 다른 매끄러운 동치 매개변수화에 대하여 다른 값이 된다는 것을 보여 준다.

참고 1 *만일* (ϕ, I) *와* (ψ, J) *는 매끄러운 동치이지만 방향동치가 아닌 단일호라 하면*

$$\int_I F(\phi(t)) \cdot \phi'(t)\, \mathrm{d}t = -\int_J F(\psi(u)) \cdot \psi'(u)\, \mathrm{d}u.$$

증명 τ 를 $\psi(J)$ 에서 $\phi(I)$ 로 가는 추이함수라 하자. τ'는 연속이고 0이 아니므로 τ' 는 J 위에서 양이거나 음이거나 둘 중 하나이다. $\phi(I)$와 $\psi(J)$는 방향동치가 아니므로 τ'는 J 위에서 음이다. 즉, 모든 $u \in J$에 대하여 $|\tau'(u)| = -\tau'(u)$. 따라서

$$\begin{aligned}\int_I F(\phi(t)) \cdot \phi'(t)\, \mathrm{d}t &= \int_J F(\phi(\tau(u)) \cdot \phi'(\tau(u))|\tau'(u)|\, \mathrm{d}u \\ &= -\int_J F(\psi(u)) \cdot \psi'(u)\, \mathrm{d}u.\end{aligned}$$

■

C 는 방향을 가진 곡선이라 하고 $-C$ 는 C 의 반대방향을 가진 곡선이라 하면 참고 1 로부터

$$\int_{-C} F \cdot T\, \mathrm{d}s = -\int_C F \cdot T\, \mathrm{d}s$$

임을 알 수 있다. 같은 방법으로 방향적분 (8.4)는 같은 곡선의 방향동치매개변수화에 대해 같은 값을 준다는 것을 알 수 있다(연습문제 5).

보기 4 $F(x, y) = (xy, x)$ *이고* C*는 방향이 시계방향으로 주어진 단위원* $x^2 + y^2 = 1$ *일 때 적분*

$$\int_C F \cdot T\, \mathrm{d}s$$

을 구하여라.

풀이 C의 매개변수화 $\phi(t) = (\cos t, \sin t)$, $t \in [0, 2\pi]$ 는 반시계방향을 갖는다(8.1절 보기 2). 그러므로 참고 1 에 의하여

$$\begin{aligned}\int_C F \cdot T\, \mathrm{d}s &= -\int_0^{2\pi} (\sin t \cos t, \cos t) \cdot (-\sin t, \cos t)\, \mathrm{d}t \\ &= \int_0^{2\pi} (\sin^2 t \cos t - \cos^2 t)\, \mathrm{d}t = -\pi.\end{aligned}$$

정의 8.10 $\mathbf{F}$*가 영역* E*에서 연속인 벡터장이라 하자. 영역*E*에서 시점과 종점이 같은 어떠한 경로* C_1*과* C_2*에 대해서* $\int_{C_1} \mathbf{F} \cdot \mathrm{d}\phi = \int_{C_2} \mathbf{F} \cdot \mathrm{d}\phi$*이면 선적분* $\int_C \mathbf{F} \cdot \mathrm{d}\phi$*는 경로에 독립이라 한다.*

참고 2 *선적분* $\int_C \mathbf{F}\cdot \mathrm{d}\phi$*가 영역* E*에서 경로에 독립일 필요충분조건은 영역* E*에서 모든 닫힌 경로* C*에 대하여* $\int_C \mathbf{F}\cdot \mathrm{d}\phi = 0$*이다.*

증명 먼저 $\int_C \mathbf{F}\cdot \mathrm{d}\phi$가 E에서 경로에 독립이고 C를 E에 놓여있는 임의의 닫힌 경로라 가정하자. C에서 임의의 두 점 A와 B를 택해서 C를 A부터 B까지의 경로 C_1과 이를 뒤이은 B부터 A까지의 경로 C_2로 이루어졌다고 하자. 그렇다면 경로 C_1과 $-C_2$가 시점과 종점이 각각 서로 같고 $\int_C \mathbf{F}\cdot \mathrm{d}\phi$가 E에서 경로에 독립이므로

$$\int_C \mathbf{F}\cdot \mathrm{d}\phi = \int_{C_1} \mathbf{F}\cdot \mathrm{d}\phi + \int_{C_2} \mathbf{F}\cdot \mathrm{d}\phi = \int_{C_1} \mathbf{F}\cdot \mathrm{d}\phi - \int_{-C_2} \mathbf{F}\cdot \mathrm{d}\phi = 0.$$

역으로, E에 놓여있는 임의의 닫힌 경로 C에 대하여 $\int_C \mathbf{F}\cdot \mathrm{d}\phi = 0$이라 가정하자. 이제 E에서 A부터 B까지의 임의의 두 경로를 C_1, C_2라 하자. 그리고 C를 C_1과 이를 뒤이은 $-C_2$로 이루어진 닫힌 곡선 C로 정의하자. 그러면

$$0 = \int_C \mathbf{F}\cdot \mathrm{d}\phi = \int_{C_1} \mathbf{F}\cdot \mathrm{d}\phi + \int_{-C_2} \mathbf{F}\cdot \mathrm{d}\phi = \int_{C_1} \mathbf{F}\cdot \mathrm{d}\phi - \int_{C_2} \mathbf{F}\cdot \mathrm{d}\phi$$

이므로

$$\int_{C_1} \mathbf{F}\cdot \mathrm{d}\phi = \int_{C_2} \mathbf{F}\cdot \mathrm{d}\phi$$

가 성립한다. 따라서 $\int_C \mathbf{F}\cdot \mathrm{d}\phi$가 E에서 경로에 독립이다. ■

미분기호를 사용하여 방향적분 (8.4)를 나타내어 보자. 만일 $x_j = \phi_j(t)$ 이면 $dx_j = \phi_j'(t)\,\mathrm{d}t$이다. 그러므로 형식적으로 $F(\phi(t))\cdot\phi'(t)\,\mathrm{d}t$ 는

$$(F_1(\phi_1(t))\phi_1'(t) + \cdots + F_m(\phi(t))\phi_m'(t))\,\mathrm{d}t = F_1\,\mathrm{d}x_1 + \cdots + F_m\,\mathrm{d}x_m$$

와 같다. 이러한 표현을 $\mathbb{R}^m$에서 **제 1 형식(1-form)**이라 부르고 함수 F_j 를 **계수**라 한다. 제 1 형식은 각각의 계수가 집합 E 위에서 연속이면 제 1 형식이 E 위에서 **연속**이라 말한다. $\mathbb{R}^m$ 에 있는 매끄러운 단일호 $C = (\phi, I)$ 위에서 연속 제 1 형식의 방향적분은 $F = (F_1, \cdots, F_m)$ 일 때

$$\int_C F_1\,\mathrm{d}x_1 + \cdots + F_m\,\mathrm{d}x_m := \int_{\phi(I)} F\cdot T\,\mathrm{d}s$$

로 정의한다.

보기 5 *C는 방향이 $(0,0)$ 에서 (π,π^2) 로 주어진 곡선 $y = x^2 + \sin x$ 일 때 적분값*

$$\int_C y\,\mathrm{d}x + \cos x\,\mathrm{d}y$$

을 구하여라.

풀이 $y = x^2 + \sin x$ 이고 $dy = (2x + \cos x)\,dx$ 이므로

$$\begin{aligned}\int_C y\,dx + \cos x\,dy &= \int_0^\pi (x^2 + \sin x)\,dx + \int_0^\pi \cos x(2x + \cos x)\,dx \\ &= \frac{\pi^3}{3} + \frac{\pi}{2} - 2.\end{aligned}$$

곡선위의 적분은 공간(또는 평면)내의 두 점을 연결하는 서로 다른 곡선에 대하여 적분값이 다를 수 있다(연습문제 7). 그러나 특별한 피적분함수에 대하여는 두 점을 연결하는 곡선에 상관없이 곡선위의 적분은 모두 같다. 따라서 이러한 함수에 대한 선적분값은 양 끝점에 의존한다. 이것은 일변수 함수에 관한 적분의 미적분학의 기본정리와 유사하다(연습문제 8). 그러나 항상 이러한 성질을 가지는 함수가 존재하는 것은 아니다. 실제로 이러한 함수가 존재하려면 함수의 정의역에 대한 위상적 성질 [3]이 중요하다.

$C = \bigcup_{j=1}^N C_j$는 $\mathbb{R}^m$ 에서 자취 E를 갖는 조각적으로 매끄러운 곡선이라 하자(8.1절 보기 5). 만일 $F : E \to \mathbb{R}^m$ 가 연속이면 C**를 따르는** F**의 방향 선적분**은

$$\int_C F \cdot T\,ds = \sum_{j=1}^N \int_{C_j} F \cdot T\,ds$$

으로 정의된다. 만일 ω가 E 위에서 연속인 제 1 형식이면, C**를 따르는** ω **의 방향 적분**은

$$\int_C \omega = \sum_{j=1}^N \int_{C_j} \omega$$

으로 정의된다.

보기 6 *C는 $Q = [0,1] \times [0,1]$의 경계이고 방향은 시계반대방향일 때 방향 선적분*

$$\int_C (x^2 + y^2)\,dx + xy\,dy$$

의 값을 찾아라.

풀이 경계 $C = \partial Q$는 네 개의 매끄러운 조각으로 되어 있다(그림 8.10). C_1(직선 $x = 0$), C_2(직선 $y = 0$), C_3(직선 $x = 1$), C_4(직선 $y = 1$). C_1 에 대하여 $x = 0$ 이고 y는 1 부터 0 까지(C 위에서 시계반대방향으로) 움직인다고 하자. 그러면

$$\int_{C_1} (x^2 + y^2)\,dx + xy\,dy = \int_1^0 y^2\,dy = -\frac{1}{3}.$$

3) 단일연결영역(simply connected domain) 이나 별모양 영역이면 이러한 성질을 만족하는 함수가 존재함이 알려져 있다.[12]

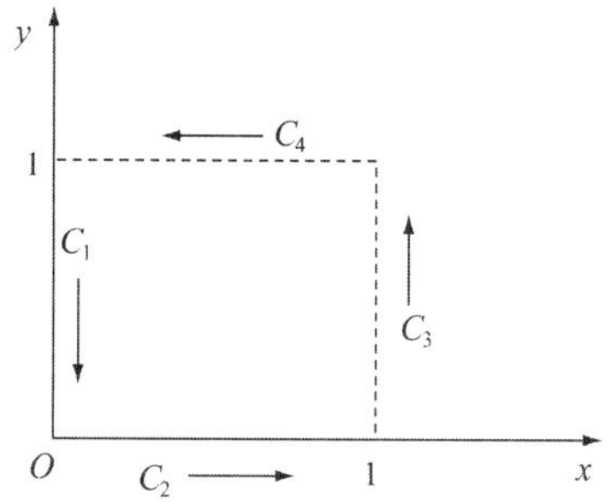

그림 8.10

마찬가지로, C_2, C_3, C_4 위에서의 적분은 각각 $0, 1/2, -2/3$ 이다. 그러므로

$$\int_C F \cdot T\,\mathrm{d}s = -\frac{1}{3} + 0 + \frac{1}{2} - \frac{2}{3} = -\frac{1}{2}.$$

정의 8.11 *V 는 $\mathbb{R}^2$ 에서 열린집합이라 하자. 함수 $F = (P, Q) : V \to \mathbb{R}^2$ 를 V 위에서* **보존적 (conservative)***이라 함은 V 위에서 $F = \nabla f$ 을 만족하는 함수 $f : V \to \mathbb{R}$ 가 존재하는 것이다.*

보기 7 $\mathbf{F}(x, y) = (3 + 2xy, x^2 - 3y^2)$ *일 때* $\mathbf{F} = \nabla f$ *인 함수* f*를 찾아라.*

풀이 $P = 3 + 2xy, Q = x^2 + 3y^2$이라 하자. 그러면 $\partial P/\partial y = 2x = \partial Q/\partial x$. 또한 $\mathbf{F}$의 영역 $\mathbb{R}^2$은 열린 단일 연결영역이다. $\mathbf{F}$가 보존적이므로 $\nabla f = \mathbf{F}$를 만족하는 함수 f가 존재한다. 즉,

$$f_x = 3 + 2xy \tag{8.5}$$

이고

$$f_y = x^2 - 3y^2. \tag{8.6}$$

식 (8.5)을 x에 대하여 적분하면 $f(x, y) = 3x + x^2y + g(y)$. 따라서 $f_y(x, y) = x^2 + g'(y)$. 또한 식 (8.6)로 부터 $g'(y) = 3y^2$이고 $g(y) = -y^2$. 그러므로 $f(x, y) = 3x + x^2y - y^3$.

보기 8 $\mathbf{F}(x, y, z) = (2xz + y^2, 2xy, x^2 + 3z^2)$ *일 때* $\nabla f = \mathbf{F}$*를 만족하는 함수* f*를 찾아라.*

풀이 $f_x(x, y, z) = 2xz + y^2$을 x에 관하여 편적분하면

$$f(x, y, z) = x^2z + xy^2 + g(y, z)$$

이다. 위의 함수 f를 y에 관하여 편미분하면

$$f_y(x, y, z) = 2xy + g_y(y, z).$$

주어진 조건에서 $f_y(x, y, z) = 2xy$이므로 위 식과 비교하면

$$g_y(y, z) = 0$$

이고 다시 y에 대해서 편적분하면

$$g(y, z) = h(z).$$

그러므로

$$f(x, y, z) = x^2 z + xy^2 + h(z)$$

이고 위 식을 z에 대해서 편미분하면

$$f_z(x, y, z) = x^2 + h'(z).$$

주어진 조건에서 $f_z(x, y, z) = x^2 + 3z^2$이므로 위 식과 비교하면

$$h'(z) = 3z^2$$

이고 z에 관하여 적분하면 $h(z) = z^3 + K$ 이다. 따라서

$$f(x, y, z) = x^2 z + xy^2 + z^3 + K.$$

보기 9 $\mathbf{F}(x, y) = \Big(-y/(x^2 + y^2), x/(x^2 + y^2)\Big)$라 하자.

(a) $\partial P/\partial y = \partial Q/\partial x$임을 보여라.

(b) $\int_C \mathbf{F} \cdot d\phi$가 경로에 독립이 아님을 보여라.

[힌트: C_1과 C_2가 각각 원 $x^2 + y^2 = 1$에서 $(1, 0)$으로 부터 $(-1, 0)$까지의 상반원, 하반원일 때 $\int_{C_1} \mathbf{F} \cdot d\phi$와 $\int_{C_2} \mathbf{F} \cdot d\phi$를 계산하여라.]

풀이 (a) $P = -y/(x^2 + y^2)$, $\partial P/\partial y = (y^2 - x^2)/(x^2 + y^2)^2$ 이고 $Q = x/(x^2 + y^2)$, $\partial Q/\partial x = (y^2 - x^2)/(x^2 + y^2)^2$. 따라서 $\partial P/\partial y = \partial Q/\partial x$.

(b)

$$C_1 : \phi_1(t) = (\cos t, \sin t) \qquad t \in [0, \pi]$$

이고, t가 0부터 π까지 움직일 때 $-t$는 0부터 $-\pi$까지 움직이므로

$$C_2 : \phi_2(t) = (\cos(-t), \sin(-t)) = (\cos t, -\sin t) \qquad t \in [0, \pi].$$

그러면

$$\int_{C_1} \mathbf{F} \cdot \mathrm{d}\phi = \int_0^\pi \frac{(-\sin t)(-\sin t) + (\cos t)(\cos t)}{\cos^2 t + \sin^2 t} \mathrm{d}t = \int_0^\pi \mathrm{d}t = \pi$$

이고 $\mathbf{F}(\cos t, -\sin t) = (\sin t, \cos t)$, $d\phi = (-\sin t, -\cos t)\,dt$ 이므로

$$\int_{C_2} \mathbf{F} \cdot \mathrm{d}\phi = \int_0^\pi (-1)\,\mathrm{d}t = -\pi.$$

이 값이 동일하지 않기 때문에 $\mathbf{F}$의 선적분은 경로에 독립이 아니다.

연습문제 (8.2)

1. 각각의 $(\phi, \mathbb{R})$의 자취를 그리고, 방향을 묘사하고, 집합 S 의 부분집합임을 증명하여라.

   (a) $\phi(t) = (3t, 2\sin t, \cos t), \quad S = \{(x, y, z) : y^2 + 4z^2 = 4\}.$

   (b) $\phi(t) = (t^3, t^2, t^3), \quad S = \{(x, y, z) : z = x\}.$

   (c) $\phi(t) = (t, t^3, \sin t), \quad S = \{(x, y, z) : y = x^3\}.$

   (d) $\phi(t) = (\sin t, \sin t, \cos t), \quad S = \{(x, y, z) : y^2 + z^2 = 1\}.$

   (e) $\phi(t) = (\cos t, \cos t, t), \quad S = \{(x, y, z) : y = x\}.$

2. 각각에 대하여 C의 (조각적으로)매끄러운 매개변수화를 찾고 $\int_C F \cdot T\,\mathrm{d}s$를 계산하여라.

   (a) C는 $(1,1)$부터 $(2,8)$ 까지 곡선 $y = x^3$이고 $F(x, y) = (xy, y - x)$.

   (b) C는 타원기둥면 $y^2 + 2z^2 = 1$와 평면 $x = -1$과의 교집합, 방향은 양의 x-축에서 보았을 때 시계 반대방향이고, $F(x, y, z) = (\sqrt{x^3 + y^3 + 5}, z, x^2)$.

(c) C는 굽은평면 $y = |x|$와 타원기둥 $x^2 + 3z^2 = 1$ 과의 교집합, 방향은 양의 y-축에서 보았을 때 시계 방향이고 $F(x, y, z) = (z, -z, x + y)$.

3. 다음 각각의 $\int_C \omega$를 계산하여라.

(a) C는 경로가 $(1, 1)$에서 $(2, 1)$까지의 선분을 따라서 $(2, 1)$에서 $(2, 3)$까지의 다각형 경로이고 $\omega = y\,\mathrm{d}x + x\,\mathrm{d}y$.

(b) C는 $z = x^2 + y^2$과 $x^2 + y^2 + z^2 = 1$의 교집합이고 방향이 양의 z-축에서 보았을 때 시계반대방향이고 $\omega = dx + (x + y)\,\mathrm{d}y + (x^2 + xy + y^2)\,\mathrm{d}z$.

(c) C는 직사각형 $R = [a, b] \times [c, d]$ 의 경계이고 방향이 시계반대방향이고 $\omega = xy\,\mathrm{d}x + (x + y)\,\mathrm{d}y$.

(d) C는 $y = x$와 $y = z^2, 0 \le z \le 1$의 교집합이고 방향은 y-축에서 보았을 때 왼쪽에서 오른쪽 방향이고 $\omega = \sqrt{x}\,\mathrm{d}x + \cos y\,\mathrm{d}y - dz$.

(e) C 는 $y = 2x^3$ 를 따라 $(0, 0)$ 부터 $(1, 2)$ 까지 잇는 곡선이고 $\omega = x^3y^2\,\mathrm{d}x - 2x^4y\,\mathrm{d}y$.

(f) C 는 $(0, 0)$ 부터 (a, b) 까지 잇는 직선이고 $\omega = (y^2 - y)\,\mathrm{d}x + x\,\mathrm{d}y$.

4. (a) $c \in \mathbb{R}, \delta > 0$ 이고 $u \in \mathbb{R}$에 대하여 $\tau(u) = \delta u + c$라 놓자. 만일 (ϕ, I)이 매끄러운 곡선이고, $J = \tau^{-1}(I)$이고 $\tau(u) = \delta u + c$에 대하여 $\psi = \phi \circ \tau$이면 (ψ, J)는 (ϕ, I)와 방향동치임을 증명하여라.

(b) 만일 (ϕ, I)가 매끄러운 호이면 $(\psi, [0, 1])$ 형태의 방향동치인 매개변수화를 갖음을 증명하여라.

(c) 조각적으로 매끄러운 곡선에 대하여 b)를 증명하여라.

(d) C는 단위 정사각형 $[0, 1] \times [0, 1]$의 경계이고 방향이 시계반대방향이다. $[0, 1]$에서 매개변수 C, 즉 $I_j = [(j - 1)/4, j/4]$인 매개변수화 (ϕ_1, I_1), (ϕ_2, I_2), (ϕ_3, I_3), (ϕ_4, I_4) 를 찾아라.

5. (ϕ, I)는 매끄러운 단일호이고, τ는 유한개를 제외하고 모든 $u \in J$에 대하여 $\tau'(u) > 0$을 만족하는 J에서 I로 가는 1-1 인 C^1함수라 가정하자. 만일 $\psi = \phi \circ \tau$ 이라 하면 임의의 연속함수 $F : \phi(I) \to \mathbb{R}^m$에 대하여

$$\int_I F(\phi(t)) \cdot \phi'(t)\,\mathrm{d}t = \int_J F(\psi(u)) \cdot \psi'(u)\,\mathrm{d}u$$

임을 증명하여라.

6. (8.5절을 이용하여라.) $f : [a,b] \to \mathbb{R}$는 $[a,b]$ 위에서 $\mathcal{C}^1$ 이고 $t \in [a,b]$에 대하여 $f'(t) \neq 0$ 이다. y가 $f(a)$에서 $f(b)$까지 변할 때 곡선 $x = f^{-1}(y)$는 x가 a에서 b까지 변할 때 곡선 $y = f(x)$와 방향동치임을 증명하여라.

7. 보기 5 에서 C 는 곡선 $y = x^2$ 을 따라 점 $(0,0)$ 와 (π, π^2) 을 잇는 유향곡선일 때 적분값

$$\int_C y\,\mathrm{d}x + \cos x\,\mathrm{d}y$$

을 구하여라.

8. V 는 $\mathbb{R}^2$ 에서 열린집합이라 하자. $(x,y) \in V$이고 $F = (P,Q) : V \to \mathbb{R}^2$는 V 위에서 연속이라 하자.

   (a) $C(x)$는 V안에서 (x,y)에서 끝나는 수평선분, 즉 $L((x_1,y);(x,y))$ 인 형태의 선분이고 방향은 (x_1,y) 에서(x,y)로 주어진 자취가 V의 부분집합이라 가정하자.

   $$\frac{\partial}{\partial x}\int_{C(x)} F \cdot T\,\mathrm{d}s = P(x,y)$$

   임을 증명하여라. V안에서 (x,y)에서 끝나는 수직선분에 대하여 $\partial/\partial y$에 대한 유사한 명제를 만들고 증명하여라.

   (b) $(x_0,y_0) \in V$라 하자. 모든 조각적으로 단일닫힌곡선 $C \subset V$에 대하여

   $$(*) \qquad \int_C F \cdot T\,\mathrm{d}s = 0$$

   일 필요충분조건은 모든 $(x,y) \in V$에 대하여 적분

   $$f(x,y) := \int_{C(x,y)} F \cdot T\,\mathrm{d}s$$

   이 모든 $C(x,y)$에 대하여 같게 주어지는 것이다. 여기서 $C(x,y)$는 (x_0,y_0)에서 시작하여 (x,y)에서 끝나는, 자취가 V의 부분집합인 조각적으로 매끄러운 곡선이다.

   (c) F가 V 위에서 보존일 필요충분조건은 자취가 V의 부분집합인 모든 조각적으로 매끄러운 닫힌곡선 C 에 대하여 (*)가 성립하는 것임을 증명하여라.

   (d) 자취가 V의 부분집합인 모든 조각적으로 매끄러운 닫힌곡선 C에 대하여 F가 (*)을 만족하면

   $$\frac{\partial P}{\partial y} = \frac{\partial Q}{\partial x}$$

임을 증명하여라. 참고 : 만일 영역 V가 좋으면 이 명제의 역도 역시 성립한다. (8.6절 연습문제 7)

(e) 영역 $\mathbb{R}^2\backslash\{(0,0)\}$ 에 정의된 제 1 형식

$$\omega = \frac{-y}{x^2+y^2}\,\mathrm{d}x + \frac{x}{x^2+y^2}\,\mathrm{d}y$$

이 보존적이 아님을 보여라.

9. $f : [0,1] \to \mathbb{R}$는 증가이고 $[0,1]$에서 연속적으로 미분가능하다고 가정하자. T는 꼭지점이 $(0, f(0))$, $(1, f(0))$, $(1, f(1))$인 직각 삼각형이라 하자. 만일 c가 T의 빗변을 나타내고, a와 b 는 T의 다른 변을 나타내고, 그리고 L은 곡선 $y = f(x)$, $x \in [0,1]$의 호의 길이를 나타낸다 하면, $c \le L \le a + b$임을 증명하여라.

8.3 곡면

이 절에서는 곡면과 곡면적분에 관하여 정의하는데 이러한 개념은 8.1 절에서의 곡선과 선적분의 이차원적 유사성을 띤다. 매끄러운 호는 유계이고 닫힌구간에서 매개변수화됨을 상기하자. 무엇으로 매끄러운 곡면을 매개변수화하는가? $\mathbb{R}^2$에서 유계이고 닫힌집합의 어떤 형태를 이용하는 것이 필요하다. 비록 직사각형을 사용할 수 있지만 보다 편리한 2차원 영역을 사용한다. 이를 위해서 다음을 정의한다.

정의 8.12 ***m차원 영역*** *E 는 $\mathbb{R}^m$ 에서 공집합이 아닌 열린집합이며 연결조르단영역 V에 대하여 $E = \overline{V}$ 인 집합 $E \subset \mathbb{R}^m$ 이다.*

1차원 영역은 닫힌유계구간임을 주목하자. 또 모든 2차원 직사각형과 모든 2차원 구의 폐포는 2차원 영역이다.

정의 8.13 (i) *$\mathbb{R}^3$에 있는 $\mathcal{C}^p$* ***곡면*** *S 는 E가 2차원 영역이고 $\phi : E \to \mathbb{R}^3$ 이 E 위에서 $\mathcal{C}^p$ 일 때 $S = (\phi, E)$ 이다. S의* ***자취****는 집합 $\phi(E)$ 이다. 어떤 점 $(x, y, z) \in \mathbb{R}^3$ 이 S위에* ***놓여있다****는 것은 그것이 S의 자취에 속해 있을 때를 말한다.*

(ii) *곡면 (ϕ, E) 가* ***단일****하다는 것은 ϕ가 E 위에서 1-1 일 때를 말한다.*

iii) 어떤 쌍 (ψ, B) 를 곡면 (ϕ, E) 의 $\mathcal{C}^p$ **매개변수화**라는 것은 (ψ, B) 가 $\mathcal{C}^p$ 단일곡면이고 $\psi(B) = \phi(E)$ 이다. 방정식

$$x = \psi_1(u,v),\ y = \psi_2(u,v),\ z = \psi_3(u,v), \quad (u,v) \in B$$

는 (ϕ, E)의 매개변수 (ψ, B)에 의하여 유도된 **매개변수방정식**이라 한다.

함수 $z = f(x,y)$의 그래프를 **곡면**이라 한다. 다음은 f 가 $\mathcal{C}^p$ 일 때 정의 8.11 에 적합하다는 것을 보여 주고 있다.

보기 1 *E는 2차원 영역이고 $f : E \to \mathbb{R}$는 $\mathcal{C}^p$ 함수라 하자. $z = f(x,y)$ 의 그래프는 단일 $\mathcal{C}^p$ 곡면의 자취임을 증명하여라.*

풀이 만일 $\phi(u,v) = (u, v, f(u,v))$이면 ϕ는 $\mathcal{C}^p$이고 E 위에서 1-1 이다. 그리고 ϕ는 $z = f(x,y)$의 그래프이다. (이것을 $z = f(x,y)$ 의 **자명한 매개화**라고 부른다.)

비슷한 방법으로 $x = f(y,z)$이거나 $y = f(x,z)$인 형태의 매개변수화를 정의할 수 있다. 예를 들어 곡면 $x = f(y,z)$, $(y,z) \in E$의 매개변수화는 $\phi(u,v) = (f(u,v), u, v)$ 인 (ϕ, E)로 주어졌다.

아래의 보기는 원기둥, 구면, 원환면, 원뿔이 $\mathcal{C}^\infty$ 곡면임을 보이고 있다.

보기 2 *원기둥 $x^2 + y^2 = 1$, $0 \le z \le 2$ 는 $\mathcal{C}^\infty$ 단일곡면의 자취임을 보여라.*

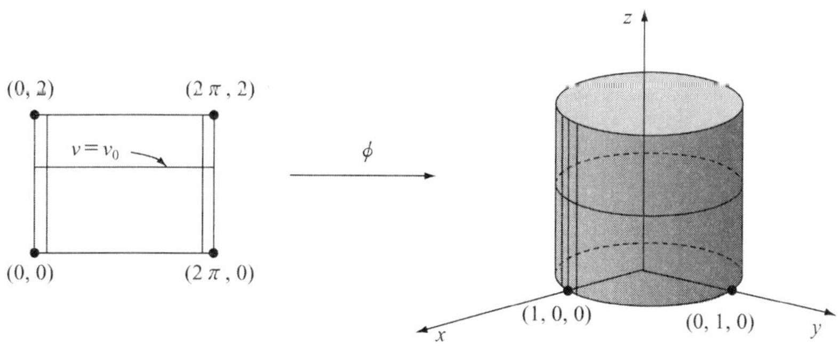

그림 8.11

풀이 $\phi(u,v) = (\cos u, \sin u, v)$ 이고 $E = [0, 2\pi] \times [0, 2]$ 라 하고 ϕ는 E 위에서 $\mathcal{C}^\infty$ 임에 주목하자. 매개방정식은 $x = \cos u$, $y = \sin u$, $z = v$ 이다. 분명히 $x^2 + y^2 = 1$ 이다. 그러므로 $\phi(E)$ 는 원기둥 $x^2 + y^2 = 1$, $0 \le z \le 2$ 의 부분집합이다. E가 연결이므로 $\phi(E)$도 연결

이다. $\phi(E)$가 원기둥 전체임을 보이기 위하여 E에서 수평선의 상을 보자. 선분 $v = v_0$의 상은 평면에 놓인 중심이 $(0, 0, v_0)$이고 반지름이 1인 원이다(그림 8.11). 그러므로 v_0의 범위가 0에서 2까지이므로 수평선 $v = v_0$의 상은 전체의 원기둥 $x^2 + y^2 = 1, 0 \leq z \leq 2$ 를 덮는다.

보기 3 *구 $x^2 + y^2 + z^2 = a^2$는 $\mathcal{C}^\infty$ 곡면의 자취임을 보여라.*

풀이 $\phi(u, v) = (a \cos u \cos v, a \sin u \cos v, a \sin v)$ 이고 $E = [0, 2\pi] \times [-\pi/2, \pi/2]$ 라 하자. 분명히 ϕ 는 E 위에서 $\mathcal{C}^\infty$ 이다. 매개방정식은 $x = a \cos u \cos v$, $y = a \sin u \cos v$, $z = a \sin v$ 이다. $x^2 + y^2 = a^2 \cos^2 v$ 이므로 $x^2 + y^2 + z^2 = a^2$을 얻는다. 그러므로 $\phi(E)$는 중심이 원점이고 반지름이 a인 구이다. 수평선 $v = v_0$의 상은 평면 $z = a \sin v_0$ 위에 놓인 원이고 중심이 $(0, 0, a \sin v_0)$ 이고 반지름이 $a \cos v_0$ 이다(그림 8.12).

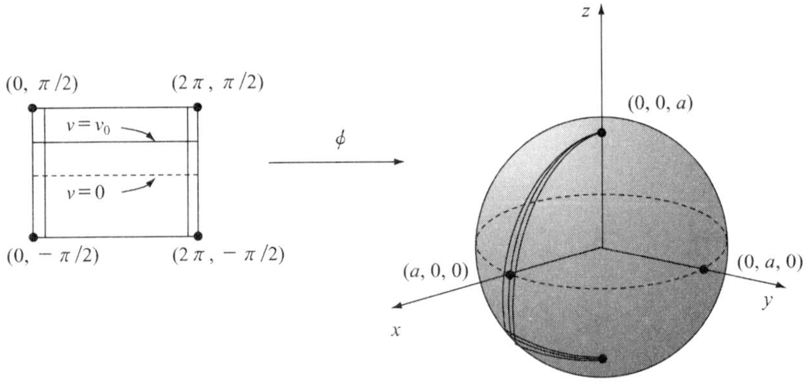

그림 8.12

E, 즉 수평선 $v = \pi/2$(각각, $v = -\pi/2$), 의 위꼭지(각각, 아래 꼭지)의 상은 북극점 $(0, 0, a)$(남극점$(0, 0, -a)$) 이다. 그러므로 v_0 의 범위는 $-\pi/2$ 에서 $\pi/2$ 까지 이므로 수평선 $v = v_0$ 의 상은 전체의 구 $x^2 + y^2 + z^2 = a^2$ 를 덮는다.

C는 xz-평면에서 중심이 $(a, 0, 0)$ 이고 반지름이 b 인 원을 나타낸다고 하자. 여기서 $a > b$이다. 반지를 $a > b$ 를 가진 중심이 원점인 원환면(torus)은 z-축에 대하여 곡선 C를 회전시킨 것은 도넛 모양의 곡면이다(그림 8.13).

보기 4 *반지름 $a > b$ 를 가진 중심이 원점인 원환면은 $\mathcal{C}^\infty$ 곡면의 자취임을 보여라.*

풀이 $\phi(u, v) = ((a + b \cos v) \cos u, (a + b \cos v) \sin u, b \sin v)$ 이고 $E = [-\pi, \pi] \times [-\pi, \pi]$ 라 하고 ϕ 는 E 위에서 $\mathcal{C}^\infty$ 임에 주목하자. $u = 0$의 상은 xz-평면에서 중심이 $(a, 0, 0)$ 이

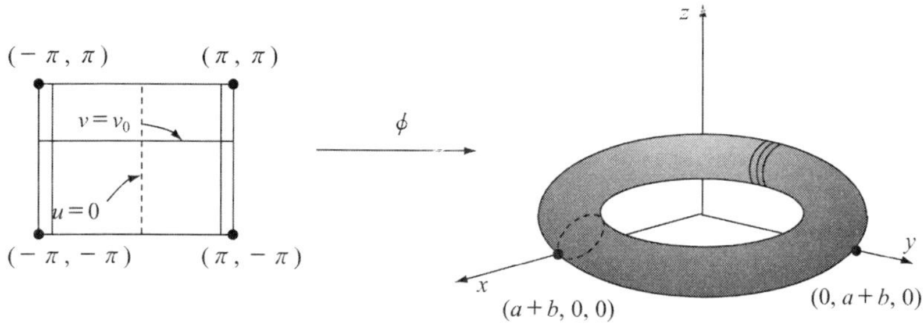

그림 8.13

고 반지름이 b인 원이다. 수평선 $v = v_0$의 상은 xy-평면과 나란하고 중심이 $(0, 0, b\sin v_0)$ 이고 반지름이 $a + b\cos v_0$ 이다. $v = \pm\pi$ 의 상은 xy-평면에서 중심이 $(0, 0, 0)$ 이고 반지름이 $a - b$인 원이다. 따라서 $\phi(E)$는 원환면 전체을 덮는다.

보기 5 *원뿔* $z = \sqrt{x^2 + y^2}$, $0 \le z \le b$ *는* $\mathcal{C}^\infty$ *곡면의 자취임을 보여라.*

풀이 $(x, y, z) = \phi(u, v) = (v\cos u, v\sin u, v)$ 이고 $E = [0, 2\pi] \times [0, b]$ 라 하자. 그리고 ϕ는 E 위에서 $\mathcal{C}^\infty$ 임에 주목하자. 분명히 $x^2 + y^2 = z^2$ 이고 $0 \le z \le b$ 이다. 그러므로 $\phi(E)$ 는 주어진 원뿔의 부분집합이다. $0 \le v_0 \le b$ 인 수평선 $v = v_0$의 상은 평면 $z = v_0$에 있는 중심이 $(0, 0, v_0)$ 이고 반지름이 v_0 인 원이다(그림 8.14). 그러므로 $\phi(E)$ 는 원뿔 $z = \sqrt{x^2 + y^2 = z^2}, 0 \le z \le b$ 이다. 선 $v = 0$ 의 상은 꼭지점 $(0, 0, 0)$이다.

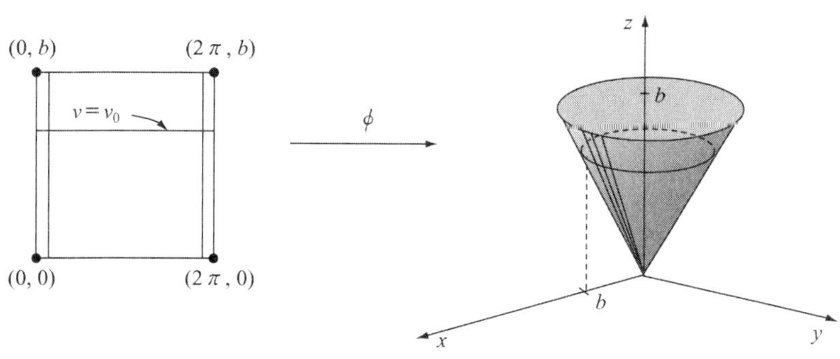

그림 8.14

(x_0, y_0, z_0)의 근방에서 S의 자취가 미분가능한 함수의 그래프이면 곡면 $S = (\phi, E)$는 점 $(x_0, y_0, z_0) = \phi(u_0, v_0)$ 에서 **유일한 접평면을 갖는다**고 말한다.

$(u_0, v_0) \subset E^o$ 일 때 이것은 $(u_0, v_0) \in E_0 \subset E$ 인 열린집합 E_0 와 V 그리고 미분가능한 함수 $f : V \to \mathbb{R}$가 존재하여 다음 세 조건:

I. $(x_0, y_0) \in V$ 이고, $z = f(x, y)$의 그래프가 $\phi(E_0)$와 일치;

II. $(x_0, z_0) \in V$ 이고 $y = f(x, z)$의 그래프가 $\phi(E_0)$와 일치;

III. $(y_0, z_0) \in V$ 이고 $x = f(y, z)$의 그래프가 $\phi(E_0)$와 일치;

중의 하나를 만족함을 뜻한다. 이 경우, f 에의해 만들어진 곡면의 접평면을 (x_0, y_0, z_0) 에서 **S의 접평면**이라 한다. 그리고 S의 **법선벡터**는 6.1절의 참고 1 또는 정리 6.25를 적용해서 계산할 수 있다.

보기 6 *S의 자취가 $x = f(y, z)$의 그래프일 때 접평면의 법선은 $(1, -f_y(y_0, z_0), -f_z(y_0, z_0))$ 이다.*

접선벡터가 곡선에서 했던 동일한 역할을 법선벡터가 곡면에서는 맡는다. 예를 들어, 곡면의 넓이, 매끄러운 곡면, 곡면의 방향을 결정하기 위해 법선벡터를 사용한다. 우리는 벡터 $\mathbf{x}, \mathbf{y} \in \mathbb{R}^3$ 의 외적 $\mathbf{x} \times \mathbf{y}$ 이 $\mathbf{x}$ 와 $\mathbf{y}$ 가 이루는 평면에 수직임을 알고 있다(5.1 절 연습문제 7). 다음은 매개변수형식으로 주어진 곡면의 법선벡터를 계산하는 방법이다.

참고 1 *$S = (\phi, E)$ 를 $p \geq 1$인 $\mathcal{C}^p$ 곡면이라 하고 $\phi = (\phi_1, \phi_2, \phi_3)$ 라 하자. 만일 $(u_0, v_0) \in E^o$ 에 대하여 S가 $(x_0, y_0, z_0) = \phi(u_0, v_0)$에서 유일한 접평면을 갖는다면 (x_0, y_0, z_0)에서 S의 법선벡터는*

$$N_\phi := \phi_u(u_0, v_0) \times \phi_v(u_0, v_0).$$

증명 8.1절의 참고 1에 의하여 $\phi_u(u_0, v_0)$ 는 (x_0, y_0, z_0) 에서 곡선 $\phi(u, v_0)$의 접선벡터이고 $\phi_v(u_0, v_0)$는 (x_0, y_0, z_0)에서 곡선 $\phi(u_0, v)$ 의 접선벡터이다. 따라서 (x_0, y_0, z_0) 에서의 접평면에 대한 법선은 이러한 두 벡터의 외적에 의하여 주어진다(그림 8.15). 그러므로 $\phi_u(u_0, v_0) \times \phi_v(u_0, v_0)$는 (x_0, y_0, z_0)에서 S의 법선벡터이다. ■

$z = f(x, y)$ 이 곡면이고 $\phi(x, y) = (x, y, f(x, y))$ 이 곡면의 자명한 매개화이면 $N_\phi = (-f_x, -f_y, 1)$ 이다. 이것은 정리 6.25 와 6.1 절의 참고 1과 동일하다.

ϕ'를 N_ϕ로 대체함으로 해서 앞의 두 절에서 언급한 곡선의 이론과 유사한 곡면의 이론을 전개할 수 있다. 정의 8.3과 다음 정의를 비교하여 보자.

정의 8.14 *$p \geq 1$일 때 (ϕ, E) 를 $\mathcal{C}^p$ 곡면 또는 $\mathcal{C}^p$ 매개변수라 하자.*

(i) *$N_\phi(u_0, v_0) \neq \mathbf{0}$ 이면 (즉, $\|N_\phi(u_0, v_0)\| > 0$ 이면) (ϕ, E)는 $(u_0, v_0) \in E$* **에서 매끄럽다**고 *말한다.*

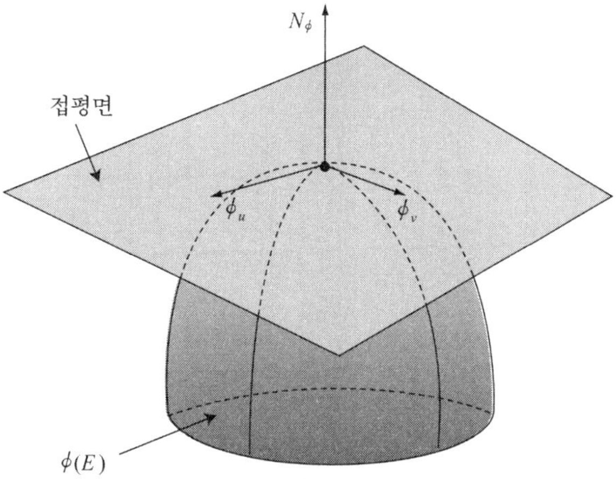

그림 8.15

(ii) (ϕ, E)가 E의 각 점에서 매끄럽다면 (ϕ, E)는 **매끄럽다**고 말한다.

(iii) (ϕ, E)가 $E \setminus E_0$의 각각의 점에서 매끄러우면 집합 $E_0 \subset E$ 을 제외하고 매끄럽다고 말한다.

곡면 $z = f(x, y)$는 항상 매끄럽다는 사실에 주의하여라.

곡선에서와 같이 $(u_0, v_0) \in E^o$에서 $\phi(u_0, v_0)$의 접평면을 갖지 않는 곡면 (ϕ, E)는 (u_0, v_0)에서 매끄러울 수 없다(연습문제 7). 한편으로 매끄럽지 않은 매개변수 표현을 갖는 곡면의 각 점에서 접평면을 갖는 곡면이 있다. 예를 들어, 보기 3에서 구의 매개변수 표현 ϕ 는

$$\|\phi_u \times \phi_v\| = \|(a^2 \cos u \cos^2 v, a^2 \sin u \cos^2 v, a^2 \sin v \cos v)\| = a^2 |\cos v|$$

를 만족한다. 그러므로 구가 그것의 자취의 각 점에서 접평면을 갖는다 하더라도 매개변수표현 (ϕ, E) 는 $v = \pm\pi/2$ 에서 매끄럽지 않다(이 매개변수 표현은 직선 $v = \pm\pi/2$을 북극과 남극으로 취하고 있기 때문에 1-1이 아니다). 특히, 여기에서 정의한 것처럼 매끄럽다는 것은 곡면의 형태가 아니라 매개변수표현에 의존한다.

다음으로 매개변수의 변환에 의한 법선벡터 N_ϕ의 변화를 계산한다.

정리 8.2 E, B 는 $\mathbb{R}^2$에서 2-차원 영역이고 (ϕ, E), (ψ, B) 는 $\mathbb{R}^3$ 에서 $\mathcal{C}^p$ 곡면이고 $p \geq 1$ 라 하자. 만일 τ가 $\psi = \phi \circ \tau$ 인 B에서 E 로 가는 $\mathcal{C}^p$ 함수이면, 각각의 $u, v \in B$ 에 대하여

$$N_\psi(u, v) = \Delta_\tau(u, v) N_\phi(\tau(u, v)).$$

증명 $\phi = (\phi_1, \phi_2, \phi_3), \psi = (\psi_1, \psi_2, \psi_3)$ 라 하자. 참고 1 에 의하여

$$N_\psi = (\Delta_{(\psi_2,\psi_3)}, \Delta_{(\psi_3,\psi_1)}, \Delta_{(\psi_1,\psi_2)}).$$

가정에 의하여 $\psi = \phi \circ \tau$ 이므로, 즉 $i, j = 1, 2, 3$ 에 대하여 $(\psi_i, \psi_j) = (\phi_i, \phi_j) \circ \tau$ 이고 연쇄법칙으로부터 모든 $u, v \in B$ 에 대하여

$$\Delta_{(\psi_i,\psi_j)}(u, v) = \Delta_\tau(u, v)\Delta_{(\phi_i,\phi_j)}(\tau(u, v))$$

그러므로 B 위에서 $N_\psi = \Delta_\tau(N_\phi \circ \tau)$. ■

위 정리는 다음 정의를 유도한다(정의 8.6 와 비교).

정의 8.15 *$p \geq 1$라 하자. 두 개의 매끄러운 $\mathcal{C}^p$ 곡면 (ϕ, E), (ψ, B)를* **매끄러운 동치***라 함은 $\psi(B) = \phi(E)$ 이고 B 에서 E 로 가는 1-1 $\mathcal{C}^p$ 함수 τ 가 존재하여 $\psi = \phi \circ \tau$ 이고 모든 $(u, v) \in B$ 에 대하여 $\Delta_\tau(u, v) \neq 0$ 를 만족한다. 이러한 함수 τ 를 $\psi(B)$ 에서 $\phi(E)$ 로의* **추이***라 한다.*

만일 두 곡면이 매끄럽게 동치이면 하나가 단일일 필요충분조건은 다른 하나가 단일이어야 한다(8.4절 연습문제 5)

정리8.1, 정의8.7처럼 유사하게 곡면넓이와 곡면적분을 다음과 같이 정의한다.

정의 8.16 *$S = (\phi, E)$ 는 법선벡터 $N_\phi = \phi_u \times \phi_v$ 를 가지는 매끄러운 단일곡면이라 하자.*

(i) **곡면 S의 면적**을

$$\sigma(S) := \int_E \|N_\phi(u, v)\| \,\mathrm{d}(u, v)$$

으로 정의한다.

(ii) *만일 $g : \phi(E) \to \mathbb{R}$ 가 연속이면 S 위에서 g의* **곡면적분**을

$$\iint_S g \,\mathrm{d}\sigma := \iint_{\phi(E)} g \,\mathrm{d}\sigma := \int_E g(\phi(u, v))\|N_\phi(u, v)\| \,\mathrm{d}(u, v) \tag{8.7}$$

으로 정의한다.

보기 7 *평면 S가 $[0, 1] \times [0, 1]$이라 하자. $u \in [0, 1]$, $v \in [0, 1]$에 대하여 주어진 벡터방정식 $\phi(u, v) = (1 + v, u - 2v, 3 - 5u + v)$일 때 곡면 면적을 구하여라.*

풀이 $\phi_u = (0, 1, -5)$, $\phi_v = (1, -2, 1)$이므로 $N_\phi = \phi_u \times \phi_v = (-9, -5, -1)$. 그러면

$$\begin{aligned}\sigma(S) &= \int_E \|N_\phi(u, v)\| \, \mathrm{d}(u, v) \\ &= \int_0^1 \int_0^1 \sqrt{107} \, \mathrm{d}u \, \mathrm{d}v = \sqrt{107}.\end{aligned}$$

보기 8 *원주면 $y^2 + z^2 = 9$ 안에 놓여있는 포물면 $x = y^2 + z^2$의 부분에 대하여 곡면의 면적을 구하여라.*

풀이 곡면의 매개변수화는 $E = \{(y, z) : 0 \le y^2 + z^2 \le 9\}$에 대하여

$$x = y^2 + z^2, \qquad y = y, \qquad z = z$$

이다. (그림 8.16) 그러면

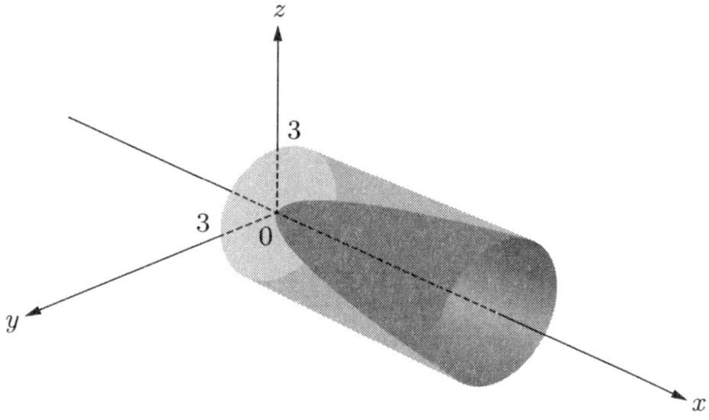

그림 8.16

$$\sigma(S) = \int_E \sqrt{1 + \left(\frac{\partial x}{\partial y}\right)^2 + \left(\frac{\partial x}{\partial z}\right)^2} \, \mathrm{d}(y, z) = \int_E \sqrt{1 + 4(y^2 + z^2)} \, \mathrm{d}A.$$

극좌표를 이용하면

$$\begin{aligned}\sigma(S) &= \int_0^{2\pi} \int_0^3 \sqrt{1 + 4r^2} r \, \mathrm{d}r \, \mathrm{d}\theta = \int_0^{2\pi} \mathrm{d}\theta \int_0^3 r\sqrt{1 + 4r^2} \, \mathrm{d}r \\ &= \frac{\pi}{6}(37\sqrt{37} - 1).\end{aligned}$$

따름정리 7.9 에 의하여, (ϕ, E)이 면적이 0인 집합을 제외하고 1-1 이거나 면적이 0인 집합 위에서는 $N_\phi(u, v)$ 는 정의되지 않더라도 (8.7) 는 정의된다. 특히 (ϕ, E) 이 면적이 0 인 어떤 집합 Z 을 제외한 곳에서 매끄럽고 단일하면 (8.7)는 정의된다. 그러므로 이러한 개념들은 모든 원뿔과 구들을 포함하는 매끄럽지 않고 단일하지도 않은 곡면들로 확장시킬 수 있다.

$z = f(x, y), (x, y) \in E$ 에 의하여 주어진 $\mathcal{C}^p$ 곡면 S 에 대하여 적분 (8.7)는 다음과 같은 형태를 취한다.

$$\iint_S g d\sigma = \int_E g(x, y)\sqrt{f_x^2(x, y) + f_y^2(x, y) + 1}\, \mathrm{d}(x, y). \tag{8.8}$$

선분을 근사시키는 방법으로 호의 길이를 정의하는 것과 마찬가지로, S의 곡면의 면적은 평면 영역을 근사시킴으로써 정의할 수 있다. 그러나 이러한 접근은 어떤 제한이 있다. 즉, 삼각형의 영역을 사용하여 원기둥의 경계로 접근시킬 때 접근 영역의 전체 면적은 무한이 될 수 있다[12].

곡면의 면적과 곡면 적분은 비록 $\Delta_\tau \neq 0$라는 조건이 면적이 0 인 닫힌집합 위에서 완화되더라도 매끄러운 동치 매개변수화하에서 불변이라는 것을 보이는 것은 쉽다(연습문제 5). 또한 S의 자취가 $\mathbb{R}^2$의 부분집합이면 정의 8.14 에서 정의된 곡면의 면적은 정의 7.4에서 정의된 S의 자취의 면적과 같다(연습문제 4).

곡면 적분을 계산할 때 주어진 곡면의 적절한 매개변수를 찾아야 하고 정의 8.14 를 이용한다.

보기 9 *S는 반구 $z = \sqrt{a^2 - x^2 - y^2}$ 이고 $g(x, y, z) = \sqrt[3]{z}$ 일 때 $\iint_S g\, \mathrm{d}\sigma$ 를 구하여라.*

풀이 ϕ를 보기 3 에서 정의된 함수라 하고 $E_0 = [0, 2\pi] \times [0, \pi/2]$ 라 하자. 그러면 (ϕ, E_0)는 반구 S의 매개변수화이고 $\|N_\phi\| = a^2 \cos v$ 이다. $v \in [0, 2\pi)$ 에 대하여 $\cos v \neq 0$ 이므로 $\phi(E_0)$ 는 면적이 0 인 $[0, 2\pi] \times \{\pi/2\}$ 밖에서 매끄럽다. 그러므로

$$\begin{aligned}\iint_S g\, \mathrm{d}\sigma &= \iint_{E_0} a^2 \cos v \sqrt[3]{a \sin v}\, \mathrm{d}u\, \mathrm{d}v \\ &= 2\pi a^{7/3} \int_0^{\pi/2} \cos v \sqrt[3]{\sin v}\, \mathrm{d}v = \frac{3\pi}{2} a^{7/3}.\end{aligned}$$

g의 연속성은 단지 (8.7)의 오른쪽 적분의 의미를 갖도록 정의 8.14 에서 가정되었다. 만일 반복적분의 하나가 이상적분으로 수렴하면 명백한 방법으로 곡면적분의 정의를 확장할

수 있다. 이러한 것을 이용하여 보기 7을 자명한 매개변수화를 사용하여 두 번째 방법의 해를 구할 수 있다.

다른 풀이: 곡면 $z = \sqrt{a^2 - x^2 - y^2}$ 는 법선 $N = (-z_x, -z_y, 1) = (x/z, y/z, 1)$ 을 갖는다. (이 법선은 $\partial B_a(0,0)$ 위에서 존재하지 않지만 $\partial B_a(0,0)$이 면적이 영인 집합이므로 $B_a(0,0)$ 위에서 적분할 때 무시할 수 있다.) S 위에서 $\|N\| = a/z$ 이다. 그러므로 (8.8)과 극좌표에 의해

$$\begin{aligned}\iint_S g\,\mathrm{d}\delta &= \int_{B_a(0,0)} \frac{a\sqrt[3]{z}}{z}\,\mathrm{d}(u,v)\\ &= \int_0^{2\pi}\int_0^a r(a^2-r^2)^{-1/3}\,\mathrm{d}r\,\mathrm{d}\theta = \frac{3\pi}{2}a^{7/3}.\end{aligned}$$

(이 가운데 r 에 대한 내부적분이 이상적분이다.)

곡면의 이론은 곡선의 이론보다 더 복잡하고 조각적으로 매끄러운 곡면이 되는 것을 의미하는 것을 포함하는 여러 가지 개념들을 정의하기 위하여 엄밀한 문장보다는 덜 엄밀한 기하학적인 묘사를 사용할 것이다.

다양하고 매끄러운 곡면의 조각들과 함께 조각적으로 매끄러운 형태를 어떻게 묘사하느냐에 앞서 내점(곡면의 내부에 놓인점)과 경계점(곡면의 모서리에 놓인점)과의 사이를 구별하여야 한다. 그 차이점을 설명하기 위해서 보기 2 에서 (ϕ, E)에 의해 매개변수화된 원기둥 S를 생각하자. 한 점 $(x,y,z) \in S$ 이 $0 < z < 2$ 이면 내부에 있고 $z = 0$ 또는 $z = 2$ 이면 모서리에 있다. (그림 8.11를 보고 왜 이러한 용어는 적당한가를 생각해 보라).

만일 $(x,y,z) \in \phi(E^o)$ 이면 (x,y,z) 은 (ϕ, E) 의 내부에 놓여있을 것이라고 추측할 것이다. 이 추측은 심지어 원통에서도 틀린 것이다. 예를 들어, $(-1,0,1) = \phi(\pi,1) \in \phi(E^o)$ 은 모서리가 아닌 S 의 이음매에 놓여있다. 일반 곡면 S의 내부와 경계를 정의하기 위하여 S의 자취를 사용하여야 하며 곡면이 특별한 매개변수화 (ϕ, E)에 의해 완전히 기술된 초기 위치로 되돌아 가야한다.

S를 $\mathbb{R}^3$ 의 $\mathcal{C}^p$ 곡면이라 하자. 당신이 점 $(x,y,z) \in S$ 에 서있다고 상상해 보라. 당신이 S 의 점들에 의한 모든 변들로 둘러싸여 있으면 점 (x,y,z) 를 S의 **내부**라 한다. 즉, 어느 방향으로 충분히 작게 움직여도 S에 머무른다. 곡면 S의 내부의 점들을 Int(S)로 나타내고 곡면 S의 **(다양체)경계**를 $\partial S := S \setminus \mathrm{Int}(S)$ 로 정의한다.

비록 그 개념이 같지 않더라도 곡면의 경계를 어떤 집합의 경계(정의 5.6)와 같은 기호를 사용했다. 모든 고차원 미적분에 관한 기본정리의 명제는 이것을 바탕으로 하기 때문에 이러한 선택을 할 수 있다. 모호함을 피하기 위하여 집합 E의 경계 $(\overline{E} \setminus E^o)$ 를 E의 **위상경**

계(topological boundary)라 말한다. 단지 곡면과 관련된 '**경 계**'는 다양체 경계이고 m-차원 영역에서의 경계는 위상경계이다.

어떤 곡면 S가 $\partial S = \emptyset$ 이면 **닫혀있다**고 말한다. 예를 들어, $a > 0$ 이면 구 $x^2+y^2+z^2 = a^2$은 닫혀있다, 그러나 반구 $z = \sqrt{a^2 - x^2 - y^2}$ (각각, 끝이 잘린 포물면 $z = x^2 + y^2$, $0 \le z \le 1$)는 닫혀있지 않다. 왜냐하면 그 경계가 $x^2 + y^2 = a^2$, $z = 0$ (각각, $x^2 + y^2 = 1$, $z = 1$) 이기 때문이다.

조르단곡선정리에 의하면 닫혀있는 매끄러운 곡선 C는 $\mathbb{R}^2$을 두 개의 서로 소인 집합, 즉, C에 의하여 **둘러싸여있는** 점들과 C **밖에 놓여있는** 점들의 집합으로 나뉜다. 일반적으로 곡면의 경우에는 성립하지 않는다. 실제로, 둘러싸는 점들이 없는 닫힌 매끄러운 곡면(클라인 병)이 존재해서 $\mathbb{R}^3$을 두 개의 서로 소인 집합으로 나누지 못한다. 그러나 $\mathbb{R}^n$ 의 구면 $S^{n-1} = \{\mathbf{x} \in \mathbb{R}^n : |\mathbf{x}| = 1\}$ 은 $\mathbb{R}^n$ 공간을 내부와 외부로 나눈다.

각각의 $S_j = (\phi_j, E_j)$가 매끄러운 단일곡면일 때 $S = \bigcup_{j=1}^{N} S_j$ 라 하자. S가 다음 조건

I. 각 $j \neq k$에 대하여 S_j와 S_k의 자취가 서로 소인 경우(예를 들어, 관 $0 < a \le \|(x, y, z)\| \le b$의 위상경계는 매끄러운 곡면이다).

II. 모든 S_j들은 겹쳐지지 않는다, 즉 $\phi_j(E_j^o) \cap \phi_k(E_k^o) = \emptyset$이고 각 S_j 의 경계의 일부는 어떤 S_k의 경계의 일부와 짝지어진다(예를 들어, 3차원의 직육면체의 위상적 경계는 조각적으로 매끄러운 곡면이다).

중 하나를 만족하면 **조각적으로 매끄럽다**고 한다. 우리는 어떤 세 개의 S_j 들의 교집합이 공집합이거나 유한인 경우로 제한하여 다루고자 한다. 이것은 조각적으로 매끄러운 곡면을 임의로 주어진 모서리를 따라서 한 번이상 자신위에 뒤로 겹치는 것을 막는다. 조건 I 을 만족하는 곡면을 **연결되지 않은 조각적으로 매끄러운 곡면**, 조건 II 을 만족하는 곡면을 **연결된 조각적으로 매끄러운 곡면**이라 부른다.

조각적으로 매끄러운 곡면 $S = \bigcup_{j=1}^{N} S_j$의 **자취**는 S_j의 자취의 합집합으로 정의한다. 만일 S가 연결되지 않은 조각적으로 매끄러운 곡면이라면 S의 경계 ∂S 는 경계 ∂S_j들의 합집합으로 정의한다. 만일 S가 연결된 조각적으로 매끄러운 곡면이라면 S의 경계 ∂S 는 ∂S_j의 부분에 짝지어지지 않는 것의 폐포에 속하는 모든 점들의 합집합으로 정의한다.

보기 10 *단위입방체 $[0,1] \times [0,1] \times [0,1]$에서 표면 $z = 1$을 제외한 형태의 상자의 경계는 평면 $z = 1$ 에서 단위사각형이고, $x^2 + y^2 = 1$, $-3 \le z \le 0$ 와 $z = \sqrt{1 - x^2 - y^2}$ 의 합집합의 경계는 평면 $z = -3$에서 단위원이다*

$S = \bigcup_{j=1}^{N} S_j$의 **조각적으로 매끄러운 매개변수화**는 $S_j = (\phi_j, E_j)$ 일 때 매끄러운 매개변수화 (ϕ_j, E_j) 의 모임이다. S의 곡면 면적은

$$\sigma(S) = \sum_{j=1}^{N} \sigma(S_j)$$

으로 정의되고, S의 자취 위에서 실수값을 갖는 함수 g의 **곡면적분**은

$$\iint_S g\,\mathrm{d}\sigma = \sum_{j=1}^{N} \iint_{S_j} g\,\mathrm{d}\sigma$$

으로 정의한다.

보기 11 *$x = 0$, $y = 0$, $z = 0$ 그리고 $x + y + z = 1$ 로 둘러싸인 사면체 S 의 조각적으로 매끄러운 매개변수화를 찾고 $g(x, y, z) = x + y^2 + z^3$ 에서 $\iint_S g\,\mathrm{d}\sigma$ 를 계산하여라.*

풀이 사면체 S는 네 면을 가진다. 각 면들은 $(u, v) \in E$ 일 때 $\phi_1(u, v) = (u, v, 0)$, $\phi_2(u, v) = (0, u, v)$, $\phi_3(u, v) = (u, 0, v)$, $\phi_4(u, v) = (u, v, 1 - u - v)$ 에 의하여 매개변수화되고 꼭지점이 $(0, 0)$, $(1, 0)$, $(0, 1)$ 인 삼각형 영역이다. $j = 1, 2, 3$ 에 대하여 $\|N_{\phi_j}\| = 1$ 이고 $\|N_{\phi_4}\| = \sqrt{3}$ 이므로

$$\begin{aligned}
&\iint_S g\,\mathrm{d}\sigma \\
&= \int_0^1 \int_0^{1-u} (u + v^2)\,\mathrm{d}v\,\mathrm{d}u + \int_0^1 \int_0^{1-u} (u^2 + v^3)\,\mathrm{d}v\,\mathrm{d}u \\
&\quad + \int_0^1 \int_0^{1-u} (u + v^3)\,\mathrm{d}v\,\mathrm{d}u + \sqrt{3} \int_0^1 \int_0^{1-u} (u + v^2 + (1 - u - v)^3)\,\mathrm{d}v\,\mathrm{d}u \\
&= \int_0^1 \int_0^{1-u} ((2 + \sqrt{3})u + u^2 + (1 + \sqrt{3})v^2 + 2v^3 + \sqrt{3}(1 - u - v)^3)\,\mathrm{d}v\,\mathrm{d}u \\
&= \int_0^1 ((2 + \sqrt{3})u - (1 + \sqrt{3})u^2 - u^3 + \frac{1 + \sqrt{3}}{3}(1 - u)^3 + \frac{2 + \sqrt{3}}{4}(1 - u)^4)\,\mathrm{d}u \\
&= \frac{3}{10}(2 + \sqrt{3}).
\end{aligned}$$

연습문제 (8.3)

1. 다음 각 S 의 곡면 면적을 구하여라.

   (a) S 는 $a \le z \le b$일 때 $z = \sqrt{x^2 + y^2}$ 로 주어진 원추형 껍질

   (b) S 는 보기 3 에서 주어진 구

   (c) S 는 보기 4 에서 주어진 원환면

2. 다음 각 S 의 (조각적으로)매끄러운 매개변수화, ∂S를 구하고 $\iint_S g \, \mathrm{d}\sigma$를 계산하여라.

   (a) S는 xy-평면위에, 평면 $x = 1$ 과 $x = -1$ 사이에 놓여 있는 곡면 $z = x^2 - y^2$ 의 일부이고 $g(x, y, z) = \sqrt{1 + 4x^2 + 4y^2}$

   (b) S는 곡면 $y = x^3, 0 \le y \le 8, 0 \le z \le 4$ 이고 $g(x, y, z) = x^3 z$

   (c) S는 원기둥 $2x^2 + 2y^2 = 9$ 의 외부에 놓여 있는 반구 $z = \sqrt{9 - x^2 - y^2}$ 의 일부이고 $g(x, y, z) = x + y + z$

3. 다음 위상경계 ∂E를 제외하고 매끄러운 타원면

$$\frac{x^2}{a^2} + \frac{y^2}{b^2} + \frac{z^2}{c^2} = 1$$

   의 매개변수화 (ϕ, E)를 찾아라.

4. (a) E는 2차원 영역이고 $S = \{(x, y, z) \in \mathbb{R}^3 : (x, y) \in E, \ z = 0\}$ 라 가정하자.

$$\mathrm{Area}(E) = \iint_S \mathrm{d}\sigma$$

   이고 각각의 연속함수 $g : S \to \mathbb{R}$ 에 대하여

$$\iint_S g d\sigma = \int_E g(x, y, 0) \, \mathrm{d}(x, y)$$

   임을 증명하여라.

   (b) $f : [a, b] \to \mathbb{R}$는 $p \ge 1$에 대해 $\mathcal{C}^p$ 함수이고 C는 $z = f(x), a \le x \le b$ 에 의하여 결정된 $\mathbb{R}^2$내의 곡선이고, S는 $z = f(x), a \le x \le b, c \le y \le d$에 의하여 결정된 $\mathbb{R}^3$내의 곡면이라 하자. $\sigma(S) = (d - c)L(C)$ 임을 증명하여라.

(c) $f : [a, b] \to \mathbb{R}$는 $p \geq 1$에 대해 $\mathcal{C}^p$ 함수이고 S는 곡선 $y = f(x), a \leq x \leq b$ 를 y축에 관하여 회전에 의하여 얻어진 곡면이다. 곡면 S의 면적은

$$\sigma(S) = 2\pi \int_a^b |f(x)|\sqrt{1 + |f'(x)|^2}\,\mathrm{d}x$$

임을 증명하여라.

5. (ψ, B) 와 (ϕ, E) 는 단일 $\mathcal{C}^p$ 곡면이고 Z는 면적이 영인 B의 닫힌 부분집합이고 (ψ, B)는 Z 밖에서 매끄럽고 $\tau : B \to \mathbb{R}^2$는 B에서 E 위로가는 $\mathcal{C}^1$ 함수라 가정하자. 만일 τ가 1-1이고 $B^\circ \setminus Z$ 위에서 $\Delta_\tau \neq 0$ 이고 $\psi = \phi \circ \tau$이면, 모든 연속함수 $g : \phi(E) \to \mathbb{R}$ 에 대하여

$$\iint_E g(\phi(u, v))\|N_\phi(u, v)\|\,\mathrm{d}u\,\mathrm{d}v = \iint_B g(\psi(s, t))\|N_\psi(s, t)\|\,\mathrm{d}s\,\mathrm{d}t$$

임을 증명하여라.

6. 모든 $(x, y) \in B_3(0, 0)$ 에 대하여 $f : B_3(0, 0) \to \mathbb{R}$ 는 미분가능하고 $\|\nabla f(x, y)\| \leq 1$라 가정하자. 만일 S가 포물면 $2z = x^2 + y^2, 0 \leq z \leq 4$ 이면

$$\iint_S |f(x, y) - f(0, 0)|\,\mathrm{d}\sigma \leq 40\pi$$

임을 증명하여라.

7. (ϕ, E)가 $\mathcal{C}^p$ 곡면 이고 $(u_0, v_0) \in E^o$ 일 때 $(x_0, y_0, z_0) = \phi(u_0, v_0)$ 라 가정하자. 만일 (ϕ, E) 이 (x_0, y_0, z_0) 에서 접평면을 갖지 않는다면 $N_\phi(u_0, v_0) = \mathbf{0}$ 임을 증명하여라.

8. $S = (\psi, B)$는 매끄러운 단일곡면이라 하자. $E = \|\psi_u\|, F = \psi_u \cdot \psi_v, G = \|\psi_v\|$ 라 놓자. 곡면 S의 면적은

$$\int_B \sqrt{E^2G^2 - F^2}\,\mathrm{d}(u, v)$$

임을 증명하여라.

9. $S = (\phi, E)$ 는 $(x_0, y_0, z_0) = \phi(u_0, v_0)$ 에서 매끄러운 $\mathcal{C}^1$ 곡면이라 가정하자. $C = (\psi, I)$ 는 (u_0, v_0) 점을 지나면서 자취가 E 의 부분집합인 $\mathcal{C}^1$ 곡선이라 하자. (즉 $\psi(t_0) = (u_0, v_0)$ 인 $t_0 \in I$ 가 존재한다.) $(\phi \circ \psi)'(t_0) \cdot (\phi_u \times \phi_v)(u_0, v_0) = 0$ 임을 증명하여라.

8.4 방향이 있는 곡면

매끄러운 단일곡선 (ϕ, I)은 양의 방향을 선택한 접선벡터 $\phi'(t)$ 에 의해 방향이 결정된다. 이는 연결곡선은 오직 두 방향으로 진행할 수 있기 때문이다. 비슷하게, 매끄러운 단일곡면 (ϕ, E) 는 S 의 양의 측면을 택한 법선벡터 N_ϕ 을 사용하여 방향을 결정한다. 연결곡면 S 에 대하여, 만약 S가 오직 두 개의 면을 갖는다면 그러한 선택은 가능하다.

그런데 오직 한 면만을 가진 매끄러운 연결곡면들이 있다. 이러한 곡면은 길고 가는 종이띠를 한쪽 끝을 비틀어 양쪽을 붙여 만들 수 있다. 이 곡면을 **뫼비우스 띠**라 고 한다.

보기 1 (뫼비우스 띠) *다음 곡면 (ϕ, E) 의 자취를 그려라.*

$$\phi(u,v) = ((2+v\sin(u/2))\cos u, (2+v\sin(u/2)\sin u, v\cos(u/2)),$$

여기서 $E = [-\pi, \pi] \times [-1, 1]$ 이다.

풀이 ϕ 하에서 수평선 $v = 0$ 의 상은 $(2\cos u, 2\sin u, 0)$ 이다. 즉 xy-평면에서 중심이 원점이고 반지름 2인 원이다. 수직선 $u = u_0$ 의 상은 $\mathbb{R}^3$ 에서의 선분이다. 예를 들어, $u = 0$ 의 상은 $(2, 0, v)$, $-1 \le v \le 1$ 이다. 그리고 $u = \pm\pi$ 의 상은 $(2 \mp v, 0, 0)$, $-1 \le v \le 1$. 즉 집합 $S_0 := \{(x, 0, 0) \ : \ -3 \le x \le -1\}$ 이다. 그러므로 (ϕ, E)의 자취는 그림 8.17과 같다.

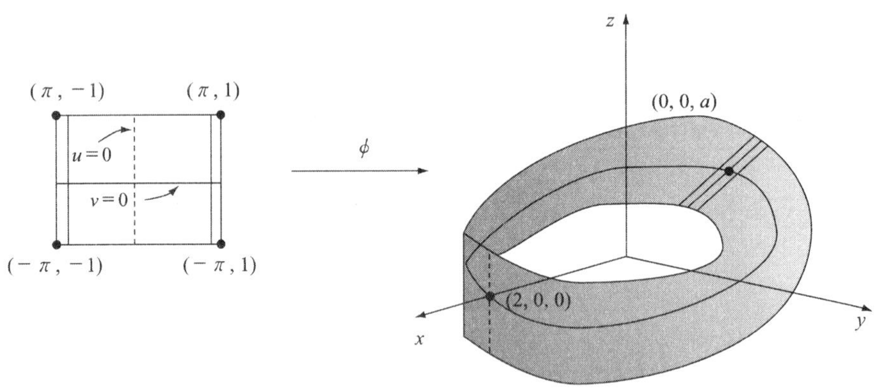

그림 8.17

이러한 예외적인 경우을 피하기 위해, 다음 개념들을 소개한다.

매끄러운 곡면 $S = (\phi, E)$ 위의 점 (x_0, y_0, z_0) 에서 S 의 **단위 법선벡터**는 $\mathbf{n}(x_0, y_0, z_0)$ $= N_\phi(u_0, v_0)/\|N_\phi(u_0, v_0)\|$ 이다. 여기서 $\phi(u_0, v_0) = (x_0, y_0, z_0)$.

명백히 단위 법선벡터 $\mathbf{n}$ 은 $j = 0, 1$ 에 대하여 $\phi(u_j, v_j) = (x_0, y_0, z_0)$ 를 만족하는 모든 $(u_j, v_j) \in E$ 에 대하여

$$\frac{N_\phi(u_0, v_0)}{\|N_\phi(u_0, v_0)\|} = \frac{N_\phi(u_1, v_1)}{\|N_\phi(u_1, v_1)\|} \neq \mathbf{0}$$

일 때만 잘 정의된다. 이것은 ϕ 가 일대일이고 E 에서 매끄러울 때 확실한 경우일 것이다. 만약 ϕ 가 E 위에서 일대일이 아니라면 단위법선벡터 $\mathbf{n}$ 은 ϕ 가 E 위에서 매끄럽다 하더라도 잘 정의되지 않을 수도 있다(위의 뫼비우스 띠를 보라).

매끄러운 곡면 $S = (\phi, E)$ 위에서 연속적으로 변하도록 곡면 S 위의 각 점에서 단위 법선벡터 $\mathbf{n}$ 이 명확하게 정의될 수 있다면, 즉 $\phi(u_0, v_0) = \phi(u_1, v_1)$ 이면 $N_\phi(u_0, v_0)$ 은 $N_\phi(u_1, v_1)$ 과 같은 방향이며, (u_2, v_2) 가 (u_0, v_0) 에 가까이 있다면 $N_\phi(u_2, v_2)$ 이 근사적으로 $N_\phi(u_0, v_0)$ 와 같은 방향이면 S 를 **유향적(orientable)**이라고 말한다. 뫼비우스띠에서 N_ϕ는 '이음매'에서 그 방향이 동시에 서로 반대이다.

S 가 연결되어 있고 유향적이고 매끄럽다면 S 는 오직 두 개의 면, 하나의 양의 면($\mathbf{n}$ 이 있는 쪽)과 음의 면(반대 면)을 갖는다는 것에 주의해라. 명백히, 곡면$z = f(x, y)$는 항상 유향적이다. 뫼비우스띠는 모든 매끄러운 곡면이 유향적이 아니라는 것을 보여 준다.

정의 8.17 *두 개의 매끄러운 단일곡면 (ϕ, E) 와 (ψ, B) 가 유향적이고 모든 $(u, v) \in B$ 에 대해 $\Delta_\tau(u, v) > 0$ 인 추이함수 τ 에 의해 매끄러운 동치이면 두 곡면을* **방향동치(orientation equivalent)**라 *한다.*

정리 8.2에 의해 (ϕ, E) 와 (ψ, B) 가 방향동치라면 법선벡터들은 같은 방향이다. 그러므로 (ϕ, E) 에 의해 선택된 양의 면은 (ψ, B) 에 의해 선택된 양의 면과 같다. 방향곡면 적분은 단위접선을 사용하여 방향 선적분을 정의한 것과 같이 단위법선으로 정의할 수 있다. (정의 8.11과 다음 정의를 비교하여라)

정의 8.18 *$S = (\phi, E)$ 를 단위법선 $\mathbf{n}$ 을 가지는 매끄러운 단일유향곡면이라 하고 $F : \phi(E) \to \mathbb{R}^3$ 는 연속이라 하자. S 위에서 F 의* **유향곡면적분**을 *다음과 같이 정의한다.*

$$\iint_S F \cdot \mathbf{n} \, \mathrm{d}\sigma := \iint_{\phi(E)} F \cdot \mathbf{n} \, \mathrm{d}\sigma := \int_E (F \circ \phi)(u, v) \cdot N_\phi(u, v) \, \mathrm{d}(u, v).$$

$(x, y) \in E$에 대해 $z = f(x, y)$로 주어진 곡면 S 에 대하여, 정의 8.16 은 다음의 형태를 취한다.

$$\iint_S F \cdot \mathbf{n} \, \mathrm{d}\sigma = \int_E F(x, y, f(x, y)) \cdot (-f_x, -f_y, 1) \, \mathrm{d}(x, y). \tag{8.9}$$

유향곡면적분은 무엇을 의미하는가? 만약 F 가 $S = (\phi, E)$ 의 자취의 점들에서 비압축 유체의 흐름을 나타낸다면 $F \cdot \mathbf{n}$ 은 F 의 수직 성분을 나타낸다(그림 8.18). 즉 $\mathbf{n}$ 방향으로 흐르는 유체의 양을 나타내는 것이다. 그러므로 S 위에서 $F \cdot \mathbf{n}\,\mathrm{d}\sigma$ 의 적분($\mathbf{n}$ 방향에서의 S 의 자취를 가로지르는 유체의 흐름의 양)을 S 를 가로지르는 F 의 **흐름(flux)**으로 부른다.

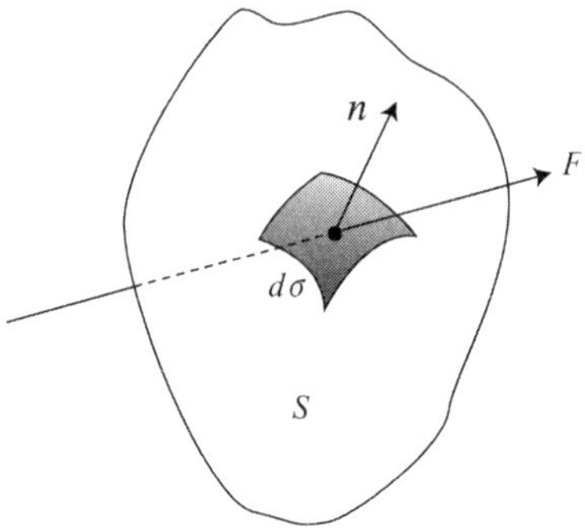

그림 8.18

방향 선적분의 경우와 마찬가지로, 유향곡면적분도 어떤 매끄럽지 않은 곡면위에서 정의될 수 있다(연습문제 4를 보라.).

다음 결과는 방향의 변화는 유향곡면적분의 값이 부호가 반대임을 보인다.

참고 1 *(ϕ, E) 와 (ψ, B) 가 매끄러운 동치이고, 방향동치가 아니라면,*

$$\int_E F(\phi(u,v)) \cdot N_\phi(u,v)\,\mathrm{d}(u,v) = -\int_B F(\psi(s,t)) \cdot N_\psi(s,t)\,\mathrm{d}(s,t).$$

증명 τ를 $\psi(B)$ 로부터 $\phi(E)$ 로의 추이함수라 하자. Δ_τ 가 연결집합 B 위에서 연속이고 (ϕ, E) 와 (ψ, B) 가 방향동치가 아니므로 B 위에서 $\Delta_\tau < 0$ 이다. 그러므로 정리 8.2 와 7.14(변수 변환공식)에 의해

$$\begin{aligned}
&\int_B F(\psi(s,t)) \cdot N_\psi(s,t)\,\mathrm{d}(s,t) \\
&= -\int_B |\Delta_\tau(s,t)|(F \circ \phi \circ \tau)(s,t) \cdot (N_\phi \circ \tau)(s,t)\,\mathrm{d}(s,t) \\
&= -\int_{\tau(B)} F(\phi(u,v)) \cdot N_\phi(u,v)\,\mathrm{d}(u,v) \\
&= -\int_E F(\phi(u,v)) \cdot N_\phi(u,v)\,\mathrm{d}(u,v).
\end{aligned}$$

■

그러므로, 방향이 기하학적으로 표현된 곡면 S 위에서의 방향적분을 계산하고자 할 때, S 위에서 매끄러운 동치매개변수를 사용할 수 있고, 이미 언급된 방향을 생각하여 적분의 기호를 조정한다.

보기 2 *S 는 $(x, y) \in [0, 1] \times [0, 1]$ 에서 $x + y + z = 1$ 을 만족하는 2차원의 영역이다. $\mathbf{n}$은 아래 방향을 가리키는 법선이다. 그리고 $F(x, y, z) = (xy, x - y, z)$ 이다. $\iint_S F \cdot \mathbf{n}\, \mathrm{d}\sigma$ 의 값을 구하여라.*

풀이 아래 방향보다는 위쪽 방향으로의 평면 $x+y+z=1$ 의 보통 법선벡터 $(1, 1, 1)$을 생각하자. 참고 1 에 의해

$$\iint_S F \cdot \mathbf{n}\, \mathrm{d}\sigma = -\int_0^1 \int_0^1 (xy, x - y, 1 - x - y) \cdot (1, 1, 1)\, \mathrm{d}x\, \mathrm{d}y = -\frac{1}{4}.$$

유향곡면적분을 미분으로 나타내어 보자. 2 차 미분을 정의하기 위해 $S = (\phi, E)$ 를 매끄러운 유향곡면이라 하고 $x = \phi_1(u, v)$, $y = \phi_2(u, v)$, $z = \phi_3(u, v)$ 라 하자. 8.3 절의 참고 1에 의해

$$N_\phi = \Big(\frac{\partial(y, z)}{\partial(u, v)}, \frac{\partial(z, x)}{\partial(u, v)}, \frac{\partial(x, y)}{\partial(u, v)}\Big).$$

그러므로 함수 $F = (P, Q, R) : \phi(E) \to \mathbb{R}^3$ 의 유향곡면적분은

$$\int_E \Big(P\frac{\partial(y, z)}{\partial(u, v)} + Q\frac{\partial(x, z)}{\partial(u, v)} + R\frac{\partial(x, y)}{\partial(u, v)}\Big)\, \mathrm{d}(u, v)$$
$$= \iint_S P\, \mathrm{d}y\, \mathrm{d}z + Q\, \mathrm{d}z\, \mathrm{d}x + R\, \mathrm{d}x\, \mathrm{d}y,$$

형태를 취한다. 여기서

$$dy\, \mathrm{d}z = \frac{\partial(y, z)}{\partial(u, v)}\, \mathrm{d}(u, v), dz\, \mathrm{d}x = \frac{\partial(z, x)}{\partial(u, v)}\, \mathrm{d}(u, v), dx\, \mathrm{d}y = \frac{\partial(x, y)}{\partial(u, v)}\, \mathrm{d}(u, v).$$

(이것들은 미분 $dy = f'(x)dx$ 와 2 차원적으로 유사하다.) 집합 $\Omega \subset \mathbb{R}^3$ 위에서 **2-형식**(혹은 **2 차 미분형식**)을 형식

$$P\, \mathrm{d}ydz + Q\, \mathrm{d}zdx + R\, \mathrm{d}xdy$$

으로 정의한다. 여기서 $P, Q, R : \Omega :\to \mathbb{R}^3$ 이다. 2-형식은 계수 P, Q, R 이 Ω 위에서 연속이면 Ω 위에서 **연속**이라 말한다. 단위 법벡터 $\mathbf{n}$ 을 가진 매끄러운 단일곡면 S 위에서 연속 2형식의 **방향적분**은 다음과 같이 정의된다.

$$\iint_S P\, \mathrm{d}y\, \mathrm{d}z + Q\, \mathrm{d}z\, \mathrm{d}x + R\, \mathrm{d}x\, \mathrm{d}y = \iint_S (P, Q, R) \cdot \mathbf{n}\, \mathrm{d}\sigma.$$

1차 미분형식은 유향 선적분을 계산하기 위해 혹은 함수의 증분을 계산하기 위해 사용된 형식적 기호였다. 마찬가지로 2 차 미분형식은 유향곡면적분을 계산하기 위한 것이다. 이것들은 또한 다음 두 절에서 소개할 벡터 미적분의 세 기본정리들을 통합하는데 유용하다.

일반적으로 곡면의 경계는 곡선이고 뫼비우스의 띠의 경계는 단일닫힌곡선이므로, 곡면이 유향적이지 않을지라도 그 경계는 유향적일 수 있다.

S 를 유향곡면이라 하고 ∂S 를 조각적으로 매끄러운 곡선이라 가정하자. S의 방향은 다음과 같이 ∂S 위의 방향을 이끈다. ∂S에 가까이 S의 양의 면위에 당신이 서 있다고 상상해 보아라. ∂S 위의 양의 흐름 방향은 오른쪽에서 왼쪽으로의 방향이다. 즉, 당신이 양의 흐름 방향으로 S의 양의 면위에서 경계를 따라 걷는다면 곡면은 당신의 **왼쪽**에 놓인다. ∂S의 이 방향을 **양의 방향**, **오른손 방향** 혹은 **S의 방향에 의해 유도된 ∂S의 방향**이라고 한다. S 가 xy-평면 $\mathbb{R}^2$ 의 부분집합일 때, S의 위 쪽을 가리키는 법선에 의해 유도된 방향, 다시 말해, 상반공간 $z \geq 0$ 방향을 가리키는 법선에 의해 유도된 방향을 ∂S 가 가진다면 ∂S 를 **양의 방향을 가진다**고 말한다. 그러므로 S 가 경계가 연결된 조각적으로 매끄러운 닫힌곡선인 $\mathbb{R}^2$ 의 유계 부분집합이라면 S 위의 보통 방향은 양의 z-축의 위쪽에서 볼 때 ∂S 위에서 시계반대방향이다. 그러나, $E = \{(x,y) : a^2 < x^2 + y^2 < b^2\}$ 의 경우 양의 방향은 $\{(x,y) : x^2 + y^2 = b^2\}$ 위에서는 시계반대방향이고 $\{(x,y) : x^2 + y^2 = a^2\}$ 위에서는 시계방향이다.

보기 3 *S 는 바깥으로 향하는 법선을 가진 절단된 포물면 $z = x^2 + y^2,\quad 0 \leq z \leq 4$ 라 하자. 양의 방향을 가진 ∂S 를 매개변수화하여라.*

풀이 S 의 경계는 평면 $z = 4$ 에 놓인 원 $x^2 + y^2 = 4$ 이다. 양의 방향은 z-축의 위에서 볼 때 시계방향이다. 그러므로 ∂S 의 매개변수 표현은 $t \in [0, 2\pi]$ 일 때 $\phi(t) = (2\sin t, 2\cos t, 4)$ 이다.

$S = \bigcup_j S_j = \bigcup_j (\phi_j, E_j)$ 가 연결되지 않은 조각적으로 매끄러운 곡면일 때 각 S_j 가 유향적이라면 S 를 **유향적**이라고 말한다. 이 정의는 연결된 곡면에 대하여는 수정되어야 한다.

뫼비우스 띠는 두 유향곡면의 합집합, $(\phi, E_1), (\phi, E_2), k = 1, 2$ 이다. 여기서 ϕ 는 보기 1 에 주어진 함수이고 $E_k = [\pi(k-2), \pi(k-1)] \times [-1, 1], k = 1, 2$ 이다.

조각적으로 연결된 곡면 $S = \bigcup_j S_j = \bigcup_j (\phi_j, E_j)$ 가 두 개의 다른 면을 갖는다면 **유향적**이라고 말한다. 이 경우 S 위의 방향은 모든 단위 법벡터가 바깥으로 향하게 일치된 방법으로 양의 변을 동일화하여 각 조각 S_j 위에 단위 법벡터 $\mathbf{n}_j$ 를 생성하기 위한 법벡터 $\pm N_\phi$ 를 사용하여 줄 수 있다.

유향곡면적분은 자연스러운 방법으로 유향적인 조각적으로 매끄러운 곡면에 대해 정의할 수 있다. 실제로, $S = \bigcup_{j=1}^{N} S_j$ 가 유향적이라면 S 의 자취위에서 연속인 벡터값 함수 F 의 **유향곡면적분**은 다음과 같이 정의된다.

$$\iint_S F \cdot \mathbf{n} \, d\sigma = \sum_{j=1}^{N} \iint_{S_j} F \cdot \mathbf{n}_j \, d\sigma.$$

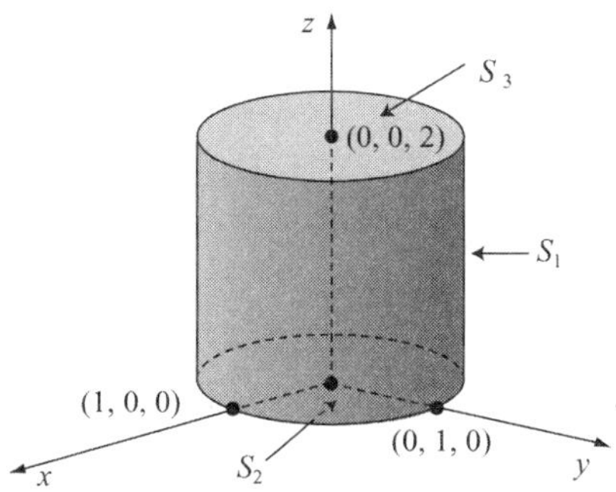

그림 8.19

보기 4 적분

$$\iint_S F \cdot \mathbf{n} \, d\sigma$$

을 계산하여라. 여기서 S 는 원기둥 $x^2 + y^2 = 1$ 과 평면 $z = 0$, $z = 2$ 에 의해 둘러싸인 입체의 위상경계이다. $\mathbf{n}$ 은 바깥 방향을 가리키는 법선벡터이고 $F(x, y, z) = (xy, yz, zx)$ 이다.

풀이 이 곡면은 수직면 S_1, 바닥면 S_2, 위면 S_3 의 매끄러운 세 조각을 갖는다(그림 8.19). $E = [0, 2\pi] \times [0, 2]$ 에서 S_1은 $\phi(u, v) = (\cos u, \sin u, v)$ 로 매개변수화 한다. 그러므로, $N_\phi = (\cos u, \sin u, 0)$ 이고

$$\iint_{S_1} F \cdot \mathbf{n} \, d\sigma = \int_0^2 \int_0^{2\pi} (\cos^2 u \sin u + v \sin^2 u + v^2 \cos u) \, du \, dv = 2\pi$$

이다. S_2 의 외향 단위 법선이 $\mathbf{n} = (0, 0, -1)$ 이므로 8.3 절의 연습문제 4(a)를 보면

$$\iint_{S_2} F \cdot \mathbf{n} \, d\sigma = -\int_{B_1(0,0)} x \, d(x, y) = -\int_0^{2\pi} \int_0^1 r^2 \cos\theta \, dr \, d\theta = 0.$$

비슷하게, S_3 위의 적분 또한 0 이다. 그러므로

$$\iint_S F \cdot \mathbf{n} \, d\sigma = 2\pi + 0 + 0 = 2\pi.$$

보기 5 $\iint_S F \cdot \mathbf{n}\,\mathrm{d}\sigma$ 를 구하여라. 여기서 $F(x,y,z) = (x+z, xy, z)$ 이고 S 는 포물면 $z = x^2 + y^2$ 과 평면 $z = 1$ 에 의해 둘러싸인 입체의 위상경계이고 $\mathbf{n}$ 은 외향법선이다.

풀이 곡면 S 는 $z = x^2 + y^2, 0 \le z \le 1$ 에 의해 주어진 포물면 S_1 과 $x^2 + y^2 \le 1, z = 1$ 에 의한 원판 S_2 를 가진다. S_1 의 매개변수 표현은 $\phi(u,v) = (u, v, u^2 + v^2), (u,v) \in B_1(0,0)$ 이다. $N_\phi = (-2u, -2v, 1)$ 은 내부로 향하기 때문에 틀린 것이다. 그러므로 참고 1과 극좌표에 의해

$$\begin{aligned}\iint_{S_1} F \cdot \mathbf{n}\,\mathrm{d}\sigma &= -\int_{B_1(0,0)} (-2u^2 - 2u(u^2+v^2) - 2uv^2 + (u^2+v^2))\,\mathrm{d}(u,v) \\ &= \int_0^1 \int_0^{2\pi} (2r^2\cos^2\theta + 2r^3\cos\theta + 2r^2\cos\theta\sin^2\theta - r^2) r\,\mathrm{d}\theta\,\mathrm{d}r \\ &= 0.\end{aligned}$$

S_2의 외향단위법선은 $\mathbf{n} = (0,0,1)$ 이고 S_2 위에서 $F \cdot \mathbf{n} = z = 1$ 이므로, 8.3절의 연습문제 4(a)에서 보인 것처럼

$$\iint_{S_2} F \cdot \mathbf{n}\,\mathrm{d}\sigma = \int_{B_1(0,0)} \mathrm{d}(x,y) = B_1(0,0)\text{의 넓이} = \pi.$$

그러므로

$$\iint_S F \cdot \mathbf{n}\,\mathrm{d}\sigma = 0 + \pi = \pi.$$

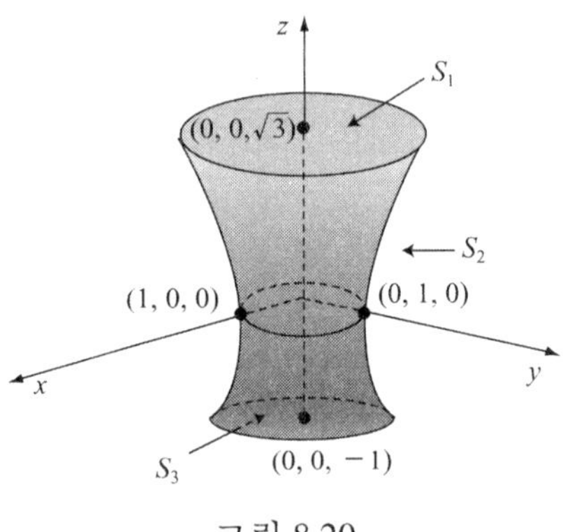

그림 8.20

보기 6 $\iint_S F \cdot \mathbf{n}\,\mathrm{d}\sigma$ 를 계산하여라. 여기서 $F(x,y,z) = (x,y,z)$ 이고 S 는 $x^2 + y^2 - z^2 = 1$ 의 쌍곡면과 평면 $z = -1$, $z = \sqrt{3}$ 에 의해 둘러싸인 입체의 위상경계이고 $\mathbf{n}$ 은 S 의 외향법선이다.

풀이 곡면 S 는 윗면 S_1, 옆면 S_2, 바닥면 S_3의 세 개의 매끄러운 조각을 갖는다(그림 8.20). S_1 에 대하여 $\mathbf{n} = (0,0,1)$ 을 사용하여

$$\iint_{S_1} F \cdot \mathbf{n}\,\mathrm{d}\sigma = \int_{B_2(0,0)} \sqrt{3}\,\mathrm{d}(x,y) = 4\sqrt{3}\pi.$$

비슷하게,

$$\iint_{S_3} F \cdot \mathbf{n}\,\mathrm{d}\sigma = 2\pi.$$

S_2 위 에서 $F \cdot \mathbf{n}$ 을 적분하기 위해서 $z = u$ 라 하고 $x^2 + y^2 = 1 + u^2$ 이라 하자. 그러면 $\phi(u,v) = ((1+u^2)\cos u, (1+u^2)\sin v, u)$, $(u,v) \in [-3, \sqrt{3}] \times [0, 2\pi]$ 는 S_2 의 매개변수표현이다. $N_\phi = (-(1+u^2)\cos v, -(1+u^2)\sin v, 2u(1+u^2))$ 는 안 쪽을 향하므로

$$\begin{aligned} F \cdot N_\phi &= ((1+u^2)\cos v, (1+u^2)\sin v, u) \cdot \\ &\quad (-(1+u^2)\cos v, -(1+u^2)\sin v, 2u(1+u^2)) \\ &= -(1+u^2)^2 + 2u^2(1+u^2) = u^4 - 1 \end{aligned}$$

그러므로

$$\begin{aligned} \iint_{S_2} F \cdot \mathbf{n}\,\mathrm{d}\sigma &= -\int_{-1}^{\sqrt{3}} \int_0^{2\pi} (u^4 - 1)\,\mathrm{d}v\,\mathrm{d}u \\ &= 2\pi \int_{-1}^{\sqrt{3}} (1 - u^4)\,\mathrm{d}u = \frac{8\pi}{5}(1 - \sqrt{3}). \end{aligned}$$

따라서

$$\iint_S F \cdot \mathbf{n}\,\mathrm{d}\sigma = 4\sqrt{3} + 2\pi + \frac{8\pi}{5}(1 - \sqrt{3}) = \frac{6\pi}{5}(3 + 2\sqrt{3}).$$

S를 $z = f(x,y)$에 의해 주어진 곡면이라 할 때 곡면 S 위의 $\mathbf{F}$의 면적분을 정의하면 매개변수 방정식이

$$x = x, \qquad y = y, \qquad z = f(x,y)$$

이므로

$$\phi_x = (1, 0, \frac{\partial f}{\partial x}) \qquad \phi_y = (0, 1, \frac{\partial f}{\partial y}) \qquad \text{이고} \qquad \phi_x \times \phi_y = (-\frac{\partial f}{\partial x}, -\frac{\partial f}{\partial y}, 1).$$

$\mathbf{F} \cdot (\phi_x \times \phi_y) = (P, Q, R) \cdot (-\frac{\partial f}{\partial x}, -\frac{\partial f}{\partial y}, 1)$이므로 곡면 S 위의 $\mathbf{F}$의 면적분은

$$\iint\limits_S \mathbf{F} \cdot \mathrm{d}\mathbf{S} = \int_E (-P\frac{\partial f}{\partial x} - Q\frac{\partial f}{\partial y} + R)\,\mathrm{d}(x,y).$$

보기 7 $\mathbf{F}(x, y, z) = (y, x, z)$이고 S가 포물면 $z = 1 - (x^2 + y^2)$과 평면 $z = 0$으로 둘러싸인 입체영역 E의 경계일 때 $\iint_S \mathbf{F} \cdot \mathrm{d}\mathbf{S}$를 구하여라.

풀이 S는 위쪽의 포물면 S_1과 아래쪽의 원 S_2로 이루어진다. S가 닫힌 곡면이므로 양(바깥쪽으로의) 방향의 약속을 사용할 수 있다. 이것은 S_1은 위쪽으로 방향을 가지고 있고 E_1이 S_1의 xy-평면으로의 정사영이므로, 즉, 원판 $x^2 + y^2 \leq 1$이므로 공식을 이용할 수 있다. S_1에서

$$P(x, y, z) = y \qquad Q(x, y, z) = x \qquad R(x, y, z) = z = f(x, y) = 1 - x^2 - y^2$$

이고

$$\frac{\partial f}{\partial x} = -2x \qquad \frac{\partial f}{\partial y} = -2y$$

이므로

$$\begin{aligned}
\iint_{S_1} \mathbf{F} \cdot \mathrm{d}\mathbf{S} &= \int_{E_1} \left(-P\frac{\partial f}{\partial x} - Q\frac{\partial f}{\partial y} + R\right) \mathrm{d}A \\
&= \int_{E_1} (1 + 4xy - x^2 - y^2)\, \mathrm{d}(x, y) \\
&= \int_0^{2\pi} \int_0^1 (1 + 4r^2 \cos\theta \sin\theta - r^2) r\, \mathrm{d}r\, \mathrm{d}\theta \\
&= \frac{\pi}{2}.
\end{aligned}$$

원판 S_2는 아래쪽 방향을 가지므로 이것의 단위 법선벡터는 $\mathbf{n} = -\mathbf{k}$이고 S_2에서 $z = 0$이므로

$$\iint_{S_2} \mathbf{F} \cdot \mathrm{d}\mathbf{S} = \iint_{S_2} \mathbf{F} \cdot (-\mathbf{k})\, \mathrm{d}S = \int_{E_2} (-z)\, \mathrm{d}(x, y) = \int_{E_2} 0\, \mathrm{d}A = 0.$$

결국 정의에 의하여 $\iint_S \mathbf{F} \cdot \mathrm{d}\mathbf{S}$를 S_1과 S_2에서의 $\mathbf{F}$의 면적분의 합으로 계산하면

$$\iint_S \mathbf{F} \cdot \mathrm{d}\mathbf{S} = \iint_{S_1} \mathbf{F} \cdot \mathrm{d}\mathbf{S} + \iint_{S_2} \mathbf{F} \cdot \mathrm{d}\mathbf{S} = \frac{\pi}{2} + 0 = \frac{\pi}{2}.$$

연습문제 (8.4)

1. 다음 각각에 대하여, 유도된 방향과 일치하는 ∂S 의 (조각적으로) 매끄러운 매개변수 표현을 구하고 $\int_{\partial S} F \cdot T\,\mathrm{d}s$ 를 계산하여라.

   (a) S 는 외향법선을 가진 $y = 9 - x^2 - z^2, y \geq 0$ 인 절단된 포물면이고, $F(x, y, z) = (x^2 y, y^2 x, x + y + z)$ 이다.

   (b) S 는 원점으로부터 멀어지는 법선을 가진 양의 x, y, z 부분에 놓인 $x+2y+z = 1$ 의 일부이다. 그리고 $F(x, y, z) = (x - y, y - x, xz^2)$ 이다.

   (c) S 는 외향법선을 가진 $z = x^2 + y^2, 1 \leq z \leq 4$ 의 절단된 포물면이고 $F(x, y, z) = (5y + \cos z, 4x - \sin z, 3x\cos z + 2y\sin z)$.

2. 다음 각각에 대해 $\iint_S F \cdot \mathbf{n}\,\mathrm{d}\sigma$ 를 계산하여라.

   (a) S 는 외향법선을 가진 $z = x^2 + y^2, 0 \leq z \leq 1$ 의 절단된 포물면이고 $F(x, y, z) = (x, y, z)$ 이다.

   (b) S 는 외향법선 $\mathbf{n}$ 을 가진 $z = \sqrt{4 - y^2}$, $0 \leq x \leq 1$ 의 절단된 반원기둥이고 $F(x, y, z) = (x^2 + y^2, yz, z^2)$ 이다.

   (c) S 는 8.3절이 보기 4 의 토러스이고 $\mathbf{n}$ 은 외향법선이고 $F(x, y, z) = (y, -x, z)$ 이다.

   (d) S 는 원기둥 $x^2 + y^2 = 1$ 의 안쪽에 놓인 $z = x^2$ 의 일부이고 $\mathbf{n}$ 은 상향법선이다. $F(x, y, z) = (y^2 z, \cos(2 + \log(2 - x^2 - y^2)), x^2 z)$

3. 다음 각각에 대해, $\iint_S \omega$ 를 구하여라.

   (a) S 는 상향법선을 가진, 단위 사각형 $[0,1] \times [0,1]$ 에 놓인 곡면 $z = x^4 + y^2$ 의 일부이다. $\omega = x\,\mathrm{d}y dz + y\,\mathrm{d}z dx + z\,\mathrm{d}x dy$.

   (b) S 는 외향법선을 가진, 상반구 $z = \sqrt{a^2 - x^2 - y^2}$ 이고, $\omega = x\,\mathrm{d}y dz + y\,\mathrm{d}z dx$.

   (c) S 는 상향법선을 가진, 원기둥 $x^2 + y^2 = b^2$, $\quad 0 < b < a$ 의 내부에 놓인 구면모자 $z = \sqrt{a^2 - x^2 - y^2}$ 이다. $\omega = xz\,\mathrm{d}y dz + dz dx + z\,\mathrm{d}x dy$.

   (d) S 는 z-축으로부터 멀어지는 법선을 가진, 원뿔대 $z = 2\sqrt{x^2 + y^2}, 0 \leq z \leq 2$ 이다. $\omega = x\,\mathrm{d}y dz + y\,\mathrm{d}z dx + z^2\,\mathrm{d}x dy$.

4. (ψ, B) 와 (ϕ, E) 가 단일 $\mathcal{C}^p$곡면, Z 는 넓이가 0 인 B 의 닫힌 부분집합, (ψ, B) 는 Z 밖에서는 매끄럽고 $\tau : B \to \mathbb{R}^2$ 을 B에서 E 위로의 $\mathcal{C}^1$ 함수라 가정하자. 만일 τ 가 $B^o \setminus Z$ 위에서 1-1, $\Delta_\tau > 0$ 이고 $\psi = \phi \circ \tau$ 이면

$$\int_E F(\phi(u,v)) \cdot N_\phi(u,v)\,\mathrm{d}(u,v) = \int_B F(\psi(s,t)) \cdot N_\psi(s,t)\,\mathrm{d}(s,t)$$

임을 보여라. 여기에서 $F : \phi(E) \to \mathbb{R}^3$ 인 연속함수이다.

5. M_1 과 M_2 를 모두 매끄러운 곡선 이거나 곡면이라 가정하자. 만일 M_1과 M_2가 매끄러운 동치이거나 방향동치라면 M_1이 단일일 필요충분조건은 M_2가 단일임을 증명하여라.

6. E 를 $x = 0, y = 0, z = 0, x + y + z = 1$ 에 의해 둘러싸인 사면체라 하자. E 의 위상경계 $T = \partial E$ 가 외향법선을 가질 때, 모든 $\mathcal{C}^1$ 함수 $P, Q, R : E \to \mathbb{R}$ 에 대해

$$\iint_{\partial E} P\,\mathrm{d}y\mathrm{d}z + Q\,\mathrm{d}z\mathrm{d}x + R\,\mathrm{d}x\mathrm{d}y = \iiint_E (P_x + Q_y + R_z)\,\mathrm{d}V$$

임을 증명하여라.

7. T 를 외향법선을 가진, 연습문제 6 에서의 사면체의 위상경계라 하자. 그리고 S 를 T의 경사면을 제외한 곡면이라 하자. 즉 S 는 평면 $x = 0, y = 0, z = 0$ 에서 각각 하나씩 세 개의 삼각면을 갖는다. 만일 ∂S 가 양의 방향으로 주어진다면 다음을 증명하여라. 모든 $\mathcal{C}^1$ 함수 $P, Q, R : S \to \mathbb{R}$ 에 대해

$$\begin{aligned}&\int_{\partial S} P\,\mathrm{d}x + Q\,\mathrm{d}y + R\,\mathrm{d}z\\ &= \iint_S (R_y - Q_z)\,\mathrm{d}y\,\mathrm{d}z + (P_z - R_x)\,\mathrm{d}z\,\mathrm{d}x + (Q_x - P_y)\,\mathrm{d}x\,\mathrm{d}y.\end{aligned}$$

8.5 그린과 가우스의 정리

f 가 $\mathcal{C}^1$ 함수일 때

$$f(b) - f(a) = \int_a^b f'(t)\,\mathrm{d}t$$

는 미적분학의 기본정리이다. 따라서 $[a, b]$ 위에서 도함수 f' 의 적분은 $[a, b]$위의 위상경계 $\{a, b\}$ 에서 취하는 f 의 값에 의해 완전히 결정된다.

다음 절에서 $f:[a,b]\to\mathbb{R}$ 가 $F:\Omega\to\mathbb{R}^m$ 으로 대체될 수 있는 유사한 정리들을 얻을 수 있다. Ω는 곡면이거나 m-차원 영역이고, $m=2$ 또는 $m=3$ 이다. 즉, Ω 위에서 F 의 미분에 대한 적분은 Ω 의 경계위에서 취하는 F의 값에 의해 완전히 결정된다는 것을 보일 수 있다.

첫 번째 기본정리는 평면에서 2차원의 영역에 관한 것이다.

정리 8.3 (그린정리) *E 는 위상적 경계 ∂E 가 양의 방향을 가지는 조각적으로 매끄러운 곡선인 2차원 영역이라 하자.* 만일 $P,Q:E\to\mathbb{R}$ 가 $\mathcal{C}^1$ 이고 $F=(P,Q)$ 이면

$$\int_{\partial E} F\cdot T\,\mathrm{d}s=\iint_E\Big(\frac{\partial Q}{\partial x}-\frac{\partial P}{\partial y}\Big)\,\mathrm{d}A.$$

증명 [특수한 영역에 대한 증명] 간단히 하기 위해 E 가 I-형과 II-형 라고 가정하자. 왼쪽의 적분을 써 보면

$$\int_{\partial E} P\,\mathrm{d}x+Q\,\mathrm{d}y=\int_{\partial E}P\,\mathrm{d}x+\int_{\partial E}Q\,\mathrm{d}y=I_1+I_2.$$

먼저 I_1 을 계산하자. E 가 I-형 이므로

$$E=\{(x,y)\in\mathbb{R}^2\ :\ a\le x\le b,\ f(x)\le y\le g(x)\}$$

인 연속함수 $f,g:[a,b]\to\mathbb{R}$ 을 선택한다. 따라서 ∂E 는 위 $y=g(x)$, 아래 $y=f(x)$, 그리고 하나 또는 둘의 수직변을 갖는다(그림 8.21). 양의 방향이 시계반대방향이므로 위의 전형적 매개변수 표현은 x 가 b 에서 a 까지 움직일 때 $y=g(x)$ 이고 아래는 x 가 a 에서 b 까지 움직일 때 $y=f(x)$ 이다. 어떠한 수직곡선 위에서도 $dx=0$ 이므로 I_1 에 수직인 변들의 값은 0 이다. 따라서 정리 8.9와 일차원의 미적분학의 기본정리로부터

$$\begin{aligned}I_1=\int_{\partial E}P\,\mathrm{d}x&=\int_a^b P(x,f(x))\,\mathrm{d}x+\int_b^a P(x,g(x))\,\mathrm{d}x\\&=-\int_a^b(P(x,g(x))-P(x,f(x))\,\mathrm{d}x\\&=-\int_a^b\int_{f(x)}^{g(x)}\frac{\partial P}{\partial y}(x,y)\,\mathrm{d}y\,\mathrm{d}x=-\iint_E\frac{\partial P}{\partial y}\,\mathrm{d}A.\end{aligned}$$

E 가 II-형이므로 비슷한 논법에 따라

$$I_2=\int_{\partial E}Q\,\mathrm{d}y=\iint_E\frac{\partial Q}{\partial x}\,\mathrm{d}A.$$

I_1 과 I_2 를 더하면 증명이 완성된다. ■

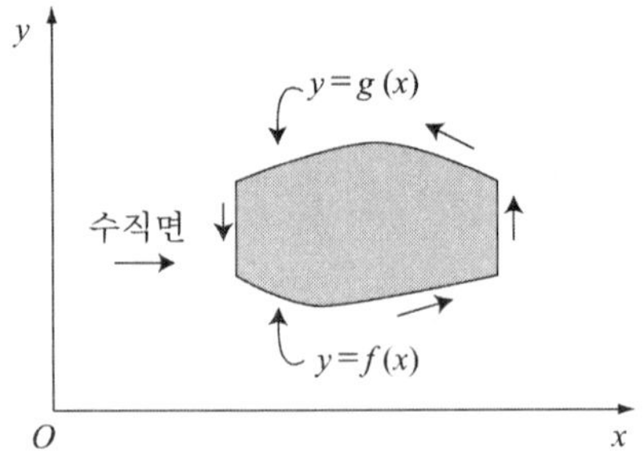

그림 8.21

E 가 I-형 과 II-형 이라는 가정은 증명을 간단하게 만들기 위한 것이었다. 유한개의 I-형 과 II-형의 영역으로 나누어질 수 있는 임의의 2차원 영역에 대하여도 그린정리가 만족된다는 것을 확인해 보는 것은 쉬운 일이다. 예를 들어, 영역 E 가 그림 8.22에 그려진 영역이라고 생각해 보자. 비록 E 가 II-형이 아닐지라도 E 는 모두 I-형 과 II 인 영역E_1 과 E_2 로 나누어질 수 있다. 각 영역에 대해 정리 8.3을 적용하면

$$\begin{aligned}\iint_E \left(\frac{\partial Q}{\partial x} - \frac{\partial P}{\partial y}\right) \mathrm{d}A &= \iint_{E_1} \left(\frac{\partial Q}{\partial x} - \frac{\partial P}{\partial y}\right) \mathrm{d}A + \iint_{E_2} \left(\frac{\partial Q}{\partial x} - \frac{\partial P}{\partial y}\right) \mathrm{d}A \\ &= \int_{\partial E_1} F \cdot T \,\mathrm{d}s + \int_{\partial E_2} F \cdot T \,\mathrm{d}s \\ &= \int_{\partial E} F \cdot T \,\mathrm{d}s + \int_{C \cap \partial E_1} F \cdot T \,\mathrm{d}s + \int_{C \cap \partial E_2} F \cdot T \,\mathrm{d}s.\end{aligned}$$

여기서, C 는 E_1 과 E_2가 만나는 경계이다. ∂E_1 과 ∂E_2 가 시계반대방향이므로 $C \cap \partial E_1$ 의 방향은 $C \cap \partial E_2$ 의 방향과 반대이다. 방향의 변화는 적분의 부호는 변하므로 C 를 따른 적분은 없어진다. 결과의 끝은 약속된 것처럼 ∂E 위의 $F \cdot T \,\mathrm{d}s$ 의 적분이다.

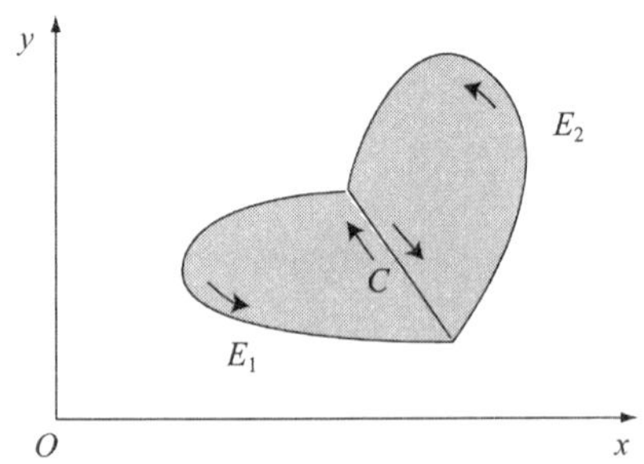

그림 8.22

그린정리는 종종 지루한 매개변수 표현을 피하기 위해 사용된다.

보기 1 *$E = (0,0)$, $(2,2)$, $(2,4)$을 꼭짓점으로 갖는 삼각형인 E는 시계반대방향, $F(x,y) = (xy^2, 2x^2y)$ 일 때 적분 $\int_{\partial E} F\cdot T\,\mathrm{d}s$ 를 구하여라.*

풀이 $P(x,y) = xy^2$, $Q(x,y) = 2x^2y$라 하자. 그린정리에 의하여

$$\begin{aligned}\int_{\partial E} F\cdot T\,\mathrm{d}s = \int_{\partial E} xy^2\,\mathrm{d}x + 2x^2y\,\mathrm{d}y &= \iint_E \left(\frac{\partial Q}{\partial x} - \frac{\partial P}{\partial y}\right)\mathrm{d}A\\ &= \int_0^2\int_x^{2x} (4xy - 2xy)\,\mathrm{d}y\,\mathrm{d}x\\ &= 12.\end{aligned}$$

그린정리는 어려운 적분을 피하기 위해 사용된다.

보기 2 *$E = B_1(0,0)$, ∂E 는 시계방향, $F = (xy^2, \arctan(\log(y^2+3)) - x^3)$ 일 때 적분 $\int_{\partial E} F\cdot T\,\mathrm{d}s$ 를 계산하여라.*

풀이 F 의 두 번째 구성요소는 적분하기 어려워 보인다. 그러나, 그린정리에 의하면

$$\begin{aligned}\int_{\partial E} F\cdot T\,\mathrm{d}s &= -\iint_{B_1(0,0)} (-3x^2 - 2xy)\,\mathrm{d}x\,\mathrm{d}y\\ &= \int_0^{2\pi}\int_0^1 (3r^2\sin^2\theta + 2r^2\cos\theta\sin\theta)r\,\mathrm{d}r\,\mathrm{d}\theta = \frac{3}{4}\pi.\end{aligned}$$

(주의 : 음수기호는 ∂E 가 시계방향이기 때문이다.)

참고 1 *그린정리가 단일연결영역이 아닌 영역에서 성립함을 증명하여라.*

증명 E를 단일연결영역이 아니고 $\partial E = C_1 \cup C_2$라 가정하자. $C = C_1 \cup \overline{AB} \cup C_2 \cup \overline{BA}$가 되도록 AB를 정의한다. 그렇다면

$$\begin{aligned}\iint_E \left(\frac{\partial Q}{\partial x} - \frac{\partial P}{\partial y}\right)\mathrm{d}A &= \int_C P\,\mathrm{d}x + Q\,\mathrm{d}y\\ &= \int_{C_1} P\,\mathrm{d}x + Q\,\mathrm{d}y + \int_{\overline{AB}} P\,\mathrm{d}x + Q\,\mathrm{d}y + \int_{C_2} P\,\mathrm{d}x + Q\,\mathrm{d}y\\ &\quad + \int_{\overline{BA}} P\,\mathrm{d}x + Q\,\mathrm{d}y\\ &= \int_{C_1} P\,\mathrm{d}x + Q\,\mathrm{d}y + \int_{C_2} P\,\mathrm{d}x + Q\,\mathrm{d}y\\ &= \int_{\partial E} P\,\mathrm{d}x + Q\,\mathrm{d}y.\end{aligned}$$

■

보기 3 $\mathbf{F}(x,y) = \Big(-y/(x^2+y^2), x/(x^2+y^2)\Big)$ *일 때 원점을 둘러싸는 모든 양의 방향의 단일닫힌경로에 대하여* $\int_C \mathbf{F} \cdot \mathrm{d}\phi = 2\pi$ *임을 보여라.*

풀이 C가 원점을 둘러싸고 있는 임의의 닫힌경로이기 때문에 주어진 적분을 직접 계산하기는 어렵다. 그래서 C'을 중심이 원점이고 반지름이 a인 반시계 방향을 갖는 원이라 하자. 여기서 a는 C'이 C에 포함될 수 있을 만큼 작은 값을 택한다. E를 C와 C'에 의하여 둘러싸인 영역이라 하자. 그렇다면 이 영역의 양의 방향의 경계는 $C \cup (-C')$이므로 일반적인 그린정리에 의하여

$$\begin{aligned}\int_C P\,\mathrm{d}x + Q\,\mathrm{d}y + \int_{-C'} P\,\mathrm{d}x + Q\,\mathrm{d}y &= \iint\limits_E \left(\frac{\partial Q}{\partial x} - \frac{\partial P}{\partial y}\right)\mathrm{d}A \\ &= \iint\limits_E \left[\frac{y^2-x^2}{(x^2+y^2)^2} - \frac{y^2-x^2}{(x^2+y^2)^2}\right]\mathrm{d}A = 0.\end{aligned}$$

그러므로

$$\int_C P\,\mathrm{d}x + Q\,\mathrm{d}y = \int_{C'} P\,\mathrm{d}x + Q\,\mathrm{d}y.$$

즉,

$$\int_C \mathbf{F} \cdot \mathrm{d}\phi = \int_{C'} \mathbf{F} \cdot \mathrm{d}\phi.$$

이제 매계변수화 $\phi(t) = (a\cos t, a\sin t)$, $t \in [0, 2\pi]$를 이용하여 후자의 적분을 쉽게 계산 할 수 있다. 그러므로

$$\begin{aligned}\int_C \mathbf{F} \cdot \mathrm{d}\phi &= \int_{C'} \mathbf{F} \cdot \mathrm{d}\phi \\ &= \int_0^{2\pi} \mathbf{F}(\phi(t)) \cdot \phi'(t)\,\mathrm{d}t \\ &= \int_0^{2\pi} \frac{(-a\sin t)(-a\sin t) + (a\cos t)(a\cos t)}{a^2\cos^2 t + a^2\sin^2 t}\,\mathrm{d}t \\ &= \int_0^{2\pi} \mathrm{d}t = 2\pi.\end{aligned}$$

그린정리에 의해 $\mathbb{R}^2$ 속에서 2차원의 영역에 대한 미적분학의 기본정리를 얻기 위해 사용된 "미분"은 $Q_x - P_y$이다. 다음은 Ω 가 $\mathbb{R}^3$ 의 곡면 또는 3차원의 영역일 때 사용될 "미분"들이다.

정의 8.19 E 는 $\mathbb{R}^3$ 내의 부분집합, $F = (P, Q, R) : E \to \mathbb{R}^3$ 는 E 위에서 $\mathcal{C}^1$ 이라 하자. F 의 **회전**을

$$\text{curl } F = \Big(\frac{\partial R}{\partial y} - \frac{\partial Q}{\partial z}, \frac{\partial P}{\partial z} - \frac{\partial R}{\partial x}, \frac{\partial Q}{\partial x} - \frac{\partial P}{\partial y}\Big);$$

F의 **발산**을

$$\text{div } F = \frac{\partial P}{\partial x} + \frac{\partial Q}{\partial y} + \frac{\partial R}{\partial z}$$

으로 정의한다.

만일 $F = (P, Q, 0)$ 이면 curl $F = (0, 0, Q_x - P_y)$ 은 그린정리에 사용된 미분이다.

위 미분들은 기호(Nabla 라고 부른다)

$$\nabla = \left(\frac{\partial}{\partial x}, \frac{\partial}{\partial y}, \frac{\partial}{\partial z}\right)$$

를 사용하면 좀 더 쉽게 기억할 수 있는 형태

$$\text{curl } F = \nabla \times F = \begin{vmatrix} \mathbf{i} & \mathbf{j} & \mathbf{k} \\ \frac{\partial}{\partial x} & \frac{\partial}{\partial y} & \frac{\partial}{\partial z} \\ P & Q & R \end{vmatrix}$$

와

$$\text{div } F = \nabla \cdot F = \left(\frac{\partial}{\partial x}, \frac{\partial}{\partial y}, \frac{\partial}{\partial z}\right) \cdot (P, Q, R)$$

로 쓸 수 있다.

만일 E 가 위상경계가 조각적으로 매끄러운 유향곡면인 3차원의 영역이면 ∂E 위의 **양의 방향**은 E^o 로부터 멀어지는 단위 법선에 의해 결정된다. E 가 볼록하다면 이것은 $\mathbf{n}$ 이 바깥으로 향함을 뜻한다. 그러나 E 가 내부 거품을 가질 때에는 이 경우가 아니다.

보기 4 어떤 $a > 0$ 에 대하여 $E = \{\mathbf{x} : a \leq \|\mathbf{x}\| \leq b\}$ 이면 $\mathbf{n}$ 은 $\{x : \|\mathbf{x}\| = b\}$ 위에서는 원점에서 멀어지는 쪽을, $\{x : \|\mathbf{x}\| = a\}$ 에서는 원점을 향하는 방향을 가리킨다.

다음 기본정리는 Ω 가 3차원 영역일 때이다. 이 결과는 **발산정리(divergence theorem)**라고도 불린다.

정리 8.4 (가우스 정리) E 는 위상경계 ∂E 가 양의 방향인 조각적으로 매끄러운 곡면인 3차원 영역이라 하자. $F : E \to \mathbb{R}^3$ 가 E 위에서 $\mathcal{C}^1$ 이라면

$$\iint_{\partial E} F \cdot \mathbf{n}\, \mathrm{d}\sigma = \iiint_E \text{div } F\, \mathrm{d}V.$$

증명 **[특수한 영역에 대한 증명]** E 가 I, II, III-형 영역이라고 가정하자. $F = (P, Q, R)$ 이라 하고 미분형식에 따라 곡면적분을 쓰면

$$\begin{aligned}\iint_{\partial E} F \cdot \mathbf{n}\,\mathrm{d}\sigma &= \iint_{\partial E} P\,\mathrm{d}y\,\mathrm{d}z + \iint_{\partial E} Q\,\mathrm{d}z\,\mathrm{d}x + \iint_{\partial E} R\,\mathrm{d}x\,\mathrm{d}y \\ &= I_1 + I_2 + I_3.\end{aligned}$$

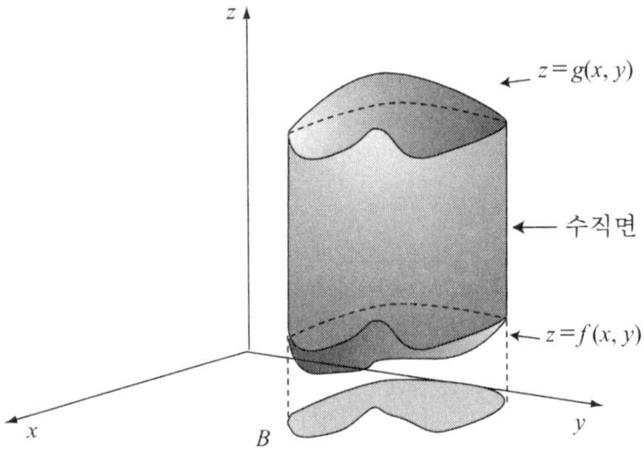

그림 8.23

I_3 먼저 계산해 보자. E 가 I-형 이므로, 이차원 영역 $B \subset \mathbb{R}^2$ 과

$$E = \{(x, y, z) \in \mathbb{R}^3 : (x, y) \in B,\ f(x, y) \le z \le g(x, y)\}$$

인 연속함수 $f, g : B \to \mathbb{R}$ 가 존재한다. 따라서 ∂E 는 위 $z = g(x, y)$, 아래 $z = f(x, y)$ 와 수직면을 갖는다(그림 8.23). 수직면위의 ∂E 의 어떠한 법선도 xy-평면에 평행하다. $dx\,dy$ 는 ∂E 법선의 세 번째 성분이므로 그것은 수직면위에서 0 이 되어야 한다. 그러므로 I_3 는 ∂E 의 위와 아래의 적분에 의해 계산될 수 있다. 가정에 의해 바닥의 단위법선은 아래를 향하고 윗 부분의 단위법선은 위를 향한다. 매개화변수화와 정리 3.13을 사용하면

$$\begin{aligned} I_3 = \iint_{\partial E} R\,\mathrm{d}x\,\mathrm{d}y &= \int_B (R(x, y, g(x, y)) - R(x, y, f(x, y)))\,\mathrm{d}(x, y) \\ &= \int_B \int_{f(x,y)}^{g(x,y)} \frac{\partial R}{\partial z}(x, y, z)\,\mathrm{d}z\,\mathrm{d}(x, y) = \iiint_E \frac{\partial R}{\partial z}\,\mathrm{d}V. \end{aligned}$$

비슷한 방법으로, E 는 II-형이므로

$$I_2 = \iiint_E \frac{\partial Q}{\partial y}\,\mathrm{d}V,$$

그리고 E 는 III-형이므로

$$I_1 = \iiint_E \frac{\partial P}{\partial x}\, \mathrm{d}V.$$

$I_1 + I_2 + I_3$ 을 더하여 정리를 얻는다. ■

E 가 I, II, III-형이라는 가정은 증명을 간단히 하기 위해 더해진다. 유한 개의 I, II, III-형 영역으로 분할되는 임의의 3차원 영역에서 가우스 정리가 성립하는지를 확인해 보는 것은 쉽다. 예를 들어 $E = E_1 \cup E_2$ 이고 S 가 E_1 과 E_2 사이의 공통 곡면이라면

$$\begin{aligned}\iiint_E \operatorname{div} F\, \mathrm{d}V &= \iiint_{E_1} \operatorname{div} F\, \mathrm{d}V + \iiint_{E_2} \operatorname{div} F\, \mathrm{d}V \\ &= \iint_{\partial E} F \cdot \mathbf{n}\, \mathrm{d}\sigma + \iint_{S \cap \partial E_1} F \cdot \mathbf{n}\, \mathrm{d}\sigma + \iint_{S \cap \partial E_2} F \cdot \mathbf{n}\, \mathrm{d}\sigma.\end{aligned}$$

E_1과 E_2가 외향법선을 가지므로 $S \cap \partial E_1$의 방향과 $S \cap \partial E_2$ 의 방향은 다르고 S 위의 적분은 서로 상쇄되어 없어진다.

보기 5 *S 가 입체*

$$E = \{(x, y, z) : x^2 + y^2 \leq z \leq 1\},$$

의 위상경계이고 $\mathbf{n}$ 은 외향법선이다. $F(x, y, z) = (2x + \sin z^2, \cos x^5 + \log z^7, \cos(x^2) + \tan(y^3) - z^2)$ 일 때 정리 8.4를 이용해 $\iint_S F \cdot \mathbf{n}\, \mathrm{d}\sigma$ 를 계산하여라.

풀이 div $F = 2 - 2z$ 이므로, 가우스 정리에 의해

$$\iint_S F \cdot \mathbf{n} d\sigma = \iiint_E (2 - 2z) dV = 2 \int_0^{2\pi} \int_0^1 \int_{r^2}^1 (1 - z) r\, \mathrm{d}z\, \mathrm{d}r\, \mathrm{d}\theta = \frac{\pi}{3}.$$

보기 6 *S 는 포물면 $z = 4 - x^2 - y^2$ 와 xy-평면에 의해 유계된 입체의 위상경계이고 $\mathbf{n}$ 은 외향법선, $F(x, y, z) = (x^2, xy, z)$ 일 때 $\iint_{\partial Q} F \cdot \mathbf{n}\, \mathrm{d}\sigma$ 를 구하여라.*

풀이 먼저 $\mathbf{F}$의 발산을 계산하면

$$\begin{aligned}\operatorname{div} \mathbf{F} &= \frac{\partial}{\partial x}(x^2) + \frac{\partial}{\partial y}(xy) + \frac{\partial}{\partial z}(z) \\ &= 2x + x + 1 = 3x + 1.\end{aligned}$$

그러므로 가우스 정리를 이용하여 주어진 면적분을 삼중적분으로 바꾼다. 삼중적분을 가장 쉽게 구할 수 있는 방법은 E를 원통좌표계

$$E = \{(r, \theta, z) : 0 \leq \theta \leq 2\pi,\ 0 \leq r \leq 2,\ 0 \leq z \leq 4 - r^2\}$$

로 나타내는 것이다. 그러면

$$\begin{aligned}\iint_S F\cdot \mathbf{n}d\sigma &= \iiint_E \operatorname{div}\mathbf{F}\,\mathrm{d}V = \iiint_E (3x+1)\,\mathrm{d}V \\ &= \int_0^{2\pi}\int_0^2\int_0^{4-r^2}(3r\cos\theta+1)r\,\mathrm{d}z\,\mathrm{d}r\,\mathrm{d}\theta \\ &= 8\pi.\end{aligned}$$

이러한 정의와 결과는 유체 흐름에 대하여 생각할 때 새로운 의미를 제시해 준다. F 가 점 $\mathbf{a}$ 의 근방에서 비압축 유체의 흐름을 나타낼 때 curl $F(\mathbf{a})$ 는 $\mathbf{a}$ 에 관하여 시계반대방향으로 회전 정도를 측정한다. 그리고 div $F(\mathbf{a})$ 는 $\mathbf{a}$ 로부터 퍼져나가는 유체의 정도를 측정한다(연습문제 7).

보기 7 *$F(x,y,z)=(x,y,z)$ 이면 유체는 전혀 소용돌이치지 않고 원점으로부터 곧바로 퍼져나간다. 따라서 curl $F=0$ 이고 div $F=3$ 이다. 한편 $G(x,y,z)=(y,-x,0)$ 라면 유체는 원점 주위에서 원운동처럼 주위를 소용돌이친다. 따라서 curl $G=(0,0,-1)$ 이지만 div $G=0$ 이다. curl G 의 성분에서 음수 표시에 주의하여라. 이 유체는 원점 주위에서 시계방향을 따라 소용돌이친다.*

유체가 2차원의 영역 $E\subset\mathbb{R}^2$ 위에서 흐를 때, C 위에서 $F\cdot T\,\mathrm{d}s$ 의 적분은 T 방향을 따라 C 주위를 순환하는 유체를 나타낸다(8.2절의 예 5와 비교해 보라). 그러므로, 그린정리는 접선방향에서 ∂E 주위의 유체의 순환은 E 내부에서 유체가 얼마나 강하게 소용돌이치는가에 의해 결정된다는 것을 알려 준다. F 가 3차원 영역 $E\subset\mathbb{R}^3$ 에서 비압축 유체의 흐름을 나타내고 $S=\partial E$ 일 때, 적분 $\iint_S F\cdot\mathbf{n}$ 은 곡면 S 를 가로지르는 유체의 흐름량을 나타낸다(정의 8.14와 비교해 보아라). 그러므로 가우스 정리는 $S=\partial E$ 를 가로지르는 유체의 흐름량은 E 내부에서 유체가 얼마나 강하게 퍼져 나가는지에 의해 결정된다는 것을 보여 준다.

연습문제 (8.5)

1. 다음 각각에 대하여, $\int_C F \cdot T ds$ 를 계산하여라.

   (a) C는 시계반대방향이고, $x = 0, y = 0, y = \sqrt{4 - x^2}$ 에 의하여 둘러싸인 제1사분면의 2차원 영역의 위상경계이고 $F(s, y) = (\sin(\sqrt{x^3 - x^2}), xy)$.

   (b) C는 시계반대방향이고, 정점 $(0,0)$, $(2,0)$, $(0,3)$, $(2,3)$을 가진 사각형의 경계이고 $F(x, y) = (e^y, \log(x+1))$.

   (c) $C = C_1 \cup C_2$, $C_1 = \partial B_1(0,0)$ 은 시계반대방향이고, $C_2 = \partial B_2(0,0)$ 는 시계방향 이다. 그리고 $F(x, y) = (f(x^2 + y^2), xy^2)$, f 는 $[1, 2]$ 위에서 $\mathcal{C}^1$ 함수이다.

2. 다음 각각에 대해 $\int_C \omega$를 구하여라.

   (a) C 는 사각형 $[a, b] \times [c, d]$ 의 위상경계이고 시계반대방향이다. 임의의 연속함수 $f : [0, 1] \to \mathbb{R}$인 에 대하여 $\omega = (f(x) + y)\,\mathrm{d}x + xy\,\mathrm{d}y$.

   (b) C 는 $y = x^2$ 과 $y = x$ 에 의해 둘러싸인 2차원 영역의 위상경계이고 시계방향이다. $\omega = yf(x)\,\mathrm{d}x + (x^2 + y^2)\,\mathrm{d}y$, 여기서 $f : [0, 1] \to \mathbb{R}$ 은 연속이고 $\int_0^1 xf(x)\,\mathrm{d}x = \int_0^1 x^2 f(x)\,\mathrm{d}x$ 를 만족한다.

   (c) C는 그린정리의 결론을 만족하는 2차원의 영역 E의 위상경계이고 양의 방향이다. $\omega = e^x \sin y\,\mathrm{d}y - e^x \cos y\,\mathrm{d}x$.

3. 다음 각각에 대해 $\iint_S F \cdot \mathbf{n}\,\mathrm{d}\sigma$을 계산하여라. 여기서 $\mathbf{n}$은 외향법선이다.

   (a) S는 입방체 $[0, 1] \times [0, 2] \times [0, 3]$의 위상경계이고 $F(x, y, z) = (x + e^z, y + e^z, e^z)$이다.

   (b) S는 원판 $x^2 + y^2 \le 1$, $z = 0, 1$을 가진 절단된 원기둥 $x^2 + y^2 \le 1, 0 \le z \le 1$ 이고 $F(x, y, z) = (x^2, y^2, z^2)$이다.

   (c) S 는 E 의 위상경계이다. $E \subset \mathbb{R}^3$ 는 $z = 2 - x^2$, $z = x^2$, $y = 0$, $z = y$ 으로 둘러싸여 있다. $F(x, y, z) = (x + f(y, z), y + g(x, z), z + h(x, y))$, $f, g, h : \mathbb{R}^2 \to \mathbb{R}$는 연속이다.

   (d) S 는 타원면 $x^2/a^2 + y^2/b^2 + z^2/c^2 = 1$, $F(x, y, z) = (x|y|, y|z|, z|x|)$ 이다.

4. 다음 각각에 대해, $\mathbf{n}$ 은 외향법선일 때 $\int_S \omega$를 구하여라.

   (a) S 는 $y = x^2$, $z = 0$, $z = 1$, $y = 4$ 로 둘러싸인 3차원 영역의 위상경계이고 $\omega = xyz\, dydz + (x^2 + y^2 + z^2)\, dzdx + (x + y + z)\, dxdy$ 이다.

   (b) S 는 원판 $x^2 + z^2 \le 1, y = 0$ 과 $x^2 + z^2 \le 2, y = 1$ 을 가진 절단 쌍곡면 $x^2 - y^2 + z^2 = 1, \quad 0 \le y \le 1$ 이고 $\omega = xy|z|\, dydz + x^2|z|\, dzdx + (x^3 + y^3)\, dxdy$.

   (c) S 는 곡면 $x^2 + y + z^2 = 4$ 과 $4x + y + 2z = 5$ 에 의해 둘러싸인 $E \subset \mathbb{R}^3$의 위상경계이다. $\omega = (x + y^2 + z^2)\, dydz + (x^2 + y + z^2)\, dzdx + (x^2 + y^2 + z)\, dxdy$ 이다.

5. (a) E는 위상경계가 시계반대방향으로 매끄러운 유향곡선인 조르단영역이라면 넓이는

$$\text{Area}(E) = \frac{1}{2} \int_{\partial E} x\, dy - y\, dx$$

   임을 증명하여라.

   (b) 데카르트의 Folium

$$\phi(t) = \left(\frac{3t}{1+t^3}, \frac{3t^2}{1+t^3} \right), \qquad t \in [0, \infty)$$

   로 둘러싸인 넓이를 구하여라.

   (c) (a)와 유사하게 $\mathbb{R}^3$에서 조르단영역 E의 체적을 구하여라.

   (d) 지름 $a > b$인 원환면의 체적을 계산하여라(8.3절의 예제 4를 보라).

6. (a) P, Q 의 연속성이 E 내의 한 점에서 제외된다면 그린정리를 만족하지 않음을 보여라 (힌트 : $P = y/(x^2 + y^2)$, $Q = -x/(x^2 + y^2)$, $E = B_1(0, 0)$ 를 생각하여라).

   (b) F 의 연속성이 E 내의 한 점에서 제외된다면 가우스 정리가 성립하지 않음을 보여라.

7. V를 $\mathbb{R}^3$의 열린집합이고 $F : V \to \mathbb{R}^3$ 는 $\mathcal{C}^1$ 이라고 가정할 때 각 $\mathbf{x}_0 \in V$ 에 대하여 $\mathbf{n}$이 $B_r(\mathbf{x}_0)$ 의 외향법선일 때 다음을 증명하여라.

$$\text{div}\, F(\mathbf{x}_0) = \lim_{r \to 0} \frac{1}{\text{Vol}(B_r(\mathbf{x}_0))} \iint_{\partial B_r(\mathbf{x}_0)} F \cdot \mathbf{n}\, d\sigma.$$

8. $F, G : \mathbb{R}^3 \to \mathbb{R}^3$ 와 $f : \mathbb{R}^3 \to \mathbb{R}$ 이 미분가능하다고 하자. 다음 회전과 발산에 대한 미분의 합과 곱에 대한 공식을 증명하여라.

(a) $\nabla \times (F + G) = (\nabla \times F) + (\nabla \times G)$

(b) $\nabla \times (fF) = f(\nabla \times F) + (\nabla f \times F)$

(c) $\nabla \cdot (fF) = \nabla f \cdot F + f \cdot (\nabla \cdot F)$

(d) $\nabla \cdot (F + G) = \nabla \cdot F + \nabla \cdot G$

(e) $\nabla \cdot (F \times G) = (\nabla \times F) \cdot G - (\nabla \times G) \cdot F$

9. $E \subset \mathbb{R}^2$ 이라 하자. $\mathcal{C}^1$함수 $f : E \to \mathbb{R}$ 의 **그래디언트**는

$$\text{grad } f := \nabla f := (f_x, f_y)$$

로 정의된다는 것을 되새겨 보아라.

(a) E 와 F 가 그린 정리의 결론을 만족하고 $f : E \to \mathbb{R}$ 이 $\mathcal{C}^2$ 함수라 가정하자. E 위에서 $F = \text{grad } f$ 라면 다음을 증명하여라.

$$\int_{\partial E} F \cdot T \, \mathrm{d}s = 0.$$

(b) f 와 F 가 $\mathbf{x}_0$ 에서 $\mathcal{C}^2$ 라면 curl grad $f(\mathbf{x}_0) = \mathbf{0}$ 이고 div curl$F(\mathbf{x}_0) = 0$ 임을 증명하여라.

(c) E 와 F 가 가우스 정리의 결론을 만족하고 $f : E \to \mathbb{R}$ 이 $\mathcal{C}^2$ 함수라고 가정하자. E 위에서 $F = \text{grad } f$ 이면 다음을 증명하여라.

$$\iint_{\partial E} fF \quad \mathbf{n} \, \mathrm{d}\sigma = \iiint_E F \quad F \, \mathrm{d}V.$$

10. E 가 $\mathbb{R}^m$ 의 부분집합이라 하자. 각 $u : E \to \mathbb{R}$ 이 E 위에서 2계 편미분가능하다고 하면 $\Delta u := \sum_{j=1}^{m} \frac{\partial^2 u}{\partial x_j^2}$로 정의된다.

(a) u 가 E 위에서 $\mathcal{C}^2$ 라면 E 위에서 $\Delta u = \nabla \cdot (\nabla u)$임을 보여라.

(b) **(그린의 제 1 항등식)** $E \subset \mathbb{R}^3$ 가 모든 $\mathcal{C}^1$ 함수 F 에 대하여 가우스 정리의 결론을 만족한다면 모든 $\mathcal{C}^2$ 함수 $u, v : E \to \mathbb{R}$ 에 대하여

$$\iiint_E (u\Delta v + \nabla u \cdot \nabla v) \, \mathrm{d}V = \iint_{\partial E} u \nabla v \cdot \mathbf{n} \, \mathrm{d}\sigma$$

이 성립함을 보여라.

(c) **(그린의 제 2 항등식)** $E \subset \mathbb{R}^3$가 모든 $\mathcal{C}^1$함수 F 에 대하여 가우스 정리의 결론을 만족한다면 모든 $\mathcal{C}^2$ 함수 $u, v : E \to \mathbb{R}$에 대하여

$$\iiint_E (u\Delta v - v\Delta u)\,\mathrm{d}V = \iint_E (u\nabla v - v\nabla u) \cdot \mathbf{n}\,\mathrm{d}\sigma$$

이 성립함을 보여라.

(d) 함수 $u : E \to \mathbb{R}$ 가 E 위에서 u 는 $\mathcal{C}^2$ 이고 모든 $\mathbf{x}_0 \in E$ 에 대하여 $\Delta u(\mathbf{x}) = 0$ 을 만족한다면 **조화적**이라고 말한다. E 는 모든 $\mathcal{C}^1$ 함수 F에 대하여 가우스 정리의 결론을 만족하는 $\mathbb{R}^3$ 의 열린영역이라고 가정하자. u 가 E 위에서 조화적이고 $\overline{E}$ 위에서 연속이며, ∂E 위에서 $u = 0$ 이라면 $\overline{E}$ 위에서 $u = 0$ 임을 증명하여라.

(e) V 는 $\mathbb{R}^2$ 에서 열린집합이고 u 는 V 위에서 $\mathcal{C}^2$ 이며 u는 $\overline{V}$ 위에서 연속이라고 가정하자. u 가 V 위에서 조화적일 필요충분조건은 모든 $\mathcal{C}^1$ 함수 $F = (P, Q)$ 에 대하여 그린 정리의 결론을 만족하는 모든 2차원 영역 $E \subset V$ 에 대해

$$\int_{\partial E} (u_x\,\mathrm{d}y - u_y\,\mathrm{d}x) = 0$$

일 때 이다.

8.6 스토크스 정리

마지막 기본정리는 경계가 곡선인 $\mathbb{R}^3$ 의 곡면에 적용된다.

정리 8.5 (스토크스 정리) *S를 단위법선 $\mathbf{n}$을 가진 $\mathbb{R}^3$ 에서의 유향 $\mathcal{C}^2$ 곡면이라 하자. 만일 경계 ∂S 가 양의 방향인 조각적으로 매끄러운 곡선이고 $F : S \to \mathbb{R}^3$ 가 $\mathcal{C}^1$ 이면*

$$\int_{\partial S} F \cdot T\,\mathrm{d}s = \iint_S \mathrm{curl}\,F \cdot \mathbf{n}\,\mathrm{d}\sigma$$

이다.

증명 **[특수한 곡면에 대한 증명]** 간편성을 위해 S 는 모든 $\mathcal{C}^1$함수 F에 대해 그린정리의 결론을 만족하는 2차원의 영역 E 위에 놓인 $\mathcal{C}^2$곡면이라 하자. $F = (P, Q, R)$이라 하고 미분기호에 선적분을 쓰면

$$\int_{\partial S} F \cdot T\,\mathrm{d}s = \int_{\partial S} P\,\mathrm{d}x + Q\,\mathrm{d}y + R\,\mathrm{d}z.$$

S 는 $z = f(x, y)$, $(x, y) \in E$ 에 의해 결정된다고 가정해도 일반성을 잃지 않는다. 여기서 $f : E \to \mathbb{R}$ 은 $\mathcal{C}^2$ 함수이고 S 는 상향법선을 가진 유향곡면이다. 그러므로 $\mathbf{n} = N/\|N\|$, 여기서 $N = (-f_x, -f_y, 1)$.

$(\psi(t), \sigma(t))$, $t \in [a, b]$ 를 시계반대방향인 ∂E 의 조각적 매끄러운 매개변수 표현이라 하자. 그러면

$$\phi(t) = (\psi(t), \sigma(t), f(\psi(t), \sigma(t))), \qquad t \in [a, b],$$

는 양의 방향인 ∂S 의 조각적으로 매끄러운 매개변수 표현이다(그림 8.24). 만일 $x = \psi(t)$, $y = \sigma(t)$ 와

$z = f(\psi(t), \sigma(t))$ 이면, $dx = \psi'(t)dt$, $dy = \sigma'(t)dt$, 그리고

$$dz = \frac{\partial z}{\partial x}dx + \frac{\partial z}{\partial y}dy.$$

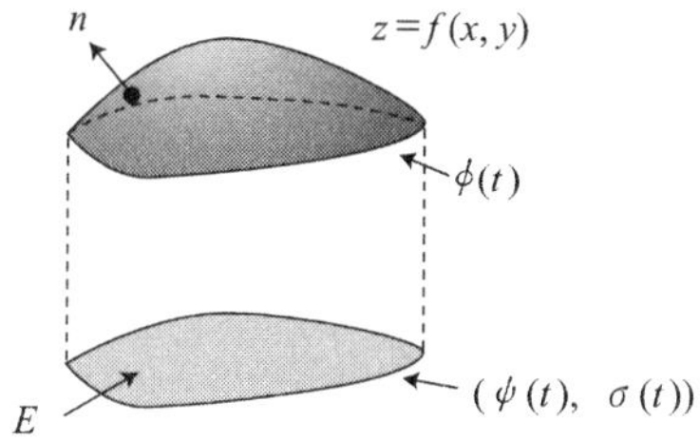

그림 8.24

따라서, 정의에 의해

$$\int_{\partial S} P\,\mathrm{d}x + Q\,\mathrm{d}y + R\,\mathrm{d}z = \int_{\partial E} \left(P + R\frac{\partial z}{\partial x}\right)\mathrm{d}x + \left(Q + R\frac{\partial z}{\partial y}\right)\mathrm{d}y. \tag{8.10}$$

마지막 적분에 그린정리를 작용할 수 있다. 연쇄법칙과 곱의 법칙에 의해

$$\frac{\partial}{\partial x}\left(Q + R\frac{\partial z}{\partial y}\right) = \frac{\partial Q}{\partial x} + \frac{\partial Q}{\partial z}\frac{\partial z}{\partial x} + \frac{\partial R}{\partial x}\frac{\partial z}{\partial y} + \frac{\partial R}{\partial z}\frac{\partial z}{\partial x}\frac{\partial z}{\partial y} + R\frac{\partial^2 z}{\partial x \partial y}$$

이고

$$\frac{\partial}{\partial y}\left(P + R\frac{\partial z}{\partial x}\right) = \frac{\partial P}{\partial y} + \frac{\partial P}{\partial z}\frac{\partial z}{\partial y} + \frac{\partial R}{\partial y}\frac{\partial z}{\partial x} + \frac{\partial R}{\partial z}\frac{\partial z}{\partial y}\frac{\partial z}{\partial x} + R\frac{\partial^2 z}{\partial y \partial x}.$$

$z = f(x, y)$는 $\mathcal{C}^2$ 이므로 위의 혼합 2 계 편미분은 같다. 그러므로

$$\begin{aligned}&\frac{\partial}{\partial x}\left(Q + R\frac{\partial z}{\partial y}\right) - \frac{\partial}{\partial y}\left(P + R\frac{\partial z}{\partial x}\right)\\ &= \left(\frac{\partial R}{\partial x} - \frac{\partial Q}{\partial z}\right)\left(-\frac{\partial z}{\partial x}\right) + \left(\frac{\partial P}{\partial z} - \frac{\partial R}{\partial x}\right)\left(-\frac{\partial z}{\partial y}\right) + \left(\frac{\partial Q}{\partial x} - \frac{\partial P}{\partial y}\right)\\ &= \operatorname{curl} F \cdot N.\end{aligned}$$

그러므로 (8.8), 그린정리, (8.7) 로 부터

$$\int_{\partial S} F \cdot T \, \mathrm{d}s = \int_E \operatorname{curl} F \cdot N \, \mathrm{d}(x,y) = \iint_S \operatorname{curl} F \cdot \mathbf{n} \, \mathrm{d}\sigma.$$

■

어떤 곡면이 유한개의 위의 증명과 같은 곡면으로 분할된다면 스토크스 정리가 만족된다는 것을 알 수 있다.

스토크스 정리는 복잡한 선적분을 간단한 곡면적분으로 대체하는데 사용된다.

보기 1 *C는 y-축에서 보았을 때 시계반대방향인 원* $x^2 + y^2 = 1,\ y = 0$ *이다.* $F(x,y,z) = (x^2 z + \sqrt{x^3 + x^2 + 2}, xy, xy + \sqrt{z^3 + z^2 + 2})$ *일 때* $\int_C F \cdot T \, \mathrm{d}s$ *를 계산하여라.*

풀이 curl $F = (x, x^2 - y, y)$ 이므로 스토크스 정리를 사용하는 것이 직접 $F \cdot T ds$ 을 적분하는 것보다 쉬워 보인다. S를 원판 $x^2 + z^2 \le 1, y = 0$ 이라 하자. $\partial S = C$ 가 된다. C는 시계반대방향이므로 S 의 법선은 y-축의 양의 방향을 가리켜야 한다. 즉, $\mathbf{n} = (0,1,0)$. 그러므로 S 위에서 curl $F \cdot \mathbf{n} = x^2 - y = x^2$ 이고 스토크스 정리를 응용하면

$$\int_C F \cdot T \, \mathrm{d}s = \iint_S x^2 \, \mathrm{d}A = \int_0^{2\pi} \int_0^1 r^3 \cos^2 \theta \, \mathrm{d}r \, \mathrm{d}\theta = \frac{\pi}{4}.$$

보기 1 에서 경계 C 인 임의의 곡면 S를 선택할 수 있었다. 그러므로 스토크스 정리는 복잡한 곡면적분을 더 간단한 곡면적분으로 대체하는 데 사용될 수 있다.

보기 2 *S는 반 타원면* $9x^2 + 4y^2 + 36z^2 = 36,\ z \ge 0$, $\mathbf{n}$*은 상향법선이다.*

$$F(x,y,z) = (\cos x \sin z + xy, x^3, e^{x^2+z^2} - e^{y^2+z^2} + \tan(xy)).$$

일 때 $\iint_S \operatorname{curl} F \cdot \mathbf{n} \, \mathrm{d}\sigma$ *를 구하여라.*

풀이 $C = \partial S$라 하자. S 위에서 curl $F \cdot \mathbf{n} \, \mathrm{d}\sigma$ 의 적분과 C 위에서 $F \cdot T \, \mathrm{d}s$ 의 적분은 둘 다 복잡하다. 그러나 스토크스정리에 의해, C 위에서 $F \cdot T \, \mathrm{d}s$ 의 적분은 $\partial E = C$ 인 임의의 유향 C^2 곡면 E 위에서 curl $F \cdot \mathbf{n} \, \mathrm{d}\sigma$ 의 적분과 같다. E 를 2차원 영역 $9x^2 + 4y^2 \le 36$ 이라 하자. E 위에서 $\mathbf{n} = (0,0,1)$ 이다. 그러므로, 단지 curl F 의 세번째 성분

$$\frac{\partial}{\partial x}(x^3) - \frac{\partial}{\partial y}(\cos x \sin z + xy) = 3x^2 - x$$

만 필요하다. 따라서

$$\iint_S \text{curl}\, F \cdot \mathbf{n}\,\mathrm{d}\sigma = \int_E (3x^2 - x)\,\mathrm{d}(x,y).$$

$x = 2r\cos\theta$ 이고 $y = 3r\sin\theta$ 라 하자. 변수변환에 의해

$$\int_E (3x^2 - x)\,\mathrm{d}(x,y) = \int_0^{2\pi}\int_0^1 (12r^2\cos^2\theta - 2r\cos\theta)6r\,\mathrm{d}r\,\mathrm{d}\theta = 18\pi.$$

보기 3 $\mathbf{F}(x,y,z) = (x+y^2, y+z^2, z+x^2)$ 이고 C가 $(1,0,0)$, $(0,1,0)$, $(0,0,1)$을 꼭짓점으로 하는 삼각형일 때 $\int_C \mathbf{F}\cdot T\,\mathrm{d}s$를 구하여라.

풀이 $\int_C \mathbf{F}\cdot\,\mathrm{d}\phi$를 직접 구할 수 있지만 스토크스 정리를 사용하면 더욱 쉽다. 먼저

$$\text{curl}\,\mathbf{F} = \begin{vmatrix} \mathbf{i} & \mathbf{j} & \mathbf{k} \\ \dfrac{\partial}{\partial x} & \dfrac{\partial}{\partial y} & \dfrac{\partial}{\partial z} \\ (x+y^2) & (y+z^2) & (z+x^2) \end{vmatrix} = (-2z, -2x, -2y).$$

xy-평면으로의 S의 정사영 $E = \{(x,y,) : 0 \le x \le 1,\ 0 \le y \le 1-x\}$ 이므로 8.5절의 $z = f(x,y) = 1-x-y$에 의해 주어진 곡면 위에서의 면적분에 의하여

$$\begin{aligned}\int_C \mathbf{F}\cdot T\,\mathrm{d}s &= \iint_S \text{curl}\,\mathbf{F}\cdot\,\mathrm{d}\mathbf{S} \\ &= \int_E [-(-2z)(-1) - (-2x)(-1) + (-2y)]\,\mathrm{d}(x,y) \\ &= \int_E (-2)\,\mathrm{d}(x,y) \\ &= \int_0^1\int_0^{1-x} (-2)\,\mathrm{d}y\,\mathrm{d}x \\ &= -1\end{aligned}$$

보기 4 $\mathbf{F}(x,y,z) = (x^2, xy, z)$ 이고 S가 포물면 $z = 4 - x^2 - y^2$와 xy-평면에 의해 유계된 입체 E의 곡면일 때 $\iint_S \mathbf{F}\cdot\,\mathrm{d}\mathbf{S}$를 구하여라.

풀이 S_1상에서 곡면 $z = 4 - x^2 - y^2$, $x^2 + y^2 \le 4$가 위쪽으로의 방향을 가지고 있고 $\mathbf{F} = (x^2, xy, 0)$이므로

$$\begin{aligned}\iint_{S_1} \mathbf{F} \cdot \mathrm{d}\mathbf{S} &= \iint_{S_1} \operatorname{curl} \mathbf{F} \cdot \mathbf{n} \, \mathrm{d}\sigma \\ &= \int_{E_1} [2x(x^2+y^2) + 4 - (x^2+y^2)] \, \mathrm{d}(x,y) \\ &= \int_0^{2\pi} \int_0^2 (2r\cos\theta \cdot r^2 + 4 - r^2) r \, \mathrm{d}r \, \mathrm{d}\theta \\ &= 8\pi.\end{aligned}$$

S_2상에서 곡면 $z = 0$이 아래쪽으로의 방향을 가지고 있으므로 $\mathbf{F}(x,y,z) = (x^2, xy, 0)$, $\mathbf{n} = -\mathbf{k}$. 그러므로

$$\iint_{S_2} \mathbf{F} \cdot \mathrm{d}\mathbf{S} = \iint_{S_2} 0 \, \mathrm{d}\sigma = 0.$$

따라서

$$\begin{aligned}\iint_{S} \mathbf{F} \cdot \mathrm{d}\mathbf{S} &= \iint_{S_1} \mathbf{F} \cdot \mathrm{d}\mathbf{S} + \iint_{S_2} \mathbf{F} \cdot \mathrm{d}\mathbf{S} \\ &= 8\pi.\end{aligned}$$

스토크스 정리는 복잡한 곡면적분을 간단한 선적분으로 바꾸는데 사용될 수도 있다.

보기 5 *S를 절단 포물면 $z = x^2 + y^2, 0 \le z \le 1$ 과 절단 원기둥 $x^2 + y^2 = 1$, $1 \le z \le 3$ 의 합집합이라 하자. $\mathbf{n}$이 외향법선이고 $F(x,y,z) = (x + z^2, 0, -z - 3)$ 일 때*

$$\iint_S F \cdot \mathbf{n} \, \mathrm{d}\sigma,$$

를 계산하여라.

풀이 S의 경계는 $x^2 + y^2 = 1$, $z = 3$이다. 스토크스 정리를 사용하기 위해

$$\operatorname{curl} G = F$$

인, 즉

$$\frac{\partial R}{\partial y} - \frac{\partial Q}{\partial z} = x + z^2, \tag{8.11}$$

$$\frac{\partial P}{\partial z} - \frac{\partial R}{\partial x} = 0 \tag{8.12}$$

와

$$\frac{\partial Q}{\partial x} - \frac{\partial P}{\partial y} = -z - 3 \tag{8.13}$$

인 함수 $G = (P, Q, R) : S \to \mathbb{R}^3$ 을 찾아야 한다. (8.11)를 가지고 시작해 보자. 정리하면

$$\frac{\partial Q}{\partial z} = -x, \quad \frac{\partial R}{\partial y} = z^2. \tag{8.14}$$

(8.14)의 왼쪽 식으로부터 어떤 함수 $g : \mathbb{R}^2 \to \mathbb{R}$에 대하여 $Q = -xz + g(x, y)$ 을 얻는다. 비슷하게 (8.14)의 오른쪽 식으로부터 어떤 $h : \mathbb{R}^2 \to \mathbb{R}$ 에 대해 $R = z^2 y + h(x, z)$이다. 따라서 $Q_x = -z + g_x$ 은 $g = 0$ 과 $P_y = 3$, 즉, 어떤 $\sigma : \mathbb{R}^2 \to \mathbb{R}$ 에 대하여 $P = 3y + \sigma(x, z)$ 라 두면 (8.13) 을 풀게된다. 그러므로, $\sigma = h = 0$ 이면 $P_z - R_x = \sigma_z - h_x$ 는 (8.12)을 만족할 것이다. 따라서 $P = 3y, Q = -xz, R = yz^2$, 즉 $G = (3y, -xz, yz^2)$ 이다.

∂S 를 $\phi(t) = (\sin t, \cos t, 3), t \in [0, 2\pi]$ 으로 매개변수화하고

$$(G \circ \phi) \cdot \phi' = (3\cos t, -3\sin t, 9\cos t) \cdot (\cos t, -\sin t, 0) = 3\cos^2 t + 3\sin^2 t = 3.$$

결론적으로, 스토크스 정리를 사용하면

$$\iint_S F \cdot \mathbf{n}\, \mathrm{d}\sigma = \iint_S \mathrm{curl}\, G \cdot \mathbf{n}\, \mathrm{d}\sigma = \int_{\partial S} G \cdot T\, \mathrm{d}s = \int_0^{2\pi} 3\, \mathrm{d}t = 6\pi.$$

보기 5의 풀이는 curl $G = F$ 를 만족하는 함수 G를 찾는 것에 관한 문제였다. 이러한 함수는 유일하지 않다. 실제로 (8.14) 대신에

$$\frac{\partial Q}{\partial z} = -z^2, \quad \frac{\partial R}{\partial y} = x$$

로 시작할 수도 있었다. 이것은 다른 해

$$\tilde{G}(x, y, z) = (zy, -(3x + z^3/3), xy)$$

를 얻는다. 실제로 스토크스 정리에 의해 $G \cdot T$ 의 유향선적분의 값은 curl $G = F$ 를 만족하는 모든 G 에 대해 동일하다.

이 방법은 연립 편미분방정식 curl $G = F$ 가 해 G를 가질 때만 사용할 수 있다. 이때 먼저 그러한 해가 존재하는지를 식별할 수 있어야만 한다. G의 존재의 필요조건을 찾기 위해 어떤 집합 E 위에서 G 는 curl $G = F$ 를 만족하는 $\mathcal{C}^2$ 함수라고 가정하자. 그러면 $\mathcal{C}^2$ 벡터함수 F 에 대하여

$$\mathrm{div}\ \mathrm{curl} F = 0 \tag{8.15}$$

이므로(8.5 절 연습문제 9(b)), E 위에서 div $F = 0$ 이다.

정리 8.6 *주어진 벡터함수 F 에 대하여 벡터함수 G 가 존재하여*

$$\text{curl G} = F \tag{8.16}$$

이 성립하면 $\text{div}\ F = 0$ 이다.

그러나 이 정리의 역은 성립하지 않는다.

보기 6 $\Omega = B_1(0,0,0) \setminus \{(0,0,0)\}$ *이고* $w = w(x,y,z) = x^2 + y^2 + z^2$ *일 때*

$$F(x,y,z) = \left(\frac{x}{w^{3/2}}, \frac{y}{w^{3/2}}, \frac{z}{w^{3/2}}\right)$$

라 하자. 그러면 Ω 위에서 $\text{div}\ F = 0$ 이지만 $\text{curl}\ G = F$ 를 만족하는 G 는 없다.

증명 정의에 의해

$$\text{div}\ F = \frac{-2x^2 + y^2 + z^2}{w^{5/2}} + \frac{x^2 - 2y^2 + z^2}{w^{5/2}} + \frac{x^2 + y^2 - 2z^2}{w^{5/2}} = 0.$$

S를 외향법선을 가진 유향 단위구면 $\partial B_1(0,0,0)$ 라 하자. 그리고 $\text{curl}\ G = F$를 만족하는 G가 존재한다고 가정하자. 한편 S 위에서 $F = (x,y,z) = \mathbf{n}$ 이면 $F \cdot \mathbf{n} = x^2 = y^2 + z^2 = 1$ 이 성립하므로

$$\iint_S F \cdot \mathbf{n}\, \mathrm{d}\sigma = \iint_S 1\, \mathrm{d}A = \sigma(S) = 4\pi. \tag{8.17}$$

또 다른 한편으로 S 를 상반구 S_1 과 하반구 S_2 로 나누면 스토크스 정리에 의해

$$\iint_S F \cdot \mathbf{n}\, \mathrm{d}\sigma = \iint_{S_1} F \cdot \mathbf{n}\, \mathrm{d}\sigma + \iint_{S_2} F \cdot \mathbf{n}\, \mathrm{d}\sigma \tag{8.18}$$

$$= \int_{\partial S_1} G \cdot T_1\, \mathrm{d}s + \int_{\partial S_2} G \cdot T_2\, \mathrm{d}s = 0. \tag{8.19}$$

마지막 절차는 $\partial S_1 = \partial S_2$ 이고 $T_1 = -T_2$로부터 나온다. (8.15) 와 (8.16) 은 서로 일치하지 않으므로 $\text{curl}\ G = T$ 를 만족하는 G는 없다. ■

보기 6에서 (8.14) 을 만족하는 함수 G 가 존재하지 않는 이유는 함수의 정의역에 크게 의존함을 알 수 있다. 만일 E 가 좋은 영역이면 정리 8.6 의 역이 성립함을 보여 준다.

정리 8.7 *Ω 를 중심이 $(0,0,0)$ 인 공 혹은 $(0,0,0)$을 포함하는 입방체라 하고 $F : \Omega \to \mathbb{R}^3$ 를 Ω 위에서 $\mathcal{C}^1$ 이라 하자. 그러면 다음은 동치이다.*

(i) *Ω 위에서 $\text{curl}\ G = F$ 인 $\mathcal{C}^2$ 함수 $G : \Omega \to \mathbb{R}^3$ 가 존재한다.*

(ii) *$F, E, S = \partial E$ 는 그린 정리의 결론을 만족하고 $E \subset \Omega$ 이면*

$$\iint_S F \cdot \mathbf{n}\, d\sigma = 0 \tag{8.20}$$

(iii) *Ω 위에서 항등식 $\text{div}\, F = 0$ 이 성립한다.*

증명 (i)이 성립하면 G의 1계 편미분이 교환되므로, $\text{div}\, F = \text{div}(\text{curl}\, G) = 0$ 이다. 그러므로 가우스 정리에 의해 (8.20)이 성립된다.

(ii)가 성립한다면 가우스 정리와 8.5절의 연습문제 7에 의해 각각의 $\mathbf{x}_0 \in \Omega^o$ 에 대하여

$$\begin{aligned} \text{div}\, F(\mathbf{x}_0) &= \lim_{r \to 0} \frac{1}{\text{Vol}(B_r(\mathbf{x}_0))} \iiint_{B_r(\mathbf{x}_0)} \text{div}\, F\, dV \\ &= \lim_{r \to 0} \frac{1}{\text{Vol}(B_r(\mathbf{x}_0))} \iint_{\partial B_r(\mathbf{x}_0)} F \cdot \mathbf{n}\, d\sigma = 0 \end{aligned}$$

$\text{div}\, F$ 는 Ω 위에서 연속이므로, Ω 위의 모든곳에서 $\text{div}\, F = 0$ 이다.

마지막으로 (iii)이 성립한다고 가정하자. $F = (p, q, r)$ 이라 하고 간단하게 하기위해 $G = (0, Q, R)$ 로 가정하자. $\text{curl}\, F = G$ 라면

$$R_y - Q_x = p, \quad -R_x = q, \quad Q_x = r. \tag{8.21}$$

마지막 두 항등식을 적분하면, 어떤 $g, h : \mathbb{R}^2 \to \mathbb{R}$ 에 대하여

$$R = -\int_0^x q(u, y, z)\, du + g(y, z), \quad Q = \int_0^x r(u, y, z)\, du + h(y, z).$$

(주의 : 가정에 의하여 $(0, y, z)$ 로 부터 (x, y, z) 까지 선분은 Ω 의 부분집합이므로 이러한 적분은 의미가 있다.) 적분기호하에서 미분(연습문제 14)과 조건 (iii)을 사용하여, 첫 번째 항등식은

$$\begin{aligned} p &= R_y - Q_z = -\int_0^x (q_y(u, y, z) + r_z(u, y, z))\, du + g_y - h_z \\ &= \int_0^x p_x(u, y, z)\, du + g_y - h_z = p(x, y, z) - p(0, y, z) + g_y - h_z. \end{aligned}$$

그러므로 (8.21) 는 $g_y = p(0, y, z)$ 과 $h = 0$ 에 의하여 풀릴 수 있다. 즉,

$$Q = \int_0^x r(u, y, z)\, du, \; R = \int_0^y p(0, v, z)\, dv - \int_0^x q(u, y, z)\, du.$$

■

정리 8.6은 다음 성질

주어진 $(x, y, z) \in \Omega$ **에 대해, 선분** $L((0, y, z); (x, y, z))$ **과** $L((0, 0, z); (0, y, z))$ **은 모두** Ω **의 부분집합**

을 만족하는 임의의 3차원 영역 Ω에 대하여 성립한다(연습문제 9).

연습문제 (8.6)

1. 다음 각각에 대해, $\int_C F \cdot T\, \mathrm{d}s$ 를 계산하여라.

   (a) C는 원기둥 $x^2 + y^2 = 1$ 과 $z = -x$ 가 교차하는 것에 의해 이루어진 유향곡선, z-축의 양의 방향에서 보았을 때 시계반대방향이고 $F(x, y, z) = (xy^2, 0, xyz)$

   (b) C는 기둥 $z = y^3$과 원기둥 $x^2 + y^2 = 3$ 의 교차선, 양의 z-축의 위에서 보았을 때 시계방향이고 $F(x, y, z) = (e^x + z, xy, ze^y)$

2. 다음 각각에 대해 $\iint_S \operatorname{curl} F \cdot \mathbf{n}\, \mathrm{d}\sigma$ 를 계산하여라.

   (a) S 는 $y = x^2, z = 1 - y$ 에 의해 둘러싸인 $z \geq 0$ 에 있는 바닥없는 곡면, $\mathbf{n}$은 외향 법선이고 $F(x, y, z) = (x \sin z^3, y \cos z^3, x^3 + y^3 + z^3)$.

   (b) S 는 절단된 포물면 $z = 3 - x^2 - y^2,\ z \geq 0$, $\mathbf{n}$ 은 외향법선이고 $F(x, y, z) = (y, xyz, y)$.

   (c) S 는 반구 $z = \sqrt{10 - x^2 - y^2}$, $\mathbf{n}$은 내향법선이고 $F(x, y, z) = (x, x, x^2y^3 \log(z + 1))$.

   (d) S 는 $x = 0, y = 0, x + 2y + 3z = 1, z \geq 0$ 에 의해 둘러싸인 상 반평면 $z \geq 0$ 내의 바닥없는 사면체, $\mathbf{n}$은 외향법선이고 $F(x, y, z) = (xy, yz, xz)$.

3. 다음 각각에 대해 스토크스 정리 혹은 가우스 정리를 이용하여 $\iint_S \operatorname{curl} F \cdot \mathbf{n}\, \mathrm{d}\sigma$를 구하여라.

   (a) S 는 구 $x^2 + y^2 + z^2 = 1$, $\mathbf{n}$은 외향법선이고 $F(x, y, z) = (xz^2, x^2y - z^3, 2xy + y^2z)$

(b) S 는 공 $B_1(\mathbf{0})$ 의 내부에 놓인 평면 $z = y$ 의 일부, $\mathbf{n}$은 상향법선이고 $F(x, y, z) = (xy, xz, -yz)$

(c) S 는 절단된 원뿔 $y = 2\sqrt{x^2 + z^2}$, $2 \leq y \leq 4$, $\mathbf{n}$은 외향법선이고 $F(x, y, z) = (x, -2y, z)$

(d) S 는 절단된 포물면 $z = 4 - x^2 - y^2$, $0 \leq z \leq 4$ 와 $z = x^2 + y^2 - 4$, $-4 \leq z \leq 0$ 의 합, $\mathbf{n}$은 외향법선이고

$$F(x, y, z) = (x + y^2 + \sin z, x + y^2 + \cos z, \cos x + \sin y + z).$$

(e) S 는 세 곡면 $z = x^2 + y^2$ $(0 \leq z \leq 2), 2 = x^2 + y^2$ $(2 \leq z \leq 5), z = 7 - x^2 - y^2$ $(5 \leq z \leq 6)$ 의 합, $\mathbf{n}$은 외향법선이고 $F(x, y, z) = (2y, 2z, 1)$

4. 다음 각각에 대해 스토크스 정리 혹은 가우스 정리를 이용하여 $\int_S \omega$ 를 계산하여라.

(a) S 는 외향법선을 가진 원기둥 입체 $y^2 + z^2 \leq 9$, $0 \leq x \leq 2$ 의 위상경계이고 $\omega = xy\, \mathrm{d}ydz + (x^2 - z^2)\, \mathrm{d}zdx + xz\, \mathrm{d}xdy$.

(b) S 는 외향법선을 가진 절단 원기둥 $x^2 + z^2 = 8$, $0 \leq y \leq 1$ 이고 $\omega = (x - 2z)\, \mathrm{d}ydz - y\, \mathrm{d}zdx$.

(c) S 는 외향법선을 가진 $R = [0, \pi/2] \times [0, 1] \times [0, 3]$ 의 위상경계이고 $\omega = e^y \cos x\, \mathrm{d}ydz + x^2 z\, \mathrm{d}zdx + (x + y + z)\, \mathrm{d}xdy$.

(d) S 는 타원기둥입체 $2x^2 + z^2 \leq 1$ 과 평면 $x = y$ 의 교차선이고 양의 x-축을 향하는 법선을 갖는다. 그리고 $\omega = x\, \mathrm{d}ydz - y\, \mathrm{d}zdx + \sin y\, \mathrm{d}xdy$.

5. 그린정리가 스토크스 정리의 따름정리임을 증명하여라.

6. Π 를 단위법선 $\mathbf{n}$ 을 가진 $\mathbb{R}^3$ 의 평면, $\mathbf{x}_0 \in \Pi$ 라 하자. 각 $r > 0$ 에 대하여 S_r 을 반지름 r 이고 중심 $\mathbf{x}_0$ 인 Π 내의 원판이라 하자. 즉, $S_r = B_r(\mathbf{x}_0) \cap \Pi$. 만일 $F : B_1(\mathbf{x}_0) \to \mathbb{R}$ 이 $\mathcal{C}^1$ 이고 ∂S_r 이 $\mathbf{n}$ 에 의해 유도된 방향을 갖는다면

$$\operatorname{curl} F(\mathbf{x}_0) \cdot \mathbf{n} = \lim_{r \to 0} \frac{1}{\sigma(S_r)} \int_{\partial S_r} F \cdot T\, \mathrm{d}s.$$

를 증명하여라.

7. S를 단위 법선 $\mathbf{n}$ 과 보든 $\mathcal{C}^1$ 함수 F에 대해 스토크스 정리의 결론을 만족하는 공집합이 아닌 경계 ∂S를 가진 유향곡면이라 하자.

(a) $F : S \to \mathbb{R}^3 \setminus \{\mathbf{0}\}$ 이 $\mathcal{C}^1$, ∂S 가 매끄러우며 T 가 $\mathbf{n}$ 에 의해 유도된 ∂S 위의 단위 접선 벡터라고 하자. $T(\mathbf{x}_0)$ 와 $F(\mathbf{x}_0)$ 사이각이 임의의 $\mathbf{x}_0 \in \partial S$ 에 대해 결코 둔각이 아니고 $\iint_S \text{curl}\, F \cdot \mathbf{n}\, d\sigma = 0$ 이면 모든 $\mathbf{x}_0 \in \partial S$ 에 대해 $T(\mathbf{x}_0)$ 와 $F(\mathbf{x}_0)$ 는 수직이라는 것을 증명하여라.

(b) $F, F_k : S \to \mathbb{R}^3$ 가 $\mathcal{C}^1$ 이고 $F_k \to F$ 가 ∂S 위에서 고르게 수렴하면

$$\lim_{k\to\infty} \iint_S \text{curl}\, F_k \cdot \mathbf{n}\, d\sigma = \iint_S \text{curl}\, F \cdot \mathbf{n}\, d\sigma$$

임을 증명하여라

8. E 가 $(x, y) \in E$ 이면 $(0, 0)$ 에서 $(x, 0)$까지의 선분과 $(x, 0)$에서 (x, y)까지의 선분 모두 E의 부분집합이 되는 2차원 영역이라고 가정하자. 만일 $F : E \to \mathbb{R}^2$ 이 $\mathcal{C}^1$ 이면 다음이 동치임을 증명하여라.

(a) 어떤 $f : E \to \mathbb{R}$ 에 대해 E 위에서 $F = \nabla f$.

(b) $F = (P, Q)$ 는 완전(exact), 즉 E 위에서 $Q_x = P_y$.

(c) 시계반대방향인 모든 조각적 매끄러운 곡선들 $C = \partial\Omega$ 에 대하여 $\int_C F \cdot T\, ds = 0$ 이다. 여기서 Ω 는 그린정리의 결론을 만족하는 2차원의 영역이고 $\Omega \subset E$ 이다.

9. Ω를 3 차원의 영역이라 하고 $F : \Omega \to \mathbb{R}^3$ 가 Ω 위에서 $\mathcal{C}^1$ 이라 하자. 각 $(x, y, z) \in \Omega$ 에 대하여 선분 $L((x, y, 0); (x, y, z))$ 과 $L((x, 0, 0); (x, y, 0))$ 이 모두 Ω 의 부분집합이라고 가정하자. 다음이 동치임을 증명하여라.

(a) Ω 위에서 $\text{curl}\, G = F$를 만족하는 $\mathcal{C}^2$함수 $G : \Omega \to \mathbb{R}^3$ 가 존재한다.

(b) $F, E, S = \partial E$ 가 가우스 정리의 결론을 만족하고 $E \subset \Omega$라 하면

$$\iint_S F \cdot \mathbf{n}\, d\sigma = 0.$$

(c) Ω 위의 모든 곳에서 항등식 $\text{div}\, F = 0$ 이다.

10. F 는 $\mathcal{C}^1$ 이고 $\mathbb{R}^2 \setminus \{(0, 0)\}$ 에서 완전, 즉 $P_y = Q_x$ 라 하자.

(a) C_1 과 C_2 가 시계반대방향으로 교차하지 않는 매끄러운 단일곡선이라 가정하자. 그리고 E는 위상경계 ∂E 가 C_1 과 C_2 의 자취의 합집합인 2차원 영역이라 하자.

(E 가 C_j 중 하나는 바깥 경계이고 다른 하나는 안쪽 경계인 구멍을 가진다는 것을 의미한다.) 만일 $(0,0) \notin E$ 라면 다음을 증명하여라.

$$\int_{C_1} F \cdot T\,\mathrm{d}s = \int_{C_2} F \cdot T\,\mathrm{d}s.$$

(b) E가 $(0,0) \in E^o$ 를 만족하는 2차원 영역이라고 가정하자. ∂E 가 시계반대방향인 매끄러운 단일곡선이고

$$F(x,y) = \left(\frac{-y}{x^2+y^2}, \frac{x}{x^2+y^2}\right)$$

라 할 때, $\int_{\partial E} F \cdot T\,\mathrm{d}s$ 를 계산하여라.

(c) 함수 $F : \mathbb{R}^3 \setminus \{(0,0,0)\}$ 에 대하여 3차원의 영역, 매끄러운 단일곡면에 대하여 (a)와 유사한 것을 진술하고 증명하여라.

11. 스토크스 정리를 사용하여 다음 적분을 계산하여라.

(a) $\int_C y^2\,\mathrm{d}x + z^2\,\mathrm{d}y + x^2\,\mathrm{d}z$, $C : \phi(\theta) = (\cos\theta, \sin\theta, 1)$, $0 \le \theta \le 2\pi$

(b) $\int_C (y^2+z^2)\,\mathrm{d}x + (x^2+z^2)\,\mathrm{d}y + (x^2+y^2)\,\mathrm{d}z$, C 는 반구 $x^2+y^2+z^2 = 4x$, $z > 0$ 와 원통 $x^2+y^2 = 2x$ 의 교선

(c) $\int_C 2y\,\mathrm{d}x - 2x\,\mathrm{d}y + z^2x\,\mathrm{d}z$, $C : \phi(\theta) = (\cos\theta, \sin\theta, 5)$, $0 \le \theta \le 2\pi$

(d) $\int_C yz^2\,\mathrm{d}x + (xz^2 - 2y)\,\mathrm{d}y + 2xyz\,\mathrm{d}z$, $C : \phi(\theta) = (\cos\theta, \sin\theta, \cos\theta)$, $0 \le \theta \le 2\pi$

12. 만일 S 가 조각적으로 매끄러운 단일곡면이고 C 에 의해 유계이면,

$$\iint_S \mathbf{a} \cdot \mathbf{n}\,\mathrm{d}\sigma = \frac{1}{2}\int_C \mathbf{a} \times \phi \cdot d\phi.$$

여기서, $\mathbf{a}$ 은 상수벡터이고 $C : \phi = (x(t), y(t), z(t))$, $a \le t \le b$ 이다.

13. 만일 u 가 S 위에서 연속적으로 미분가능하고 v 는 S 위에서 2 번 연속적으로 미분가능이면,

$$\iint_S \mathbf{n} \cdot \nabla u \times \nabla v\,\mathrm{d}\sigma = \int_C u\nabla v \cdot d\phi.$$

여기서 $C : \phi = (x(t), y(t), z(t))$, $a \le t \le b$ 이다.

14. **(적분분기호하에서 미분)** $H = [a,b] \times [c,d]$는 $\mathbb{R}^2$의 직사각형이고 $f : H \to \mathbb{R}$이라 하자. 각 $y \in [c,d]$에 대해서 $f(\cdot, y)$가 $[a,b]$위에서 적분가능, 각 $x \in [a,b]$에 대해서 편

미분 $f_y(x,\cdot)$ 가 $[c,d]$에서 존재한다고 가정하자. 만일 이변수함수 $f_y(x,y)$가 H위에서 연속이면 모든 $y \in [c,d]$에 대해서

$$\frac{d}{dy}\int_a^b f(x,y)\,\mathrm{d}x = \int_a^b \frac{\partial f}{\partial y}(x,y)\,\mathrm{d}x$$

임을 보여라.

참고 문헌

[1] L. Ahlfors, *Complex Analysis*, 3rd ed., McGraw-Hill Co., Tokyo, 1979

[2] C.H. Edwards, Jr., *Advanced Calculus of Several Variables*, Academic Press, 1973, New York

[3] W. Fleming, *Functions of Several Variables*, Springer-Verlag, 1977, New York

[4] W. Fulks, *Advanced Calculus* 3rd Ed., John Wiley & Sons, 1978, New York

[5] 김락중, 박종안, 이춘호, 최규홍, 순수수학 및 응용수학도를 위한 해석학, 경문사, 서울, 1999

[6] J. Marsden, *Elementary Classical Analysis*, W. H. Freeman and Co. 1774, San Francisco

[7] W. Parzynski and P. Zipse, *Introduction to Mathematical Analysis*, McGraw-Hill Co. 1587, Singapore

[8] C. Pinter, *Set Theory*, Addison-Wesley Publ. Co. 1971, Reading

[9] K. Ross, *Elementary Analyis:The Theory of Calculus*, Springer-Verlag, New York

[10] W. Rudin, *Principles of Mathematical Analysis* 3rd Ed., McGraw-Hill Co. 1974, Tokyo

[11] G.F. Simon, *Introduction to Topology and Modern Analysis*, McGraw-Hill Co. 1963, Tokyo

[12] M. Spivak, *Calculus on Manifolds*, W. A. Benjamin, Inc., 1965, New York

[13] W. Wade, *An Introduction to Analysis*, Prentice Hall, 1995, Englewood Cliffs

찾아보기

[ㅅ]

[ㅇ]

[ㅈ]

제4판

해석학 입문

지은이 김락중 · 김연호 · 박종안 · 이춘호 · 최규홍
펴낸이 조경희
펴낸곳 경문사
펴낸날 2001년 2월 24일 1판 1쇄
2018년 3월 5일 4판 2쇄
등 록 1979년 11월 9일 제313-1979-23호
주 소 04057, 서울특별시 마포구 와우산로 174
전 화 (02)332-2004 팩스 (02)336-5193
이메일 kyungmoon@kyungmoon.com
facebook facebook.com/kyungmoonsa

값 21,000원

ISBN 978-89-6105-876-6

★ 경문사 홈페이지에 오시면 즐거운 일이 생깁니다.
http://www.kyungmoon.com

한국과학기술출판협회 회원사